Restos pampeanos

HORACIO GONZÁLEZ

Restos pampeanos

CIENCIA, ENSAYO Y POLÍTICA EN LA CULTURA ARGENTINA DEL SIGLO XX

Director de colección: Horacio González
Diseño de colección: Estudio Lima+Roca
Ilustración de tapa: basada en "Caballo de poder" de José Vedia
Foto de contratapa: Damián Neustadt

Av. Díaz Vélez 5125 (1405) Buenos Aires - Argentina

I.S.B.N. 950-581-196-9

Hecho el depósito que marca la ley 11.723
IMPRESO EN LA ARGENTINA - PRINTED IN ARGENTINA

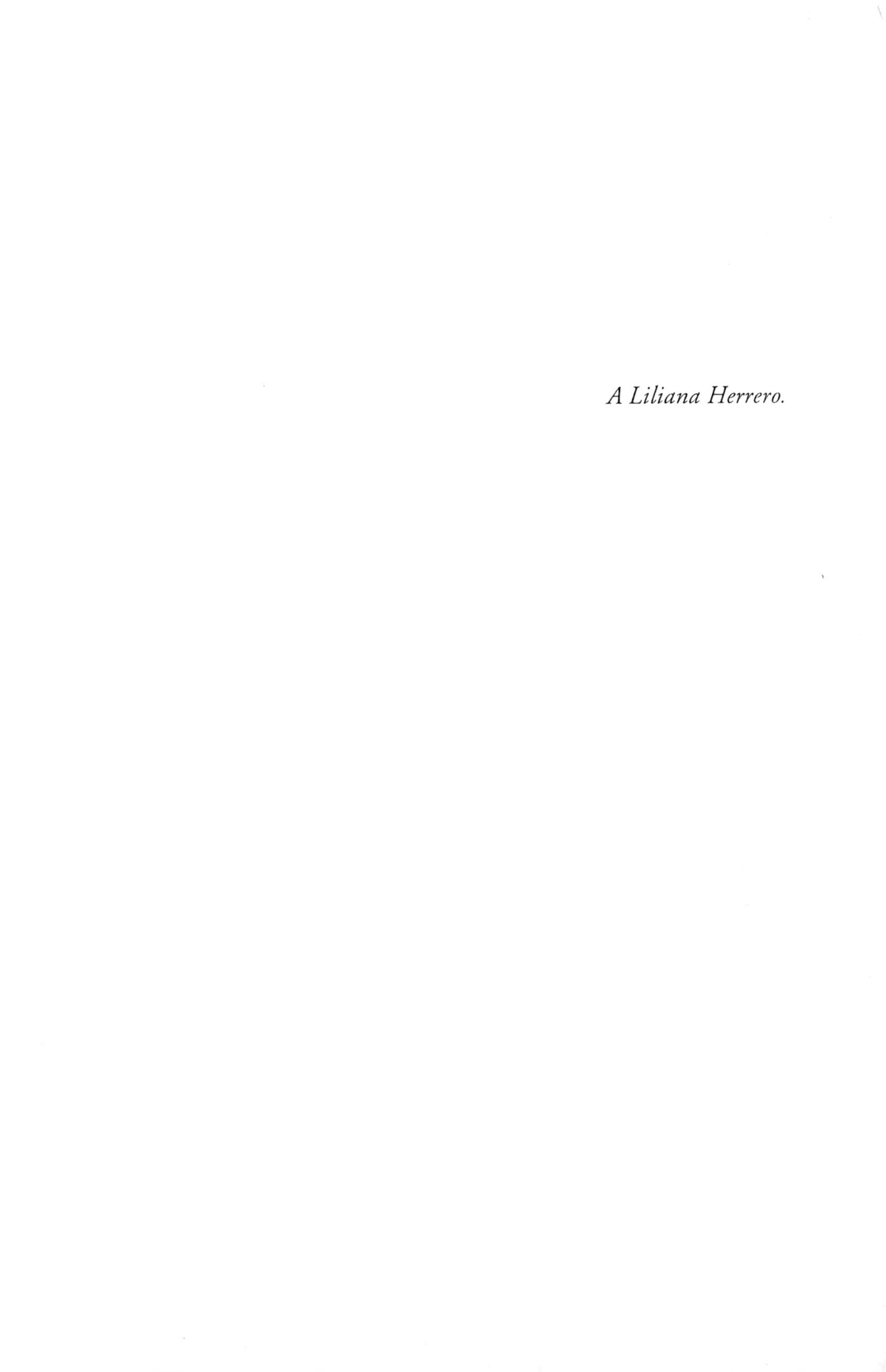

A Liliana Herrero.

Prólogo

(DESENGAÑO Y EVOCACIÓN: LA PAMPA COMO PROBLEMA)

Uno

Simple y verdadero sería comenzar este libro con la indicación de que llamamos *pampa* a un conjunto de escritos argentinos, que son escritos sobrevivientes pero eclipsados o abandonados. De ahí también la cómoda idea de *restos.* Porque son escritos guarecidos dificultosamente de la desidia. Escritos que fueron elaborados, leídos y en su mayor parte olvidados, a lo largo de este siglo que finaliza. Pero si también sabemos que la pampa es ese rasgo del paisaje tan persistente en la imaginación, en la nomenclatura y en la voz coloquial de este país, ¿por qué solo habríamos de invocarla como lejana alusión a una sombra alargada de textos dudosos o extraviados? ¿Textos en los que haríamos recaer la responsabilidad de volver a hablar nuevamente de esa otra entidad que por protocolo, por clasificación y por resignada coacción nombramos *Argentina*? Y bien: *Argentina, pampa...* ¿Es acaso de una metáfora literaria de lo que queremos hablar aquí? Digámoslo en primer lugar: *no.*

Porque todo pensamiento, si pretende ser verdadero, debe encontrarse finalmente con su alma verdadera, literal. No puede ser metáfora, no puede recaer en la comodidad alusiva del lenguaje, por más fascinantes que sean sus figuras —y ésta, la de *pampa,* lo es—, si desea llegar a la cruda materia del testimonio y la convicción. Pero esa es una travesía que solo se emprende corriendo por un bosque de símbolos, de escritos, de hojarascas mustias o dormidas que sin embargo aún pueden mantener sus esenciales secretos.

Por eso, no debemos olvidar lo que se adhiere a la *pampa,* como sueño de palabras o como requisito visual para pensar la historia, las luchas y las ideas de los hombres. Porque esta palabra comienza por enviarnos a una teoría de la percepción. He aquí alguien que la vio como un fluido eléctrico que puede representar el propio carácter humano. ¿Demasiado obvio? ¿Fatalmente arcaico? Es Sarmiento, en el *Facundo,* quien así habla: "¿Qué impresiones ha de dejar en el habitante de la República Argentina el simple acto de clavar los ojos en el horizonte y ver... no ver nada? Porque cuanto más se hunde los ojos en aquel horizonte incierto, vaporoso, indefinido, más se le aleja, más lo fascina, lo confunde y lo sume en la contemplación y la duda. ¿Dónde termina aquel mundo que quiere en vano penetrar? ¡No lo sabe! ¿Qué hay más allá de lo que ve? La soledad, el peligro, el salvaje, la muerte. He aquí ya la poesía. El hombre que se mueve en estas escenas se siente asaltado de temores e incertidumbres fantásticas, de sueños que le preocupan despierto".

No es fácil evaluar cuánto estos párrafos ciñeron todo lo que después se escribirá sobre la relación entre el pensamiento y el paisaje, entre la mirada y la naturaleza, entre la conciencia poética y el espacio. La idea de que hay un carácter colectivo que se presenta como continuidad con la naturaleza es, por otra parte, una de las más ancestrales ideas de la humanidad sobre las imágenes encadenadas que prolongan el mundo natural en la conciencia animada y la conciencia borrascosa en la naturaleza excitada. Sarmiento extenderá estas intuiciones poéticas de su gran mito pampeano a una reflexión sobre el rayo. El gaucho considera a las tormentas que despiden rayos como misterios que juntan la brujería y la fantasía. Ahora bien: "Añádase que si es cierto que el fluido eléctrico entra en la economía de la vida humana, y es el mismo que llaman fluido nervioso, el cual excitado subleva las pasiones y enciende entusiasmo, muchas disposiciones debe tener para los trabajos de la imaginación del pueblo que habita bajo una atmósfera recargada de electricidad hasta el punto que la ropa frotada chisporrotea como el pelo contrariado del gato". ¿Qué decir de estas líneas sarmientinas, sino que tienen el extraordinario designio de cargar con una tesis de unión final entre el alma social y la fuerza natural?

Con esta desembarazada alegría, cribada por un desenfado estrafalario, Sarmiento cubre una idea de las culturas populares de todos los tiempos (que él expresa como nadie, aunque enmascarada de romanticismo, porque la prudencia le aconseja atribuírsela a la imaginación pasional del pueblo), *cual es la de homologar los ritmos secretos de la vida de los elementos a los de la existencia de los humanos.* Pero lo hace mencionando los fluidos eléctricos (idénticos a los nerviosos), la ropa que chisporrotea y los gatos. La *pampa* es entonces ese fluido que en determinado momento hace indistinguibles la "economía de la vida humana", de los avatares de una naturaleza hecha persona, que piensa y reacciona con sus pasiones humanizadas. Como se ve, basta decir esa palabra, ¡pampa!, para que la lengua se cubra de un peligro metafórico. Y ya estamos hablando de conciencias colectivas, miedos primordiales y neurosis públicas.

De un modo no muy diferente trata Ezequiel Martínez Estrada a su pampa. Es la misma que la de Sarmiento, lo sabemos, pero le suprime la soltura de imágenes y le agrega enfermedad. Leamos este párrafo de *Radiografía de la Pampa*, libro cuyo título parece optimista y práctico, desmentido por la pesadumbre de sus páginas: "Es que la vía férrea fue un sueño de la metrópoli que tendió como tentáculos depredatorios a la pampa. Toda la historia política llevó a eso desde la Colonia, y el tren lo consiguió, zanjando para siempre una vieja disputa, porque el tren es unitario". Y en cualquier otro lugar de ese mismo libro: "La calle Rivadavia, larga como un telescopio. Por esas infinitas calles rectas, por esas canaletas, el campo desemboca en las ciudades, las ciudades en Buenos Aires, hasta que todas se vierten en el Atlántico, siguiendo el movimiento de los ríos y los rieles".

¿No se ve aquí el santo y seña esencial de esta ensayística "de carácter"? La forma de espacio es el rostro de las conciencias, la fisonomía del suelo es la forma pesarosa de los objetos y los mecanismos técnicos son organismos siniestros que absorben el destino de los individuos. Todas estas imágenes sombrías están inspiradas por la pampa, ese plasma vital que permanece en un subsuelo cubierto de sordidez, resentimiento y aciaga predestinación. Martínez Estrada consiguió vertir en un tono de oración adivinatoria, que presiente y amonesta, una idea vitalista que le infunde exuberancia a los objetos. Mejor si son inanimados, de modo que el suelo se hace orgánico, los organismos se hacen mecánicos, los mecanismos se hacen vitales, la vida se hace profecía, y el profeta se hace un incómodo bufón. La pampa es lo que hace vivir a lo inerte, cargándolo de un sino fatal. De este modo, las formas de la política están sostenidas por un artefacto técnico ("el ferrocarril es unitario"), las formas del conocimiento se resuelven en el modo visual-mecánico en que operan ("radiografía", "microscopía", "telescopio") y la naturaleza cósmica revela su ciclo salvaje arrastrando todo a su paso ("el campo desemboca en las ciudades").

Los grandes panoramas de Martínez Estrada llevaron muy lejos la idea de "pampa" como pensamiento oculto y avieso del país. La modulación de sus ensayos, teñida de un fuerte alegorismo, llevaba al paroxismo la apuesta que había hecho Sarmiento al comparar el rayo eléctrico —el fluido de las tormentas— a la vida anímica —el "fluido de los nervios"—. Por su parte, cuando leemos en *Radiografía de la Pampa* un parangón entre el ferrocarril y los emblemas políticos, entre los ríos y los rieles, sabemos que estamos ante un vigoroso impulso dramático-histórico que se construye con metáforas que chupan la esencia alegórica de los objetos. Siempre hubo pensamientos de esta índole y tuvieron su acogida en un estilo ensayístico que obtuvo fuerte repercusión entre los lectores. El ensayo es el estilo de la mirada moral contrariada que se interpone en el mundo. Está siempre en estado de ebullición o de pesadumbre, de llamamiento o de inquietud. Pone a los sujetos en un problemático "colectivo moral" que les puede revelar sus libertades pero puede también oscurecerles las vías de la comprensión. Por eso mismo, tanto por sus virtudes como por sus abdicaciones, fue combatido por las corrientes científicas.

Estas, sin tener la precaución de crear los pasos necesarios para no escindir conocimiento y expresión (o comprensión y lenguaje), se lanzaron a desprestigiar los actos y torsiones del ensayo que constituía parte de la historia cultural nacional, en nombre de menesterosas técnicas de medición, inspiradas en una idea acrítica de modernización surgida de realidades políticas que los nuevos científicos suponían dispensadas de autorreflexión.

Dos

Por supuesto, la "pampa" de la cual hablaban los ensayos de Martínez Estrada —y de algún modo los de Carlos Astrada o Scalabrini Ortiz, como veremos en este libro— mantenía su fuerte apelación alegórica para hablar de las razones del "menoscabo argentino". ¿Podrían ser conjuradas con una actividad social reparadora? Pero una vez hecha esta pregunta, los movimientos sociales que deseaban averiguar las razones de la postración generalizada o de la destemplada injusticia, no era raro que se dirigieran antes hacia las ciencias de la sociedad que hacia la atiborrada franja del ensayismo nacional. Querían así evadirse de lo que parecía una explicación "nebulosa", incapaz de distinguir la raíz material de la explotación o las fuerzas económico-sociales que le daban nombre verdadero a los vagos sufrimientos que la "metafísica pampeana" no era capaz de discernir.

Por eso, no venimos en este libro con un documento de apología y absolución redactado a las apuradas, con los nuevos reglamentos de adulación del ensayismo preparado ahora para usufructuar la caída de las ciencias sociales en la trivialidad o en el tecnicismo inocuo, en la rutina de las oficinas de "expertos en sondeo social". Ni hay derecho a aprovecharse de esta frustración que anuló a la "sociología científica" por no saberse interrogar en sus propias decisiones lingüísticas o en los hilos evidentes que la vinculan a la filosofía; ni hay por qué suponer que el ensayismo ya transcurrido entre nosotros tenga las respuestas sociales, éticas e incitantes que hoy precisamos. No puede ser una consigna, en esta hora colectiva, el antimodernismo de Martínez Estrada, que sin embargo estaba asistido por una resolución absolutamente moderna respecto al lenguaje (cualidad que sus enemigos "científicos" nunca alcanzaron, y que estaba extraída de la más alta cultura del análisis simbólico de la época), pero tampoco puede serlo un modernismo que convierte su trajín en apéndice indolente y terminal bibliográfico de lo que ahora se llama, imprecisamente, globalización.

En este libro vamos a defender ese lenguaje (la lengua aún no atrapada por un destino de desmantelamiento social y apisonada por el cilindro de acero de la actualidad informatizada), y lo vamos a defender haciendo una historia. La historia de las formas de conocimiento científico, ensayístico o político que han caracterizado el debate argentino durante el siglo XX. Por eso, la palabra *pampa* va a ser resguardada con uno de los sentidos que le atribuyó ese ensayismo: el de representar literariamente la idea de Argentina, pero hacerlo de un modo tal que el recorrido del país quede abierto al modo en que la historia lo rehace y lo repone en el movimiento incesante de la conciencia justa y la razón crítica. Bien quisiéramos tener, en parte siquiera, la mirada de aquellos ensayistas, filósofos no declarados de la justicia colectiva, para volver a examinar los mismos objetos culturales que ellos han examinado. Examinar, si acaso, los ferrocarriles, las ciudades o los cines de Martínez Estrada —tan semejantes a los de Scalabrini Ortiz, pues parten del mismo supuesto de un país aletargado por fuerzas ultrajantes— y entregarnos a la felicidad renovada de una antropología de la vida cotidiana, de la que surgirían los infinitos motivos de crítica y esperanza que se perciben en la sociabilidad más nimia. Pero hemos elegido leer textos, viejos escritos que hoy resultan absurdos o son confinados a la pacata especialidad de la "historia de las ideas", para recorrerlos nuevamente con un empeño de rastreador, ojalá que con una mínima porción que la que tenía el que hace exclamar a Sarmiento: *¿Qué misterio es éste del rastreador? ¿Qué poder microscópico se desenvuelve en el órgano de la vista de estos hombres?*

¡Cómo lamentamos no poseer esa microscopía! Es el fino instrumento de los publicistas más resueltos. Henos entonces aquí, apenas con nuestra revisión de escritos argentinos del decurso de este siglo, que ya se evade, y que nos deja un amargo balance. Porque como si fuera una fatalidad apremiante de las naciones, no pudieron desarrollar un sentido de ventura social y reparto igualitario de bienes, y mostraron persistentemente su rostro más abusivo, cuando no aterrador. Nada mejor podemos decir de la Argentina, pero si insistimos en emplear esta misma expresión, *Argentina*, es porque aún pensamos en cobijar bajo su rebujo un conjunto social y filosófico de problemas vitales, contemporáneos. ¿Aún no es un país el tamaño ético adecuado para fijar el sentido y el ser de la política? ¿Aún no es un país la dimensión política aceptable para pensar los dramas de la memoria colectiva y operar los nuevos llamados a la esperanza de los que aún tienen esperanza? ¿Aún no es un país el horizonte lógico para provocar el desvelado sentimiento que ocurre cuando se invoca la expresión "identidades colectivas"? No pretendemos responder estas preguntas, en el caso en que estén bien formuladas, sino rodearlas de los textos que probablemente la hayan sostenido en la peculiar trabazón de los actos que ese preguntar ha originado. Porque un país —una nación— es una peculiar trabazón de razones divergentes y fuerzas que se contraponen buscando un punto de plenitud que a su vez genera un implacable vacío. Hablar de ese juego de saciedades y abandonos convoca a la política (que es la prorrogada justicia), la ciencia (que es la borrosa verdad) y el ensayo (que es la evidencia precaria).

Aquí titulamos, con todo, *restos pampeanos*, porque nos cabe la sospecha por muchos compartida de que la vieja alegoría de la escritura argentina, con su preparada retórica de politicismo y convocatoria, yace ahora en un ambiente de recuerdos desvaídos. ¿Cómo recobrarla sin nostalgia rencorosa o sin una cerrazón caprichosa a las nuevas discusiones donde los juegos valorativos asumen una irreversible escala planetaria? No nos vamos a poner aquí a mostrar y agitar el cántico de la necesaria respuesta particularista a la globalización. Ni siquiera creemos que esa palabra esté en condiciones de tomar a su cargo todos los problemas de la hora. Apenas mantenemos la certeza de que cualquiera sea el movimiento colectivo hacia la redención de las fuerzas creadoras del sujeto, ahora encerradas en un "embalaje competente" que sustrae o revoca experiencias vitales, será necesario una avenencia entre la política y nuevas formas de enunciación del conocer histórico-literario. ¿Se puede invocar esa cuestión *pampeana* como nudo de temas sociales, políticos, ideológicos y paisajísticos que mantienen linajes tan diversos al que proclama aquella vieja metáfora? Si aceptamos que en la idea de *pampa* vive un ámbito cognoscente que acepta el juego entre una superficie que cohíbe o adultera, y un trasfondo que alude a la sublevación y a la formación del juicio de emancipación subjetiva, es posible verla en su derivación política *liberacionista*.

De eso, en fin, trata nuestro libro. No se quiere "metafísico", en el sentido inexacto en que esa expresión fue usada en el debate sobre la escritura argentina de todo este siglo. Pero tampoco se siente exultante por no serlo. Frases no muy desconocidas, como la que pronuncia Drieu de La Rochelle cuando viene a la Argentina, "la pampa es un vértigo horizontal", o la de otro extranjero, que a veces suele recordarse, que va a preguntar "qué fue lo que me sedujo en esta pampa fastidiosa" —esta última es la voz de Gombrowicz —, indican que es imposible mentar la palabra que encierra el *locus* literario argentino si no se lo correlaciona con estados de ánimo, con pruebas de subjetividad y formaciones del carácter. Sea el pánico, sea el fastidio, estas visiones pertenecen al ensayo nacional, se hallan de antemano en él, en un estado de disposición que enhebra a todos los que se abalanzan sobre el tema (o sobre el talismán de esa locución), sean 'extranjeros' o descendientes elegíacos de los relatos argentinos antiguos.

Este último es el caso de Borges, que cuando propone la voz argentina, la llama voz de los muertos, la encuentra en un sino fatal que no reclama añadidos conceptuales o artísticos, y acaba aceptándola como una "sentimentalidad" que de no reclamar nada termina reclamándolo todo: ¡la complicidad con un sabor, con la memoria familiar de las guerras, con la sangre de los antepasados! Pero además, cuando la escribe, se demuestra contemporáneo y fervoroso acatador de lo que ya propagaba el ensayismo notorio del país, hacia los años treinta. Dice entonces: "La vereda era escarpada sobre la calle, la calle era de barro elemental, barro de América no conquistado aún". ¿No resulta fácil ver aquí la cuota fija de pareceres respecto a una esencia mito-poética, que subyace como elemento primordial y rebelde, y a la que hay que descifrar para reencaminar la felicidad pública?

Pero, volvemos a decirlo con un lamento, lo nuestro no es agregar unas páginas más a estas literaturas de la alegoría argentino-pampeana. Elegimos, sí, comentarlas a muchas de ellas, para situarlas nuevamente en la trocha de las preguntas efectivas que contienen: ¿hay una posibilidad para el colectivo nacional de refundar la justicia sobre la base de una memoria argentina emancipada?, ¿hay una posibilidad de que esa memoria se encarne en grupos sociales y culturales que digan la novedad reparadora que nos merecemos?, ¿hay una posibilidad de que esta literatura del "barro americano" sea aliviada de su paralizado magma, para iluminar nuevas jornadas del pensar crítico, dialéctico y singularizado?, ¿hay una posibilidad de que los tejidos flotantes de estas teorías desacreditadas (no necesariamente por culpa de ellas) se entrelacen de otro modo y sin perder su cualidad de restos, den paso a una novedosa figura de la nación libertaria? Y el comentario que deberemos hacer para arribar a lo que aquí, no sin presunción, proclamamos como novedades filosóficas debe exigirse releer *de otro modo* los grandes textos de la sociedad argentina y de la revolución que le estaba señalada.

En el rumbo oscilante que trazan los textos, los perseguimos con un intento de comentario o de glosa —pobres figuras de las retóricas de la interpretación— que no por hacer permanente hincapié en la perplejidad que nos ofrecen dejan de insinuarnos ciertas proposiciones que nos permitirían trazar un atlas distinto de la cultura nacional. Distinto, pero que no reclama candidatura alguna a la ocurrencia novedosa. Nos pareció que era posible, entonces, vincular ciertos estilos del ensayismo argentino del siglo, según fueran siendo recibidos por autores que van actuando en épocas diversas y circunstancias sociales heterogéneas. ¿Qué hace que un estilo permanezca a pesar de esos momentos tan dispares? Si fuera posible identificar esas líneas de estilo, estaríamos ante figuraciones resistentes de la cultura social argentina, no síntomas de *arquetipos, invariantes* o *inconscientes colectivos*, sino voces internas que se obstinan en salir a luz continuamente con una dicción no enigmática pero intransigente a la interpretación.

Por eso pusimos en juego esta certeza en la identificación del modo en que van enlazándose los escritos de José María Ramos Mejía y de Ezequiel Martínez Estrada, no obstante la habitual ubicación del primero en los casilleros del positivismo, del evolucionismo o del darwinismo, y del otro, en los del vitalismo, del intuicionismo y del alegorismo, y cuando no del "irracionalismo". Pero es evidente que casi una similar idea de la continuidad entre lo inorgánico, lo fisiológico, lo orgánico y lo social, merced a un florido juego de simbolismos y asociaciones de recias imágenes, da el asombroso resultado de acercar textos escritos con propósitos y soportes tan diferentes. Es tan alegorista Ramos Mejía como fisiologista Martínez Estrada, en cuanto fijemos ambos conceptos como producto de un solaz retórico.

Este acercamiento, que puede reproducirse a propósito de cierto "darwinismo" del autor de *Radiografía de la Pampa* como de cierto "vitalismo" del autor de *Las multitudes argentinas* —sin contar que el mismo concepto de *multitudes,* ahora renacido, los ata irreversiblemente— sirve para difuminar los anaqueles establecidos en los cuales se incluyeron estos escritos, lo que impedía considerarlos en su múltiple papel de textos-voz-escritura-instituciones del pensar social. Y en ese sentido, instituciones informuladas de lo que era la disputa por el sentido de la revolución soñadamente justa y de la liberación declaradamente social y popular en la Argentina.

Tres

Este libro, *Restos pampeanos,* contiene así pedazos de escritos anteriores, prendidos unos en otros por distintos broches y bisagras. Por momentos, incluye o readapta ciertos artículos publicados en revistas como *El Ojo Mocho, Artefacto, La Escena Contemporánea* o *El Matadero.* Reposa también sobre el principio de la cita. Unas citas cuyas fronteras nunca son muy nítidas respecto al texto "propio". ¿Pero hay texto propio? No somos amigos de negarlo. *"Aquí quisimos escribir uno."* Pero, en medio de una maleza de citas. Nos gustaría exhibir todo conocimiento como si fuera todo de nosotros, pero eso no es posible. Nuestra conciencia está rellena —como estopa— de textos ajenos. Ellos salen cada vez, si son convocados o aun si no lo fueran. En este libro, están presentes con algo de ensañamiento. Como para hacer un libro siempre hay que invocar o dialogar previamente con muchos otros, en este caso hay una profusión de invocaciones y diálogos. Hubiera sido lindo escribir un libro con un tesoro personal de imágenes y oraciones no robadas de ningún otro anaquel. Pero no fue ese libro el que nos fue destinado. Incluso, al estar las citas como manchas de nicotina tenaces y que desobedecen a un régimen único de citación, no agradarán a quien desea repartir claramente las responsabilidades entre un propietario que convoca y las citas convocadas. Por eso, este libro ha alquilado innumerables citas; pero no pretende vivir de rentas. Ha usado las comillas y las bastardillas sin limitaciones pero también sin reglas. De algún modo, quisimos con esas citas "traídas a colación" indicar que este libro sólo es un recorrido espontáneo de lectura por otros escritos que se iban anteponiendo como mojones declarados de lectura. De ahí que fue escrito de un modo desesperante y nervioso, con un embrollo de muchos libros simultáneamente abiertos, unos sobre otros, en cierta orgía despatarrada.

El primer capítulo, ya dijimos, está dedicado a las vicisitudes de la idea de ciencia en la vida intelectual argentina. Pero la extensión con que amenazaba el tema fue circunscripta a algunos pocos autores que pertenecen al elenco oficial de la Argentina que se preparaba para un "animoso siglo XX". ¿Valió la pena tal esfuerzo? Macedonio Fernández, en un artículo juvenil en el periódico *La Montaña* titulado "La Desherencia "(1897) se preguntaba, precisamente al borde del siglo XX, cuál sería la herencia del siglo anterior a este, en términos de la discusión sobre la ciencia y el arte. "El siglo que suprimirá la herencia comenzará por heredar casi nada", se respondía el futuro autor de *No todo es vigilia la de los ojos abiertos.* Es una frase que podríamos repetir hoy, más de cien años después, agregando que nuevamente podemos hacer un balance apesadumbrado sobre la ciencia, pues le cuesta trascender el mero estadio de expresión de los poderes técnicos, no consigue evitar el menoscabo del acervo cultural universal, no admite autorreflexión sobre la depredación lingüística y otorga un halo de inmunidad a autoridades fugaces que gracias a ella creen que pueden declararse eternas.

El segundo capítulo, como también lo indicamos, está dedicado al ensayo argentino considerado como una de las realizaciones más persistentes e imaginativas de la cultura nacional. No solo pensamos aquí en el consabido Martínez Estrada, sino que le hemos dedicado especial importancia al drama intelectual de Carlos Astrada —que a su condición de ensayista filosófico une la de ser una desmedida figura trágica de la escena cultural argentina— y nos detuvimos con especial interés en la obra de Leopoldo Lugones, no con la agudeza y dedicación que hubiéramos querido, pero sí —esperamos— con el interés que cada generación le debe, *en términos de crítica, debate e interpretación*, al itinerario de este hombre tan complejo en sus veleidosas y patéticas aseveraciones. Haríamos mal en considerar que lo ocurrido alrededor de Lugones ha cesado en sus consecuencias, por más que aquella sociedad pertenecía aún a la época en que el intelectual —en su desgracia constitutiva, en la ambición de ser depositario de las potestades comunitarias— compartía el mismo plano existencial que se revelaba cuando la lengua política invocaba la figura de la *nación*. (Sobre Lugones, aún esperamos la aparición del estudio que le dedican Guillermo Korn y María Pía López, y sobre Carlos Astrada, el de Guillermo David.)

La nación y sus leyendas revolucionarias: este es precisamente el tema que nos ocupa en el capítulo tres (que es nuestro número: tres son los capítulos, en tres están divididos el prólogo y el epílogo), sin que hayamos quedado satisfechos en nuestro sobrevuelo sobre una cuestión cuya importancia todos la sabemos, aunque más no sea como acoso insidioso de la imaginación. La *figura de la nación* es una invocación de carácter filosófico, político e ideológico que cruza todo el ámbito del mundo moderno y particularmente en nuestro país ha sido —para citar a Otto Bauer, quizás el autor que más sutilmente trató el tema en el ámbito de la socialdemocracia alemana de principios del siglo XX— lo que *"despierta las más fuertes pasiones: para decenas de miles las naciones fueron y son un contenido vital; miles marcharon alegremente a la muerte por ellas; fueron ya la fuente de vida, ya la causa de muerte de las revoluciones más pujantes. Diciendo como el tendero: "¿Qué saco yo de ahí?", nadie se libra del poderoso efecto de esa gran ideología de masas"*. Estas palabras de Bauer son también palabras argentinas. Entre nosotros pudieron haber sido pronunciadas con esta misma inflexión de voz; y sabemos hasta qué punto, ya en el liminar de una nueva época (¿no tenemos derecho a decirlo?), aún nos falta una consideración más aguda de este crucial concepto de la política en donde está encerrado el secreto de las luchas sociales de casi todo el siglo —que se hacen visibles desde el golpe militar de 1930 hasta las insurgencias armadas que con una exhalación involuntariamente desdichada cruzaron el ciclo que se abrió con la caída del gobierno peronista al promediar la década del cincuenta, y que, con su tragedia, sellaron y monografiaron la vida colectiva durante más de dos décadas—.

Los hechos, nombres y figuras que en ese capítulo se mencionan, son entonces gajes de nuestros recuerdos. Están en los textos recientes (que sin exhaustivas pretensiones hemos vuelto a consultar) y, bajo forma de privación o ausencia, están presentes en la pregunta incesante por la política que aún nos absorbe y que, una y otra vez, nos obliga a preguntarnos por el *modo* en que ella instaura su ser. Si la política no está obligada a preguntarse por su propio ser instaurado en el mundo, es *política* esa misma pregunta cuando se hace a partir de la fuerte *comprensión* de la *ausencia de comprensión* del acto político en su *sí mismo*. La política no tiene ensimismamiento, *pero es político el ensimismamiento del Otro político* —¿se nos permiten las mayúsculas que van mencionando la alteridad?— *que recuerda aquella carencia sin dejar de asumirla en el propio gesto de señalarla.* ¿No es así la política lo que se sitúa en el interior de una averiguación, por el modo en que *no se produce lo que habría advenido y adviene lo que no debía producirse?* Hay en la política una insignia por la cual el acontecimiento ocurrido se escinde en lo que se deseaba anular, corregir o amplificar. Nunca lo que ocurre es lo debido y nunca dejan de actuar en él las posibilidades clausuradas. Si seguimos llamando política a aquello que revela la cuestión del gobierno (o sentido) de las cosas (o sujetos) no es porque encontremos allí la razón de la razón sino la impericia del ocurrir. Esa *torpeza ontológica del hecho* es el faro esencial de la política. Es con este dilema en ristre que escribimos este libro, y también este prólogo, que no sabe a ciencia cierta cómo es el libro que está prologando.

Largas conversaciones con David Viñas y León Rozitchner —en bares de Buenos Aires y a la salida no del cumplimiento de horarios laborales entrecortados por sirenas fabriles o gritos de emancipación como hubiéramos querido, sino de esos acontecimientos tan singulares que llevan nombres como *mesas redondas* o *paneles*, inciertas designaciones que de todos modos no impiden que vague la palabra afligida o denunciante— movieron páginas innúmeras de este libro. Nos referimos a lo que toda conversación tiene de cualidad inspiradora, en los recuerdos que deja, no solo del concepto principal, sino muchas veces de una interjección aislada, de un chascarrillo asesino que actúa como maleza al costado del argumento, pero que acaba fijándose en la memoria con la fuerza brutal de una verdad inesperada.

No menos prolongadas y anchas fueron las conversaciones con Fernando Solanas y Alcira Argumedo, que ya se extienden durante varias décadas, que no son excesivas para los países, pero sí lo son para las personas, pues tienen la carga agobiante de mostrarnos, con la debida impudicia, hasta qué punto somos hijos de una pasión oscura que nunca se ha consumado y que de esa falta de consumación obtiene el alimento esperanzado de los náufragos, que según hemos aprendido son los que siempre están dispuestos a decir que no podemos dejar de "perseverar en el ser". Como toda conversación, estas que mencionamos no podían estar ausentes de este libro, porque los libros no son más que sobras de conversaciones que reaparecen como mito quebradizo en las entrelíneas de las entrelíneas y en el rasguido casi imperceptible que se produce cuando una página se vuelve para dejar paso a las siguientes.

Quiero también pronunciar especialmente los nombres de Eduardo Rinesi, Christian Ferrer y Esteban Vernik, a quienes conocí al promediar la década del 80 en una Universidad Argentina que prometía lo que al cabo no iba a ofrecer, pero que no pudo evitar tener, y a pesar de ella seguir teniendo, estas evidencias elocuentes de que el oficio de pensar nunca se agota y siempre están los que perseveran en la maestría de su meditar y en la sutileza de su decir. Christian Ferrer, con su alquimia del verbo y sus miniaturas conmovedoras; Eduardo Rinesi, con su honda y risueña mirada política de ajedrecista de las teorías; Esteban Vernik, con su llamado a redescubrir el fervor oscuro de los pensamientos, permiten suponer que no ha de cesar la convocatoria del pensar críticamente ataviado.

Mis compañeros de las improbables cátedras universitarias de Buenos Aires, La Plata y Rosario (Bibiana del Brutto, Luly Geary, Walter Aquino, Laura Giardini, Jack Nahmías, Facundo Martínez, Gerardo Fuksman, Cecilia Sosa, Gabriel Martínez); de *El Ojo Mocho* (creo haberlos mencionado a todos en otros lugares de este libro, salvo al reservado y sutil Emilio Bernini y a Jung Ha Kang, intelectual argentina, promisorio obsequio de Oriente) y del *Seminario de los sábados* (Sebastián Carassai, Lisandro Kahan, Valentina Salvi, Gabriela Antonowicz, Alejandro Bonvecchi, Andrea Campetella, Candelaria Garay, Silvina Chiesa, Karina Casella, Rodrigo Daskal, Graciela Ferrás, Ariel Luccarini, María Mancuso, Luciana Valle Larrandart, Delfina Molina y Vedia, Carolina Livingston, Damián y Paula) saben también hasta qué punto los temas comunes, los pedazos partidos de reuniones y de charlas ocasionales e inocasionales, están aquí conspirativamente presentes. Y porque los libros surgen de los bares no quiero olvidarme tontamente de los compañeros de holganza de *La Giralda* y *La Cigüeña,* sede también de conversaciones con Daniel Scarfó o Lucas Rozenmacher —uno, ensayista de literaturas de âbandono, el otro, poeta ojival y jovial— cuyas apariciones repentinas o fugaces siempre dejan el sabor de una frase perdurable que nos da a pensar. Por todo ello, llamamos a este prólogo *desengaño y evocación*, porque no podemos dejar de pensar que es pobre nuestra vida en relación a lo que nos propusimos, pero que es pródiga, muy pródiga en relación a lo que nos ofrece la vanidosa memoria.

Capítulo 1

(HECHOS DEL POSITIVISMO: LA CIENCIA DE LOS SIGNOS)

El hermano de Lautréamont (un caso del doctor Ingenieros)

"Joven de origen incierto, cree haber nacido en Montevideo..." Así comienza una memoria psiquiátrica escrita por José Ingenieros alrededor de 1900, y publicada en el libro *Simulación de la locura* hacia 1903. Las líneas que aquí escribe Ingenieros tienen una significación singular, y más valdría reproducirlas en su totalidad. Pero antes conviene advertir sobre algunos mecanismos y aristas de los textos, precisamente en lo que hace a su "reproducción" por la vía de la cita. Suele suceder que los escritos guardan entre sí cierta celosía. Apenas comenzamos a escribir, ya estamos dando escape a un entusiasmo íntimo, al arrobo de la frase consigo misma, a un deleite por lo que creemos que es una dicción propia. Y por consiguiente, al secreto afán de diferenciarnos de las frases ajenas, que parecen emanadas de otro tiempo, de otro designio o de otro ánimo. Esas serían las riesgosas frases forasteras que conviven con las nuestras en una incómoda proximidad.

De esa candorosa egolatría, que es la que "cuida" las oraciones, surgirá un encadenado de sentencias que, según deseamos creer, serían piedras preciosas no existentes en ningún otro lugar. Pero esos "otros lugares", que de existir amenazarían nuestra idealizada originalidad, suelen ser obcecados. Porque todo escrito está siempre rodeado por océanos insondables, esos infinitos escritos ajenos que parecen no tener autor ni tiempo. Pero un día descubrimos que casi siempre se puede señalar el tiempo y el lugar de cualquier texto y el autor que lo había dado al mundo.

Algo de esto representa el enigma de los textos, pues lo iniciado como escritura puede tener *celos* de lo anteriormente escrito. Y muy poco puede hacerse para disminuir este sentimiento, pues no puede ser tranquilizador que la escritura nueva se imagine, como suele suceder, en un ilusorio tiempo presente y soberano, referido solo a sí mismo. Fatalmente, lo escrito precedentemente, en el tropel de las épocas ya transcurridas, no pasa mucho tiempo sin que lo descubramos vivo. Y esas palabras anteriores, aunque parecían un sedimento grisáceo y disperso, comienzan a despuntar activas. Persistían en nosotros sin que lo supiéramos, y además no reclamaban ser citadas, ni exigían "derecho de autor", tan seguras estaban de que alguna vez abandonarían el maremágnum de textos en el que habitaban anónimas. Y entonces, se dedicarían a apestar a las demás frases que ensoñaban ser jefas supremas de ellas mismas. No hacemos otra cosa que descubrir, sin cesar, que las letras dormidas suelen precisar muy poco de nosotros —apenas de nuestra ingenua propensión a la cita— para revelarse de nuevo sobre la actualidad.

Por eso, *lo ya escrito* es una voz que estaba a la espera —soberana, indestructible— para ser *alzada* a nuestro texto. ¿Pero cómo haríamos esto? Alzar es cuestión de procedimientos. A veces, practicamos una glosa del escrito anterior, para mostrarlo sin ceder tanto a su potencia, y manifestarlo muy tenue detrás de tules, mientras nos movemos muy quedos por la fachada complaciente de nuestro propio lenguaje. Esos tules son los comentarios con que lo rodeamos. En realidad, lo que hacemos es hablar en paralelo, al ras de una vida previa de vocablos. Nos convertimos en casi gemelos de algo ya escrito. Pero a veces, dejamos que hable el texto citado sin cortapisas. ¿Para mostrar su fuerza, su delirio, su desfachatez, su capacidad de hablar por sí mismo, o, como se dice, para dejar que se hunda solo? Quizás. Entonces, superamos aquí la glosa para mostrar esa materia primera tal cual es, decididos a no interferir esas palabras precursoras subyacentes. Las exhibimos sin intercesores.

Citamos entonces todo lo anteriormente escrito en su rellena extensión. Lo hacemos para significar la sorpresa de que algo extraño e insuperable alguna vez se haya escrito, una perla sorprendente que asombra con solo mostrarla. Y mostrarla, así, sin glosa, sin interpretación o crítica. Y si la insigne glosa no concurre a rescatarnos, nuestra derrota puede ser presentada, en consuelo, como un homenaje a la literatura, a la que si fracasamos en parafrasear al menos dejamos intacta, a la vista, con solo reponer algunos de sus momentos iluminados sin retoques ni preámbulos.

Pero si la cita feliz ocurre, el lector deberá realizar entonces *esa maniobra* que a veces se ejecuta con cierto fastidio: trasladar mentalmente el acompañamiento de nuestra voz *portadora* —a la que él venía siguiendo— hacia la voz nueva, invitada, que de repente ha sido hospedada en los pliegues de nuestro texto. Pasa de estar en manos de un acento (el nuestro) en el que ya confiaba —o por lo menos se resignaba a aceptar— a otro ajeno, que ha sido inopinadamente convidado y que rasga lo anterior con otras inflexiones y coloridos. ¡Y mucho más si era un lenguaje verdaderamente originario, solicitado en virtud de su autoridad, su frescura o su perspicacia! Es posible que los citadores nunca hayan pensado en el *gasto* espiritual que eso significa para los lectores. Pero los citadores somos todos nosotros y los lectores somos también *todos nosotros.* Creen los citadores que son suficientes un par de comillas, las mecanizadas bastardillas o tal o cual recurso tipográfico para indicar que estamos entrando en el extravagante dominio *de las palabras dentro de las palabras.* ¿Pero alguien piensa que eso basta? Porque la escritura citada puede ser un glorioso lastre que con su destructora energía arrastre al precipicio todo lo demás. Frente a este cruce invisible y a veces mortal sobre el abismo, ¿cuál será nuestro partido?

Recordamos viejas tipografías donde la cita exigía la reiteración vertical de las comillas, con lo cual el trecho citado sobresalía del conjunto de la página por su diferente presencia, como si tuviera un pelaje distinto, contenido por ese par de aspas que se asemejan a ujieres y escoltas que tutelan cada comienzo y cada cierre de línea. Se precipitaban texto abajo, celosos de que ningún renglón quede sin su guarda, que anunciaba que estaban allí a préstamo. El aspecto de lo impreso denunciaba entonces que se había producido una fuerte intromisión. Pero siempre es posible decir que esa intromisión era cuidadosamente seleccionada; y cuando la elección era feliz, quizás con esa "cita" estábamos rescatando un parágrafo, una frase o incluso una palabra, que estaba perdida en vecindades nebulosas, esperando que un desguace las salvara de esa atmósfera borrosa que las rodeaba.

Haremos nuestra prueba con las anotaciones que deja José Ingenieros en lo que denomina "Observación V", un caso psicopatológico incluido en *La simulación de la locura.* Transcribiremos este trecho —esta "observación"— en toda su extensión. Sobre este rico e insólito material, en el siguiente turno, *nuestro* turno, comenzarán a fluir otros parágrafos, "los nuestros...". Y ahí puede estar la glosa, seguida de opinión o, quizás, de ciertas meditaciones, si es que estas son algo más que glosas que dislocan levemente un significado anterior.

A continuación, lo que fue escrito por José Ingenieros hace casi un siglo. Lo citamos haciendo uso de las bastardillas y un modesto par de comillas al comenzar y al finalizar la citación.

"Observación V- Delirio parcial determinado por sugestión. Joven de origen incierto; cree haber nacido en Montevideo. Tuvo adolescencia accidentada, viviendo, por fuerza, vida bohemia, no careciendo de *alguna* inteligencia y cultura. Como resultante de ella tiene preocupaciones de índole literaria, no careciendo de alguna inteligencia y cultura.

A principios de 1898, deseando conocer a algunas personalidades literarias de Buenos Aires, llegó a ser presentado al poeta Rubén Darío. Manifestó ser nuevo en la ciudad; le narró sus aventuras de adolescente, exagerándolas en forma novelesca. Sorprendido Darío por la nebulosa fantasía del joven y su aspecto neuropático, nos invitó a conocerle, considerando que podría ser caso para observaciones psicopatológicas. Acordamos sugerirle algunas ideas novelescas e inverosímiles relacionadas con su propia persona, para estudiar su susceptibilidad a la sugestión.

De común acuerdo escogimos lo siguiente. Hace algunos años, publicose en Francia un libro interesante y original, titulado *Chants de Maldoror*, cuya paternidad se atribuyó a un conde de Lautréamont, que se decía fallecido en un hospicio de alienados, en Bélgica. Como se dudara fuese otra la paternidad legítima del libro, el escritor Léon Bloy publicó diversos datos sobre el supuesto autor, afirmando que había nacido en Montevideo, siendo hijo de un ex cónsul de Francia en esa ciudad. Sin embargo, algunas investigaciones practicadas al respecto no confirmaron jamás la especie fraguada en el *Mercure de France*.

Con ese precedente, Rubén Darío hizo observar al joven psicópata su parecido físico con el conde de Lautréamont, de quien Bloy había publicado un retrato. Le manifestó, también, la sospecha de que, por algún embrollo de familia, ambos debían de ser hermanos.

Halagado por la perspectiva de una fraternidad que consideraba muy honrosa, e insistentemente sugestionado por nuestras discretas insinuaciones, el joven admitió la posibilidad del hecho, luego lo creyó probable, más tarde real, y, por fin, ostentó como un título su condición de hermano natural del imaginario conde de Lautréamont.

Esta idea delirante comenzó a sistematizarse en su cerebro y llegó hasta hacerse inventar la siguiente explicación: recordaba haber visto, en la infancia, que su madre recibía visitas demasiado íntimas de un señor muy rico, francés, sumamente parecido a su pretendido hermano y a él mismo; ese hombre debía de ser, sin duda, el cónsul francés a quien se suponía padre de ambos. Las relaciones de su madre con ese señor eran anteriores a su nacimiento; este hecho había sido, precisamente, la causa de que su padre y su madre vivieran separados. Él debía de ser, pues, hijo natural del cónsul francés y hermano del conde de Lautréamont por parte de padre.

Sin insistir sobre cierta anomalía moral necesaria para urdir semejante novela, poniendo en juego la virtud de su propia madre, diremos que semejante delirio valió al sujeto algunas burlas, cada vez menos discretas.

Comprendiéndolo así, convinimos con Rubén Darío en la necesidad de desugestionarlo; le hicimos con mucha dificultad reconstruir el proceso de autosugestión por que había pasado desde cuando le indujimos esa idea delirante, y el enfermo curó, gracias en parte a la sabia terapéutica del ridículo. Han transcurrido varios años y no ha vuelto a presentar síntomas de ese delirio inducido por sugestión."

El lector contemporáneo de los párrafos que acabamos de copiar —teñidos de los resecos modismos del informe clínico— debería debatirse entre los sentimientos de sorpresa, desagrado o indignación. ¿Esto era una ciencia? ¿Así se fundaba un conocimiento basado en "investigación científica aplicada a casos particulares"? ¿De este modo se pretendía estudiar un ámbito tan provocante de significados como esa "locura simulada"? Porque si se entiende bien este relato, Ingenieros dice que acordó con Rubén Darío *sugerirle* a ese pobre infeliz de "origen incierto" algunas ideas novelescas e inverosímiles. La sugestión partió, pues, del médico y del poeta, por lo que una simple lectura del "caso" deja serias dudas sobre la supuesta "anomalía moral" del joven. La única evidencia con la que cuenta Ingenieros es que Rubén Darío juzgó que tenía aspecto neuropático y nebulosa fantasía. La "ciencia" comenzaba así por la conjetura afiebrada del autor de *Los raros*, y sobre esa frágil certidumbre los "científicos" acrecentaban las mismas anomalías que después se lanzarían a investigar. En verdad, el centro de la cuestión lo constituye la creencia de Ingenieros y de Darío de que la historia de Lautréamont había sido fraguada por el *Mercure de France*.

Por eso, todo el episodio, que semeja contener los maquinales modismos de la literatura médica y psiquiátrica del momento, también se corresponde con una jugarreta de señoritos que parecen querer reproducir en el Río de la Plata la bufonada literaria que Ingenieros le atribuye al periódico francés. Sin embargo, Rubén Darío es más prudente respecto a la "especie fraguada" por el *Mercure...*, pues no duda de que el autor es alguien que se hacía llamar Lautréamont, aunque... *"¿quién sabe nada de la verdad de esa vida sombría, pesadilla tal vez de algún triste ángel a quien martiriza en el empíreo el recuerdo del celeste Lucifer?"*. Así presenta el asunto en *Los raros*, atribuyéndose haber hecho conocer a Lautréamont en América. El nicaragüense juzga los *Cantos de Maldoror* como "un libro diabólico y extraño, burlón y aullante, cruel y penoso; un libro en que se oyen a un tiempo mismo los gemidos del Dolor y los siniestros cascabeles de la Locura". Y en ese juicio, ya se define el compromiso de esa verbalidad del simbolismo cubierta de hechizos —la expresión *simbolismo*, concisa pero versátil, es Darío quien la emplea— con los temas de la psicopatología del arte que el joven Ingenieros procura en "la progenie de Ulises". No solo el dolor y la locura, para Darío, habitaban en los *Cantos de Maldoror*, ya que no había que descartar que su autor fuera un poseso. Ciertos casos de locura, ya clasificados por la ciencia con nombres técnicos en el catálogo de las enfermedades nerviosas, eran y son vistos por los sacerdotes como casos en los cuales se reclama el exorcismo. ¿Es "simple locura" lo que se lee en *Cantos de Maldoror*? Darío parece creer que "se trata de un loco", aunque concede que esa locura pueda provenir de la misma materia divina, con lo que un dictamen psiquiátrico revelaría prontamente su inanidad.

Sin embargo, a pesar de la perspicacia de Darío, está en juego el dilema recóndito del parentesco entre locura y literatura. Y si se acepta que esta puede provenir de aquella, siempre estaría al acecho el juicio de la ciencia, que puede devolver o remitir a un bastidor lógico los itinerarios de un desvarío. El autor de *Los raros* está contemplando el límite entre *rareza* y *locura* y acaso no sabe tratarlo. La *rareza* a la que alude Darío puede aflorar cuando retrata a Poe como "uno de esos divinos semilocos necesarios para el progreso humano", como un "cristo del arte" o "un cisne desdichado que ha conocido el ensueño y la muerte". Y entonces entendemos que lo *raro* es una cualidad definida por el arte cuando este posee un fulgor ensimismado, no una locura plena sino el cortejar una locura. Una locura ensayada con cisnes o cristos lóbregamente lúcidos y gimientes, pues la comprensión de lo bello queda vedada si no se posee una disposición para lo doliente, lo sublime. De ahí que lo raro *es* el arte visto por el burgués que no discierne sobre esa extraña materia que trastorna, pero *rara* es la esencia misma del arte siempre destinada a desquiciar armonías preliminares. El arte *parece locura pero no lo es.*

Es así que Rubén Darío, al suponer que no le competía traspasar ese límite —aunque sí corretear a lo largo de toda su extensión—, traza una semblanza amigable de ese devocionario simbólico de Lautréamont y coquetea con el alma de la locura a la manera modernista, es decir, retozando sobre la "sublime amenaza" de los poetas cuando por fin proclaman ante el buen ciudadano que es necesario cuidarse, pues las palabras son peligrosas. Por la misma razón, y porque no se equivocaba al suponer que en el libro se "oían aullidos", también exploraba la materia amenazadora que el propio Lautréamont había cultivado: *advertir que hay cosas que no cualquiera puede leer.* Es una advertencia que se halla incluida por el propio autor de *Cantos de Maldoror* como pórtico de todo lo que va a decir. *Las emanaciones mortales de este libro impregnarían sin remedio tu alma candorosa, lector.* Este enunciado agita una suposición protectora pero en realidad convoca con el sabor furtivo de lo endemoniado, y forma parte de la recreación de un lector necesario, ese que juega con los jirones de su responsabilidad frente al abismo, y especialmente el que prosigue su faena "a pesar" de que fue avisado sobre el riesgo de esa travesía por florestas de ponzoña.

Rubén Darío, como en una mermada resonancia, también dirá de

Lautréamont: "no aconsejaré yo a la juventud que abreve en estas aguas negras". ¿Era por eso que podía convertirse en represalia psiquiátrica la quimera del muchacho de Montevideo que llegaba a Buenos Aires deseando ser presentado "a las personalidades literarias" de la otra orilla? ¡Pero él no había leído a Lautréamont, y el *parecido* físico es invocado por los timadores solo para proseguir su plan literario de juerga científica! No podría insistirse lo suficiente en el hecho de que Lautréamont está en el origen y en el desenlace del pensar psicopatológico en la Argentina. Si Ingenieros hacía del delirio un juego estetizante, y ponía a Lautréamont como desencadenante catártico de un modo que colindaba con la broma siniestra, muchos años después, Enrique Pichon Rivière invocaba el nombre del autor de *Cantos de Maldoror* como sinónimo de un "complejo reprimido por su tiempo", a partir de lo cual "el surrealismo sería el síntoma en el que se expresaba, de modo necesariamente deformado, ese núcleo oscuro y siniestro que exponía el inconsciente de una época". (Estamos citando el capítulo "Enrique Pichon Rivière, psiquiatría, psicoanálisis, poesía", del libro *Aventuras de Freud en el país de los argentinos*, de Hugo Vezzetti, 1996.) De un modo o de otro, el nombre del misterioso poeta encerraba en dos épocas muy diferentes, "una vez como farsa y otra vez como tragedia", las borrosas posibilidades del pensar psiquiátrico argentino.

En ambos casos, son las insinuaciones del *simbolismo*, que entre sus oscuras promesas encierra las posibilidades de un pensamiento de la cura, en su aspecto burlesco o en su coronación surrealista. El *simbolismo*, así, podría ser el nombre que enhebrase los estilos y actitudes de una escritura y una terapéutica, porque se presentaría en nombre de la necesidad de mantener un altanero desdén con el lector o con el sujeto "delirante". Lo que también sería un *necesario desdén*, para que de un libro se "oigan los bramidos" como de un pobre diablo se oyen sus extravíos inducidos por los mismos médicos trastornados. Este desprecio por lo mismo que se anhela (desprecio del "lector paciente" que no oye, conquista del lector insano que se convulsiona a la par del escrito) compone una de las pasiones del simbolismo. Se podría decir que para los simbolistas cualquier núcleo sensible de la vida sólo puede expresarse por infinitas transposiciones imaginarias que van diluyendo el sentido inicial de una experiencia. Lo real sin más, despojado de atavíos y de símbolos, es una experiencia trascendental pero extraviada. Los inicios de la realidad se han disipado y recobrarlos es tarea del artificio y los chispazos de símbolos. Y entonces, si hay experiencia, es porque ella solo puede anunciarse con un eco enmascarado de una experiencia desaparecida. Ese "origen perdido" sostiene como vacío la danza de todas las máscaras que buscan interrogar el desierto originario. Pero además, al surgir de ese mismo anhelo de búsqueda, todas las máscaras resultan equivalentes.

Y en ese juego de equivalencias entre disfraces, donde nada puede escapar del embozo, resta apenas la poesía. Es la poesía la que debe descifrar en la correspondencia entre máscaras la existencia previa de una naturaleza sensorial única y originaria, que forma parte de nuestros deseos primitivos y que incesantemente se nos escapa. El poeta —el poeta simbolista— actuará frente a esa huida del significado final de la naturaleza. Mientras el burgués es indiferente frente a esa fuga, el poeta buscará *traducir* colores, sonidos, voces, texturas, impresiones personales, gritos, perfumes, nombres y chillidos para buscar en una ley de equivalencias la forma final del mundo sensitivo. Si alguna vez llega será cuidando de hacer del lenguaje un recurso de investigación de los símbolos, cosas vivientes personalizadas en las que viven ajenas, extrañadas, las vidas remotas que alguna vez nos habrían pertenecido. La incógnita sobre aquellas formas tan distantes es la serena desesperación del poeta.

De modo que toda realidad sensorial está encubierta y la interpretación solo puede ser un juego con las fuerzas del mal, que impedirían la interpretación, a no ser que el propio poeta —paladín de la transcripción del mundo cifrado— desentrañe signos fugitivos con el poderoso artificio de convertirse él mismo en la encarnación del Mal. El simbolismo es un orden poético que trabaja demorando la comprensión de *algo*, pero en esa demora está la verdadera comprensión. O si no, el simbolismo es un sistema que lleva a la comprensión de *algo*, a través de penetrar en su verdadera naturaleza invisible, escoria fundamental donde el mundo hiere y ciega, dejándonos sin sentido: por eso la interpretación *total* equivale a ingerir un veneno, y por eso la advertencia al lector, ese *no leer lo peligroso*, porque en la ensoñación máxima del poeta simbolista la literatura es coquetería, veneno y rareza. Lo sería también para aquel que venía de la ciudad montevideana —como sabemos, el *autre mont* de Lautréamont— hacia el Buenos Aires modernista, como apenas seis o siete años antes había llegado Lugones, a quien sin embargo Rubén Darío no somete a una terapia del burlesco, aunque lo encuentra "parecido" a Poe.

Y bien, como lo afirma Ingenieros en su citada memoria psiquiátrica, había sido Léon Bloy el que había dado a conocer el libro de Lautréamont, comparándolo favorablemente con las "letanías satánicas" de *Las flores del mal*; otros comentaristas posteriores como Remy de Gourmont se detuvieron sobre él, y debe considerarse el interés despertado en Alfred Jarry, algunos años antes de que el tema quedara en manos de Breton y los surrealistas, o posteriormente de Lacan o de Pichon Rivière, y de tantos otros. Pero el debate no descansaba en la autenticidad del escrito —de cuya paternidad solo Ingenieros, que no Rubén Darío, parece dudar— sino en las extraordinarias perspectivas estéticas que insinuaba. Pero para los dos "modernistas en operaciones", *además* fue ocasión de un señuelo moral o de una estafa espiritual —como se quiera— tendida a un joven que ambicionaba la poesía. Con una excusa "científica" y utilizando la dudosa categoría de "delirio parcial determinado por sugestión" para explicar un acto provocado por ellos mismos, como surge muy claramente del relato, se lanzan a practicar luego una humorística "terapia del ridículo", que no parece pasar de un divertimento aristocrático pero que Ingenieros era capaz de considerar en su repertorio de fórmulas de diversión científica. ¿Acaso no se hallaba esa *terapia* en el irónico corazón de este método, que por partes iguales implicaba la risa de los superhombres fumistas y el embarazoso problema de la relación de los símbolos con la actividad de una ciencia? Los fumistas eran la más mordaz versión de la burla contra el inferior o el desvalido, y por lo tanto la ciencia que los estudiaba estaba destinada a descubrirse ella misma como una literatura juglaresca.

Sin duda, la *terapia del ridículo* que el poeta nicaragüense y el médico argentino inflige sobre el incauto montevideano que aspiraba al lazo sanguíneo con Lautréamont se vinculaba con "la risa terapéutica", mentada en *Elogio de la risa,* un escrito de título erasmiano publicado por Ingenieros bajo su propio nombre en *Crónicas de viaje* y fechado en 1905. Pero ya había tenido una anterior publicidad bajo el pseudónimo de Hermenio Simel, en *La simulación en la lucha por la vida,* libro este en que sugiere que el uso de pseudónimo indica también la presencia "del simulador astuto", del cual... "no podemos detenernos en el análisis". No cabe duda de que ese *punto* en el cual Ingenieros "no se detiene para analizar" es la cúspide de su juego basado en construir una obra científica destinada a revelar valores virtuosos con los que la propia obra no cumple, o a analizar situaciones de mala fe que la obra contiene sutilmente en su propia obsesión interna.

Y no solamente por la situación más que obvia que insinúan estas paradojas, que un ojo tan penetrante y olvidado como el de Ramón Doll —sin duda, polémica figura— indicaría a propósito de su desenfadada diatriba contra Aníbal Ponce, del cual dice que "si resultó víctima de alguien, lo fue de las fumisterías de un travieso meridional como Ingenieros que en mala hora hizo que dejara el laboratorio de patología experimental donde pinchaba ranas y conejos y anotaba el tiempo de reacción de las alumnas de Instituto (...) y lo convenció de que podía ser el Lunatcharsky americano" (Ramón Doll, *Aníbal Ponce, el pobre hombre,* 1939). Doll ha percibido que el concepto de fumista, que Ingenieros toma de la psiquiatría francesa como emblema del simulador con personalidad artística de índole zarathustriana —como ese Lemine Terrieux, el "gran simulador científico" que había presentado a la Academia de Ciencias de Francia una memoria para evitar los accidentes ferroviarios y cuyo nombre sonaba a Le

Misterieux—, es una cazuela maliciosa de la cual salen toda clase de saetas que vuelven hacia el propio autor del escrito. Porque José Ingenieros, que había retocado su apellido italiano, esgrime un tema con el cual se invoca permanentemente a sí mismo. Su obra emana así del avatar de una autoconsciencia. Es el indicio mismo de una culpabilidad sigilosa. Surge la obra de su propia culpa como autor de los mismos actos anómalos que "clasifica". Estos actos, considerados viciosos por la ciencia, sin embargo quedarán timbrados por el esotérico ideal de una "vida artística".

Su obra se abre en pequeñas fisuras que se reiteran por doquier, por las cuales sabemos que en ese vacuo que se produce —y que el autor se niega a explorar— yace él mismo como recipiente irónico e intérprete eminente de los mismos desvíos que intenta enmendar. Con espíritu burlón, llama la atención sobre sí mismo para poner por encima de la ciencia un plano de significados donde lo que sería una "verdadera obra" solo podría hacer excepciones para mostrar que asume en ella lo mismo que se obliga a conjurar. Guiña el ojo a los entendidos para sugerir voluptuosamente que esas categorías científicas que derraman su vigencia sobre un plano subordinado de la realidad y denuncian un tipo de conciencia moral fraudulenta que afecta la veracidad de los emprendimientos serían imposibles de aplicar intramuros, *en ese mundo de los señores*. Los degustadores y sibaritas de los textos, satisfechos. Deben interpretar las entrelíneas de una excepcionalidad, esa contraseña que los identifica como *gourmets* de la literatura y de la vida al mismo tiempo. Sylvia Molloy "hace notar, y esto es fundamental, y se puede leer en Arlt, la coincidencia entre el esquema del titeo y la 'terapia' de varios casos clínicos descriptos por Ingenieros". (El entrecomillado corresponde al libro de Josefina Ludmer, *El cuerpo del delito*, 1999, que a su vez cita a Sylvia Molloy en "Diagnósticos del Fin de Siglo", artículo en el libro *Cultura y Tercer Mundo*, compilado por Beatriz González Stephan, 1996.)

Con esta equivalencia entre burla y cura, Ingenieros disemina su obra de semillas rebeldes, en las que el autor busca ser descubierto en la clandestinidad que él elabora, arrojando signos trastornados detrás de los propios signos de su escritura. Como amante, cómplice y creador de las mismas situaciones a las que trata con adustez científica, está siempre a punto de desplomar el edificio que construye, cuya endeblez no le quita interés, sino al contrario, le agrega el atractivo de una ciencia que de entrada se invalida dando secreto curso a un armazón moral para elegidos, por la simple razón de que mantiene en su poder el *artificio de doblez* que en otro plano condena. ¿Acaso no podría entenderse que en el plano artístico —en las existencias de arte— está validado ese ardid que solo podría ser condenado cuando desean emplearlo las existencias oscuras?

Aún más: ¿no podría decirse que querer emplear *voluntariamente* la simulación para beneficios inmediatos es lo que caracteriza la condición subalterna, mientras que la simulación como introspección involuntaria del hombre cultivado, que la expresa para ironizar sobre los actos del vivir, constituye precisamente la vida en señorío? Incluso, en opinión de Hugo Vezzetti, llegaría a representar como exponente de una estetización radical "el papel sorprendente de un alienista que desemboca en un elogio a la locura" (Hugo Vezzetti, en *Aventuras de Freud en el país de los argentinos*, comentando el artículo de Ingenieros "Los amantes sublimes", 1905).

Con estos odiosos ingredientes "góticos" —ojivas sublimes para las conciencias celestiales y moral dictaminada como obligatoria para los que se arrastran en el fango de la sobrevivencia— se fundó una ciencia en la Argentina, poniéndose un nombre por el cual perduraría. Pero ese nombre, al mentarse *positivista* y realizar su batalla contra lo que parecía informulado o huidizo respecto al mundo fáctico, no dejaba entrever adecuadamente que se estaba frente a un raro conocimiento moral. Era el conocimiento moral que se envanecía en descubrir una conducta elevada en los festones del bribón, del astuto o del perillán. Porque lo que se estaba fundando, en verdad, era la persistente imposibilidad de crear ciencias al margen de la ideación de lenguajes, que en la particularidad vital que expresaban —biografías de seres reales, o partes intangibles de una historia de vida— siempre agrietan sin remedio todo cuanto se dice en tono genérico, verificado y juicioso. Y contra el juicio, actuaban contraponiendo la fatalidad de un *hic et nunc* singular, alegre de provocarse una catástrofe a sí mismo.

Entonces, de lo invisible de una obra que conspira con elegancia contra ella misma surgen definiciones como las del "hombre de carácter", el *meneur*, el *leader*, el conductor, esos gladiadores sobreimprimidos en la masa, que en "la división del carácter social" —y aquí una temprana cita de Émile Durkheim— cumplen el papel de un Juan Moreira, arquetipo literario, atávico y superado, es cierto, pero que puede ensanchar la pobre imaginación de los menesterosos de espíritu. Al cabo, nadie puede estar despojado del acoso de la simulación, y si es verdad que esta enraíza lo humano en una suerte de menoscabo ontológico, de inmediato se percibe que *la simulación es inherente al ser*, una nota esencial de sus actos en el mundo, aunque algunos puedan darle un carácter artístico y otros utilitario, siendo estos los que no pueden vivir fuera de las condiciones generales marcadas por el rigor del medio social.

El *fumista* se halla así en la entraña misma de esta "estética curativa", que produce falsías de raigambre artística pero en nombre de remediarlas con una manipulación lúdica. La idea de una *psiche ludens* retrata una homología entre la materia sobre la que se abalanza el médico de almas y el propio método que el médico emplea. En cuanto a la primera, el papel que cumple el rostro es fundamental, pues es el campo de prueba de distintos actos de encubrimiento. Mas no a la manera del "retrato del alma" del romanticismo, sino al contrario, como semblantes cerrados a la significación primera. (Ingenieros se muestra escéptico con la idea de Schopenhauer, respecto a que el rostro "es un jeroglífico cuyo alfabeto llevamos en nosotros mismos".) Y esos semblantes del simulador, cuyo jeroglífico rechaza interpretaciones lineales, introducen la relación de la literatura con la ciencia, esto es, lo que al fin funda el rostro como semblante interpretable tan solo si el médico se homologa a ese zumo fabricado de amagos y falsías.

Corriendo el año 1902, Ingenieros escribe un estudio sobre la novela *Libro extraño* del médico Francisco Sicardi, del cual la última parte se titulaba "Hacia la justicia". ¿De qué trataba la novela? En palabras del propio Ingenieros, Sicardi ponía en acción a *una turba anarquista que evoca a la de "Germinal" y católicos que invitan a recordar las escenas de "Lourdes".* Ambas, muy leídas novelas de Émile Zola.

Ingenieros propone una intencionada ironía: dice en su artículo que "para no perjudicarlo" omitirá el nombre del médico que había escrito el libro. ¿Ante quién debía ocultarse el nombre de Sicardi? *Entendemos: ante la opinión de los necios que no concebían la magna fusión entre literatura y medicina, propia de la ciudad innovadora y de un mundanismo desenfadado.* Esos torpes no se privarían de soltar estigmas contra el médico literato, que —en la befa de Ingenieros— había que "proteger" no declarando su identidad. ¿Pero en el país de Argerich, Rawson, Wilde y Ramos Mejía eran necesarias tales cautelas? Es evidente que Ingenieros exagera la maledicencia que afloraba del "estrecho horizonte mental de la opinión pública", y lo hace para tener una útil argucia a mano. Con ella facilitaría la explicación de una estilística novedosa e inaplazable, que precisaba abultar los fastidios de la tosquedad aldeana. Porque es propio de los idearios que emergen buscar pavonearse con la urgencia de un combate que será más "modernista" y se engalanará de mayores brillos para aplastar la resistencia, cuanto más peligrosa y exaltada se pinte la acción de los hombres obtusos. *Y el ideario consistía en ver la ciencia, el arte y la filosofía como tres dependencias de un único árbol de la imaginación. Dependencias que, separadas antes, eran ahora recombinadas nuevamente.* Pero toda la maniobra percibida panorámicamente indicaba una y otra vez que Ingenieros presenta todo el caso bajo el signo del encubrimiento: como la acusada es la tosca opinión pública, la sutileza sensual consiste en emboscar el nombre del médico que pecó con su aventura literaria.

Pero por otra parte, el acontecimiento encajaba en un programa de federación y encrucijada de conocimientos. Comportaba un gran atrevimiento, pues englobaba las cláusulas antiguas del conocer —arte y ciencia— bajo el grito de guerra de una *nueva crítica.* Pues si el destino del arte y la ciencia era el de encontrar una razón integradora, eso iría a revelarse en las palabras vírgenes que uncirían tales fusiones. ¿Y de dónde, sino del territorio de una nueva crítica, podría emanar la responsabilidad de esas palabras? Faltaba, en todo caso, dilucidar el alcance, y, por decirlo así, la promesa de esta nueva crítica. Escribe Ingenieros en *La psicopatología en el arte,* conferencia pronunciada en 1899 en el Centro de Estudiantes de Medicina: "*si los artistas han interpretado caracteres humanos, la crítica de éstos puede hacerse con el concurso de la psicología; y si esos caracteres no son normales, entrando como Lear a los dominios de lo patológico, o manteniéndose en sus fronteras como la Gabler, será de provecho oír el juicio de la patología mental para valorar sus méritos*".

Crítica y arte mancomunados: el médico debía actuar "más allá de la aplicación de oportunos enteroclismos o insaciables ventosas". Si en cambio eligiese una estrecha "especialización", se vería constreñido al punto de que su vocación literaria apenas se expresaría luego en una simple receta de *jaborandi* o *calomelanos.* El sarcasmo de Ingenieros se proponía pintar la imbecilidad de los zoquetes, pero le interesaba comprobar la conjunción extraña e inevitable entre arte y ciencia, o, si se quiere, entre literatura y sociología. Esta última palabra no tenía muchos años en su empleo erudito y a la vez popular. Ingenieros se siente muy cómodo con ella y la hace coincidir con un programa de ideas: "*esta novela no puede ser indiferente a los psicólogos y a los sociólogos pues describe tipos característicos de agitadores y de multitudes, haciéndolos actuar en conflictos sociales que plantea sin reticencias*". Esos agitadores y multitudes eran como el desafortunado joven de la "Observación V" que toman de punto para su "titeo", según la expresión de la época que agitaría después David Viñas, para indicar precisamente los rituales de humillación surgidos del juego de subordinación social. Recortados en el paño de fondo de esos personajes afiebrados y frenéticos de la gran ciudad —tanto poetas huérfanos como el lirismo oscuro de la multitud sugestionable *à la Le Bon*—, los médicos escriben una literatura de la insania en la cual la hipnosis es una pieza maestra para indicar, en primer lugar, el delirio de las míseras víctimas sugestionadas; después, la actividad de los que caen en un extravío determinado por mórbida persuación; y más luego, la propia política multitudinaria en las ciudades o las obras de las poesías enfermizas que los médicos admiran, e incluso inventan o creen inventadas, como parte de brillantes neurosis literarias. El "titeo" era, justamente, una institución para-literaria pues destacaba en el mismo intercambio social que los individuos "se presentan en sociedad" con un juego de hondo dramatismo, en el que ponen en práctica rituales de muerte, sumisión y escarnio. Más que una ciencia, lo que se estaba fundando era un laboratorio social de máscaras donde se estudiaban las oscuras razones del servilismo y del lucimiento. Si se lo desea, puede darse a esto el nombre de ciencia del reconocimiento o ciencia del teatro de la personalidad.

No podía evitarse, así, el rondín por la escena literaria. El plan de esa magna comunión entre receta y retórica, entre médicos y narradores, lo había trazado el propio Ramos Mejía antes del fin de siglo, en un recordado discurso en el Círculo Médico, institución que él había fundado: *"se ha creído siempre entre nosotros, y los viejos maestros se han encargado de transcribirlo, como animados de un santo horror ortodoxo, que el perfecto médico debía ignorar por completo las más rudimentarias nociones de educación literaria (...) Error, señores, error funesto (...) en ese tiempo, y no creáis que exagero, porque todavía hay entre nosotros ejemplares de adeptos empecinados de esa escuela, en esa época llamar 'literato' a un estudiante equivalía a la clasificación de 'hereje y judaizante' en los tiempos de Arbúes y Torquemada".* Por eso, quien recoge este discurso —el propio Ingenieros, en una pieza fundamental de su obra, como es la semblanza titulada "La personalidad intelectual de José María Ramos Mejía", publicada luego como introducción póstuma del libro de este, *La neurosis de los hombres célebres*— tenía fundadas razones para citar este fuerte antecedente de lo que él mismo quería expresar, ya que no se cansa de advertir que el concepto de "lucha por la existencia" lo emplea en sentido metafórico, siguiendo en esto estrictamente a Darwin. Pero el ideal del "científico escritor" —que puede ser también el del "científico comediante" o "científico histrión"— queda cabalmente referido por el juicio ingenieriano sobre *Las multitudes argentinas*: Ramos Mejía publica el libro "cuando era más intenso el movimiento literario que, en América, auspició Rubén Darío, y con ser tan especial su estilo, es evidente que Ramos no escapó a la influencia renovadora; cierta preciosidad en las imágenes y un marcado afrancesamiento en el giro de las locuciones parecen revelarlo".

Pero la cuestión escapaba a la mera "influencia renovadora", ya que el alma misma de este movimiento científico basado en filogenias y "sociologías de base económica" —concepto que hacia 1903 Ingenieros ya es capaz de presentar como superador de las tesis biosociológicas— estaba dotada de los recursos metafóricos del simbolismo francés, movimiento literario cuyo nombre era suficientemente elocuente por representar el mundo con la fascinación de embozos escabrosos, falsas efigies inmaculadas y misterios endiablados. Para los simbolistas —si es que es posible recordarlos hoy lacónicamente— nada era la realidad sin los signos que la anulaban a la vez que la hacían fulgir como algo hermético. Invitaban a representarla como un *nóumeno* del cual nada podía saberse, sino apenas bucearlo a través de "formas sensibles" que develaban el horror doliente de la vida. Pero simultáneamente se forja así el proceder misterioso del pensamiento artístico, y se podría escribir en su nombre las "páginas absconsas que no se pueden profanar con ninguna nota explicativa", donde *absconso,* del latín *absconsus,* era el sinónimo del *"absconditus"* que alienta la búsqueda imposible y la enfermedad indemne de los simbolistas. Y no solo lo escondido —la "rosa en tinieblas", los "desastres oscuros"— ocupa al poder testimonial del simbolismo, sino la perturbada cualidad de la realidad por la cual da paso a constantes metamorfosis, corrupción de la materia y decadencias. Son ellas formas de un recorrido de investigación, de encubrimiento y de pasaje de lo material a otros estados que son su confusa continuidad. Por un lado. Mientras que por otro lado, esa continuidad estalla, borra sus huellas, y al estadio anterior hay que recordarlo a través de ensueños infundados o caprichosas alegorías.

En *La simulación en la lucha por la vida,* Ingenieros observa casos de "supervivencia invertida de los degenerados" que atribuye a un concepto sociológico que llama "selección invertida", al que enseguida aclara con la expresión "a contrapelo", *à rebours.* Imposible no aceptar que bajo una capa sociológica hay aquí una referencia a la extraña novela de J. K. Huysmans, *À rebours* (1884), magnífica fábula decadentista que, entre tantas "alteraciones excelsas" de la realidad, busca un "idioma de los fluidos" por el cual se pudiese descubrir el mapa oculto de esa realidad, la sintaxis esencial del mundo: *la inversión.* En *Los raros* no se habla de Huysmans pero sí del muy próximo Villiers de L'Isle-Adam, pero no es imposible que Ingenieros —probablemente a través de Ramos Mejía— conociera esta literatura que subvierte el naturalismo de Zola y que, al intentar interpretar la vida de "magníficos desgraciados", trabaja por el reverso de los signos mostrando *la oculta ciencia* de los hechos. Esos magníficos desgraciados —la expresión es de Darío— ni saben hasta qué punto su responsabilidad es la de sostener una ciencia y una fruición literaria.

Hay en esta crítica, pues, un gusto por "el revés de la trama". Muchos años después, con este concepto se expresaría David Viñas toda vez que quisiese indicar no tanto la faz tenebrosa de la corrupción que se desarrolla del otro lado de la carne lozana, sino los intereses sociales encubiertos que se ocultan bajo una capa abstracta de universalismo cultural. Pero para el simbolismo, ese revés solo puede relacionarse con el misterio biológico de lo voluptuoso y la finitud de la vida carnal, que se metamorfosea en descomposición y moho, o, diciéndolo de otra manera, en la imposición de nombres falsos o pseudónimos que ilusoriamente retardan estéticamente, con su teatralidad indolente y su alegoría de un "segundo nacimiento", la carroña en la carne. De algún modo, investigar el camino de esa putrefacción es la llave que conduce al acto interpretativo. ¿Pero esta clase de simbolismo, veteada de aquella forma de naturalismo, podía garantizar un lazo profundo y duradero entre ciencia y literatura?

Ingenieros, en el fondo, no lo creía así. La conjunción de la ciencia con la literatura distaba mucho de ser un *ens creatum* de articulación inobjetable, una forma final consumada sin rajaduras. En una crítica que había escrito sobre el libro de su maestro, Ingenieros decía que no había que dejarse sugestionar por ciertas "elocuentes bellezas literarias con que el autor disfraza sus fundamentales lagunas científicas". He allí el problema insoluble de este pensamiento, pues sin duda, *convoca "a escribir"*. Propone sin temores un acceso a las formas de la expresión bellas, llama a no permanecer indiferente frente al carácter de la novela, y, en suma, pide una disposición a "oír los escritos", como se desprende de *Los raros* de Rubén Darío, para escuchar su clamor patológico. Para Ingenieros, Ramos Mejía resulta ser "un espíritu más artista que científico (...) la psicología de las multitudes tiene ese atractivo que da a la pseudo-ciencia la pseudo-literatura. Y como si estas concepciones verdaderamente caóticas no bastaran para impedir que el lector se forme una idea clara de las multitudes, Ramos Mejía confunde mil veces multitud con pueblo o con masa popular, y en las circunstancias menos disculpables".

¿Significan estas y otras puntualizaciones de Ingenieros a Ramos Mejía un combate en torno de una "teoría de la representación y la resistencia" que se juega sobre el fundamental concepto de *simulación*? Así lo propone Josefina Ludmer en *El cuerpo del delito,* en donde retrata la relación de Ramos Mejía con Ingenieros como una "disputa crucial" que "los separa radicalmente, y es posible que separe dos líneas de la cultura argentina. O que separe 'un sujeto científico de la Coalición' de otro tipo de científico". Ludmer llama *coalición* al conjunto de intereses del *orden,* que se expresan en ficciones "para el Estado", entendiéndose aquí que la urdimbre cultural está más vinculada al 'Estado' que a la 'sociedad'. Sin embargo, la noción que hace de los textos "científicos" no solo una disputa sobre distintas soluciones en torno a la relación del Estado con el conocimiento, sino una disputa personal que se juega en oblicuas críticas —encubiertas en alusiones fortuitas, falsamente inocentes, o injurias secretas disfrazadas de amabilidad—, ponía a las distintas perspectivas científicas de uno y otro (Ramos e Ingenieros) en una dimensión bélica. Los textos serían "posiciones escritas" (al final de este capítulo, se incluye una apreciación más amplia del libro de Josefina Ludmer) que se resuelven en una lucha también interpersonal, cuyos síntomas son alocuciones que surgen de soslayo e incluso como intercambio de cortesías. Pero ¿son Ingenieros y su "maestro" Ramos Mejía dos tendencias radicalmente diferentes de la Coalición de 1880, o incluso, como se sugiere, dos proyectos científicos antagónicos, uno de los cuales (¿el de Ingenieros?) estaría al margen de la situación oficial, o una discusión perfectamente tolerable en el campo del "discipulado" que tiene prosecusión en muchos otros momentos de la historia de la "actitud científica" en la Argentina?

Nos parece esto último: Ingenieros percibe en Ramos Mejía la ruptura de una tensión —solo existente en él con un sesgo ornamental— que peligrosamente inclina su platillo hacia el terreno dudoso de la intención artística, y por otro lado, insiste en proclamar que esa conjunción mal ensamblada desemboca en un mal arte y una mala ciencia. Un tema que a Ingenieros le llama la atención —y ante el cual, un siglo después de escritas estas páginas, el lector contemporáneo difícilmente pueda sofocar su asombro— es la valoración que realiza Ramos Mejía de una actividad que de algún modo compone una "astrología rebelde" que se levanta contra la dominación española y el Santo Oficio, y que —no sin escándalo, no sin conmoción— es presentada como antecedente directo del *hombre multitud*, la propia estirpe troncal de la emancipación argentina. Estos quiméricos sublevados resultan estar a la altura de un Moreno o un Castelli —hombres de dictámenes y bibliotecas— pues exhiben un don revolucionario que a la postre se *metamorfosea* en la *via regia* de la Revolución de Mayo. Los conocimientos esotéricos, antes que la Ilustración, dejan una descendencia insurrecta, recogiendo las hebras que habían lanzado esos brujos, nigrománticos, profetas en desvarío, ingenuos herboristas, embaucadores de toda laya y frailes apóstatas, y, por qué no, libre-pensadores y curas rabelesianos —"pues la idea de la independencia es primitivamente mística y teosófica"—, que como el Profeta de Oberá —también llamado "Resplandor del Sol", precioso relato tomado de Vicente Fidel López—, como casi todo lo de Ramos Mejía, nos entrega la historia de un indio creyente en milagros y apariciones. Ese indio profeta, utilizando el simbolismo sugestivo de la liturgia católica y un ilusionismo enrevesado, resiste contra "las huestes ensoberbecidas de Juan de Garay", haciendo una insurrección de su inventada "nueva religión", quizás la insurrección más temprana, la primera "rebelión milenarista" americana que los españoles escarmentarán con saña.

Desde luego, Ingenieros no coincide con esta interpretación libertina y jaranera de la revolución argentina del siglo XIX —acaso más atrevida que cualquiera otra que se haya escrito en la historiografía nacional—, pero sus verdaderas objeciones no se atienen a la "filogenia cultural" de la originaria revolución argentina, sino a cuestiones de método que, en la inobservancia a la que las sometería Ramos Mejía —y no solo abandonando el factor económico—, aparecen mezclando de tal modo las cosas que la idea de multitud acaba condescendiendo a contenidos tan diversos como contradictorios. Dirá el crítico:

"afirmar que por la sola circunstancia de formar parte de las multitudes el hombre desciende a veces muchos grados en la escala de la civilización (página 5) no puede armonizarse con que el hombre al salir de la multitud vuelve a su modesta situación de hombre común (ídem), pues no se comprende que esta situación sea más modesta que la del hombre en multitud, cuando lo anterior induce a suponer lo contrario".

Sin embargo, el lector contemporáneo, un siglo después, quizás puede entender mejor que Ingenieros el concepto de multitud que esgrime Ramos Mejía, que al igual que la misma multitud es una categoría ambivalente que abastecerá la energía interna del texto. Significará, en la historia de sus apariciones, tanto un apagamiento del brillo de la conciencia en el acto de sumergirla en el hombre colectivo, como también un grado de actividad capaz de abrillantar la esfera deliberativa del individuo. *Las dos cosas son contradictorias porque la multitud es precisamente, a un tiempo, civilización y barbarie.* En ella no hay sino una *única pero escindida* temporalidad que constantemente anuncia su propia metamorfosis entre esos clásicos límites mentales de la vida en común. Todo pensamiento social obligadamente las trata, pero en la Argentina, todos sabían, *civilización* y *barbarie* habían contado con muy potentes manifestaciones literarias. Y esas manifestaciones, si tomaban el tema en todo su tamaño —incluso y especialmente en Sarmiento—, siempre estaban a punto de disolver en un solo magma la eximia escisión.

Ramos Mejía: la fórmula dentaria

De un modo o de otro, arribamos a una cuestión esencial: Ramos Mejía, su corpulenta literatura y su extraño cientificismo, son hoy el cimiento de un decisivo debate. No se puede decir que los comentaristas actuales de su obra —a los que les dedicaremos luego mayor atención— guarden simpatía excesiva con el personaje. Acaso pueden resultar donosos tanto los episodios de agitación estudiantil en los que se ve envuelto hacia 1871, como su posterior actividad en el Círculo Médico. Pero sus rangos oficiales sucesivos (fundador de la Asistencia Pública y diputado nacional —a lo que parece, apático y displicente, hacia 1888—, presidente del Departamento Nacional de Higiene casi al borde del fin de siglo y del Consejo Nacional de Educación entre la primera y segunda década del siglo siguiente) suelen hacer de este hijo de un coronel unitario y pellegrinista convencido —le dedicará a Pellegrini una entusiasta semblanza—

una figura vaciada en el molde de un oficial y execrable higienismo. Sería así Ramos Mejía promotor de insidiosas recetas de control "estatal-nacional" sobre los hijos de inmigrantes y poseedor de las convicciones propias de un dandy de la ciencia, por un lado almorzando festivamente con locos en el Hospital San Roque —actual "Ramos Mejía"— y por otro lado reaccionando siempre con repugnancia contra los síntomas masificadores y de hecho democratizadores de la sociedad moderna.

El mismo Ingenieros, que se proclama su discípulo, tiene una compleja y dramática relación con él, simbolizada en las peripecias que sufre el comentario adverso que hace de *Las multitudes argentinas*, en el cual, como vimos, lo considera más cercano del arte que de la ciencia. Omitido este escrito en *Sociología argentina* (1910), pues había sido publicado antes de que su autor estrechara su relación con el "refutado" mentor, Ingenieros recibe el amigable reproche del criticado: ¡debía publicarlo! Afectuosa protesta, pues, del perjudicado: ¿no había percibido Ingenieros el fino juego por el cual Paul Groussac era el implacable prologuista de *La locura en la historia*, donde Ramos Mejía no salía bien parado con su concepto de "degeneración hereditaria"? El espeso biologismo de Ramos era fácil de destituir en nombre de una filosofía moral menos abrumadora, y eso hace el impávido Groussac. Solo que al afectado, con espigado estilo flemático, le complace publicar esa crítica como vestíbulo de su propio libro. Por eso, también las próximas ediciones de *Sociología argentina* contendrán el ensayo crítico de Ingenieros, pero en el futuro este preferirá solo insistir en los méritos literarios antes que en los renunciamientos científicos de Ramos Mejía, convertido en el discípulo que prontamente iba a entender los gestos principescos de quien veía la "ciencia" como un vitalismo retozón, lo que incluía el deleite aristocrático de asistir a la propia denegación del maestro, complacido en formar parte de las mismas reprobaciones que él estimulaba. Un año después de esa crítica Ramos Mejía convoca a Ingenieros como jefe de clínica en la cátedra de enfermedades nerviosas. Un gesto de gran señor —comenta Ingenieros— al que acepta como una "*bonne fortune intelectual*".

Las influencias, con su red de citas y sus ocultas dramaturgias de prestigio y rencor, son el terreno deslizante de una lucha de reconocimiento, impugnación y servicios personales. Una suerte de darwinismo señorial que constituye grupos de convivencia y disputa mediante cenáculos escogidos, esos banquetes íntimos en la Biblioteca del Departamento de Higiene, o si no, almuerzos cachadores en el Instituto de Frenología del San Roque, continuación "estatal" de las francachelas literarias en el Ateneo de Rubén Darío, que funcionaba en el *Bon Marché* —actual Galerías Pacífico—.

He aquí cómo Ingenieros juzga las influencias a las que veía sometido a Ramos Mejía: "En *Las neurosis de los hombres célebres*, sus fuentes psiquiátricas son francesas y el mayor influjo corresponde a Moreau de Tours; sus fuentes filosóficas remontan a Comte, Darwin y Spencer; sus fuentes históricas argentinas son V. F. López y Sarmiento. En su *Patología nerviosa y mental* se percibe el rastro médico de Charcot y Claudio Bernard, correspondiendo a Renán la orientación cultural. En *La locura en la historia* se advierten lecturas nuevas de historiadores ingleses que ilustraron la degeneración de los Habsburgos españoles. En *Las multitudes argentinas* se mezclan las corrientes sociológicas contemporáneas, de cepa spenceriana, girando en torno de sugestiones directas de Le Bon. En *Los simuladores de talento*, con ser de índole tan personal y localista, nótase la asimilación de la corriente psicológica de Ribot. El modelo ideal de *Rosas y su época* fue Taine."

Pues bien, casi estamos tentados a dar razón a Josefina Ludmer. ¡Qué manera de conducir una obra hacia el desarmadero general, la "calle Warnes" de las ilusiones autorales! Y al mismo tiempo, ¡qué regusto amargo nos entrega de una obra que depende así de tantas guarniciones bibliográficas! De algún modo, párrafos como éste, en su inocencia —pues Ingenieros es también un embriagado citador, y en este caso cita mal el nombre de alguno de los libros de Ramos Mejía—, son una transparente planchuela radiográfica de la cultura argentina, con su tránsito de influencias inglesas y francesas, sus incesantes fuentes, sus rastros y su mezcla de cepas, sus modelos inspiradores y hasta "las sugestiones directas de Le Bon". No se podría alardear, luego de ese retrato de vicarías y parasitismos, de que el estilo de las corrientes intelectuales suramericanas fuera algo más que una lámina embebida, un remoto sonido ventrílocuo aplicado a regurgitar lo que se había digerido del movimiento cultural transoceánico.

Y sin embargo, Ramos Mejía consigue una extraña fulguración original, a pesar de su batería de citas que son ruidosos batallones en desfile, propios del hábito nacional de ayer y de hoy, aunque hoy ya haya pocas esperanzas de otra cosa. No es fácil saber si son las proporciones alquímicas de los ingredientes que mezcla, su estilo brueghelesco o las pedrerías abigarradas de sus escritos, lo que sigue impresionando al lector contemporáneo como algo que escapa al sello irremediable de una época para brindarnos una legibilidad más fraterna. Y, de muchos modos, paradójicamente muy original.

De todos los autores que forman parte del elenco inspirador de Ramos Mejía, Le Bon es el que probablemente se sigue manteniendo más activo en los planes de lectura contemporáneos. Se continúa reeditando y de tanto en tanto —siempre en el tono menguado en que ello ocurre— se reabren discusiones. No hay que olvidar que Freud había dirigido un potente comentario a la *Psicología de las masas* (1895) de Le Bon, examinando con interés y sutileza el concepto de *sugestión* —cuyas limitaciones percibía— y lo que llamaba *instituciones artificiales*, como el ejército y la Iglesia, donde las masas desposeen su conciencia en formas de autoridad alrededor del "amor al jefe". Más cercanamente, León Rozitchner sometió el propio diálogo que Freud había establecido con el texto de Le Bon a un agudo análisis, alrededor de la comprobación de que "el sentido del que el jefe emerge oculta la materialidad colectiva e histórica". ¿Cuál es entonces la relación textual de Ramos Mejía con Le Bon? En primer lugar, llama la atención la existencia de numerosos parágrafos que, sin indicación de cita, son reproducciones casi textuales —no pocas veces lo son enteramente— del libro de Le Bon, lo que alcanza a un trecho muy conocido, que Ingenieros invoca en su crítica, respecto a que el hombre en multitud desciende varios grados en la escala de la civilización. "Varios grados", dice Le Bon; "a veces, muchos grados", dice Ramos Mejía. ¿Qué hacer con estos aprestos plagiarios —remedos imitativos, y acaso repercusiones hipnóticas de un texto en otro—, que se podrían explicar como reverberación de la propia teoría de la "influencia sugestionante" que estaban tratando?

El lector de estos ancianos escritos puede abandonarlos, sin duda, como si ellos no hicieran más que reiterar una y otra vez el sino de una cultura nacional que con pretendidos títulos de exquisitez y desenvoltura no hace otra cosa que mostrar su oscura vocación imitativa, su *esprit de suite*, como por otra parte le gusta a Ingenieros denominar este mismo fenómeno que su generación conoce tan de cerca. Pero también esos escritos siguen hablándonos, desde las líneas ocultas de su inesperada potencia. Porque, en cuanto a *Psicología de las masas* de Le Bon, impresiona por su andar expositivo coherente y meditado, con frases de cierto efectismo —por ejemplo, una de las que expone el puntal de su tesis, justo aquella con la que dice no concordar Ramos Mejía: "entre un célebre matemático y su zapatero puede existir un abismo en su rendimiento intelectual, pero desde el punto de vista del carácter y de las creencias, la diferencia es frecuentemente nula o muy reducida"—, pero que en su conjunto lleva la exposición con un plan decidido y positivamente realizado. Es una amplia teoría de la crisis de la razón, de sus nebulosos fantasmas instintivos y de las imágenes anímicas ligadas a una dimensión colectiva del inconsciente.

En cambio, el texto ramosmejiano tiene una configuración entrecortada, ilógica, delirante. Su fuerza es la del giro inesperado, el chispazo esbelto, la alegoría arriesgada. Justamente, la fuerte opción alegórica de *Las multitudes argentinas* (1899-1900) provoca constantes pasajes del mundo geológico y biológico al mundo político y anímico. Lanza en bocanadas sucesivos bucles que súbitamente retuercen el significado como si quisieran buscar estallidos repentinos y fogonazos de lucidez, como esa misma "inminencia moral" —idea que a Ingenieros no le gusta y que no está de ese modo en Le Bon— que alude a la mezcla de heroísmo y criminalidad mentada por *Psicología de las masas*, y también a la predisposición para el acontecimiento repentino, lo que por analogía no deja de enviarnos a ese mismo repentismo que es la característica esencial del texto del raro médico.

Pero es cierto lo que sugiere Ingenieros sobre la índole personal y localista de *Los simuladores de talento*, un libro de 1904 que mantiene sutiles paradojas que lo convierten en un proyecto extravagante, pues se condena la falsificación de la vida por parte de la "imitación chillona", pero se sugiere que, si el simulador puede llegar a la perfección, el talento es lo que puede ser imperfecto. De inmediato se presenta la apología de "la rara excelsitud de los tiempos primitivos", una arcaica imperfección o una aspiración a la inferioridad que componen un sentido majestuoso preferible a la "fiebre de falsificación" para la que el mundo moderno cuenta con recursos cada vez más perfectos. En Ramos Mejía, la inversión de lo moderno por lo rudimentario es un intento patético para juzgar con dureza "el talento industrial moderno". Y esta verdadera apología del candor oculto de las etapas más toscas de la humanidad lo lleva a contemplar el espectáculo mórbido del mundo patas para arriba, extasiado por la enfermiza atracción de la "vida de abajo".

Surge, pues, una nota de complacencia —en el estilo perverso del "gran señor"— en la descripción de una fauna deformada que, como insectos, "nace" de la putrefacción de la materia. Complacencia, decimos, aunque el tono de agitación moral conduce directamente a la filípica por la ignominia imperante. Y no necesariamente para condenar el mundo de abajo, desmañado y torpe habitáculo de vermes humanos, sino para fijarse en la prestancia pseudocultivada de los de arriba, en esa superficie que incluye con ganas a esos argentinos "de bigotes zíngaros y prendedores hirientes". La simpatía por el mundo de abajo, con todo, es mucha, pues ahí palpita la vida exuberante, pues aun en la materia aparentemente inanimada o en el mundo vegetal hay pulsación vital, como esas plantas de la India que usan entre ellas una "extraña telegrafía". Y así como lo inanimado actúa en lo vital, es posible emplear los signos animales para entender lo humano o lo social. Ahora bien, esos signos se ocultan, se mimetizan, trastornan la comprensión del orden, lo desdibujan hasta lo inconcebible, pues introducen la nota desesperante de asumirse como orden cuando su verdad es el caos, lo postizo, lo simulado.

La literatura de Ramos Mejía está destinada a pensar la desesperación del signo. La miseria social y la descomposición de la materia desembocan en una incertidumbre moral obstinada. Pueden alentar una visión cruel de la vida, que haga necesaria la normalidad represiva, o una celebración permanente de salvajes alegorías. Los gusanos son elogiados como batallones de una estética de lo tenebroso. El gusto médico por la descripción ruda pero alambicada asume un desenlace a la manera gótica, donde cada parte del mundo adquiere forma arquitectónica de fantasía opresiva en la conciencia amedrentada. La visión gótica de hospitales y cementerios consagra la maniobra del merodeo —estilo locomotivo y literario cuya esencia es el preciosismo, la suspensión de la espontaneidad y la preparación para lo alucinante—. La fantasmal proyección de lo humano que se manifiesta nos deja frente a una ciencia con amor por lo tenebroso, donde su pensar se reviste metafóricamente de claves ojivales encaminadas a auscultar almas turbadas con un pesimismo altivo que sabe ser despectivo consigo mismo. La desesperación del signo consiste en que este significa, pero en un mundo todo traducido a signos, que bailotean en una confusión obnubilada, se ha perdido el rastro de toda interpretación. De ahí que solo es posible desentrañar la confusión si se acepta pensar en estado desesperado.

En *Los simuladores del talento*, los signos de la pobreza se reconocen no solo por la vestimenta sino por formas de la audición, de la dicción, de la voz, como manifestación de una antropología siniestra que obtiene sus motivos humanos de la alegoría de la oruga. Baudelaire y el célebre soneto de las correspondencias seguramente inspira a Ramos Mejía para suponer que colores, sonidos y perfumes buscan su enigmática equivalencia, y que esa promesa de enlace es lo que anima secretamente el vínculo de la naturaleza perdida con lo humano siniestrado. Simbolismo sin duda, se diría que un simbolismo a la violeta, que en Ramos Mejía proviene, en primer lugar, del aprovechamiento que hace de las *correspondencias* de Baudelaire (colores, perfumes y sonidos en los que se reconoce la miseria), y luego, de su escritura que remite a una disoluta ciencia de los signos, muy suya, por la que los signos se afanan en reunirse en una "asamblea de jeroglíficos" y que en Ramos Mejía son los ideogramas del mundo animal repercutiendo en el orbe político, y los signos del mundo natural en el cosmos social, y los signos de la decadencia vital en el ámbito de la vida. Coriolano Alberini, quien no tuvo con el positivismo argentino ninguna contemplación, ni siquiera atribuyéndole un gramo de la misma condescendencia que le dedicó a Ortega y Gasset o al dudoso conde de Keyserling, dejó una observación notable y si se quiere ajustada al carácter intelectual de Ramos Mejía, al que ve como un psicopatólogo talentoso y brillante escritor, que aceptó una degeneración del romanticismo de Herder bajo un trasfondo de cosmología haeckeliana. De modo que su positivismo médico se realizaba sobre la vívida y no declarada persistencia de una psiquiatría romántica.

Romanticismo naturalista o naturalismo romántico, sea, pero es preciso también percibir aquí —y en acción— el concepto de *rareza* de Rubén Darío, que enhebra las vísceras de la escritura ramosmejiana a través del interés por todo destello que al tomar lugar en una sustancia la desgarra, como esos poemas en prosa de Lautréamont "que hacen daño a los nervios". El "raro visionario", en algún momento de los *Cantos de Maldoror,* dice: "¿Quién conoce sus necesidades íntimas o la causa de sus goces pestilenciales? (...) La metamorfosis no apareció nunca a mis ojos, sino como la alta y magnífica repercusión de una felicidad perfecta que esperaba desde hacía largo tiempo. ¡Por fin había llegado el día en que yo me convirtiese en un puerco!" Metamorfosis cruenta pero onírica, deseo de transfiguración que habría que esperar hasta Gregorio Samsa para que tomase visibilidad literaria. Pero que no está destinada a estudiar la cochambre y el hedor, porque el simbolismo crea objetos, no pretende estudiarlos. En su afán de estudio y "curiosidad científica", el positivismo argentino, interesado por la *metamorfosis*—Ingenieros no desconoce a Ovidio, aunque más no sea en el vacuo ufanismo del citador, como lo demuestra su conferencia *Psicología de la curiosidad*—, seguramente veía en ella un acto de transformación de la materia y de la forma, que le otorgaba un extraño dramatismo a la paralela y cardinal doctrina de la simulación.

Simular era moldear y traicionar, con recursos anímicos calculados, una materia esencialmente transformable. Porque de algún modo la simulación yacía previamente en la materia y en los bio-tipos naturales, tal como esa *homocromía mimética* entre insectos y follaje que menciona Ingenieros y que de algún modo trastoca el movimiento de apareamiento entre colores y sonidos, lo que componía una heterocromía más al gusto de un "simbolismo" desligado de la preocupación simuladora. Por este estilo de filósofo que lanza temas asequibles a un ambiente que reclama incesantes extrañezas para su curiosidad ligera, Ingenieros no pasaba de ser, para Alberini, un "publicista de saber anacrónico y fácil". Pero tomar a Ovidio y luego a Ulises como protoformas nominales para el estudio de las representaciones adulteradas de la conciencia no dejaba de significar un cumplimiento con los lejanos tañidos que aún se oían de las obras de Ramos Mejía, donde se trataba de pensar el conocimiento en un trágico revuelo de alegorías.

Ramos Mejía, más cercano a ese simbolismo, cree que hay signos opacos que evidencian dificultosamente un mundo —signos de olfato, de visión, de tacto— que son alfabetos enloquecidos que la ciencia debería conducir a su interpretación segura, para conocer al fin la naturaleza y el hombre social, pues no habría tanta diferencia entre lo que da sentido al mundo histórico y la realidad del cadáver que se pudre. ¿Pero cómo atravesar el umbral engañoso que ofrecen esos signos, detrás de los cuales parecería haber un inaccesible y metódico plan? ¿Cómo descifrar esa "ortografía demoníaca", esos gestos hechos pictogramas que nos desafían en las paredes de la ciudad con sus "expresiones impenetrables"? ¿De qué manera soltar el significado preso en esos jeroglíficos y conjuros de una "ciencia popular" que deja sus comunicados en la ciudad bajo claves herméticas? La forma de interpretar, quizás, estriba en primer lugar en la tolerancia que el pesquisa debe tener ante lo hierático o lo "indescifrable", y luego en invocar la argucia propia de un Champollion rioplatense, por la que habría que conectar cada grafito inescrutable con la posibilidad de que las larvas clandestinas suelten el secreto de un drama público ya elucidado.

Las "faunas de la miseria" pueden mensurarse, en su escala de degradación, según lo que el olfato del ropavejero dictamina respecto a las estribaciones que ya ha atravesado la miseria en una familia, y en qué estado se halla cuando concurre al montepío. Del mismo modo, en la medicina legal "la presentación de tal o cual clase de insecto indica la época de la muerte, o mejor dicho, la edad del cadáver". ¿Estas comparaciones no parecen el goce subrepticio del médico perverso, con sus paralelismos abominables entre la crisis social y esas "ciencias del subsuelo"? Es que la miseria tiene su "olor baudelaireano". Un buhonero con su fisgoneo olfativo conoce el estado de necesidad de un desdichado. Entonces, el olfato revela el tratamiento simbolista por el cual descubre el mapa de las jerarquías sociales, esa "gramática desbarrada" que se encuentra en Huysmans y se encontrará en Proust.

Demasiado deleite aseñoreado. Miasmas y aromas fétidos. Traperos, médicos burladores, aves negras abogadiles, que eran indicados como parte de esa "fauna cadavérica" que Ramos Mejía ve en las sociedades. ¿Darwinismo saltarín? ¿Simbolismo socarrón? ¿Alegorías decadentistas? La sociedad son esas babas metafóricas trazadas por los bichos parasitarios, esas materias descompuestas rellenas de estopa metáforica; todo recuerda un trecho de Baudelaire, que Ramos Mejía incorpora a *Los simuladores de talento*, en el cual se ve un esqueleto viejo de buey con las patas para arriba, en la actitud lujuriosa de sus piernas abiertas, brindando placer a la menuda tropa de insectos que se apresura a devorarlo. ¡Esto no lo ha podido pensar ninguna mente lasciva, insana o perturbada sino un hidalgo que cultivaba una "artística depravación", cuya ascendencia familiar provenía de las luchas civiles argentinas del siglo XIX, y que había creado la Asistencia Pública y sería presidente del Consejo Nacional de Educación!

Sin embargo, podía decirse que esa mente extraía su jocunda lascivia de una oblicua influencia de la picaresca española del siglo XVI, con su agitación satírica, sus intrigas de sobrevivencia, sus disfraces de la astucia hambrienta, su secreta y aduladora suspicacia sobre los amos y su probable servilismo redimido al final de la vida por una quimérica virtud. Quizás, Ramos Mejía fue el autor de una picaresca porteña en el pasaje de un siglo a otro, en medio de un territorio proto-estatal y lúdico-científico, donde metáforas como la del "insecto necrófilo" retratan una visión pesimista de la sociedad con multitudes serviles y amordazadas, con sus inmigratorias luchas por el honor y con ciudadanías de mentalidad troquelada como por papel carbónico. Tales privaciones solo podrían fertilizarse por un retorno al romanticismo de las primeras multitudes revolucionarias, cápsula perdida en el tiempo que alberga un aroma ahora sí disipado —en esa "tranquila" Argentina de Carlos Pellegrini— por la vida mercantil y la somnolencia servil del *hombre carbono* o del *burgués aureus*, que detienen el fluir de la historia con su cobarde conservatismo.

En estas condiciones, ¿no son estas especulaciones un tipo de literatura social que sorbe —como exquisitos polvos dormitivos— el aroma de *Las flores del mal* pero con un revestimiento darwinista? ¿O si no, siguiendo una preocupación ostensible de ese momento cultural, un intento de adecuar la "selección de los más fuertes" a las derivaciones de la "voluntad de poder" nietzscheana, como lo hace un artículo de C. A. Becú donde se compara "la moral darwiniana y la moral nietzschista", publicado en los *Archivos de Psiquiatría* en 1903 y que Ramos Mejía cita en el prólogo de *Los simuladores de talento*? El mundo instintivo parecía igualar a humanos e insectos. ¿Había escapatoria a esta continuidad que era menos una cuerda evolutiva homogénea que un campo minado de metáforas? ¿Son lo mismo el "escuadrón humano" y las alimañas que van detrás de olores de putrefacción? ¿A quién le estaría reservada la vida no animal? Y los inmigrantes, ¿de qué magnitud debía ser su espera evolutiva mientras iban disfrazados de gaucho en carnaval y sorbiendo su caldo en la cena con ruidos torpes sin dejar residuos en la olla, hasta convertirse en "el argentino del futuro"? ¿O esos niños de gracioso exotismo en sus apellidos, saliendo como chorro de las escuelas pobres? ¿Cómo se daría en ellos el *transformismo*? Ellos, al fin, demostrarían la "plasticidad del inmigrante".

El destino que les traza Ramos Mejía puntúa un recorrido desde la ardua rusticidad de origen, hasta una preciosa y digna prosapia plebeya que, en cada caso, debía evitar convertirse en la odiosa efigie del burgués ávido, obsesivo en la rapacidad de su riqueza. En el juicio sobre la inmigración pesa una esperanza de desviar el surgimiento de una burguesía fenicia en la Argentina. Porque ante la evidencia de una ciudad sin ideales, y concluido el ciclo revolucionario que forjó la nacionalidad gracias a la imaginación de las multitudes airosamente irreflexivas que iban desde los frailes delirantes y Tupac Amaru hasta los guerrilleros campesinos que atacaban a cuchillo y a palos los ejércitos españoles, el país estaba ante la alternativa de entrar en el alma de lo moderno sin la divina agitación de las multitudes. ¿Se puede vivir sin ideales? Ante esa imposibilidad, había que volver a la *inminencia moral* de las multitudes, ese conjunto oscuro de sacudidas orgánicas enhebradas por palabras energéticas, que en Ramos Mejía forman un cuadro de instintos fuliginosos, pero esconden una visión de un *logos* de la historia avalado por un impulso retórico.

Al cabo, las multitudes son la emisión de una *palabra súbita*, una voz inesperada o una consigna —nuevamente los signos— que brota de una *nada* del subsuelo y que era necesario admitir, desdichadamente, que en ese país próspero ya se había evaporado. Se desplegaba ante Ramos Mejía, en ese 1900 argentino, el irresoluble dilema de la vida sin la inminencia moral e intelectual que constituye la historia colectiva, y acaso los inmigrantes, tan solo ellos, podían mostrar que se abría un nuevo ciclo histórico, apenas supiesen evitar en su *beruf* el llamado a tornarse emprendedor, burgués ascético o de fortuna. De la plástica o el "protoplasma" inmigratorio se podía configurar una nueva clase nacional, que en sus mutaciones habría abandonado las retóricas vocingleras de la blasfemia y el grito patán —llamando a los bueyes o advirtiendo que el caldero con la olla está hirviendo— para modelar su voz conforme a las "correspondencias baudelaireanas", en donde el espíritu se alimenta de símbolos cósmicos que unen naturaleza e historia. ¿Inaugurarían esas voces un nuevo linaje argentino o, si no, un nuevo ciclo de entusiasmos revolucionarios? Si así no habría de ser, ante el viejo médico aristócrata, que había salido del seno de esas "multitudes dinámicas", se presentaba ahora un inaudito reemplazo, el trance aciago del "agitador socialista", mal heredero de aquellos ideales desaparecidos, y que ya ha hecho temblar el sillón de los gobernantes, un Salisbury, un Disraeli, nombres que Ramos Mejía invoca y que son fácilmente sustituibles por el de cualquiera de sus camaradas de la casta médico-política nacional.

Las multitudes argentinas —libro dónde la tesis leboniana de la sugestión había sido empleada para escribir una *rara* historia de la revolución argentina y de la fundación nacional *sub-especie* mística y protoplasmática— se cierra ominosamente con una amonestación contra la "canalla virulenta que lo contamina todo", el socialismo. Si esta advertencia arrogante no hubiera sido escrita, Ramos Mejía se hubiera convertido en el único escritor surgido del estamento genealógico argentino, del interior mismo de la crónica de guerra de la formación intelectual neocriolla, que habría hecho una apuesta esperanzada a la posibilidad de reiniciarlo todo con aquellos inmigrantes campesinos de chillidos bárbaros, civilizados por la escuela patria, donde las imágenes nacionales se elaborarían con hipnóticas clarinetadas sensoriales. Pero él —como Sarmiento, su maestro, el tutor que complacido le había aprobado *La neurosis de los hombres célebres*, carne de su carne, donde en suprema ironía se mostraba que la historia de una nación la hacen hombres *tutti pazzi*— no pudo llegar hasta el final del camino, fiel hasta el último aliento a la utopía política de la *civitas* libertaria, a la que al igual que el autor de *Facundo* acaba traicionando con una miserable admonición, no en contra de los hombres nuevos que llegaban al país, sino de los *idéologues* del socialismo.

Ingenieros había sido uno de ellos cuando entra en contacto con Ramos Mejía, y para ese momento de su carrera intelectual imagina que su pasaje a la esfera nobiliaria de los aristócratas antiburgueses, que condenan el *aura sacra fomes* y a los ignorantes ensoberbecidos, contaba con un terreno ya preparado por sus "gustos de bohemio y de socialista contraídos en mi primera juventud". Frase portadora de un término médico y matrimonial, que implícitamente va fijando un evolucionismo, desde la bohemia socialista hacia la bohemia aristocrática, cuyos términos compartidos, la holganza artística y el repudio al burgués hambriento de moneda, se mantenían en la base de un sentimiento que podía ser socialista primero, y señorial con ornamentos oficialistas después.

Pero si en Ramos Mejía hay ánimo condenatorio a la inmigración, es necesario rastrearlo, en verdad, en el ribete dificultoso en donde su moralismo se confunde con el secreto gozo que le producen las anomalías humanas explicadas por metáforas embebidas de transformismo satánico. Ejemplares humanos animalizados hasta el horror están ligados a las profesiones de médicos, abogados, tenderos, con los cuales se solaza en *Los simuladores de talento*. He aquí un abogado que "roe el tejido apergaminado de un largo pleito"... o los herederos de una sucesión, con "instinto de lucro", preparados para la aprehensión rapaz con sus gruesas antenas. El mundo del animal depredador sirve para trazar los signos de la conducta humana y, antes que nada, se presta para elaborar una escritura, pues la escritura de Ramos Mejía —se viene diciendo— es también una rapiña, una expoliación de las canteras del lenguaje metafórico, un abuso en la lógica de los signos. Dudosos juegos de palabras: "así el negocio leonino, yo diría más bien, el negocio argentino, es la obsesión de la fortuna". O alegorías góticas: el gerente de banco que se vale de las extremidades multianguladas del ave negra o del colmillo seguro del viejo abogado. Y qué decir del mundo fisico-químico-animal, que como parangón con lo social inaugura cotejos enojosos: "en el insecto humano el espíritu del lucro es un instinto". Inversión por todas partes: el caso de un prestamista judío internado en el Hospicio que no comía por ahorrar. Pero cuando Ramos Mejía entraba a su celda con una alhaja de valor en la mano, simulando una imperiosa situación que lo obligaba a venderla, se "sobreponía su instinto rapaz" y la figura de Moisés —tal su nombre— se iluminaba de extraños destellos de salud. Se trata de un relato en el cual se sabrá ver el modo de apariencia displicente e incidental con el que se preparan —junto a *La Bolsa* de Julián Martel— los protocolos del antisemitismo, y en ese caso la anécdota es ilustrativa no solamente sobre la literatura del "prestamista judío", sino también la del "médico simulador", pareja construida maliciosamente y que revelaba hasta qué punto Ramos Mejía significaba la involuntaria evidencia de una discriminación racial sorprendida en el mismo umbral de su surgidero. No hay por qué disculparla por el hecho de que estuviera envuelta en chascarrillos mundanos, ni tampoco hay que desatenderla en la dimensión ficticia del regodeo que a él mismo lo lleva a disfrazarse.

Es claro, la crítica al mercantilismo obedece a un temperamento señorial con el que se desdeña el rostro huero de lo moderno, que para el poderoso observador de microscopías que es Ramos Mejía se encuentra en el vacuo mundo de la publicidad, que va desde la fórmula "chocolate Perau, el mejor de los chocolates" hasta aquella más antigua de "mueran los salvajes e inmundos unitarios", con las que consigue enlazar en un solo haz de efectos bastardos el recuerdo de la publicística rosista con un rasgo del mundo industrial que se agitaba ya ante sus ojos, todo ello alojándose en las capas más impresionables de la conciencia. La imagen estridente, brillante y machacona que enturbia la esfera de libertad individual, la torna servil y sumisa a través de una repetición fulgurante, infantilizadora. En *Los simuladores de talento* se lee: "El concepto se invierte entonces y el talento deja de ser un valor real: la imitación que es más chillona y alegre halaga mucho más el sentido de la muchedumbre que la realidad discreta, y la oleografía triunfa sobre el cuadro al óleo: Watteau y Rembrandt son derrotados por *Caras y Caretas*". Dos problemas aquí: la inversión por la cual el talento pasa a ser proscripto y la inversión por la cual la publicidad ocupa el lugar del juicio clarividente. Formas en acto de la inversión por las cuales se substituyen las obras clásicas por la reproducción periodística. Esta confusión lleva hacia el verdadero corazón de la obra de Ramos Mejía: su fuerza consiste en que deja surcar la duda de si el único talento es finalmente el del simulador, pues la máscara o la imitación habría reemplazado una materia original, para siempre disipada. De ahí que, comentando la formidable culminación de *Los simuladores de talento* —por la cual "los signos extravagantes de la ciudad... mudos para nosotros... con expresiones impenetrabes que ignoramos..."—, Javier Trímboli dice que finalmente se ha detectado otra voz, otro lenguaje, y el drama que parece agitar a Ramos Mejía es que ya no todo puede ser representado. Tan sólo se cuenta —agrega Trímboli— con los indicios que cubren las paredes.

Pero a Ramos Mejía parece gustarle "lo impenetrable" de esos signos, que también invierten la relación de comprensión, pues desde ellos nunca se llega a la cosa representada sino que solo nos es dado establecernos en el núcleo dramático que los libros de Ramos Mejía —involuntariamente, se podría decir— se complacen en desnudar. Comprender es perverso pero la perversión resiste el conocimiento. Apenas podemos arribar al último escalón de la inversión, aquel por el cual siempre estamos en el punto donde lo que enunciamos se vuelve y enrolla sobre sí mismo, en un movimiento gratuito de referencia a sí, que sin saberlo era el único saber del que disponíamos. Escribir se convierte entonces en una vaga serie de impulsos que buscan la estocada artística por la cual se anulan a sí mismos. Pero además, la inversión no solo tiene el valor argumental de una auto-conciencia en negativo, sino también valor sexual y moral. Cierto barroquismo sensual y un brueghelismo del "mundo al revés" son remotos modelos inspiradores, que conducen, obvio, al "invertido sexual". Este es el contrapunto y complemento de otra figura "literaria", la del usurero. Es el "tipo económico" de la usura que acompaña siempre a las máscaras del sexo, que de algún modo siempre sugerirían que desean el cobro de algo mayor a lo que dan, siendo lo que ofrecen una carnada para la posesión que conlleva el cautiverio licencioso. Esta inversión es la simulación en su cúlmine, un rasgo de la teoría en estado práctico y de la realidad en estado especulativo. Inversión, como trastorno barroco del mundo, que es el verdadero tema de una literatura que no se cansa de amenazarnos con su anuncio de un mundo racista, elitista, antidemocrático, pero que lo hace destilando una literatura extraña, plena de hallazgos impetuosos que solo podemos medir por el fracaso inmediato de la ciencia a la que estos caballeros se abocaron. Este es su triunfo, el extraño triunfo de estos escritos trastornados y astutos, que pierden sus vetas peligrosas en cuanto son el resultado de una búsqueda inútil, como no sea la de anular sus propios alcances literales, en medio de una fantasía remanente.

No sería abusivo afirmar que el nombre de *positivismo* que viene a recubrir todo esto consigue desplazar o desmerecer con su ya definitiva secuela peyorativa las propias implicaciones asombrosas que soporta. La "lujuria del invertido" era comparable en su clandestino placer o en su tranquila intensidad al usurero de talante avaricioso que reproduce al animal en celo en aptitud dominante y reproductiva. ¿No estamos entonces ante un pensamiento que puede elevarse hacia cúspides irritantes de arbitrariedad y, al mismo tiempo, a graves demostraciones de cómo el afán científico tropieza consigo mismo en las mallas del barroco alegorizante? Gelatinoso espectáculo —tan lóbrego, inspirado y arbitrario como vituperable— que leemos en la representación del usurero que muestra una actitud amorosa y furtiva, con lo cual la observación del carácter humano se basa en vastas alegorías del comportamiento animal. No debe asombrarnos, pues así se suele exhibir el pensamiento mítico en sus alcances totémicos y quiméricas analogías. La ciencia que quiere desentrañar ese pensar totémico es apenas un reverso complementario que entronca directamente con el pensamiento mítico. El avaro es un "amante misterioso", y siempre aparece la equivalencia entre un sórdido oficio secreto y su réplica agraciada y saludable. Y la misma equivalencia, el mismo juego de equívocos, señala a la ciencia que desea pensarlo; no sabemos si en sus varios rostros ella se resolverá en el conocimiento emancipador o en la represión a las pobres víctimas clasificadas en el libro de los desviados.

A la salud la acecha lo mórbido. Y de la pasión y el honor del usurero —que siempre es el lucro— se le deriva, como reencarnación, el hombre económico actual. Ramos Mejía ve toda situación acechada por su contraria: la inversión. Toda figura mundana es así un eslabón primitivo de una deformación que sigue su curso, perfeccionando sus máscaras y funciones. Más allá del poco acierto sobre el origen del capitalismo —que evidentemente no tiene en su base al usurero sino, seamos obvios, al burgués ascético— el razonamiento de Ramos Mejía está recorrido por una hipótesis clasificatoria que tiene su inspiración y molde previo en lo que Florentino Ameghino había llamado "la fórmula dentaria". Es que entre los tantos sostenes que tiene la obra de Ramos Mejía, es imposible pasar por alto el que le ofrece la obra de Ameghino, quien había estudiado el "plan de organización de los vertebrados" en *Filogenia*, su libro "monumental" de 1884, en el que lanza una formidable meditación sobre el *Toxodon* o el *Typotherium* pampeanos, en medio de clasificaciones transformistas basadas en leyes naturales y proporciones matemáticas. Al proponer una "zoología matemática" o un "estudio matemático" de la organización de los seres vivos, las formas vivas actuales deberían darnos por cálculos precisos el conocimiento de las que las precedieron. La ciencia matemática deductiva se convierte así en el auxiliar de un "pitagorismo arqueológico".

En *Los simuladores de talento*, al aludirse a las "reencarnaciones del usurero", Ramos Mejía había pensado en una serie de mutaciones que se deslizan a través de un hilo conductor atávico que mantiene ligados —en una secreta cuerda continua— al "voraz prestamista" y al *homo economicus* actual. Sus "rasgos mandibulares" son de aquellos insaciables y voraces, estrujando siempre a la presa. Pero la mandíbula es también una metáfora y se convierte en una remisión a la idea de "fórmula dentaria" que había sido lanzada por Ameghino para el estudio y clasificación de las especies.

Parece llegado así el momento de hablar del autor de *Filogenia*, el olvidado

Florentino Ameghino, que a los treinta años había escrito ese libro, responsable del más acabado intento de realizar una ciencia efectiva en la Argentina y cuya onda expansiva había llegado a los médicos que ensayaban una historiografía psicopatológica, sin cuidar que el peso de las metáforas filogenéticas derramara sobre lo que estudiaban una carga de desprecio y ultraje.

Ameghino y el Scalabriniterium

Lugones e Ingenieros: los dos escribieron sobre Ameghino. Tanto el diario *La Montaña* como el general Roca y este sabio que comenzó de adolescente excavando parajes del río Luján bucando el *Pampatherium typus,* eran algunas de las encrucijadas y situaciones compartidas por esos dos escritores. En cuanto a Lugones, en su *Elogio de Ameghino* (1915) leemos algo que le importa sobremanera: *cómo anunciar el elogio al héroe.* En este caso, el héroe científico. Y en el camino, dejar señalado los temas de la preocupación de siempre: el enigma de las formas de la obediencia, el alcance de la voz de los muertos, el panteísmo y la inmortalidad. En suma, el perplejo diálogo entre el hombre y los dioses. En primer lugar, una observación de Lugones en relación a la íntima satisfacción de Ameghino respecto a haber localizado el hombre terciario, el mioceno y el origen de las faunas mamológicas en lo que milenios después sería el territorio de nuestro país. El autor de *El payador* no es tan ingenuo. Argentino, hijo de inmigrantes, Ameghino —según dictamina Lugones— agita una cuota exaltadísima de patriotismo. Sin duda, el hombre más primitivo, cuyos restos contienen el *loess* terciario, habitó tierras configuradas de otro modo que las nuestras, de modo que ellas *no eran la Argentina.* Carece de importancia su conexión con los indígenas pues la población argentina es ahora predominantemente europea. La continuidad *in situ* poca cosa representa ante la perpetua mutación. Por otro lado, el fondo marino, en la profundidad de los tiempos varias veces fue superficie terrena, y mantiene el secreto humano en su hondura inaccesible. Tampoco existía el Plata, origen de la denominación gentilicia argentina.

Es a Ameghino, entonces, a quien hay que considerar al momento de proponer la relación de aquellos viejos huesos con la Argentina, y no a esos huesos para elaborar un ejercicio insustentable de patriotismo con extravagantes "argentinos del terciario". Los fósiles yacentes en su lecho de polvo pueden demostrar, sí, que el actual territorio argentino nunca estuvo del todo sumergido y que la pampa —sobre todo esto— es la página geológica más completa del mundo. ¿Pero dónde está la patria? *Verdaderamente está en el sabio que se lanza a revisar esas páginas y las interroga para que suelten su secreto mudo.* No en la candorosa vanidad del hijo de inmigrantes, que permitió sin quererlo abonar la inferencia fácil del "origen del hombre" en ese terciario sedimentario "argentino". Pero para Lugones, quien retoma en otro plano el dilema del "científico escritor", era necesario someter la *Filogenia* de Ameghino a una expurgación y enmienda escritural. Era inadmisible que su estatura científica fuera acompañada por solecismos y despreocupaciones literarias. Por eso Lugones aprovecha para propagar su especial obsesión sobre la difícil conjunción entre verdad y belleza, que era a la vez una armonización entre ciencia y arte, sobre la que su obra nunca es precisa. Y para templar su teoría de la democracia, opina que esta es procaz —por causa de sus alardes lingüísticos solo gratos al compadraje popular—, siendo necesario someterla al "freno de plata" de la lengua saludable y aseada.

Es imposible desconocer que el Lugones heráldico, atiborrado de genealogía y linajes, recubre el núcleo honorífico de su pensamiento con preceptos higienistas, que, si no implicaran algo peor, revelan hasta qué punto su musa acariciaba sepulcros pero su estilete mundano aceptaba el programa profiláctico de los "gobernantes científicos". Y su idea estatal tampoco puede apartarse de una infortunada concepción del mecenazgo, en el cual pone toda la relación recíproca entre el paladín artístico y el político de Estado. Los mecenas pueden provenir de la cartuja de la nación sin tiempo, pueden ser aquellos políticos poco trascendentes que en algún momento sospecharon que debían dejar una dádiva al espíritu. La memoria de Ameghino sobre "los mamíferos fósiles de la República Argentina" —como vemos, las dos formas del tiempo están en el mismo título del trabajo, el nombre administrativo del país junto a entes milenarios de la naturaleza— había sido dedicada a Juárez Celman. En el comentario de Lugones, este penoso y despreciado gobernante, que alguna vez favoreció al sabio necesitado, aparecía ahora recibiendo la eterna lápida de esas líneas agradecidas en la portada del libro sobre los mamíferos. Esto revelaba, así, la paradoja de la historia. Por un lado, cualquier grandeza política fatalmente se eclipsa; por otro lado, "es Ameghino quien hace ahora su limosna". Es que la verdadera misión del sabio, si lo es de verdad, siempre se inspira en "la justicia con los muertos para liberarlos del olvido".

No es otro el tema esencial sobre el que siempre sobrevolara Lugones. En *El payador* (1913-1916) lo expresa con una página estremecedora —mucho más si fuera leída a la luz de la más esencial cuestión argentina de las tres últimas décadas del siglo XX—, en la que la justicia con los muertos es la justicia con aquellos que más "padecen el horror del silencio, sin otra esperanza que nuestra remisa equidad, y lo padecen dentro de nosotros mismos, ennegreciéndonos el alma con su propia congoja inicua, hasta volvernos cobardes y ruines". Es que los muertos esos son como "largos adobes que van reforzando el cimiento de la patria". Cuando les hacemos justicia "no hacemos sino compensarles el trabajo que de tal modo siguen realizando en la sombra". Se roza aquí la muy elaborada visión "liberal simbolista", que en lo que respecta a la visión del silencio horroroso de los muertos tiene también antecedentes en un Ramos Mejía que con el procedimiento del historiador, a imagen de su maestro Vicente Fidel López, busca que la composición de Rosas logre que "cuando uno lee la animación que da a su figura..., se sienta invadido por el terror de la matanza y resucite en la imaginación hasta la sensación de aquel silencio y de aquella angustia que circulaban en el alma inquieta de todos" (J. M. Ramos Mejía, *Rosas y su tiempo,* 1907). Pero Lugones no busca vivificar, sino salvar del olvido. El silencio del que habla es silencio en relación a aquello que los hombres actuales no son capaces de recordar del pasado, mientras con Ramos Mejía se trata de tomar partido por una escritura que resulte capaz de revivir en el presente la experiencia de lo transcurrido. Lugones es juez de mausoleos, Ramos Mejía es un alquimista que busca reanimar situaciones ausentes o dramatizar la memoria entumecida.

Pero además de que una biografía debe ejercer justicia con los "adobes", con esos "cimientos de la patria", Lugones festeja en la suya de Ameghino una filosofía de la "emancipación espiritual" cuyo resultado es la derogación de los dogmas del Génesis. Quizás nunca se escribieron en la Argentina —considérese el Centenario y sus adyacencias— tan elocuentes argumentos contra la explicación bíblica de la naturaleza y el mundo, contra los valores cristianos entendidos como una irradiación del despotismo oriental, y, al mismo tiempo, en defensa pagana de la mujer emancipada, en la versión, es claro, de los ideales de la caballería. El Lugones helenístico y antipapal, que funda el impulso de su tema en el escorzo ultramontano europeo, sueña con una democracia de trovadores, despreocupada en materia religiosa y más ligada a la *belleza* —el ideal griego— que a la *verdad* —el ideal bíblico, gótico—.

Ahora bien, las "vastas genealogías" de Ameghino —esa historia paleontológica de los proboscídeos, de los caballitos o proteroterios del eoceno y del tetrásilo del más cercano oligoceno— son un ejercicio de la verdad antes que de la belleza. Lugones, en su encargo biográfico, se ve aquí frente a un personaje que debe elogiar —y lo hace como antes lo había hecho en la agobiante glorificación de Sarmiento, y en la de Roca después— a causa de su batalla en nombre de la verdad. A Ameghino le bastaba sostener una piedra en su mano, adecuadamente interrogada, para que se revelaran mares, continentes, faunas, floras: *la verdadera creación*. Eran las "vastas genealogías" del sabio, que aparece más gótico que helénico, pero en quien la verdad no es cristiana y de quien Lugones trata de extraer impulsos secretos de belleza según el ideal heroico de la ciencia. ¡Esa ciencia genealógica que descifra el libro de la naturaleza sin dogmas religiosos!

Por eso, Lugones le atribuye a Ameghino el carácter del sabio que con la verdad produce un acto libertador, absolviéndolo sin duda de su descuido respecto a su expresión escrita, y revelando entonces el sino político de la biografía que le consagra: si con la verdad se produce la emancipación, esta solo puede ser un acto de elección que en sí mismo define a los hombres superiores, mientras que la esfera electiva de las mayorías apenas "consiste en elegir el amo". El tema anarquista de la obediencia y de la ciencia asedian a Lugones —uno resuelto en disposición crítica, el otro con ánimo enaltecedor— al punto de resumirlos en el afán sapiente de indagar los "secretos de la vida". Es el Lugones en su momento francamente anticlerical el que escribe estas tiradas, lo que mucho años después llevaría a querer considerarlas como un rapto pasajero por parte de un comisario, su propio hijo, que intentaba excusarlo en el prólogo de algunas de sus obras. Asimismo, es el Lugones que reflexionando sobre el sometimiento no encuentra otra solución filosófica que la del *individualismo racionalista*, que contrapondrá a la soberanía popular y a las religiones con sus dioses omnipotentes o laicos, que aun diciendo redimir solo disputan la manera de colocar distintos collares de opresión.

De ahí que Ameghino, que reúne el ideal lugoniano de lucha "contra hombres y dioses", sea finalmente saludado con vehemencia cuando propone, "en todo su alcance" según Lugones, el problema de la inmortalidad. Es lo que se lee en *Mi credo*, una disertación de 1906 —que para Coriolano Alberini no pasaba de un insignificante frangollo haeckeliano— y que reviste el carácter de un excepcional escrito filosófico, cualesquiera hayan sido las influencias bajo las que se acuñara —y sin duda son evidentes las de Haeckel, un autor de vasta repercusión en la época—. En efecto, leído casi un siglo después —¡por el impensable lector de estos días!— *Mi credo* impresiona como una reflexión asombrosa e intrépida, hilada en éxtasis místico, con el lenguaje del sacerdote pagano ocupado en las transfiguraciones "eternas" de la materia. Ameghino afirmará que la materia no tuvo principio ni tendrá fin, que es indestructible e inseparable del infinito espacio, del infinito tiempo y del infinito movimiento, infinitudes que componen el Cosmos. La materia es un conjunto de estados esparcido en el Universo en forma viviente o pensante, sólida, líquida o gaseosa, de modo que no hay diferencia entre cuerpos orgánicos e inorgánicos. La vida no otra cosa que una modalidad complicada del movimiento, donde una sola vez se realizó la gran mutación de lo inorgánico hacia lo orgánico, llegando al *basibio* —la molécula viviente— que a su vez forma los *sitobios* y estos las *moneras*, los primeros seres unicelulares.

En toda esta fantasía científica, plagada de una ornamentación novelesca, los organismos forman una cantidad de materia viva invariable, no pudiendo aumentar su número sin que haya una compensación correspondiente de los otros, que así disminuirían, lo que es la "verdadera causa de la concurrencia vital". En nombre de este darwinismo oblicuo pero omnisciente, con fórmulas lexicales atronadoras, Ameghino realizó una especulación osada sobre la inmortalidad, carácter que le atribuía a las moléculas. Estas sólo mueren devorándose unas a otras con los productos de la "desasimilación". La materia viva, siendo siempre la misma, ha pasado por todas las formas de organización, perfeccionándose a través de la filogenia. Los organismos existentes desprenden de sí sucesivos organismos. De este modo, puede decirse que *en períodos cortos cada organismo desarrolla todo el movimiento de las generaciones que nos precedieron, repitiendo sucesivamente las etapas recorridas por nuestros antepasados desde el* basibio *hasta nuestros genitores.* Puede inferirse entonces que la muerte no siempre es una consecuencia inevitable de la vida, pues no solo se podría retardarla indefinidamente, sino que en determinadas condiciones los organismos unicelulares son inmortales y los policelulares podrían demorar el perecimiento. Pueden existir así los organismos inmortales que vivan a expensas del mundo orgánico. Falta que el conocimiento coloque al hombre en el camino de la inmortalidad.

Tales son también los temas de *El ángel de la sombra,* drama esotérico y amoroso publicado como novela por Lugones —en 1926— en la que un espíritu puro que "cae en la materia" abre las puertas de la eternidad. La cuestión de la inmortalidad, que siempre ocupó a las tradiciones fronterizas de la filosofía argentina y que de un modo impresionante resumiera Macedonio Fernández en 1949 —"mi persona psíquica no logra vencer una verdadera imposibilidad de creer que el padre y el niño, sus personas psíquicas, no tengan nada que decirse en el mundo y en toda la eternidad..."— y que para Borges constituyera un juego ingenioso para liberarse de lo que llamaba "la intolerable opresión de lo sucesivo", queda abierta por Ameghino, justo es reconocerlo, con *Mi credo.* Lugones reproduce estas creencias, casi simultáneamente, en su escrito *Ensayo de una cosmogonía en diez lecciones,* donde un racionalismo espiritualista lo lleva a una cosmogonía, en la que la materia permanece en tanto eternidad, al convertirse en una energía temporal vacía. Postula Lugones la continuidad de la vida, que se mantiene en la periodicidad de todas sus formas, por lo que "es una sola la ley de la vida, lo mismo para un insecto que para una estrella". Es un hallazgo normal de la crítica ligar el modernismo, el evolucionismo, el esoterismo y el ocultismo, como yacimientos comunes de una literatura místico-científica. Ya se ve que Lugones no tenía dificultad para percibir con gran simpatía a un Ameghino, al que ve como panteísta, y el cual al revivir en su mente la ley vital de los organismos fósiles, no haría otra cosa que enlazar la vida del ser vivo pensante —él mismo, el sabio que recompone en su imaginación científica la vida ya extinguida— con aquella vida que ya dejó de latir en esos organismos inanimados. Se establece, pues, una continuidad entre lo animado y lo inanimado, que podemos decir que siempre fue el corazón de la búsqueda poética lugoniana, y lo que el mismo Lugones había observado y leído en los trabajos de Ameghino.

Declarando que se trata de "una exposición sistemática dedicada a los maestros de escuela", será Ingenieros quien, a su turno, escriba *Las doctrinas de Ameghino, la tierra, la vida y el hombre* en 1919. Propósito didáctico que lo separa de Lugones; pues este es estruendoso, pétreo y desdeñoso, mientras que Ingenieros es humorístico, clarificador y científico. La convicción de Ingenieros —que mucho no debía diferir del Lugones de aquellos años— es que Ameghino aplicó a las disciplinas naturales "el mismo método genético que nosotros aplicamos en las ciencias morales". Esa *equiparación* las ciencias de la naturaleza y las ciencias de la cultura, que sería el motivo persistente del debate por el método, estaba en contraposición muy directa con la solución que había hallado el neokantismo hacia fines del siglo XIX, que rompe la homología. Por eso, bajo las artificiosas expresiones de *nomotético* e *idiográfico*, este quería señalar un intervalo entre la ciencia de regularidades y de leyes (en el primer caso), y las ciencias de acontecimientos y singularidades (en el segundo caso). Esta solución escindía el cuerpo de la ciencia en dos accesos metodológicos —aunque no en dos campos de estudio irreversiblemente diferentes, pues el mismo objeto podía ser sometido a los dos accesos— por lo que se creaba una insatisfacción que obedecía a muy diversas razones, ya fuera porque la realidad aparecía discontinua en sus dos grandes esferas —*naturaleza y cultura*—, ya fuera porque se percibía un menoscabo en el imperio de las "leyes de la naturaleza", ya fuera porque, al contrario, se percibía que el mundo histórico corría el peligro de ser interpretado y reducido bajo criterios naturalistas.

En el campo del marxismo, esta cuestión se había agudizado en 1922, cuando un influyente libro de Lukács —*Historia y conciencia de clase*—, retomando la "dialéctica del sujeto", se decidía a declarar la naturaleza como un ámbito sin discordias, mudo e inexpresivo si se lo cotejase con la actividad de la "totalidad histórica", y al marxismo como una filosofía social cuyas categorías esenciales estaban para inteligir las contradicciones de la existencia histórica sin intervención del pensamiento naturalista. Ante esta formulación del "professore Lukács", hasta el propio Gramsci se iba a mostrar dubitativo en sus *Quaderni*, preguntándose cómo puede separarse la dialéctica de la naturaleza, si de algún modo, incluso como "historia de la ciencia", también la historia natural es parte de la historia humana. (Lo dice en su crítica al *Ensayo popular de sociología* de Bujarin; como detalle insubstancial, el nombre de Lukács, si hemos de creer en la traducción castellana, no está bien grafiado por Gramsci.)

Esos debates no formaban parte de la situación intelectual argentina, pues aquí la idea de dialéctica había sido asfixiada con virulencia por la crítica "a las grandes catástrofes y cataclismos maravillosos de la antigua geología", que basaba su romántica ciencia en la idea de poéticas sublevaciones y momentáneas extinciones en el mundo natural; en cambio, la geología moderna explica la Naturaleza por medio de una acción, prolongada durante millares de años, de las *mismas causas* que actualmente están modificando la superficie de la tierra. De igual modo, en pleno modernismo literario, con su *clímax* de éxtasis y arcanos cósmicos, Lugones había escrito que el día y la noche son polos de la manifestación de la vida, polos que mantienen una extraña identidad, en la cual toda fuerza será inercia y toda inercia será fuerza. La contradicción en que noche y día parecen hallarse es apenas una diferencia de magnitudes, un estadio de progresión en la mutación. Entonces, ¿qué es la noche? Sencillamente, *la noche es menos día.*

Por eso, mientras la imaginación científica europea se cautivaba por una similar y simultánea conmoción en la biología y en la historia —la teoría del modo de producción y la lucha de clases de Marx y la teoría de la selección de las especies de Darwin, tal como lo expresa Engels en los últimos prólogos del *Manifiesto Comunista* y en el discurso ante la tumba de Marx en Highgate—, en la Argentina esa conjunción entre ciencia natural y "disciplinas morales" se verificaba entre Ameghino y Rubén Darío, sin posibilidad de reponer el extraño paralelismo que lo obsesionaba a Engels entre aquellas "dos cabezas". Esto es, por un lado, faltaba la fuerza y el problema que entregaba la existencia de una teoría de los símbolos sociales, descifrados según fueran una máscara de las relaciones sociales, tal como en el Marx del fetichismo de la mercancía. Por otro lado, esos simbolismos —de ningún modo ausentes en el debate cultural argentino, en este país de la *liebre pampa* o *Dolichotis*— eran interpretados como resultado de una simulación, esa plástica del yo que según el arte psicopatológico de más popularidad en la Argentina se sostenía en la astucia, el misterio y la locura.

¿Podía la paleontología transformista aliada a la metáfora de la "lucha por la vida" dar *aquí* algo más que una ciencia folletinesca, esa historia nacional neurasténica que había escrito Ramos Mejía, cribada por alegorías biológicas, geológicas, hipnóticas y filogenéticas? Ameghino se sentía obligado a seguir las huellas de Darwin pues "era uno de nuestros sabios". ¿No había sido aquí, en nuestras pampas, que Darwin descubrió los primeros materiales para su teoría? Pues aquí debía encontrar su más espléndida confirmación. Porque es en la pampa que se conservan mejor los restos orgánicos, antes que en la generalidad de las formaciones europeas; allí las formaciones geológicas fueron dislocadas sin que se preservaran los tipos intermediarios, mientras que los grandes movimientos geológicos en la pampa se presentan en series menos interrumpidas. Darwin, desde ya, estaba inscripto en la pampa; había escrito sobre ella y hasta obtenido para atravesarla un salvoconducto de Rosas, el mayúsculo personaje de Ramos Mejía. El naturalista inglés se había cruzado con el gobernador de Buenos Aires, que corría a los pobladores originarios de la pampa —esos de los cuales Lugones no estaba seguro de que fueran los descendientes del *tetraprothomo argentinum* de Ameghino—, en medio de la "expedición al desierto" de 1833. Entonces, la pampa era mejor que el mioceno europeo para el despliegue armónico de la ciencia y era aquí que el darwinismo hallaría su patria, su comprobación acabada y la certeza acrisolada de la máxima antigüedad del primer hombre entre los hombres. En cambio, Marx no había recorrido la pampa y no contaba con noticias adecuadas: en *El capital* ejemplifica la explotación de los proletarios, a los que el capitalismo estruja hasta dejarles solo el pellejo, con un ejemplo del estilo económico del Plata, donde se desollaba al animal para obtener el cuero, despreciando la carne. Pero eso ocurría a fines del siglo XVIII, y para cuando Marx escribe el primer volumen de su titánica crítica de la economía política, la ganadería rioplatense ya iba en marcha hacia el frigorífico. La mitología ameghiniana —un Darwin fantasmal que pasaba recogiendo guijarros y cruzaba impasible por una desnuda Historia Argentina— fue tan temprana, como tardía fue la leyenda "nacional popular" que en los años sesenta de este siglo imaginó proceder "con la lanza de *Chacho* Peñaloza y *El Capital* de Marx".

Sin embargo, tanto Ameghino como todo el positivismo argentino están cerca de la lingüística, que siempre fue intuida —años después, el más decidido estructuralismo la encumbrará al grado de última determinación inconsciente del conocimiento— como uno de los supuestos del orden invisible que une nombres con organismos, y también frases con entes, por lo cual constituía la trama genética interna del conocer. ¿Qué dirá Vicente Fidel López, en su asombroso prólogo —*a fuer de un pasaje del Himno a la Locura*— al libro *Las neurosis de los hombres célebres* de Ramos Mejía, en el cual el propio padre del prologuista, el autor del himno nacional, aparecerá como poseído por un delirio que antes de morir lo lleva a recitar solemnemente trozos de sus poetas latinos preferidos? Dirá que la fisiología y la ciencia del lenguaje, "que es el vínculo inmediato de la materia organizada con la palabra", dejan hablar a la verdad de la Naturaleza, en vez de imponerle dogmas teológicos o psicológicos. Sin embargo, el propio V. F. López no puede sino concluir ese prólogo con una concesión a sus propias creencias (que en definitiva son también las de Ramos Mejía), manifestando la necesidad de tratar la *influencia mutua* de los ámbitos morales sobre los organismos naturales, lo que equivalía a decir que la potencia y autonomía de lo que estudiamos bajo el nombre de Civilización no es menor que el vigor de lo que cultivamos bajo el nombre de Paleontología.

Y en este punto es necesario detenernos en el entusiasmo de Ingenieros por la certeza de Ameghino respecto a que son comparables las familias zoológicas a las familias lingüísticas, ya que con los fósiles o con las lenguas muertas, es posible por simples cálculos conocer las derivaciones anteriores o posteriores de esas *formas*. Esta ciencia predictiva de las formas intermediarias desaparecidas o invisibles postula también similares alcances para la astronomía matemática y para la zoología matemática. A la manera de un método hipotético deductivo pero servido de un aparato matemático, las operaciones llevan a restaurar o inferir los "tipos perdidos" de la serie. Esa fórmula general de transformaciones permite construir la hilada filogenética a través de derivaciones seriales. El caso más ostensible de este procedimiento lo consigue con el uso de la *fórmula dentaria* por la cual la distribución de caninos, molares e incisivos es relevada a modo de componer un *continuum* que atraviesa todas las especies y las variaciones dentro de cada una de ellas, con clasificaciones que son artificiales, no naturales, tal como lo había señalado Darwin.

De ahí había tomado Ramos Mejía la idea de *fórmula dentaria,* para elaborar su clasificación genealógica de tipos biosociales en el cuadro de su naturalismo metafórico. Por ejemplo: la clasificación serial (casi novelada) que ya conocemos, la mutación "del usurero al capitalista". La metáfora no preservaba de errores históricos ni de obstinadas manías señoriales —que en forma latente contenían el grano dormido de la junción entre arqueología y racismo— pero significaba también el grado de quimera e invención lingüística al que había llegado aquello que se denominaba ciencia, pero que era en verdad un ancho terreno para visualizar los modos infinitos en que se conciben a sí mismas las retóricas del conocimiento.

La "fórmula dentaria" (junto a la fórmula dactilar) era para Ameghino la piedra de toque, digámoslo así, del procedimiento matemático en la paleontología. *Filogenia* —el libro de Ameghino que puede conseguirse ahora en las librerías de viejo de Buenos Aires, en algún errante ejemplar cuyos cuadernillos mohosos habrá que abrir con pacientes cuchillas y señaladores, pues nadie lo habrá leído— está atravesado por páginas y páginas de desconcertantes fórmulas que ofrecen un idioma utópico, hermético y fantástico, que la laica y candorosa sapiencia de este hombre que también había sido un pequeño comerciante semiquebrado en la ciudad de La Plata, dueño de la librería El Gliptodón, suponía que facilitarían la comprensión de la evolución natural y ahorrarían extensas explicaciones. Las fórmulas eran clasificaciones construidas por el método de la deducción matemática, lo que da un valor numérico que establece distintos tipos de escalas e identifican infinitas variedades que, al cabo, se acercan analíticamente a la verdadera continuidad y unidad de la materia orgánica. Estas variedades de especies, extraídas de fórmulas observadas sobre la masa de materia orgánica, permite visualizar una evolución arborescente para las faunas fósiles. Entonces, se producía la ufana demostración —Ameghino paladeaba, con medida sobriedad, la sorpresa que imaginaba provocar en los auditorios— respecto a que del colosal Megaterio al peludo muy pequeño, o del Glyptodón pampeano a los armadillos, la distancia no era de ningún modo abismal. Así, acudiendo a las proporciones matemáticas artificiales, se iban siguiendo las sucesivas evoluciones de cada serie, cuidando de distinguir con nombres específicos cada ínfima mutación para no confundirlas, poder jalonarlas, y pasar sucesivamente de unas a otras.

Tres nuevos géneros estudiados por Ameghino en 1883, sobre una colección recogida por Pedro Scalabrini en yacimientos del río Paraná, llevan por nombre *Toxodontherium*, *Ribodom* y *Scalabriniterium*. He aquí la rara ventura de los nombres, y entre ellos el que corresponde al naturalista Pedro Scalabrini, padre del escritor Raúl Scalabrini Ortiz, que de este modo venía a tener su itálico apellido inmigratorio asociado a osamentas varias veces milenarias, lo que enlazaba su nombre de descubridor científico en la Argentina post-rosista con fósiles mudos del Paraná, ansiosos de nombre, aunque fuera el de una actualidad que sonaba incoherente con aquellos paisajes del mioceno, con sus rinocerontes de nariz tabicada o sus pedernales tallados con manchas dendritas. Pero puede pensarse también en el hijo, Raúl, que no era naturalista sino ingeniero agrimensor: es él quién elabora una metáfora destinada a gozar de fuerte difusión, para referirse a un notorio evento de la historia nacional de los años 40 del siglo XX, eligiendo ver a esos hombres que cierto día cruzan en multitud el Riachuelo hacia Plaza de Mayo, como "el subsuelo de la patria sublevado". El subsuelo de millones de años en donde hurgaba el padre no era el mismo subsuelo del hijo, que con su leninismo metafísico, en vez de hachas amigdaloides y arpones de hueso, buscaba metáforas de redención social. ¿No consistía su paleontología en descubrir la sepultada trama económica de los ferrocarriles ingleses, cuyos técnicos y gerentes venían del país de Darwin?

Simulación: una biología artística

Darwin dice en *El origen de las especies* (1859) que la expresión "lucha por la existencia" se emplea en sentido amplio y metafórico, que incluye la dependencia de un ser respecto de otro y —lo que es más importante— considerando no solo la vida del individuo sino también el éxito al dejar descendencia. José Ingenieros en *La simulación en la lucha por la vida* (1903) recobra con razón esta fórmula —citando a su creador—, ya que es la que le permite cierto gesto de osadía, al complementarla con la idea de *simulación*, de por sí un estado metafórico de la personalidad que no está del mismo modo en Darwin. Sin embargo, un tenue esbozo del tema de la simulación está insistentemente sugerido en el libro precursor del famoso viajero del *Beagle*, escrito con displicente elegancia e invadido de parábolas joviales que contrastaban con el hórrido mundo en el que se presentaba ese fragor "metafórico" de la supervivencia del más apto. Véase el ejemplo del *Lagopus*, simpática especie de perdices detectadas por el ojo voraz de los halcones, que las descubren por su color. La selección natural pudo aquí ser eficaz para dar otro color más conveniente a cada especie de *Lagopus* y en conservar este color justo y constante una vez adquirido. Son los elementos de mimetismo, forma primera de la simulación, que protegen y abrigan en el desempeño de la lucha por la vida. Y aquí empalma la voz de Ingenieros. De algún modo, podría decirse que sobre el bastidor de una cuestión prefigurada en *El origen de las especies*, el médico argentino acentúa un rasgo o una idea de fuertes alcances —la del empleo de medios *fraudulentos* en la lucha por la vida, que llevan a la simulación y producen el resultado de aminorar la violencia y la barbarie de la contienda por subsistir—.

¿Esta idea es de aquellas que merecen el nombre de originales? Sin duda, estaba insinuada por el propio Darwin, pero el énfasis que le da Ingenieros la deja en el umbral de una compleja teoría de la cultura, en la cual a mayor grado de civilización la lucha por la vida adquiría medios más sinuosos, mullidos y escorzados: la simulación como forma específica de un fraude realizado para lograr mayores posibilidades existenciales en un medio competitivo. El mundo animal desde luego era el hontanar de los ejemplos ingenierianos —contados a la manera de Darwin, imperturbables e irónicos caballeros desgranando prodigios naturales en el *foyer* del club social— como ese de la *Cucullia*, un insecto que en presencia de sus enemigos simula estar muerto o se inmoviliza para aprovechar sus semejanzas con las cosas inanimadas. Inmóvil, la *Cucullia* es idéntica a una astilla o viruta de madera. Ahora bien ¿la *Cucullia* hace esto voluntariamente? Grave problema al que Ingenieros no le dedica un examen convincente, ya que depende de eso darle más amplios alcances al tema. La *mímesis* animal, instintiva, no podría ser consciente o psicológica, pero en su origen puede ser que lo haya sido. ¿Es aceptable dar al reino animal las evidencias de una actividad automática, esto es, una *imitatio* que en sí misma forma parte de la naturaleza? Si no era consciente el animal pero alguna vez lo fue, ¿por qué no imaginar que se abría aquí el problema del comportamiento inconsciente antes que una naturalización del reflejo animal?

Diferente es el caso en el ámbito histórico-político, pues allí no solo reina la voluntad de simulación, sino un plan de encubrimiento, con su corte de pretextos y máscaras, destinado a desviar la atención respecto al fin principal pero velado de la acción. Es el caso del "antisemitismo francés como una simulación en la lucha de razas". Pero la realidad histórica —dice Ingenieros— demostraba que ese pretendido antisemitismo era una máscara de la reacción clérigo-militar, disfrazada en Francia con la indumentaria de una guerra al judaísmo, para arrastrar en ese engaño a las masas populares explotando el sentimiento del odio al rico. ¿Pero no se halla este razonamiento cribado de deficiencias, aun en los términos de la propia tesis de la simulación? Porque es evidente que el antisemitismo podía ser una máscara que movilizase "el socialismo de los imbéciles" como dice Ingenieros, pero no era para desdeñarse una reflexión más aguda sobre los alcances prácticos de esa máscara y la articulación que mantenía con los distintos estratos culturales de la sociedad francesa.

El concepto de simulación parecía muy frágil para comprender un ámbito de crisis histórica y cultural que, como en todos esos momentos, contenía sentimientos embozados y propósitos velados aun para los propios sujetos colectivos. La simulación no podía ser apenas considerada una cortina opaca que por voluntad política podía blandirse para nublar designios primarios, y no parecía apta para contener potencialidades de crítica a las ideologías culturales alojadas en las napas culturales del mundo burgués, por más deidades mistificadas que fueran. Poco más de una década después, se conocía *La ética protestante y el espíritu del capitalismo* de Max Weber, donde se examinaba con grandiosidad de fuentes, sonora erudición y argumentos destinados a perdurar en la lectura de todo el siglo, un problema semejante. El ascetismo puritano implicaba un tipo de racionalización de las conductas prácticas que venía a contribuir decisivamente en la construcción del orden capitalista industrial y de la civilización mecánica. Pero en Weber, la esfera de los valores de salvación no aparecía como una mera simulación —aunque el problema podía haber sido resuelto de esa manera— sino como un juego múltiple de afinidades entre creencias religiosas y éticas profesionales que protagonizaban un mutuo encuentro con resultados visibles en la historia, pero que podían ser "invisibles" en el plano en que esas éticas y esas creencias se formulaban.

Ingenieros no consigue traducir la idea de simulación —que toda la psicopatología del momento había transitado con intensidad— a un conjunto de enunciados que traten dilemas éticos. Sin embargo, percibe que es en ese campo que debe desembocar toda la tesis sobre el *yo simulante*, lo que ocurre en *El hombre mediocre*, pero de un modo abstracto, en el que la imaginación y la imitación son ámbitos antagónicos que vendrían a corresponder respectivamente a idealistas y mediocres. Sin duda no alcanza Ingenieros a volcar todo su material, muchas veces producto de aguzadas observaciones personales, a una elaboración que reclamaba la construcción de una *Ética*, pues solamente en ese territorio podía trazarse una interrogación general sobre los valores escindidos del sujeto simulante. Cuando en *La simulación en la lucha por la vida* escribe que "en su pertinaz obsesión de conquista, el hombre y la mujer simulan sin cesar, a todo propósito en todo momento; la mirada, la palabra, la voz, el gesto, son los instrumentos sutiles del dulce engaño recíproco, nadie lo ignora y todos lo creen", está apuntando a una situación de largos alcances, que involucra aquellas formas expresivas que, en poco tiempo más, la filosofía de la entreguerra haría motivo de la "pregunta que interroga el ser", y, en consecuencia, de los estudios de la naciente fenomenología.

El mirar, el hablar o la gestualidad eran acaso el ámbito expresivo de los desdoblamientos del ser, que sin embargo la *teoría de la simulación* entreveía como una hipotética correción de los criterios darwinistas de adaptación al medio de los más capaces, ahora en situaciones civilizatorias donde la violencia abierta era reemplazada por el fraude y el enmascaramiento del carácter. ¿Estaba Ingenieros interesado en desenvolver ese aspecto de la simulación —prometedor, original, no cabe duda— antes que una ambigua formulación moral que de algún modo retomaba su crítica *montañista* a los reptiles burgueses y sus "farsas en el santuario"? De *La Montaña* (1897) a *La simulación en la lucha por la vida* corren cinco o seis años en los que las antiguas sierpes del "estercolero burgués" mantienen su vibración en el texto ingenierista, ahora transmutadas en "la casta de sacerdotes que disputan a los políticos las guirnaldas de la simulación". Pero de este modo, el concepto quedaba prendido a una dimensión de prédica y amonestación moralizadora —en afán de *intentione recta*— no muy lejana al espíritu burgués que condenaba.

Por eso, la crítica a la hipocresía es la añeja cuestión —indudablemente asociada a un recóndito puritanismo— que se halla en la intimidad del argumento contra la simulación. Pero entonces podrían quedar debilitadas las otras traslaciones que admite esta miscelánica idea. Pues la simulación puede tener un giro remitido a una visión de los vínculos con el Estado (que hay que preservar fuera del alcance de los falseadores y marrulleros); otro, a las argucias habituales en las prácticas criminales; y aún otro, a una consideración general del carácter simulador entendido como "arte social desinteresado". En el holgado libro de ejemplos de Ingenieros, el primero es el caso de la simulación de enfermedades para escapar del servicio militar obligatorio —cuya implantación en la Argentina era casi coincidente con la publicación de *La simulación en la lucha por la vida*— y que pone en tensión sus convicciones antimilitaristas frente a su crítica genérica al simulador.

¿Pero no era éste un caso de simulación admisible, al intentar burlar a una de las instituciones sociales que aún mantiene rastros de barbarie? Ingenieros adopta un razonamiento por el cual la evolución social irá debilitando progresivamente el peso de las instituciones armadas, y en ese grado superior de civilización ya no será necesario simular para escapar del infausto deber hacia ellas. De este modo, va más allá de su idea original de que la simulación ya en sí misma significaba el robustecimiento de los valores culturales de convivencia —al precio de la hipocresía, es cierto— al imaginar un mundo humano donde coincidiría el ideal público de armonía con la intimidad ética de las personas. ¿No es este el arquetipo mismo del *ocaso de la simulación*? Pero frente a la simulación misma, Ingenieros vacila en considerarla un incumplimiento del deber moral o una necesaria rebeldía ética. En el artículo "La moral de Ulises" (1910) le pone precisamente ese nombre al síndrome de la simulación. Acentúa allí los temas éticos y condena a Ulises. Da su sentencia contra los caracteres falsos, afirmando entonces que no existiría el fraude si reinara la justicia entre los pueblos. (El héroe griego no la pasa bien en este tramo de la obra de Ingenieros.) Señala con reprobación que Ulises se inicia en la vida pública simulando la locura y evadiendo el servicio militar para no separarse de su joven esposa. Es evidente que vacila entre vituperar la simulación o la sociedad hipócrita que la produce. La psicopatología de las costumbres sociales contenía —si nos podemos expresar así— un tercio de crítica política, un tercio de crítica artística y un tercio de amonestación moral, en este último casi en los términos de una *"fundamentación de la metafísica de las costumbres"*, por la cual no cuenta que se haga el bien por mera inclinación, sino que lo valioso surgirá del deber.

Veamos el segundo giro, que correspondería a la simulación que se expresa en el ámbito de los temperamentos criminales. En uno de sus avatares, y no el menos significativo, Ingenieros es un criminólogo que hacia la primera década del siglo, junto al afamado profesor Francisco De Veyga, está relacionado con la Policía de la ciudad de Buenos Aires. No se puede esperar que los lectores actuales mostremos mayor simpatía por este destino (de los dos compañeros de *La Montaña*, Lugones se vinculará destinalmente a la policía, a través de su hijo, pero Ingenieros lo precede al elegir el "estudio científico del crimen"), sobretodo porque allí tampoco había ninguna garantía de que la tensión que provocaba la actividad política del *anarquismo* fuera resuelta, contemplando aunque sea en escasa medida la antigua simpatía que por él sentía el joven crítico de *Los reptiles burgueses*. Léase este trecho: "entre los ladrones que hemos estudiado en la clínica criminológica establecida en la Policía de Buenos Aires (...) muchísimos son los que simulan haberse dedicado al robo porque son partidarios de las ideas filosóficas de Proudhon, que dijo que la propiedad es un robo; en realidad, su único objetivo es justificar con esas ideas los actos antisociales que constituyen su método de lucha por la vida". En esta versión de la simulación, el científico está todo lo próximo que se pueda del estéril pensamiento policial, y, desde luego, muy compenetrado con su visión de lo que es un delincuente. Por eso, desconsidera absolutamente lo que en el anarquismo podía haber de rebeldía contra las normas de propiedad, para tomarlo apenas como un pretexto literario encaminado al beneficio personal del ladrón. Sería simplemente una excusa "noble" para una utilidad obtenida sin justificaciones. Es raro que se decidiera por estos pensamientos, alguien que había publicado en *La Montaña* unos artículos de Edward Carpenter sobre la utilidad del robo, y en los cuales se leía que "las grandes corporaciones de ladrones tienen sentimientos comunistas".

En el tercer giro, encontramos al simulador nato, que lo es no para obtener ventajas inmediatas ante las exigencias de la vida social, sino por una tendencia innata o biológica de su conducta, constituida en un fin en sí misma. De este modo, esta actitud desinteresada introduce un elemento lúdico en la simulación, y, si alguna utilidad tuviera, es la que se verifica sin duda en todo juego, siempre "provechoso para la mente y el cuerpo". Aquí se encuentra el célebre tipo del *fumista* —en la fila de los cuales fue calificado el propio Ingenieros por quienes creían haber descubierto en su obra la esencia misma de ese empeño en la gratuidad de la burla— cuya "simulación por juego" está cercana a un arte social de pícaros aristócratas y timadores exquisitos. ("El retorcido efecto que se produce por la combinación de las lecturas de Darwin y Lombroso, sí, pero en conjunción con las de Shakespeare, Molière y Goethe", afirma Lisandro

Kahan en "Sociología fumista", artículo publicado en *Ciencias Sociales,* Boletín de la Facultad de Ciencias Sociales, 1999.) El *fumismo* no estaría relacionado a las luchas que exige el medio, sino a un "carácter orgánico" que implica una suerte de *biología artística,* la del tramposo existencial que por determinación congénita de su temperamento no puede dejar de representar al burlador. Ingenieros no carecía de ejemplos al respecto, en los cuales desfilan "sujetos mentalmente superiores, hiperestésicos e hiperactivos a la vez, exhuberantes de vida y de alegría, cuya ocupación característica es tomarles el pelo a los tontivanos, haciendo un verdadero deporte de la *fisga,* esa burla que se hace de una persona con arte, usando de palabras irónicas o de acciones simuladas".

Esta burla se compone de un placer intelectual, empeñado por "un artista de la simulación" cuya base fisiológica es exhuberante, pues se trata de un *fumista* que tiene una salud física, moral e intelectual "para derrochar". Es el *fumista* que ríe, y a la vez encontramos aquí al Ingenieros apologista de la risa —al que ya nos referimos—, que de algún modo propone, todo lo involuntariamente que se quiera, que la base de toda ciencia es el estudio de lo cómico y que la comicidad misma está en los cimientos de la ciencia. La ciencia es el grado superior del *fumista* y a la vez este es su motivo de indagación. Circularidad que recuerda la de las propias volutas de las bocanadas de humo, imagen de la que el nombre del *fumista* es extraído, y que significan la vida y el mundo considerados a través de lo incierto e ilusorio de esas vaharadas que los envuelven.

Aquí Ingenieros se sitúa —quizás con esa disposición rápida que Alberini considera propia de un publicista presumido— en el ámbito de un compendiado Nietzsche, o mejor de un Nietzsche que para los escritores y divulgadores de la época era posible ver junto a Darwin. ¿No hablaban ambos autores de un conjunto de valores de vida obtenidos a través de luchas y poderes? Pero también no debe olvidarse que en Darwin hay una estética basada en la evidencia de la selección sexual. Entre biología y belleza se abre así un insospechado compromiso, en uno de cuyos eslabones Ingenieros ubica a sus personajes artísticos, emisarios de esta estética zarathustriana de la simulación, en donde juegan sus simuladores más queridos, como el francés Léo Taxil y nuestro ya conocido Lemine Terrieux —"nombre que suena Le Misterieux"—, burgueses fisgones que son la contrapartida de los "reptiles burgueses" crucificados por él en 1897. Los primeros luchan de algún modo contra la hipocresía social y acaban siendo sus víctimas, los segundos son la hipocresía misma. Su condición de reptiles es el castigo de la biología ante la rapacidad social, mostrando una muy poética como libertaria justicia darwiniana, así como en los simuladores artísticos la biología que puede llevar a la belleza "por selección" era el pedestal que permitía un arte social, una estética de la existencia. Y aún más: los "reptiles", cuyo habitáculo social son los negocios capitalistas, el claustro religioso o la casta militar, aluden a las instituciones que aparecerán ahora en *La simulación en la lucha por la vida*, pero ya no condenadas en nombre de un anarquismo ensoñado, sino analizadas bajo la mirada científica. No salen bien paradas, es cierto, pero en este momento también encarnan la ley, y por tanto, disputan el sentido de la vida —en la verdadera disputa, quizás, que está en la trama interior de la obra de Ingenieros, por lo menos las de este período— con la "ley del simulador". Esta ley, nunca dicha de este modo por Ingenieros, apunta al nudo esencial no resuelto de su obra. Por un lado, promete el fabuloso reinado de una crítica social con remoto sabor anarquista, en el cual la ley es mantenida como esencia del deber social y la rectitud moral, y por otro lado, construye el obstáculo para las existencias libres y artísticas.

Cuenta Ingenieros el caso de un muchacho que "simuló anarquismo", ideas con las que en verdad estaba disconforme. Pero se presentó como dinamitero, con indumentaria excéntrica, viviendo en conventillos y haciéndose arrestar en un mitín obrero con un enorme cuchillo, pensando que de esa forma las autoridades y la burguesía —espantadas por tal desatino— corregirían los males de la sociedad. Este personaje cándido, según Ingenieros, era alguien que no supo adaptarse a la hipocresía social. Pero esta fábula extraña —Ingenieros siempre parece escribir con una remota inclinación hacia el *Lazarillo de Tormes*— retrata el límite y el drama de las tesis del autor de *La simulación en la lucha por la vida*. Si por una parte todo acto del mundo de las ideas era simulación, por otra parte el que lucha contra la hipocresía es un idealista que marcha hacia el cadalso. La ley del simulador lleva a pensar que cuando lucha contra la inverdad social es un héroe derrotado, y cuando pierde la esencial gratuidad artística de esa lucha es un infausto anarquista. Como en los recamados existenciales del propio Ingenieros, en la "filogenia" del simulador estaba agazapado el paso anterior del soñador anarquista.

De este modo, la simulación —en sus tres giros, por decirlo así— era un arte, una patología y un método para develar y restituir la procedencia de la ley. Era también una teoría de los encubiertos planos del yo yel mapa quebradizo del "aparato psíquico". ¿Podía haberse llegado desde el *yo simulador* al *yo inconsciente*? El irresuelto elemento volitivo implicado en la acción simuladora, podemos presumir, lo impedía. Pero Ingenieros, hacia fines de la década del 10, conoce pasablemente las tesis de Freud y, al comentarlas, las descarta. En *Histeria y sugestión*, que es de 1904, apenas un año después de sus teorías sobre la simulación, Ingenieros vuelve a ofrecer la evidencia de su pluma versátil para los casos y ejemplos —todo Ingenieros está preso del estilo de la parábola, descripción del "caso" y demostración de una "enseñanza"—, *ahora* con la histeria juzgada bajo el concepto de sugestión. Este concepto es el *point d'honneur* de las psiquiatrías que se agitan alrededor de las discusiones provocadas en el laboratorio de Charcot —que enfatizaban el hipnotismo— en *La Salpetrière*. La sugestión significaba una provocación técnica para introducir en el paciente una ausencia de factor crítico, por lo cual afloran ante el médico que sobre él ejerce una influencia moral formas de imitación y obediencia que rondan "los fenómenos subconscientes". En la gran discusión de esa escuela, el hipnotismo y la sugestión se presentan como métodos a veces complementarios y a veces contrapuestos para crear ese momento fundamental en el cual aparecen "estados de distracción del que emergen desdoblamientos de la consciencia, errores inconscientes o elementos de subconsciencia de una imaginación mal regulada".

Ingenieros comenta con espíritu "ecléctico" estas situaciones en las que rondaba el fantasma del *inconsciente*, mientras que el lector contemporáneo —el que a fines del siglo XX ya asistió a la revolución freudiana— se encuentra con escritos que lo llevan a la extrañeza de una época ahora sepultada por el triunfo psicoanalítico. ¿Podía haberse dado "Freud" en la Buenos Aires de Ramos Mejía e Ingenieros? ¿Podría haberse inventado un "psicoanálisis" en la ciudad del *Hospital San Roque*, una suerte de *Salpetrière* argentino? Hugo Vezzetti se pregunta, en relación a Ingenieros: "¿Habría llegado a evolucionar hacia un janetismo como matriz de incorporación de una lectura diferente de Freud? Por esa vía podría pensarse en un desencuentro circunstancial e imaginar lo que podría haber sido el destino del freudismo en este rincón del planeta si esa gran figura (intelectual, universitario, animador y organizador de empresas culturales, faro de la juventud progresista) lo hubiera tomado en sus manos. ¿Nuestra metrópoli del psicoanálisis pudo adelantarse varias décadas?". Esta pregunta puede ser radicalizada: ¿pudo haberse desarrollado en Buenos Aires un conocimiento de los pliegues internos de la psique en condiciones de imaginación teórica tales que pudieran disputar su fortuna crítica en un diálogo fructífero con el psicoanálisis vienés?

¿Cuáles hubieran sido los materiales que habrían de generar esas condiciones? El comentario a Freud que Ingenieros realiza en su *Histeria y sugestión* —un agregado a la quinta edición de este libro, que en realidad corresponde al año 1919— indica en primer lugar un conocimiento apreciable de esa obra, pero una indisimulada hostilidad. Luego de una breve exposición que hoy nos impresiona como bastante ajustada, llama no sin imaginación pero con poca exactitud "confesión médica hábilmente conducida" al método freudiano y "desahogo verbal" al momento en que los sujetos se hacen cargo conscientemente de sus "traumatismos psíquicos y afectivos". Considera que por esa participación activa del sujeto es un "autoanálisis para reasociar consciente e inconsciente" pero le objeta el peligro de un "exceso de análisis", con el que se puede provocar "un refinamiento de la *libido* de consecuencias nocivas en el porvenir". Y rematando la observación crítica con un toque de elegancia y desdén, Ingenieros ve resurgir "la vieja teoría uterina de la histeria", aunque con nueva terminología. Y algo más: la explicación de estas ideas de Freud suele hacerse con un estilo que resbala "hacia el terreno mundano", lo que es ajeno a la medicina.

He aquí el tema del sigilo médico y la "publicidad de casos" que envuelven la intimidad sexual de los pacientes, tema de gran importancia en el debate sobre el psicoanálisis de los orígenes y del que Freud debe ocuparse en el momento de exponer el "caso Dora", ante críticas muy similares —habituales en la época— que le recriminan vulnerar la privacidad burguesa. La de Ingenieros, crítica "moralista" y sin duda con una no disimulada pizca de recelo, nos revela en primer lugar que el psicoanálisis es conocido tempranamente en Buenos Aires como una de las sendas que toma el tratamiento de la histeria por vía de la sugestión o el hipnotismo, y luego, el hecho de que en esta comunidad de ideas entre los médicos de París, Viena y Buenos Aires —sin duda, estos necesaria y más resignadamente atentos al desarrollo de teorías de la psique en los hospitales europeos— Ingenieros toma partido por tesis como las que en aquel momento discuten Sollier o Janet, siempre dentro del "eclecticismo" del cual se jacta para conciliar diversas teorías.

Freud había pasado por los métodos combinados de la hipnosis y la sugestión en el laboratorio de Charcot —casi veinte años antes del trato de estos temas por parte de Ingenieros— y publica en 1893 su primer libro junto a Breuer y bajo la influencia de este, acentuando la importancia de los trastornos de la vida afectiva y del inconsciente en la histeria. Pero antes había visto la luz el libro de Janet, discípulo de Charcot, con parecidas observaciones, que Freud juzga con crudeza: "Janet se nos había adelantado... Janet se condujo con poca corrección", tal como se lee en su *Autobiografía* (1924) —excepcional reflexión de cómo una ciencia se forja en medio de combates, influencias, recelos, veladas envidias, sagaces jugadas grupales e individuales, rencorosas traiciones y fidelidades muchas veces zalameras, que hacen de esa ciencia un compendio oscuro cuya esencia dramática es el entrechoque político de los conocimientos. Ingenieros, por lo visto, sigue con más atención los trabajos de Janet, lo que le significa de alguna manera abandonar las tesis anteriores de la simulación —lo que muestra la volubilidad que se ponía en juego en estas readaptaciones "eclécticas" que se producían en la Buenos Aires del Centenario— por una definición de la histeria como desagregación mental caracterizada por el desdoblamiento permanente y completo de la personalidad. Esto le permite conservar, de los temas por los que había transitado en los inmediatos años anteriores, por lo menos la idea de la risa como motor interior de la simulación, convertida ahora en "risa histérica paroxística". Pero en lo fundamental, y esto quizás explica su definitivo rechazo del psicoanálisis, mantiene la creencia de una tan fuerte correlación entre trastornos psíquicos y trastornos neurológicos, que la metáfora biologista impedía adoptar incluso ciertos avances que había promovido Janet sobre la autonomía de los procesos afectivos de la psique respecto a las determinaciones directas del aparato neurológico. Ingenieros, como pensando consigo mismo, se dice: "fenómenos psicológicos *sine materia* no caben dentro de la psicología fisiológica". En efecto, protoplasmas, centros nerviosos..., negarlos sería creer en el *animismo* más ingenuo.

De ahí que, aun compartiéndose los temas, los núcleos problemáticos y una información completa de la vasta literatura de casos y experiencias que se estaba produciendo, la ruptura practicada por Freud a partir de los inicios del siglo no podía ser acompañada en Buenos Aires. Y ello a pesar de que la plataforma intelectual de esa discusión incluía fuertemente la idea de subconsciente o inconsciente, pero tanto la tesis de la de simulación —substrato de todo cuanto hace Ingenieros, aunque en sus estudios sobre la histeria lo aminora con vehemencia— como la idea de una psicología fisiológica a la francesa obturaban el camino que el médico vienés había practicado. Con mayor audacia, eso ya se veía en sus experiencias con cocaína, con las que ambicionaba fama y repercusión pública, mientras en el Hospital San Roque del barrio de Boedo se burlaban de pobres diablos a los que "sugestionan" con temas extraídos de las vanguardias literarias —el caso del "hermano de Lautréamont"—. Con todo, los intereses literarios que mantenían de un modo tan explícito tanto el vienés como los médicos argentinos hubieran permitido un paralelismo mayor, aunque en estos se referían al simbolismo francés, mientras que Freud procedía en lo esencial con el *Fausto* de Goethe, lo que le ofrecía una meditación sobre la tragedia, los límites del conocimiento y la dura paciencia para obtenerlo.

Pero algo más había en común a partir del "interés literario". La forma del chiste, el interés por la criminología y el juego de los nombres que remitían a la literatura griega. En la *Autobiografía* de Freud —como dijimos, uno de los grandes documentos de nuestro siglo— se relata una ocurrencia interesante y sin duda muy conocida: "mi libro sobre *El chiste y su relación con lo inconsciente* (1905) parte también de la interpretación de los sueños; el único amigo a quien por entonces interesaban mis trabajos me había hecho observar que mis interpretaciones oníricas hacían con frecuencia una impresión 'chistosa'. Para aclarar esta impresión emprendí la investigación del chiste y encontré que su esencia residía en sus medios técnicos, los cuales no eran sino los empleados por la elaboración onírica, o sea la condensación, el desplazamiento, etc.". *La forma del chiste*, en Freud, contiene un potencial metafórico que es necesario interrogar, pues es la misma forma de los sueños, y, podría decirse, la misma forma del argumento, de la conciencia y de la verdad. Una forma cuya investigación se emprende porque el chiste es condensación, y a la vez condensa todas las expresiones posibles en cuanto queremos componer un significado sobre el mundo. El chiste podría ser la forma permanente del significado, que se vierte como anomalía, intriga u olvido. Ahora bien, si se corresponde el modo del chiste con el estado del mundo como jeroglífico a desentrañar, es evidente que analizando el chiste se despliega el conocimiento del mismo modo que en Hegel lo real es un orden motivado por "el trabajo del concepto". Los médicos argentinos componían una cofradía chistosa; por lo tanto, potencialmente filosófica. ¿Por qué razón no surgió de allí una más decidida correspondencia entre el chiste y la imaginación teórica? Quizás porque los chistes tenían como inspiración la vieja moral médica de quien se ve obligado a postergar la condolencia por el dolor con pátinas de desinterés humorístico o de quien asiste a la muerte con un gesto de sarcasmo laico, y sobretodo porque obedecían a la filiación señorial de una atracción pagana por la locura o el delirio. De este modo se forjaba un sentimiento aristocrático de la casta médica, estimulado por la literatura sutil del decadentismo antiburgués —que ellos mismos practicaban—, por el cual la risa operaba solo para conformar un rasgo de superioridad social sobre el mísero burgués respetable, pero en cuyos salones se disolvían "encantados" luego de convivir con las ironías insondables de la muerte. No habiendo dado el paso de considerar finalmente lo cómico como una categoría homóloga a la conciencia secreta del mundo, los médicos argentinos habían sido superados en audacia e imaginación especulativa por el severo burgués de Viena cuyo pensamiento era un chiste.

Pero no solo alrededor de esa esencia chistosa de la conciencia profunda se sobrevolaba en Buenos Aires —lamentablemente, sin resolverla con la mayor temeridad que ya vimos en Viena— sino que también había una ostensible cercanía en los temas vinculados a la criminología y su relación con la "verdad" de un dolo. En 1906 Freud ofrece una conferencia titulada *El psicoanálisis y el diagnóstico de los hechos en los procedimientos judiciales*, en donde trata la posibilidad de que el acusado sea forzado a probar él mismo, *por signos objetivos*, su culpabilidad o su inocencia. ¿Podía haber una "autodelación objetiva" de los delincuentes? Freud no está dispuesto a entusiasmar demasiado a aquellos abogados de la universidad vienesa. El delincuente no es igual al histérico. Ambos guardan secretos, sabidos y retenidos con hábil proceder en el primer caso, no sabidos y recónditos en el caso del histérico. "En el neurótico —dice Freud— existe una ignorancia auténtica; en el delincuente solo una *simulación* de ignorancia". Y desde el punto de vista práctico, en el psicoanálisis el enfermo puede ayudar a resolver sus enigmas; se supone que el delincuente sabe cómo entorpecer la tarea de los jueces. Resiste con su conciencia. Freud se muestra muy reticente con la posibilidad de que el psicoanálisis sea un auxiliar judicial para que surja la "verdad objetiva" del crimen experimentando en la propia conciencia del culpable.

Pero, como vimos, emplea Freud el concepto de *simulación* de un modo tal de vincularlo a las técnicas de sigilo que acompañan a los que el sistema judicial declara reos. Pero desde ya, no aprecia la extensión de ese concepto a las formas no sabidas de la conciencia. La simulación —el tema de crítica cultural y criminología profana de los médicos del Hospital San Roque— era un concepto no inexistente, pero sí trunco y rudimentario para Freud, tan solo alojado en el área del yo consciente. Ingenieros, en cambio, gastaba su chispa en preocupaciones sobre los simuladores en el examen, tema de esencia humorística, escondido homenaje a la burla estudiantil, pero que traducía también un tacaño reglamentarismo de preceptor escolar.

Pero la afinidad más impresionante, que alimenta la pregunta sobre una posible afloración independiente del psicoanálisis en la Buenos Aires pre-yrigoyenista, es la similar preocupación de Ingenieros y Freud por nombrar el acontecer psíquico con palabras imantadas de arcaicos mitos literarios. Como a esta altura nadie lo ignora, Freud apela a *Edipo* para nombrar unos rasgos trascendentales del sino trágico de los individuos. Y expone el "complejo" que así denomina con el nombre del héroe griego, diciendo que su ubicuidad la fue reconociendo poco a poco en la vida psíquica. De este modo: "La elección y la creación del tema de la tragedia, enigmáticas siempre, y el efecto intensísimo de su exposición poética, así como la esencia misma de la tragedia, cuyo principal personaje es el Destino, se nos explican en cuanto nos damos cuenta de que en el poema trágico se halla integrada toda la normatividad de la vida psíquica con su plena significación afectiva. La fatalidad y el oráculo no eran sino materializaciones de la necesidad interior. El hecho de que el héroe peque sin saberlo y contra su intención era la exacta expresión de la naturaleza inconsciente de sus tendencias criminales".

Bien se ve que Freud nuevamente traza dos campos homólogos: el poema trágico y la vida psíquica. Así, explicar la tragedia equivale a explicar la naturaleza inconsciente de un crimen fundado en los pliegues no sabidos de la consciencia. *"Edipo"* no proporcionaba solo un nombre y una ilustración mito-poética sino una configuración de la personalidad y los valores abisales donde se sumergían las relaciones familiares. Freud pretende que ese nombre descifra la clave inconsciente del mito, así como muchos de sus críticos posteriores —puede recordarse la notable ironía que le dirige Lévi-Strauss al psicoanálisis a fines de los años 40— invierten la ecuación y suponen que es Freud, atrapado también por el mito, quien ha ofrecido apenas una versión moderna de la recia e inmovilizante tragedia de Sófocles. De todos modos, entre nombre trágico y teorías del aparato psíquico se establecía una correlación que también fue intentada por el Ingenieros que rotula "La moral de Ulises" uno de sus escritos publicados en la *Psicopatología en el arte.* Es un escrito datado en 1910 —que al igual que *La simulación en la lucha por la vida* Ingenieros denomina "de juventud", sin dejar de asumirlos a pesar de que los considera muy débiles— y en el cual se realiza el hallazgo tardío para él, según el autor, de que Homero había pintado en Ulises el arquetipo de los simuladores.

No cabe duda de que el conjunto deshilvanado de ejemplos que acribillan los primeros y en verdad casi todos los libros de Ingenieros, ejemplos destinados a explotar el lado risueño, absurdo y jocoso de la psicopatología, podrían haberse beneficiado con la elaboración de un concepto genérico, fuertemente "teatral", que recogiera el legado trágico de la antigüedad e indicara en ese solo gesto la naturaleza arcaica del material anímico en juego. ¿Cumple con estas ambiciones "La moral de Ulises"? El escrito se halla en la antesala misma de *El hombre mediocre* y está encaminado a condenar el fraude y la mistificación producida, entre otras causas, por la hipocresía social. Es esa hipocresía la que se complace en denominar "divino" al mentiroso Ulises, por lo que las culpas son sociales. Podemos admirar la astucia del personaje, pero se debía detestar a alguien que se inicia en la vida pública "simulando locura, siempre disfrazado de cuerpo como de espíritu". El héroe de *La Ilíada* era así un paciente cuyas imposturas hubieran debido ser detectadas en los laboratorios de patología moral del Hospital San Roque, en las calles Urquiza y Venezuela, ciudad de Buenos Aires.

Ese héroe, que segrega embustes, es la *progenie de Ulises,* la condenable serie en donde también se hallan Maquiavelo y en menor medida Bacon, esto es, los que abogarían por un desempeño exitoso cuanto más se escondieran las motivaciones efectivas del acto, y contando con la borrosa aquiescencia de la comunidad. ¿Alcanza entonces esta *progenie* para nombrar una forma de la conciencia y una teoría general del yo? No lo parece. Tiene más bien los alcances de quien denomina *bovarysmo* toda ensoñación que aparta ilusamente de la comprensión de las fuerzas reales (hipócritas) de la sociedad o *kafkiana* toda situación donde nunca se visualizan los responsables reales de una orden o una acción. Una psicopatología meramente moralista —cierto que a la manera de un La Rochefoucauld— podía exhibir la compañía ilustrativa de un portento literario, pero no llegaba a configurar un nudo de problemas del cual se extrajera un concepto vital y perdurable. Mientras Freud lo consigue porque del corazón del manantial mítico extrae una hipótesis imaginativa, Ingenieros se extiende en la "filogenia" de las citas, dando sus series la permanente impresión de tributar a una erudición galante y no pocas veces envarada. Más suerte pudo haber tenido Leopoldo Lugones, tres años después, con una idea similar, pero empleada para situar el mito del gaucho como continuidad del "linaje de Hércules".

Y sin embargo, debe insistirse: las condiciones del debate intelectual en hospitales y cátedras de Buenos Aires no eran menos dúctiles ni significativas de las que permitieron, luego de una lucha casi "darwiniana" entre médicos alemanes y franceses, levantar el edificio del Psicoanálisis. Precisamente, tampoco es Freud ajeno al nombre de Darwin. "La teoría de Darwin, muy en boga por entonces, me atraía extraordinariamente..." *Por entonces*, quiere decir por 1870, época distante para Ingenieros aunque no para Ramos Mejía, que protagonizaba allí ciertas disconformidades estudiantiles para humanizar la enseñanza de la medicina en Buenos Aires. Freud convive con el estudio de Darwin en el *Gymnasium.* Sin embargo, en 1912, años en que escribe *Tótem y tabú,* reaparece el interés por Darwin a propósito del estudio de las hordas primitivas, que Freud ve como el ámbito en que se produce asesinato del padre y el banquete totémico de los hijos, con lo cual se elabora el lazo social constituido por la culpa, raíz efectiva de los sentimientos religiosos. De tal modo, podemos especular que el horizonte de influencias, lecturas citadas, vocablos preferidos, estilos dominantes, monumentos temáticos, lugares frecuentados, eran muy similares. Tanto para el médico de Viena que había ido a París confundido con una ansiosa plétora de médicos anónimos en *La Salpetrière*—y que para hacerse notar por Charcot se ofrece de traductor del francés al alemán— como para los médicos argentinos que también solían viajar por el mundo, como era el caso de Ingenieros...

Ingenieros lo hace como una suerte de corresponsal de *La Nación*, en 1906, y entre sus relatos de viaje podemos contar uno cuyo título es *Las razas inferiores,* acaso el más vergonzoso escrito que haya salido de su pluma, ni siquiera comparable con los de Miguel Cané sobre la raza negra y probablemente solo parecidos a la escandalosa crueldad con que Amadeo Jacques escribe su memoria sobre los indios del Chaco. Allí afirma Ingenieros —en una inexcusable visión de la población negra del archipiélago de Cabo Verde— que los derechos del hombre son solo legítimos para los que han alcanzado la misma etapa de la evolución, pero que no basta pertenecer a la especie humana para comprender esos derechos y usar de ellos. Y agrega que lamentar la desaparición de las razas inadaptables a la civilización blanca significaba renunciar a los beneficios de la civilización, y que todo lo que se hiciera en pro de las razas inferiores era anticientífico. Llegaba, así, más allá de los juicios de Sarmiento en *Conflicto y armonías de razas en América*, donde se examina la "hipoteca indígena" y los resultados desfavorables que se habrían producido cuando los rezagados españoles premodernos se "mezclaron" en América con una "raza prehistórica servil". Y conseguía apenas ser más exaltado que sus propios juicios de 1915, (en *La formación de una raza argentina*) donde se avizora una futura Argentina habitada por una raza de blancos euro-argentinos, familiarizados con el baño y la lectura, tolerantes con las extinguidas leyendas criollas.

Hay que preguntarse cómo estos textos que se balanceaban muy fácilmente en el camino que iba desde Darwin y Spencer al conde de Gobineau condenan ahora a estos escritores partidarios de la "sociología racial". La ciencia racial, de seguro, no solo convoca los tenebrosos espectros del racismo, sino que los hace hablar con el respaldo de la "verdad comprobada". ¿Cómo tratar estos "biotextos" ante su siniestro error civilizatorio, como el de haber construido los fastos de la ciencia para exhibirlos como fundamento de ultraje, crueldad y coerción? Suele asociarse la ciencia a valores encumbrados de verdad ante los cuales sacrificamos intereses mundanos o goces personales. Suele presentarse el alma del científico como un derrotero santificado por un deber ante la humanidad que no se detiene por perjurios y tinieblas. Suele defenderse la idea de que el progreso de la ciencia tiene ante sí una justificación respecto a las creencias arcaicas que demuele, pues lo que se pierde de los anales añejos es reemplazado por cristalinos descubrimientos que sostendrán luminosas formas de vida. Y suele proclamarse que el martirio de la ciencia es el que nos lleva a despojarnos de todo preconcepto o arrojarnos resignados en brazos del duro destino que traza lo que debemos aprender, tal como el Marx que cita al Dante o el Freud que leyó a Goethe.

Pero una y otra vez, junto a la epopeya del científico perseguido por las "inquisiciones" que desean acorralar la brujería o la taumaturgia, encontramos al científico hostigando como "oscurantismo, irracionalismo e inferioridad" —nuevos nombres de la "brujería"— las elecciones diferenciadas del vasto pensamiento humano. No es raro escuchar que las ciencias deben resguardar un interés emancipatorio, basado en la propia capacidad de reflexionar sobre sus propios alcances y de volver a preguntarse sobre sus resultados, para inhibir los efectos de sojuzgamiento que les son inherentes. Pero no menos raro es asistir a la constante amenaza que recibe ese sentido emancipador ante la irreversible imposición de una idea técnica para la vida.

Hacia 1935, en *Krisis*, Edmund Husserl comprobaba con preocupación que, ante la imposibilidad de universalizar el mundo de vida, tendían a imponerse los *aprioris* objetivos que estropean la constitución de una humanidad auténtica, no accidental. Frente a las nunca escasas advertencias respecto a cómo la promesa liberacionista implícita en el ideal científico se trastorna en reversos de coacción que surgen también del pliegue interno de la ciencia para asociar *verdad* a *dominación*, *razón* a *técnica* y *bienestar* a *alienación*, es necesario pensar de qué modo la palabra científica entra a nuestro cuerpo de ideas y a nuestra disposición lingüística. No debe ser posible, ahora —ahora, en esta curva irrevocable de los tiempos actuales, ya en el liminar de otro siglo—, mentar la palabra ciencia si cada vez, en cada momento, a cada solicitación de su presencia en el mundo, no reaccionamos con aptitudes para revisar la historia dramática de sus usos, sus lenguajes, sus previsiones, sus fantasmagorías políticas —imperialistas o racistas— que incesantemente con ese u otros nombres le están adheridos.

No pudieron comprenderlo así los hombres que *invocando ciencias* se lanzaron en la Argentina a instaurar ese país "euro-argentino", con democracia blanca y población ilustrada. Por eso, a esa ciencia con filetes racistas hay que interrogarla con el criterio del oído inocente, que se habilita intencionadamente para no escuchar, en lo que hubo de actualidad en ellas, el aullido de lo siniestro. Sencillamente, porque con relación al "caso Ingenieros" —diferente al de Ramos Mejía, como veremos— hay demasiadas evidencias de que su texto está quebrado internamente por lo que aquí ya podríamos llamar su disonancia irreparable. Esa discrepancia interna no quiere decir que esté afectado de incoherencia sino que se puede elegir dislocar su coherencia en una relectura intencionadamente dirigida hacia ese resultado. De este modo, se puede provocar una actitud de pregunta que haga *rezumar* al texto lo que no pudo decir, y a la vez administrarle justicia respecto a lo que, en lo dicho, lo hunde en un marasmo de necedad, como es el caso de algunos escritos del "joven Ingenieros". Para obtener la idea de este *rezumar* puede ayudarnos el escrito considerado, cuando se hace evidente que su corazón mismo está incapacitado para declarar las paradojas que contiene. Pero sobre el bastidor de otros escritos del mismo autor, que colocados sobre las filigranas de los anteriores, los desencajan de su presunta literalidad. De todas maneras siempre está en juego el esfuerzo que hará el intérprete para encarnizarse en algunos de los núcleos más revulsivos de un texto, para intensificar lo inesperado de sus consecuencias invisibles. Y todo esto, si se quiere, *para salvarlos*, para darles la lección que quizás si son necios parecerían no merecer, aunque en verdad sea ahí cuando la merecen. ¿Porque no es con los necios que hay que extremar las maniobras de liberación? Ahí, entonces. Cuando nos sigue interesando la historia que nos asalta, como deshilvanada biografía del autor. O como luchas políticas, como esperanzas irredentas, como melancolías revolucionarias. Es ahí que nos lanzamos a que un escrito, un autor o una vida comprometida con la estupidez o cualquier otra amenaza aborrecible, pueda *rezumar* lo que quizás pueda "salvarlo".

¿Se puede salvar a Ingenieros? Es una buena pregunta para los que aún en esta Argentina de 1999 —este es el año en que escribimos— aún nos ocupamos de las vidas intelectuales como lo que son, penurias abiertas hacia mitos personales nunca declarados, que constantemente se hacen presentes en palabras ocasionales y perdidas, que se destilan aún en la manera de hablar más severas y serviles hacia las ceremonias de la ciencia. Hay un conmovedor escrito de 1919, donde Ingenieros, creyendo estar ante sus días postreros, escribe una memoria donde relata unas infructuosas negociaciones para intermediar entre Yrigoyen y los movimientos obreros de 1919. Documento excepcional que sintetiza adecuadamente la tragedia intelectual del país —que es la de los imposibles esponsales entre la utopía social y la potencial simpatía hacia ella de los gobernantes—, y que siendo comparable a muchas otras mediaciones imposibles que hubo en nuestra historia contemporánea (algunas de tan distinto signo como la de Pinedo en 1955 o la de Cooke en 1960), no puede equipararse a ningún otro que tenga su sencillo y mudo dramatismo. Se trata de un programa socialista de reformas muy enfáticas, influidas por la reciente revolución bolchevique, que recorrían y recorrerán toda la historia argentina del siglo —redactadas de esa manera o de otras más prudentes y lavadas— que Ingenieros finalmente nunca dijo a un presidente ("Reforma general de la instrucción pública de acuerdo con los principios de los ilustres Sarmiento y Lunatcharsky") y que Yrigoyen jamás escuchó. Pero permanece este escrito, vibrando ante nosotros, reemplazando con sus temblores actuales la reunión que nunca hubo entre el indescifrable presidente y el más importante escritor de la izquierda argentina de los años 20.

¿Podría apagar en nuestra conciencia la imagen turbia que destilan las frases de Ingenieros sobre la población negra de Cabo Verde otro escrito del mismo autor que le pediría al presidente argentino de ese tiempo, aun sin considerar que este fuese "maximalista", que se ponga a favor de la clase obrera "renunciando a toda pretensión de favorecer *al mismo tiempo* a los capitalistas extranjeros y a los trabajadores argentinos"? La posibilidad de ese juicio, siempre que no se opte por considerar irrelevante el problema, hace a la esencia de todo lo que deberíamos saber sobre un escrito y la historia, un escrito y la vida de un escritor, un escrito y el terreno de los valores culturales-políticos. En suma, un escrito y el interés que podríamos tener respecto a que, en nuestro tribunal de caligrafías públicas, alguien pueda "salvarse" pues su palabra final aún estaba a la espera, en el quicio libertario oculto en sus escrituras. Pero si esto se hace, hay que ser consciente de que implica hacer nacer otra vez a un autor o a un texto. ¿Lo merecen? Esa es la duda del método de quien se lanza a rezumar escritos antiguos, escritos que ya hablaron de un modo directo para los que fueron sus contemporáneos.

Pero repentinamente había aparecido la expresión *al mismo tiempo* en el programa que supuestamente sería puesto a consideración de Yrigoyen —renunciando a toda pretensión de favorecer "al mismo tiempo" a los capitalistas extranjeros y a los trabajadores argentinos—, expresión que nos invita a que la analicemos, pues ella guarda en su modesta apariencia todo lo que pudo saberse respecto a las luchas sociales argentinas, cuando estaban involucrados gobiernos de configuración popular. ¿Ese "al mismo tiempo" no era el reproche generalizado, en las décadas recientes, que se le dirigía a una política nacional-popularista que deseaba demasiado componer intereses adversarios antes que declarar que los escindiría drásticamente a fin de acentuar el compromiso con la justicia que asistía a uno solo de los términos? Agazapados en las bambalinas de esa expresión que parecía pasajera, a su momento encontramos a un ya mencionado Cooke, a una genérica izquierda popular democrática, a las movilizaciones nacional-populares de períodos no muy lejanos o a una juventud movilizada de los años sesenta. Todos ellos vivieron el drama de ese reclamo antiguo, disociar ese "al mismo tiempo" de la vacilación populista, pues parecía al alcance de la mano el tiempo en que nadie invocaría una simultánea representación de los de arriba y los de abajo.

¿Por qué no se dio el psicoanálisis en aquella Buenos Aires? Volvemos así a nuestra pregunta. Cuando Freud corrige a Le Bon, aunque aceptando buena parte de sus argumentos, se detiene en los lazos amorosos que se tejen entre la masa y el jefe tanto en la Iglesia como o en el Ejército, donde tales lazos se vitalizan porque potencialmente encierran pánico y hostilidad hacia los extraños, pero también hacia los involucrados en esos artificios institucionales. Se esboza una teoría emancipativa que finca su fuerza en premisas de libertad del yo individual que lo conducen a liberarse del peso oprimente de las figuras cesaristas paternales. En cambio, Ingenieros pasó por rápidas estaciones de repudio hacia esas instituciones sin llegar a considerar la existencia de esos lazos secretos de amor y odio presentes en ellas. Luego se dispuso a tratarlas casi como construcciones científicas —"asistiendo a un desfile de tropas del ejército nacional creemos mirar un ejército europeo... los soldados saben leer y no son profesionales; ningún jefe podría contar ciegamente con ellos para alzarse contra las autoridades civiles..."— hasta concluir en la decidida proclama de sus años maduros, según la cual habría que utilizar "todos los técnicos militares y navales en obras que tengan como fin el desenvolvimiento económico del pueblo argentino".

Ingenieros es un intelectual argentino e hijo de inmigrantes, que cambia la grafía de su apellido y que luego de sus viajes cosmopolitas —en los que comprueba las intrigas menudas y la "trastienda política" de los científicos, en reuniones donde participan Lombroso, Janet, Ferri y Dumas, tal como con agudeza y gracia lo escribe en *Un cónclave de psicólogos* (1906)— intenta la elaboración de unas ciencias morales nacionales que llamó de maneras variadas, sea *metafísica del porvenir*, sea *moral sin dogmas*, sea *sociedades de cultura moral* a la manera emersoniana. Esos intentos se hacen en un país donde hay una drástica ausencia de aquiescencia universalista, pues por más que Ingenieros trata de discutir en un pie de igualdad con los sabios europeos, todo lo lleva a chocar con la realidad de una historicidad enclaustrada y de un Estado que retiene para sí el conjunto de la crónica vital del país. Lleva persistentemente a encarar los actos de la ciencia como actos que ocurren en un campo histórico-político que no cuenta con autonomía cultural, que no puede dejar de ser América ni puede dejar de ser Europa, en una doble imposibilidad que frustra al mismo tiempo su europeísmo y su americanismo. Y frustra el deseo final de todo "sentimiento oceánico" —como puede serlo también el *via crucis* del "conocimiento científico"— de querer siempre trascender el ámbito territorial e histórico al que pertenece.

Cuando preguntamos por qué no se presentó una realidad afín a la del psicoanálisis entre los médicos que habían hecho el tránsito del hipnotismo a la criminología y de la técnica de la sugestión al tratamiento de la locura en la historia, no queremos insinuar de ningún modo que esas figuras y lenguajes que oscilaban alrededor de Freud debían hacerse presentes aquí en forma deseada y obligada, como focos propagados de un incendio simultáneo en tierras tan distantes del planeta. Lo que se quiere decir es que, siendo el psicoanálisis un conjunto de razonamientos imaginarios y a la vez una forma imaginaria de la razón, revestía una singular magnitud respecto a cómo juegan los recursos intelectuales que construyen una arquitectura explicativa de los distintos planos de la psique. Interesa saber —si es que tal cosa es posible— por qué un ejercicio cultural de empeño teorético de esa índole no cobraba aquí un rostro semejante, si es que ciertos senderos previos se habían transitado del mismo modo.

Porque basta leer la *Autobiografía* de Freud, la cual venimos citando, para percibir cómo la construcción de conceptos se hacía en medio de un mundo casi "hegeliano", a través de luchas mortales, ejercicios de reconocimiento, anulación de adversarios e interés estratégico por la primacía de ideas y por los nombres propios que se impondrían a esos señoríos conceptuales. ¿No reverberaban esas mismas personas y corrientes del pensar psicológico casi del mismo modo en Buenos Aires? Sin embargo, el psicoanálisis es una ciencia que puede seguirse en el derrotero acumulativo de su construcción, porque hay una crónica de hondo dramatismo —de inspiración fáustica— que le da su nervadura intelectual, a la manera de un sistema intervinculado de hipótesis y contando con un método de exposición de alta significación literaria. Se quería construir un edificio teórico y se pensaba en disputar conceptos con la filosofía especulativa —sobre todo el de *inconsciente*—. Y lo que es definitivo, sin duda, reside en el insoslayable sello personal que con un golpe seco como de taco de billar pone Freud sobre todos estos materiales. Freud afirmaba que no leía a Nietzsche por temor de ser influenciado, tal su segura convicción sobre el destino téorico del psicoanálisis. Las vacilaciones, desvíos y revisiones pertenecen a una voluntad política de elaboración científica que imagina el drástico trazado que cumple una flecha lanzada hacia el infinito, pero que a cada momento podría desmenuzarse en astillas y herejías. No es lo que vemos en el caso de Ingenieros, cuyas preocupaciones psicopatológicas revolotean alrededor de los servicios estatales, persiguiendo la simulación como agente público pero asumiéndola como ornamento personal en tanto gozador de la vida y el arte. Y lo que quizás sea lo más significativo, sin abandonar el "divino encierro" en las proporciones biológicas de cualquier averiguación sobre los fantasmas de la psique. No es tampoco lo que vemos en Ramos Mejía, que en vez de "luchas mortales" por el reconocimiento y la primacía obtiene su goce secreto y señorial en mantener en su obra los prólogos que la refutan.

Cuando se desea considerar el completo itinerario público de Ingenieros, suelen señalarse rasgos de evidentes rajaduras en su continuidad intelectual biográfica. Oscar Terán, en un trabajo que ya tiene 20 años y aún se conserva propicio a la lectura de estos días, afirma —por ejemplo— que la noción ingenieriana de "patria continental", que se abre paso hacia la idea de "Latinoamérica", deja en un plano muy subordinado a todas las infelices nociones de "raza y medio" que, por el contrario, segmentaban el continente en "pueblos atrasados y en razas blancas con futuro". Sus categorías de pensamiento se hallaban inmersas, pues, en un "proceso de variación" y componían "un campo de múltiples fuerzas en tensión". No obstante, Terán ve la "recurrencia de ciertas categorías juveniles", responsables de la "relativización del cientificismo evolucionista y determinista", en el momento mismo en que sus discursos se abren a espacios de corte antiimperialista. El espiritualismo y el voluntarismo que conducen a Ingenieros al antiimperialismo *no solo no eran "reaccionarios"*, como cierto pensamiento cientificista lo sugeriría, sino que por un movimiento de "inversión del significado ideológico" —así lo denomina Terán— esos pensamientos disolvían las "positividades inmutables" para hacerlas trabajar de otro modo. Del mismo modo el *elitismo* se relativiza al cuestionar Ingenieros sus propias inclinaciones europeístas. Así, hay "puntos de ruptura" en el pensamiento de Ingenieros que pueden o no ser articulados en nuevos universos de discurso. El antiimperialismo podía incrustarse entonces en su "organicismo" o en su "evolucionismo". Cita Terán el interés caluroso de Ingenieros por el líder marroquí Abd-El Krim. Todo latinoamericano que no comprenda o no sea partidario de la revolución de independencia marroquí —decía— no comprendería a San Martín o a Artigas, y estaría influido por el imperialismo.

Es que el pensamiento de un hombre —o filosofía, poniendo o no comillas en este vocablo— atraviesa distintas edades y comarcas. A diferencia de Lautréamont —que Ingenieros creyó ser solo producto de una humorada periodística, según sus preferencias de "fumista"— estamos ante un autor que ha tenido densa vida pública y numerosas oportunidades de presentarse en discusiones declaradas o implícitas consigo mismo. ¿Cómo juzgar un escrito como *Los Cantos de Maldoror*, cuya excepcionalidad surge y se mantiene desde la primera línea? Allí no podemos descansar en otros textos del autor —hay, sin duda, algunos vestigios irrisorios— ni en evidencias de una vida que los sostenga, con una respiración que en ocasiones podría o debería escucharse desde las penumbras. No, aquí el lector moderno debe hacer la experiencia que el lector arcaico —o de lo arcaico— ya tenía. Se trataba de un escrito *actual* que impresionaba a partir de su choque luminoso contra los demás escritos actuales, pero con un autor borroneado, disuelto su contorno vital, apenas presente en unos pocos signos diluidos de su existencia. Al punto tal de que una oblicua referencia a Montevideo resalta como una rareza.

Con Ingenieros, en cambio, estamos ante la mostración palpable de cómo son los cursos de vida intelectual y los escritos que de allí dimanan. Se abren hacia una tensión única, intuyen y buscan esa tensión, a veces en una página, puede ser incluso en una línea o en una sola palabra —quizás la de Ingenieros es *simulación*, que no es evidentemente suya—, y se dirigen con un acarreo impresionante y confuso de oraciones hacia el escrito capaz de redimir toda la profusión disparatada de frases anteriores con lo que quizás se podría llamar "ética de izquierda". Aprovechamos aquí el nombre de quien formula esta idea, Georg Lukács. Acarreaba, también Luckács, heterogéneos materiales de cuya tensión no quería privarse. Estaban gobernados por un escritor que decía no perder la cabeza revolucionaria —al contrario, la refrescaría— haciendo convivir una inclinación trágico-romántica con una convulsión política de muchedumbres justicieras en la calle (1911-1919). Si los pensamientos no fueran eso que siempre se muestra incapacitado para decir enteramente lo que es, no habría cómo salvar a las personas que nos interesan, y, en último análisis, no habría cómo salvarnos.

Martínez Estrada solía censurar formulaciones al estilo de "Ramos Mejía es el Le Bon argentino". Por esa vía, criticaba insistentes bosquejos que buscaban "el Dostoievsky argentino o el Victor Hugo argentino". Como ironía mortal, podría escucharse ahora idéntica expresión dirigida hacia Martínez Estrada, "el Simmel argentino". Esta exaltación comparativa retrata con gravedad inusitada un perdurable estilo nacional. Los estudios de "recepción" que son habituales en la vida académica argentina de las últimas décadas, con lo bien planteados que están muchos de ellos —pues nada obsta para que se conozca la trama de subordinaciones y arrastres que componen los dominios de fuerza de la cultura—, retratan sin embargo una resignación intelectual lacrada ya por un rutinario modo de trabajo universitario. Tal parece, solo "recibimos", y, a lo más, solo se combinan de manera "original" los elementos que ya vienen elaborados, según la concesiva advertencia de que quien recibe nunca es enteramente pasivo. Parece momento, entonces, de buscar nuevas perspectivas y torcer este destino de "la recepción de la recepción". Pues esta palabra, "recepción", también fue "recibida". Debemos encontrar el modo que corresponda al resurgir de la vida intelectual crítica suramericana. ¿Sería posible rastrear en este terreno algo diferente a la propensión argentina hacia la traducción importadora o a la cita de homologación y prestigio?

Si no se rompen esos manierismos supinos, será difícil tener vidas intelectuales emancipadas, substituidas por el vocinglerío globalizado de las academias. Solo tendremos papagayismo. Y ha avanzado eso en áreas importantes de la cultura argentina, estimulado por el extenso sentimiento de que, aparte de vicarías y sacristías seguidistas, ya nada se puede hacer. Pero Ramos Mejía no es el *Le Bon argentino*, no solo porque ese enunciado comparativista es propio de distraídos o de escépticos dispuestos a dimitir de la tarea del resurgimiento cultural autonomista. Por supuesto que es evidente su inclinación a la cita pomposa que retumba en las paredes del texto con el júbilo clandestino de un "¡nosotros también estamos enterados!". Y su superposición con Le Bon muchas veces llega al punto de absorberlo sin más en su propio texto y otras a discutirlo sin ostensibles ventajas para su argumento. Pero no es "Le Bon", porque su texto —excesivo, injusto, irresuelto— tiene porosidades y boquetes tan evidentes, que vale tan solo por su locura interior. La locura de un texto es el punto de cristalización de su delirio, medido en la imposibilidad de darle un destino inteligible a su propio deambular. Con Ingenieros, es otro el problema. Su texto no es delirante, pero carece de hilvanes, es dispar y accidentado. Su tema final es el de las relaciones entre el arte de vivir como problema filosófico y la política como problema existencial. Su vocación teórica nunca acaba de despegar de un comentarismo no carente de imaginación, pero excesivamente apegado a sus referencias originales. Quizás hubiera querido ser como su admirado Émile Boutroux, a quien le dedica un libro y de quien justamente afirma que su misticismo ético y su panteísmo moral pueden ser el nexo que conjugue todas las etapas muy diversas de su filosofar, la del *dialéctico*, la del *historiador* y la del *místico*. Rebajando de cada uno de estos términos lo que sea necesario, encontramos al propio Ingenieros.

Por eso, nuestra pregunta por el psicoanálisis *ausente* en ese principio de siglo en aquella ciudad portuaria de la orilla occidental del Plata no está encaminada a desearlo como una figura plenamente engendrada, en la completa autoctonía de un *aquí* —de todos modos, apenas había que esperar cuatro o cinco décadas para que Buenos Aires fuese una de las capitales mundiales del psicoanálisis, en todas sus versiones—, sino porque siempre debe llamarnos la atención el enigma de cómo se presentan y perduran las ideas. ¿Cómo vienen a aparecen ellas, en su rara combinación con las tradiciones intelectuales de cada lugar, con el estilo de lucha cultural de sus clases ilustradas y con la aventurada decisión de un iniciador que asume los emblemas de una heroicidad científica? *Aquí* esos mismos ingredientes se amalgamaban de manera diversa. Eran una conjunción que partía de la creencia en una conciencia universal disminuida, del atractivo de los cotos institucionales del Estado y de una ontología receptiva a la que muchos se creían fatalmente destinados. De ahí que también se pueda ahora realizar una historia de los episodios que se fueron eslabonando en Buenos Aires y que irían conformando aquí la presencia del psicoanálisis freudiano.

En su reconstrucción de la presencia del psicoanálisis en la Argentina, Germán L. García intenta captar esas presencias que anteceden, a propósito de la figura de Oscar Masotta, al que "le gustaban las fundaciones porque no fundamentaba su autoridad en el poder" (*en* Germán L. García, *Oscar Masotta y el psicoanálisis del castellano,* 1980). Leemos así que hay que atender al interesante trabajo de Juan Antonio Agrelo (1908), patrocinado por Ingenieros, que llega a "bordear el psicoanálisis". El trabajo se titula *Psicoterapia y reeducación psíquica*, donde se introduce, además de la palabra *psicoterapia*, la "división del sujeto, la repetición, las representaciones provocadas por el deseo, pero excluye toda referencia a la sexualidad". En cuanto a la *sugestión*, no atina sino a definirla como la introducción de una idea en otro cerebro. *¿Qué le impide, en ese momento, descubrir el lenguaje como agente?*, se pregunta Germán García. Diferenciado del estudio del *psiquismo moral* (Diego Alcorta, Ramos Mejía, Ameghino e Ingenieros), Agrelo parte de una división en el sujeto mismo, en un dualismo cuerpo-psiquis, "diferente a las cosmogonías evolucionistas de Ameghino, donde solo había una unidad continua de transformaciones que abarcaban el universo entero". Germán Greve, en 1910, presenta un trabajo en un Congreso Médico en Buenos Aires defendiendo a Freud "contra los anticientíficos, prejuiciosos y acerbos ataques hacia su teoría de la sexualidad en la génesis de la neurosis". Luego Aníbal Ponce, el albacea de Ingenieros, intentará neutralizar "la peste transmitida por Germán Greve", aunque ya a mediados de los 30 se encuentran los trabajos de Arnaldo Rascovsky o Jorge Thennon. Este último, según Germán García, envía su *Psicoterapia comparada* a Freud. Este responde "celebrando con satisfacción la circunstancia de que también en la lejana Argentina nuestros problemas psicoanalíticos y nuestros puntos de vista son atentamente analizados", aunque en un nuevo libro Thennon retorna a "los fundamentos materialistas del método", sin que eso signifique —"porque escucha más de lo que piensa"— que deje de evocar a Freud con involuntario brillo.

Jorge Thennon no pudo ser "el Freud argentino". Pero la "Argentina estaba muy lejana". Esta última expresión mentada por el propio Freud no deja de ser un estricto comentario a nuestro problema: *había una privación esencial prefigurada en la conciencia intelectual aquí existente.* De ahí que un trabajo inadvertido de "introducción a Freud" presentaba la irresoluble paradoja de traer a un público "lejano" unas teorías galvanizadas en tradiciones intelectuales que se fundaban —como epopeya— en la lucha contra turbias corporaciones médicas. Mientras que los notorios "médicos literatos" del Hospital San Roque —que luego sería, como sabemos, "Ramos Mejía", situado en la intersección de una calle que luego sería "Agrelo"—, no por creerse poseedores de una innegable originalidad de la expresión escrita, lo que estaban fundando era mucho más que una retraducción lechuguina de las psiquiatrías morales europeas. Pero hay que agregar que lo hacían intentando pasar en limpio la historia nacional con una teoría de la neurosis, del genio, la locura y la simulación. La historia se psiquiatrizaba y la psiquiatría se tornaba una crítica del fraude moral en la historia vital de un país. Y dígase en beneficio de Freud, y siempre invocando por nuestra parte los nebulosos beneficios del *ars comparationis*, que tampoco él sale desfavorecido si se ponen frente a frente la densidad literaria y perceptiva del "Caso Dora"(1905) de Freud y el "Caso del hombre batata" (1904) de Ingenieros, relatado en *Histeria y sugestión.*

En cuanto al "Caso del hombre batata" se trata de un paciente de veintiún años, un muchacho culto y amable, argentino e hijo de italianos. Comienza a rechazar las actividades intelectuales por el alcoholismo; lo acosan sueños terroríficos y su primera relación sexual fue "con una doméstica fea y sucia que estaba en período estamenial". Adquiere hábitos onanistas mientras que en los exámenes sufría accesos de terror, acompañados de pesadillas. Una de ellas es una escena donde ocupa el banquillo de los acusados a muerte —en un examen de historia—, mientras sus compañeros le gritan *¡batata! ¡batata!*, que es la chanza contra los que evidencian signos visibles de haber caído presos de la "neurosis de examen". No pudo rendir el examen. Otras manías consistían en guardar colillas de cigarrillos, pero luego le cobró terror al acto de fumar. Tenía obsesión por los *jettatores*, por lo que "bajaba su mano a cierto órganos" para exorcizarlos. Conoce a un compañero en la Facultad del que luego se aparta por temor a su dominación. Luego se lanza con desenfreno a la lectura, tanto de un poema como de una tabla de logaritmos. Su manía de lecturas incluía libros de psiquiatría. Por momentos se creía ateo y materialista y luego caía en misticismos.

En algún momento, con su lógica mórbida, concluye que tantas lecturas no producían en él conocimientos válidos, por lo cual las abandona, así como todo trabajo intelectual. Surgió la idea de que el trabajo mental era idiotizante, "idea defensiva organizada en sistema". La vista de un niño le evocaba la de un vendedor de diarios, y allí surgía la evocación de su idea obsesiva, las palabras impresas, la escritura, los libros. Ver un trozo de papel o una librería le producía una insoportable asociación con su motivo fóbico, la lectura. Pero tiene conciencia de su patología, ya que por momento se critica a sí mismo y por momentos cree en que es verdad que "leyendo se imbeciliza". El síndrome del rechazo al examen (la pesadilla en que se lo señala como *batata*), la obsesión fóbica por los *jettatores*, el temor de una neurastenia cerebral, la rumiación intelectual: se trata de una psicastenia obsesiva con pérdida de función de lo real, en términos aproximados a los de Janet.

Pues bien, ¿no parece este caso tener un aire novelero que compondría la trama invertida de la literatura naturalista y simbolista de la que está entretejida toda esta psicopatología? Genaro Piazza, el personaje de *En la sangre*, parece haber sido aquí evocado. La novela de Cambaceres intenta supuestamente condenarlo por simulador —precisamente la escena del examen es de algún modo la réplica a la pesadilla del *hombre batata*—, pero Genaro se encamina hacia una "tragedia de simulación" con terribles consecuencias sobre sí mismo. Es cierto que Cambaceres escribe con un rictus de censura sobre una catástrofe moral aleccionadora, pero un hilo misterioso de piedad al que está obligado todo novelista le impide convertirse en un perseguidor del impostor.

Si Cambaceres hubiera comprendido esto a fondo, hubiera por fin dado con el secreto entero de la novela, más allá del turbio encanto que desde ya tienen casi todas las que escribiera. Ingenieros, aunque escribe con tono de informe médico, aquí y allá se nota que juega con transponer el informe grave "realista" hacia una palpitante ficción "naturalista" que se encubre en la gravedad. Así lo demuestra la reiterada mención del tema del *jettatore*, expresión que condensa un momento cultural, popular y literario de la Buenos Aires inmigratoria. Hay en el interior del "Caso del hombre batata" una comicidad furtiva, un material de ficción empujado hacia planos reprimidos del texto, como casi todo en Ingenieros. Por eso el informe parece opaco, no se concede desarrollar lo que estaba insinuado por ese muchacho hijo de inmigrantes italianos, que en el colegio y la universidad vive la obsesión de la lectura y la antilectura como un teatro del conocimiento. En forma abreviada, se suceden *superstición, endemoniamiento* y *sarmientismo invertido* como alegorías de la tragedia cultural y popular argentina. Es la historia de esa ciudad y de ese país argentino lo que una vida anónima pone en manos de Ingenieros, un mismo drama de locura, inmigración y conocimiento, visualizado por lectores extraviados y por muchachos ante el umbral fatídico del examen. Fábulas de fingimiento, delirio y disfraz; se reitera el "caso" del joven montevideano al que hicieron creer que era hermano de Lautréamont, aunque a este lo sugestionaron para que entrara a su comedia perturbada de semejanzas y el "hombre batata" se presenta él mismo como atrapado en la red asfixiante de la cultura escolar argentina.

Pero la denominación de "Caso del hombre batata" no es Ingenieros quien la puso. Debemos confesar que *fuimos nosotros* los que suplimos lo que parecía una carencia. ¡Estábamos jugando! Quisimos probar si haciendo el gesto que Ingenieros no hizo —dar nombres a sus casos— podríamos entregarles el aspecto de comprimidas novelas que tienen las "comunicaciones" de Freud. Pues bien, aún en el intento de "mejorar" a Ingenieros, resalta en Freud una mayor voluntad de escritura, como es evidente en el "Caso Dora", así denominado por él y conocido de ese modo por sucesivas generaciones de lectores psicoanáliticos. "Dora" es el nombre bajo el cual Freud protege de los "curiosos indiscretos" del relato a la joven hija de un industrial que vive fuera de Viena. Tiene 18 años, inteligente y propensa a las enfermedades. Gallarda adolescente aquejada de tos y ronquera, es solicitada amorosamente por un hombre, el señor K, amigo de sus padres.

Dora leía *Fisiología del amor* de Mantegazza, "exceso" de lectura que esgrime luego el acusado K para señalar el sobresaltado interés sexual que caracteriza a la problemática damisela, pues él no había querido robarle un beso. En las proximidades de una excitación sexual, desarrollaba Dora sensaciones de tal repugnancia que ese asco la llevaba a dar rodeos si tenía que pasar frente a cualquier pareja de hombre y mujer conversando animadamente. Por otra parte comienza a sospechar de las relaciones de su propio padre con la señora de K. Creía que su padre "la entregaba" a K en compensación de sus relaciones con la señora K, de quien Dora era amiga, pues por otro lado todos actuaban como si sus relaciones se dieran en el marco de una sociabilidad normal entre burgueses. Y así como el padre utiliza sus enfermedades como pretexto, Dora también simula estados mórbidos para apuntar a su disconformidad con las personas de su ambiente. Emplea Dora la expresión *simular* y Freud parece aceptarla cuando comenta que no se equivocan los familiares de una histérica paralítica que a partir de convicciones tradicionales aseguran que saldría corriendo si se declarase un incendio. La diferencia, aclara Freud, reside en que esas personas no conocen la relación entre la conciencia y el inconsciente. Similarmente, la tos y la afonía de Dora no eran sino "fantasías inconscientes" que surgían de esa densa trama de relaciones en su familia y con la familia del señor K, fantasías que pasando por el beso rechazado del hombre inconscientemente amado —el señor K— terminaba por encarnarse en los celos hacia la esposa de este, con la cual mantiene potenciales situaciones homosexuales.

Freud sugiere que Dora substituye el papel de su madre cuando se dirige con hostilidad hacia su padre y también desea oscuramente ser la señora K, pues está cercana a ese lóbrego objeto que para ella es el señor K. Por todos esos caminos del inconsciente se puede concluir que Dora está enamorada del padre, pues ella no consigue resolver la envidia fantasmal con el que se relaciona con su madre y la amante de su padre. Se identificaba con las dos mujeres que su padre había amado. Este caso, con una formidable tensión *in crescendo*, montado en una larga cadena de pretextos y sustituciones en "el objeto de deseo", concluye con el relato de dos sueños de Dora largamente interpretados por Freud y con un curioso episodio. Cuando ya había pasado todo, la siempre afónica Dora ve en una calle de Viena al señor K, quien también se detiene sorprendido en medio de la calle. Entonces lo atropella un tranvía... "afortunadamente sin consecuencias".

El distante perfume kafkiano de este relato mantiene una densidad novelística a la que el propio Freud hace referencia, claro que para descartarse él mismo como escritor de novelas. Pero el peso del destino gobierna todo el "caso Dora" dándole su reconocible situación de ser una de las narraciones mayores del psicoanálisis. Las líneas de la acción van confluyendo con gran complejidad hacia un nudo dramático-teórico que es el amor irresuelto hacia el padre, pieza central de un aparato explicativo que sin embargo nada sería sin esas privilegiadas vidas golpeadas. Freud expone, con su abanico abierto en múltiples direcciones, un conjunto de hechos en los que late el dolor amoroso del burgués. Y en las filigranas del caso entrevemos esa Viena de 1906, con sus industriales recelosos, sus comerciantes solapados y sus muchachas encantadoras presas en la intriga de un enmascarado drama sexual. Ingenieros también tiene entre manos un relato muy significativo con su "hombre batata". Pero lo despilfarra. Lo despilfarra al no saber resolver la comicidad interna que posee.

Historia, simulación y mala fe

La escritura de estos "casos" envía a ciudades, biografías turbadas y ocultas filigranas de la tragedia del vivir. La potencialidad del relato freudiano descansa en la rara articulación obtenida entre el foco literario y el descubierto núcleo mito-científico del inconsciente, que lo lleva a perseguir e identificar la idea de destino familiar. A poco que se despliegan los ribetes mórbidos de una vida, surgen esos fantasmas que flotaban en la Buenos Aires inmigratoria o la Viena burguesa —ya desaparecidas—, crónicas quebradizas e inaprensibles de hombres y mujeres de los que nos quedan apenas una débil hilacha de voz matizada por los médicos que los escucharon y contaron sus historias. Y así, mientras Freud conseguía que su relato mantuviera la vitalidad del procedimiento narrativo al tiempo que se iba configurando una persuasiva hermenéutica de las pasiones, Ingenieros rondaba permanentemente sobre enfermedades cuyo *chiste* interno no puede desarrollar, absorbido como está por la figura impresionante del *simulador*. Con ella, era posible acercarse a una configuración muy oscura del yo, pero no de índole trágica sino ético-histórica. El simulador ponía en crisis la idea de verdad social garantizada por el Estado e introducía una teatralidad incierta en el juego de las pasiones. Parecía que ese concepto estaba cercano a las ideas de "carácter social", "carácter nacional" o "psicologías colectivas", y llevaba a la psiquiatría a considerarse el alma de un develamiento sobre las historias nacionales.

De ahí que la simulación es una idea colindante con la de locura, y prácticamente imposible de escindir de ella, hasta llegarse al extraño concepto que las complementa: *la simulación de la locura*. Si simular es un acto que extrae del sujeto una disposición ficticia conscientemente dirigida a producir excepciones en el mundo que le sean unilateralmente favorables —y para eso, las tácticas a emplear son un apaño surgido del teatro de la personalidad—, entonces la locura siempre está en el trasfondo de ese acto simulador. Pero antes de que se propagara esta categoría psiquiátrica —*la simulación de la locura*— los médicos habían descubierto ese estado intermedio donde las fuerzas contrarias entrechocan continuamente, "en una confusión de luz y sombras, una mezcla incomprensible de la salud y la enfermedad, una combinación extraña de la razón y la locura". Así se expresa José María Ramos Mejía en su primer libro, *La neurosis de los hombres célebres* (1878), saludado por Sarmiento en *El Nacional*. ¿Esa investigación, que descubre la locura en la trama interna de la clase dirigente de un país a la manera de una "determinación monomaniática" —en consonancia con la "determinación económica" ensayada desde otras ostensibles corrientes de la filosofía de la historia—, podía resolver la incógnita siempre viva de la relación entre luchas sociales y las conciencias alienadas? Lo que aquí se presentaba como dilema no era el Estado y su necesidad de garantizar la verosimilitud de la ley contra la usurpación de identidades y honores. Era la propia materia de la historia sometida a una horma demencial que a la vez que agitaba polémicamente una teoría de la locura arrojaba una atrevida interpretación para comprender las historias nacionales. Ambas teorías —la de la locura y la de la nación— se conjugaban para intentar la enorme empresa de detectar todo aquello que pasa desapercibido, a no ser que intervenga lo que Ramos Mejía define como "ojos de cierta exquisita agudeza visual que observen y escudriñen". Esa era la definición óptica del impulso revolucionario de una ciencia que reescribe, sub-especie psicopatológica, la historia familiar y colectiva de la nación.

Pero si la locura es una "herencia maldita" que se arrastra caprichosamente entre generaciones —y es bien conocido el caso de las casas dinásticas europeas— también se abre otro inmenso terreno de exploración sobre "el origen común de la locura y el genio". El joven Ramos Mejía asienta así una afirmación que dos décadas más tarde resulta inaceptable en el cuadro de la psiquiatría criminológica de Ingenieros. Debe recordarse el reto que dirige Macedonio Fernández a Ingenieros en 1902, desafiándolo a una "psicología no fisiológica" cuyo centro fuera el estudio del genio. En *La neurosis de los hombres célebres* tal cosa es aceptada naturalmente. "¡La más grande y más sublime de las perfecciones humanas confundida en la cuna y emanando de un mismo tronco con la más deplorable de las enfermedades!" Esta exclamación hace de la neurosis un *nombre* que abriga con intensidad las posibilidades de lo humano, y termina definiendo la existencia a partir de un principio monista pero inescrutable, en verdad, "una ridícula paradoja".

Si lo sublime y lo enfermo obedecen al mismo origen, la historia misma aparece como producto romántico de fuerzas atávicas que tienen siempre un delirio latente, que se resuelven en una excitación que llevará a la idiotez o al estupor creativo. En ambos casos, la enfermedad será el sino maldito de la exteriorización personal de los hombres... en este caso, de los "hombres célebres". Expresión lúcida y a la vez perturbada del sujeto vesánico, la política y el arte también pueden mancomunarse pues esencialmente significan que la conciencia es un continuo de clarividencia y trastorno. No que "todos los locos son hombres de genio" —debe aclararlo Ramos Mejía pues él mismo se percibe bordeando ese terminante enunciado— pero sí que un estado prosaico y otro anómalo emanan del mismo núcleo secreto de la vida, lo que ponía a esta psiquiatría lombrosiana que admiraba a Swedenborg en la antepuerta de la creencia en fuerzas psíquicas inconscientes. Todo ello a la manera de Schopenhauer o Nietzsche, autores que Freud intentaba no leer... "para no quedar influenciado".

De tal modo, las inteligencias eminentes que se abisman luego en manías obtusas pueden ser la trama interna de la historia. No se estaba pensando en una psicopatología de lo cotidiano donde la razón y la demencia conjugaran la trama de los días —como en Brueghel, en el que por otra parte Ramos Mejía piensa continuamente— sino en el Estado. Eran una Psiquiatría de Estado paralela a una Historia Oral las que fundaban una ciencia real argentina luego de la caída de Rosas y ahora que estaba llegando a su fin el ciclo de vida de Sarmiento. Para Ramos Mejía, el pensar sobre la locura es un modo auxiliar de la historia. La Historia Argentina, pues. La misma de la que hablaban V. F. López y Mitre, y que venía a obtener una cifra interpretativa que la sacaba de la "historia batalla" y la ponía en manos del peso que tenían los "factores hasta entonces ocultos" para explicar lo meramente visible. Como quien fuese a decir que la historia es la historia de las luchas de clases, aquí se dice con similar énfasis, en una abreviatura que se pretende concluyente y rigurosa, que la historia es la historia de las neuropatías de la vida estatal.

¿Tiene nombre esta ciencia? Inspirado en Macaulay y otros autores que la pluma citadora de Ramos Mejía invoca incesantemente, se la nombra: *histología de la historia.* Aún Ameghino no ha publicado la *Filogenia* (1884) y la avidez bibliográfica de Ramos Mejía se detiene en otros autores, con sus mandíbulas devoradoras que no descansan en desenterrar citas y citas de los anaqueles del siglo, desde Charcot a Andrés Lamas, desde Lord Byron hasta Rivera Indarte y una infinidad de autores ahora ignotos que solo una investigación paleontológica de la cita podría volver a identificar. Con la *histología de la historia* se estudian, entonces, "los móviles ocultos que encierran ciertas acciones que parecen incomprensibles" y "se descubre el misterioso motor de muchas determinaciones caprichosas... escudriñando la vida hasta en sus más pueriles manifestaciones". Si se agrega que con este método Ramos Mejía pretende "descender hasta el hombre privado buscando en sus idiosincrasias morales el complemento necesario del hombre público", no puede dejar de llamar la atención la manera recurrente en que el pensar histórico insiste en buscar sus motivos en las napas "invisibles" de los actos humanos. Y aun absorbido su lenguaje por metáforas fisiopatológicas, este modo no deja de recordar desde los llamados clásicos de la "historia económica y social" hasta las más recientes proclamas a detenernos en las "vidas privadas".

La teoría de la historia de Ramos Mejía toma así los mismos motivos de la "teoría de la belleza" de Darwin, por la cual el canto hechicero, placentero y sereno de los pájaros "reposa sobre un vasto y perpetuo aniquilamiento de la vida". Lo que sobrevive y se muestra apto para las empresas más emocionantes y bellas es lo que resulta luego de las meticulosas y mínimas masacres de sobreviviencia que propone la naturaleza. De todos modos, esta apelación al darwinismo del más fuerte para explicar por qué una raza templada podía resistir las tareas políticas de la Independencia choca de inmediato con una visión contrapuesta, que Ramos Mejía comenta con la tranquilidad de quien ya ha explicado de qué manera un núcleo anímico común produce las opuestas zonas de genio y locura. Y así dirá que los grandes acontecimientos políticos como la revolución y la guerra de la Independencia tienen una acción poderosa en la génesis no solo de ciertos estados nerviosos sino también en la enajenación mental misma. Es cierto que es Esquirol el que aquí se solicita para dar sustento a esta aserción, pero estamos en el corazón del problema. La locura puede ser el origen de una conmoción histórica, así como también solo puede explicarse por ella. En este caso, Ramos Mejía está pensando en que las formas de la locura son provocadas por la inquietud de los tiempos movedizos y el destino revolucionario de la época moderna. He aquí la Comuna de París. ¿No han aumentado los casos de locura durante su desarrollo?

Porque el ejemplo de la *Comuna de París* (1871), que obsesiona a Le Bon, también aparece en las entrelíneas de *La neurosis de los hombres célebres.* ¿Se trata de una mera comprobación médica sobre las estadísticas de locura del año 71, o del temor que infunde la interpretación *communarde* de la historia? No pasaría mucho tiempo para que José Ingenieros —el futuro discípulo— y Leopoldo Lugones, ambos de no mucho más de veinte años de edad, fecharan *La Montaña* (1897) a partir de la gloriosa caída en el *Père Lachaise* de los revolucionarios blanquistas y jacobinos de París. Pero a Ramos Mejía no le interesa conmemorar, y si está claro que su talante condena cualquier acto de los insurgentes europeos, el motivo de su atención lo gana esa fascinante incerteza respecto a dilucidar si una revolución es locura de la historia, o la locura en la historia emerge de una revolución. Así, la revolución rioplatense con su corte de sucesos extraordinarios y pasmosos llevaba a escena toda clase de delirios. Y aquí sí, ciertos comportamientos de las instituciones militares y jurídicas de la Revolución de Mayo son comparados con los de la Comuna parisina. Ramos Mejía, poseso por la teoría de la locura en la historia, entusiásmase más por ella que por la impugnación que obviamente se esperaba de un caballero argentino del orden, tan distante como pudiera estarlo su biografiado Juan Manuel de Rosas de los "asaltantes del cielo", a los que este observa desde Southampton como espantajos del caos.

Pero estas consideraciones llevan de inmediato a tratar la cuestión del terror. "El terror es la palanca más poderosa para despertar todos los trastornos que pueden ser no solo dinámicos, sino también orgánicos." Es con estas intuiciones fortísimas y deshilvanadas que Ramos Mejía se lanza entonces a considerar las tendencias suicidas del Almirante Brown, "viejo paladín de nuestras leyendas marítimas que poblaba su mente de perseguidores tenaces", o la hipocondría del Doctor Francia, "cuyo espíritu selecto estaba rodeado de sombras como un César degenerado", o la fibra oculta de vesanismo que ponía en marcha la pluma de Juan Manuel de Rosas, o por fin el histerismo de Bernardo Monteagudo, que entraba pavoneándose a las iglesias de Lima o Buenos Aires en las misas dedicadas a las festividades patrias, con paso teatral y con ropas atildadísimas, "cuando las naves se poblaban de mujeres que masturbaban su imaginación, acariciado por el efluvio de aquellos senos trémulos que tanto prometían a su tenebrosa impureza".

Todos estos temas reaparecen en un trabajo de largo aliento, *La locura en la historia* (1895), con el que Ramos Mejía vuelve a tratar la honda cuestión del terror en la historia, centrado en su mayor parte en un estudio sobre la Inquisición. Pero acá da el paso más avanzado hacia un desastrado darwinismo por el cual distingue entre *selección intelectual (o natural)* y *selección artificial.* La primera pone en acción la ley natural a través de epidemias, miserias fisiológicas e infinidad de otras causas morbíficas que "daban a las poblaciones pobres un aspecto de *aparecidos* desagradables". Ahí acechaba la segunda, la del Santo Oficio "con su serena fatalidad antigua". Cuando decae la fibra social astillada por la enfermedad que arrastra a los más débiles, el Santo Oficio toma vuelo para desencadenar sus hondos terrores. Desde lo alto del quemadero —dice Ramos Mejía— desarticulan intencionadamente el cerebro de una multitud de generaciones, sobre todo en España. La Inquisición se transforma así en una institución que produce la locura universal en forma de mortales epidemias psicopáticas. Y nuevamente percibimos el grandioso dilema que no había resuelto en su libro anterior. Estudiando la locura en la Argentina no se sabía si las revoluciones surgían de la demencia reinante en las vidas individuales o si estas entraban en delirio por acoso de los tiempos revolucionarios. Del mismo modo, no sabemos aquí si la locura está generada por la Inquisición —en cuyo caso no sabríamos disimular los alcances bien modernos de este punto de vista— o si esta no es sino un agente involuntario de la "naturaleza". Todo un núcleo de valores políticos se pone en juego en esta agobiante vacilación.

El procesado por la Inquisición era víctima de un "terror lento", y ese terror constituía la verdad íntima de las vidas cuyas trayectorias iban de la tortura a la abjuración y de la vigilancia al auto de fe. Las epidemias de locura se desparramaban a partir de estas técnicas. ¿No era por esta vía que todo el mundo se sentía tocado por delirios demonopáticos y demonolátricos? De algún modo, la propia Inquisición creaba la materia que después juzgaría en el Tribunal de Fe. ¿Podía suponerse que el Santo Oficio creía ser él la única institución poseedora de cordura universal con la finalidad de llenar la "misión higiénica" de limpiar el mundo de degenerados? Sí, en la medida en que estaba guiada por los principios implícitos de la selección artificial. ¿Pero el efecto de lo que denominaba *alienación* provenía de ella, o los demonios surgían de historias individuales o grupales que *antecedían* a la existencia de la Inquisición? Ramos Mejía duda. Esa "pila colosal de carne humana ardiendo", sometida a tormento o llevada al suicidio ¿eran los hombres desarticulados que una *previa* afección apartaba de los medios de sobrevida o los creaba la misma "fruición maligna" de los inquisidores?

Porque para Ramos Mejía, por un lado la Inquisición no ha sido otra cosa que una consecuencia de la "lucha por la existencia". Por momentos, parece que cumple con una tarea inscripta en "la secreta fatalidad del destino", suprimir hombres decaídos, anémicos, frailes vagabundos y libertinos. ¿Pero qué es esto sino la "inútil barbarie de una violación sacrílega"? Aunque parece también que el propio Santo Oficio ha llevado a cabo un trabajo de demolición actuando sobre la sensibilidad moral colectiva, manteniendo durante siglos un estado de emotividad patológica cuyo resultado lo hallamos en el decaimiento de todo el sistema nervioso superior. Provoca entonces un predominio de ideas morales tristes, que conducen fácilmente a la locura. El propio auto de fe "con su cortejo pintoresco y escenas terroríficas" tuvo pues la mayor influencia patológica sobre el cerebro. Era posible así pensar a España. Pensarla por fin como un territorio y una población sometidos a periódicas depuraciones históricas que iban aplastando las chispas de inteligencia y dispersando con bocanadas delirantes de terror todo lo que semejara indicios de vitalidad mental y lozanía cultural. El Santo Oficio significaba la pregunta esencial sobre la locura, en la medida en que se suponía que podía preexistir a la acción de una razón pervertida que la eliminaba como *demonolátrica,* o si no, que podían ser esos *dementes demonios apóstatas* los más eximios productos del propio delirio de aquellos funcionarios de psicología mórbida —los Inquisidores— que habían acabado por fundar el espejo de su mismo extravío.

Ramos Mejía parece partidario de la "selección natural". Su exaltada descripción de los estragos del combate vital, fundada en una literatura que apela a demasías góticas, provoca el problema clásico del lector, que es enteramente un problema de naturaleza ética. ¿Puedo aceptar los hallazgos abismales de una escritura cuyas consecuencias enunciativas parecen contraponerse a la significación de lo *humanamente humano*? El darwinismo nos ofrece estos singulares problemas. Hombres dulces, amantes de las más esbeltas aventuras del conocer, nos remiten a conclusiones abominables. La afabilidad del estilo choca con lo ominoso de las creencias. ¿Puedo conmoverme por soluciones literarias como las que logra Ramos Mejía —casi nunca inferiores a lo mejor de Sarmiento, el escritor que lo precede en inspiración—, cuando también me conmueve con repugnancia su fría descripción del infierno para los crucificados por la naturaleza cruel? Pero hay más. En Ramos Mejía hay una verdadera *irresolución teórica*, que en nada es diferente a la que parte el corazón de las ciencias morales y sociales contemporáneas. ¿Es una institución la que finalmente genera y da forma a los entes que combate, o estos tienen una vida autónoma? ¿El capitalismo "encuentra" a los obreros, que estaban a su espera; el manicomio a los locos, que yacían al aguardo; la cárcel a los bandidos, que se hallaban expectantes? La tradición dialéctica y otras más que a sí mismas se llamaron "genealógicas", contra la idea del mero racionalismo liberal, insistieron en que un sujeto era una escisión interna de una amalgama social que no percibía su verdadero acto causal, generativo o productivo. Ramos Mejía encarna estos dilemas en las condiciones de ese lenguaje que había creado y que a su vez era la prisión que lo confinaba. Es el lenguaje "bio-metafórico" que de algún modo guardaba la mejor evidencia de aquello que quería desentrañar, las secretas vinculaciones "lombrosianas" entre genio, talento y locura.

Cuando juzga a la Inquisición de Lima en *Las multitudes argentinas* es mucho más claro. En este libro hay un intento de examinar el terror inquisitorial bajo la crítica de una ética nacional emancipativa. Pero también hay que ser justo con la *La locura en la historia,* a pesar del demoledor prólogo de Groussac, quien le achaca haber quedado preso de una tesis de la *folie héréditaire* y de los sofismas que imparte Lombroso en *Uomo di genio* —verdades "anticientíficas" que reducían la historia a la psiquiatría—. Y ser justo consiste en asombrarse, como lectores, de las hondonadas que quiebran el argumento de un escrito y que en definitiva revelan a un liberal que quiere serlo en la historia, mientras se lo impiden los mecanismos psíquicos que cree haber descubierto en el individuo y que lo atan a un oscuro romanticismo simbolista tanto como a un festejo estetizado del mundo natural. Ese asombro puede ser más nítido en los fragmentos más libertarios de *Las multitudes argentinas,* con su defensa de los frailes apóstatas, los brujos y adivinos deslenguados, los santones heterodoxos insurrectos de inspiración rabelesiana, los herboristas y curanderos que con extraña contumacia y audacia de ignorantes ofrecen una visión del porvenir, confusa pero vibrante. *Ese porvenir es la visión política de la rebeldía y la emancipación.* De modo que Ramos Mejía se atreve a imaginar —ante cierto escándalo de Ingenieros, como ya vimos— que los brujos y nigrománticos que desafiaban el brazo del Santo Oficio de Lima son serios antecedentes de la Independencia suramericana.

Este historicismo libertario fundado en la rebelión que anunciaban los pliegues secretos de la locura, y a la vez anunciadora esta de un futuro nacional emancipado, nos lleva a uno de los más extraños e inquietantes escritos de la historiografía argentina. Se trata de *Rosas y su tiempo*, que nuestro autor —permítase llamarlo así— escribe en 1907. Allí culmina todo su sistema y, desde luego, allí se expande hasta el límite final el galope de sus incertidumbres. Su problema se presenta aquí más ostensible que nunca. Es el mismo que el de Sarmiento con *Facundo*. Ver a Rosas como "el tipo más original de la historia de América y el león grandioso, porque devora y mata", teje desde el comienzo la malla de una atracción artística y filosófica por su personaje siniestro y seductor. El historiador se desdobla en salvaje unitario, hijo del coronel de la insurrección antirrosista de los Libres del Sur, y en fisiópata que busca recurrencias de estilos y formas de vida de fuerte arraigo en el cuño nacional antiguo y en un estilo político pasmoso, a la vez trágico y bufo. El escritor lucha con sus naturalezas secretas —la "científica" y la "pasional"— para recrear lo desaparecido. Ese es el principal problema del historiador, que como histólogo de la historia debe encarar la paradoja terrible de apostar a la vivificación de lo ya fenecido. ¿Esto se puede realizar mejor en épocas calmas y de pasiones moderadas o en épocas turbulentas y de pasiones bulliciosas? Ramos Mejía parece creer lo primero pero actúa como si en verdad solo fuera cierto lo segundo. Por eso, su procedimiento más efectivo consiste en "hacer hablar" a los testigos que aún puedan decir cómo vivieron el tendero, el pulpero o el soldado de aquella época. Lo mismo el copista o el escribiente.

Así, Ramos Mejía acude a "la maravillosa memoria de Argüelles". Con más de 70 años, era uno de los escribientes de Rosas aún con vida cuando Ramos Mejía escribe el *Rosas*. Los acontecimientos mordían sobre el cobre del cerebro del viejo escribiente con una incisión indeleble de viejo aguafuertista. Y he ahí la palabra: *aguafuerte*, que con tanta frecuencia aparece en la publicística de esa época. Otro escritor argentino la hizo famosa, pero no es impropio afirmar que el manejo expresionista de la crudeza y de la incerteza moral hace del autor del *Rosas* uno de los más severos, si no el único, antecedente de Arlt. Tampoco parece inoportuno recordar aquí que Ingenieros, en su *Personalidad moral de Ramos Mejía* —su elegía al maestro (1916)—, también emplea la expresión aguafuertes en relación al estilo de *Los simuladores de talento*: "El simulador silencioso y el simulador multiparlante son dos aguas fuertes imperecederas".

La averiguación junto a los escribientes de Rosas —que fueron muchos— es una parte esencial del relato historiográfico de Ramos Mejía. "Recuerdo a uno de ellos que cuando se lo interrogaba tapábase con horror los oídos y abriendo anchamente los ojos exclamaba: *¡no quiero hablar de eso, señor, no quiero hablar de eso!*". Pero también Eusebio de la Santa Federación, el bufón de Rosas, había sido interrogado. Yacía internado en 1873 en el viejo Hospital de Hombres de Buenos Aires. El estudiante de primer año de medicina, futuro historiador de Rosas, pudo hablar con él, "estimulada su verbosidad informativa por los medios vulgares de la propina". Era un trabajo "análogo al del arqueólogo", dice Ramos, pues excavando en capas sepultadas de la memoria, surge un alucinante mundo que el tiempo y la decrepitud iban borrando. Y además, el silencio aparece como la moneda callada que suele trocarse por esa cantidad de horror incomunicable que la conciencia solo conjura llevando a taparse los oídos con las manos.

Pero además del terror que vibra en la lengua ante esos recuerdos —y ante cualquier recuerdo, acaso— está todo aquello que puede suscitarse en la consulta de un *Registro Oficial*. ¿No está allí toda la vida de aquel Buenos Aires? Estadísticas, infinitas anotaciones de contaduría, entrada de buques, mercaderías existentes en los ferias, minuciosos cómputos de la rueda cremallera del gobierno rosista. "Libro seriote y aburrido al parecer." Pero el historiador, entre partes de lejanos jueces de paz y recuentos de rutinarios billetes de bancos, *ve pasear la sombra del tirano*. El olor a libro viejo aviva la mente. (Además, los volúmenes que consulta Ramos Mejía pertenecían a Pedro De Angelis. Permítaseme una evocación parecida. La edición facsimilar en 1998 —a cargo del sutil filósofo y escritor cordobés Diego Tatián— del *Contrato Social* de Rousseau, cuya traducción se atribuye a Mariano Moreno, se basó en uno de los ejemplares que apareció en la Biblioteca de la Universidad de Córdoba sellado con el *ex libris* de José María Ramos Mejía.) Sencillamente, no parecen haberse escrito sobre la tarea del historiador párrafos tan aguzados como éstos, ni en la época de Mitre ni en la de José Luis Romero. El libro de historia se mueve con el *combate por la historia* en su mismo interior. De allí mismo sale la agónica verba del debate, donde aquí y allá se le responde a quienes pensarían que no son suficiente el testigo ocular, la pregunta al sobreviviente, los rasgos subsistentes de una conversación íntima o banal y la carta confidencial. Pero Ramos Mejía es un *lopista*. Vicente Fidel López había publicado *La revolución argentina* y alrededor de su obra se había desatado la polémica sobre la validez de la voz testificadora que narra la experiencia viva, singular de la historia. ¡Estos eran al fin los verdaderos *documentos*, emanados del sujeto histórico cuando no se sentía observado! De modo que tanto un trazo dejado por el dictador al margen de su "máscara pública" como el de una vieja tía suya que en sus gararabatos poligráficos dejaba entrever el calado insondable de la guerra eran testimonio de actos privados que veteaban la tragedia colectiva con el jeroglífico veraz de la intimidad.

La idea del tiempo histórico solo podría brotar en Ramos Mejía cuando los ojos del historiador sean a la vez los del pintor y los del novelista. El *pathos* del tiempo siempre es un punto que une los distintos vértigos de la intimidad y la comedia pública. Si se llega a este punto —tema esencial de la discusión que interesa *ahora* a los lectores contemporáneos— se está delante de una reconstitución de los hechos en un presente que repentinamente hacer brillar la "verdad" como si se diese una resurrección tal como la que provoca "el misterioso cinematógrafo". Por eso había que librarse de la tiranía del documento con la ayuda de "un rayo invisible" que penetrando en los cuerpos opacos de la documentación condujera al desciframiento de las psicologías vivas. Solo la imaginación serena del historiador puede restituirle vida a cada hecho, tal como en las manos del arqueólogo un diente fósil pierde su mudez y nos devuelve un mundo perdido cuyo sortilegio no comprenderá jamás el adicto *papelófilo*. "El ropavejero ha matado al historiador", dice un Ramos Mejía que quiere verse como un Carlyle o como el autor de *Orígenes de la Francia contemporánea.*

¿Quizás había que salir de las trampas grisáceas del archivo para contar álgidas batallas? Tampoco, pues esas narraciones dramáticas de tumultos suelen no tener la vivacidad que en cambio podría darse si se encarara con estiletes vitalistas aun la propia "estructura de la sociedad", que quedaría descripta como si tuviera "olor a campo húmedo". Cuando le cuestiona a Adolfo Saldías la ausencia de "procedimientos psicológicos de observación adelgazada" que no surgen en ningún momento de la copiosa argumentación utilizada, creemos estar ante un historiador que pide que la historia descienda hacia los "subsuelos materiales" del sentido, a semejanza de los que llaman la atención sobre los ocultos hilos de la vida económica o los resistentes procesos de la cultura material. Pero, influido por Taine y Paul de Saint-Victor, Ramos Mejía definirá el radio de esas observaciones como propias del "medio, la raza, el momento social, la familia, la teratología de sus relaciones diarias", más allá de la generosidad que ofrecen los archivos, que a Saldías los familiares de Rosas le habían abierto de par en par. Da la impresión de que sus juicios son de una enorme sensibilidad y perspicacia, pero que sus soluciones no siempre conseguían vulnerar las duras mallas de una lengua de palo con que hablaba la época.

Pero adquiere mayor fosforescencia cuando reprochándole a los mismos rosistas el carácter timorato de su defensa del personaje imprime esta frase sorprendente: *"los deudos de Rosas están empeñados en empequeñecerle; de un grande y originalísimo tirano quieren hacer un mediocre burgués que se horroriza del asesinato y la sangre; le quieren robar el arte dramático para entregarlo al pequeño manual de los pedagogos... forcejean, por así decirlo, por meterlo al lado de Valentín Alsina y Jorge Washington, cuando su lugar está donde verosímilmente lo colocaría la historia, al lado de Ricardo III, tal vez con su grandeza trágica un poco desagradable, esperando un Shakesperare americano que le haga repetir como un castigo tardío aquel monólogo inmortal del matador de Buckingham: 'jamás mis ojos derramaron una lágrima de piedad, ni aun a la muerte de mi padre en que todos los presentes tenían la mejillas mojadas'...* " Con lo que ya podemos reconocer el terreno *facúndico* en que se mueve el *Rosas* de Ramos Mejía, al esbozar una contraposición entre el burgués comedido y manso con apropiadísimas nociones ilustradas, y el trágico tirano shakespeareano con su grandiosa insensibilidad para el mal. Esta visión tiene un aliento aristocrático, sin duda, con su destacado rechazo al orbe de valores burgueses. Pero esencialmente reclama una historiografía que no se contagie de esos tiempos donde la pasión política se ha debilitado. ¿Pero son los historiadores los que deberían encargarse de vigorizar los tiempos buscando que sus personajes tengan "sangre en las venas"? ¿Puede descansar sobre una historia escrita que sepa abrirse a la frescura clamorosa del pasado la responsabilidad de reanimar épocas indiferentes? Así lo cree Ramos Mejía en su vitalismo artístico, y piensa que hay que dar personajes históricos capaces de reaparecer infundidos de algo de la savia que en su momento tuvieron, "con un átomo siquiera de la vida sorprendente que hace caminar y palpitar en el cuadro a los *Síndicos* de Rembrandt".

Bien se ve que se está pensando aquí en una fusión entre la vida, la historia y el arte, que de algún modo se corresponde con la búsqueda del punto de junción entre la locura y el genio. Si la "neurosis de los hombres célebres" anticipaba una crónica de la historia bajo el acceso de la locura, era necesario poner en cuestión —si no resolver— lo que la acción política le debe a las monomanías, así como lo que la enajenación le debe a un clima histórico convulsionado. Ya vimos cómo Ramos Mejía propone una cuestión cuya falta de resolución hace al encanto de su prosa y de su intención teoricista, pero de este modo él mismo adquiere algo de la turbiedad del que *en la historia* ve una verdadera *historia de la locura*. El mismo tropiezo se nota en *Los simuladores de talento*, donde la condenable simulación —que pudo haber afectado la política nacional al encumbrar a impostores personajes como el general cordobés Bustos y que de hecho afectaba el recto entendimiento social con las modernas tretas publicitarias de la prensa— es también interpretada como un signo oscuro e indiscernible, capaz de volverse sobre sí de modo de poder afirmarse, enseguida, que hay en ella "algo a modo del verdadero talento". Nuevamente, es la idea y la postulación de *genio* lo que se percibe aquí, pues solo invocando esa brumosa cifra, entendida como la excepcionalidad de una fuerza o como lo intempestivo de un temperamento, podría darse sustento a un ideal historiográfico emancipado.

La historia lanza sus signos borrosos, vitales y siniestros para que el intérprete diga en qué momento el pasado insiste ante nosotros con su retorno lúgubre o risueño. La búsqueda de la risa en la historia está del lado de la vitalidad de los autócratas delirantes o de los tiranos sangrientos. La búsqueda de la palabra misteriosa que de repente reúne el cuerpo pulverizado de las multitudes está junto al vaticinio de un futuro de hombres emancipados. El descifre de los signos trazados en las paredes de la ciudad está en el flanco del respeto al enigma que proponen los lenguajes amorfos, donde genio y simulación se conjugan. La crítica a la Inquisición está del lado de un enérgico alegato contra el terror en la historia, pero se cierra sobre la losa espantable de una aceptación del sacrificio de los débiles como secreta razón de la vida. En los papeles dormidos de la historia yace una incógnita a develar. Es el terror de lo ya ocurrido. Solo dándole vitalidad artística a la escritura se puede recobrar la vida transcurrida. Allí está la locura, la simulación y el sentimiento emancipador político. Era menester, para Ramos Mejía, desentrañar las competencias de cada uno de esos gigantes de la historia. Creyó que lo hacía para fundar un orden sin sobresaltos y protegido del acecho de las nuevas multitudes hostiles y descontentas. Pero también estaba escribiendo —simulador él mismo— una apología del acto político súbito y excepcional bajo el auspicio pagano de las implacables metáforas de una biología sacrificial.

No es fácil ahora saber hasta qué punto estas ideas merecen ser consideradas con un nostálgico respeto por una generación que enredó la ciencia y el arte con el orden de Estado; o si vale la pena volver sobre ellas para extraerles lo que tenían de pasión por el conocimiento a pesar de sus odiosas reflexiones sobre la necesidad del sufrir; o si al colocarlas en un cuadro histórico momentáneo solo deberíamos concluir que fueron un gesto pintoresco y equivocado de una ciencia argentina, compañera de elitismos antimodernistas y recostada sin más sobre Taine, Spencer, Le Bon y en un patologismo de la historia extraído de la lectura afiebrada —tal el caso de Ramos Mejía— de *El crimen político y las revoluciones* de Lombroso. Sin embargo, queda suelto el problema —o el tema, o la circunstancia— de la *simulación.* Pero ese era el concepto nuclear de la metáfora positivista, que con él llegaba a una definición de la cultura que la convertía en un dulcificador de las formas directas de la lucha por vida. Simular implicaba en última instancia un acto de la *personalidad escindida,* por el cual se garantizaba una mejor adaptación al mundo a costa de una deformación ética, anímica y experiencial. Lo mismo que en todo el positivimo, la pregunta que aquí se abre es si la simulación era una forma de cultura generada por las funciones adptativas del organismo o si correspondía a una oscura ética social que lindaba con lo artístico en la medida en que el yo se enmascaraba con una "dramaturgia de la personalidad".

El grado más alto de esa simulación era la *simulación de la locura* —o *"moral de Ulises"*— por la cual el yo llegaba al punto máximo de tensión. Porque en definitiva, en la simulación no puede saberse si hay locura y en la locura puede siempre sospecharse una simulación. Vibración última de la personalidad, esas dos figuras conjugadas —simulación y locura— encarnaban el máximo desdoblamiento que podía realizar la conciencia lúcida, más allá del cual entraba en la zona recóndita del automatismo psíquico o de la biología inconsciente. La simulación de la locura es la última hebra que unía al sujeto con su conciencia sagaz, y al igual que la fusión entre genio y locura revelaba cómo la demencia era el bastidor necesario de todo acto humano en el mundo.

Podría pensarse que solo la propensión de los médicos argentinos de principios de siglo —sobre todo Ingenieros— de colocar el aparato pulsional en un cedazo biologista impedía trascender hacia los dominios del inconsciente a partir de la idea de simulación, que Freud no desdeñaba aunque nunca haría descansar en ella la explicación final de una conducta. El psicoanálisis estaba alejado de la idea de un plan de astucia, dolo o fingimiento del yo que fuera superior a la existencia de un saber no reconocido por el sujeto, el *inconsciente.* En estas condiciones, puede suponerse que estaba vedada la posibilidad de arribar teórica o técnicamente a algo parecido al psicoanálisis. Pero acaso no se hallaba mutilada la posibilidad de ir más adelante con la tesis de la simulación, cuyas potencialidades no estaban del todo exploradas.

Si pensamos en algunas de las páginas vibrantes que se escriben en nombre de la "ontología fenomenológica" —justamente las que firma Jean Paul Sartre en *El ser y la nada* (1943)— tenemos un exigente ejemplo de cómo la simulación podía llegar a un ámbito del ser en el cual no se postulaba el inconsciente y sí *formas ontológicas del yo* también ajenas a cualquier trama biológica. Tampoco los médicos del Hospital San Roque que rondaban sobre la simulación habían llegado a acercarse a los umbrales de la fenomenología de entreguerra. Y de esta, se destaca sin duda la idea de *mala-fe* sartreana, que vibraba con los efectos que le confería el tipo de agitador filosófico que era su autor.

Para Sartre las conductas de mala-fe son las que tienen en apariencia la "estructura del engaño", pero en ellas "es a mí mismo a quien oculto la verdad". Entonces, en vez de una dualidad engañador-engañado, la mala-fe implica la *unidad de una conciencia.* ¿Por qué Sartre enfatiza de tal modo una idea *monista* de la conciencia? "La conciencia se afecta a sí misma de mala-fe." Porque está involucrado el debate con la idea de inconsciente. La mala fe, aspecto normal de la vida para muchísimas personas, no puede rechazarse ni comprenderse. Entonces se recurre al inconsciente, con lo que solo se logra restablecer la dualidad entre el engañador y el engañado. Sin embargo, el psicoanálisis no puede explicar acabadamente la censura del sujeto que "sabe que algo rechaza", un saber que como todos no puede ser ignorante de sí mismo y que sabe que está repeliendo a modo de una censura con conciencia de sí pero que *a la vez censura para no ser conciencia.* Esa censura es entonces de mala fe. El psicoanálisis quiere suprimirla con su dualismo entre la conciencia y el inconsciente separándolos por la censura, sin poder establecer que en tal censura hay un *proyecto de enmascaramiento* que se sabe a sí mismo y que de hecho restituye la unidad de la conciencia. Al dejar de lado "la unidad consciente de psiquismo", Freud debe luego "unir los fenómenos a distancia en un unidad mágica" que evita la verdad fatal que siempre ha golpeado a las puertas de los psicoanalistas que le fueron luego adversos, respecto a que *el nudo de la psicosis era consciente.* Se disimulan conductas que no pueden dejar de registrarse en el momento en que se producen.

Los ejemplos de los que se había servido Sartre para ilustrar la conciencia de mala fe recorrieron las aulas universitarias de todo occidente. ¿Quién no recuerda la historia de la dama que ha concurrido a la primera cita? No hace falta mucho esfuerzo para percibirla en algún café de la *rive gauche* en los años 30 —imaginemos aún no ocurrida la ocupación— en medio de una atmósfera ensoñada, reservada y sutil. Ella deja inerte su mano en las manos del caballero que inesperadamente las ha tomado. "No retirarlas es consentir voluntariamente, es comprometerse; pero quitarlas es romper esa armonía turbadora e inestable que hace al encanto de esa hora." Y así, esa joven que abandona su mano pero *no se da cuenta de que la abandona* se convierte en "puro espíritu" no consintiente ni resistente, en el goce de disociar cuerpo y alma. Es el procedimiento para mantenerse en la mala fe. Desarma conductas, gozando de su deseo al tomarlo como no siendo lo que es, confundiendo, dirá Sartre, "la facticidad con la trascendencia y la trascendencia con la facticidad". En la ambigüedad de esa situación, la pareja se hace *cosa* pero es así que ocurre su trascendencia, "precisamente en el modo de la cosa". Cada uno en el modo de ser lo que no es. No se puede decir que están allí ni que no lo están. Pero a la conciencia no se le oculta "la imposibilidad de ser sincero" porque la sinceridad es también de mala fe. Y nuestra incapacidad de reconocernos y constituirnos como siendo lo que somos solo la sobrepasamos *no hacia otro ser sino hacia la nada.*

Esta situación que Sartre denomina "estructura de mala fe" define todo el sentido de una presencia humana en el mundo y no se puede desconocer su fuerte compatibilidad con la "estructura de la simulación". Pero esta no provenía de la idea de un ser que siempre frustraba su trascendencia y que nunca se hallaba situado en un punto fijo de su facticidad, sino de una disposición orgánica adaptativa que atravesaba un arco que iba desde la mímesis con el ambiente hasta una estética de bufonadas y encubrimientos del yo. En estas condiciones, la simulación era un hecho orgánico y cultural que frustraba la rectitud del mundo veritativo. Pero si por un lado era un hecho necesario en la lucha por la sobrevivencia —y la simulación evidenciaba que esta se hacía con medios transversales e irónicos propios de otro momento civilizatorio— por otro lado era el poder constituyente que venía a fundar la cultura y el arte. Los medios morales, intelectuales y artísticos se instituían precisamente por la restricción a los impulsos primitivos, ponían en jaque pero no alteraban la continuidad con la herencia del mapa animal de la conciencia.

De todos modos, lo que nos interesa no es practicar un ejercicio comparativo cuya esencia —como la de toda comparación— consiste en la ingenua creencia de que hay una agrimensura común a la espera de las cosas. Nos interesa percibir, al modo de una ucronía, cómo se producían los acontecimientos en el seno de la *teoría de la simulación* para que desde allí se levantara un obstáculo que impedía llegar a las *cosas mismas* de la fenomenología, lo que supone que el ser no "aguarda" atrás del fenómeno, sino que es instituido en el propio fenómeno y se explicita en lo vivido por la conciencia. Por eso, el conocimiento sólo puede ser un intento fugitivo de captar la vitalidad de una nada pues al conocer nos arrojamos fuera de la conciencia pero al mismo tiempo nos anulamos como no siendo la realidad que queremos conocer. Y así, ese ser que en la reflexión se pierde es el mismo que debe recuperarse "fugando de sí mismo" y ser él mismo esa fuga. Fuga desesperante pues en ella se da y al mismo tiempo se posterga el conocimiento, por eso la reflexión es el fundamento de su propia nada. Hegel había escindido la conciencia de lo igual a sí mismo para conducirla a una integración más alta. Sartre conduce esa escisión a la *nada* que separa la conciencia entre sí y sí mismo. Distancia absoluta que es el conocimiento en fuga y que nos recuerda vagamente la realidad de la simulación.

Pero la simulación estaba atenazada a metáforas biológicas —la metáfora libera y encarcela, lo sabemos— y solo podía llevar a una tesis estetizante del yo, no poco interesante al momento de verlo andar por la risa del mundo. Sin embargo, no conseguía esconder una caución moral que se volvía moralismo cauteloso para las masas e idealismo visionario para los hombres superiores, que al perseguir la quimera propendían al "perfeccionamiento anticipado de la especie". *Límites, solo límites.* Límites conceptuales que podrán adjudicársele al "espíritu del mundo" que les tocó vivir, pero que también se refieren a las condiciones de trabajo intelectual que se daban en la sociedad argentina. Ingenieros fue discípulo de Ramos Mejía, Sartre fue discípulo de Husserl. Para cualquier conciencia enterada —la de todos, la de algunos, la de nadie— estos nombres tienen una sonoridad diferencial que enseguida vibra en nuestros oídos apabullados. En un caso escuchamos a la Argentina del Centenario, la del Hotel de Inmigrantes, la de la Semana Trágica, la de don Segundo Sombra y, por añadidura —pero aquí hace cierto traspié el encadenamiento—, la de Erdosain. Es también la del Hospital San Roque, que tantas veces mencionamos, como hermandad de médicos que en una magna catarsis moral intentan enlazar en el mismo monolito de alabastro las vestales de la ciencia y la nación. Todo lo cual de algún modo parece ser la proyección fantástica de la polémica Mitre-López sobre cómo escribir la historia, si con más documentos o con más filosofías de la voz familiar de la patria. ¿En el otro caso qué escuchamos? Podemos escuchar el eco de una carta de Sartre a Faulkner donde le dice que hay que novelar el tiempo de Heidegger y no el tiempo de Descartes. Pero sepamos la diferencia, porque no solo escuchamos a un filósofo en el mundo, que escribe novelas y obras de teatro —el problema también estaba formulado en el joven Ingenieros, aunque no intenta la ficción—, sino que escuchamos la crisis filosófica europea al mismo tiempo que la crisis de la novela, el aroma irrepetible, como son esos aromas, del descubrimiento de la fenomenología como filosofía de la intuición de lo vivido y de la evidencia originaria.

Esta aventura filosófica se desarrollaba en un mundo de catástrofes sociales y revoluciones alentadoras. La herencia que se estaba reelaborando era la de la "crisis de las ciencias europeas", mientras que la Unión Soviética originaba discusiones y propagaba más que módicos optimismos y valía la pena ponerle objeciones al psicoanálisis de Freud, como ya antes habían hecho Max Weber y Antonio Gramsci. La "simulación", en cambio, concepto de las psiquiatrías charcotianas y afín a las psicologías sociales lebonianas, permanecía en las pampas como estrella filosófica de un pensamiento de científico estatal, perdiendo la posibilidad de ser explorada en las potencialidades que tenía al anunciar, aún con el peso del fantasma de Darwin que lo atenazaba, las operaciones del propio *yo* para tornar ambigua su presencia vivida en el mundo.

Desde luego, Ingenieros ve los primeros años de la Revolución Rusa con simpatías hacia el "maximalismo" y ya había descartado el psicoanálisis por no ser mucho más que un agente del "refinamiento de la libido". Pero la Argentina era un mundo político encapsulado. Ingenieros llama *reflejo* a lo que ocurriría aquí inspirado en los avatares de las lejanas tierras de Lenin, pero todo eso debía ser "adecuado a nuestra propia situación". ¿Qué faltaba de aquello que en cambio pudo tener Sartre después de diez años de lectura afiebrada de Husserl y del viaje de un año a Berlín? ¿Qué faltaba para identificar de qué modo esos reflejos remitían *problemáticamente* al flujo mundial, y *contrario sensu*, en qué consistía lo que se debía expresar en términos, como se solía decir, de "nuestra situación histórica singular"? Una aventura intelectual autónoma en el área histórica correspondiente a lo que la literatura y la geografía denominan *pampa* —aunque sospechada y tantas veces anunciada— se hacía esperar pesadamente. El pensamiento de la crítica aceptaba ser en la Argentina un pensar de receptividad, mero reflejo de la novedad mundial. Solo con suerte aparecía alguien —en este caso quizás Ramos Mejía, pero ciertamente no solo él— que a fuerza de originalidad en la escritura lograba desviar interpretaciones y producir una obra descabellada, triturando involuntariamente aquello mismo que él citaba para implantar. Muchos años después, Tulio Halperín Donghi juzgó (en *Positivismo historiográfico de Ramos Mejía*, 1955) que solo la desesperación o la frivolidad le cabía a esta manera de escribir la historia en un país cuyo rumbo ya no podía trazar el grupo social al que esos historiadores pertenecían. Sin embargo, aun aceptando que sean esas las características del estilo historiográfico de Ramos Mejía (y Halperín lo dice admirativamente) no es seguro que ahora se lo deba confinar —por lo menos como problema de conocimiento, como concepto exasperado de la relación escritura e historia— en los claustros de una clase social sin alternativas.

Foucaultianas

En la última década se han conocido numerosos trabajos sobre la identidad cultural nacional en la Argentina. En general acentúan el papel de las políticas estatales que generaron una uniformidad social compulsiva, auxiliadas por el empleo de metáforas médicas, psiquiátricas y sanitaristas. Se trataría de políticas cuyo impulso surge de la presencia de un saber científico con repercusiones en extendidos ámbitos: el de la psicopatología, la pedagogía, la salud, la higiene, la seguridad y la literatura. En todos estos campos aparecerían *dispositivos* —este vocablo resulta esencial para las tesis que comentaremos— por los cuales el Estado tomaba a su cargo la definición de la normalidad, la salud, la locura y la insalubridad a través de criterios científicos. La nacionalidad era entonces un efecto inducido de ciertas políticas que se presentaban con el sello y el prestigio de la ciencia moderna. Ya el propio Ingenieros lo había afirmado en *Evolución de las ideas argentinas* (1919), respecto a que la filosofía fundada en la experiencia permitía ver una "argentinidad" cuyo sentido nuevo dentro del pensamiento contemporáneo consistía en asumir la filosofía científica. El debate se centra, precisamente, en cómo esa filosofía científica venía a "modelar las *pasiones* populares, asimiladas a un estado de pura naturaleza" con la "tecnología del alienismo". De ahí que "en los años posteriores a Caseros y particularmente hacia el 80 se va constituyendo un aparato sanitario y de higiene pública, secular y modelado según los cánones europeos..."

Estas citas las tomamos de las primeras páginas de *La locura en la Argentina*, de Hugo Vezzetti, un libro de 1983. Desde esta fecha que parece muy remota —se iba a iniciar en la Argentina una nueva etapa histórica— hasta la más reciente publicación de *Médicos maleantes y maricas* (1995) de Jorge Salessi, del que también vamos a citar algunos trechos, transcurre un debate y una inflexión.

En cuanto a Vezzetti, dice que "un nivel de análisis del higienismo, de la reforma hospitalaria y las prácticas alienistas puede afirmarse en este eje y explorar cómo, desde la higiene pública a la medicina mental y la criminología, ciertos intentos de medicalización de la conducta ciudadana —convergentes con disposiciones y prácticas jurídicas, penales, pedagógicas— están comprometidos en la exigencia de armonizar la modernización y expansión del aparato productivo con el control de la masiva conmoción demográfica debida al caudal inmigratorio". El alienista se halla así en el centro de la elaboración de la efigies de gobierno y bien moral, convertido "en una encarnación moderna del moralista y en un paradigma del gobernante". De ahí que "ciertas figuras de la locura y sus oscuros peligros se constituirán en una referencia fundamental de las representaciones que modelan la función de gobierno", porque es la misma razón positivista la que se encargaba de tratar la teoría social y la clínica psiquiátrica. La figura del *loco inmigrante* será sometida a control, clasificación y examen con una connotación xenófoba, evidente en la ideología higienista y sanitarista por la cual se reescribe una nueva etapa en la lucha contra la "barbarie". La cálida y fecunda *pampa* argentina y el *ego* fundante europeo emprenden una nueva descalificación, ya no del nativo del ciclo histórico anterior sino de los inmigrantes. Y la locura exorcizada por "representaciones fantásticas de la nación" no era menos loca en esos "discursos que la conjuran". La exaltación "nacionalista" basada en la eugenesia y en el trastornado *corpus* científico que procura conformar una "nueva raza" transcurre alrededor de nuevas instituciones médicas e higienistas (hospitales, organismos filantrópicos, servicios médico-policiales, cátedras universitarias, revistas), que se habían fundado al amparo de un nuevo clima científico en los últimos años de vida de Sarmiento. El *Círculo Médico Argentino* (1875), cuyo primer presidente es Ramos Mejía, el Hospicio de las Mercedes, el Hospicio de Hombres, el Hospicio de Mujeres, el Instituto Frenopático, la *Revista Médico Quirúrgica* (1875), la Sociedad de Beneficencia, el *Open Door* (1889), la Asistencia Pública (1883), el Departamento Nacional de Higiene (1892), el Consejo Nacional de Educación, el Hospital San Roque, el Servicio de Observación de Alienados, vinculado a la Policía de la Capital (1900), los *Archivos de Psiquiatría y Criminología* (1902) de José Ingenieros.

Tres esenciales figuras, la de J. M. Ramos Mejía, la de Francisco de Veyga —que había estudiado con Charcot en París— y la de José Ingenieros, componen el triunvirato de magistrados médicos que imparten la nueva doctrina. ¿Cómo juzgarlos? Vezzetti identifica con precisión en tres libros que componen una serie —*Facundo, La neurosis de los hombres célebres* y *Las multitudes argentinas*— una "embrionaria detección histórica de una zona perturbada de la nacionalidad", que luego se rebajará en una teoría de la degeneración.

Vamos a seguir escuetamente las observaciones de Hugo Vezzetti sobre Ramos Mejía. A casi dos décadas de publicado, su libro mantiene una vigencia indudable, siendo además pionero en el tratamiento amplio y riguroso de esta cuestión. Imposible comentarlo en su totalidad, nos limitaremos a lo que ahora parecería poder decirse sobre *La locura en la Argentina,* a los juicios que allí se realizan respecto a la mencionada obra del escritor y médico que pasó por la Asistencia Pública, el Departamento Nacional de Higiene y el Consejo Nacional de Educación. (Es el sobrecargado y sugestivo trípode que reúne con rara saciedad la fuerza simbólica del itinerario de Ramos Mejía.)

Así, sobre *Los simuladores del talento,* Vezzetti afirma que *"en un momento en que domina una actitud más defensiva y pesimista frente al aluvión inmigratorio, viene a fijar la fábula 'nacionalista' de la elite del 'talento' opuesta al materialismo y al afán de lucro de los extranjeros".* Sobre *La neurosis de los hombres célebres* se indica que *"la atención brindada al 'hombre superior' converge con una zona de utopía médica: la del tratamiento asociado a los resortes del poder. Los superiores, 'hombres colmados de dones' bien estudiados, investigados en sus 'manías', sus extravagancias, desbordes y zonas oscuras, deben revelar los secretos de un ejercicio de poder eficaz y científicamente fundado. La galería más o menos tenebrosa de las neurosis 'célebres' son su cortejo de chifladuras y extravíos; dibuja por contraste la figura plena e impoluta del gobernante ideal".* Sobre *Rosas y su tiempo,* este comentario: *"Entre el cuerpo colectivo y el organismo individual no hay separación sino plena continuidad; en ese organicismo extremado se fundará una óptica médico-política que focaliza la conducta como directa expresión de la salud o enfermedad de la Nación".* Sobre *Las multitudes argentinas,* en su descripción del 'guarango' y del 'burgués aurens', se concluye de este modo: *"lo citado es bien elocuente del entrelazamiento de nociones y perspectivas que sostienen cierta visualización de una zona de 'locura', germinal y mal definida, que acompaña no solo la reconstrucción del pasado sino cierta representación dominante acerca del fenómeno inmigratorio y su impacto civilizador".* Y agrega sobre este mismo libro: *"¿De dónde salió el pueblo de la República? Tal la cuestión que recorre* Las multitudes argentinas. *La figura suprema de la 'evolución' aporta un marco en el que distintos momentos de la sociedad argentina pueden encadenarse, de modo homólogo al de la filogenia. Contemporáneo de Florentino Ameghino, no puede dejar de advertirse la analogía del proyecto: 'una historia de los encadenamientos políticos y sociales, como existe ya de los encadenamientos animales'"*. Y por último, sobre *Rosas y su tiempo*, nuevamente: "*...algo llama la atención en el repetido discurso sobre Rosas, que lo hace encarnar la personalización acusada de un poder despótico, que no se sujeta a ley alguna. Más allá de su intención conscientemente denigratoria, el efecto es más bien de una desmesurada exaltación; en una proyección que hace del otro un espejo en el que se anticipa la conformación de un ideal de poder que fascinó tempranamente al 'ego oligárquico'*".

El lector podrá comprender la necesidad de haber recordado algunos trechos de este libro. Es porque también desearíamos puntualizar algunas diferencias que en nuestra opinión en nada desdibujan su fibra —se trata, dijimos, de un libro entre nosotros anticipador y muy bien planteado— pero que forman parte de un renovado debate sobre la interpretación de esos escritos del pasado. En efecto, se trata del papel que juega la idea de *dispositivo* como inspección, examen, orden del discurso o sistema institucional inconsciente que controla la amenazadora materialidad del poder, el cuerpo, el saber o la locura. Lo decimos con la misma terminología con que ese concepto suele expresarse. Por eso los aparatos estatales de observación ponen a la *mirada* entendida como saber clasificador en condiciones de fabricar individuos. De este modo, se despliegan los efectos institucionales que generan individuos y lo que se corresponde a esto en el plano del saber es el ultra-descripcionismo de la literatura médica y social del naturalismo.

El naturalismo cree tener derechos sobre el individuo pues no lo considera lo contrario de la autocreación de la materia. Así, el individuo es una continuidad moral respecto al mundo natural, y busca el ideal de perfección a través de lidias con lo que la naturaleza tiene de cruel, pues ella misma reúne las implícitas condiciones de un individuo generalizado. Así, es del naturalismo la creencia de que solo es posible poner el individuo o el personaje en el denso interior de su arquetipo social, inmerso en el inconsciente moral de su especie. Los médicos naturalistas trazan así una vasta hipótesis de control y registro sobre el individuo a fin de convertirlo en un corpúsculo adecuado al funcionamiento normal de la máquina social. Un naturalismo de "izquierda", sin embargo, insistirá en que la locura o la enfermedad provendrían —y allí nace una parte de las ciencias sociales— del desconocimiento de que la liberación de la fuerza de trabajo equivale a la liberación científica de las fuerzas de la naturaleza. Quizás se puede incluir una parte considerable de la obra de Juan B. Justo dentro de estos criterios. Pero la crítica liberal posterior, alarmada por la imposición de módulos biomecánicos para definir la conciencia social, señaló en ese naturalismo un instrumento de sujeción social.

Puede ejemplificarse con las numerosas interpretaciones de las que fueron objeto escritos como *En la sangre*, la novela de Eugenio Cambaceres. Su personaje central, Genaro Piazza, es el tipo de simulador que acompaña con fidelidad el argumento científico que desea adjudicarle a la inmigración una potencialidad falsificadora de la confianza social. Sin embargo, hay también en esta novela un drama de destino que no puede disolverse en la voluntad novelística de darle a Genaro un rol previamente diagnosticado por los teóricos de la bio-farsa social. Basta recordar la conocidísima escena de la estratagema del examen. Allí, Genaro duda, tiene miedo, y muestra en el mismo momento en que prepara la parodia una conciencia desolada y candorosa, pues en verdad *él es la víctima*. Es el propio novelista el que por un lado acepta la interpretación "naturalista" sobre las tendencias patógenas del individuo, y por el otro lado debe dar razón a su intuición novelística que solo se cumple poniendo a cada personaje en tensión con su pavoroso destino. Si eso ocurre, ya no es posible decir de un escrito, *únicamente*, que está incluido dentro de las tácticas de dominación de las instituciones. Habrá que decirlo —si cabe, si estamos dispuestos a aceptar esa terminología— dentro del reconocimiento de que hay algo en su carácter que de todos modos permanece inasimilable al "dispositivo".

Si esto es así se crea una situación nueva cuyo tema son las relaciones entre la literatura y la ciencia, relaciones que se establecen no porque la ciencia esté "escrita" y pertenezca inevitablemente a un campo retórico, sino porque *nunca* coinciden los textos con las instituciones prácticas que trazan fronteras de identidad y admisión en la sociedad. En este caso, con instituciones que elaboraban un juicio adverso sobre las supuestas perturbaciones que para la elite cultural criolla traían los inmigrantes. Podríamos decir que así como hay un inconsciente de los textos —lo que ellos no dicen explícitamente, lo que solo designan tácitamente—, hay también un efecto residual de las instituciones de verificación "científica" que actúan en prisiones, manicomios u hospitales. Vistas desde el engranaje completo del amaestramiento de individuos, son impugnables por producir "efectos" donde los individuos se anulan como conciencia desiderativa. Quedan atrapados en una malla de imposiciones donde la ilusión de libertad, de saber, de salud o de felicidad, está troquelada por un *a priori* disciplinario que desde ya tiene definidos a los individuos.

De este modo, nada habría de objetable a lo que indica Vezzetti respecto a la oligarquía y su vanidoso *cogito*, lanzada a trazar fronteras de seguridad precintadas respecto al inmigrante "loco o anarquista". Pero nuestro deber es preguntarnos si la relación entre texto e institución en términos de *episteme* —esto es, "lo que confiere positividad al saber"— está en condiciones de entregarnos una idea acabada de la potestad de los textos, lo que permite hacerlos parte del juego de la interpretación y, por lo tanto, desviarlos —como cremos haber hecho nosotros— de un destino que públicamente puede ser el odioso que diseña Vezzetti, ese gobernante ideal que como alienista distingue por doquier la amenaza de la locura contra el orden.

Veamos esta afirmacion de Vezzetti: *"De* La neurosis de los hombres célebres *a* Los siete locos *no solo se dibuja la parábola del apogeo y la caída de esa exaltación oligárquica que se enseñorea con la historia. Más aún, la unidad compacta de la percepción de la locura en ese marco naturalista y moralizante va a quebrarse y nunca volverá a componer su armonía".* Adecuada mención de Arlt, que es evidentemente un lector de la literatura psicopatológica de la época y, por lo menos en su opúsculo sobre las ciencias ocultas en Buenos Aires, la usa sin simpatía evidente hacia los simuladores esotéricos. En efecto, podría decirse que en *Los siete locos* se invierte el juicio de la ciencia médica para hacer hablar a sus personajes con un rango de delirio que hay que interpretar *al mismo tiempo* como una confirmación y una ironía hacia la ciencia médica, con sus teorías de las multitudes inquietadas. De todos modos, este párrafo de Vezzetti, de temperado matiz foucaultiano —pues anuncia en la Argentina el pasaje de la representación clásica a una moderna "quiebra de esa armonía"— involucra una notoria obra literaria como *Los siete locos*, a la que que nada impide colocar en el cuadro de la episteme médica y alienista de la oligarquía, pero tampoco nada impide rescatarla de esa serie. ¿Y para qué la rescataríamos? Precisamente para crear un universo de lectura que no disuelva las obras en los efectos de la *episteme*. Porque si esto se consumara, sería imposible recortar o destacar momentos dramáticos, singulares, en un flujo cultural en el que solo veríamos "los secretos de un poder eficaz y científicamente fundado".

Todo lo que Vezzetti afirma en *La locura en la Argentina* es incontestable. Que hubo la construcción de una fábula nacionalista frente al "aluvión materialista extranjero"; que explorar la locura era rastrear la formación del "genio político" dominante; que la salud de la nación era una óptica de vigilancia que devenía del estudio de los organismos enfermos individuales; que las ciencias políticas y morales provenían del modelo de una "filogenia natural"; que los ideales de poder del *ego oligárquico* se inspeccionaban con estas reflexiones sobre la locura a fin de proyectar la "selección natural" hacia los sectores bajos de la población; que el higienismo, la criminología y la reforma hospitalaria llevaban a la figura del gobernante con ojo de alienista y el alieniesta poniendo en práctica tecnologías médicas que mantenían gobernable a la población "anómala". Todos ellos actos continuados de la elaboración de un mundo político en el cual el Estado surgente creaba celdillas de guardia que, entre el poder médico-psiquiátrico y el jurídico-policial, trazaban "la simbología de la vida normal". Allí residía la amenazadora potencialidad de descarte y racismo sobre las poblaciones. Pero ninguna de estas afirmaciones permiten una interpretación de los textos, capaz de reconocerles su singularidad y las propiedades con las que ellos mismos se nombran.

Para designar con más claridad este *reconocimiento* —problema esencial de una crítica que rechace el precio de aplastar los textos en el acto de interpretarlos— pensamos que se puede recurrir nuevamente a la severa intuición que tuviera Oscar Masotta en *Sexo y traición en Roberto Arlt* (1965). En esta obra crucial, Masotta indica que había que "arrancarle" a los escritores de derecha el uso exclusivo que hacían de la idea de destino —*destino* que era su gran tema, que mantendrá en sus últimas obras ya muy alejadas del mundo arltiano, asociando destino a *pulsión*—. "La muerte, la violencia, la locura, el hambre, el suicidio existen en el mundo" decía Masotta en los años 60. Eran las connotaciones de la idea de destino las que había que "arrancar a la derecha". Y *arrancar* suponía entonces un acto brusco de incautación. De este modo, el *destino* se convertía no solo en un una idea existencial vinculada a la locura y la muerte proyectadas sobre el presente de una vida, sino en un acto cognoscitivo que a partir de sacar algo de una historia y arrojarlo rudamente en otra suponía el conocer por la sustracción y el atraco conceptual. Proposición vinculada sin duda a una emotividad existencial que hace del conocimiento un acto de desvalijamiento justiciero y plebeyo, un acto de "negatividad" cleptómana de los proletarios del conocimiento. No se trataba, pues, del procedimiento dialéctico.

Destino es interpretación improcedente e inoportuna, es burla de una efusión, es lo que, según el aliento clásico, a lo largo de un itinerario conseguirá obtener lo mismo que se quiere evitar. Cita Masotta al Marx de *El 18 Brumario*: el hombre es fruto de elecciones condicionadas, donde —agregamos— a veces la elección choca con la condición, y a veces la condición se agrieta por la elección. Y se pregunta: *¿Y si Arlt fuera interpretado como cierto y preciso comentario de estas palabras de Marx?* La crítica, dos décadas después —y de ahí el partido de Vezzetti—, ya podrá pensar a Arlt como *comentario* de los médicos alienistas de la generación del 80. Arlt junto a Marx, no invirtiéndolo sino comentándolo. Arlt junto a Ramos Mejía, no comentándolo sino invirtiéndolo. Creemos que ambas posibilidades se abren ante nosotros, colmadas de promesas, a condición de que no se cierren las puertas de la interpretación de lo que las obras dicen *al margen* de su época, de su texto, de su literalidad y de su intención política. Cada uno sabrá cuáles son las condiciones para que una obra pueda ser interrogada de este modo, para "salvarla" de su inmersión en un *corpus* y para impedir el destino que la conmine a hablar como máquina o dispositivo de poder. Método que postula lo *exótico,* que según Masotta es el resultado de la unión de sistemas simbólicos que poco tienen que ver uno con otro. De tal modo, la pulsión se apareja al destino y este al acto de arrancar un elemento de su medio aparentemente normal para desviarlo. Parece ser esta una fórmula adecuada para tratar la relación entre diversos mundos significantes, sean escritos, instituciones o prácticas. Quizás a partir de esas intuiciones sobre el choque, la asociación y el desvío de significados se podría asumir un estudio de la documentación médico-literaria del recodo del siglo diecinueve al veinte con un espíritu menos dispuesto a restringirla a efectos de un dispositivo de "producción de sujetos nacionales".

En este sentido, también merece comentario *Médicos maleantes y maricas* (1995) de Jorge Salessi, que desde su propio título —falta la coma entre la primera y la segunda palabra— esboza su voluntad de enfrentarse al *dispositif.* Este libro es fruto de una ambiciosa y completa investigación y también fruto de un fervoroso espíritu militante. Su contribución a la discusión no es solo evidente en las lecturas e interpretaciones que sugiere, sino en el ofrecimiento de testimonio inequívoco de una viva firmeza intelectual. Pero Salessi, que cierra en cierto modo el ciclo de crítica que abriera Vezzetti —y con quien frecuentemente coincide— también padece de una inclinación a interpretar el ámbito simbólico con un determinismo que a falta de mejor nombre llamaríamos *dispositivista.* Cuando leemos que "entre 1892 y 1897 la política nacional de higiene se tradujo, más que en la realización de obras de salubridad fuera de la ciudad de Buenos Aires, en una significativa producción simbólica que imaginó ese interior patriótico y racialmente puro amenazado por el enemigo invisible de las epidemias", entendemos el motivo central de esta tesis. El higienismo produce símbolos políticos que señalan hacia el peligro social. Y este se juzga con la metáfora de la "epidemia".

¿Pero no se corre el riesgo con esta fácil equiparación de suponer que la mentalidad higienista —cuestionable, sin la menor duda— podría hacerse cargo de una interpretación completa sobre el conjunto del orden político y del pensamiento literario? ¿Y simultáneamente, no queda expuesta a desconocer que incluso las políticas de orden son resistentes en último análisis a la metáfora biologicista? El crítico, no obstante, es tan poco resistente a dichas metáforas que se lanza a interpretar *El matadero* de Echeverría como una vasta metáfora higiénica. Se dirá que en ningún momento desea desconocer el plano literario en que también puede ser considerado ese relato, pero su interpretación actúa solo a condición de cerrarlo. Al ceder al modo en que se interpretó *El matadero* en 1871 —durante la peste amarilla—Salessi está obligado a desconocer que es propio de la literatura el crear una puntada de tensión entre su inmanencia y su trascendencia. Si la primera la lleva a disolver no digamos ya *El matadero* sino *Lost Paradise* o *Une saison dans l'enfer* en un ámbito histórico que sería el "subconsciente de la época", la segunda lleva necesariamente a que las obras puedan escapar de esas trabas de la mentalidad colectiva con un latente "fuera de tiempo" que siempre las asiste. Llamamos a esto, simplemente, autonomía de la obra, lo que desde luego no es tan simple, pues esa colisión entre lo que la hace a la vez inmanente y trascendente al juego de la historia, la pone en una esfera insoluble. Insoluble en cuanto a la interpretación, pues esta no puede establecerse completamente, pero también nunca cesa.

Cuando se dice que Echeverría concluye su relato con la frase "el foco de la Federación estaba en el Matadero", Salessi no deja pasar la expresión "foco". Convertida en metáfora, la expresión viene a significar lo pestífero, lo insano o lo insalubre, extremando el propio plano metafórico en que ya se halla la obra, al trasladar *Matadero* a *Federación*. Pero esa dimensión metafórica se presenta como un chicotazo final que de repente revela una situación contenida, insinuada en el desarrollo anterior del cuento. Que sea una metáfora no quiere decir que la serie de palabras que podrían pertenecer a la esfera de la infectología —como *foco*— deban inclinar el partido del crítico hacia esa dirección. Toda interpretación consumada trunca definitivamente el juego de interpretaciones al que están llamadas las obras. En verdad, todo es susceptible de tornarse metáfora. La voluntad del crítico —soberana— puede disponer la conversión en metáfora de todo el material de un texto. Si así fuera, es necesario cuidar de poner frente a frente dos series fijas de significados, de los cuales uno disuelve al otro. Esa disolución —ciertas literaturas en ciertos pensamientos médicos— deja desvalida la aptitud de las obras, aunque resuelve en la inmediatez de la crítica la cuestión de descubrir y denunciar las fronteras a partir de las que acontece la persecución de los justos, trashumantes y descarriados.

De modo que cuando se establece esta secuencia, que desde los *flujos* del matadero continúa con la matanza salubre de animales reglamentada y luego con el control higiénico por medio de la "reclusión preventiva y observación de animales sospechosos", ya estamos en pleno terreno metafórico del higienismo y sus desenlaces prácticos de índole policial, volcado precisamente contra los *sospechosos* a los que hay que *observar*, esta vez, entre los activistas del movimiento obrero. Los higienistas a su vez son continuados por los criminólogos, luego por los demógrafos, todos ellos "higienistas de epidemias morales". Estos higienistas, en la "filogenia" de Salessi, deben considerarse como encarnación de lo que llamaríamos el "Príncipe higienista" —posible metáfora de los gobernantes que observan la sociedad según una "mirada de vigilancia de flujos"—. Pero no parece esta descripción adecuarse a Alem, Pellegrini o

Del Valle, tres políticos que con el pensamiento de los higienistas no tuvieron ninguna relación conocida. Cuando Ramos Mejía traza la semblanza de estos últimos al concluir *Las multitudes argentinas,* es evidente la simpatía que siente por el "jacobino" Del Valle, a quien *"las doradas palmas de los entorchados irritaban la soberbia altivez de su alma".*

Porque aun si el *gobierno higienócrata* o el *príncipe profiláctico* son los que gobiernan desde el dispositivo de control, no deberíamos dejar tan desdeñosamente de lado el juego de ideas que hace de Del Valle un político "cataclísmico" y de Pellegrini, a quien notoriamente Ramos Mejía prefiere, un partidario del "lento acarreo de elementos sociales, políticos y económicos". ¡Hay teorías políticas aquí! Y si se nos dijese que no entendemos que lo que en verdad existe es un orden sutil "por debajo", una episteme soterrada que conecta sigilosamente los pensamientos abisales de una época, aun así el tímido objetor debería poder probar que el *dispositivo* no explica la Revolución del Parque o el suicidio de Alem, el cual de todos modos Ricardo Rojas, haciendo también "psicopatología política", atribuye a su "sensibilidad neurótica" *(Historia de la literatura argentina, 1925).* ¿Pero no estaríamos estacionados en la fútil superficie de los hechos sin ver "las condiciones enunciativas de una época determinada"? Sin embargo, la carta de Macedonio Fernández desafiando a los criminólogos biologistas a un debate sobre el "genio" es un evento tan singular como la propia opinión de Ramos Mejía respecto de que a Pellegrini "parecíale que el tiempo es más seguro agente que la multitud". Tanto un hecho como el otro se reiteran con otros nombres y en otras situaciones. Y reaparecen, bajo otras vestiduras, estos mismos enunciados que no convendría empotrar previamente en ningún dispositivo —higienista o criminológico— si queremos entenderlos sin que pierdan su sabor distintivo y hasta cierto punto único.

Dice Salessi que los higienistas promovían y alentaban el tráfico de inmigrantes y capitales pero los "vigilaban" utilizando medidas más prácticas, más científicas, más seguras y económicas que las cuarentenas. Salessi llama *panóptico* a lo que vendría a ser esa "mirada en movimiento" que implica observar los flujos materiales y sociales, descartando cuarentenas. ¿Por qué utilizar la palabra panóptico? Esta metáfora de Foucault —una de las más ostensibles de las suyas, tomada por él de otra obra y utilizada con una carga crítica nunca muy bien explicitada— significa antes que nada la presencia del filósofo francés en nuestros escritos y trabajos. ¿Y qué habría de malo en ello? En efecto, nada. Podemos asegurar que seguimos componiendo las filas de los que mantienen imparcial estima hacia la obra del filósofo de *Las palabras y las cosas.* Pero no podemos creer que nuestros trabajos se inscriban —a través de un guiño que no puede pasarse por alto— en la misma cavidad que ya quedó establecida a través de un modismo de amplia aceptación —hallazgo sin duda afortunado—, que sin embargo revela una cita que nos disuelve en la *circunstancia Foucault.* Claro que no es cualquier circunstancia y que, como se dijo con algún exceso no desprovisto de verdad, "Foucault revolucionó la historia". Pero habría que agregar que *en relación a cierto cúmulo de obras que ya existían dentro de un momento muy específico, acaso irrepetible, del debate intelectual en Francia.*

Desde luego, denunciar "confusiones de cuerpos líquidos y materias estancadas" equiparables en la terminología del que reprime "huelgas y desórdenes"—concebidos como las nuevas infecciones o enfermedades sociales— supone mantener el ojo avisor frente a la lengua del policía, del médico o del académico policial. Por eso, tiene agudeza la observación respecto a que "las leyes represivas contra el movimiento obrero empezaron a ser denotadas como medidas de profilaxis social". Es, nuevamente, el higienismo aplicado a la criminología o a la demografía, que transformó "a las clases bajas en sospechosas". ¿Pero ese es estrictamente el caso de Ramos Mejía? Para Salessi, *Los simuladores de talento* —el ya conocido y frenético ensayo del médico del "estado mayor del Hospital San Roque"— es un ejemplo de cómo al hablarse de "la medusa multiforme" o las "hidras simuladoras" que actúan indescifrables en una napa sumergida o inescrutable de la sociedad se quiere llamar la atención sobre un peligro a conjurar. Sí, pero ese peligro visualizado siempre se despliega en relación al interés por una "semiótica sublime" (se utiliza esta expresión en *Las multitudes...*) que son tanto los signos jeroglíficos que emanan de la medusa como la fascinación del médico que curiosea sobre ellas. La intranquilidad se percibe a través de un alfabeto rudo, impenetrable y amenazador. Tema nada desdeñable es entonces el de esa semiología salvaje que lleva a una antropología que se enreda gozosamente con lo anómalo de la vida y que, por supuesto, como una de sus abiertas posibilidades, carga potencialmente con un llamado a la represión.

"Lo que más temía Ramos Mejía" —la expresión es de Salessi— es que avanzase esa *medusa* con voluptuosidad y sin líderes a la vista, trastocando todo el orden conocido. Pero no sería justo decir solamente que le *teme.* También se siente atraído por ella. Si no no se entiende que viera con simpatía a los nigromantes y hechiceros en cuyas prácticas germina la emancipación —ya Ingenieros le había criticado esto— y con antipatía al movimiento obrero hecho "multitud", al cual había que "temerle" antes que auscultar allí indicios de emancipación. En ambos casos existe la misma lógica: *multitud como conglomerado extraño al orden.* El drama de Ramos Mejía es que lo acepta cuando eso está en el cuadro de la emancipación política del siglo XIX y lo rechaza cuando se enfrenta con la realidad del movimiento socialista del siglo XX. Por nuestra parte, podemos condenar el segundo aspecto y percibir con más apego el primero. Pero aun en el caso de que el propio concepto de multitudes sea considerado infértil —lo que es desmentido por la escena bibliográfica contemporánea, *vide* Toni Negri— no podemos dejar de explicar la quebradura interna que tiene una obra que como la de Ramos Mejía establece una lógica para afirmarla de dos modos antagónicos en el transcurso de su argumento. Puede decirse —y aquí viene a la memoria el *Facundo*, que afirma de un modo y desdeña de otro el propio concepto de "civilización y barbarie"— que el interés de un texto proviene de la inconsciencia crítica con la que llega a su propia imposibilidad. Si no nos dirigimos a ella considerando esto, los convertiremos en compresas insignificantes del *dispositivo*. Correríamos entonces el peligro de no llegar a la esencia de los textos y a no entender todas las implicaciones de lo que llamamos dispositivo.

Del mismo modo, cuando Ramos Mejía se refiere al *guarango* considerándolo "un vertebrado que buscarán los sociologistas del porvenir", semejante al "invertido del arte" y homologable al "invertido del instinto sexual" —por su gusto por el color vivo, la música chillona, las combinaciones bizarras y los procedimientos escabrosos— podemos elegir sorprendernos desagradablemente por las connotaciones del término *invertido* que utiliza, o, sin dejar de incomodarnos, percibir *también* que estamos frente una sensibilidad simbolista a la manera de Rimbaud. Si revisamos *Alquimia del verbo,* podremos apreciar una semejante equivocidad respecto al "mal gusto", los objetos anacrónicos y las estampitas vulgares. Salessi se queja por la recurrencia a la idea de "inversión sexual" para caracterizar a los que rompen las reglas o no aceptan los modelos económicos imperantes. Coincidimos en el repudio a ese concepto, pero es necesario advertir también el modo en que aparece en las literaturas que cultivan y examinan refinamientos licenciosos.

Por ejemplo: *Proust.* En el vibrante y primoroso pórtico de *Sodoma y Gomorra*, Proust invoca "las leyes de un arte secreto", de una "masonería" fundada en el tráfico, en el saber y en un glosario de sigilosas claves de reconocimiento homosexual. En la viva descripción de las relaciones entre Jupien y el Baron de Charlus hechas desde el punto de vista del narrador *voyeur*, Proust no desprecia un coqueteo comparativo con la naturaleza erotizada y en lucha, lo que envía a una recordación de Darwin. Así, habla de "eliminaciones que la natureleza ha tenido que sufrir en los azares ya poco corrientes que llevan al amor, antes que un antiguo chalequero titubee deslumbrado ante un cincuentón barrigudo", evocando en paralelo a "las estratagemas más extraordinarias que la naturaleza ha inventado para obligar a los insectos a asegurarse la fecundación de las flores". Por eso, el narrador "encontraba la mímica de Jupien y el Baron de Charlus tan curiosa como esos gestos tentadores que según Darwin dirigen a los insectos a las flores compuestas alzando los semiflorones". ¿Qué era entonces el sastre Jupien?

"Una subvariedad de invertidos destinados a asegurar el amor al invertido que envejece."

Puede verse aquí una semejante sensibilidad —dígase lo que se quiera sobre los respectivos alcances de las obras que aquí consideramos— entre los escritos de Ramos Mejía y esa comarca específica de la narración que atraviesa Proust. La idea de "eliminaciones de la naturaleza" que lleva a un tipo humano de "invertidos", más allá de la teminología utilizada —que es la misma que la de la psicopatología de la época, aunque Proust aclara que habla así nada más que para indicar que son esas las palabra al uso—, revela hasta qué punto la novela ha tomado los temas obstinados de las medicinas pos-darwinistas, incluso en *À la recherche...*, donde el amor nace, como es fama, en el contraste entre una fugaz impresión de momento y una idea temporal que se alarga según una escala geológica. ¿Qué diríamos entonces de Proust? ¿Que está en la inminencia de trasladar la metáfora de la *inversión* a la comprensión de las escisiones sociales? ¿Pero no era acaso un *dreyfussard?* Y aun si no lo fuera, ¿deberíamos estar atentos al peso que tienen en su relato, y no solo en los tramos que tan insuficientemente citamos, las descripciones de sabor darwinista sobre la gallarda "secta secreta de los invertidos"?

Cuando Salessi explora los temores de Ramos Mejia, enfatiza justamente un desenlace obvio que sin duda la obra del médico contiene: la alarma ante el desborde social. Pero lo contiene de un modo que diríamos, con una paráfrasis ostensible, que "Ramos Mejía puede ser un burgués temeroso, pero no todo burgués temeroso es Ramos Mejía". Este hombre escribió que temía que, "el día que la plebe tenga hambre, la multitud socialista que se organice sea implacable y los *meneurs* que la dirijan representen el acabado ejemplar de esa canalla virulenta que lo contamina todo". Y Salessi concluye que era inevitable que esos miedos debiesen prevenirse "mediante la organización de una institución militar moderna". Pero no parece que esta frase contemple adecuadamente cuál es la desembocadura de la obra de Ramos Mejía. Salessi precisa creer en el militarismo de Ramos Mejía porque postula un remedio *irónico frente a esos arrebatos de marcialidad: el fantasma de una homosexualidad revulsiva que recorrería, secretamente, los subsuelos de la "viril cultura castrense".* Pero esta corrosividad interna no es algo muy diferente a lo que de por sí se palpa en el texto de Ramos Mejía. La "inversión" es también una de sus categorías internas, de modo que al leerlo es difícil desconocer la resistencia crítica de la propia obra a ser comprendida de un modo literal. Por eso, ni el elogio a Del Valle puede ser enteramente aceptado como la evidencia de una oculta simpatía por las posiciones radicalizadas, ni su pavura social debe ser vista como una convocatoria meridiana a la represalia militar.

Todos estos temas vuelven a ser considerados en un *libro extraño* —ya este título fue usado en la historia de la literatura argentina— pero escrito ahora por Josefina Ludmer. Se trata de un libro, *El cuerpo del delito* (1999), que vamos a convocar en este momento debido a que con inusual originalidad establece consideraciones sobre el conjunto de los temas que más arriba intentamos nosotros anotar. En primer lugar, se trata de un infrecuente libro que juega con ciertas sonoridades, rebotes y destinos. *"Hoy el delito es una rama de la producción capitalista y el criminal un productor, y esto lo dijo Karl Marx en 1863 cuando quiso mostrar la consustancialidad entre delito y capitalismo y sin quererlo, como un Astrólogo, previó este Manual."* Ya desde el mismo soportal del libro se proponen las formas sonoras que encadenan situaciones. El sonido *Marx* —cuyo nombre de pila, escrito con K, espesa la pronunciación— se arrastra hasta el sonido *Astrólogo* y finalmente recala en el libro que escribe Ludmer, que así habría sido "previsto" por Marx. El sonido va rebotando de cosa en cosa como envión del destino, hasta vaticinar lo que la autora está haciendo *en este momento presente* en que escribe la cita (que por otra parte, es una preciosa cita, un verdadero hallazgo, cierto que no enteramente desconocido, pero nunca resaltado del modo en que Ludmer ahora lo hace). Esta frase indica un estilo, un modo del saber, un fraseo que va desgranando citas. En suma, un juego en el que un párrafo escogido de Marx recala repentinamente junto a un personaje tajante de la literatura argentina y es declarado como anticipación del *Manual*. En una situación dispuesta de este modo, el *Manual* de Ludmer parece invocar tanto la protección generosa de aquella cita como la orgullosa condición de haber sido extraído de ese sacro saber recubierto de nombradías.

Hay que aceptar que juegos como esta tríada "profética" y a la vez "germano-argentina" *Marx-Astrólogo-Manual* impone un carácter al libro de Josefina Ludmer. En primer lugar, la sospecha de que *toda* la cultura, inconmensurable, está vinculada por infinitas redes invisibles. Esto es lo que permite rastreos en todas direcciones, con notoria ventaja para nuestros remotos países, que en algunos de los recodos atípicos u olvidados corcoveos de sus culturas nacionales pueden tener la suerte de ser mencionados. En segundo lugar, toda escritura se refiere a alturas, tonos, texturas, que son elecciones que en general se cree aproblemáticas, a disposición natural del escritor, cuando en realidad son el único problema sustantivo cuya resolución implica desde ya aludir al cuerpo completo de la literatura. Ocurre que existe una especie de tradición en nuestros países respecto a cultivar la cita en el modo del vasallaje y la subordinación. Pero quien la emplea suele estar ajeno a lo que significa en términos de anulación de su propio texto y de conformación de un aura fingida de la cultura, lo cual no estaría mal si fuera asumido de un modo crítico. Al no ser así que la "cita culta" es asumida, en vez de actuar provocadoramente como revulsivo e intranquilidad social en los textos, su acción es meramente encubridora. No lo sabe, pero deja a la cultura en estado de sometimiento e irreflexión. Se creía contribuir al conocimiento, pero se lo aleja. Josefina Ludmer labora precisamente en ese recoveco grave y embarazoso del conocer. Y para revertir ese uso de la "cita nacional" hace un libro de citas que lleva hasta el extremo de la celebración y la burla la facultad de convocarlas.

Como resultado de ello, el libro de Josefina Ludmer parece "no escrito". Rara experiencia, no solo de escritura sino también de lectura, por la cual la autora parece eludir voluntariamente los recursos habituales del solaz de escribir. En efecto, un recurso a las glosas, al resumen de otros libros, a la transcripción de curiosos trechos de artículos, algunos inhallables, otros pertenecientes a las más recientes discusiones en sofisticados ámbitos académicos, componen una inagotable polifonía en la cual quedan suspendidas las que —habitualmente— son las marcas ostensibles de una escritura. Tal cancelamiento deja a *El cuerpo del delito* en estado de escritura segunda, esto es, una escritura que en primer plano se mantiene derogada, pues no hay *aparentemente* una voluntad de escribir como no sea *a través* de series, sustituciones y puntuaciones que forjan una estructura posterior de significados. Esta estructura elude los relatos ingenuos inscriptos en cada obra (pero la *ingenuidad* pasará a formar parte, en cambio, del propio partido voluntario que toma Ludmer, susurrando cándidas complicidades al oído del lector), para intervincular los textos por medio de funciones comunes que los agrupan en un cuerpo genérico. Allí hay lugares, repeticiones, deslizamientos, políticas de amalgama entre culturas diferenciadas.

¿Subsisten así las obras? Josefina Ludmer retira la narración primitiva o literal, y la ahueca para descubrir su desempeño en un cuadro global de la época. El análisis d*e Juvenili*a —por cierto, pleno de descubrimientos sorprendentes— muestra cómo actúa lo que la autora llama l*a coalició*n, las alianzas que componen o forjan la figura estatal de fines del siglo XIX, pero esa "coalición de escritores" no son lo*s escritores real*es sino "las posiciones escritas de su literatura —las primeras personas autobiográficas y sus otros— donde se leen las relaciones entre el Estado y la cultura en 1880, junto con la invención de la cultura 'aristocrática' argentina".

Esas "posiciones escritas" son las luchas nacionales por la definición de la cultura, que hacen de las obras un campo ficcional imprescindible para que el Estado despliegue sus relaciones de poder, con lo que la literatura se torna una red que define prácticas y sujetos alrededor del aparato estatal. ¿No es este un modo que inequívocamente pertenecería a un tipo límite de estructuralismo —vacilamos aquí sobre la mejor forma de nombrarlo— que asume la actuación de una divertida máquina, abusiva y eficaz? Porque no se trataría ahora de relacionar la cultura con la sociedad al modo de una historia de las ideas como la practicada por Raymond Williams, que impediría captar posibilidades más radicales, sino precisamente las que ofrece la relación de la cultura con el Estado, a la manera del Althusser de los "aparatos ideológicos". (En este punto, Ludmer cita un artículo de David Lloyd y Paul Thomas, "Culture and society or 'Culture and the State'", publicado en *Social Text*, año 1992, con el que parece concordar.) Sin embargo, el partidario nostálgico de la historia de las ideas —y confesamos nosotros mismos no ser indiferentes a ese antiguo llamado— siente que Josefina Ludmer hace *mucho más y mucho menos* que poner al Estado como voz interna de las obras literarias, sobretodo las que mantienen un aire autobiográfico. Más, porque acepta una de las fórmulas que en los últimos años ha tenido evidente repercusión en el pensamiento crítico, cual es la de la *invención* de las culturas (y por extensión, de las tradiciones, de las naciones). Menos, porque explica la herencia de la "alta cultura liberal de 1880" por un tipo especial de asociacionismo de elementos "criollos" e informaciones de Enciclopedia, lo que llevaría la marca de una cultura irónica en el tratamiento de la cita.

En el primer caso, se puede observar que con afirmaciones como "los patricios de la coalición inventan *una cultura nacional que es agente de cohesión para el Estado*", el *Cuerpo del Delito* ingresa a un círculo de aceptación llana de un concepto que sin embargo es incierto y sobre el que vale la pena seguir discutiendo. No nos parece que sea tan simple mantener la idea de que las culturas nacionales son *inventos* que ocurren en una trama discursiva científico-literaria, y lo que se hace titubeante aquí es la propia noción de *invención* en frases o títulos como *La invención de la Argentina,* por ejemplo, no por desconsiderar el buen trabajo que se nota en ese libro de Shumway, que la propia Ludmer presenta al público argentino, sino porque al decirse *invención* se deja toda la materia social, la actividad pública y el espesor histórico en manos de una categoría de poder que alude a las clases dominantes letradas y a su voluntaria capacidad de producir homegeneidades sociales.

Noción de cultura, entonces, que nos parece excesivamente teñida de una decisión política que la despoja de su carácter involuntario e impensado, afectando la conformación de las memorias inclusivas más amplias, tanto con su aspecto irreflexivo como con su carácter de hilo conductor de las creencias colectivas más dramáticas. Los individuos no se incluyen o maniobran sobre actos culturales, sino que viven en el seno de culturas que son por definición un convenio tácito entre dimensiones elegidas y otras que suponen un legado sobreentendido, como producto de acarreos culturales sin nítida autoría. Es cierto que la idea de *invención* tiende a preservar el pensamiento sobre las naciones de lo que estas tienen de potencial agrupación de visiones heterogéneas sometidas a un orden estatal disciplinante, y por consiguiente logra hacerse cargo de un alerta sobre un componente fijista —con correlato sojuzgante— que podría habitar a toda existencia social considerada desde el punto de vista *esencialista, ontológico y sustancialista.*

Pero ese es precisamente el problema, porque esas tres palabras fuertemente enhebradas al pensamiento filosófico desde hace veinticinco siglos no parecen de aquellas que pueden despedirse de un plumazo del cuerpo de ideas de la crítica, como si este se sacudiese quitándose molestas banderillas ideológicas de encima. De tal modo, en el justo afán de desmerecer las entidades que generan poderíos y expropiaciones tapizadas de supuestas dignidades históricas para encubrir un gesto material de dominación, se quitan también los motivos de permanencia de las vetas más intensas de la memoria cultural, arrastradas en aquella consideración genérica sobre la *invención.*

El efecto muchas veces abstracto e inmovilizante que cumple el clásico sujeto historicista —contra el cual se dirige oblicuamente el ataque al problemático "ser" que subyace a las formas sociales— es contestado entonces por una figura no menos quietista, cual es un sistema de relaciones siempre incesantes que entre sus partes entabla infinitas relaciones de poder. Decimos "quietista" —este vocablo supo estar en los diccionarios intranquilos de la política de décadas anteriores— porque, a pesar de mostrar el mundo como fuerzas implicadas en "el gran juego de dados de la existencia", la ausencia de un núcleo historizado de potencias lo expone a lo que también Nietzsche temía, que era "un mundo con objetivos alcanzados". Aquí, el *objetivo* es la intención o la voluntad de los discursos que se tornan dispositivos de control, y configuran las clases dominantes a la vez que estas son definidas por aquellos. Abolir el pensar histórico tiene siempre su precio, y este puede implicar la introducción como única idea de historia, una historia de los dispositivos estatales, convertidos en pensamiento inconsciente en el interior de la literatura y de las biografías.

Pero *El cuerpo del delito,* según dijimos, explora un más allá y simultáneamente un más acá del mentado círculo de la *nacionalización de la literatura y literaturización de la nación.* Y en lo que creemos percibir, si ese más allá nos llevaba a la problemática idea de *invención cultural* que bajo su apariencia de descripción de un acto libre estudia con pesimismo la presencia del poder estatal en los signos de la imaginación, el *más acá* no es menos problemático —ni menos sugerente, ni menos estimable, ni menos desconcertante—. Es allí donde se descubre determinado asociacionismo de imágenes como herencia del liberalismo de hace cien años. Josefina Ludmer cita un trecho de *Juvenilia*, sometido a su ojo inexorable que espiga pepitas de sentido en las situaciones de apariencia más anodina. El narrador de *Juvenilia* acaba de descubrir un método para burlar la vigilancia de los celadores del Colegio. Y dice: *"Fue para mí un rayo de luz, la manzana de Newton, la lámpara de Galileo, la marmita de Papin, la rana de Volta, la tabla de Rosette de Champollion, la hoja enroscada de Calímaco".*

A continuación, comenta Ludmer: *"La asociación es totalmente borgeana y latinoamericana: a un elemento criollo sucede, inevitablemente, una enciclopedia (en el caso del 'invento' o 'descubrimiento'). Esta asociación es una de las herencias que nos dejó la alta cultura liberal de 1880, y que Borges llevó a su culminación".* Vemos en este breve párrafo una manifestación contundente del método de comprensión que la autora despliega sobre un vasto conjunto cultural, hasta llegar a una tesis completa sobre los impulsos formativos de la urdimbre Argentina. ¿Se puede otorgar tanta responsabilidad a una frase ingeniosa cosechada de un texto? Se puede, si en el fuerte envite que hace la autora de *El cuerpo del delito* queda asentada la idea de que cada *percusión* en un cuerpo documental, que puede ser una frase, incluso una palabra, está en condiciones de develar la figura entera de una cultura. Otra vez, es una traza del destino lo que aquí se hace presente, pues en un tramo elegido de un *dictum* estaría encerrada una cifra de una agrupación extensa de sentidos.

De ahí que la autora emplea su método favorito como una suerte de preparación del lector para un desemboque sorpresivo en una correlación prodigiosa. Entonces, en un breve trecho de *Juvenilia* estaría el secreto constructivo del contorno de la cultura nacional y latinoamericana, ese trayecto de la *generación del 80* y *Borges,* en cuanto estilo que entrelaza hebras criollas y enciclopedistas. Se podría agregar que los hombres del "ochenta" trenzaban sin percibir lo irrisorio y fatuo del aparato acumulativo de citas, mientras que Borges lleva ese rasgo mundano a un estatuto de metalenguaje e ironía. Podemos agregar que, en la convicción de la autora, esta explicación *in extremis* de la cultura argentina se hace en nombre de una posible inversión de su destino meramente recepcionista e "importador". Pero al margen de esta conclusión plena de intencionalidad política —aunque más no sea de una "política de textos"— podemos apreciar el corazón mismo del modo compositivo de Ludmer: *una teoría de la cultura se obtiene de una hermenéutica textual que reposa en el estudio de serialidades.*

Esta visión puede completarse con otro ejemplo del uso que la autora da a tales *series.* Citamos, pues, otro trecho de *El cuerpo del delito*: "Simuladores, locos, delincuentes, un campo común une *La simulación en la lucha por la vida* de José Ingenieros con el tratado de la simulación y el delito de los locos y monstruos de Roberto Arlt (con *Los siete locos* y *Los lanzallamas*, 1929 y 1931). En Arlt insiste la serie de Ingenieros (o los límites de la simulación y sus combinaciones): la locura se puede simular, y los simuladores se pueden enloquecer y pueden llegar al delito. De hecho, Ingenieros define a ciertos personajes de Arlt: al Astrólogo, a los Espila y a Erdosain".

Leído este párrafo, podemos comentar que la serie está usada aquí en sentido diverso al anterior. Mientras que con *Juvenilia* la serie es la metáfora de una cultura argentina de importación colocada sobre un bastidor "criollo", ahora tenemos la serie como un puente capaz de hacerse cargo de dos autores que figuran en elencos muy heterogéneos de la cultura argentina. La serialidad es aquí un "campo común" que une personajes de Ingenieros con personajes de Arlt. Es evidente que en la conciencia del propio Arlt existía la sensación de estar utilizando los temas "científicos" de la generación anterior a la suya —que había dado muestras de haber leído— para componer personajes envueltos en el delirio del poder por la vía de la farsa escénica o discursiva. Pero Ludmer va más adelante de esa comprobación para decir que "Ingenieros define a ciertos personajes de Arlt, al Astrólogo, a los Espila y a Erdosain".

Nuevamente, el destino. Es como si Ludmer empleara su *acutissime audire* de los textos para trazar un orden, un *corpus* dirá la autora, que trasciende las obras particulares para ponerlas en una relación inesperada, atadas a una ley de la cultura que ellas mismas desconocían. Y como si en vez de ser los ecos de una estructura estas relaciones del "campo común" fueran las secretas capacidades que un escrito mantiene para *destinar* a otros escritos. Esto último se palpa en *El cuerpo del delito*: un tratado sobre el destino en los textos. Solo que su autora no lo diría así, ya que su vocación de apartar todo vestigio historicista —de eso bien nos damos cuenta los "nostálgicos" que aún cultivamos también esa otra forma de la serialidad— la lleva asimismo a descartar lo que de todos modos es evidente en su escrito: la soterrada idea de destino textual que lo anima.

Por eso, decir que Ingenieros *define* a ciertos personajes de Arlt supone una fuerte responsabilidad que abre numerosísimos problemas en la historia literaria argentina, y en primer lugar hay que afirmar que es mérito de *El cuerpo del delito* la plena y perentoria visualización de este oscuro depósito del pensar psiquiátrico adonde Arlt fue a buscar masilla para su obra. Ciertamente, otras referencias a la misma ecuación, como la de Hugo Vezzetti en *Historia de la locura en la Argentina*, insistían en un Arlt que quiebra la consideración científica sobre la locura dándole un sostén en el caos metafísico, pero no se había llegado aquí a la idea ya totalmente deshistorizada de una obra definida a través de otra *del mismo corpus*. Precisamente la idea de *corpus* conduce a todos los dilemas de un partido así asumido.

Por un lado, genera un permanente estado de maravillamiento por la multiplicación infinita de lugares de encuentro dentro del juego de relaciones inagotables; por otro, produce un efecto de desaparición del halo singular de las obras, que pierden su autonomía artística en beneficio del cuadro latente de poderes del cual son metáfora. El enorme atractivo que tiene el descubrimiento del hilo serial y la trama de incesantes concomitancias que asocia los textos no puede considerarse como un acto que favorezca lo que —creemos— toda obra reclama en su inconsciente desdicha mundana: "estoy en el mundo y sé que debo luchar contra la disolución en el océano en que yacen todas las obras". La crítica se define muchas veces como ese gesto de disolución en contra del "deseo de las obras", pero también, sin que eso sea una mueca piadosa, la crítica debe aceptar lo que toda obra carga consigo, su implícita o potencial resistencia contra la red universal que la acecha.

Pero no es posible decir que hayamos perdido *nada* de Arlt (aunque *ese* peligro existía), cuando en manos de una autora como Josefina Ludmer el autor de *Los siete locos* pasa a integrar un eslabón más de "la insistencia de una serie". Ocurriría eso, en cambio, si esa misma definición de las obras, vistas desde *El cuerpo del delito* —¿se podrían definir las obras, desde esta perspectiva, como "el lugar donde insiste una serie"?—, no tuviera oportunidad de recobrarlas como modos vivos de un pensamiento en el mundo, y en relación a su autonomía perderse de reconocerlas como ensayos artísticos irrepetibles. Se dirá que para tal reconocimiento es preciso internarse en las cavernas procelosas del historicismo, pero no se necesita esgrimir ese modo de comprensión que —injustamente para nosotros, ya lo dijimos— ha sido proscripto de un manotazo de las bibliografías de la hora. No se necesita, porque para sentir el compromiso con la idealidad irreductible de las obras tenemos momentos muy fuertes en el propio libro de Josefina Ludmer.

Consideremos este, que corresponde al capítulo sobre *Los Moreira*: "Pero hay más sobre 'la realidad' (y sobre la actualidad) en *Caras y Caretas*, porque la crónica de Fray Mocho se acompaña de material real y visible. Y hay una foto del cráneo de Moreira 'conservado por la señora Dominga D. de Perón, viuda del doctor Tomás Perón'". Se trata de la abuela de Juan Domingo Perón, personaje vastamente conocido por cualquier argentino, ¿no es así? Y entonces: ¿no es un deslumbrante hallazgo esta fotografía que de por sí podría satisfacer la ansiedad por la *existencia de la obra* en el libro *El cuerpo del delito*? Pero ya sería un tipo peculiar de obra. Una obra "segunda" o "construida", que surgiría del ojo clínico con el que se remueven viejos papeles de la historia. Antes dijimos que Josefina Ludmer extrae pepitas preciosas de los textos, momentos en los que estallan como tales para vincularse a la totalidad ridícula de lo escrito por el hombre. (Ridícula porque solo puede ser cómico y metafísico ese momento inconmensurable.) Este hallazgo del cráneo de Moreira en la casa de la abuela de Perón es una joya que bien podría considerarse —en términos de *El cuerpo del delito*— un equivalente al eslabón perdido del drama político nacional.

La autora interpreta que "el liberalismo en el poder funda en sus incursiones hacia abajo —y de ahí, entre otras percepciones, la que lleva a Eduardo Gutiérrez a escribir *Juan Moreira*— ciertos signos de identidad nacional y popular (funda la 'cultura nacional-popular')". Atrevida tesis, sin duda, no desprovista de encanto ni de razones y que hace al entrecruzamiento de series que Ludmer explora sin fatiga ni clemencia. Pero a esa tesis le faltaría el regalo, o el don más exquisito: el cráneo de ese "héroe de la violencia y la justicia popular en Argentina" que vemos en posesión de un antepasado directo de Perón. El pasaje de lo liberal a lo popular-nacional contaría así con un *omphalos*, un punto crítico y a la vez mítico hallado gracias a esa impía y recia arqueología que investiga una revista de época, y que crea la sorpresa necesaria —con una risa empírica y una materialidad pasmosa— para sostener otra idea notable y, no a pesar de eso sino también por eso, abusiva. *Algún* Moreira, dice Ludmer, aparecerá siempre en momentos de marca fundacional en la literatura argentina, sea la fundación del teatro nacional en el circo, de cierta novela de exportación, del propio Borges, de la vanguardia literaria de los sesenta, de la poesía gay y política de los ochenta con el *Moreira* de Perlongher.

Esta nueva serie que establece lindes entre el anarquismo, el socialismo, el cientificismo, las culturas populares ilegales, la violencia justa, la criminalidad, son las fronteras en que "se delimitan diferentes líneas de la cultura argentina". Se percibe entonces cómo Ludmer remite cada nombre de una escritura al problema mayor de la cultura, allí donde se convierte o bien en un momento de una serie o bien en médula de una repartición de sentidos respecto al uso de la ley y de la infracción en los ideales de vida. Pero también es usado como *máscara*, como *señuelo* o como *aparición*, en cada una de cuyas metamorfosis va dejando el rastro de alguna cuestión constitutiva de la cultura: precisamente la ambigüedad sobre la violencia justa, anunciada como mitología popular por el mismo liberalismo que asimismo sabrá combatirla.

El peronismo, quizás quiera decir Ludmer, contendría una memoria oscura que emerge del museo de calaveras de la cultura y no sabe que se ha predestinado, en el cráneo de Moreira, para esa misma ambigüedad en el teatro social de las rebeldías toleradas o de la tolerancia hacia el insurrecto. El drama de sangre nacional estaría fabricado con ese cáñamo de sueño. Pero además de estos acertijos que son parte de un inagotable juego —todos los cuales parten de una suerte de historicidad salvaje, lo que así dicho la autora de *El cuerpo del delito* quizás no admitiría— por el cual la lectura solo tiene sentido en un mapa de poderes, leyes y violaciones donde todo se atrae, todo se transforma, todo linda con todo, pero la totalidad es inasible y se halla apenas insinuada en momentáneos focos que son formas del vacío o sino "puntos nodales de fuerzas en tensión". Por otra parte, esas fuerzas en tensión son también el regocijo de las citas en que se empeña la autora, que replica en su libro —un *Manual*, como lo llama— el mismo sino de la cultura nacional y latinoamericana que dice detectar, esa mixtura de enciclopedismo y criollismo que "Borges llevó a su culminación". Las citas del *Manual* ludmeriano tienen la misma tipografía que el cuerpo principal del texto, que de ese modo deja de tener primacía, aumentando el carácter de puzzle, o si se quiere, de mito textual, que tiene *El cuerpo del delito.* Esas citas son recuentos de lectura, ejercicios combinatorios que parten de la insomne voracidad del computador pero que asumen en esa apariencia de austeridad algo engañoso. Porque es un modo de investigación y a la vez la culminación intensificada de esos mismos modos. Como dijimos, se elude escribir. Pero se lo elude en nombre de algo que al densificar las relaciones cruzadas, las oposiciones simétricas y las serialidades sorprendentes, genera una ficción de segundo grado. Una ficción, digamos, *neoestructuralista*, si tal vocablo fuera tolerado.

Véase: cierto Howard M. Fraser, de la Universidad de Temple, Arizona, ha escrito un libro titulado *Magazines & Masks: Caras y Caretas as a Reflection of Buenos Aires, 1898-1908.* Josefina Ludmer cita un trecho: "In fact, *Caras y Caretas* might itself be called an exposition of Argentina during the turn of the century". ¿Por qué esta cita? Ella podía ser traducida o comentada con el sistema indirecto que la autora emplea insistentemente, donde tal o cual autor "dice que...". Es que la impresionante batería de libros y artículos de estudios latinoamericanos citados forman parte también de un extenso experimento lúdico, por el cual un libro como este *Manual* "escrito entre dos mundos" no podía dejar de rozar otros idiomas. Menos por la necesariedad de la cita que por extremar su apuesta en relación al babélico entrelazamiento de voces que propone *El cuerpo del delito,* al tiempo que se lanza a crear un método de lectura cuya innovación se sitúa siempre en un límite. Porque es un libro incesante y lujurioso que sin embargo *parece* asumir —como los simuladores sobre los cuales discurre— el tranquilo aspecto de un *Manual*, vecino o antípoda de esa "Enciclopedia" que se presenta como una de las metáforas de la literatura nacional.

El cuerpo del delito produce su mayor acto innovador en ese aire presuntamente objetivista con el cual parece renunciar a la narración. Las piezas del libro entrechocan y cruzan espadas libremente, llevadas por la autora a un encuentro irreversible ante el cual ella solo aparece como testigo neutral. Desde luego, no es así ni nada puede ser así, pero Josefina Ludmer ha logrado un modo por el cual ese desafiante vaciamiento del acto de escribir (subjetividad trivial, ya sabemos, que no hay por qué dejar de escoger) se transfiere a la inocencia calculada con la cual una juiciosa maestra le cuenta cuentos a sus divinos aprendices. "Esta Sherazada se despide de ustedes, queridos lectores...", concluye la autora en sus páginas finales, cómplice terrible pero inocentemente risueña. La ficción primera se desnutre para entonces ganar cuerpo y alcances fantásticos en los propios actos de una "investigación de la cultura". Josefina Ludmer presenta así el más importante desafío para la crítica argentina en este recodo de los tiempos. Su libro es presentado como un homenaje a "sus queridos maestros del grupo *Contorno*, un examen..." Sería difícil ponderar su decisiva importancia de ningún otro modo que no sea el de prepararnos a dialogar con él, tanto para nombrar —acaso sin nombrarlas cabalmente— las deudas que hemos adquirido como para no dejar pasar sin discusión las cuantiosas y extrañas teorías sobre la cultura nacional que propone.

Aguafuertismo y geometrías morales

Porque en esta discusión (lo es), importaría recomponer el ámbito de las semejanzas, descendencias y relaciones clandestinas entre las porciones que más nos importan de la cultura nacional en el transcurso de este siglo que termina. En *Los simuladores de talento*, el inquietante libro de Ramos Mejía, hay un momento que nos gustaría reproducir ("compartir con los lectores", como suele decir la ilusión y afectada cortesía de los pendolistas). En él podremos apreciar las argucias de este aguafuertista, cuando con la sombría invocación de lo que él llama su *entomología social*, trata la figura del médico gitano, otro de los casos de "simuladores de talento". Dice así: "Al *médico-gitano* que es a quien me refería, lo conocéis al golpe. Para principiar por las alas, a fuer de buen zoologista, diré que su carruaje tiene a menudo los aspectos del pesado carro de los zíngaros, el vagabundo congénere suyo. Lleva en él los cascabeles de su miseria moral, como el cojo de su invalidez en el fatídico golpe de la pierna de palo: el ruido que los hierros del vehículo desvencijado producen al chocar unos contra otros, lo denuncian. Todo proclama su abandono y economía hebrea; el sonido aquel anuncia a grito herido la barata oriundez de carretón de tambo, transformado por los extraños sortilegios de una modesta carrocería suburbial: avatar de jaula y carro fúnebre abandonado, revela en sus trastos las asociaciones sospechosas que animan el espíritu del ave de rapiña que va dentro. El caballo, viva imagen de la escasez resignada, pasea cariacontecido la ansiosa nostalgia del establo bien provisto y un poco de sueño a cubierto del intemperismo y la lluvia".

Cada palabra de esta relación exasperante enoja por la maniática sobrecarga de enjuiciamientos, que, como se ve, se hallan más que lindantes con el ultraje racial. Nada falta en esta parrafada para que se impongan allí los rudimentos del prejuicio contra judíos y gitanos, que no mucho después superarían el aspecto de juego literario para fusionarse con las notorias atrocidades del siglo. Debido a eso, Ramos Mejía no cuenta, no podría contar, con buena fama. ¿Pero esto ya no lo sabemos? Por eso, su caso es el más interesante para ensayar una crítica que se exija a sí misma abandonar las inevitables cuotas de trivialidad o de sentido común con que siempre la acompañamos. Porque no se trata de rescatarlo de una merecida repulsa, sino de preguntarse si por la rareza de sus objetos literarios puede desprenderse del juicio adverso que convoca su displicente racismo. En el trecho que acabamos de leer se nota la manera simbolista de tratar la anomalía, como un motivo al mismo tiempo de burla y de conmiseración, de desprecio y de regodeo por la escritura.

Si el tratamiento del personaje bajo el auspicio de la "zoología" despierta la prevención de nuestro humanismo que desea apartar todo desgarrón de lo humano, nuestra disposición a saborear su desenfadado barroquismo de simbolista amanerado nos lleva a extrañarnos por una prosa cuyo contenido es *moral* y su estilo profundamente *amoral.* Este choque ofrece la extrañeza de un gran logro literario. Ofrece, en verdad, una literatura de choque que crea extrañeza. De este modo, al torpe designio con que escribe "economía hebrea" hay que cotejarlo constantemente con un "fatídico golpe de la pierna de palo", con un "avatar de jaula y carro fúnebre abandonado" o con un caballo como "viva imagen de la escasez resignada". Son animadas descripciones en las que se escucha o se palpa la sonoridad interna de un texto, o la "textura" misma de lo literario, esto es, la rugosidad que le es inherente pero que lo acerca a lo que siempre ambiciona: *confundirse con la imagen en bruto de la vida real.*

Digamos que esa animación de birlibirloque de una escritura es lo propio del aguafuerte, que vive de las imágenes animosamente mordisqueadas y del deseo de sorprender al lector con un moralismo despreciativo que produce el extravagante efecto de *liberar* los objetos denostados a través de la risa, la complacencia o una cómplice rufianería. Es así que Ramos Mejía conduce directamente al estilo de Arlt, y este toma la propia expresión *aguafuerte* del léxico que manejan esos escritores de la "enfermedad humana". El Aguafuerte es la literatura de la enfermedad y la penuria del espíritu, que debe ser tratada con gracia escéptica y resignada. Mostrarla en su secreta vaharada es un oficio que oscila entre el moralismo agraviante y el jocoso libertinaje de quien está desligado de todo enjuiciamiento enano.

Quizás pueda decirse que la cultura nacional del siglo cultivó dos estilos mayores de mirar la materia real: el *aguafuerte* y la *percepción abstracta del mundo*. El primero es Ramos Mejía, es Arlt, es Martínez Estrada, es Viñas, es Piglia. El otro es Borges. Si con el *aguafuerte* se observa la vida en sus estragos y la literatura no tiene posibilidad de redención sino de convulsión, con la *percepción abstracta del mundo* estamos ante el procedimiento de la "pura representación de hechos homogéneos". Esa pureza representativa consigue anular las singularidades ilusas del fluir temporal, que ofrece los nombres fugaces del mundo y el sueño de creer que la historia siempre renueva sus máscaras. Tanto el *ayer* como el *hoy* serían apariencias que no consiguen diluir la maciza indiferencia del tiempo respecto a sus diversos momentos. Así, la percepción más adecuada solo podría ser *abstracta*, pues suprime al mundo en su actualidad (al revés que el aguafuerte) y lo subraya en una eternidad que destaca la simpleza y elementalidad del universo (al revés que el aguafuerte). Borges empleó está fórmula en el relato "Sentirse en muerte", en 1928, la reiteró en "Nueva refutación del tiempo" y en "El jardín de los senderos que se bifurcan".

Pero además, hay una franca ligadura de Ramos Mejía con Martínez Estrada, que se suma a las que ostensiblemente se evidencian en el mutuo interés de ambos por la metáfora biológica, la exuberancia de morales del lenguaje y el descubrimiento de cierto "animismo" en la materia social. En este caso se trata del hipnotismo, que Ramos Mejía mantiene como preocupación médico-literaria bajo el influjo de las experiencias que le son contemporáneas, notoriamente las de Charcot, y que Martínez Estrada eleva a la condición de método de la crítica. "Hipnotizar objetos", dice Martínez Estrada, como una manera de señalar que quiere extraer de ellos su esencia esquiva, que solo se revela cuando una mirada penetrante del crítico los paraliza y los sustrae de sus vínculos cotidianos. A Perón, Martínez Estrada lo llamó "El gran hipnotizador". Él también hacía algo parecido. Inmovilizaba los cuerpos y la sociedad con sus "ensalmos". Les sacaba su voluntad de vivir y a cambio de robarles sus impulsos autárquicos los esperanzaba con una ilusoria emancipación. Pero si Martínez Estrada usaba el "hipnotismo crítico" y Perón otra variedad del mismo saber hipnótico, es evidente que estamos ante una lucha que emplea similares recursos. Es una lucha por la orientación de las masas, de las multitudes argentinas.

Borges nunca disputó masas, como sí lo hicieron los aguafuertistas, ya sea que actuaran en su acepción hipnótica, en su denuncia de las "ciencias ocultas" o en la fragua insomne de una revolución. (Ricardo Piglia fue secretario de redacción de la revista *Liberación*, crucial en el debate de las izquierdas a comienzos de los sesenta.) Al percibir abstractamente el mundo, Borges omitía el juicio histórico, sin hacer una literatura que contendiera con las interpretaciones en pugna de la cultura nacional. Por el contrario, las incluía a todas con deliberada ingenuidad en un formidable equívoco del que él mismo se complacía: "a lo largo de los años contribuyó sin saberlo y sin sospecharlo a esa exhaltación de la barbarie que culminó en el culto del gaucho, de Artigas y de Rosas", dijo hablando de sí mismo. La percepción abstracta del mundo era una geometría moral, que al revés del aguafuertismo, convertía en *jardín que se bifurca* los dilemas históricos. Por eso, cuando hablaba de actualidad, el anatema borgeano conseguía irritar con su soberbia, que no era otra cosa que una forma de decir que no combatía sobre los despojos de las multitudes argentinas.

Capítulo 2

(TEORÍAS DEL CARÁCTER PAMPEANO: MITOS DE REVELACIÓN)

Carlos Astrada, de Lugones a Mao

Casi siempre, el ensayo argentino pensó a la pampa como una fuerza interior, como una íntima revelación de energía. Llevando más lejos la idea, la imaginó como el dilatado contraste entre una superficie apática y un subsuelo rebelde. Y desencadenó preguntas que implicaban tratarla como un individuo viviente o una forma animada de la conciencia. Pero antes que todo eso, *pampa* es una palabra amable. Dos sílabas casi iguales, un alargamiento sonoro que en su redundancia cadenciosa suponía la evocación de una vastedad. Metáfora esencial de la ensayística nacional, sin la *pampa* no existiría ese sector mayor de escritos y literaturas que hemos leído los argentinos.

"Descampado con la severidad heroica del mar", define una de las obras que durante el siglo XX quisieron retomar la revelación de una leyenda argentina. Pero cuando se observa la estirpe metafísica de aseveraciones como estas, surge la acusación de que la *pampa* diluye interrogantes políticos. O que con su semblante literario disipa el peso de la historia. Sin embargo, es una voz lejana que hasta hoy suele vibrar en el habla común. Lo hace, desde luego, con el incauto sortilegio del mito. Y también con el ardor vagamente literario de la política. Esa vibración viene arrastrándose por lo menos desde las páginas del *Facundo*. Allí, cuando las alegorías tenían realmente potencia, se la llama *desierto* y a veces, en plural, *las pampas*. Y aparece moldeando el carácter colectivo, en una metamorfosis que va de las facultades del suelo a las notas anímicas del temperamento. Esa transposición hizo a la fama del *Facundo* y dejó asentado un signo perdurable del ensayo expresionista que contó, durante extendidas décadas que ya no son las nuestras, con notorio favor de los lectores.

Vitalista y amenazador, el desierto que "rodea por todas partes" genera una "inseguridad de la vida". Y esto —"a mi parecer", subrayará entonces un cauteloso Sarmiento, que es quien ahora está hablando— "imprime en el carácter argentino cierta resignación estoica para la muerte violenta". Estoicismo, resignación, violencia, muerte. La peculiaridad pampeana es especulativa, literaria, cuando no filosófica. Sabemos pues que crea un *carácter*. Entonces el paisaje tendrá vida, encerrará una psicología que hay que interrogar. Será esa "fisonomía del suelo, costumbres y tradiciones populares" que mantiene aún sin declarar "el misterio de la Esfinge Argentina".

Comenzaremos aquí a hablar de la pampa. También en lo que ella tiene de esfinge literaria, de forma política. Y especialmente en lo que tiene de palabras ya pronunciadas por otros sobre este mismo tema. Es decir, aquellas palabras como sobras de un continente literario desaparecido, que en sus residuos esparcidos frente a nosotros aún nos recuerdan un modo de hablar de un país en tiempos en que se esperaba que surgiera la justicia, la revolución o la vida liberada. Y así, comenzaremos a hablar de alguien que mucho habló de la pampa, convirtiéndola en el suelo que abriga un mito, en mitológica ella misma. Nos referimos al filósofo Carlos Astrada.

Carlos Astrada primero fue reformista universitario. Luego fue nacionalista. Y más tarde, marxista. Hizo de su recorrido un compendio de la tragedia política nacional en la figura del intelectual contemporáneo. El nombre de Carlos Astrada, que estamos introduciendo abruptamente luego de pronunciar el de Sarmiento, nos entrega un polemista agrio, bronco. Pero también un bien dotado escritor filosófico. En el escueto panorama de la filosofía Argentina, si es que al momento de la enumeración exigiéramos la presencia de alguna originalidad, solo es posible encontrar acervos con muy pocos ejemplares. Y el nombre de Astrada no puede dejar de figurar en esas listas que se intenten, irremediablemente despobladas. *El mito gaucho* (1948) es un libro perdurable, que desde ya solo admite una actitud polémica al considerarlo. Su atrevimiento notable exige que sea pensado junto a *El payador* de Lugones —al que continúa y con el que discute— y *Muerte y transfiguración de Martín Fierro*, de Martínez Estrada, aparecido el mismo año, con el cual implícitamente polemiza. Es imaginable, por su prosa inexorable y su adustez argumental, que Astrada tutelaba su inquieto saber con serena convicción de *privatdozent*.

Pero era un polemista hosco. Uno de los complementos que escribe a *El mito gaucho* asombra hoy por su poco disimulado despunte de rencor. En primer lugar, contra Perón, sobre el que no ahorra denuestos y dicterios. "Pseudojefe con aparatosidad de revolucionario que ante la primera amenaza, por sugestión de la oligarquía castrense y por propia cobardía, huyó al extranjero." La mortal contundencia de la frase puede llamar la atención si se tiene en cuenta que Astrada se había vinculado al "Estado peronista" de la forma más evidente en que puede hacerlo un filósofo, con un discurso sobre la guerra cuya importancia no puede ser omitida, leído en 1947 en la Escuela de Guerra Naval (lo consideraremos más extensamente en el próximo capítulo de este libro) y editado por la imprenta de la Facultad de Filosofía y Letras, de cuyo instituto de filosofía él mismo era director. Establece allí Astrada una secuencia en la historia militar agentina en la que se ovilla la Campaña del Desierto con la defensa de "la incuestionable soberanía argentina en la Antártida". Pero esta visión grata a los oídos militares se combina con una fuerte invitación al pacifismo estratégico como política nacional, fundándolo en la "dramática e inquietante sombra que oscurece el horizonte de una humanidad sangrante y mutilada". Por eso, llama a abandonar tanto "la pugna suicida entre los dos imperialismos" como "la lucha de clases", en consonancia con lo que la verba oficial peronista llamaba "tercera posición". Con alusiones a Kant o a los estoicos, de ningún modo habituales en el estilo oficial, Astrada hace acontecer su ideología pacifista junto a una realista visión de la "defensa nacional". Su tono es el de un llamado empinado y urgente: "nosotros, argentinos, vigoroso retoño de la humanidad latina, condenamos la guerra". ¿Por qué razón el autor de esta pieza, donde se pone en tensión toda la filosofía occidental para justificar un avatar del Estado nacional en su momento peronista, sería capaz de denostar al propio Perón exilado como "autor de patrañas para sus huestes en desbande, que merced a sus dirigentes son una verdadera olla de grillos"?

No deben faltarnos los recursos más normales de la intuición para desentrañar lo ocurrido. Astrada intentó su alianza con un poder de Estado, alianza que veía a la luz de cierto hegelianismo que le permitiría a la filosofía "pensar el destino de la época moderna". Pero ni el peronismo ni quizás ningún otro movimiento político quiere verse como títere de la célebre astucia de la razón, por la cual le estaría reservada *solo al filósofo* la tarea de comprender el rumbo certero de la "inquietud universal". El peronismo alardeaba de poseer una doctrina, cuya formulación tenía dimensiones folletinescas y evangelizantes, que solían entenderse como la verbalización definitiva de la filosofía, el *non plus ultra* del pensamiento que no podía ser horadado por los ensueños de los filósofos de linaje. Por eso, aún puede ser recordado el enigma de la redacción de *La comunidad organizada*, discurso que "fija la doctrina peronista a nivel filosófico". Al lector actual de ese raro escrito, lo asaltan toda clase de dudas sobre su autoría, pues por momentos su tono candorosamente didáctico, su llana confianza en su condición de apodíctica palabra oficial, y la enfática pedantería con la que se introduce en las más arduas cuestiones no conjugan con el estilo astradiano, a pesar de que este cultiva la erudición con saborcillo alemán y no pocas veces la aseveración paladina. Por otra parte, el filósofo y sus allegados negaron todo compromiso con ese documento. Pero ciertos número de sus pasajes, ciertas inflexiones, algún remoto giro, traen el rumor de temas que en algún momento pueden leerse en las entrelíneas de la obra de Astrada.

Así, no deja de sorprender que en el período que se abre luego de la caída del primer peronismo, en 1955, Astrada escriba un párrafo sobre los peronistas que recuerda muy fielmente la descripción de la napoléonica *Sociedad 10 de diciembre* hecha por Marx en el *18 Brumario*. *"Entre los dirigentes hay de todo: jefes sindicales con estancias y automóviles, católicos oportunistas, clericales, trotaiglesias, promotores de funerales, misas y novenas, hispanizantes cavernícolas, sapos, culebras, toda una fauna, hasta de zurdos 'marxistas'; las consignas 'revolucionarias' siguieron llegando desde el extranjero con el propósito calculado de distraer, con componendas políticas —el clásico convenio entre el gitano y el bandido—, a esta masa amorfa e ignara"*. Párrafos que coincidirían con el espíritu de los que supieron ser los más adversos al peronismo, con el notorio agregado del sello de ofuscación que solía presidir las menciones más rencorosas hacia el movimiento derrotado, tanto por parte de sus históricos adversarios como de los sectores forjados en las fantasías más núbiles de la ilustración argentina. Estos bien podrían afirmar, identificados con otra frase astradiana, que *"aquellos supuestos 'diez años de felicidad' del gobierno peronista no eran más que una época en la que se vivía entregado al más torpe hedonismo de esos aspirantes a burguesitos, 'descamisados' con camisa de seda, zapatos de gamuza y ostentoso reloj pulsera, que ya no le son asequibles"*.

Sin embargo, todas estas oraciones escritas en las "actualizaciones" con las que a comienzos de los 60 vuelve a publicar *El mito gaucho* —el libro donde se habla de "los hijos de Fierro"— no deben llevarnos a pensar que Astrada abandona los denuestos contra el sector cultural antiperonista, al que menciona con su espontáneo nombre empírico: "gorilas". No les dedica párrafos menos indignados: "Correlativa y hasta hermana gemela de este movimiento (se refiere al peronismo) es la llamada Revolución Libertadora ... con su tribu de gorilas vengativos y asaltantes de cargos públicos, embajadas y cátedras universitarias; se trata del revés de la tortilla 'revolucionaria' de las apetencias turbias, del latrocinio y del despojo de los bienes nacionales. ¡A lo que llaman revolución estos truhanes e imbéciles! Es la reaparición de los cogotudos y orejudos del Jockey Club y del Círculo de Armas en el terreno político, los cuales instrumentaron para el logro de sus fines de venganza a los pequeños indignos de la Federación Universitaria 'Argentina', 'embalándolos' como sicarios en la calle y en la Univesidad con el halago pecuniario y la dádiva de becas, prebendas y canongías... viajes pagos al extranjero para participar en 'congresos' y 'coloquios' en ambientes donde eran unos ilustres desconocidos haciendo papelones que serían inmortales si ellos no fueran tan pequeños e insignificantes". Bien se ve que Astrada se sitúa en una cuerda política que podría coincidir con los temas de cierto nacionalismo elitista pero también con los de una izquierda que despreciando por igual el "peronismo fatuo" y el "gorilismo cogotudo" buscase un acceso a la evidencia del "verdadero pueblo, no del populacho".

Más adelante tendremos ocasión de explorar con más detenimiento la obra de Astrada, pero se puede conjeturar que su libro *El marxismo y las escatologías,* publicado en 1957, sigue sutiles líneas de semejanza con *El asalto a la razón* de Lukács, de 1954, aunque según dejamos sentado en el próximo capítulo de este libro a Astrada el escrito del filósofo húngaro le pareció no superar una lectura primitiva y necia sobre Nietzche y Schelling. ¿Pero habría alguna analogía entre su trayectoria intelectual y la de Georg Lukács? Lukács había participado en la revolución húngara de Bela Kuhn en 1919 como "hegeliano de izquierda" y partidario de una noción *trágica* para entender la dialéctica, de una noción de *destino* para entender el ensayo y de una noción de *forma* para entender la conciencia. Luego, al reconocer en Lenin un "pensamiento no práctico ni téorico, sino un pensamiento sobre la práctica", comienza a participar en la fracción del partido comunista húngaro más moderada, la de Eugen Landler, y va realizando distintas "autocríticas" de sus anteriores compromisos con la ultraizquierda, o colocando su disconformidad sorda con el stalinismo en el plano de la crítica literaria. Todo ello lo concebía como "billetes de entrada" a las luchas que se avecinaban, pues declarar efectivamente todo lo que creía parecíale exponerlo a la pérdida de su relación con los partidos comunistas europeos, única trinchera concebible contra el fascismo. Al volver a publicar todos sus libros de juventud, donde acentuaba una filosofía social escindida del mundo objetivo natural (considerado desprovisto de dialéctica), los hará preceder de prólogos también "autocríticos" en los que justifica esa idea del *billete de entrada.* Es decir, producir textos oportunistas imbuidos del canon oficial a fin de seguir apegado al telar interno de la historia, y poder opinar oblicuamente contra las malas versiones de la objetividad o del realismo, como la de Stalin.

Si en 1919, como partidario del grupo comunista más urgido por la revolución bolchevique, ocupa Luckács las funciones de Comisario de Instrucción Pública en Budapest, en 1964 vuelve a tomar funciones públicas en el área cultural del gobierno húngaro de Imre Nagy, que ensayaba la creación de foros democráticos dentro de la política oficial comunista. Derrotado en ambas ocasiones, podrá volver a su trabajo intelectual solo si sus libros reapareciesen con la inclusión de una autobiografía intelectual, donde tanto *El alma y las formas* (1911), *Teoría de la novela*(1916) e *Historia y conciencia de clase* (1923) —sus escritos capitales— fuesen declarados momentos lejanos y abandonados de su reflexión. Pero al decir eso, efectivamente, Lukács los ubica implícitamente en una dimensión de relevancia al afirmar que las "equivocaciones teóricas" de su obra temprana habían abierto el camino que conduce a *Ser y Tiempo* (1927), de Heidegger. La de Luckács parece entonces una biografía semejante a la de los personajes trágicos que estudia en *El alma y las formas*, obligado a realizar sucesivas adecuaciones al mundo oficial stalinista con una conciencia escindida entre lo que realmente pensaba —y procuraba darlo a conocer de soslayo en sus escritos sobre el realismo crítico— y lo que estaba obligado a decir con la voz de su "persona administrada".

Su idea del *billete de entrada* no pasa de una dramática forma de la astucia para sobrevivir en períodos de fuerte condensación de un poder doctrinario estatal. Al mismo tiempo, no es un perseguido, sino alguien que debió convertir una persecución potencial en una escena imaginaria que absorbe su conciencia y lo obliga a protegerse con una voz partida, constituida por el poder alegórico del lenguaje literario y que a los efectos de la satisfacción de los poderes reinantes se llama "autocrítica". Porque él cree en aquello mismo de lo cual emanan los peligros contra la autonomía de su pensar. Drama cabal del intelectual político de todos los tiempos, su pensamiento aceptaba una oscura dialéctica por la cual, para desplegarse en la historia, tenía que cuidarse de la propia historia. *Pues ella ya decía estar conteniendo en sí misma ese mismo pensamiento.* La ontología material de la dialéctica, su tema, era la clave interior de su propia biografía intelectual, lo único que debía pensar y lo único que le estaba vedado pensar. Entre una y otra cosa, quedan esas autocríticas que también hay que leer entre líneas, que son quizás los documentos más importantes del siglo emanados de la extensa condición del "intelectual sitiado", mucho más Lukács que lo que lo estaba Gramsci entre los muy reales cerrojos de la celda de Turi.

¿Adquiere el argentino Carlos Astrada esos "billetes de entrada"? Cuando pasa de su situación de filósofo del "mito" del Estado nacional a la de filósofo maoísta de las contradicciones en la "carne y la sangre de la historia", el que habla no es alguien acosado por comisariatos o inquisiciones. Cuando pasa de su compleja actitud discipular con Martin Heidegger hacia la crítica a cualquier tentativa de convertir el marxismo en una teodicea, no es alguien que elige palabras furtivas para esquivar asfixiantes censuras partidarias. Porque si por un lado no es el de Astrada el drama clásico del intelectual de izquierda sumergido en recelosos mundos partidarios, los movimientos políticos que se pensaron "desde el Estado" —los que, como el peronismo, consideraban su proscripción como una "ausencia de Estado"— tampoco buscaron consagrar sus pegadizos estribillos en el altar del Espíritu Absoluto, salvo las humoradas de los estudiantes de filosofía de la calle Independencia (1964-1973) sobre la "realidad efectiva", símil ocasional del concepto hegeliano casualmente perdido entre las estrofas y brincos de la marcha peronista.

De este modo, se puede decir que todo lo que fue Astrada, los estratos ideológicos que había atravesado —tomamos aquí una opinión de León Rozitchner— estaban siempre a flor de piel, acumulados y en pugna en cualquier punto del presente. Y, por otra parte, que los abismos irresueltos de su procedimiento teórico, especialmente la contradictoria postulación del mito y el subsecuente rechazo de las escatologías (que son la forma redentorista del mito), parecen constituir el alma y la forma de su obra, antes que el obstáculo que la disuelve por inarmónica. Lukács transita del neo-romanticismo hegeliano a una ontología crítica de la materia histórico-literaria. Su "asalto a la razón" es la crítica a su propio pasado como miembro del círculo de Simmel y Weber.

De alguna manera, Astrada se desliza en vaivén y pasa de Lugones a Mao, de Perón a la doctrina de la Unidad Viviente de las Contradicciones, y salvo su apartamiento radical de la sombra del "pseudojefe", todo lo mantiene en vilo al punto de tornarse él mismo esa viviente unidad contradictoria. Nada más lejos de ser un "nazi", como desacertadamente lo califica hoy Sebreli. Por lo demás, la Argentina estaba en otro lado, "muy lejana", como había dicho Freud en la carta que envía a Jorge Thennon a Buenos Aires. Porque Budapest, Heidelberg, Moscú, Viena, tenían sonoridades extraídas de la cuerda misma de la razón occidental, vibrando directamente sobre las catástofes de la historia. Y Buenos Aires —¿hay que agregar *apenas*?— tenía una plaza bombardeada por aviones *Gloster Meteor* de aquella marina a la que Astrada quiso aleccionar kantianamente y un aguzado oído para escuchar y representar a la distancia las hecatombes de la razón. Quizás pueda decirse que lo que impide que Astrada sea "el Heidegger argentino" es no solo la dispar relación del maestro con su remoto simpatizante argentino y estudiante de los cursos de 1928, sino su propensión a absorberlo todo con virulencia, al punto de representar él también la cifra y el atolladero de la política y de la filosofía política argentina de aquel tiempo: *la ensambladura entre nacionalismo y marxismo.*

Por eso, su 'addenda' a *El mito gaucho* recoge al mismo tiempo los temas del áulico nacionalismo antiperonista y del llano marxismo gauchipolítico. Y esa tensión cobra importancia especial en su enérgico ataque a la "academia y los académicos", solo igualable a la formidable diatriba de Arturo Jauretche, *Los profetas del odio y la yapa* (1957-1967), modelo de filípica no carente de arbitrariedad pero fantástica en la graciosa impiedad de sus andanadas y en su estilo malicioso de cronista deshilvanado. Veamos ambos escritos. En el de Astrada se intenta retormar las críticas teatralizadas de Omar Vignole —el Hombre de la Vaca— a la "mentalidad vacunócrata y filistea" de la Academia de Letras. Según Astrada, Vignole no podía ser comprendido por el público de Buenos Aires, porque ese público "es de potrero y cancha de fútbol". Con una persistente ojeriza, Astrada —¿hay que olvidar que es un profesor cesanteado por el movimiento golpista que derroca a Perón?— analiza el resurgimiento de las academias al conjuro del "manotón gorila". Como parte de ese golpe, dirigido también a los caudales del estado, reaparecerán los abogados de empresas extranjeras, contralmirantes y almirantes, comerciantes mayoristas, literaturoides e historiadores al menudeo, en avalancha hacia el reconocimiento oficial, alegres portadores de sus conciencias alquiladas. Lo hemos glosado. Ahora lo citamos: *"Hay académicos de número, sin número e innúmeros. Si un tal Grothuysen redivivo tuviese que escribir la* petite histoire *de la formación de la 'conciencia' burguesa en la Argentina, se encontraría con un vacío oscuro, tenebroso, en el que todas las vacas son negras".*

Con una burguesía cobarde y un estilo intelectual que sabe pignorarse sin dejar nunca de ser pusilánime, la vida cultural está alimentada por personajes que se especializan en exégesis, refritos y panegíricos de dudosos próceres sapientes, que se inflan como parte de la misma maniobra de darse importancia a sí mismos. Si apelan a documentos de la historia, no superan en el comentario el nivel de las polillas del archivo de donde los sacaron, sin llegar nunca al verdadero interés que tiene la historia semi-novelada y en buena prosa de Vicente Fidel López. "Están alienados en su gusanera", dice Astrada con un anatema que difícilmente le disculparían y que es imposible leer hoy en el aplastado panorama de nuestras discusiones, en las que el odio no se escribe.

Estas salvas de abominación tienen un destinatario específico. Se trata del profesor Risieri Frondizi, rector en 1960 de la Universidad de Buenos Aires y hermano del presidente de la nación, al que en la época el periódico nacionalista *Azul y Blanco* ha acusado de un grave plagio a los textos del filósofo Étienne Gilson. El ataque del diario de Sánchez Sorondo estaba envuelto en la furiosa campaña antifrondizista, en la cual a los temas habituales del anticomunismo de la cepa uriburista se le agregaba lo que quizás fuera la última gran campaña contra la inmigración italiana en la Argentina, pues se remachaba insistentemente sobre el origen de la familia Frondizi, que hacía apenas una generación había llegado desde el pueblo italiano de Gubbio, tierra del buen san Francisco de Asís. Raro asunto de la historia de las querellas intelectuales argentinas, en la cual el nacionalismo elitista se revestía de academicismo extremo —las demostraciones del plagio se hacían publicando, en un par de columnas, las frases de Gilson, y al lado las evidentemente muy semejantes de Risieri Frondizi— y el profesor laico, especialista en ética, y cabeza de la resistencia pública a la "enseñanza confesional privada" quedaba expuesto a una sospecha venenosa, teñida de intencionalidad política. Astrada se suma al ataque con la misma saña ofídica, sin dudar de la acusación, pero mostrando él mismo que su estilo recubierto de pintoresquismos ultrajantes e ingenios petardistas nunca exentos de graciosa furia remite en última instancia a un saturado molde académico de esclarecido *Honorarprofessor*.

La crítica a estos chismosos y alcahuetillos de la tribu gorila dominante —según las palabras teñidas de santa furia de Astrada—, que fabrican para los amos la quebradiza cerámica de sus ilusiones de distinción y poder, tiene correlación en las invectivas que hace más de cuatro o cinco décadas eran diseminadas por Arturo Jauretche contra lo que denominaba "colonialismo pedagógico". Con ese concepto se quería señalar un armazón de vasta complejidad ideológica por el cual se había elaborado una historia nacional regulada por las jerarquías oficiales, la "historia de los vencedores" que dejaba en la oscuridad un yacimiento sufriente. En esa cantera del pasado había que aprehender la exhalación de esperanza que serviría para alumbrar una nación autonomista. Esta visión no difería en mucho de aquellas que consideraban que de las generaciones derrotadas de la historia surgía una centella mesiánica que siempre estaba dispuesta a ser capturada por el presente para su salvación, pero que podía perderse aumentando el peligro que nos aleja cada vez más de una humanidad redimida.

Pero el tema de Jauretche son las naciones y no la redención mesiánica de una genérica humanidad. Había sido considerado por Borges como el último representante de la gauchesca —por sus poemas de *Paso de los libres* (1933)— y de algún modo también heredaba un cierto tono de "escándalo de los hombres honorables" que el positivismo había cultivado ante el horizonte desaprensivo y cínico de las sociedades. Su tema también era, pues, el de la construcción de un mundo moral. No es imposible que la idea de Agustín Álvarez de escribir un *Manual de imbecilidades argentinas,* después llamado *Manual de patología política* (1899), se haya alojado en la memoria lectural de Jauretche, eligiendo este, sin embargo, la idea de *zoncera,* que destacaba el origen de las decisiones políticas en intereses históricos de dominación y no en una fatídica incapacidad congénita de origen hispano-colonial que impedía abandonar esa "viveza argentina" que solo producía "indios de levita".

Si entre Agustín Álvarez y Jauretche no hay ninguna compatibilidad en la intepretación de las razones de la postración nacional —para el primero, fundadas en la ausencia de un liberalismo moderno avalado por la ciencia y alimentado por un mundo moral de cuño emersoniano—, sin embargo hay una cadencia semejante en el fraseo que finca su eficacia en la cita abusiva pero oportuna y en el aire de ejemplificación llano y campero (más adusto en Álvarez que en el jovial Jauretche). Todo lo cual llevaría a que al autor de *South América* se le dijese "sociólogo criollo" y al autor del *Manual de zonceras argentinas* se le atribuyese cinco décadas después, con afán no menos reprobatorio, una "sociología a la violeta".

La crítica jauretcheana a la *colonización pedagógica* parte precisamente de este concepto, que es un muy vivaz hallazgo conceptual, a tono con las más exigentes teorías de la cultura pero que nunca gozó de la simpatía de la "academia" por el comprensible hecho de que es contra ella que dirige sus estoques de reñidor festivo. (Hemos escuchado la clase de Matías Manuele, en la Universidad de La Plata, sobre la relación ambigua de Jauretche con la sociología, cuyas encuestas repudia pero de cuyos temas se inspira socarronamente.) Al ubicar Jauretche los signos de abatimiento y extenuación social en el aparato de conocimiento de una nación, con su densa trama de intelectuales, escritores, maestros, funcionarios, editoriales, jergas universitarias, condecoraciones, becas, premios, periódicos, corrientes literarias, revistas, mecenazgos y, en fin, el mercado de citas bibliográficas, no hacía otra cosa que recoger con olfato eficaz una de las tendencias críticas más relevantes del siglo, aquella que hace de la "distinción cultural" un hecho decisivo de la creación del dominio social. La reflexión irónica sobre Borges, Martínez Estrada o Victoria Ocampo es parte de un análisis de lo que también denomina *superestructura cultural*, con su oído atento a las terminologías circulantes —esta, proveniente de un rápido marxismo publicístico— y al que le incorpora gracejo y coloquialidad.

Justamente, tomando un tema que le interesaba especialmente, cita la observación de David Viñas respecto a que Mansilla, al "conversar íntimamente con el lector", está representando el pasaje de la generación romántica con su misión intelectual de grandes programáticas hacia este momento de supuesta armonía social donde la pequeña historia hecha crónica es parte de los placeres de una época sin confrontaciones. Jauretche sigue con atención a Viñas, como puede comprobarse en su capítulo *Primos "analfas" y primos "snobs"* —sobre Victoria Ocampo— que tiene un cierto aire familiar con el viñesco *"Niños" y "criados favoritos"*. Se trata del retrato de las literaturas que surgen de las relaciones familiares patriarcales y de las formas sutiles de sumisión presentadas como beatitud espiritual.

Desde luego, en el proyecto de interpretar la literatura y al escritor como acertijos que dimanan de una forma social brumosa, Viñas construye un aparato crítico para escrutar y desentrañar el *colectivo textual y retórico-social* de gran parte de la literatura argentina, mientras que Jauretche actúa como un divertido francotirador que toma un poco de todos lados. Pero la observación de Viñas sobre Mansilla le servirá también para colocarse él mismo entre los *coloquialistas*, sugiriendo entonces que "conversar con el lector" será su propia manera de retomar el estilo de las crónicas sagaces y burlonas, pero no sobre el trasfondo de un ilusorio apaciguamiento social sino de un nuevo llamado a la acción. Esa acción, que brota de un drama que es necesario hacer visible a todos —"somos una colonia, queremos ser una nación" (1935)—, refiere especialmente a la creación de "otro lenguaje" que retome las voces del subsuelo que resistían a la "colonización mental". Voces tales, que en Jauretche conforman lo que sería una escuela literaria del *sentido común popular* y que en la Argentina se desarrolló con urgencias que le impidieron el mismo despliegue que en Italia tuvieron semejantes preocupaciones cuando fueron tomadas por agudos espíritus como el de Gramsci.

Pero Gramsci las inserta en un proliferante sistema conceptual destinado a apreciar creencias, mitos, perfiles de la guerra, formas de la filosofía y metáforas del lenguaje. La gauchesca que retoma Jauretche le daba en cambio la gran oportunidad de estilo con su *aquí me pongo a cantar* —que dotaba de una fuerte pragmática diseminante e historizada al lenguaje— pero Gramsci surge de un seno cultural explícitamente más dilatado, como las tradiciones políticas del renacentismo italiano, del hegelianismo mediterráneo, de la filosofía mito-social soreliana, de la teoría literaria de Francesco De Santis, del debate de Croce con el marxismo y del teatro de Pirandello. Para ello, Gramsci tenía que evitar los particularismos del "aquí me pongo a cantar", que solo le hubiese dejado a su disposición el tesoro popular del dialecto sardo, fundamental pero insuficiente para llegar al historicismo más complejo de la "reforma moral e intelectual".

Estas diferencias no deben opacar la similitud de los puntos de partida, en cuanto a lo popular como creencia que hay que reanimar para que discuta con el complejo cuadro intelectual de las sociedades, y simultáneamente, en cuanto a lo intelectual como tradiciones que hay que interrogar para que elaboren la *magna opera* de fusión con el pueblo nación. Careciendo de estos despliegues, no siempre Jauretche tuvo la necesaria paciencia para examinar, sin apresuramientos ni prejuicios, formas deliciosas y sutiles de lenguaje a las que solía descartar raudamente por provenir de las denominadas "intelligentzias", lo que en muchos casos solo señalaba un renunciamiento a investigar las fuentes generales de la filosofía y de los logros poéticos del alma literaria universal. De ahí que su idea de un ámbito intelelectual nacional no superaba lo que en la época propalaba el desarrollismo, habiendo llegado a escribir en la revista *Qué* (1958) que en la figura de Frondizi por fin había que dar por concluido el largo ciclo histórico de desencuentrro entre los intelectuales y el pueblo.

Sin embargo, su crítica a la maquinaria intelectual que justificaba el estado social de desfallecimiento nacional, por su desenfado y perspicacia, se mantiene actual y en capacidad de diálogo con las más recientes críticas a las relaciones entre poder, cultura, lengua, ciencia y percepción social. Por eso preferimos realizar este rodeo por su figura antes de proseguir con Carlos Astrada, cuyos tropos no están tan distantes, como sosteníamos, cuando se trata de enjuiciar a las Academias que entre abogados de empresas y maestritos ciruela mantienen figurantes "que en lugar de estar en ellas deberían estar en la cárcel". Ya insinuamos que Astrada tiene un enojo egregio, helénico, que abarca en una curvatura indignada tanto a los "profesores de ganzúa" como a los hinchas de fútbol, mientras que Jauretche apela a una socarronería que el filósofo no posee, aunque luzca una habilidad notable para la injuria escarnecedora.

Así, si rechazaba al mismo tiempo a los "deshonestos albaceas del pseudo jefe que huyó" como a los orejudos y pelucones que dieron el "manotón gorila", ¿cuál sería una opción? ¿La izquierda? No, tampoco la izquierda... porque en su versión ortodoxa no podía expresar los ideales argentinos de liberación, ya que inspirada en "un marxismo indocto y de cartilla" suele aparecer como cómplice *in genere* del imperialismo colonialista. ¿Entonces no había salida para el *pathos* nacional en estado disperso? La había, sí, y consistía en constituir la noción misma de pueblo, no como "plebe bárbara, sin sentido del deporte, que llena los estadios de fútbol... hinchas de Boca Juniors o de Rácing hasta el pugilato y la gresca sangrienta...", sino alentando la pasión por el bien público, lo que no entienden las "mesnadas peronistas" ni la "tribu gorila". La nación es el plebiscito cotidiano de Renán, por lo que ni ortodoxos de izquierda ni fascistizantes y cavernícolas de derecha pueden entender la nueva etapa auténticamente nacional de la Argentina, con el pueblo como cantera inspiradora, con su propio metal templado como una flecha hacia el sagitario de la hazaña que lo tiene como protagonista: convertirse en un pueblo politizado, un pueblo *naturata naturans* que cohesionado en una comunidad y un Estado se realice en su unidad de destino con un ideal de liberación. ¿Falta algo? Sí, ese ideal solo acontece con "conductores auténticos, lúcidos y serenos".

Incluidos en los agregados de *El mito gaucho*, estos despliegues post-peronistas de la década del sesenta intentan amalgamar una tradición nacionalista ilustrada, una neo-izquierda comunitarista y un liberacionismo tercerista con capacidad de forjar sus mitos de salvación. Fútbol, no. Nada que no se sostuviera en la gravedad del pensar. El sujeto popular historicista se aliaba así a una *praxis* mítica, auténtica y trascendental. ¿No es necesario aún considerar hasta qué punto el "sagitario de la liberación nacional" de esos años incluía la sombra laminada de estos temas, combinados de esa o de cualquiera de las otras formas que conducían directamente al corazón del mito?

El *mito* entonces se abría como campo porque —en este caso— el *campo* se había abierto como mito. Pero Carlos Astrada, interesado en aludir al "mito del pueblo argentino", que era el conocimiento brotando del *genius loci*, rozaba los temas de las dialécticas del siglo diecinueve al decir que "nuestra abrupta y magnífica naturaleza" se *humanizaba* con la integración a un proceso histórico creador de "valores argentinos". Estos valores, se sabe, nunca serían fáciles de definir, y aun trastabilla el enunciado por el solo hecho de postularlos. Pero Astrada extrae de aquí una curiosa peripecia reflexiva. Compara la selva con el bosque y la llanura. Prefiere esta, a diferencia de los pensadores que señalaron la espesura del bosque como aliento para el pensar misterioso o velado. Pero la llanura, en su aparente sencillez, de pronto ofrece mucho a descifrar: la *Ananke* con forma de destino gaucho, la compulsión a andar y perderse. Pero además de la idea del caminar, del extravagar, están las de tiempo, libertad, soledad, silencio, la del escrutar las estrellas. Metafísica, sin duda, en ese estilo de la metafísica que tantos practicaron y otros tantos condenaron, por la cual se establecía un paralelismo fijo y alucinado entre el alma individual y la naturaleza. Se dirá que estamos en el gabinete tapizado del pensamiento mítico, aunque Sarmiento había demostrado en el *Facundo* que estos mismos nudos entre alma y paisaje podían sostenerse con la gracia de estampas hermoseadas por tinturas ingrávidas, propias de un "libro de beduinos", como Vicente Fidel López ya lo había calificado.

Pero Astrada lo pone en términos de una continuidad hombre-naturaleza, que si bien por momentos tiene el eco lejano y nostálgico de un hegelianismo marxista, al omitirse la idea de trabajo se resiente la de dialéctica. Astrada fue y vino entre un modelo de vínculo dialéctico y otro mítico entre la naturaleza y el hombre. Ambos entrelazados, como la *diké* y la *hybris* de los antiguos griegos. Y así pudo escribir en *El mito gaucho*: "En la medida en que el *humus* aluvional de nuestro extenso litoral atlántico se enriquecía y sedimentaba para el esplendor de futuras mieses, más penetrante y avizor y resistente se fue haciendo el hombre argentino". Ni la selva ni el bosque —donde se abren *picadas* y se desmonta terreno para el *hábitat*— ni los valles que bosquejan desde el inicio la forma de la morada. La pampa es la fuerza telúrica que implica al ser en desafío y aventura. Astrada, como ya tendremos ocasión de comentar, era un polemista áspero. Sabe que la noción de mito lo enfrenta con los espíritus de formación iluminista, que ven en él un "filósofo reaccionario".

Se defendió invocando a Georges Gusdorf, que en 1955 había publicado

Mito y metafísica y no olvidó convocar en su auxilio a Jung y a Cassirer, en especial lo que este último llamó las "formas simbólicas". Un poco más lejos lo hubiera llevado, acaso, el concepto de Iluminismo tal como en 1944 lo habían tratado Horkheimer y Adorno: en una ya clásica inversión, estos autores persiguen el modo en que el Iluminismo se constituye como alteridad del mito, mientras los estilos de dominación técnica y el trabajo alienado que él provoca van reasumiendo ellos mismos consistencia mítica. De tal modo, es la Ilustración un nuevo mito de control y adulteración de la vida social. El mito sigue siendo un pensamiento que considera en términos de *animación* a la naturaleza y de *cosa* a la vida animada, pero no estaba en ese exterior donde los enemigos del mito creían haberlo colocado, sino en la propia conciencia técnica del dominador racional.

Pero Astrada tampoco le prestó atención al contemporáneo estructuralismo, que no convenía a su hegelianismo perseverante, y su propia visita a la Pekín de Mao no le inspirará ningún síndrome althusseriano, tal como los escritos sobre "el aspecto principal de la contradicción" habían repercutido en la trágica *Rue d'Ulm*. No podía interesarse por los "efectos de la estructura" o los desarrollos invariantes de un ser verbal —el mito— que según proclamaba Lévi-Strauss ocuparía un lugar mediador igual al del cristal en la naturaleza. Una estructura aclarada o revelada a través de sus estallidos, vari``aciones, version s *y quiasm*os, en ese evidente Lévi-Strauss, llevaba siempre a la conocida dificult d en el momento de tratar con las diferencias —anunciadas pero huidiza — entre mito, arte y ciencia. De todos modos, esos mitos "afirmados diez m l años antes del pensamiento de las ciencias exactas o naturales son el sustrato e nuestra civilización", y siguen presentes en el pensar de los filósofos, que si s n rivales de Lévi-Strauss —como Sartre—, es un hecho que sirve pa a desmerecerlos po*r mitológico*s, y si rozan su simpatía —como Bergson—, es n hecho que sirve para saludarlos, precisamente, com*o mitológicos*, graciosamen e semejantes al pensamient*o Siou*x sobre la temporalidad.

.ıSin embargo, Astrada tendrá el mismo interés que Lévi-Strauss en hac r intervenir a Marx en una consideración que revele que en su pensamien o había una estima por el mito pero no por las "escatologí". Lévi-Strauss (*Antropología estructural*, 1958) recordará las reflexiones que se leen en la marxista *Crítica de la economía política* respecto del oro como simbolismo. Marx acepta la idea de que los nombres de los colores se vinculan a los metales preciosos como signos de valor, siendo el oro el que corresponde al color más poderoso, el *rojo*. Sin duda, estas mitologías podrían conducirnos a una doctrina cromático-política de la revolución. No sorprende entonces la idea de las relaciones sociales como cosas, tomando forma de objeto. ¿Esta afirmación sobre el oro como turbia mitología no obtura o enceguece la comprensión de lo social, así como puede estimular la inquietud revolucionaria por su compromiso colorístico?

Por su parte, Astrada, deteniéndose en la misma *Crítica de la economía política* recordará el conocido fragmento sobre el arte griego, en donde encontramos un extraordinario y sucinto Marx que se asombra de que aún actúen sobre el gusto contemporáneo las obras de arte griegas que corresponden a otro momento del desarrollo de las fuerzas productivas. Este párrafo siempre fue una severa fuente de meditación sobre una amplia teoría del arte en Marx, que relativiza la fuerza del corazón productivista del progreso histórico. La continuidad de todo el material histórico estaba garantizada por la producción, pero era vulnerada por la implícita a-historicidad del discernimiento estético.

Astrada, en tanto, convoca estos razonamientos marxistas sobre el "encanto primitivo griego" para señalar aquel tiempo civilizatorio en que había un dominio solo mitológico sobre la naturaleza, cuando Vulcano no soñaba con la era del telégrafo y el ferrocarril. Sobrevienen estos y el problema del historiador y del crítico es imaginar si hay valores de "superioridad" entre un momento y otro. Sabemos que —por lo menos en ese plano— tal era el irresoluble problema de Marx. Astrada también recordará una carta de Marx a Kugelman —que toma de Gusdorf— por la cual se refuta la idea de que el mito existía porque no existía la imprenta, o sea, la Ilustración. Es al revés, comprueba Marx. Los periódicos fabrican más mitos en un día que los que antes se inventaban en un siglo.

Es el Marx que se acerca a lo que en el siglo siguiente se tomará como un lugar común, la industria cultural forjando su mitos "hollywoodenses" cual nuevo juicio sintético a priori. Pero a Astrada no le interesa solamente afirmar la realidad de los mitos de la técnica, las comunicaciones y la publicidad —temas que había tratado en sus reflexiones de la década del 30 bajo el lema de "fenomenología del cine y de la radio"— sino los mitos sociales que, como el que propusiera Georges Sorel, ven a las sociedades en un momento cataclísmico que ilumina la praxis, idea convulsiva y crispada teñida de bergsonismo para huelguistas, por la que Gramsci y Mariátegui, como sabemos, se sintieron solicitados. Pero Astrada —que no simpatiza con Sorel aunque no lo expondrá adecuadamente— evita ver su *mito gaucho* relacionado con este mito del *moderno príncipe de la grève général.* Lo considera, en cambio, un "mito de la comunidad argentina" que extrae de un análisis que llama inmanente del poema *Martín Fierro.* Percibe que no hay influencia de la fe cristiana en el poema y sí de lejanas fuentes "mitológicas": persas, indias, culturas americanas. Y sin temor al estereotipo afirma que en la antinomia polar de la cultura argentina Fierro representa "la estructura anímica del hombre argentino" y Vizcacha "la oligarquía anglófila de origen español".

En cuanto a Fierro, nada puede tener que ver con "alguien que entre nosotros" —Astrada, sañudo, no lo nombra aquí a Borges— "inventa la última parte que habría dejado en blanco Hernández". Ni tiene que ver tampoco con "críticos y foliculários que han escrito dos volúmenes de prosa farragosa" —asimismo, se trata de un Martínez Estrada al que no nombra— a los que se debería aplicar, dice, el aforismo de Karl Kraus: escriben porque no tienen nada que decir y tienen algo que decir porque escriben. Porque en este *epos*, lo que se puede ver es la mística pitagórica del número, las ideas de Zoroastro y la forma del destino emparentada con conceptos védicos, o acaso de culturas precolombinas. Tal misticismo se funda en una mixtura racial en la que el indio jugara un papel esencial, pero al que no hay que sobrevalorar por encima del gaucho. (Astrada corrige aquí a Lugones, que piensa que el gaucho es una discontinuidad respecto del indio, "con su haraganería opulenta y harta, la mujer ajena y el alcohol".) De todos modos, trae el más que nteresante testimonio de Émile Daireaux, en su *Vida y costumbres en el Plata* (1888). Afirma Daireaux que durante el siglo que precedió a la conquista las razas quechua, guaraní y araucana se dirigían "hacia un punto indicado por misteriosas leyes de la naturaleza". Avanzaban a tientas los pueblos americanos, portando elementos de culturas antiguas de oriente, hacia un punto en el litoral Atlántico, que coincidía con aquel hacia el cual navegaban los españoles, como ciegos llamados por un destino superior. *Ese punto era Buenos Aires.* ¿Qué civilización se hubiera construido allí si tal magnífica convergencia hubiera dado resultado?

Esta extraña especulación de Daireaux calza espléndidamente en la idea de Astrada del gaucho como alguien que es perseguido por no reconocer la propiedad privada. "Para él la propiedad del territorio que ocupa está ligada a la idea de patria, ambas forman una sola cosa y son igualmente sagradas." Idea de propiedad común que lleva a la de *numen del paisaje*, molde de lo gentilicio que debe articularse con la existencia histórica universal. Sin folklorismos inmutables ni nacionalismos o "martinfierrismos", hasta revelarse el sino de la raíz originaria de la futura estructura de la sociedad argentina. En *El mito gaucho* desea averiguar "la pulsación de la larva del mito de nuestros orígenes", anunciado por el "plasma biológico y anímico del gaucho". Es la cultura del silencio contra la inclinación a la cháchara —en esto reitera un motivo ya señalado por Martínez Estrada en *Muerte y transfiguración de Martín Fierro*— ceñida a valores raigales desaparecidos por apropiación de tierras con sentido de lucro mercantilista. Y estos valores han logrado resistir porque era el gaucho más apto que el indio para esa empresa. Así, el personaje hibridado pudo soportar la inclemencia de la historia natural y de la vida histórica en mejores condiciones que el aniquilado indio, que merece entretanto una elegía. No se le tuvo piedad, pero toda historia es implacable, dirá Astrada. Porque no se justifica en nombre de ninguna jerarquía de inexistentes valores preeminentes la destrucción del indio. Pero el camino era el de la "palingenesia que en constante metamorfosis" crea la capa mayoritaria de la vida argentina.

¿No se ve aquí el *numen* —para emplear ese vocablo— *de un ensayismo argentino* que se arroja con tenacidad desde hace cien años sobre el mismo motivo, insistiendo sobre el mismo acantilado? ¿No se percibe aquí la murmuración de la metáfora transformista de Ramos Mejía, que tuvimos ocasión de revisar en el capítulo anterior? ¿No se ve aquí, en ese plasma que indica Astrada, un levísimo pero significativo eco de la *filogenia* que enhebraban los médicos psicopatólogos de fines del siglo XIX? ¿Y por último, no está la sombra de Darwin vagando sobre estos pensamientos?

En los años 60 —años insurgentes donde las cosas parecían tener la fuerza fatal de un alud— Astrada republicará con un prólogo *El mito gaucho.* Explicitará entonces cuál era el programa de la *transfiguración,* que podríamos llamar también de la *filogenia,* para usar una expresión de Martínez Estrada y otra de Ameghino. Pero él dice *palingenesia*: las constantes metamorfosis del gaucho. Luego de distintos avatares de esas metamorfosis, encontramos al gaucho con un programa social avanzado. No es ajena a ese programa una inspiración en el maoísmo. Y como la tierra tiene la última palabra, no el capital ni los monopolios, avizora Astrada una insurrección agraria, y retomando su mito telúrico concibe al gaucho, sujeto social de la tierra, como vengador del aborigen destruido. Porque el gaucho, ya en el extremo de politización de su figura, es el hombre argentino igualitario. Puro arquetipo, esencia paradigmática del gaucho, que encarna el *totus* nacional.

Demasiado se le ha reprochado a este ensayismo su propensión "esencialista" u "ontológica". Las recriminaciones surgían de una sociología tan desprovista de ideas como de juegos de lenguaje y de sentido de la historicidad. Asombra hoy comprobar cómo un falso llamado a independizarse de la filosofía —como si esto pudiese hacerse sin filosofía— llevó a la sociología a crear una lengua "muerta en vida", ausentada de los nervios argumentales que pusieran en tensión la época, para lanzarse contrariamente a "medirla" con conceptos dispuestos en escalas móviles que denominaba "variables", copiando no sin torpeza la disposición de las matemáticas, que en todo caso habían llegado —aun en su forma estadística— a explorar muy pródigamente los límites de la metafísica —como bien lo revelaba *El suicidio,* la obra más notoria de Durkheim, uno de los padres fundadores de la sociología—. Palabras como *impresionismo, especulativo, esencialista* y *ontológico,* se lanzaban como burda inhabilitación para descartar esos ensayos, en medio de una crasa ignorancia respecto a la manera en que cualquiera de esos vocablos estaba enzarzado en siglos de filosofía, de meditación política, de escritos conmovedores por su carga ética y hasta de grandes obras de la pintura que habían sacudido la cultura en forma persistente. La responsabilidad desculturizadora de esa sociología es enorme, y todo por perseguir los escasos bienes que proporcionaba un ideal moderno de ciencia, que incluso los más modernos entre los científicos del siglo perseveraban en no desconectar de los legados más remotos de las filosofías antiguas y clásicas.

En el caso de Astrada, los rasgos de su ontología social estaban bien a la vista como para que él mismo no percibiera que se hacían fácil blanco de ataques de un desabrido pensamiento liberal, demasiado remilgado como para asumir la pesantez de la historia y que en medio de sus relámpagos de temor veía a cada paso amenazas a su bienestar de buen burgués secularizado. Por eso, cuando propone una *gauchocracia comunitaria*, llega al ápice de un pensamiento político que, sin ser nacionalista ni participar del cuerno acústico que resuena en todos aquellos años y le hubiera sido obvio —el cruce de linajes entre la izquierda y el nacionalismo popular—, se prestaba a un sumario rechazo por hacerse evidentemente sospechoso de conceder a las derechas elitistas. Pero Astrada lucha permanentemente contra esos fantasmas. Tiene similar drama que un Masotta, que le es tan distante, y que sin embargo en aquel mismo momento había anunciado el camino de una izquierda que no debía privarse de reflexionar —y de iniciar allí una nueva partida— sobre la muerte, la sexualidad y el destino.

Menos osado Astrada, sí, pues no explicita en ningún momento una fórmula como la masottiana: arrancar de los escritores de derecha los pensamientos del orden trágico-existencial, no obstante lo cual advierte que nada tiene que ver con Maurras y sus mitos reaccionarios de restitución del "Estado comunitario" o con Pareto y sus "residuos irracionales". Por eso debe definir su idea del mito como un manantial que ofrece sentido sobre la memoria comunitaria —de algún modo enlaza períodos temporales, como la filogenia— y que brota constantemente de una voz arcaica que hay que descubrir. Pero ese aspecto añejo y enigmático convive con su invitación a lo social, porque el mito en Astrada es también un procedimiento poemático para intervenir en las grandes reivindicaciones de los trabajadores y las poblaciones castigadas por el capitalismo universal. El mito así entendido, como un llamado a la *praxis histórica*, no se aparta demasiado de las consideraciones sorelianas de las que sin embargo Astrada deseaba quedar distanciado.

El mito martinfierresco se torna así un arquetipo germinal. Pero habría sido *olvidado*, por lo que hay que superar el estado de deserción en que respecto a él se halla el "hombre argentino". Y ese *olvido del ser* sin duda remite al clima que baña *El mito gaucho.* Se sabe, un clima matizado por la voz de Heidegger, pero diciendo esto —escribiendo esta palabra, manifestando este nombre— no hacemos sino poner el problema del ensayo argentino en una dimensión que quizás lo asfixia, aunque sería una inquietante asfixia. El habla del ser estaba soterrada como pronunciación que hay que buscar, con preguntas que juegan su vida en el acto de hacerse. Y al hacerse despejan un camino a las cosas. Tal el estilo inquisitivo que nutrió por esos años las fuertes evidencias de una teoría de los "mitos oriundos" que compusieran una antropología filosófica americana. En este sentido, tanto H. A. Murena en *El pecado original de América* (1955) como Rodolfo Kusch en *Antropología filosófica americana* (1978) insistieron en que un ámbito territorial podía llevar a una forma del paisaje y esta a un horizonte del ser, entendido como destino enigmático.

Murena piensa en "el agudo problema del ser que experimenta América" y con tonos proféticos supone que en este continente "vuelve a repetirse la caída de la tremenda maza del mundo y la muerte sobre el hombre". La idea sobrecogedora de un ser americano solitario y desheredado no podía remediarse con las creaciones del nacionalismo literario, y por esa vía se aparta Murena del Borges de los años 20. Su ideal es el de Martínez Estrada, que "tiene la verdad a cada minuto, sin parar". No podía ser coincidente con Carlos Astrada, desde luego, y tampoco parece estar cerca de éste alguien como Kusch a pesar de que es evidente su mayor proximidad a Heidegger, es cierto que al modo despreocupado de la cita rápida. Pero Kusch había tomado la fuerte decisión de abandonar Buenos Aires e ir a vivir al *omphalos*, a un corazón del mundo popular que localizaba en la localidad jujeña de Maimará, donde lo que opinaba su vecino, el carpintero Mamaní, le interesaba mucho más que todas clases de antropología de toda una Universidad Central. Su "geocultura del pensamiento" implicaba un juego metafísico en el cual se enfrentaban un mercado de *cosas* (donde se expresan *la seriedad de la Ciencia y del Estado*) y la potencialidad del *no* que compone el pensamiento popular. Este se fundaba en la negatividad creadora con que va burlando siempre su ingreso definitivo al mundo racional e instrumental de Occidente, mundo de los "códigos, horarios, profesiones y señales de tránsito". (Recordamos en esta breve mención a Rodolfo Kusch, un pensador polémico, *rara avis* de la antropología argentina, al que continuamos haciéndole diversas objeciones pero al que no podemos dejar de mencionar con nostalgia, pues demostró haber sido un hombre cabal frente al drama vital del conocimiento.)

En cuanto a Astrada, hace d*e El mito gaucho* no una citación heideggeriana, sino un evento que emana de desciframientos que sí conservan el aliento heideggeriano, por momentos nada lejano al suyo propio. Por eso, cuando llama a enfrentarse con la Esfinge del carácter pampeano, que fuga como una mirada sobre la que escapa la extensión, piensa en la melancolía de un transeúnte descentrado que vincula el carácter colectivo al paisaje, como en los momentos más vibrantes del ensayismo del siglo anterior que también se habían lanzado a descifrar la esfinge. Es la pampa, "ente cósmico", lo que hay que descifrar, y también el carácter que brota del paisaje, con su "perplejidad inhibitoria". ¿No son entonces "esteparias" las almas del argentino y del ruso? Ambos se sienten anonadados por la extensión, pero en cuanto al hombre de la pampa, es un "navegante frustrado" cuyo "mutismo tallado en los caracteres rúnicos del silenc" lleva a formas psicológicas que debe averiguar en sus atavismos la existencia de un potencial político de libertad.

Impulso inconsciente y herencias primitivas que trazan un arco desde la desolación telúrica hasta el fondo plástico en el que "el mito de los argentinos" se evidencia en la construcción de una comunidad justa y libre. Lo que muestra con creces al lector contemporáneo hasta qué punto este libro escrito al cerrarse la década del 40, ambientado en un peronismo eufórico y sin grandes enemigos a la vista, se hallaba impregnado de un optimismo argentinista que lo llevaba a pedir "una Argentina de cien millones de habitantes". Las palabras oficiales de ese país confiado se colaban en el texto estradiano, al punto de conceder una acogida amigable al concepto geopolítico que llevaba a la idea de potencia demográfica. Ese mismo libro, leído hoy con los agregados hechos una década y media después, sorprende al enfrentarnos con una desdeñosa opinión sobre el jefe político del movimiento que había hablado de aquella Argentina "justa y libre". Pero es necesario advertir que, así como imagina un atavismo de serenidad y acatamiento frente a la cíclica inundación mesopotámica, también de ese fatalismo pueden salir fuerzas que reviven un texto dormido, invocado a cada momento histórico de urgencia. Mito resurrecto, el del gaucho; no es entonces *"un mito en el sentido que él sea o represente históricamente un tipo humano que ha existido pero que ya no existe, sino que nosotros, argentinos, poseemos el mito gaucho como expresión de un estilo biológico y anímico siempre capaz de nueva vida a través de sucesivos avatares y transformaciones"*.

Con estas palabras, Astrada parece querer diferenciarse de Lugones, quien le había cerrado la puerta a las *transfiguraciones* (recordamos en este sentido las reflexiones de Ricardo Piglia a propósito del "mito gauchesco", tal como era interpretado por Lugones, Borges, Astrada y Martínez Estrada). Para Astrada está claro que la transformación del mito ocurre para dar vida a distintas etapas de la empresa liberacionista argentina. El gaucho es "el poseedor del oro pampeano, pero no ciertamente el de los trigales". Lo es porque "es el insobornable guardador del numen germinal de la nacionalidad". De este modo este gauchesco guardián del ser mantiene en su memoria la linfa prístina del mito "a la espera del vate que interpretando anónimos rapsodas lo hiciese brillar ante la mirada extraviada o dormida de los argentinos". La política nacional quedaba cifrada en una poética tanto como en una geodemografía estatalista. Y los amuletos de esa actitud descansaban en el verbo arcano del gaucho, que era un conato *creador* en medio de la inestabilidad de la vida política. No hay que sorprenderse entonces si Martín Fierro prefigura en sus actos *el karma de los argentinos.* Lo hace porque su espíritu no es originariamentre impotente —como si se hubiera ido a buscarlo en la fenomenología de Husserl— sino impulso ontológico, una estricta *filosofía de la praxis* aunque Astrada desde ya no lo llama así sino que dice "beligerante y con dinamismo cósmico frente a las cosas".

Es evidente que estas especulaciones estaban destinadas a ser tachadas de *divagaciones esencialistas* en cuanto la clase profesional universitaria percibiese la necesidad de fundar un lenguaje común atento a las modificaciones que habían ocurrido en las ciencias sociales, sobre todo en el mundo anglosajón, pero también en la tarea historiográfica que la academia francesa venía desarrollando alrededor del grupo de los *Annales.* El aroma tudesco de este espiritualizado ensayismo no estaba en condiciones de atravesar ese tiempo post-peronista con ese clima político abierto luego de la caída de Perón en 1955, para el cual se pensaba que el conocimiento de la "estructura social" exigía investigaciones cargadas de empiricidad tanto como de teorías de la historia despojadas de *númenes, karmas* y *destinos.* ¿Qué lugar podía tener allí Astrada con su "denso silencio del numen pitagórico"? ¿Cómo podía prosperar un lugar intelectual —sea en la universidad, sea en la prensa, sea en la academia de cualquier signo— para alguien que veía en la payada de Fierro con el moreno la "tétrada pitagórica de *tierra, cielo, humanidad* y *Uno*"?

Consideraba Astrada que cuando Fierro dice : "Uno es el sol, uno el mundo/ sola y única la luna/ ansí han de saber que Dios/ no crió cantidá ninguna/ El ser de todos los seres/ solo formó la unidá/ lo demás lo ha criado el hombre/ después que aprendió a contar", estábamos frente a una consideración pitagórica, pero también ante una manifestación del karma búdico. De ahí la visión del *karma pampeano,* concepto que no tenía ninguna posibilidad de leerse con simpatía dentro de un público cultural que desplegaba nuevos intereses alrededor de libros como *El miedo a la libertad* de Erich Fromm —versión debilitada de *The autoritarian personality* de Adorno— o *La ciencia, su método y su filosofía,* de Mario Bunge, que pronosticaba ufanísimo la próxima incautación de la ética por la ciencia, luego de que esta hubiera asaltado la ciudadela de la filosofía.

Entre las descripciones del 17 de octubre de 1945, en las que se juega el poder enunciativo del *ensayo de carácter* en la Argentina —en el próximo capítulo haremos algunas consideraciones sobre sendos textos de Raúl Scalabrini Ortiz y Ezequiel Martínez Estrada—, queremos recordar ahora la que Astrada escribiera en *El mito gaucho*. Dice así: "En un día de octubre de la época contemporánea bajo una plúmbea dictadura castrense, día luminoso y retemplado, en que el ánimo de los argentinos se sentía eufórico y con fe renaciente en los destinos nacionales, aparecieron en escena los hijos de Martín Fierro... venían desde el fondo de la pampa decididos a reclamar y a tomar lo suyo, la herencia de justicia y libertad legada por sus mayores". Vizcacha era la oligarquía, y cuando tiempo después Astrada rompe con el hombre cuyo patronímico había pasado a nombrar al movimiento político en que reaparecían los hijos de Martín Fierro, dirá que *Perón era Vizcacha*. Pero seguramente mantenía la idea martinfierresca con que revestía de simbolismos a los trabajadores industriales del siglo XX, con lo cual, si por un lado no quedaba en condiciones de dialogar con los pensamientos de las *izquierdas liberales académicas* que se abrían hacia aquellos próximos años sesenta, por otro —esto es evidente— diseñaba con un gesto etéreo la misma consideración que estaba presente en la cálida imaginación de las *nuevas izquierdas* del período: Perón ya no contaba, solo era necesario hacerse cargo de los *huérfanos trabajadores*, cuyo peronismo probablemente había que aceptar y luego reconstituir en el ámbito de nuevas teorías revolucionarias.

Como tantas veces se ha indicado, el grupo *Contorno* sobrevolaba implícitamente estos mismos motivos, al mismo tiempo que también deseaba apartarse del legado espiritualista de Murena por la vía impetuosa y elegante de la pluma de León Rozitchner. Pero a un joven crítico de la época no se le escaparían ciertas coincidencias entre el trascendentalista Murena y su crítico Rozitchner, así como entre el Murena de la revista *Sur* y el *nacionalismo de izquierda* del propio Hernández Arregui. En todos esos casos, ese crítico (Pedro Orgambide, en colaboración con Osvaldo Seiguerman, revista *Gaceta Literaria*, 1958) veía una apelación a valores subjetivistas y comunitaristas, lo que no dejaba de ser una perspicaz entrada al problema de la cultura argentina, esa urdimbre que sin izquierda no podía dinamizarse pero donde también se advertía el drama de una izquierda que no sabía si apartarse definitivamente del legado de textos y voces sonámbulas del pasado o, por el contrario, producir una sonora interpretación *nueva* desde las malditas entrañas del monstruo.

Solanas y los hijos de Fierro

Desde el año 1972 hasta 1975 el cineasta Fernando Solanas filmó *Los hijos de Fierro,* una película de la odisea nacional con soluciones gauchipolíticas. En ella se retrataban las luchas sociales argentinas relacionadas con la llamada "resistencia peronista". El director del film había escrito estrofas y octosílabos a la manera martinfierresca, en los que comentaba las situaciones de aquellas luchas, que involucraban guerrilleros, sectores militares que buscaban asociarse a la insurrección popular y sindicalistas valerosos que disputaban posiciones con las "burocracias sindicales". Se trataba de un modelo completo de folletín popular-nacional sobre las refriegas políticas de mitad del siglo XX, pero con un tono martinfierresco que contrapunteaba con las imágenes fabriles y de la ciudad moderna, vistas generalmente desde los desolados suburbios. El film se ubicaba entonces en un espacio fuertemente alegorizado, como lo es esa franja etérea que se muestra en los lindes de la ciudad, donde la pampa no ha comenzado aún su presencia pero donde la edificación ralea y los desperdicios industriales conviven con un tipo humano periférico, desheredado. Allí se mueven figuras, como si dijéramos, de espaldas a la ciudad. Pero en verdad son funámbulos lejanos que se entrevén tras las sombras, siendo un objeto a conquistar. En la escena en donde "Fierro" alecciona a sus hijos —se ve una vaporosa figura emponchada que no había que esmerarse para reconocer en ella a un exilado general Perón— hay un brumoso descampado que sugiere la espacialidad dramática de la frontera, en este caso entre la urbe política y la utopía redentora, social.

El ánimo payadoresco que preside el relato sugiere una guerra nacional *actual* —guerra de justicia y reparación— que continuaría las empresas de la "conciencia nacional" del siglo anterior, encarnada en los herederos de un sufrimiento que, como había escrito Astrada, venían a tomar lo suyo. El director del film había consultado al filósofo de *El mito gaucho,* en lo que probablemente sería la única oportunidad en que una actividad cinematográfica asumía de tal forma un compromiso con la alta expresión mito-filosófica del ensayo nacional. Era una decidida mancomunión entre el cine y la leyenda nacional —no como ilustración de un relato que podía haberse elegido al azar— sino como continuación de uno en la otra. El cine "actuaba" dentro del mito literario y no se reducía tan solo a narrarlo como una ambientación entre otras. Por otro lado, había una ansiedad por disolver el intervalo siempre inevitable entre la historia viva y las condiciones del relato épico. Más bien, debía este aparecer no como un plano diferente del acontecer político efectivo, sino como un diálogo que retomaba en otro nivel lo actuado, para luego sumergirse en el flujo de los hechos, constantemente reinterpretados. Por eso, el film estaba protagonizado por figuras características de las luchas sociales del período, como era el caso de Julio Troxler, quien había sido uno de los narradores esenciales de *Operación Masacre* de Rodolfo Walsh.

Por cierto, este escritor no había forjado con esos relatos una obra "gauchesca", sino una obra destinada a tener grandiosa repercusión por su compromiso simultáneo con el oscuro drama de los fusilados de junio de 1956 y con los estilos narrativos que provenían de la conciencia solitaria de un hombre justo, que en acción develadora se iba adentrando en el infierno secreto de humillaciones, iniquidades y salvajismos. En *Operación Masacre* Walsh utilizaba recursos de la narrativa policial que él mismo había practicado y modos estilísticos que reiteraban, a veces sin demasiada discreción, los juegos que el propio Borges ya había practicado en sus combinaciones, por las cuales los grandes destinos aparecían bajo estuches simuladamente triviales. Pródigamente se han señalado estos y otros temas en los escritos sobre Rodolfo Walsh, escritos entre los que son siempre recordables los que les dedican Ángel Rama, David Viñas, Ricardo Piglia, Roberto Ferro, por arriesgarnos apenas a hacer una mención escueta que omite muchísimos otros accesos críticos a esa trascendente vida política y literaria, uno de los emblemas contemporáneos del drama nacional durante casi todo el siglo que se agosta.

No ha pasado desapercibido el comprometimiento de *Operación Masacre* —por más retirados que se perciban tales ecos— con el *Facundo* sarmientino. Es evidente que las figuras sonámbulas que se mueven en ese libro también tienen, particularmente en lo que se refiere a las almas turbias de los represores, lo que se puede llamar un último atisbo de humanidad dentro de un cuadro de gestos viles, de abismales formas de maldad. Ese modo de interpretar las negras conciencias represivas da un aroma extraño, una paradójica verosimilitud a la denuncia del estrago hecho contra lo humano. Y por otro lado, está la atmósfera de una guerra social que trastoca las vidas y por fuerza trastoca las proposiciones literarias y la vida del escritor. Este pasa a fusionarse con sus otros destinos a la espera, el de testigo, el de denunciante y el de clandestino custodio literario de su propia estrella amenazada, precisamente como resultado de lo que escribe o irá a escribir. Pues bien, Julio Troxler, uno de los protagonistas de *Operación Masacre*, lo será de *Los hijos de Fierro*.

Transita la vida de Troxler, pues, de un *libro* a un *film*, ambos pertenecientes al *epos* nacional. Julio Troxler había sido oficial de la policía de la provincia de Buenos Aires y acaso el conocimiento de sus prácticas obtusas llevó a que fuera él quien apartara de un manotón los fusiles de los agentes y saliera corriendo, con las otras víctimas, por el descampado ante los fusiladores desconcertados.

Ese fusilamiento deshilachado es el primer acto de una novela que prevalece por su condición de momento no rotundo de un acto que iba a presentarse con tintes goyescos y concluyentes. Era una situación raída e incompleta que conseguía resaltar con mayor detallismo la honda tragedia donde víctimas y victimarios eran tomados por una falla en el sino absoluto con que deben cumplir sus papeles. De esa falencia del fusilador sale el destino del sobreviviente, el policía retirado Troxler, que mantenía compromisos sociales con las peanas de la causa popular. Luego, en el fugaz momento del año 73, fue encumbrado a la condición de subjefe de policía, y en las crónicas de la época no pasaba desapercibida su presencia como una de las autoridades máximas del cuerpo armado que había intentado fusilarlo.

Era parte del trastocamiento del 73, de esa gran inversión justiciera por la cual una de las víctimas pasaba a encargarse del ámbito de los victimarios para demostrar, acaso, que la historia venía por sus fueros, que ingresaba en una vuelta de campana para desdecirse y para mostrar que una justicia lírica le reservaba a la víctima reflexiva la misión de declarar un *nunca más* a los hombres envueltos en el costumbrismo aturdido del represor. Pero Troxler, símbolo vivo de que toda injusticia que se desencadena podía ser burlada o quedar incompleta, es fusilado por segunda vez por el grupo de nocturnos personajes que se agrupaban técnicamente bajo el siniestro triunvirato de *aes*, la letra iniciadora del alfabeto que en su machacona reiteración prometía terror redundante. El terror es la redundancia gratuita del alfabeto anónimo del poder clandestino. Entrañas del Estado que retroceden en un punto muy anterior al *abecé* para establecerse obcecadamente en la *a* triplicada, sin obedecer a otra cosa que a la letanía de un acribillamiento literal. Podía representarse así el pre-origen del castigo espeluznante a los justos hombres sociales. Era el cartílago inicial de la política de los chacales, no una pedagogía meramente dura o despótica sino el castigo de los castigos, soturno momento ejemplar que antecedía cualquier escarmiento ulterior.

A Troxler le dijeron, lo desafiaron, "¡a ver, corré ahora!" —así creen haberlo oído unos testigos, quizás unos niños, infantil coro helénico que escuchaba como casual una frase que venía amasándose en la tragedia argentina—, pero no era un desafío, pues ya se habían agotado sus chances, y no podía ocurrir sino lo que dictaminaban las armas que lo apuntaban, sin que hubiera ya descampado para correr. Venía a completarse así la "operación masacre" —el mito vengador de los crueles represores denunciado en el canto de desagravio de Walsh— mientras caía junto a un paredón de Barracas, cerca de las vías del ferrocarril, que sería luego un espacio recurrente de filmación del director de *Los hijos de Fierro.*

En ese film, Troxler representa el rol de un militar de bajo rango que pasa a las filas de los insurgentes. La escena ocurre bajo cielo pampeano, pero la ambientación no es campestre ni a la distancia grita un chajá. Ocurre en un marco fabril, en medio de caños industriales; es un paisaje suburbano e industrial. Es la escena del pasaje de Cruz, abandonando la partida, junto al desertor Martín Fierro. En la imaginería insurgente esa crispación pertenecía al ciclo histórico en que se esperaba la convergencia del movimiento armado revolucionario con la "oficialidad joven del ejército" —así se decía—, en la que también se suponía un sentido semejante en la conciencia de los males que aquejaban al país. Borges había nombrado esa escena como la "noche fundamental de la literatura argentina", y en otros momentos la había descalificado. Con su sensibilidad política de porosidad siempre abierta a la actualidad nacional, había dicho que por ser el *Martín Fierro* la apología de un desertor no convenía ensalzarlo en resguardo de la salud y disciplina del país. Esta opinión de Borges también correspondía a una interpretación a la que lo arrastraba la Argentina posterior a la caída del peronismo, y era la inversión precisa de aquella otra en la que pensaban los militantes que predicaban la "unión del pueblo con el sector sensible de los militares sanmartinianos".

De todos modos, en estos rumbos tan dispares que tomaba la hermenéutica martinfierrista estaba presente la idea de que un texto era un mito que involucraba a su *autor*, a sus *personajes*, a sus *lectores* y a la *actualidad*. Y que ese mito, vivificado por los hombres del presente, daba a los movimientos de ese período la densidad histórica de la que si no carecerían, y principalmente daba el sentimiento de que todo acto presente era la revelación de un encargo prefigurado antes, en los textos escritos por el alma soterrada de la justicia colectiva. Martínez Estrada ya había declarado, como veremos en el capítulo siguiente, que nadie podía leer el *Martín Fierro* sin sentirse en medio de un oscuro temblor personal, pues no se hacía otra cosa que actualizar la irresuelta tragedia del país sin justicia. Aunque sería precisamente Martínez Estrada el que, en uno de los giros más extraños de sus juegos de interpretación, condenase al sargento Cruz no por ser un desertor —como condenaría, por momentos, Borges—, sino por serlo en medio de sórdidos intereses personales.

Un Troxler vestido con un uniforme de fajina militar, ametralladora en mano, acudía entonces ante el pedestal de la frase tantas veces pronunciada antes, "Cruz no consiente que se mate así a un valiente". Troxler, uno de los "fusilados que vivían", concurría a la filmación de Fernando Solanas en los atípicos horarios que le permitía su condición de jefe de la misma policía que una década y media antes le había apuntado sus máusers fusiladores. El día que vuelven a fusilarlo —dos décadas después— el director del film estaba en un campo de las afueras de la ciudad rodando algunas escenas a la distancia con un doble de Troxler. El cine, con su propensión a crear "situaciones dobles", no podía conjeturar que la forma bruta de un destino iba incluso más allá de lo que podía presuponerse, aun en el caso de que se buscase deliberadamente una ilusión circular de mutua referencia con la historia viva. En esta concepción, el grupo de cine —con sus técnicas características, sus formas de expresión peculiares— asumía el papel de un núcleo de actuación política que producía efectos en la misma historia de la que tomaba sus motivos narrativos. Una doble confianza en el papel de una cosmovisión historicista y de las configuraciones mito-poéticas gobernaba la actitud de este estilo cinematográfico, que nunca fue bien visto por quienes reclamaban no esta condición de *superposición y sobreactuación del mito* sino un plano de develamiento donde el cine fuera un equivalente del realismo crítico. Antes que acatarlo, debía poner de manifiesto el corazón del mito. En suma, desarmarlo y convertirlo en pedagogía social activa.

En la revista *Los Libros*, correspondiente a principios del año 1975 —en ese período esta revista marcaría muy fuertemente las pulsaciones de la "economía literaria" del país, para emplear un concepto que aparece en sus páginas—, un artículo de Beatriz Sarlo refiere algunas circunstancias sobre la relación entre el cine argentino, la política nacional, las obras comerciales y el dilema del público de masas. Comparado *Juan Moreira* de Favio con las películas de Torre Nilsson, en las cuales el costumbrismo es meramente decorativo, indica que en las de sus discípulos —Favio, efectivamente, lo era— "se reelaboran sentimientos y mitos populares", acercándose a "uno de los objetivos que Gramsci define como propio de la literatura popular, identidad de concepción de mundo entre escritores y pueblo, tal como esto debe ser entendido en el marco del auge del peronismo en la Argentina". Juzgaba la autora —no es necesario advertir aquí hasta qué punto hay que hacerse cargo del peso con que la época sella estos pensamientos— que el camino abierto por Favio poniendo el héroe popular como eje se articulaba con un proyecto que "podía llegar a expresar ante grandes masas que son su público contenidos realmente democráticos y antiimperialistas".

En momentos posteriores muy notorios, la autora reencaminaría su reflexión, en un sentido bien diferente al anterior, en torno a la *superación del mito*. Se trataba ahora de señalar que *dentro del mito no se puede pensar*, y con esta expresión —que en este caso citamos apenas respaldados en la confianza que podemos tener en la rememoración de la lectura de viejas revistas— se alcanzaban algunas obras entre las que se incluía el film *Los hijos de Fierro*. No sería la última vez que Beatriz Sarlo se refiriera a películas del mismo director, y pasados treinta años insiste en mantener esta constancia con un nuevo distanciamiento crítico en el aniversario de *La hora de los hornos,* uno de los primeros films de Solanas —este junto a Getino— al que ya le había puesto fuertes reticencias en el artículo de *Los Libros,* de 1975, que ya mencionamos.

En efecto, la cuestión de si es posible o no pensar dentro del mito adquiere gran relevancia. Deseamos mantener la idea de que no solo es posible pensar dentro del mito, sino que no hay pensamiento crítico que no parta, para construir su "afuera", en un envolvimiento con el mito. Es que no es posible pensar sin mito (*o sin los mitos*). Es decir, sin un momento de recalque, de fijeza, de reiteración sorda de aquello que vendría a ser el pasado esfumado o el flujo natural de una historia. Con el mito no podemos nunca tener la garantía de que la materia se ha sedimentado o se ha evaporado para siempre. Todo lo contrario, hay momentos de revelación inesperada, puntos sutiles de un *continuum* que repentinamente se acentúan hasta que prorrumpe el sentimiento de que estamos en un "presente del pasado". Un presente tal que parecía licuado, y sin embargo se atenaza inesperadamente cual esperpento. Con el mito, comprobamos hasta qué punto *no se pierde nada* de la materia. Si todo se transforma, como proclama el *dictum* habitual, *todo se transforma en una aparición súbita.* Gracias a tal aparición, el mito deja de ser un remanente fondeado en la conciencia perenne del pasado y se actualiza en un evento irrepetible e inusitado. Esa aparición es la salvación y a la vez la negación del mito.

Un viejo tema mencionado con insistencia por las tradiciones de la Ilustración presentaba el abandono de las edades míticas como una "caída en la historia". Se decía que la historia disolvía el *eterno retorno* o nos emancipaba del cumplimiento de un cometido prefigurado en una historia de salvación. Cristo y Nietzsche dejan sus destronados lugares a los jacobinos de Robespierre o al acorazado de Eisenstein. Pero si bien ese acorazado —materia bruta, técnica y utópica de la historia— se retira de las cintas filmadas bajo un sentimiento de pérdida, todos esos hombres y máquinas cortados por dramáticos fragmentos de imágenes que van generando un diálogo subterráneo entre ellas nos dejarán abierta la perspectiva de salir de cuadro con una promesa de victoria futura.

Así se escribe una epopeya en el sentido de la marcha desde el mito hacia la historia. Pero la sorpresa paradójica que nos depara este derrotero es que nunca dejan de aparecer nuevos mitos del mundo humano, social o natural. Puede entonces replantearse un Calendario —y la noción misma de tiempo— bajo un racionalismo deísta que designará como brumario o termidor las ecuaciones temporales de una humanidad tan cósmica como profana. O puede imaginarse, en el extremo de la alianza entre energía corporal e ideología, que la subjetividad socialista se albergaría en héroes agrícolas o políticos o en egregias figuras de la ingeniería de la exploración espacial.

Sin duda, no eran estos mitos —que conjugan candidez y grandilocuencia— los que motivaban que las antropologías filosóficas de las primeras décadas del siglo lanzaran su lamento frente al desencantamiento del mundo, la "pérdida del aura", el rechazo del carácter enigmático de la obra de arte o el olvido del ser. Eran otra clase de mitos perdidos los que provocaban una inflexión de lamento por el empobrecimiento de la palabra humana en un mundo de imperativos tecno-burocráticos. Eran los mitos propiciadores que unían la capacidad creadora de lo humano con la garantía misma de que la palabra perdura porque es lo que resiste y se resiste. ¿A qué? A no tener continuas variaciones e intérpretes en todo tiempo y lugar. Esa cualidad interpretativa que pone en juego el presente es la que suscita la idea del pasado como mito a interrogar, a torcer, a reedificar o a negar, ya muy lejos de su cualidad clásica de engullir hombres sometidos y desamparados.

De todos modos, el desprecio hacia lo que se consideraba la alianza entre mito e historia perdura en la obra tan estimable de Lévi-Strauss. Implacable, en su discusión con Sartre —quizás la más importante discusión de ideas de los años 60—, el antropólogo francés cuestionó "el mito de la Revolución Francesa" como fuente de todas las interpretaciones modernas que quieren explicar la historia pero terminan dominadas por esta forma menor del mito, *el mito político*. Se trata de interpretaciones que no saben resolver su propia crisis de sentido. Y no saben colocar la historia como un método de clasificación de eventos, de la misma manera en que lo haría el inspirado "pensamiento salvaje", basado en una original relación entre estructura y acontecimiento. A este pensamiento lo desprecian en nombre de un corte "dialéctico" de la historia, que lleva a privilegiar una noción de modernidad atada sospechosamente a las estrechas proporciones del "humanismo trascendental". La historia es solo un método; no tiene objeto propio, y solo en estas condiciones puede construir el relato mayor de la experiencia humana.

En nuestro parecer, hoy no es posible sostener tales razonamientos, por más sorprendentes y estimulantes que estas vigilias teóricas de Lévi-Strauss sean para el arte de meditar. Se equivocan los pensamientos sin mito, e incluso eso queda revelado en los conocidos —y también magníficos— tropezones que se evidencian en la propia obra levi-straussiana, a la hora de formular las relaciones entre mito, ciencia y arte. Mala herencia de esta obra notable son hoy las observaciones encaminadas a asociar los "mitos políticos contemporáneos" a un absolutismo que ciega las fuentes del juicio.

Suele decirse que "frente al absoluto mítico" se perderían las fuentes de la valoración y el discernimiento: *esto es, se ingresaría a ese peligroso "todo vale"*. Pero no: justamente la atribución de diferentes y contrapuestos significados de valía al mundo se basa en el particular desajuste entre la napa mítica de los valores y la posibilidad de recrearlos en un presente emancipado de lo mítico. La sobrevivencia de segmentos del mito en el sujeto autárquico es precisamente lo que impide considerar que *todo vale*.

Sólo el ejercicio de la diferencia entre los mitos que operan en las creencias personales (no discernidas en la visibilidad de nuestras apreciaciones) y las permutas, variaciones, transformaciones o versiones de un mito, permiten formar un juicio garantizando contra el imperio del temible absoluto. No es con el uso de un único plano del discernimiento —la dimensión "blanca" de la razón tiesa y sin rugosidades— que comprenderemos la diversidad del mundo. Ese es el "absoluto conveniente" —forma secreta del mesianismo que la herencia de la Ilustración encubre— que se expresa en la totalidad posible de lo que es apropiado decir en cada momento pleno de la historia. Esta superposición del juicio con la universalidad apática de los hechos impide construir lo des-absoluto, es decir, el juicio de resta, de sustracción, que al mismo tiempo admite en sí mismo un recalque pretérito y un destrozamiento de lo arcaico cada vez que se actúa.

La libertad particular de los hechos y los sujetos solo es garantizada por el "pacto con el mito", es decir, lo fáustico del hombre activo que dialoga con los cristales inmóviles del pasado y los desprende uno a uno, para liberarlos en un ámbito nuevo. En esta vía de reflexión, no se puede escribir la historia solo con un pensamiento exorcizador del mito. Se trataría de algo más complejo que no excluye el exorcizo, pero previa interpretación del legado mítico empotrado en nuestro propio pensamiento. Sin duda sería posible ser un Tulio Halperín Donghi, que en sus máximos trabajos o aun en aquellos que parecen aleatorios y no lo son (por ejemplo, el escrito sobre el padre Mier) se coloca *afuera del mito* para desmontar con ironía la historia de los mitos políticos producida por intelectuales imaginativos y turbados. Pero cuando no existe esa distante ironía para juzgar al mito —buen diálogo ese, entre lo irónico y lo mítico— queda la sensación de una rutina que hace del conocer una mera variedad desacralizadora.

Por eso no es justa la frase de Tzvetan Todorov —que leímos cierta vez en los diarios de Buenos Aires— en la que se dice que más importante que la memoria es la justicia. En la memoria está el horror, el no-juicio. Sin duda. ¿Pero qué ganamos con pinzar el pasado con una previa selección consternada que a cada momento pone un enjuiciamiento por encima de lo ocurrido? La justicia no puede ser superior a la memoria. Para que haya justicia la memoria debe *aparecer* como un material huidizo e implacable, sórdido y eminente. Y en ese aparecer, la justicia se establece junto al intento de convertir los mitos de la memoria —porque ambos, mito y memoria, van de la mano, como en un juego infantil pero terrible— en una dimensión valorativa del presente renovado. Incluso, podríamos suponer que esa renovación estará regida por las llamadas éticas de responsabilidad.

Se hace necesario decir, pues, que cada vez que empleamos la palabra mito algo sucede en el corazón de nuestra lengua. Algo que debería ser recibido con extrañeza y sin embargo sabemos admitir con tranquila amistad. Una larga fascinación de nuestro espíritu hace reposar el mito sobre una conjunción de gracia y error. ¿Por qué toleramos esto? Porque situamos en el mito un material que se diría "sobrante", un material que puede reclamarnos la suspensión de la verdad en virtud de un encantamiento. Y ese sortilegio, aunque sea por un momento, podría hacernos abandonar la severidad del entendimiento en nombre de una creencia que omitió sus fundamentos pero no su oscura sugestión. Toleramos todo esto porque el lenguaje no es sino la aceptación sin crítica de lo que el mito ha construido.

De este modo, hablar es una irresponsabilidad cotidiana, una dulce desfachatez que puede revestirse de la oratoria de los justos, del razonamiento de los maestros, del vaticinio de los eruditos o del edicto de los amos. Lo que nunca haremos es presentar un alegato heroico *contra* el fluir de palabras que tantas veces llevaron a definir el ser por su condición de hablante y su presencia mundana a través de su cláusula verbal. No nos está dada esa virtud que sería postrera y ni siquiera suicida. Aun el silencio es portador fatal de una subsecuencia. El lenguaje lo precede y el silencio no puede despojarse de un atributo de posteridad respecto a él. Porque, ¿no es el silencio lo que se descubre luego de la palabra visible, y, aun en la invisibilidad, no es lo que perdura en la memoria vana de los sonidos? Todo ello es lo que sugiere el mito como forja del pensar libre, que en las tradiciones *ajenas* a la ilustración —precisamente las que resguardan el ideal emancipador como algo en torno de la palabra mítica— aparece como el intento de buscar una *nueva ilustración* que reconstruya el habla sobre la base de la trágica imposibilidad de decir simultáneamente *quiénes somos mientras hablamos.* En la pausa que origina esa imposibilidad está justamente el mito, que es lo único que nos permite tolerar lo que acumulamos sin dejar nunca de ser aliento de la acción, pues solo porque hay mito hay acción. La acción, digamos, es lo que siempre pugna por revelar el turbio depósito lingüístico de rotas memorias humanas.

En los últimos años, que en la Argentina coinciden con la finalización del atroz período militar, muchas reflexiones políticas se hicieron bajo el signo de un rechazo al mito. Se trataba de un impulso que quizás podría denominarse "para acabar con el juicio de los mitos". En ese sentido, un libro que logró cierta repercusión en 1987 fue *Perón o Muerte, los fundamentos del discurso peronista,* escrito por Eliseo Verón y Silvia Sigal. El ciclo discursivo de Perón transita desde 1944 —lo que los autores han llamado "modelo de llegada"— hasta la coyuntura de 1973, en donde Perón *con su voz y con su cuerpo* "vacía el terreno político" profiriendo su célebre "nosotros, los políticos", que no era otra cosa que un colectivo singular parlante con el que competía con otras entidades abstractas, tales como el *Pueblo* y la *Nación.* Con esos atributos míticos, Perón construye un paradojal territorio donde al mismo tiempo que evita el totalitarismo, pues se priva de elegir entre algunos de los polos de la confrontación de aquel momento, deja abierto el cauce de la violencia, complemento indispensable que se sigue a la omisión de la política como habla contractual pluralizada. "Elige la muerte en nombre de todos..."

De este modo, los autores también sugieren sus propias dicotomías, porque a pesar de lo muy alejadas que se creen de las "invariantes históricas" de Martínez Estrada ellos crean las suyas, a las que denominan del mismo modo, invariante, solo que en este caso se refiere al cuerpo discursivo que pone en juego Perón. Y en especial hay una dicotomía que recorre su libro, la que sugiere que la política o se hace como mito vaciador de la historia o se hace como pluralidad de creencias que consideran el poder como un "lugar vacío, relacional", por lo que luego de plantear la crucial cuestión de las "condiciones sociales de producción del discurso" solo consiguen llegar a una tesis dualista de las prácticas políticas, según se desarrollen en sociedades avanzadas del tipo industrial y democrático, o en sociedades heroicas, mito-poéticas y sin historia. La pérdida de la posibilidad de hablar de esas "condiciones" no se resuelve, pero no por el recurso exclusivo a una semiología al día —la que los autores conocen bien y se lucen en desplegar—, sino por el rechazo a hablar del mito para otra cosa que no sea oponerlo a un logos político previamente inteligible. Se lo invoca al peronismo como "matriz de significaciones míticas" que transcurren a través del poder simbólico del lenguaje (Perón, *enunciador absoluto* del peronismo).

Este único enunciador lleva a Verón y Sigal a construir una metafísica política del malentendido, por la cual la lucha discursiva entre el *nombre* de Perón y el *nombre* de *Montoneros* era por un lado un empeño cuyo mecanismo no se conocía ("la Jotapé no supo decir quién era Perón") y una trampa retórica que abarcaba al *Logos* arácnido del propio Perón ("Podía todo menos nombrar su heredero"). Su propio *cuerpo discursivo* expulsaba la historia aun cuando quería ponerse a su altura con un "nosotros" pleno de malentendidos, en especial, el de la izquierda, que fracasa en su intento de insertarse en el "dispositivo de enunciación de Perón". Pero *Perón o Muerte* no analiza *malentendidos* en el plano de la conciencia —lo cual llevaría a dar una nueva riqueza subjetiva a la historia— sino como mero juego o lucha retórica. El *nosotros los políticos* de

Perón se coloca inevitablemente a la altura de la Patria mítica. El logos de Perón era la otra forma del mito. ¿Podría imaginarse ahora que el mito del "análisis del discurso" quiere devolver el *logos* a una razón democrática y pluralista pero debería también saber declarar cuál es su propio mito?

Si llamamos *mito* a una forma del logos —la que impide la dispersión del sentido y lo condensa en un momento ya conocido a fin de iniciar desde él una nueva acción— no solo sería difícil, sino imposible, pensar en cualquier situación de discernimiento que no sea a la vez una proposición que roza el mito. "Roza" quiere decir que lo involucra y lo reclama como componente activo del sentido. Justamente, el historiador Tulio Halperín Donghi, siempre atento a ese tema, escribió un comentario a *Perón o Muerte* de Verón y Sigal, que por más de un motivo debe ahora reclamarnos atención.

Tulio Halperín Donghi, crítica y mito

Un historiador en el cual la escritura se ensortija para perseguir la sinuosidad del tiempo: he allí a Halperín, heredero principal de una elocuente y ya antigua historiografía universitaria. En lo que nos interesa, debemos atender ahora lo que también se presenta, en él, como una tarea que se constituye como una crítica ante el cartabón del mito. Ámbito privilegiado para observar cómo se mueve esta consideración sobre el mito será su trabajo sobre la interesante figura de fray Servando Teresa de Mier, el orador sacro del México colonial, por cuyo famoso sermón sobre el origen del culto de Guadalupe acaba en la mira de las autoridades coloniales. Para Halperín, Mier no es tanto un buscador de la verdad, en épocas reconocidamente convulsas y de trastocamiento del viejo orden, como un astuto guardián de su propia carrera eclesiástica, un *cursus honorum* que se ve golpeado por la escisión de los tiempos, en que las ideas republicanas dejan en la incerteza a los espíritus perspicaces. La propensión autobiográfica de Mier es el local adecuado para examinar cómo se va gestando su convicción de que su honor está indebidamente expuesto a la inclemencia de poderes caprichosos y cambiantes, por lo que la secreta e invisible angustia que lo atenaza se expresará en su actividad de predicador sagrado.

Y aquí, Halperín no explica con claridad cómo, en el padre Mier, se produce el pasaje entre su implícita comprensión del resquebrajamiento del orden y su oscura decisión de dar una nueva versión del milagro de Guadalupe "que satisface mejor las ambiciones de una nacionalidad". ¿No estamos aquí, sin duda, en el campo de las complejas mediaciones por las que una conciencia individual percibe la *agonía* de una situación? Entonces, no debería ser impropio aludir a la manera, frecuente en él, con la que el historiador emplea el concepto de *agonía*. Remitido a la escena histórica no deja de impregnarla con un sabor que parecería más apropiado en el ámbito de la conciencia individual. En esa crispación espiritual, Mier no podría vincular su deseo de resistir al oscuro régimen colonial descompuesto con una serena vocación hacia la verdad. Así lo entiende Halperín. ¿No está reclamando mucho? Mier, dice el historiador, "no tenía nada de reflexivo indagador de la verdad capaz de participar en la nueva aventura intelectual que supone la creación de un haz de ciencias mundanas del hombre". ¿Qué se le estaría pidiendo al mañoso sacerdote? Desde luego, este no es un iluminista, y parecería muy aventurado, al punto de lo imposible, insinuar que el sacerdote debía comportarse como un cultor de la verdad tal como la establecen las ciencias sociales herederas de la Ilustración. Mier abandona la conquista de la verdad y la sustituye por la cualidad del "inventor de mitos", y no es sino de este modo que coopera a modelar la conciencia nacional mexicana.

De allí, Halperín ya puede situarse en su estricto papel de historiador lanzado a enjuiciar una situación más amplia, que se le ocurre "de una perversa y paradójica modernidad". No siente Halperín que haya obstáculos significativos para preparar entonces un juicio que abarca sin mácula el horizonte actual. El sacerdote Mier se acercará así a todos los que "*en nuestro siglo vieron también la inseguridad creciente de los criterios de verdad como una oportunidad para desinteresarse de esa dimensión de la tarea intelectual y consagrarse en cambio a la fabricación deliberada de mitos, estructurados con vistas a muy precisos objetivos prácticos*". No deja de asombrar esta apreciación, que se sitúa en el plano de los dilemas de conocimiento que recorren toda la historia de la cultura occidental, y que pone el conflicto en una alternativa entre "criterios de verdad" y "fabricación deliberada de mitos". Esto último significaría, si se interpreta cabalmente a Halperín, la subsistencia de criterios jerárquicos, honoríficos y de nobleza intelectual en la República, transferidos allí desde el viejo régimen en *agonía*. Halperín imagina que esta tarea incesante destinada a ligar la actividad intelectual a la verdad y al rechazo de los mitos sería el esquema de valores estimable en todo tiempo histórico, la forma de orientarse en el conocimiento del ser agónico de la historia, sin telarañas honoríficas, sin mitologías. Restaría entonces un ejercicio mordaz de escritura, como proposición ética que el historiador le presta a la filosofía desencantada, único arbitrio con el que se haría frente al estertor de las historias nacionales.

La escritura de Halperín, decimos, es uno de sus logros evidentes. Es una escritura que intenta fijar el momento en que cada sujeto se enfrenta con la realidad de sus frustradas potencialidades, en situación adversativa, donde las contingencias que emergen de cada acto escapan de la comprensión inmediata y se abren hacia direcciones que burlan los propósitos originarios. Pero los hallazgos que habitan en esta *maniera* —permítase calificarla así— se contraponen notablemente a su moral de la historia, en la que se trata de asentar un estrecho binarismo: *o la verdad de las ciencias sociales o la invención de mitos.* Mientras la escritura adquiere una alucinada temporalidad enredada y lóbrega, el hilo histórico que se sigue es el de una razón desmitologizada, anodina y recelosa. Por eso, es particularmente importante la diplomática pero adversa nota que escribe Halperín comentando, precisamente, el libro de Verón y Sigal —*Perón o Muerte, fundamentos discursivos del fenómeno peronista*— al que habíamos hecho mención en páginas anteriores. En esta nota, publicada en la revista *Vuelta* en el año 1987, reaparece la cuestión de la ciencia social como forma obsesiva de crear precisiones para comprender los fenómenos de la esfera histórica. No es por estos rasgos declaradamente pertenecientes a las más arraigadas vocaciones científicas que Halperín estaría en desacuerdo con los autores de *Perón o Muerte.* A diferencia del fraile Mier, estos contemporáneos intelectuales de las ciencias sociales para nada están interesados en inventar mitos. Aquí, el desacuerdo proviene de la escasa disposición del llamado "análisis de discurso" para revisar las vastas secuencias históricas que intervinculan las sucesivas estratificaciones históricas. Halperín hubiera preferido entroncar el peronismo con los fuertes antecedentes argentinos que llevaban precisamente a negar la esfera política democrática con fórmulas de conjunción política que reunían una disparidad simultánea de aspiraciones, pero declaradas legítimas por un aglutinante, una situación, un concepto o un jefe que las amparaba como "unidad en la diversidad". No solo Echeverría, sino Mitre e Yrigoyen —por no hablar de Alfonsín— son para Halperín Donghi los exponentes de este estilo del proceder político consustancial a cualquier situación de poder, y no solo aquellas en las que se veía involucrada la figura locuaz del general Perón.

¿Acaso para impedir que la semiología vacíe el ser de la historia, Halperín correría el riesgo de ver una "invariante peronista" en anteriores momentos de la historia nacional, y particularmente —en lo que parece una inflamada ironía— en la acción del conspicuo general Mitre? ¿Sólo por la sutil incomodidad que le provocan —aceptemos que con razón— expresiones como *dispositivo de enunciación*, le retrucaría a los semiólogos con la ostensible obviedad de que el peronismo tiene antecedentes tanto europeos como argentinos, que luego se repondrían "bajo signo fascista"? Es que si con fray Servando Teresa de Mier se trataba de ver cómo se abandonaba una verdad social frente al funcionamiento del mito (no un *mito discursivo*, como dirían Verón y Sigal, sino un mito que como relato honorífico involucrase una *interpretación agonal de la historia*), con la explicación de Verón y Sigal hay un compartido terreno inicial, que es el poder develatorio de las ciencias sociales modernas. Pero Halperín no coincide con el modo en que ellos intentan analizar el mito peronista y les devuelve un espejo de la historia en el que esta no está sometida a la prisión retórica de las "formas discursivas" sino al juego inherente del proceso histórico.

Si no se entiende mal, Halperín va más lejos y les devuelve a los analistas de discursos el cargo de estar haciendo "una recuperación imaginaria de la historia", con lo que la anunciada disipación del poder alienante del mito ya no corre a cargo de la ciencia *analítico-discursiva*, ella misma sospechosa de imaginerías, sino del historiador capaz de poner la trama del presente en vinculación con *un orden temporal que revela pensamientos sociales de índole moral.* Aquí recordaremos la propensión de Halperín a hacer descansar sobre una idea de *agonía* el modo especial en que se crispan los momentos históricos. En efecto, esa agonía hace que todos los protagonistas estén envueltos en determinaciones que no alcanzan a comprender acabadamente, y por lo tanto infundidos de cierta locura y vesanía, pues lo que agoniza es siempre un mito, y el historiador debe comprenderlo por encima de los hombres que solo pueden reaccionar ante ese trance forjando imaginerías, muchas veces de contornos fascinantes, como lo fueron las del padre Mier. Para Halperín, da la impresión de que sólo el historiador podría tener un trato con la verdad —esas ciencias mundanas de las que se desinteresaba Mier—. En épocas de convulsión e incerteza, es la palabra sobre la historia, y no la palabra sobre la palabra (esa analítica del discurso), la única capaz de luchar contra el mito y restituir la verdad. El modo narrativo de Halperín se adecua entonces a la empresa de demoler el Mito. Por eso, todo lo que emana de su pluma ácida tiene como destino apresar ese residuo burlón con el que contempla el ridículo de hombres que se creen grandiosos e indestructibles y tropiezan inevitablemente con el rostro irónico de la historia.

El único tema de Halperín es, así, la *ironía de la historia.* Esa incesante máquina de mostrar que los hombres producen resultados contrarios a los que esperan y se ven sumergidos en situaciones que surgen justamente por el hecho de haberse tomado la decisión de evitarlas. También los pensamientos de los personajes que actúan en la incerteza de los tiempos mantienen una inadecuación permanente entre sus expectativas y la verdad —para ellos inaprensible— del sucederse real de la historia. Y entonces aparece en Halperín el indispensable proyecto de una zigzagueante narrativa con la que no quiere que se le escapen los estertores de la historia. Perseguirá así los pensamientos agonales de los protagonistas individuales y colectivos, todas ellas criaturas despojadas de razones profundas respecto a la comprensión de lo que hacen, pues parecería que Halperín también acepta la larga tradición del pesimismo humanista respecto a que los hombres hacen la historia, pero en medio de un asombroso y radical desconocimiento de las condiciones en que la hacen. La tarea eximia consistirá en describir las creencias, ensoñaciones y motivos que recubren las acciones de modo de darles validez para cada grupo particular. En esa descripción el historiador deberá poner en juego su capacidad de captar y dar forma a un campo vaporoso de motivaciones, como si a cada segmento de tiempo que envuelve el drama de los personajes alguien los estuviera escuchando con la pasión distante de un novelista caústico y fatalista.

Por eso, en la mayoría de los relatos de Halperín no es fácil determinar *quién habla*, si el historiador que atribuye, a los otros, pensamientos que forman parte de un juego interpretativo, o si son los propios agentes de la historia que encuentran en el historiador un glosista veraz pero ecuánime. Sabemos que aun en este último caso, él se reservará la voz final de una moraleja que hablará sobre lo desaconsejable de dejarse ganar por la fascinación de los mitos. Pero durante su relato, gozará con la ambigüedad por la cual se nos resta la posibilidad inmediata de hacernos saber *a quién* pertenecen las palabras que se van profiriendo en la historia. Y es aquí que nos abrimos al peligro de la narración halperiniana, no menos riesgoso a pesar del interés notable que despierta el modo en que es anunciada y constituida. En el entusiasmo por la voz neutral del historiador que contempla los estragos de la violencia mítica, describe los razonamientos internos de los vengativos asesinos que se lanzan a ahogar los coros revolucionarios como si de algún modo hubiera que tomarles la palabra, como si de algún modo para mentar a tales asesinos alcanzase con que, al final, el historiador declarase que estaban todos equivocados en aquellos oscuros festivales de furia. ¿No debe advertir en algún momento que los motivos por él reconstruidos de la acción represora, en su necesario encadenamiento por darse legitimidad a sí misma, podrían ser justo aquellos aspectos sobre los que habría que liberar *precisamente* la facultad de juzgar?

Se dirá que es gracias a esa inhibición que lo descarnado de la historia adquiere mayor brillo y su verdadero carácter aciago. Pero también deja suelta la sospecha de si el historiador sin mitos no estaría haciendo caer un duro dictamen sobre las criaturas que, aun sin medir consecuencias, se habían lanzado tan animadamente a la liza revolucionaria. Y no sería este un reproche a quien veríamos perdiendo su neutralidad, pues no es esa la preocupación. Sí lo sería a quien, por demostrar que puede reconstruir tan adecuadamente los impulsos justificadores de los funcionarios del Leviatán, se expondría a dejar la duda sobre *si la ironía de la historia también sería una sentencia preparada contra los que intentan trastocar un mundo que juzgan injusto.*

Cuando Halperín propone quí recordamos algunos fragmentos de *La larga agonía de la Argentina peronista* (1994)— que los agentes del sórdido terror se expresaron con una "cruel pedagogía" para provocar un "escarmiento inolvidable, un desquite póstumo", está dando un juicio moral sobre la *historia mítica*, que es la que necesariamente lleva a una orgía de sangre, a una coreografía de venganzas y horripilantes penalidades. La historia mítica debe describirse con una prosa desencarnada de mitos, una prosa no lineal ni objetiva, sino intensamente quebrantada por las propias voces de los actores históricos que se enzarzan en ella, doblándola, estirándola, ramificándola en todas las direcciones en que desbarra un tiempo endeble y letal.

Halperín no es un *moraliste*, porque no ve a la historia como el cumplimiento de un veredicto trazado por un sentido preliminar que elige entre el bien y el mal. Pero es moralista el modo en que su relato infunde contenido a las conciencias de los sujetos históricos. Calamidades, castigos, frivolidades, son categorías de su escritura atribuibles al modo en que las poblaciones pensaron su situación frente al terror que desencadenaban los agentes del Estado. Su escritura, dijimos, es de índole desencantada, alimentada por un despecho amargo respecto a que los hombres se arrojan sobre sus obras, a caballo de una voluntad indetenible, como si no supieran que una y otra vez les espera la efímera gloria o el mísero cadalso, o sino nutrir —como siempre— un resentido amor por sí mismo. Y este desencanto de alto vuelo hace las veces de conjuro científico de una historia extraviada.

Con todo, los conceptos del relato moral de Halperín se presentan como adecuados para describir lo que podría ser, si tal posibilidad fuese alcanzable, un colectivo histórico capaz de tomar conciencia de la gravedad de los hechos que protagoniza. Pero de lo que sí hay posibilidad, es de postular una *enigmática continuidad* de la historia, que por ser *continuidad* obliga a pensar en que a pesar de la dispersión de rastros, los distintos momentos tienden a formar memorias encadenadas; pero del mismo modo obliga a considerar que por ser *enigmática,* esos encadenamientos están fustigados por toda clase de errores, desvíos y pérdidas de la capacidad de rememoración. Es allí donde se sitúa la ilusión que mantiene viva la propia idea de historia: *la innovación, la ilusión de lo nuevo.* Por lo cual es posible decir que ni hay novedades radicales ni deja nunca de ausentarse la inflexión nueva. Y no es que *eso* se dé en la historia, sino que *por eso* existe la historia.

Pero es siempre vago el momento en que el historiador debe decidir si tal o cual rasgo estaba escondido en una secreta continuidad que ahora sale a luz, o si se trata de un elemento innovador que es acogido por situaciones que de algún modo estaban a la espera. El dilema no es nuevo en la renombrada historiografía de los *Annales*, alargada y venerable sombra sobre la cual recorta Halperín sus aventuras de historiógrafo. Sin embargo, es relevante que Halperín sostenga *a partir de esa incógnita* el arte maestro de una escritura que siempre se vuelve sobre sí misma —esa es su gracia esencial— para hacerse una incesante pregunta, tan imprescindible como irresoluble. Es la ensimismada pregunta sobre la historia y, con más razón, sobre las decisiones que deben tomar las frases con que se habla de la historia: *¿innovación o continuidad?*

Eso es lo que le da el inconfundible aire de historiador moral. Y entonces emerge su doble rechazo al mito y a una ciencia que no por serlo —como "la ciencia del análisis discursivo"— pierde la posibilidad de tratar la materia viva de la historia. En estas condiciones puede decirse que Halperín hace de la historia una ciencia mundana del lenguaje desencantado, que a costa de combatir el mito no percibe hasta qué punto se recrea ella misma sobre la base del *mito de la distancia* del ironista. Martínez Estrada exclama en *¿Qué es esto?* (1956), en un momento en que también parecía que había cesado la larga agonía de la Argentina peronista, que el pueblo había cometido numerosos pecados y Perón le había ofrecido la impunidad en vez de la absolución. "Había que ofrecerles la regeneración, la purificación." Martínez Estrada piensa con categorías de redención y proposiciones de vaticinador. Lo hace como parte de un acto de reparación de tesoros perdidos, por lo que su escritura es parte de un mito sacerdotal del escritor a partir de la cual no se concibe un texto fuera del juego de valores morales inherentes a la historia. La historia es mítica —como en Halperín Donghi— pero también es mítico el texto con la que se intenta desentrañarla.

A partir de aquí puede sospecharse un cierto clima moral compartido entre Martínez Estrada y Halperín, aunque este ha creado un texto que juega constantemente a combatir el mito. Logra así un resultado de notorio valor —su reconocida textualidad polifónica, con escarpaduras que se retuercen simultáneamente hasta captar las acciones en su confusa dilatación— pero también deja una doble idea descorazonadora. A saber: una historia que por un lado nos brinda solo figuras necias y sombrías, y que se acompaña, por otro lado, de una ciencia que da cuenta de esas figuras con escrituras que deben escapar de la ilusión del mito. ¿Y cómo se escapa del mito? Con escrituras tan filigranadas y onduladas como impasibles, atónitas y heladas. Si para Halperín el padre Servando Teresa de Mier es un *inventor de mitos,* y en esa calificación se juega un enjuiciamiento profundo sobre las atmósferas intelectuales de las épocas de agonía —todas lo son, al cabo—, también es posible recordar como breve ejercitación comparativa la opinión de José Lezama Lima sobre este mismo personaje. "Fray Servando, bajo apariencia teologal, sentía como americano, y en el paso del señor barroco al desterrado romántico se veía obligado a desplazarse por el primer escenario del americano en rebeldía", dice Lezama. Y continúa: "Fray Servando fue el primer escapado, con la necesaria fuerza para llegar al final que todo lo aclara, del señorío barroco, del señor que transcurre en voluptuoso diálogo con el paisaje. Fue el perseguido que hace de la persecusión un modo de integrarse. (...) José Martí representa en una gran navidad verbal la plenitud de la ausencia posible. En él culmina el calabozo de Fray Servando, la frustración de Simón Rodríguez, la muerte de Francisco Miranda, pero también el relámpago de las siete intuiciones de la cultura china..." (J. Lezama Lima, *El romanticismo y el hecho americano,* 1957). Podemos apreciar aquí que Lezama Lima hace del barroco una escritura alegórica y tensa, adecuada al personaje que describe, inmerso en un *pasaje* no menos agónico que aquel al que alude Halperín, *pasaje* del barroco al romanticismo, alegorizado en el primer caso por un sermón antihispano que lo convierte en un perseguido, y en el segundo caso, por un calabozo monacal.

El estilo de Lezama surge del interior del mito. Lo que él denomina barroco americano es la fusión ardorosa de la "semiluna incaica con acantos de capiteles corintios", y su valor político se expresa en una rebeldía que la forma artística preanuncia, convirtiendo las conciencias en un torbellino místico, revolucionario. ¿No podrían verse aquí los dos grandes senderos de la crítica americana —y acaso de toda forma cultural—, la crítica del mito y el rescate del mito? Si el primero nos lleva a una ciencia social sin densidad histórica o a una historia cuyos desatinos hay que exorcizar, el segundo nos lleva a buscar la energía íntima de la historia en una predestinación laica, en una fuerza truncada que pugna por reaparecer como envío emancipador o como promesa olvidada que todo presente debe reactualizar.

Martínez Estrada y la cura de las alegorías

Si hay ensayo argentino, en una gran medida es porque existen los escritos de Ezequiel Martínez Estrada. Su *Radiografía de la Pampa (*1933) —y el resto de su obra crítica— fue calificada por él como una "investigación, análisis y exégesis de la realidad argentina". Pero esta descripción que parece un involuntario homenaje a la calculada modestia que suele acompañar a las autodefiniciones enseguida dejaba paso a otras exaltaciones. Y entonces, a su primer libro de indudable repercusión pública, esa *Radiografía...,* lo calificó como una *catarsis,* una *revelación.* Luego del golpe del 30, la nación que parecía culta y normalizada permitía que se insinuaran en sus napas interiores una pseudocivilización, la ominosa forma que delataba una barbarie atroz. Esa catarsis de la obra, evidentemente, significaba que la idea que promovía —descubrir el mal que se alojaba en los pliegues secretos del país— solo se lograba a costa de una espasmo personal del escritor que la develaba. Todo esto sugería cuál era la horma ensayística que elegía Martínez Estrada. Se trataba de ligar una escritura sobre la vida pública a una conmoción personal. Decir cómo eran los estragos colectivos *equivalía* a poner en juego las propias pasiones.

Un cuerpo excitado y espasmódico representa —en una cuerda paralela— el estremecimiento de la materia social o histórica. Esa es la marca que Martínez Estrada pone sobre cuanto hace. Marca que en las tradiciones del ensayo señalan el caso más arbitrario y exigente por el cual el escritor se arroga la encarnación de los padecimientos o suplicios del cuerpo social colectivo. Como retórica que hace del yo individual del escritor o del filósofo la sede privilegiada de un sentimiento colectivo, esta manera está en la base de las literaturas más relevantes y, a la vez, habituales. Pero Martínez Estrada eligió declararla, vivirla, hacerla materia de su propia reflexión. Y el pensamiento parecía brotar entonces de una psicopatología intelectual, de una enfermedad que excedía el sino corporal para convertirse en alegoría de una enfermedad social, invisible pero integral. Son los recursos —exigentes y molestos— del ungido, del profeta, del misionero. A diferencia de todo un linaje literario que elige hacer de cada texto una circunstancia contingente y en sí misma vacilante, un perpetuo bosquejo en situación despersonalizada, Martínez Estrada optó por la vía de la perturbación personal y la purga, por el texto mimetizado con la vida corporal a través de un formidable teatro de ego travestido con los ropajes de la oculta verdad colectiva. "Mi *Radiografía* era ave de gran vuelo que cruzaba nuestros cielos y los centinelas de guardia que vigilaban el sueño de sus compatriotas le descargaron sus trabucos", decía.

La enorme quimera del incomprendido, que alimenta una de las vetas más destacadas de la alucinación literaria, fue cultivada con entusiasmo mayor por Martínez Estrada. La leyenda del *incomprendido de su época* afirma que muy raramente aquellos que de inmediato son comprendidos o interpretados pueden elaborar una obra. El mismo Martínez Estrada contribuyó ostentosamente a que sus ensayos de carácter adquirieran un lugar central en su obra, subordinando todo lo demás. Esos ensayos eran el sitial más apropiado para dirigirse hacia sus contemporáneos como necios que perdían la posibilidad de comprender una verdad dolorosa. Pero la figura del *contemporáneo* suele disolverse inevitablemente en la figura del *necio*. En una suerte de autodefensa póstuma —el prólogo a la *Antología* de su obra, seleccionada por él mismo y publicada por el Fondo de Cultura Económica en 1964— indica que con *Radiografía de la Pampa* "inventó una escritura como Pascal inventó la geometría", para escribir un libro que era como aquella superlativa ave. Por otro lado, en ese mismo prólogo, decía que Freud y Nietzsche habían descubierto que "verdad y vida" eran incompatibles, con lo que, del mismo modo, él se destinaba al intento "sacrílego" de hacer que se revelen las verdades del subsuelo para que así estallen las formas de vida superficiales, inauténticas. Y como siempre, los necios, los que no entienden, creen que comprender es adecuarse a esas superficies tersas y simuladas.

Era capaz de tener una rara perspicacia política para valorar otras obras muy diferentes a la suya, colocándolas en el mismo tándem. Así lo hace con la obra de Franz Fanon, *Los condenados de la tierra*, asimilándola a la de él en el nudo que más le interesa. El punto donde sería necesario explicar por qué los pueblos que padecen la expoliación colonial (pues colonialismo es alienación) rehúsan la verdad, se apartan del "tratamiento que podría restituirles la salud". Y dirá: "El rechazo de mi pócima es un dato más de que no disfrutamos de mucha salud". La obra de Fanon es la de un psiquiatra que sin embargo obtiene su idea de la conciencia a partir de la fenomenología sartreana, una conciencia de autodescubrimiento, de prácticas vivenciales de desalienación y de dramatismo emancipatorio, muy diferente a la *caracterología alegórica* que postula el autor de *Radiografía de la Pampa.* Y puesto que no carece de interés la gran alegoría estradiana de la conciencia colectiva enferma y el "escritor enfermero" —para el caso de empeñarnos *comparativus casus* con el estilo filosófico de Fanon—, podría mentarse que el colonizado que busca redimir su conciencia violentada no se distancia demasiado de la conciencia demoníaca que acecha en el sedimento oculto de la vida civil. Sin embargo, el clima vitalista que tiene *Radiografía de la Pampa*, como eco necesariamente cercano pero reconocible de las filosofías alemanas de la vida, no es el mismo que acontece en la fenomenología del colonizado de Fanon, donde no hay vitalismo sino politización del momento del conocimiento de sí mismo, que a su vez implica una autoviolentación. La idea de *carácter* que yace en la obra de Martínez Estrada debe pensarse como un semillero de destinos, profecías y enigmáticas confidencias.

Esta *caracterología* o *fisiognómica,* que es la ciencia mítica de la interpretación de la historia tomándola como alegoría y subjetivización de un *rostro ideal*, lleva a resultados impresionantes, pues se analizan como formas del destino indicios que parecen aleatorios —una fotografía, por ejemplo— pero de los cuales se extrae una proyección animada del sentido oculto de los hechos. Así procede Martínez Estrada en *Mi experiencia cubana* (1965), libro de honda simpatía hacia la revolución caribeña, en el que reflexiona a partir de varias fotos instantáneas de Fidel Castro. Una de ellas, preso Castro en una comisaría de La Habana, luego del asalto al cuartel de Moncada, le inspira una reflexión abrumadoramente sutil, que lleva tan lejos como es posible el arte de ver la historia como una serie de íconos sufrientes. Dice: "Es una fotografía envilecida, que parece contaminar de su envilecimiento a quien la contempla con fijeza. La figura de Fidel, en su juventud arrogante y desafiadora, en su varonil apostura, ¿es la de un prisionero de guerra, la de un secuestrado por bandidos, la de un adalid, la de un deportista, la de un emisario interceptado? (...) La máquina fotográfica policial se diría que posee en su construcción y en su mecanismo la cualidad de deformar los objetos reduciéndolos a la medida del calabozo y la ignominia (...) También Fidel 'posa'; está en plena vigilia, atento a cuanto ocurre a su alrededor, cual si los otros fueran testigos de algo que él tiene que revelar públicamente. Esta escena es, lo presentimos, el preámbulo del juicio en que pronunciará su alegato *'La historia me absolverá'*, que es la Apología de Sócrates, el Iconoclasta de Milton y la Autodefensa de Gandhi".

La foto es un mendrugo de realidad que enseguida evidencia la presencia de una aureola misteriosa. El intérprete se lanza sobre ella. Es un halo sentimental agobiante, que envuelve todas las formas del dolor y la reparación en la historia. Pensamiento religioso, sin duda, por el cual un ícono encierra en su figura apática todas las formas de vida ocultas que pertenecen al martirio o al tormento. Por eso, toda representación o toda imagen siempre encierra en su propio pasado una alegoría que está en "inminencia de revelación". Se trata de una inminencia que a la vez palpa y sufre el crítico, dedicado a ver en un texto presente el eco mortífero de todos los textos de la humanidad. Por eso, él percibe que ese instante apresado en la contingencia de un encuadre de fotografía —y Martínez Estrada, el "radiógrafo", sería llamado "fotógrafo de barrio" por su gran antagonista Jauretche— es un relámpago que debe ser liberado de su encapsulamiento mortal.

¿Pero cómo hacerlo? ¿Acaso no está allí, fijo ante nuestros ojos, con el único consuelo de que la vejez también lo alcanza en el amarilleo del papel en que se sostiene? La única forma de dar libertad a ese momento detenido no es negar su inmortalidad inocente, estampada para siempre en una lámina borrosa, sino en proyectarlo imaginariamente ("religiosamente", "alegóricamente") en otras situaciones que él potencialmente anunciaba. Situaciones de dolor en la historia, de revelación de un veredicto sobre el bien y el mal, que estaban inscriptas y detenidas allí como símbolos verbales a ser rescatados del olvido. Ese es el *método crítico* de Martínez Estrada, interrogar objetos diarios —objetos de la técnica y del paisaje— para que suelten su drama de angustia y emancipación.

Del mismo modo, verá en Ernesto Guevara una figura que "exteriormente es la de un personaje bíblico que viste uniforme de fajina en vez de túnica; el cabello y la barba intensos, encuadrándole un rostro de adolescente fatigado (...) lo admiré en su actitud de tribuno de la plebe, docto y circunspecto como un patricio". Cada figura, como complemento de ese método crítico, es percibida como un arquetipo que atraviesa todas las vestiduras históricas y que por encerrar un signo arcaico puede expresarse en una plena contemporaneidad, a la que hay que interrogar en los remotos parentescos que aún vibran en los textos más primitivos. El guerrillero moderno, con su uniforme de fajina, podía ser visto como la proyección de un añejo personaje con túnica bíblica.

Por rasgos como estos, Martínez Estrada fue notablemente despreciado por sus críticos habituales, que si podían ser sensibles al giro que tomaban sus nuevos intereses sociales no podían en cambio olvidar que tales intereses se daban sobre un trasfondo de fuerte "incompresión espiritualizada". Su interés por los guajiros no justificaba su desprecio por los cabecitas negras, según asienta Sebreli en el libro que lo critica. Distintas referencias en *Contorno* —especialmente a través de la pluma de David Viñas— le habían trazado una diagnosis de antihistoricismo circular y profetismo crispado, pero de todos modos se señalaba que su obra trazaba con involuntaria eficacia el verdadero umbral de un "individualismo heroico", semejante al de Guevara —su equivalente con toga de partisano—, que había que festejar a la vez que criticar, esto último como la última manifestación del romanticismo burgués de generaciones como la de 1837. Pero quien iría más lejos en la ruptura, Juan José Sebreli en *Martínez Estrada, una rebelión inútil* (1958), no estaría dispuesto a perdonarle el mero rictus marxista que parecía haberse adosado como caparazón de circunstancias a una obra cuya esencia se mantenía en los términos de un "irracionalismo telúrico" y un "fatalismo spengleriano".

Y así, mientras Héctor A. Murena, en un elogio rimbombante, afirmaba que no era posible ir más allá del sistema de verdades proclamadas por el radiógrafo pampeano —y consecuentemente condenaba la torpeza intelectual de la resurgente "sociología científica"—, el sociólogo Gino Germani, a cuyo alrededor se nucleaban las fuerzas de una nueva sociología que examinaba lo social bajo caución empírica, decía que había leído toda la obra de Martínez Estrada sin encontrar siquiera algo que fuera aprovechable en el nuevo cuadro de saberes académicos que se abrían a finales de los años 50. Esta impetuosa y envanecida afirmación era sin duda imperdonable. Ahora no puede calcularse hasta qué punto este desafortunado juicio influyó en la proscripción de la obra estradiana en las universidades sudamericanas dedicadas a promover el pensamiento social. Una ciencia tan arrogante como irreflexiva respecto a sus presupuestos y finalidad producía un gran renunciamiento cultural que rremataba en actos de exilio bibliográfico, culpables de apartar de la lectura una obra fundamental a sus posibles lectores, que sin duda hubieran podido criticarla adecuadamente pero nunca arrojarla al desván de las inepcias culturales, pues, como ahora está claro, el proscripto habría de mantenerse vivo en la lectura sin necesitar que nadie abogara por su causa, y serían los "funcionarios científicos" que lo exilaron los que deberían ser rescatados ahora por jurisconsultos y archivistas de la taciturna o culposa indiferencia que los rodea, objeto de mera piedad historiográfica y de condolencias rememorativas.

Curiosamentre, era Sebreli el que actuaba como fiscal de la razón frente al "intuicionismo" de Martínez Estrada, lo que no era una desdeñable paradoja desde el momento en que el propio autor de *Buenos Aires, vida cotidiana y alienación* (1964), era visto con recelo en las nacientes aulas de la sociología que impulsaba Gino Germani. Sin embargo, en ese mencionado libro sobre Buenos Aires que le diera su primer notoriedad, Sebreli se expide a favor de un *método sociológico,* promocionando desde una microsociología a una antropología cultural, a las que apenas les exige un mayor compromiso filosófico. Sobrevuela su Buenos Aires el fantasma sartreano de la *Crítica de la razón dialéctica*, que la ceguera de la academia sociológica de la época desdeñaba al punto de ponerlo a Sebreli al margen de la misma ciencia que —aunque interpretada por él con mayor amplitud— también era su soporte para vedar a Martínez Estrada del dominio de "los datos objetivos de la historia". De este modo, mientras esa sociología que en el mismo acto de autodenominarse científica no creía necesario dedicar sus esfuerzos críticos a un tesoro bibliográfico que daba por sepultado, Sebreli alzaba las lanzas despreciadas sin conseguir él mismo ser aceptado cuando tomaba contra Martínez Estrada el estandarte de "una seria metodología sociológica". ¿Cuáles eran los demonios a conjurar que veía Sebreli en la obra estradiana?

En el programa de esta recusación no dejamos de reconocer ahora los trazos de un obvio itinerario de crítica al "irracionalismo", aunque remozado con una idea sartreana de praxis. Así, Martínez Estrada era visto como poseído por un neorromanticismo que surge en los momentos de decadencia social, y un oscurantismo que postula fuerzas cósmicas de la pampa como fatalismo telúrico, con la inevitable consecuencia de eximir de responsabilidad social a los culpables económicos de tanta injusticia. Ya Canal Feijóo —recuerda Sebreli— había indicado que *Radiografía de la Pampa* tomaba como *fatum* lo que no era otra cosa que malas políticas emanadas de una voluntad humana imbuida de arbitrariedades, explicables por el juego de intereses de una sociedad histórica. (El intelectual comunista Héctor Agosti, en *Nación y cultura*, libro que ve la luz el mismo año que el de Sebreli, reitera muchas de estas críticas, que se convertían en un horizonte habitual de la tradición dialéctica contra el *pathos* culturalista —ver capítulo siguiente— antes de transformarse ahora, próximos al nuevo siglo, en los ingredientes de la crítica al "ontologismo social" que la neoacademia globalizada ha incorporado como tributo principal para la construcción de su lenguaje hierático y ausente.)

Agregaba Sebreli que la crítica romántica a la técnica revelaba poco más que un anarquismo resuelto como un encubierto liberalismo de almas bellas, con lo que —entre muchas otras antevisiones acerbas— ya estaba preparado entonces el *grande finale* sartreano del reproche contra Martínez Estrada: "El sacrificio de Martínez Estrada llevado hasta las últimas consecuencias de soledad y desesperación nos deja el ejemplo de un hombre sublime en el orden de lo individual, pero su valor solo puede ser tal desde el punto de vista de Dios; aquí, entre los hombres, carece de todo significado pues no sirve a nadie, es una pasión inútil". No puede dejar hoy de observarse —nos separan más de cuarenta años de estos párrafos— que el programa de Sebreli se mantuvo en pie, pero despojado de la *desiderata* marxista y dejando apenas su núcleo racionalista tenaz y crudo, mientras que, aun a la distancia, el *quiasmo de la pasión inútil* no puede disimular el empleo inapropiado que obtuvo por parte de un Sebreli que vio apenas su lado de presumida futilidad sin considerar su resonancia del lado de la práctica histórica.

Paradójicamente, Martínez Estrada intentaba, bajo el acoso de su experiencia cubana, trazar un raro arco que iba desde su *Radiografía de la Pampa* hasta *Los condenados de la tierra* de Fanon, introduciendo por esa vía el extraño desafío que posibilitaba considerar su *caracterología*, su *hipnotismo de los obje*tos, como un antecedente errático pero fundamental —a la Argentina nos estamos refiriendo— de las sesentistas fenomenologías del oprimido. Sebreli también vio esto y también envió hacia allí sus denuestos. Escribe en la reedición de su *Martínez Estrada, una rebelión inútil*: "Hay un aspecto de la obra que no toco en el libro ya que era imposible advertirlo en aquella época, y es la coincidencia indeliberada de Martínez Estrada con las corrientes tercermundistas. Cualquier nacionalista, populista o peronista suscribiría, palabra por palabra, textos como el siguiente". Y lo que sigue es una larga cita de *Radiografía de la Pampa,* donde se critica la servidumbre intelectual respecto de Europa, en tono vibrante.

Martínez Estrada, que se quejó por eso de las fórmulas del tipo: "Ramos Mejía, el Le Bon argentino", que retrataban penosos vicariatos y abofeteaban al conocimiento con comparaciones que desajustaban todo autonomismo crítico, produjo su obra en la formidable tensión de quien considera a los viajeros ingleses como los primeros escritores argentinos y no se priva él mismo de acudir a la literatura sociológica disponible —por ejemplo, en la obra de Simmel, de Klages, de Spengler, de Nietzsche— para forjar sus motivos de crítica a "la cabeza de Goliat", y por otro lado llamaba a constituir una autarquía cultural argentina ("lo que somos de verdad"), aunque con un sesgo conceptual y un aparato alusivo cuyas fastuosidades Jauretche no aceptaba y hacía motivo de sus mofas.

Pero todos saben que no puede pasarse por alto, hoy, ni la *Radiografía*, ni *La cabeza de Goliat* (1940), ni *Muerte y transfiguración de Martín Fierro* (1948) ni *¿Qué es esto?* (1956), por no hablar del *Sarmiento*, el *Hudson* o las páginas cubanas. Sin embargo, también escribió poesías y cuentos, y estos últimos no suelen ser levantados del moderado olvido que rodea su obra con una porción del mismo entusiasmo con el que ahora se vuelve a leer su sobreviviente ensayística. Es que en cuanto a su ficción en prosa, Martínez Estrada pareció cometer dos ligeras redundancias. La primera consistiría en haber elaborado un remedo del universo kafkiano, la segunda en haber ideado una imitación ficcional de sus propios ensayos de "psicoanálisis social". Lo que acaso podría ser una doble repetición —reincidir con Kafka en el Río de la Plata y reincidirse también a sí mismo— le quitaría originalidad, no a su ensayística, sí a su cuentística. Pero de otro modo, podríamos imaginar que hay motivos para abonar el interés con el que hoy podemos leer esta última. Porque sería allí, donde un autor parece mostrarse *menos original* —como quieto afluente de identificables literaturas precursoras—, el lugar donde *precisamente* podríamos recoger las confesiones que su obra mayor no facilitaría.

Es como si en sus cuentos "prescindibles", Martínez Estrada estuviese al desnudo, elocuente gracias a su sublime despreocupación. Sus ficciones servirían entonces para comunicarnos algunos secretos que su ensayística más osada protegería con valeroso desvelo. Si en sus ensayos había querido Martínez Estrada "revelar los tabúes argentinos" tal cual lo haría un profanador o un blasfemo, en su cuentística se podía encontrar, sin mayores recubrimientos, la vida de ominosas criaturas sobre las que pesaban maldiciones indescifrables. Lo que en *Radiografía de la Pampa* se designaba como propio de una edificación cultural ficticia que renegaba de una verdad más profunda —esa "barbarie vencida" que sin embargo ascendía hasta mimetizarse con las formas más modernas y progresistas— , en sus cuentos "Marta Riquelme" o "Sábado de Gloria" se mostraba que esa verdad nunca podría emerger y si lo hiciese la propia vida no sería siquiera falsa sino irrealizable.

Por eso, no intentó en los cuentos —a diferencia de su obra de ensayo— que esas "verdades profundas" de las que hablaban Nietzsche y Freud brotasen traumáticamente desde las tinieblas. Y al no intentarlo, quedaban más claros los alcances de su empresa ficcional. *No había en él voluntad de develación.* No eran esas las páginas escritas por el profeta que hacía soltar de un mandoble o una injuria lo enmascarado u omitido, empleando —precisamente ahí— sus mil metáforas fotográficas y radiográficas que, como sabemos, eran motivo fácil de la chanza de quienes no soportaban su huraña bizarría. O por lo menos: *no era el mismo profeta el que escribía los cuentos y el que escribía los ensayos exasperados sobre la gran pampa desdichada.* Porque en los cuentos, el profeta estaba inmerso en la actividad más antiprofética que se conoce, que es escribir literatura de ficción: ahí el vaticinio está siempre ocurriendo, no goza de fuerza anticipatoria, no se alimenta de presagios. Por eso, su escritura capaz de hacer cómputos de almas punidas y almas salvadas ganaba en sus cuentos un aspecto humorístico, agnóstico y juguetón, amigo de lo apócrifo y de la cachada contra las taras nacionales, las mismas que sus ensayos buscaban exorcizar.

De este modo, en sus ficciones logra que su temática principal (la vida colectiva acosada por las verdades cataclísmicas de una maldición indescifrada) recobre libertades narrativas. Pues el ensayista de reprimendas y apóstrofes las había abandonado en medio de esos infortunios sentenciosos: *verdadera punición que le había impuesto a su estilo.* En cambio, Martínez Estrada cuentista se muestra tan hábil y lúcido en el manejo de algunas técnicas del relato breve como despejado de la voluntad moral de demostración y regaño que embargaba al ensayista. Es cierto que en toda su ficción la insignia dramática surge bajo el peso de un plan supremo e incomprensible, que aprisiona las vidas en un laberinto sagrado. Las pobres gentes, condenadas a vivir, no lo entienden. De ahí el aroma kafkiano que se desprende de las situaciones trazadas por Martínez Estrada —agudo lector de Kafka, a quien le dedica varios ensayos—, pero despojadas en el escritor de San José de la Esquina de lo que se ha dicho que es el máximo recurso kafkiano, la "naturalización del horror". En cambio, en Martínez Estrada el horror y el enigma de la vida suelen disparar hacia resoluciones humorísticas, grotescas y sarcásticas.

Nada mejor que el humor para diluir la sentencia que en sus dédalos albergan infames "dioses escondidos". En "Sábado de Gloria", el empleado Julio Nievas lucha para obtener una licencia en el Ministerio, acosado por su mujer e hija, mientras se suceden enredos paralelos a partir de un golpe de Estado militar. Ese golpe trastoca la vida pública, introduciendo un factor revulsivo y borroso. En "Sábado de Gloria" hay indicios directos que llevan al lector a pensar en el golpe de 1943, con interferencias alegóricas que neutralizan la tensión narrativa a través de historias de aspecto aleatorio —un rasgo habitual en la elaboración dramática de Martínez Estrada—, pero la historia del empleado Nievas trasciende la crítica a una Argentina de "coroneles afortunados", para transformarse en una visión de las celdas ideológicas que acechan la vida de los hombres.

Esos órdenes ideológicos son la familia, las instituciones de gobierno, la ley en general y, sobre todo, la razón estatal. Esta teje un cartabón anónimo de obligaciones. Nievas tiene algo de Erdosain, pero no busca una solución grandiosa a partir de las fábulas de señorío, desfiguradas por la angustia y la fiebre. Por otra parte, la parodia de una situación política reinante —y esa, la de 1943, dará origen al peronismo— no llega a la fastuosa expresión bufa, sin límites en el empleo de la parodia de una lengua, tal como la que Borges y Bioy Casares dan a *La Fiesta del Monstruo*. Pues cuando Martínez Estrada se desliza permanentemente de la crítica política a la crítica de las existencias aplastadas por poderes ofuscantes, nos brinda criaturas desvalidas y no individuos imposibilitados de pensar en el lenguaje que los sujeta. Precisamente, la familia es vista como un pequeño Estado Psicoanalítico que cada uno carga culposamente consigo. Tal es el gran personaje estradiano. En *Viudez*, en *Juan Florindo, padre e hijo, minervistas*, o en *La tos*, las catástrofes personales están inmersas en el señalamiento de una culpabilidad básica: la violación del padre por los hijos, la necesidad paterna de abandonar con horror toda prolongación filial.

Todo ello, en medio de un intento de reatar inútilmente los vínculos entre las generaciones, pues se trata de algo que sólo puede consumarse a través de formas macabras (el feto de su hijo muerto conservado por el minervista Florindo, las cenizas del padre del protagonista d*e La t*os, la niña muerta e*n La inundació*n, no enterrada por sus padres, la violación e*n Viudez*, los amores ambiguos de Marta Riquelme con su tío en la gran casa familiar, la danza obscena que la hija de Nievas, oníricamente, realiza en la fiesta de los burócratas tiunfantes). El elemento familiar tenebroso (el sigilo doméstico, que actúa como secreto de Estado y no puede ser develado sino a costa de una orgía final de autodestrucción) haría efectivamente de Martínez Estrada un Kafka aleatorio, si no fuese por la jocosidad implícita en una narrativa que capta con sutileza el escarnio de las vidas rutinizadas. Porque hay grandes e irónicos momentos en la ficción de Estrada —los trámites que debe realizar el empleado Nievas en el Banco Nación, la descripción inicial de la vida de los minervistas Florindo, el desopilante vecino que aparece en medio del fantasioso velatorio o el diálogo de Rauch con el frabricante durnas cinerarias en *La tos*. Ellos marcan a fondo toda su intención novelística: la vida ya está atrapada por dioses maléficos, por oscuras herencias familiares y poderes públicos obnubilados. Solo queda el superior gesto de libertad de burlarse de este mundo de poros taponados. Esa burla es la libre ficción estradiana, despojada de imposiciones proféticas o, por lo menos, con profetismos que —a diferencia del ánimo bíblico— pueden coexistir con la gran ironía, con la carcajada implícita que al fin redime y posiblemente explica al militante redentista.

Porque el redentor precisa ser redimido. El Martínez Estrada ensayista no percibió esto; el cuentista sí. Y lo percibió porque supo tomar la ficción como una construcción con "mandato propio", como una realidad de la cual es posible hablar desde otra ficción. Que las ficciones se miran unas a otras, y una puede ser reconocida en el interior de otra, es lo que se nota, sorpresivamente, en "Marta Riquelme". En este cuento, que a su vez retoma el de Hudson, el narrador escribe un prólogo a las memorias dejadas por Marta Riquelme, reflexionando continuamente sobre la vida de la autora, que se confunde con su escritura, en forma de manuscritos ininteligibles. Son manuscritos que el prologuista y sus amigos intentan descifrar. Esta circunstancia, la revelación de la vida que nos pertenece a través de una escritura enigmática que no nos pertenece, había sido extremada por Borges, y como Borges, Martínez Estrada había llegado a una idea de la literatura como fantasía que expone sus propias claves en un momento de su desarrollo. Pero, a diferencia de Borges, mantuvo la escisión entre ensayo y ficción y no supo o no quiso aceptar la idea de que el pensamiento social podía ser, en sí, una "rama de la literatura fantástica", motivo que había publicitado por doquier ese hombre notorio al que alguna vez él contemplaría con un verdadero mazazo: "turiferario a sueldo".

Por eso, parece "repetir" como cuentista lo que había aseverado como ensayista de la "maldición argentina". Sin embargo, basta revalorar sus ficciones ("Juan Florindo" o "Marta Riquelme" no tendrían por qué ser omitidos de ninguna antología de la literatura fantástica argentina) para echar otra iluminación sobre sus ensayos. Entonces, en sus cuentos, no encontraríamos la débil clave de los ensayos, sino la otra mitad de un hombre que quizás quiso jaquearse como profeta social, mostrando un poco de humor travieso y también la risa sarcástica de la escéptica humanidad.

Y así, en *La cabeza de Goliat* (1940), disipado cualquier aire irónico y nocturnal que podrían tener sus cuentos, Buenos Aires aparece como una ciudad que debe ofrecérsele a los dioses penitenciarios que administrarían el gran escarmiento. La desmesura bíblica que cruzaba como un chicotazo desatinado el mismo tema del que pronto hablarían los nuevos urbanistas y sociólogos con *esprit de serieux*—el peronismo, que era "social" y no "bíblico", no se haría esperar demasiado— contrastaba enseguida su tono de improperio e imprecación con la lengua social y técnica que toda ciudad le pide a sus políticos y profesores para hablar de ella, exceptuando a sus cantores y poetas. Y entonces escribe sus frases maestras: "Cuando Buenos Aires sea llamada a rendir cuentas no podrá litigar su absolución"; "a Buenos Aires había que hacerla de nuevo y en otro lugar". ¿Qué pensamientos eran estos? Se trataba de *sentencias*, sin duda, y no sería este un arte tan a destiempo que ahora no podamos preguntarnos de qué modo se comporta el pensamiento en el momento de las sentencias. ¿Adquiere mayor lucidez en la breve crispación que lo envía sobre su presa o pierde la posibilidad argumental que siempre se sabe ajena a la creación de un rápido precepto? Lo cierto es que en Martínez Estrada *el cogito implica la sentencia.*

Por eso, los meneos "bíblicos" no cesan de entregarnos una versión abrumadora de la cuestión argentina, que es la que anunció el ensayismo del siglo XIX respecto a descifrar la esfinge nacional. Se trata de la pregunta misma sobre *qué* cultura crear y *con qué* forma de relación con las fuerzas técnicas y sociales. O dicho de otro modo, a *qué* llamar civilización y a *qué* barbarie, sin presuponer que el juego de esos conceptos se satisface con cualquier inmediata atribución fija de significados invariantes. Martínez Estrada, consciente de esta tarea —que nadie le ha atribuido y que dice cargar sobre las espaldas, lo que supone la fastidiosa autodivinización que, con Sebreli, tantos le criticaran—, despliega sentencias admonitorias que parecen los atributos adecuados para enfrentar lo que llama *teratologías.* Pero esas anomalías o malformaciones asombran hoy por estar asociadas menos a la "espiritualización" de la historia que muchos le cuestionaron que a juicios de fundada actualidad sobre un país desigual, sin autonomía cultural y sometido a la acción de un Estado sin conciencia social. Y además, Buenos Aires oficiando siempre —tal como demasiadas y habituales críticas lo habían enseñado— de gran succionadora parasitaria de los recursos colectivos. Incluso, cuanto más neblinosas eran las videncias con que se lanzaba a "develar los males", más severo parecía el implícito reconocimiento de problemas históricos, aquellos que la lengua del sociólogo luego traduciría, acaso, a una redacción disecada, a una comunicación sin leyenda ni profecía.

En verdad, la idea de revelación de Martínez Estrada no solo lo es respecto a un secreto que subyace —la revelación política— sino a una culpa que burla el momento de asumirse como tal —la revelación profética—. Esa *doble* revelación ocurre en Buenos Aires, equivalente al cuerpo del condenado, entidad fantástica que ha sepultado lo orgánico con lo mecánico y lo mecánico con lo técnico, sin que estas mutaciones dejen de hablar de una extraña continuidad de la materia. Los ojos se convierten en órganos fotoeléctricos de ataque y defensa, no de visión estética o emotiva. Los altoparlantes reemplazan la arenga o la trompa de asta. El tiempo antiguo dejó paso al "estúpido andar" de trenes y peatones. Evidentemente, se trata de una crónica en la que la modernidad expropia un tiempo anterior y auténtico, ajeno a la técnica boba y ciega. Y todo lo que en ella se traduce de advertencia contra el poder anónimo de las multitudes no solo retoma el tema que había abierto Ramos Mejía con oscura destreza, sino que al mismo tiempo le pone el nombre de "Buenos Aires" a fenómenos que si estuvieran verazmente detectados serían propios de todo el orbe y lo que tiene de universal todo momento de contraposición de lo moderno con lo arcaico.

Pero Martínez Estrada advierte con claridad que su Buenos Aires es una fantasmagórica entidad mitológica. Y que igualmente mítico es el relato que narra la batalla que ocurre en su seno. A ese tiempo urbano que presenta abandonado por los dioses, a ese lejano tiempo de la arenga política y de la trompa de asta del mayoral del tranvía, *se siente obligado a señalarlo, dándole fecha.* ¿Y cómo procede ante la necesidad de fecharlo? Con una apreciación de apariencia sumaria pero notablemente imprecisa: "Y todo esto ocurrió hacia el año en que murió Carriego". Justamente, Carriego. Un personaje de Borges. Quien a la vez, en "Sentirse en muerte", había escrito una pieza de cierta reminiscencia estradiana, pisando el barro de la pampa y refutando el tiempo. Y era Carriego también un personaje que permitía darle al tiempo calendario un aire de almanaque melancólico y literario. Como si el tiempo nunca hubiera ocurrido, o como si la modernización técnica no hiciera nunca otra cosa que enterrar poetas vestidos de negro.

Esta provocadora alegoría de la aniquilación de Buenos Aires, en la que planea darle lejanas ubicaciones a las terminales ferroviarias del *Cefalópodo*, también pergeña una tenebrosa descripción del viajante de la red subterránea de trenes, donde se anula la posibilidad exterior de "mirar al que viaja". Sin embargo, esta fenomenología de un viaje en subte —que podría ocurrir en Manhattan, San Pablo o México DF— se pretende argentina, si es que acudiendo a la definición que por aquel momento diera Borges de lo argentino, lo encontrásemos en un sentimiento, un sabor, un pudor, un estilo. Y lo que en esa materia da Martínez Estrada es un sentimiento de enojo, de disconformidad y de duelo por tanta pérdida de autenticidad. No asombra que su abatimiento mortificado y molesto haya sido comparado —desfavorablemente— con uno de sus contemporáneos, el brasileño Gilberto Freyre, apodado el *Señor de Apipucos.* En su magnífico *Casa Grande y Senzala* Freyre da una visión excitante, irónica y picaresca de la formación nacional del Brasil a través de eufóricos acoplamientos de culturas. El "sabor brasileño" de ese gran ensayo no es posible encontrarlo entre los muy distintos sabores por los que atraviesa la prosa del argentino Martínez Estrada. En este, el uso de la imprecación herética y el empleo de su descabellado ojo de alegorista tiene dos aspectos. Uno, de remisión hacia un arcaísmo sofocado que es menester desprender de sus prisiones modernas, emanciparlo. Y otro, pintoresco, por el cual está siempre atento a la fotografía, a los procesos de revelado, a los negativos y positivos que surgen de la toma de radiografías.

Justamente, en el viaje en *subte* hay un "esquema mecánico" del recorrido pero también una experiencia de carácter biológico, por la cual todo el orden técnico asume una realidad de índole metafórica: visual, olfativa, táctil, corporal. Ese pasaje de lo mecánico a lo orgánico es una de las persistentes destrezas alegóricas de Martínez Estrada. En esto no se aparta ni un poco de la nota característica del ensayo argentino, inaugurado por Ramos Mejía al filo del siglo XIX que agonizaba y bajo el doble auspicio de Sarmiento y Vicente Fidel López. La peculiaridad de esa conversión de lo vital en mecánico y de lo mecánico en vital se logra con el uso de un método que Martínez Estrada llamó "hipnotizar objetos". Al hipnotizarlos, a los objetos se los sustrae de sus nexos habituales, que pueden ser falsos o irreales. Como en toda cotidianidad, los objetos encuentran su engarce corriente, un refugio que los protege de su trágica singularidad, pero el canje que realizan es entre revelarse en lo que efectivamente son o perder esa identidad latente en nombre de su protectora evaporación en el flujo amorfo, mundano y anónimo de las cosas.

El hipnotizador recorta el objeto, lo separa de su engaste y lo deja a merced de su propio secreto, lo que no sabía de sí mismo y era su verdad de fondo, la forma profunda de su ser. El método del hipnotizar une a Martínez Estrada con los médicos ensayistas argentinos, que habían escuchado con admiración y estima el mensaje que provenía del laboratorio del doctor Charcot, en La Salpetrière, tal como lo había hecho el propio Freud. Que Martínez Estrada hubiera revertido ese acto de hipnotismo hacia una difusa alegoría no le quita compromiso con esa manera crítica que lo emparienta con todo lo que en el ensayo argentino significa crítica a lo moderno en tanto vacío y puerilidad. Es así que la hace funcionar cuando en *La cabeza de Goliat* coteja la Pirámide de Mayo con el Obelisco y lo convierte en una suerte de crónica de la nación perdida, dramática sustitución de un culto cívico alrededor del ícono primordial de la república revolucionaria por un emblema abstracto que mutila el fasto patriótico. El obelisco solo es un signo emplazado entre avenidas como menhir sin correlato narrativo, ligado a una neutra medición urbana. Es cierto que luego podrá ser incorporado al *folk* de la ciudad, pero no debe olvidarse que su contenido chabacano puede ligarse a las napas ocultas de la psique. Ellas dan así una proyección fálica, que en la comparación desmerecerá la dignidad épica de la Pirámide de Mayo.

Toda la historia nacional, vista desde el Obelisco porteño, se hizo abstracta y apócrifa. Y el método estradiano, que es también una *hipnosis del obelisco*, lo convierte en un objeto que declara su secreta inanidad. El obelisco se revela como un rústico chiste procazmente alusivo que suele arrastrar, remolcándola con sobreentendido ramplón, la palabra "fálico". Las analogías que brotan de este alegorismo hipnótico no van aquí de lo mecánico a lo orgánico (y viceversa), sino de lo pleno a lo vulgar (y viceversa). Camino de ida y vuelta, en el que se atraviesa, no más ni menos, la posibilidad de conocer la verdad soterrada de los objetos. Pero también dirá: los automóviles son como las solapas, emblemas del honor ciudadano, símil que sirve a un propósito despectivo, como si el hipnotismo de objetos sólo tuviera su efectivo desenlace en un acto denigratorio. Martínez Estrada recorre así una escarpada autopista conceptual, desde la revelación hacia la amarga ironía. Y esa ironía parece una *paideia*, ensayo ingenioso para educar ciudadanos a través del despecho. ¿Pero qué educación sería esa, la del que precisamente no cree en la educación sino en la salvación? Cuando afirma que Nueva York queda mejor resumida en el delincuente Dillinger que en el escritor Whitman, este ácido parangón llevado a Buenos Aires —a la imitadora Buenos Aires— no cumple exactamente con la nitidez de este contrasentido neoyorkino. Más complejo es aquí, donde esa transparencia se pierde porque existe el escritor nacido para la delincuencia, que insiste en dilapidar su arte con escritos insoportables, y verdaderos artífices de la palabra que se malogran en atracos que solo tendrán una escueta crónica policial. Pero la paradoja es doble, pues el verdadero delincuente es el literato y el verdadero literato es el asaltante. "Ninguno de los dos es capaz de escribir y de matar como Dios manda."

¿Qué significa esta frase? O como él mismo diría: *¿Qué es esto?* Pregunta que lleva de inmediato a la idea de sorpresa moral y a un llamado a la redención, no a un calmo intento de formular la primera averiguación por el saber. Terrible mordacidad que no es posible creer que sea el resultado final del esfuerzo de develación. Porque solo un gran desairado puede pensar de ese modo, lanzar pullas al viento como un rezongo maldito, decir que prefiere virtuosos asesinos antes que pusilánimes intelectuales. Estas fórmulas que parecen tomadas de la literatura del mal son el quejido calculado de un moralista que busca educar secretamente a través del menoscabo, manera que no deja de ser sarmientina a pesar del modo en que está invertida su declaración de propósitos. Son esas, también, las *catilinarias* que él mismo se atribuye y que se pueden rastrear a lo largo de las más antiguas y modernas historias de la obsesión por increpar y sancionar. (Clase de Gustavo J. Nahmías, Universidad de Buenos Aires; y numerosas conversaciones en el bar *Británico*.)

El terribilismo estradiano corresponde a una época en que hay que denunciar el mal con una ironía eufórica que juega a asociarse con la devastación. De este modo, menos que como continuador de Sarmiento, se sitúa Martínez Estrada como *continuador del continuador de Sarmiento: Ramos Mejía*. Revelar el maleficio oculto en la superficie normalizada de la vida correspondía a señalar un gran hecho *patológico* que cobraba la forma magistral de la pampa acechando bajo el empedrado de la Ciudad. Y el operario de esa revelación sólo podría ser el intelectual fastidiado y fastidioso, amante de las diatribas, las que eran otro nombre: el nombre estético del fracaso necesario. Sin embargo, había sido ovacionado. Y de un modo que nunca lo habían sido un Scalabrini o un Walsh. En Cuba, en una sesión de la Asamblea Popular a Martínez Estrada se lo aclama. Y en algún momento, el mismo Guevara alcanza una silla para que contemple junto a él un acto en la Plaza de la Revolución ("puede sentarse aquí, maestro").

Por su parte, no fue poco lo que escribió "al servicio de la revolución". Además de su minuciosa biografía de José Martí, en *Mi experiencia cubana* se anima a exponer los problemas de lo que denomina "una alta cultura popular y socialista cubana" en una notable cercanía con las tesis de José Carlos Mariátegui, al que no cita. Es que Martínez Estrada hace descansar en lo que llama *el mito del pueblo* la posibilidad de reconstruir la cultura socialista. Basado en que "el elemento mítico es inherente a la naturaleza humana" y citando a Frazer, Freud y Jung, invoca el mito arcaico del pueblo, única forma de no matar a "los dioses subterráneos" en el socialismo. Las relaciones que debían existir entre la sociedad socialista y sus bienes espirituales bien podrían encontrar inspiración, cree, en el *Foro de Yenan* al que convocara Mao Tse Tung para proponer un trabajo con las culturas populares, abocándose a perfeccionarlas luego de que necesariamente se vieran postergadas debido a la inmediatez de las luchas. Afirma Martínez Estrada que esa relación de respeto por las culturas populares ligadas a las necesidades revolucionarias se insinúa ya en Cuba bajo el peso del ejemplo de aquel foro maoísta. Es curioso, pues, que por la misma época en que Carlos Astrada viajaba admirativamente a Pekín, el por él despreciado Martínez Estrada también nutría expectativas favorables hacia la revolución china.

En lo esencial la visión que mantiene de Martí se acerca mucho más a las "invariantes" de *Radiografía de la Pampa* que a *Los condenados de la Tierra* de Fanon. Es un Martí que abandona las prerrogativas de la "educación superior" para nutrirse de las fuerza de los mambises y jornaleros. Y finalmente, cumpliéndose sus peores previsiones, los pocos hombres de elevada instrucción que participaron en la guerra de la independencia irían después a fundar una república que desterraría con el silencio a los verdaderos héroes, o que si no falsearía su culto. En esta interpretación Martínez Estrada exhibe un filón adverso a los intelectuales, llamando a que entreguen las páginas de sus libros para que en momentos de emergencia puedan fabricarse cucuruchos de especiería y tacos de fusil. Y concluye citando un escrito de Simmel sobre las ruinas: lo que resta de los templos conserva una belleza resultante del equilibrio de las fuerzas tectónicas de la naturaleza y del ingenio que contravino sus leyes y se somete a una nueva ordenación de materiales. *La revolución es esa ruina.*

Porque en la revolución van a producirse y mostrarse esas ruinas en medio de la densa polvareda que dificultosamente se disipa. A partir de esas ruinas hay que elegir entre lo que verdaderamente importa en la historia del progreso y los trastos viejos de la explotación humana, que en un nuevo pensamiento matinal quedarán desechados para siempre.

Carlos Astrada deseó pensar la dialéctica como un equivalente filosófico de la bomba atómica poseída por los países del Tercer Mundo. Y Ezequiel Martínez Estrada deseó mantener en pie la *Radiografía de la Pampa*, "su ave de gran vuelo", junto a aquellos años de revolución. Ellos le exigieron situarla junto a la psiquiatría existencial de Fanon, mientras que su vieja lectura de Simmel le servía de refinado comodín para aludir a la dialéctica de las revoluciones. Por lo demás, su ataque a los intelectuales ajenos a la pulsación popular lo ponía en una cuerda admonitoria muy semejante a la que el cuño crítico nacional-popular había desplegado en la Argentina. Eso el enojadizo Sebreli lo había visto muy bien, pero aquella crítica, en ese momento, a Martínez Estrada le importaría mucho menos que la silla que le estaba alcanzando Guevara para contemplar, en la plaza bulliciosa, a la multitud de la revolución. Hoy, a Martínez Estrada se le dedican eximias consideraciones (Christian Ferrer, "Martínez Estrada, soriasis y nación", revista *Artefacto*, 1999) y el gran alegorista resurge de las ruinas de la lectura argentina mentando nuevamente el "vaho geórgico que llega desde las llanuras" —según *Radiografía de la Pampa*— o los radiadores de los automóviles que en *La cabeza de Goliat* percibe condecorados por emblemas y escuditos de sus dueños, en una frase que revela cómo este hombre corrosivo componía escenas con una secreta risa, con una oculta teatralidad sarcástica, casi rabelesiana.

Fierro y Cruz: metafísica del texto

¿Era un metafísico? Martínez Estrada lo era, si la metafísica es una forma del conocer que para realizarse precisa quitar autonomía a la inmanencia de la historia para ofrecérsela entera a la trascendencia del texto. Lo que retira de un ámbito debe pasarlo al otro. La metafísica del texto es así un intento de buscar en él las razones de una historia. Puesto que esta ha sido debilitada en su autocomprensión, resta el poder explicativo del texto, que cobra vida como si él estuviera animado por dioses oscuros y autónomos, y el autor y los personajes nada fueran. Nada, o mero capricho que hay que reinterpretar siempre, como si lo que ocurriera en un texto estuviese al margen de las intenciones que el texto literal declara para participar de otro Texto, que sería el oculto texto del destino, en el cual los personajes están en guerra entre sí, y no de la forma que la propia narración presupone, y también en guerra con los propósitos del autor.

De este modo, en *Muerte y transfiguración de Martín Fierro* (1948) podemos leer en el apartado titulado "Cruz" una de las más curiosas interpretaciones del episodio eximio en que este personaje se pasa del lado de Fierro abandonando la partida. Muchas veces se ha señalado la extraña fuerza de estos pasajes estradianos, y aquí vamos a comentarlos para resaltar su efectiva excentricidad en el panorama de la vasta crítica con la que cuenta el *Martín Fierro*. Para Martínez Estrada, Cruz es el "doble" de Martín Fierro que se desglosa de él durante la pelea, para ponerse de su lado recién cuando está decidida. Martín Fierro cree que Cruz es su semejante y así lo expresa en el poema. Para Martínez Estrada es un error de Fierro, aunque la biografía de Cruz es semejante a la de Fierro. Parece su sombra o su reverso. Su nombre, un enigma, pues Cruz es el nombre mismo de la falta de nombre, signo con el que firman los analfabetos y revés de la Cara en las monedas. Pero: "la figura de Cruz no está presentada en el Poema de frente, sino de espaldas, como un traidor".

La anterior frase de Martínez Estrada es simplemente inhallable en la tradición crítica de obras literarias, cualquiera que fuese. ¿Un personaje traidor no por sus características morales, sus actos de conciencia o su desplazamiento en la economía de un relato, sino por el efecto completo e irreversible que produce dentro de la obra —y todo ello mas allá de las intenciones del autor? Traidor no en el andar argumental del texto, sino traidor en la metafísica del texto. Los detalles de su comportamiento traidor, enunciados por Martínez Estrada, son precisamente aquellos que habitualmente merecieron complacencia y elogio. La inversión estradiana corresponde también así a la cruz respecto a la cara que se encuentra en la interpretación tradicional de Borges, que expande y politiza el papel de Cruz pero siempre considerándolo como un accidente incitante de la obra.

Pero en Martínez Estrada, mientras las quejas de Martín Fierro formaban parte del destino, en Cruz surgen de la codicia o perversión de los que mandan. Habla frente a Fierro como si estuviera frente a un auditorio. Su actitud heroica de desertar para escapar con Fierro a las tolderías era en verdad una engañifa, pues de sus relatos se deduce que ya pensaba desertar antes, y cuando efectivamente lo hace la suerte de la batalla ya estaba casi decidida. Se pone del lado del gaucho matrero cuando ya ese gesto no era relevante, lo que también implicaba abandonar a sus subalternos pasándose al enemigo.

¿Qué hace así Martínez Estrada interpretando los actos de Cruz desde el punto de vista de un juicio de realidad —es un sargento astuto, acomodaticio y cobarde, su acción es meramente especulativa— y no desde el punto de vista de su destino en la cadena de un relato? ¿Qué hace haciendo chocar las palabras bien conocidas de Cruz —según las que *"no consiente que se cometa el delito de matar así a un valiente"*, palabras que se piensan siempre dictadas por la generosidad— con otras también suyas según las que *"anoche al irlo a tomar, vide güena coyontura, y a mí no me gusta andar con la lata en la cintura"*? Si no es una mala elaboración del autor o contradicciones en la conciencia de un personaje, son lo que Martínez Estrada cree que son. Formas vitales que cobran vida propia más allá del sueño que las ha concebido y que permiten calificar a un personaje de traidor cumpliendo una función en el texto que el texto no pretendía ni había preparado. Juzgar la sinceridad de un personaje de ficción sin contar con *ningún* elemento que prefigure ese carácter dentro de los contornos de una narración solo puede ser el resultado de una pasión animista, una rehabilitación de la escritura a través de su inconsciente, como si hubiera secretos que ella —su autor— jamás supiera y fuese necesario un bravío psicoanálisis literario para desentrañarlo.

¿Cómo descubrir si no que Cruz es falso o indigno? Para hacerlo hay que romper las barreras infranqueables, que ninguna crítica literaria quebraría fácilmente, de las intenciones del autor de la obra. Pero más que eso. Hay que considerar que un personaje es verdadero, pero que su verdad actúa en contra de lo único que puede destruir su traición: el plan de la obra en que está incluido. Son personajes rebelados contra su Creador, en una reiteración de fábulas primordiales que afectan el destino de la literatura, cuando se piensa que en ella está todo el destino, está toda la vida.

Actuando Cruz de "doble" de Fierro, de "antiél", aparece en el poema produciendo un efecto letal. Desaloja y esteriliza a Fierro. Fierro intuye que está perdido, "que en la pelea ha ocurrido algo mágico, algo de su destino, pero que fue el final". No podrá librarse de Cruz, que va a destruirlo. Vivirá de ahí en delante de su "doble". Independientemente de su persona, cree Martínez Estrada, Cruz encarna la injusticia. Con lo que reafirma el juicio de que el verdadero significado de los personajes no depende del carácter que es inherente a las obras, sino de uno que es trascendente a estas. Es una forma metafísica de la injusticia sobre los textos y exterior a ellos. Aquí, Cruz viene a producir un acto de justicia contra un Fierro que no puede resistir, "porque es su enemigo que le ofrece compañía para siempre". Es enemigo, pero no en los hechos efectivos de la obra sino en la meta-obra, en las formas de vida anteriores a la obra, que son la verdadera obra. En la memoria primordial del mal que visita objetivamente toda obra, como principio constitutivo y del destino, y que engarza acciones que la obra de por sí no podrá jamás contener. *"Cruz es el cadalso de Martín Fierro, el instrumento de su crucifixión. Es su misma vocación de cantor que ahora está frente a él, en carne y hueso, y por cuyo influjo fatídico lo arrastra a matar en él lo que era su vida y más que su vida: el canto. Tiene que optar, y para seguir a Cruz rompe la guitarra contra el suelo."*

De ahí que Cruz es el verdadero personaje trágico del poema, y al venir a cumplir una sentencia trascendental a la obra comprende al protagonista y al autor al mismo tiempo. Y como esbozo primario de Martín Fierro en el primer plan de la obra viene a reclamar lo que le pertenece. ¡Él debió ser Martín Fierro! Volvió porque el autor no se decidió a destruirlo en su calidad de boceto, y ahora como "juez infernal" quiere hacer que Fierro sea él, que es su antípoda y que el autor no pueda proseguir su obra sino al precio de que en la segunda parte sea necesaria la muerte de Cruz, "pero que también Martín Fierro se pierda en un desierto de sombras". Porque, prosigue *Muerte y transfiguración...*, Martín Fierro sólo existe porque le sustrajo antes lo mejor de su vida a Cruz. "Y solo impera porque le ha usurpado su primogenitura". De este modo, para existir Martín Fierro debía emanciparse de la sombra ominosa de Cruz, que sin embargo vuelve para tomar la prerrogativa que le correspondía.

¿En qué lugar transcurre esa lucha? No en el poema escrito por Hernández. Solo ocurre en el poema de Hernández interpretado por Martínez Estrada. Por eso esta aseveración exige una finta interpretativa que hace que los textos pertenezcan a un *destino sagrado* que escape a las manifiestas voluntades literarias. Y en primer lugar, ese destino que regula lo que en última instancia sucede en las obras escapa a su autor. Habría que pensar entonces que toda obra es un campo de luchas entre funciones endemoniadas que trascienden las conciencias escriturales de los autores. Evidentemente, es una negación del autor que no proviene de una especulación semejante a la que en los años 60 se conoció bajo la ostensible invocación a enfatizar un "orden del discurso", sino que se sostiene sobre una demonología de los textos en los que los personajes son fantasmas que encarnan funciones representativas de una contienda en el infierno.

Por eso, la afirmación de que los propios autores no pueden explicar su obra, afirmación que podría ser un motivo trivial de la crítica, es llevada por Martínez Estrada a una idea superior: *los autores traicionan su obra.* "Hernández concibió *Martín Fierro* con su yo profundo, y su yo de razón resultaba absolutamente incapaz de comprenderla." Murió sin saber lo que había hecho —lo que, otra vez, puede ser un lugar habitual en que recae la interpretación— pero potenciado por la reflexión estradiana al punto de que son los personajes los que forman parte de la realidad en grado mucho más fundamental de lo que imaginan. La lectura de sus destinos evoca un mundo del cual no pueden evadirse y que es el mundo de las invariantes mecánicas, de las fuerzas anónimas y automáticas que dejan a la obra con un exclusivo argumento de la lucha del individuo contra las fuerzas ambientales. De este modo, Martínez Estrada convertirá al *Martín Fierro* en un mito, no el *mito gaucho* que en Carlos Astrada es el preámbulo de una ontología revolucionaria, sino un mito textual por el cual toda forma de vida nacional está obligada a interpretar, como una maldición, sus escritos cifrados.

Los elementos tectónicos de la Obra —en esos términos se expresa *Muerte y transfiguración...*— aluden a ausencia, soledad, orfandad y pérdida de un elemental sostén de vida. Son el subconsciente que hay que interrogar en la medida en que allí se halla la secreta vicisitud biográfica del autor y la tensión completa en los vínculos de todo texto con la vida social. Si Carlos Astrada pensó en el pitagorismo y en el budismo para averiguar el carácter del *Martín Fierro*, Martínez Estrada elaboró una versión singular y personal del psicoanálisis para proponer un desentrañamiento de la clave oculta del poema. Veía, inspirado en el Dante del *Convivio*, la posibilidad de considerar la existencia de cuatro sentidos en cualquier escrito que fuera capaz de jugar con un reto críptico. Esos cuatro sentidos serían el literal, el moral, el alegórico y el anagógico, este último correspondiente a un aspecto teológico y de contemplación mística. Pero más modernamente, el sentido anagógico sería el equivalente de los "complejos de censura", aquello que un agente no sabe de lo que hace y se revela en las trazas que deja el inconciente de los personajes.

Sin duda, hay aquí una manifestación del mito, que antes que nada es el mito del texto —o de lo que también denominamos la metafísica del texto— que lleva inevitablemente al origen de la cultura porque, como dice el propio Martínez Estrada en frase resonante que saca de la frecuentación de sus consabidos Sir James Frazer o de Sigmund Freud, "todo mito es un tabú transvaluado". En *Martín Fierro*, libro en clave, están las cifras prohibidas que hay que develar. Son las claves perdidas que trazan la aventura y el acaso de los males a conjurar. Y el riesgo por hacerlo es simplemente lo único que justifica a la literatura. Ella no hace otra cosa que hablar de lo insondable, lo diabólico, lo mortal.

La *transfiguración* a la que se refiere Martínez Estrada en el título de su libro sería entonces la posibilidad de que en el conjunto de la historia y la lengua nacional se diseminase la Obra —y sus mayúsculas en esta palabra nunca se hacen esperar—. Lengua destinada entonces al conocimiento y la elucidación de la tragedia histórica colectiva. Y como esa tragedia es la de "no saber quiénes somos", solo la posibilidad de que la figura de Fierro (el *Fierro textual*) se transmute en motivos del conocer permitirá elaborar un saber respecto a cómo la barbarie ha triunfado. *Ha triunfado transfigurada en civilización.* Perseguir esta tortuosa metamorfosis equivale al conocimiento final de las fronteras que quiebran y expresan la sociedad argentina.

El payador de Lugones

Llegamos así a *El payador* de Leopoldo Lugones, producto de celebradas conferencias ofrecidas en 1913 en el Teatro Odeón de Buenos Aires (Corrientes y Esmeralda, demolido en 1986). A esas conferencias asiste, por lo menos a la que cierra el ciclo —titulada "El linaje de Hércules"—, el gabinete nacional encabezado por el presidente de la república, Roque Sáenz Peña. "Llegamos." Pero en verdad no son estas páginas lugonianas las de arribo o conclusión de un ciclo, sino las que durante el siglo que ahora termina aparecen primeras. Ellas abren cierto ángulo grandioso de la cuestión *martinfierresca.* Que es la cuestión del mito de la justicia y del honor en la Argentina. Es a partir de ahí que se desglosan las respectivas teorías de la gauchesca en Borges, Martínez Estrada y Carlos Astrada, y —asimismo— sus derivaciones en la escritura de cuño contemporáneo en Josefina Ludmer, con sus juegos de fábula científica. En *El payador,* Lugones compone una variada oración épica alrededor de una "raza mitológica", la del gaucho. Singular libro de la cultura argentina, concebido como un libro de horas de la nacionalidad y escrito con expresión celebratoria y verbo egregio, *El payador* remite las líneas dinásticas del gaucho a un mestizaje ocurrido en los primeros capítulos de la conquista española, y a un nimbo cultural que tiene cuño helénico y pasa por los trovadores provenzales. Desmesurado e inclasificable, aludiendo a un gaucho convertido en un espectro lírico, el libro irrita al lector contemporáneo al oponerle las dificultades de una escritura fundada en un loado panteón. Son las criptas de la ratio estatal. Opone además el fastidio de los fantasmas de una teología laica, que convoca a la fusión de la ideas de libertad y raza.

¿Qué hacer con *El Payador*? El libro oscila sobre un despeñadero. Allí, cierto hálito anarquista se cruza en el abismo con los soplos de un liberalismo xenófobo. ¿Qué hacer con la irritación que eso provoca? ¿Cómo escuchar en él incómodos tañidos de una reflexión sobre "el vínculo moral de la nacionalidad" resuelta a embates honoríficos? ¿Cómo tomar el reverbero de la idea de "raza" sobre el ideal de una comunidad metafórica, de una lengua épica? Y aleatoriamente, pero en el mismo sentido: ¿Qué hacer con Lugones? Eduardo

Rinesi especula sobre la posibilidad de proponer un peronismo que no se fíe tan fácilmente de su dudosa y tardía historiografía "nacional-popular" y "federalista montonera", sino que explore sus compromisos con una ilación que puede abrir Sarmiento y contener una estación intermedia llamada Lugones, todo ello enhebrado por la retórica de la "grandeza". *Grandeza y enormidad.* Afirma Rinesi, con la punzante exactitud de sus argumentos, que dos frases que millares han cantado, "Honra sin par para el *grande* entre los *grandes*" (del Himno a Sarmiento) y "Perón, Perón, qué *grande* sos" (de la marcha peronista) se enlazan en la proposición visual, sentimental y exclamativa de "personajes inmensos". "En el medio, recogiendo el legado de uno, anunciando la hora del otro, hablando todo el tiempo y sobre todo de sí mismo, Lugones". (Eduardo Rinesi en *Las formas del orden - Apuntes para una historia de la mirada,* 1997.)

Lugones quizás deseó cumplir con la idea mallarmeana de que un libro contiene, recluye y corona todas las potencias del mundo. *El payador* debía ser lo que descubriera la retórica que resume un ser social colectivo. Y por lo tanto, la suprema ley del honor como epítome de todo cuanto vive. El honor es el lugar de un sacrificio que nos exige la sociedad y lo que se contrapone al "perdón de las injurias", concepto en el que Lugones ve latir un infausto cristianismo. El sacrificio que Lugones percibe en los fastos del honor supondría también un ejercicio de la libertad, pero la libertad de los más fuertes. De otro modo, es la percepción de que cuando aparece el honor aparece la fuerza pura, última frontera del sentido. Allí se da y simultáneamente se disuelve. Porque solo el honor revelaría que las luchas tienen como único intercambio no la posibilidad de atrapar bienes, seguridad o beneficios, sino el concreto resguardo de ese bien incorpóreo que Hegel llamó "la quintaesencia de la vulnerabilidad".

Así, el honor es un *sacrificio* porque la conciencia que se expresa con él siente por un momento que actúa en nombre de algo indefinible y etéreo. No es otra cosa que una justicia consigo mismo. Algo que nunca es fácil justificar. *Es más: es lo injustificable.* ¿Una "justicia injusta"? De algún modo sí, porque sería una justicia que repone el equivalente perdido en la estima, con un valor indeterminado cuya importancia solo conoce el propio afectado. Es una justicia inexplicable para ningún otro que no sea el ultrajado. Y ese ultraje puede ser la brizna invisible cuya herida solo él supo ver. En tal insignificancia descansaban los motivos de una guerra. ("Motivos insignificantes, como una palabra, una sonrisa, una opinión distinta, como cualquier otro signo de subestimación..." Hobbes, *Leviatán.*) Y ahí también residen los hondos motivos de una reflexión sobre los muertos, que en Lugones cobra una retórica inmovilizante pero extática —al borde de su propio sacrificio siempre— lo que lo lleva a una tensa meditación sobre las estatuas, las lápidas y las inscripciones que cuentan los fastos de la "biografía egregia". (Clase de

Facundo Martínez, Facultad de Ciencias Sociales, Universidad de Buenos Aires.)

El pensamiento del honor es también el pensamiento de la investigación de las estirpes, de las cepas que se enhebran desde la solera remota de un origen. Por eso, cuando descubre Lugones que el color *rojo* es el de los güelfos triunfantes en Florencia, el color de la burguesía comercial —como lo dice Dante, el lirio blanco de los gibelinos fue *"per division fatto vermiglio"*—, no se priva de indicar que la revolución democrática *ya* cargaba ese color en la Edad Media, donde *"el color rojo blasonaba la causa de los gremios trabajadores"*. Cuando una cuestión genealógica irrumpe en su texto, Lugones siente que toca el núcleo vivo, honorífico del pensamiento. El punto medular en el que se suspende todo juicio de utilidad o recompensa y donde se detiene la realidad dejando que broten los acontecimientos accidentales. Un punto "disparatado" (¿no empleó Foucault esta palabra?).

Ahí, Lugones no es menos que nietzscheano y acepta, ante la rareza del redescubrimiento del "hilo rojo de la historia", parecerse al Lugones de *La Montaña* antes que al que *ahora* condenaba los movimientos sociales y proletarios. Es que el mundo del honor es atemporal y transideológico. Y así como el color rojo permite escribir la historia desde el "honor de las insignias", la risa es otro rasgo épico que introduce la caricatura de lo heroico como necesario complemento del espíritu de seriedad. No deja de ser excepcional este momento de *El payador* en el que Lugones pasa a examinar la historia hercúlea desde el punto de vista de las ranas y los sapos —la *Batracomiomaquia*—, que para él es un ángulo al que toda la recia materia que notoriamente trabaja le opone gran resistencia. (¿Por qué se suicida un hombre, por la imposibilidad de cumplir con el llamado de una vida heroica o por la risa de los batracios que siempre nos espera como verdad de las creencias más diamantinas?)

En la poesía trágica, épica o tragicómica, se encuentra para Lugones la veta moral de una formación nacional. Pero le es imposible pensar sin esa forma del honor y sin la risa que es la investigación del pasado en su manera específica del *pasado de las palabras.* Cuando surge el amor por las etimologías y genealogías, de inmediato se reconoce el clásico gesto inspirador de los estilos conservadores y jerárquicos para entender el mundo histórico colectivo. En las palabras están encerrados todos los escalones de la vida humana, como la palabra *mente,* que proviene del sánscrito *man, pensar.* A partir de allí, Lugones desencadena una festiva, si se quiere obstinada, búsqueda de la pepita aúrea del sentido del mundo *en el origen de las palabras.* ¿Épica o batracomiomaquia de las palabras? Porque parece un exceso de severidad con las etimologías o una veta secreta de humor lo que enseguida lo lleva a desprender de ese *man* el concepto de hombre, así conservado en inglés, portando un sonido que debió provenir del sonido natural *mama*, con el que se reduplican los movimientos labiales en la lactancia.

Palabra primordial del hombre, en el latín *mamma* está la teta y la palabra con que se hizo el nombre de la madre, donde por contracción viene ese *man*, hombre, *el procedente de la madre*. Y muerte: *mar*, de allí *marasmo*. Y también de allí *mortales*, del giego *méropes*. Luego, *materia*, y *maia* (tierra), así como *mar* (cuya ondulación describe la letra *m*). Y por último el gran legislador de la humanidad, *Manú*. Este juego de metáforas es la base poética del lenguaje, del sentido mismo. La voz poética anticipa la formación de los colectivos sociales. Es evidente que los sentimientos jerárquicos transferidos a una visión de la sociedad provenían de esta investigación genealógica del idioma, que ponía al poeta en la cima de la interpretación de los linajes de origen.

Decimos honor y risa. ¿No son esos los sentimientos que se mueven alrededor de esta sucesión de voces y gestos situados que crean al hombre, la humanidad, los idiomas y las naciones mismas? *Honor*, porque las palabras son lo que nos recuerdan que lo humano es solo un signo que une el pensar con el primer acto en que la naturaleza se escinde en cultura. *Risa*, porque es imposible no sentir un estremecimiento de goce por la absurda sucesión de cofres lingüísticos que se van abriendo (aun en una mera conversación) como un chistoso mecanismo de relojería. La poesía funda entonces la civilización que se realiza en los grupos humanos. Porque es el decir que condensa previamente lo vulnerable de las palabras con lo que la risa siempre le advierte al honor: *una quiebra en los planos de la realidad, pues es la pedagogía que relativiza todo lo que de inmune cree tener el honor*. La poesía, dialéctica secreta parida entre el honor y la algazara, mantiene la dimensión espiritual de las culturas, esa misma que, conjetura Lugones, no podía estar presente en el indio. "No copiaron a los blancos ningún juego, salvo el carnaval, pero lo corrían apedreándose y boleándose con trozos de carne cruda o exprimiendo a guisa de chisguetes, para salpicarse con sangre, los corazones de las reses." Escena bárbara en la que nada hay que rescatar —el padre del general San Martín, Juan de San Martín, se empeñó en expulsar indios tanto como un siglo después el general Roca— salvo la fina vivacidad literaria que la roza.

Pero Lugones debe elogiar el mestizaje, que es la morada étnica del gaucho. Y del indio antecesor, este heredaría la independencia, tanto como el orgullo provendría de la sangre hidalga. De tal modo, el desamparo en las soledades pampeanas —es de Lugones la frase sobre la pampa como heroico mar que citamos al comienzo de este capítulo— obligaba al gaucho a emplear a fondo sus prendas de coraje, serenidad e ingenio. ¿De dónde provenían? En una medida generosa, del indio. Pero como este no debía nada a la idea de aventura, y sí el gaucho, que forja su alma liberadora en los desafíos del paisaje, se debe aceptar que este tan solo imita al indio en los "recursos que dan dominio al desierto".

Imitación, apenas, que luego supera. Pues en el gaucho se da como aventura y por lo tanto como emancipación lo que en el indio es solo apático mimetismo con la llanura: el indio, que sí solo copia, copia del blanco lo bárbaro. Pero el gaucho al copiar puede trascender el burdo duplicado. Puede superar el pesimismo y el ocio como un "paladín desplazado".

El mestizaje era necesario, pero de sus progenitores, es al indio anómalo y taimado, sin impulso creador, a quien deberá negar. Sin embargo, el *mestizaje* es la noción que Lugones debe componer como gran atributo explicativo de su *homo gauchescus.* Y allí recurre a un ardid genealógico o heráldico, por el cual lo que no puede explicar en la dimensión del mestizaje étnico —pues lo que emana del indio lo relativiza, lo desprecia o lo oculta— lo explica en la dimensión de otro mestizaje, el mestizaje mito-poético de los aderezos, galas y utensilios del gaucho.

Así, en un fuerte momento, de los tantos con los que *El payador* aún sorprende, explica la *combinación* de elementos orientales y caballerescos que produjo la conquista en los modos de ornamentar el caballo. Citamos: "El *fiador* o collar del cual se prendía el cabestro cuando era necesario atar a soga para que el caballo pastara figura en el jaez de una antigua miniatura persa, que lleva el número 2265 del Museo Británico; y en el Museo de la India, en Londres, repítenlo profusamente las láminas de la obra mongola *Akbar Mamali* que es del siglo XVI. Persa fue igualmente la montura de pomo delantero encorvado que conocemos con el nombre de *Mejicana*: algunas tuvieron en Oriente la forma de un pato con el pecho saliente y la cola erguida. El freno y las espuelas a la jineta proceden también de Persia. (...) La estrella de la espuela fue en cambio invención caballeresca del siglo XIV, llevada en el XVI —el siglo de la Conquista— a su máxima complicación. El nombre de *nazarena* que daban nuestros gauchos a sus espuelas de rodaja grande, parece indicar procedencia oriental, a menos que recordara, metafóricamente, la corona de espinas de Jesús de Nazareth (...) Las anchas cintas taraceadas con tafiletes de color son moriscas y húngaras hoy mismo. Parecido origen atribuyo al tirador, cinto de cuero bordado o adornado con monedas, que todavía portan los campesinos húngaros, rumanos y albaneses. La influencia pintoresca de los gitanos paréceme evidente en estas últimas prendas (...) La manera de arrendar con solo dos bridas cuyo peso bastaba para ir conteniendo el caballo, por lo cual cogíanlas muy largo con la mano izquierda únicamente, fue también caballeresca. Así puede verse en estatuas ecuestres de los siglos XV y XVI, tan notables como del *Gattamelata* y la de *Coleone.* En cambio el modo de llevar las riendas pasadas por el entre el índice y el pulgar de la mano ligeramente cerrada es morisco. (...) El ancho cinto, formado de monedas, fue todo el adorno posible, a la vez que el único capital seguro en aquellos desamparos; pues el dinero era tan escaso que constituía una verdadera joya. He mencionado ya la prenda análoga de los campesinos balkánicos. Una canción albanesa dice a su vez: *Levántate capitán Nicola, ciñe tu talle con placas de plata*".

Larga cita, que deseamos haya sido aceptada por el tolerante lector. (Ella interrumpe el texto, pero con su sola presencia lo deja en inferioridad de condiciones.) Con esa cita ilustramos la concepción mítica lugoniana, que compone objetos con restos divinizados y redimidos de otras lejanas aplicaciones. El objeto creado sale de residuos preservados en las vitrinas de los museos ingleses, de las estatuas italianas o de las canciones albanesas que aluden a viejas culturas, persas o helénicas. Pero todo con decidido predominio de un remoto orientalismo, si no fuera que en algún momento cabe la duda sobre esas espuelas *nazarenas* —por Jesús de Nazareth— que introducirían en la civilización pagana que conmociona a Lugones el incómodo *ex abrupto* de la cristiandad hecha acicate, aguijón, espuela. El museo es esencial para el pensamiento lugoniano, porque al igual que la etimología o las formas melódicas son colecciones de efigies que interrumpen la historicidad con el mito. La historicidad tiene flujos permanentes que disuelven los objetos en conciencias de época cada vez diferentes; el mito permite, en cambio, detener la historia con las formas fijas de la cultura. Así, desde las estatuas y el museo —en este caso, museos británicos— se puede pensar la continuidad cultural fijada a láminas, viñetas, vestigios de objetos sin tiempo y tonadas sin memoria que atraviesan todas las edades del signo cultural.

En *El imperio jesuítico* (1903, el mismo año en que su antiguo compañero Ingenieros publica *La simulación de la locura*), Lugones realiza un semejante buceo para componer el mito del pasado, pero aquí con una sorprendente aversión hacia esas ruinas "que no dejan impresión alguna de novedad". Es que revelan el tipo de construcción cruciforme medieval, que Lugones debe descartar en nombre del acto esencial de su filogenia, que omite el cristianismo de la forja nacional argentina, pero que hacen resaltar un tipo de visión sobre las vetas antiguas del tiempo, que aquí se desdeñan. A tal punto llega el menosprecio por esas antigüedades, que Lugones deja entrever que aprueba la actitud de los vecinos que medran sobre esas piedras para derivar esos "derruidos sillares" hacia sus propias y provechosas construcciones. Dar utilidad a las ruinas no parece una actitud semejante a la que seguiría diez años después para remitir cada átomo de los objetos culturales criollos a sus manantiales más remotos. Porque ahora escribe estos rencorosos párrafos: *"Obra buena hará el Estado al permitir su extracción, que ahora es clandestina, reservando como campo de estudios las ruinas más accesibles: San Carlos, Apóstoles, San Ignacio. Hay allá miles de metros cúbicos de piedra cortada, que pueden dar material barato a muchos edificios"*.

Otra forma de las ruinas son los restos de las inscripciones que han quedado luego de que el tiempo, "enemigo de los dioses", hubiera hecho su tarea de devorar lo mismo que ha engendrado. Pero algunas inscripciones fragmentarias sería posible completarlas apelando a la imaginación del visitante, salvo cuando encuentra una cifra así dispuesta: *h9*. Se halla en el extremo de un trozo de arenisca, y juzga Lugones, módico, que puede pertenecer a un vocablo también jurídico del cual *hujusmodi* podría ser la abreviatura. Pero no se priva de una conjetura sobre dos *SS* en un trozo de piedra y luego una *M* y una *Y*, en otros trozos no muy distantes entre sí. Esta es la especulación de Lugones: "¿No formarán acaso esas letras la cifra con que Colón precedía su firma: *S.S.A.S.X.M.Y.*, *Suplex Servus Altissimi Salvatoris Christi, Mariae, Iosephi*, destruida por un derrumbre?". Lo interesante del hecho —si es que existiera, conjetura un juguetón Lugones— podría hacer perdonar el exceso de imaginación.

Así va mostrando hasta qué punto su interpretación parte de una idea cifrada de la historia, que voluntariamente impondrá siempre sobre los hechos. Pero esas ruinas indiscernibles —a las que Lugones designa como "multitudes caídas" o "mineros de la sombra"— no tienen lo que los objetos del ajuar de la caballería que guarda el Museo Británico, que pueden inspirar como fuente cierta el sagrado desglosamiento de la figura gauchesca. Es que lo bien dispuesto que está Lugones hacia los antecedentes mongoles, persas o húngaros de la indumentaria del gaucho, en el caso de las teocracias jesuíticas se convierte en ese ánimo de franca hostilidad que siente como buen liberal, tamizado por una oblicua remembranza de cierto marxismo modernista. Es que esos gobiernos de autoridad divina mantienen un espíritu comunista arcaico que hubiera obstaculizado la independencia sudamericana, de carácter burgués individualista.

Este oratorio laico y estatalista dirigido contra las reliquias escolásticas deja en pie el acto de descifrarlas con el aguijón de una fantasía caprichosa. Todo lo cual pone en práctica Lugones con superior displicencia apenas para mostrar que, si la historia es acertijo, no lo es al servicio de los dioses autocráticos sino de los poetas nimbados. Y junto a esto, percibirá en esas ruinas sobre las que muy pronto reinará sin nostalgia el zorzal misionero la ausencia casi total del ingrediente combinatorio que luego le atribuirá a los objetos diarios del hombre gauchesco. *"Solo en unas cariátides del retablo, que representan serafines terminados por una policroma voluta, noté el tipo indígena, por cierto muy bizarro bajo la cabellera profusamente dorada de los angélicos jerarcas. Y éste es el único indicio verdaderamente 'guaraní' en todos los restos que he examinado..."* Terminante conclusión, que deja al mundo indígena sin capacidad de interferir en el arte sacro europeo, en una situación no solo muy alejada del barroquismo fusionante que él mismo percibe en los jaeces del jinete criollo, sino también de una de las más diestras perspectivas para descubrir el alma de las culturas americanas justamente en una de las formas más dramáticas de esa combinación. Así puede ser calificada, con total resguardo de veracidad, aquella en la que se empeña Lezama Lima en *La curiosidad barroca* (1957), por la cual lo que presenta como barroco americano es "una tensión y un fuego originario que rompe los fragmentos y los unifica".

Contrariamente al barroco europeo que acumula sin acudir a la tensión y deja a la asimetría sin "plutonismo", el barroco americano es un estilo pleno, no una versión pobre de una manifestación mayor ya ocurrida en otra parte. Lezama Lima daba así a conocer, y de un modo iniciador, las perspectivas que luego se difundirían por doquier. Se trataba de un barroquismo singular que sostenía "adquisiones de lenguaje tal vez únicas en el mundo". Con ellas se intentaba esbozar un *señor barroco* en cuya figura se expresaba el primer acto de la autoctonía cultural de estas tierras. La tensión aludida era artística y política. Cuando Lezama percibe la acción del quechua Kondori, advierte que la obra de ese indio se basa en insertar en la súmula barroca de los edificios de la Compañía de Jesús "los símbolos incaicos de sol y luna, de abstractas elaboraciones, de sirenas incaicas, de grandes ángeles cuyos rostros de indios reflejan la desolación de la explotación minera". Lugones no estaba predispuesto a ver nada de eso, y no solo porque en el barroquismo de las misiones guaraníticas hubiera menor despliegue artístico que en el Cuzco. No contaba sencillamente entre sus disposiciones la de analizar destrezas como la que lleva al indio Kondori a igualar "la hoja americana a la trifolla griega, la semiluna incaica con los acantos de los capiteles corintios, el son de los charangos con los instrumentos dóricos y las renacentistas violas de gamba". Lezama Lima, en cambio, está interesado en hacer recaer el espíritu político de la rebelión en el modo en que el alicaído barroco europeo se repiensa en América.

El programa del barroco americano —más allá de las distorsiones publicitarias a las que estaría destinado, si bien Lezama había presentado en su propia escritura las autodefensas necesarias para que tal cosa no ocurriese— contenía un ideal del tiempo, del arte y de la política, que presuponía una tensión flamígera donde la unidad se componía de trozos rotos que entraban en una nueva unidad turbulenta. A eso, el modernismo que hereda Lugones siempre lo roza, sin abarcarlo. Se lo impide la forma en que vierte la escritura hacia molduras de solemnidad heroica que anuncian, sí, su propia batracomiomaquia. Aunque su espíritu majestuoso, sin rugas ni porosidades, le impide luego llegar a ella. En cambio, en Lezama Lima la mezcla no tiene a su servicio un afán descripcionista de lo remoto de los afluentes, sino una avalancha de influencias que *caen* sobre un punto dado, una época o una persona. Caen con cierta obstinación hedónica como atraídas secretamente por un paisaje que está a la espera, sea Sor Juana con el Valle de México o el Martín Fierro con la pampa. Esa mezcla es voluptuosidad, forma de interrogar el paisaje, destino. (Lezama Lima en alguno de los tramos de sus aglomeradas escrituras, esas entalladuras suyas como cariátides o atlantes de relieves ensortijados, cita a Martínez Estrada, "el gran argentino". De él recuerda la imagen del ombú como árbol que camina de noche por la pampa; una imagen que lleva a meditar sobre el paisaje como forma viviente de la naturaleza.)

Por eso, en Lezama la combinación de vetas culturales antiguas no procede por la vía de una genealogía señorial y de museos, como en Lugones, sino al aire libre de una erudición que es erotismo mal contenido, deleite por el choque místico de astillas perdidas pero sigilosamente encuadradas en un festejo con que se encuentran otra vez en un nuevo paisaje, como en un llamado carnal, arrobado. En el párrafo de Lezama Lima que vamos a citar (*Sumas críticas del americano*, 1957) podemos ver su diferente procedimiento respecto al helenismo jerárquico lugoniano, que incluye el repositorio arcaico de objetos persas o mongoles que son el yacimiento del que "procedería" el gaucho.

Dice Lezama: "Esa voracidad, ese protoplasma incorporativo del americano, tenía raíces ancestrales. Gracias a esas raíces se legitimaba la potencia recipiendaria de lo nuestro. La influencia francesa, desde la revolución auroral y el romanticismo, había sido creadora, porque esa misma influencia francesa había beneficiado lo hispánico, desde la época de Alfonso VI, en plena Edad Media; la influencia borgoñona, el ritual galo en las principales cátedras episcopales, se había empotrado en la estructura de la mejor arquitectura ascensional hispánica. Juan de Colonia, que trabajaba para la casa de Borgoña, remata las agujas de la Catedral de Burgos; quince años más tarde de su cimentación se dirigen a Toledo (...) Bruselas. Y las estatuas del siglo XIII, en el interior de la misma Catedral, llenas todas del potente espíritu del gótico primitivo francés (...) Fundamentación y libertad en la raíz del gótico hispánico (...) signo de toda la historia española a lo largo de las secularidades. En un genio de lo español altamirano, Goya, lo vemos influenciado por el rococó alemán de Mengs y el rococó francés de Watteau (...) La mejor recepción de la prosa italiana, desde el *trecento bocacciano*, es el *andantino* de la prosa de Cervantes (...) La concepción mimética de lo americano como secuencia de la frialdad y la pereza se esfuma en ese centro de incorporaciones que tenemos de lo ancestral hispánico..."

Hasta aquí, como se dice, Lezama Lima. En su sensual teología del arte, en su cristianismo místico y en su logos fálico, da una visión plena de alborozo sobre las influencias culturales. Y si, en este punto, habría motivos para sentirnos en la cercanías de un Lugones que intenta saltearse los motivo hispano-cristianos en el rastro de la formación cultural argentina, es el cubano Lezama, a pesar de su churriguerismo teologal, el que consigue renovar ciertos términos ociosos de la crítica cultural actual o pasada. Sobretodo los de *influencia* o *recepción*, apelando a la delicadeza que subyace a la fecundación y a la gracia con que se reviste todo acto de mancomunión cultural. Rebate así lo americano como mero mimetismo, convertido por él en "potencia recipiendaria". Así, tanto como lo americano renueva y niega el barroco europeo, al darle una vitalidad que en aquel ya se había desvanecido, *el propio acto de recibir ya resulta barroco.* Al recibirse una materia cultural nunca se procede por mero adecuamiento, reverencia o subordinación. Se procede por diálogo turbulento, guerra de significados, dispersión salvaje de elementos.

La tesis de la recepción, convertida ella misma en un acto barroco (una pugna por exceder y desviar lo que se acepta), hace del momento de fusión un tributo al desconcierto y enredo del sentido. Así, esa *potencia del recibir* nunca podría ser un concilio democrático de recibos y préstamos. Sin embargo, es de temer que haya sido de este último modo que apareció esta misma cuestión en las áreas académicas. En esos territorios se propagó el tema de las culturas híbridas o culturas de mezcla, dotadas de alta circulación, capacidad de acción oblicua y de licuefacción polimorfa y articulable de sus contenidos. Todo en tiempos de televisión. Se entiende que los problemas nos desafíen con sus nuevos aspectos.

Pero nada debería impedir que cuando el medio universitario se preocupa por el mismo tema afloren las consideraciones *ya* realizadas en el seno del gran debate literario del siglo. De lo contrario, los resultados de esos trabajos no se privarían de aparecer como una distraída o involuntaria mutilación de lo ya discutido antes. Y no puede ser justificativo de tales omisiones el que la lengua empleada por los neoestilos académicos deba ser distinta ahora de aquellas otras con que los antiguos debates se libraron, efervescentes, literarias y con fuertes sellos personales. Pues justamente se corre el peligro de que vayan parejas la nueva lengua tecno-académica, los estilos de vigilancia o autocontrol en la circulación de datos con la pérdida de intensidad de los conceptos. Agréguese a todo eso la consiguiente dilusión, en rebajadas beatitudes, de los pensamientos que consiguieron ser más vigorosos hacia el sujeto, la política y la historia.

Lezama Lima, con su escritura sacramental pero plena de lujuriosos divertimentos, pensó la tensión barroca como un acceso místico a una historia americana emancipada. Véase por ejemplo lo que escribió sobre Ernesto Guevara (*Revista Casa de las Américas, 1968).* "Las citas con Tupac Amaru, las charreteras bolivarianas sobre la plata del Potosí, le despertaron los comienzos (...) Quiso hacer de los Andes deshabitados la casa de sus secretos (...) Lo que se ocultaba y se dejaba ver era nada menos que el sol, rodeado de medialunas incaicas, de sirenas del séquito de Viracocha, sirenas con sus grandes guitarras. El medialunero Viracocha transformando las piedras en guerreros y los guerreros en piedras (...) Nuevo Viracocha, de él se esperaban todas las saetas de la posibilidad y ahora se esperan todos los prodigios de la ensoñación." ¡Teogonía guevarista pensada como mito cósmico americano! Reconocemos en estos párrafos seleccionados la misma idea del barroco político emanado de aleaciones sediciosas. La aleación de semilunas incaicas y capiteles corintios, que es el emblema mayor de su tesis sobre la esencia política plateresca del ansia americana emancipadora, servía tanto para juzgar al arte cuzqueño, a las esculturas de piedra jabón de Aleijadinho como a las maniobrerías políticas del padre Mier. Y Guevara es otra manifestación de la mancomunión ígnea entre las sirenas de Viracocha, la plata del Potosí y la revolución socialista, quizás legataria de aquellas columnatas griegas. Si el argentino Martínez Estrada ve túnicas romanas sobre el guerrillero argentino-cubano, el cubano Lezama lo ve junto a la fantasmagoría del incario y al drama nietzscheano de las piedras convertidas en imagen.

El canon general de la mezcla lezamiana implica un "ente influenciador" que provoca en los demás "una virtud recipiendaria". Es el mito del diálogo virulento entre las culturas, que lleva a que ninguna influencia actúe en el vacío ni que nadie reciba nada en la hueca apatía. Los encuentros son formas del destino, el despertar de lo que de todos modos *ya se poseía* como común secreto cultural. El recibir barroco supone que todo subyacía en un cuerpo amorfo pero fogoso de significaciones comunes, cuya armonía había sido despedazada. Entonces, buscaba inútilmente una conciliación, hechizada por el espíritu de unidad. Esa conciliación paradójica, la conciliación discordante, es un motivo del nudo barroco. *Así, el recibir barroco también implica que todo recibir ya es barroco.* Lezama Lima evoca la cultura griega frente a las encrucijadas en que las culturas se astillan, se estorban y se ingieren. ¿No había allí una lucha de prioridades entre los dioses egipcios y los griegos? Los griegos, "entre el teocentrismo egipcio y la refinada barbarie persa", se encontraron no evadiéndose de esas realidades preexistentes, sino confiantes de que en ellas podía verse su propio despertar. Así, Lezama Lima observa que Heródoto se complace sigilosamente en demostrar que el Hércules egipcio *precede* en cinco generaciones al Hércules griego.

Y esta observación nos lleva nuevamente a Lugones. En *El payador*, Hércules es el antecesor de los paladines, el numen más popular del helenismo y precursor de la cepa de los trovadores. El hilo de su herencia, aunque las religiones orientales como el cristianismo interrumpieron el flujo normal de la civilización helénica, se encuentra en "la índole caballeresca y las trascendencias de nuestra historia". Entre Hércules y el Gaucho se extiende una mítica vicisitud cultural, no exenta de quebraduras pero segura en sus secretas continuidades. Ahora bien, Lezama Lima, al comentar que Heródoto acepta sin disgusto que el Hércules egipcio es anterior al griego, nos ofrece una meditación extraordinaria que trastoca aquello mismo que intentaba ser pensado por Lugones *y en su mismo terreno*. Según cuenta el propio Heródoto, viaja especialmente hasta Tiro de Fenicia. Desea observar con sus propios ojos al Hércules egipcio, y lo ve ricamente adornado entre columnas de oro y esmeraldas que resplandecían en la noche. Era un templo de gran antigüedad, de una edad lejana y oscura para los griegos. Pero su motivo de alegría era comprobar el realce de ese mismo dios al que los griegos habían recibido y puesto a luchar contra hidras y serpientes, y a "amenizar de nuevo la sexualidad rendida". Pero si los griegos se alborozaron ante la noticia de que tenían ese generoso antecedente, dioses trasladables a sus propias colinas sagradas, no ocurría lo mismo con los persas, frente a los que no tenían voluntad asimiladora. Sin duda, esta es una situación peligrosa en la historia de la cultura. Un pueblo que nada espera de los desafíos que otro le presenta. De modo que para el griego, un pueblo, el egipcio, era numen de inspirada sabiduría, y el otro, el persa, dragón estéril e informe al que había que resistir.

Lugones detiene su búsqueda en el Hércules griego, "uno de los grandes liróforos del panteón", y es de suponer que no conoce la noticia que Lezama obtiene de Heródoto sobre la antecedencia del Hércules egipcio. La erudición de Lezama, que es gozosa y satírica —a diferencia de la maciza y severa de Lugones—, introduce una perturbación que hubiera llevado a la fundación mito-poética argentina hacia Fenicia, apartándola de las codiciadas columnas de la Acrópolis. De todos modos, en la búsqueda de una sólida antigüedad para la Argentina es preciso también consultar el prólogo de la vuelta del *Martín Fierro*, y dejar hablar por un momento a Hernández, su autor. Es que no es extraño al ensayo nacional y a las más que variadas poéticas de la historia el sentimiento de que la Argentina no podría jactarse de ser verdaderamente un "pueblo joven" sin explorar antes todas las posibilidades de forjarse una venerable permanencia en las páginas milenarias de la cultura.

Hernández, al pasar, las rastrea. "Qué singular es y qué digno de observación el oír a nuestros paisanos más incultos expresar en dos versos claros y sencillos, máximas y pensamientos morales que las naciones más antiguas, la India y la Persia, conservaban como un tesoro inestimable de su sabiduría proverbial;

que los griegos escuchaban con veneración en boca de sus sabios más profundos, de Sócrates, fundador de la moral, de Platón y de Aristóteles..." Y agrega: "Indudablemente que hay cierta semejanza íntima, cierta identidad misteriosa entre todas las razas del globo que solo estudian en el gran libro de la naturaleza, pues que de él deducen y vienen deduciendo desde hace más de tres mil años la misma enseñanza, las mismas virtudes naturales, expresadas en prosa por todos los hombres del globo, y en verso por los gauchos que habitan las vastas y fértiles comarcas que se extienden en las dos márgenes del Plata". (*Cuatro palabras de conversación con los lectores*, 1879.)

De este modo el autor del *Martín Fierro* se sitúa en el punto de vista de la "sabiduría popular de las naciones" para atribuir profundidad histórica al gaucho, que dice en verso lo que el resto de los hombres dice en prosa —generalización sin duda imprecisa— porque hay un tesoro compartido de índole popular y no intelectual sobre el que se troquelan las naciones. Esas "virtudes naturales" que desembocan en el verso martinfierresco rioplatense se recortan de la misma enseñanza moral "desde hace más de tres mil años". No por su deliberada vaguedad estos párrafos dejan de mantenerse sobre una persistente idea de la cultura, que postula una comunidad, una "misteriosa identidad" entre todas las razas, de un modo semejante al que luego, en el ensayo latinoamericano resurgiría con el nombre de "raza cósmica" dado por Vasconcelos. Ese trasfondo homogéneo y único de la *moral natural* de los pueblos (no más de cuatro décadas después, a estos mismos elementos el italiano Antonio Gramsci los llevaría a una politicidad no naturalista, rechazando la noción de *libro de la naturaleza* y desembocando en la de *libro viviente*, ligada al drama de la historia) le permite a Hernández aventurar un amplio fechamiento. "Nuestros paisanos" se expresan en el ámbito del pensamiento moral, recurriendo al mismo tesoro en el que reposaban las creencias diarias de "las naciones más antiguas, la India y la Persia..." La mención a la cifra de tres mil años es a estas que se refiere. Esa antigüedad, que por perífrasis sería la que puede otorgarse al núcleo de culturas pampeanas, inaugura una serie de eslabones que para Hernández prosiguen luego con los griegos y concluyen en los moralistas de las civilizaciones modernas.

Si era entonces por ofrecer una profundidad histórica a los eventos argentinos, que notoriamente solo poseían pobres amarras en los últimos tramos del mundo histórico reciente, Hernández elegía esos tres mil años "indios y persas" frente al helenismo de Lugones, que por fuerza perdía cinco siglos con su elección griega. El esfuerzo mitográfico para hacer surgir las "culturas proverbiales gauchas" de un traspatio de tan largo aliento temporal —con una idea naturalista del lenguaje en Hernández, con una voluntaria invocación a la epopeya en Lugones— pone en confrontación las diversas partes del mundo oriental.

Carlos Astrada había visto remotos ecos de Zoroastro, del Veda y del pitagorismo en el *Martín Fierro*, pero Lugones prefiere la precisión del "linaje de Hércules", pues si bien en el ajuar del jinete no desprecia ver elementos persas y mongoles, no será ese orientalismo periférico el que le ayude a componer la verdadera "antigüedad argentina". Hércules, unido su nombre al estrecho de Gibraltar, lleva la flecha de los acontecimientos hacia Provenza, donde "los últimos herejes conservaban a ocultas la protesta viva del helenismo", herederos del "ideal racionalista y comunista de la sociedad sin gobierno político", donde latía un activo paganismo por debajo de formulismos, que si podían invocar la idea cristiana de la gracia era solamente para que el trovador o el paladín pudieran proteger su propia idea de justicia entendida "como un bien personal".

Mito y género (interludio borgeano)

Borges intervendrá en este debate con uno de sus conocidos ensayos, *El escritor argentino y la tradición* (c. 1945). Lo hará con ánimo travieso pero concluyente. A la cuestión de la tradición la califica allí de tema retórico. La juzga mera apariencia, un simulacro, un "pseudoproblema". Sin embargo, la brevedad de su escrito no desmiente que se halla en el mismo terreno que tanto Lugones como Hernández jamás habrían considerado propio de un pseudoproblema. Borges se enfrenta al Mito, extirpándole su pieza molar, la idea de que es posible postular una correspondencia fija y unívoca entre una forma de vida y una forma literaria. "Entiendo que hay una diferencia fundamental entre la poesía de los gauchos y la poesía gauchesca (...) la poesía gauchesca que ha producido —me apresuro a repetirlo— obras admirables, es un género literario, tan artificial como cualquier otro". Establecida esta disociación entre la material real y la invención literaria, se neutraliza el foco vital de todo mito: la creencia de que no hay distancia entre el existente histórico y el existente imaginario, pues el vínculo inescindible que los traspasa, una vez descubierto, es la manera misma del pensar. En el mito se piensa al mismo tiempo la referencia existencial y la palabra que le da sentido. Por eso para Lugones "no somos gauchos, sin duda, pero ese producto del ambiente contenía en potencia el argentino de hoy, tan diferente bajo la apariencia confusa producida por el cruzamiento actual. Cuando esta confusión acabe, aquellos rasgos resaltarán todavía, adquiriendo, entonces, una importancia fundamental el poema que los tipifica, al faltarles toda encarnación viviente".

Si Borges descubre en la idea de *género* el ámbito de la creación literaria puramente invencional —y la "realidad" suele situarse frente a ella como norma invertida, como desmentido irónico— Lugones no admite otra cosa que un mito que contiene las notas esenciales de la realidad actual, ese "argentino de hoy" cuyo destino lo desentraña el poeta. Porque el poeta es el que sabe unir el destino del arquetipo con el del ejemplar viviente anterior que ahora lo encarna, una vez que ha desaparecido el ejemplar viviente del gaucho empírico. Es gracias a esa desaparición que la Poesía guarda las notas colectivas, destiladas en la lírica y en la épica nacional, de aquella vida extinguida. Mientras Lugones necesita de la continuidad material entre vida y retórica —aunque solo sea para decir que como necesidad histórica la forma de vida gaucha ha desaparecido—, Borges no propone obituarios, ceremonias de unción ni elegías a la estirpe extinguida.

Borges, simplemente, diluye el vínculo real y con eso mantiene un gaucho real, distante y decadente, y al mismo tiempo convierte la gauchesca en un género más. Dos relativizaciones que afectando el "color local" afectan la razón misma del mito, que precisa ser pensamiento encarnado o palabra que sustituye lo que falte de encarnación viviente. Pero el Borges antimitológico —tanto como puede serlo un pensamiento cuyos "artificios" siempre juegan a una fusión con la "lengua casual"— también ensaya su *teoría argentina* a través de un doble impulso. Primero, un acto enraizador absoluto. Ser argentino es una fatalidad a la que nada hay que agregarle en términos de contenidos literarios. Es un existente previo, lo dado, lo de por sí evidente. Segundo, un acto disipador categórico. "Creo que nuestra tradición es toda la cultura occidental."

Al decir esto, Borges vuelve por un lado a las tesis sobre el carácter nacional, y por otro lado, le responde al "helenismo" de Lugones o al "orientalismo" de Hernández. Porque la afirmación de que toda la literatura es una lógica de géneros, con leyes que le son siempre inherentes, vacía totalmente las referencias comunes que surgen de la cultura fáctica o simbólica. Si la tradición no está en lo visible del pintoresquismo, que Borges repudia, estará en lo invisible de un sentimiento egregio y silencioso. Se trata del pudor, la reticiencia argentinos, "el sabor de las afueras de Buenos Aires". Nada diferente a lo que cualquier añejo tratadista del "carácter nacional" hubiera ensayado en materia de fisonomías o rasgos sentimentales "inconfundibles", en general poco tolerados si proviniesen de la observación de Martínez Estrada o Scalabrini, pero vistos como un hallazgo sutil siendo Borges quien los sugiriese. Solo que Borges amaestra esos rasgos propios con afirmaciones que van eludiendo justamente su poder aseverador. El "sabor argentino" no es un postulado sino una corriente tácita de significados. La dificultad para la confesión, por ejemplo, es un rasgo de ese carácter y a la vez una forma del estilo alusivo con el cual ese carácter se menta *en el mismo acto que se disuelve.*

Pero en el otro extremo, ¿cómo se presenta la cuestión del *argentino helénico* de Lugones? Afirmando que le pertenece a los argentinos toda la cultura occidental. Y ofrece dos ejemplos que han tenido vasta difusión. El de *Mahoma* y el de los *judíos.* El primero lo toma de Gibbon, un historiador. De Thorstein Veblen, un sociólogo, el segundo. Llegamos entonces al muy citado pasaje: "en el Corán no hay camellos", como prueba de que una identidad siempre lo es en grado de elusión de su motivo elemental, espontáneo o típico. Y luego: los judíos actúan dentro de la cultura occidental sin una devoción especial pero con gran disposición para la innovación. A partir de allí Borges lanza su "creo que los argentinos podemos parecernos a Mahoma" y con respecto a los judíos: "creo que los argentinos, los sudamericanos en general, estamos en una situación análoga..." ¿No se pueden reconocer aquí dos voces desafiantes y socarronas? Al invitar a "los argentinos" a ser como Mahoma y análogos a los judíos, no estaba sino prosiguiendo el debate con Lugones, que era el debate sobre la definición de la Argentina como cuestión intelectual y permanencia cultural. Y al indicar que toda el área occidental era competencia argentina, estaba forjando al mismo tiempo el instrumento retórico de la interrogación que había que ejecutar sobre *todo* el patrimonio universal. Y eso era necesario hacerlo con las dos alas más trascendentes del mundo exteriores o anteriores a la formación de Occidente. Los musulmanes y los judíos. No otra sería la opinión habitual de quien quiera tratar este tema en su máxima dimensión dramática e histórica. Sin griegos ni persas, Borges constituye argentinos occidentales con una retozona mención a un oriente que es a la vez la forma enigmática y perdurable que asume su clásico desafío para Occidente.

Pero para desgranar todas estas creencias —"creo..., creo...", así comienza Borges sus períodos, tan rotundo como etéreo— debía establecer su basamento de granito. ¿En que consistía? En que de todos modos seríamos argentinos, pues la fatalidad nos conducía hacia ello. Fatalidad que en el caso del escritor que eso dice significa "sentir profundamente la historia argentina", toda ella expresada en el tiempo cercano y en la tradición familiar. Sentimientos que están entonces "en la cronología y en la sangre". Se pueden pensar estas opiniones, más de dos décadas después de *El payador,* como mucho más restrictivas que las de Lugones respecto a las notas que abarca la condición argentina. Pagan el precio altísimo de abandonar el mito en nombre de la sangre, el culturalismo helénico en nombre de una secreta caracterología hidalga y la inocencia herculínea por un sistema de claves alegóricas inscriptas en la dinastía teosófica de los escritores ("Pienso en las quintas de Adrogué y las llamo Triste-le-Roy"). Borges combate la afectación y la máscara en materia de invocarse argentinos. Retoma así las consignas médico-literarias contra el *ser simulador* que habían practicado las psicopatologías del Hospital-Estado en el viraje del siglo XIX hacia el XX. Son aún las estribaciones, de ningún modo postreras, que provocaban las reacciones de la Argentina criolla contra esa Argentina de "apariencia confusa producida por el cruzamiento actual", según profiere el Lugones de 1916.

Pero ese decir lugoniano de algún modo contiene la expectativa de que, al "acabar la confusión", quedase en pie el tipo argentino prefigurado en el linaje del gaucho desaparecido. ¿Se podría entender esta observación al margen de sus acentos peyorativos? ¿Y acaso como una apuesta a la asimilación, al "crisol de razas"? Borges, de todos modos, no presenta ninguna idea semejante, ni aun envuelta en cautelosos rebordes de ambigüedad. En *El idioma de los argentinos* (1928), cumple con dos exclusiones. Con la exclusión del color local, ese pseudo-plebeyo idioma de las clases populares, que es siempre una simulación. Y con la de la lengua pseudo-hispánica, adormecida de tedio en los diccionarios, muriendo "de muerte prestada en español". Entonces, por un lado recobra Borges el ideal de la generación de 1837, por lo menos en lo que fue uno de sus temas más atrevidos, respecto a "emancipar la lengua" del idioma español. Pero al mismo tiempo se aparta de todo argot, lunfardo o marginalidades sociales del idioma.

Así opta Borges por "la voz de los mayores" que, aunque de manera tímida, recuerda "la memoria de los muertos que reclaman justicia" que esgrime Lugones para enhebrar la vida nacional. Pero su afirmación respecto a que ser argentino era una fatalidad que no precisaba tener su continuidad *afirmativa* en la literatura —so pena de convertirla en una máscara— daba por descontada y ya prefigurada la traza nacional. Nada había que afirmar, y si se lo afirmaba, se diluía. De ahí que la situación de ser argentino quedaba reservada para quienes al tener la libertad de serlo sin más —libertad que era una forma caprichosa del determinismo de sangre— podían ensayar un universalismo sin condicionamientos, en cuya práctica se forjaría el verdadero carácter nacional, ese *pudor* para combinar todas las formas del mundo sin acentuar ninguna pertenencia en especial. Esa no acentuación, de algún modo ese cosmopolitismo aparencial, tendría *sabor argentino.*

¿Quienes podrían empeñarse en esta ética del "escritor argentino" sino una clase de personas de linaje que mantenían una memoria *jus sanguinis*? ¡Y que pueden evocar la "voz de sus mayores"! El estrecho programa que así se insinuaba contrasta ahora con una idea que se ha divulgado desde hace varias décadas desde centros académicos adelantados. Se trata de la idea de la "invención de naciones". Por esta última se entiende que las naciones se organizan a través de voluntades que diagraman un dominio, una soberanía, una disciplina, un cómputo, una iconografía, una leyenda, por si acaso, un censo. De tal modo, las naciones —y, por añadidura, es posible que todo signo cultural— serían construcciones que muy poco le agregarían a la realidad de los dispositivos de dominio, salvo que ellas deben organizar leyendas y relatos unívocos para disciplinar a la población con un pretexto épico. Borges, que hace del cosmopolitismo una invención y de toda nación un carácter que se debe privar de hacer visible lo que es —de ahí el pudor—, no regatea esta misma propiedad cuando la reconoce en Walt Whitman, a quien le atribuye lecciones de "una mística de la parquedad". Ella tampoco luciría mal como epítome del *carácter nacional norteamericano*, en una demostración de que "la reticencia argentina, el recato frente a la confesión", con sus caprichosas galanuras y hechizos, para Borges son tenues sentimientos que a todos calan, que a todos les caben, de sur a norte, de norte a sur.

¿Cómo puede sostenerse el edificio borgeano del argentino inmanente, el argentino que evita la máscara o la mera intención de serlo con el abandono de la insistencia en ser lo que de todas maneras ya es? Necesita la invocación a un linaje que es más que simple recato y retraimiento irónico. Es una heredad familiar, un haber estado allí antes del aluvión, un derecho atemporal emanado de la concomitancia de los fijosdalgos con el recóndito origen nacional. La tolerancia de Borges hacia el argentino enfático que brotaba de la advenediza práctica del subrayado de sí no era sino oscura resignación y agresividad socarrona. Estaba tomada de su sutil breviario sobre el arte de injuriar, al que meticulosamente ponía en ejercicio con todo aquel que lo interrogara, reporteara o se relacionara con él en nombre de los múltiples y oscuros propósitos que siempre convoca a su alrededor una celebridad. La tesis del "crisol de razas", de este modo, resulta doblemente afectada, primero por el flanco de su ingenuidad —pues crea argentinos para los que serlo es mera afectación— y luego por el flanco de unas ulteriores ciencias sociales, que buscarán investigar y desamarrar los motivos de fijeza provocados por axiomas estatales "de secuestro", que eran los síntomas de una intransigencia cultural que sería despótica si no fuera insidiosamente disciplinaria. Sin embargo, el enunciado escolar de la tesis del crisol, que sin duda desliza hacia otros focos de atención una realidad de imposiciones domesticadoras, no deja de señalar hacia el decisivo dilema de crear el mito democrático y justiciero de la sociedad nacional argentina, como ilusión política emancipadora.

Ramos Mejía, uno de sus principales enunciadores, deja páginas curiosas, fundadas en su insondable estilo churrigueresco, aristocrático y paradojal.

Describe en *Las multitudes argentinas* —esa teoría de la revolución pensada bajo categorías mesiánicas y libertarias— un cuadro animado en el que vemos la familia del *gringo* cenando. "*¡Cómo absorbe su caldo en la hora de la cena, en grandes sorbos ruidosos y aperitivos, sin dejar rastros ni residuos vergonzantes en la olla humeante y llena de salud que le da la noble pobreza! ¡Qué bueno y qué sencillo me parece ese 'paise' trajinante, antes de dejar la larva del inmigrante para convertirse en el burgués aureus, insorportable y voraz!*" La escena podría corresponder a la del guarango, *simulador de talento con alma pecoaria*, pero Ramos Mejía la sorprende en un momento de máxima tensión, allí donde el inmigrante expresa su plasticidad con la "pueril valentía" del cocoliche. Por su parte, el niño inmigrante y futuro argentino, frente a esa sopa humeante escucha al oído las vagas emociones que hacen convivir su "instrumento importado" con las solicitaciones del ambiente. Así, lo van "confundiendo" en el contorno "que el medio le ha impuesto, de modo que las influencias hereditarias tienen que ser en un treinta y cinco por ciento indígenas, argentinas". Crisol de razas, pues, vocalizado con la terminología del gabinete metafórico de la biología y con un remate en el rechazo señorial del lucro burgués. En esta aguafuerte, se lo sorprende al inmigrante en el acto de *argentinizarse*, dentro del bucólico ambiente de la "noble pobreza".

Dígase lo que se quiera de estos párrafos ramosmejianos, que nos enojan con un absurdo asimilacionismo patriarcal, en su displicente paternalismo oblativo. El atolondrado sentimentalismo del inmigrante era admitido a costa de ser infantilizado. Pero la *fusión* en la que piensa Ramos Mejía en la gran vasija mezcladora de "razas", bajo el discutible postulado de un aparato sensorial disminuido y sugestionable por las pedagogías estatales, revela su cuño optimista y de algún modo profético. Esto es, nombra una Argentina iluminada por credulidades populares que el hidalgo, munífico, tolera con su comprensión ufana. Pues lo que no soporta es esa burguesía nueva —tanto criolla como inmigratoria— cuyo idioma es untuoso y soluble, escrito con la cómica solemnidad del periodismo huero e impostor. Pues bien, sería fácil ahora apartarnos de estas opiniones. Pero sus incómodas aristas no disminuyen el pulmón holgado con que se trata el tema. No es menos fácil aceptar que allí descansaba, bajo una deficiente enunciación, la expresión de un interrogante crucial. Cual era el de suponer posible una *experiencia cultural argentina* como campo de disposiciones emancipatorias, anticipadamente diferenciadas de la predestinación elitista que dos décadas después ensayará Borges con su sentencia "ser argentino es una fatalidad". No significaba esta última una extensión liberadora de esa experiencia pública, sino una sutil restricción. Pues todo en él convergía a declarar argentino aquello que se presentaba *previo o resistente a la "mezcla"*. Excluíanse así los contingentes nuevos para los cuales ser argentino no era ni un determinismo ni una impostura, sino una larga experiencia generacional de cuño utopista en cuya alma política pulsarían las ilusiones transformadoras del siglo.

Oscar Terán, al que se deben importantes y persistentes trabajos de comprensión del filamento de ideas que agitaron las diversas horas culturales del país, propone una interpretación del problema de la mezcla tal como se da en Lugones. (En *"El payador de Lugones o 'la mente que mueve las moles'"*, revista *Punto de Vista*, año 1993.) Pero a nuestro juicio, esas interpretaciones no nos impiden proseguir la discusión sobre el acontecimiento mítico en la composición política del texto argentino de carácter. Dice Terán: "Mas, si el gaucho es producto de una síntesis de elementos dispares, es menester que surja otra vez el poeta como reconstructor de una genealogía que muestre que el ser nacional no es frankestiniano como en el Martí de *Nuestra América*. Si había que seguir pensando con Sarmiento que 'cada civilización ha tenido su traje' era preciso deconstruir el significado que el *Facundo* articulaba al describir la vestimenta gaucha: 'el pantalón ancho y suelto, el chaleco colorado, la chaqueta corta, el poncho, como trajes nacionales, eminentemente americanos'. Por el contrario, en Lugones la composición de esa misma indumentaria se realiza por una saturación de elementos todos ellos importados: el 'tirador' es el mismo 'que todavía portan los campesinos húngaros, rumanos y albaneses', mientras que 'los primitivos pastores griegos usaban precisamente botas análogas', o 'el poncho heredado de los vegueros de Valencia', o 'los tamangos', especie de rústico calzado sin suelas, de corte enterizo como los *calcei* romanos..."

En las entrelíneas de esta interpretación que tan aguzadamente —como pepitas extraídas de una cantera olvidada de textos— lee la relación entre Sarmiento, Martí y Lugones, puede observarse la desconfianza de Terán hacia estas elaboraciones míticas. Todo lo adverso que se quiera hacia los "nacionalismos culturalistas o esencialistas", formas opuestas a lo que Habermas ha llamado "nacionalismo constitucionalista", Terán denomina "el operativo Lugones" a las conferencias que luego formarán parte de *El payador*. Esas conferencias habían partido de una enunciación cuya forma es desde ya política, al haberse localizado en el seno teatral del poder, repitiendo en su significado institucional lo que se asevera en el contenido del libro: la estetización de los argumentos políticos por la vía de la conversión de todo poder en una forma de cultura, de toda cultura en una forma de lenguaje y de todo lenguaje en una forma de la poesía. El poeta nacional desplazaba del terreno intelectual la hegemonía del "científico" de hospital y penitenciaría. El sistema heroico en que se asentaba este pensamiento, dice Terán, busca "construir una tradición, que es una prosapia tramitada mediante una mitología de la historia". No es necesario decir cuán lejos se siente Terán de estas "operaciones".

La idea de la "construcción de una tradición" está tomada de los énfasis que en las últimas décadas se hicieron notorios en la investigación histórica, respaldados en la idea de *"inventing traditions"* que proviene en gran medida del prestigio con que la patrocina Eric Hobsbawn. Pero no parece ser este el trazo más feliz de la obra del diestro historiador. Cuando se define la idea de invención de tradiciones como un conjunto de prácticas rituales o simbólicas que regulan una continuidad con el pasado por medio de mecanismos automáticos de identificación comunitaria, se concede demasiado terreno a la capacidad cohesionadora de las clases gobernantes. Estas tendrían a su disposición la capacidad de regular cuando no de crear la trama de vínculos asociativos de las colectividades históricas, con lo que, si se entiende que esas formas culturales son un producto de la astucia de la razón señorial o dominante, queda configurada una pobre realidad para los sectores populares, condenados a vivir en ámbitos culturales artificiales y opresivos. Se estaría de este modo superponiendo indebidamente la idea de opresión a la de culturas populares, y toda formulación ligada a las "poéticas de la nación" serían tan solo "operaciones" atribuibles a un afán disciplinador. La necesaria discusión con ellas no tendría por qué tomarse el trabajo de problematizar las diferentes perspectivas de interpretación de la cultura popular, sino que alcanzaría con declararlas responsables de la "invención de una identidad nacional", como también afirma Terán, esas operaciones "míticas" que llevan en su corazón malicio el premeditado deseo de controlar la diversidad y tornar homogénea la pluralidad del mundo cultural.

Pero donde Terán ve "trámites" sería necesario considerar que hay algo más que el patriotismo constitucional de cuño habermasiano, pues si por un lado hacer de las formas nacionales un *tramiterío a través de mitologías* convierte toda la discusión cultural en maniobras de administración y dominación, por otro lado, este patriotismo de reglas no deja de tener un alma formalista y apenas adecuada para resumir y reducir a una constreñida cuestión de ciudadanía los más densos problemas históricoculturales. Al cabo, comprendemos que también en Terán subyace el problema esencial de la *Ilustración argentina,* cual es el de señalar la actividad del mito como adversario mayor de la democracia del conocimiento. Como Tulio Halperín, Oscar Terán desea una historia sin mitologías, pero tiene una idea escasa e indigente del mito, lo que por suerte nunca va en detrimento de su acre sagacidad para detectar el sino trágico de los pensamientos *sobre* la historia. Pero Borges, gran enemigo del mito, siempre lo trató con el juego sutil del *refutador infeliz,* es decir, alguien que al refutar se expone a caer en el cautiverio de lo mismo que desea apartar de sí (según el modelo de la "nueva refutación del tiempo", cuya fuerza esencial consiste en autogenerar el sentimiento de lo insostenible).

Pero no es ese el ejemplo adoptado aquí, lo que no pocas veces contribuye a deslucir los descubrimientos críticos, como aquél por el cual, según Terán, para Lugones la "composición de la indumentaria gaucha se realiza por saturación de elementos, todos ellos importados". Sin duda, Sarmiento y después Martí mantenían una idea de la *mezcla cultural* como dilema que albergaba una guerra doctrinaria, ya que por un lado se podía pensar que se corría el riesgo del predominio de la indumentaria americana —aunque Sarmiento nunca deja de ser ambiguo en esa materia—, y por otro lado, que se estaba expuesto a una mascarada —como en Martí— que alejaba el momento de descubrir lo irreductible de las culturas. Sea que se eligiera una combinación acorde de elementos dispares, sea que se vacilara en elegir los elementos que deberían colorear al resto, la mezcla era una alquimia de culturas que no partía de una concepción de intrínseca armonía sino que era deducida de las formas de una batalla. Como vimos, no de otro modo procederá uno de los herederos de Martí, José Lezama Lima, que convierte el barroco en una aleación tensa de visiones heterogéneas del mundo. De tal modo, también sería adecuado interpretar la construcción lugoniana del ajuar del gaucho no como un llamado a valores incontaminados e importados, que pudieran resistir "a los efectos disolventes de la modernidad". Precisamente, interpretar los anaqueles mitológicos de Lugones como obstáculos al horizonte cultural moderno —señalado por el movimiento social y las raíces inmigratorias de la democracia— solo consigue demudar el problema de lo que significa *pensar*, tanto en la historia como en la política y la literatura.

En efecto, *pensar* es un dislocamiento en el interior de una materia que parece presentarse en todas sus posibilidades potenciales a condición de que pueda ser recombinada nuevamente por un alarde de imaginación, que sin embargo se halla precondicionado por el uso de materiales que ya han sido empleado para otros rendimientos. Esta imaginación preconstreñida sigue las líneas de lo que Lévi-Strauss ha denominado *pensamiento salvaje*, por el cual se reutilizan "residuos y restos de acontecimientos" a fin de fabricar nuevos objetos culturales o ideacionales que "en el plano intelectual alcanzan resultados brillantes e imprevistos". Cierto es que un autor tan poco dispuesto a conceder poder explicativo a los mitos modernos ("nada se asemeja más al pensamiento mítico que la ideología política") no puede ser invocado de la misma manera en la que Carlos Astrada trajo en favor de su *mito gaucho* a Ernst Cassirer o a Georg Gusdorf.

Pero ahora es evidente que el pensar en Lévi-Strauss es un acto creador de signos. Un acto que lucha con el mito y alrededor del mito para saberse responder a sí mismo si es o no, él, una reincidencia del propio mito. Esta angustia es el corazón de la obra levistraussiana, el *to be or not to be* del pensar. La recordamos para contribuir a una lectura de Leopoldo Lugones, que al considerarlo una parte esencial de la configuración mítica del pensamiento político argentino no lo deje sumariamente arrinconado en la húmeda pared de un helenismo de derecha, cultor de mitos que expulsan el pensar reflexivo. Sin duda, Lugones elaboró un fuerte estilo para las derechas honoríficas y colaboró para crear una "retórica del jefe" que a pesar de su contenido liberal, mantenía un estridente sonido jerárquico, propio de un dictamen político que se extraía de la defensa de la "epopeya señorial" y de la condecoración del orden por parte de una "sublime hipnosis poética". ¿Deberemos decir algo más sobre estos peligros y devaneos? Es claro, pero a condición de saber deducir para una nueva discusión sorbe el tema todo lo que el pensamiento mítico tiene de rebelión interna en los cuadros establecidos del pensar. Porque el mito, cuando desde él se piensa, no admite géneros, sino que declara a los géneros —el género gauchesco, del cual se habla, o pongamos por caso el género trágico, o más acá, los "formatos televisivos"— una traducciones desencantadas de la misma investigación quimérica sobre piezas combinadas en *bricolage* que él había hecho antes.

Si el calzón cribado del gaucho era considerado de origen húngaro o albanés, estamos sin duda frente a un deseo de *inventar tradiciones.* ¿Pero no puede decirse que ese deseo se sitúa a la altura de una historia cargada de ruinas culturales, convocadas incesantemente para nuevas orquestaciones y por lo tanto producidas por un secreto llamado libertario? Y aun sin postular el beneficio que siempre acarrea esta última forma de la praxis intelectual, es necesario ver el interés del procedimiento que apela a las fuentes arcaicas para forjar una combinatoria de vestimentas con cuño de epopeya. Es aquí donde estaríamos ante un ejercicio de pensamiento político —todo lo equivocado que se quiera en los motivos que elige o las conclusiones que aduce— que nos lleva a la certeza de que todos los conjuntos del presente no hacen más que traducir la presencia perturbada o irreconocible de los despojos antepasados. Ellos son la garantía de la libertad *material* y de la *libertad* de los materiales, y, aunque el oficiante poético de tales nuevas articulaciones piense en términos de un *orden conservador*, su procedimiento reviste una gravedad estilística mucho más cercana a los trastornos de la cultura que los que la expresan en términos de una tranquilizadora hibridez.

Obediencia y anarquismo: estilos de señorío

Lugones defiende en *El payador* una forma de gobierno político que llama *el patronazgo.* Lo percibe como un hecho natural, aceptado por los gauchos, que en ningún momento discuten el patrocinio del hombre blanco. Y aquí nuevamente nos interesa el modo en que Lugones presenta un insostenible argumento señorial. Lo *insostenible* en Lugones, pensamos nosotros, se ejerce a través de un estilete absurdo, que hace nacer el argumento con gravidez de pompa dinástica. Esa gravidez provoca un efecto paradójico: lo debilita. El modo afirmativo va trabajando contra sus propios intereses, volcando el tema hacia un desenlace descabellado, aunque hace también a su esotérico anarquismo.

En su descripción del hombre blanco, dominador por derecho natural, percibe "una casta digna de mando". En una viñeta bucólica con la que quiere traducir una escena gauchesca originaria, Lugones había comprobado dos notas del carácter gaucho. "El menosprecio de la autoridad" y un "comunismo de la abundancia". ¿Cómo explicar entonces a esos caballeros del señorío oligárquico que por un lado deberían heredar el espíritu viril de la pampa pero por otro lado eran los responsables de la extinción del gaucho, "elemento precioso de la nacionalidad"? He aquí el dilema oligárquico: deben gobernar por derecho incuestionado, pero su gobierno es sinónimo de incuria frente a la nacionalidad esencial. Ya están en *El payador* las incógnitas políticas que Lugones nunca resolvería. Cuando se suicida en 1938, deja inconclusa la palabra *nación* —*La Na...*— referida al nombre del diario. Este párrafo trunco nos interesa. Viñas, que no lo quiere, percibe el suicidio de Lugones como anticipado en el nihilismo de sus grandiosidades graníticas. Sus jaculatorias épicas contenían una prefigurada negación que lo iban socavando: "desde el comienzo al proyecto heroico de Lugones lo corroía la alternativa del suicidio".

Prefiguración, sí, pero no solo entrevista en ese cántico homérico sobre una inmensa nada, sino también en ciertos vuelcos y brusquedades del reguero de la escritura. Así, cuando en *El payador* afirma no disculpar a la oligarquía de sus errores, entre ellos el de haber espoleado la desaparición del gaucho, de inmediato lo que se enuncia hace un alto, se detiene de repente. Como un tren que rebaja inopinadamente su marcha al punto de que sus pasajeros, sorprendidos, se ven empujados de bruces, hacia adelante. Pierden el equilibrio. Y luego de ese punto drástico, comienza otra cosa, en otro tono, en calma. Arranca hacia otro lado, comienza un *estudio.* "Pero sigamos estudiando nuestra sub-raza."

Es un efecto similar al párrafo terminante que se sitúa como aliento postrero del *Roca*, su estudio final: "Pero nada tan concluyente como el saludo con que Mitre, díjelo ya, despidió a aquél en *La Na...*" No es necesario suponer la existencia de claves encubiertas ni de criptografías dejadas como señuelo. Pero en Lugones, el giro con que vuelca el tren de su prosa al dejar pendiente un *moto* cualquiera, desviándolo de sendero con una preposición adversativa, supone una crispación que a veces está también en su caligrafía, desarmada y difícil de descifrar por sus temblores, tal como comprueban luego los que se abocan a esa tarea. ¿En un párrafo puede estar un suicidio? ¿Por más que sea un párrafo donde se habla de lo *concluyente*, del *saludo*, de la *despedida*, de algo que ya había dicho *antes* y que menciona a los *dos patricios* de la política nacional, pactistas y antagonistas entre sí, a uno por su nombre y a otro implícitamente —su biografiado—, sin contar el *tajo abrupto* en el nombre del *periódico* y del *concepto,* esa nación sobre la que tantas veces había escrito y apoyada en la cual tanto había escrito?

Sin extremar la importancia de los señuelos —aun en un autor que era amigo de ellos— muchos son los que se han sentido recorridos desde entonces por una sensación, no solo de prefiguración, sino de juego lúgubre con los nombres, por parte de un poeta que en su propio nombre veía vibrar la cédula secreta de la "tierra argentina" y que en su billete de suicida que se despide prohíbe que pongan su nombre sobre cualquier paraje de la ciudad.

Este poeta que pensaba el nombre como un velo egregio, siendo su tachadura no un *minus* sino una acentuación en esa escalada de la reputación, nos da ya la escena patriarcal, que sería remotamente bíblica, no fuese su preconcebido aire helénico o romántico: *"Cierto día, al obscurecer, el traspatio de la casa solariega, frecuentemente prolongado en quinta, animábase con un tropel de caballo. El perro guardián ladraba con gozo en la punta de su cadena. Sonaba largo, marcialmente remachado por la espuela, un paso varonil. Era el padre que volvía a los dos o tres meses de ausencia en el desierto, curtido como un pirata bajo su barba montaraz. Sólo en la frente que el sombrero protegió parecía sonreír un resto de noble blancura. Dijérase que el bronce del trabajo abollábase en aquellas manos cuya rudeza enternecía a la esposa. En el tufo de su cansancio, flotaba todavía una exhalación de barbarie. Narraba con parsimonia las escenas del desierto, más de una vez tintas en sangre. Todo el barrio enviábale mensajes de bienvenida. En la correspondencia que iba recorriendo, pasaban respetables membretes de Londres, citaciones del Senado, alguna esquela confidencial del presidente de la República, pues tales hombres, caudillos de gauchos en la pampa, eran a la vez los estadistas del gobierno y los caballeros del estrado (...) Maestros en las artes gauchas, éranles corrientes al mismo tiempo el inglés del* Federalista *y el francés de Lamartine. En sus cabeceras solían hallarse bien hojeadas las* Geórgicas. *El italiano resultábales habitual con la ópera que costeaban a peso de oro. Las dificultades casi desesperantes de aquellos rudos años no les impidieron codificar con sabiduría el derecho, organizar la hacienda, escribir la historia al mismo tiempo que la hacían (...) Al contacto de la civilización, su urbanidad aparecía por reacción virtual como el brillo de la plata. Tostados aún de pampa, ya estaban comentando a la Patti en el Colón, o discutiendo la última dolora de Campoamor entre dos debates financieros."*

No es fácil mejorar esta estampa que retrata a la oligarquía argentina como una aventura patriarcal. Es una geórgica modulada por el mismo método con el cual está presentado el menaje del gaucho: una investigación mitológica sobre la estirpe excelsa de los conceptos. Y es el mismo clima que se repite en una viñeta del *Roca*, cuando retrata a "la clase gobernante de Córdoba", que también lee el *Federalist* y que concilia opuestos, como una cita de Donoso Cortés y otra de Lamennais, el clasicismo de Madison y la "política biológica de Bagehot". Este último es el autor de *Physics and Politics*, de 1869, que se encuentra también citado por Vicente Fidel López en su prólogo a *La neurosis de los hombre célebres* de Ramos Mejía. Es el autor en el cual López hace descansar su tesis sobre la "casa del Lord", que un poco más adelante comentaremos. Como se ve, Lugones tiene en mente una clase pampeana y militar gobernante, que son hombres de mando porque provienen del desenfado con el cual leen el liberalismo universalista, tratan con las derechas cristianas y saben asumir los ecos distantes de un comunitarismo de vagos tintes socialistas. Si Borges acepta el dictado de que "en el Corán no hay camellos", Sarmiento había puesto precisamente camellos en la pampa y Lugones volverá a sacarlos para devolverle todo el patrimonio occidental.

A la vez, si para el *xanete* —el jinete gauchesco— las líneas de su prosapia descendían de Arabia, Persia, Grecia o Albania, para el señor blanco descendían de los patriarcas agrícolas de la antigüedad latina y de un mundo moderno de poderes políticos y financieros, de lecturas doctrinarias y entretenimientos cosmopolitas. En la égloga lugoniana hay una intencionada confusión de los planos de la civilización y la barbarie, que llevan al límite la idea canónica ya inscripta en el trivializado horizonte pedagógico de la época. La civilización es un débil hilo resistente, una nívea pigmentación que se apaga hasta que un aliento final siempre la recompone.

La "vuelta del padre" resuena con tintes proféticos y está concebida como un evento de rudeza, peligro y confusión selvática. Sin embargo, a la manera de una señal edénica, el viril Padre sexocrático tiene una marca preservadora de la civilización estampada: ese "resto de noble blancura en la frente". Esta escena apretada entre el salvajismo de la sangre y las cotizaciones de Londres compone la imagen del señor oligárquico de raza blanca, leyenda de coronación literaria de un orden de dominación en aquella forma de la Argentina. ¿Esos hombres "tostados aún de pampa" hasta qué punto están representando la manera del poder político que hasta allí había imaginado Lugones? Un sistema de armonías patriarcales en la república liberal pro-británica, pero con una leyenda social de obediencia naturalizada. ¿Era pues esa manera política de definir la *oligarquía*? Esa es, por cierto, la palabra que él usa, palabra que décadas después y diversamente empleada estaría destinada a larga repercusión. ¿Esa oligarquía era la que sellaría un estilo de poder tendiendo un puente entre dos leyendas, una con su referente histórico desvanecido, el gaucho, y otra con su sujeto histórico en plena acción, ese hombre de óperas y cabalgatas, cubierto de los tufos del campo y con trato confidencial con el presidente de la república?

El tema de la leyenda criolla ya extinta en un país blanco organizado puede leerse también en Ingenieros ("La formación de una raza argentina", conferencia de 1915). Imagina Ingenieros un futuro argentino sostenido por una raza compuesta por "veinte o cien millones de blancos familiarizados con el baño y la lectura, símbolos de la civilización". ¿Qué harán estos euroargentinos en sus "horas de recreo"? Nos lo dice Ingenieros: *"Leerán las leyendas de las extinguidas razas indígenas y las historias de la mestizada raza colonial, y leerán también los poemas gauchescos de Martín Fierro y Santos Vega, o las novelas de Juan Moreira, renovadas ciertamente por otros escritores de raza europea, como lo fueron Hernández, Ascasubi y Gutiérrez"*. Respecto a *El payador*, casi un similar juicio sobre el agotamiento del ciclo criollo en Ingenieros —el viejo compañero de Lugones en *La Montaña*— y también similar proclamación de la "raza blanca euroargentina", con el agregado de la preservación de la leyenda y la poemática de esas gentes sucumbidas, reescritas por albos escritores. Se dirá que Ingenieros no pinta como Lugones con la acuarela del poder señorial oligárquico. Sin embargo, diez años antes del escrito que acabamos de citar, había sugerido él también una versión idílica de la casa nobiliaria patriarcal, que resulta, si cabe, más comprometida que la de Lugones con el evangelio de la supremacía blanca y de la raza propietaria predestinada.

Se trata de su escrito *Las razas inferiores* (1905), al cual ya aludimos a propósito de su "racismo científico", en el que citando un libro de Gaullier acepta un "breve cuento que vale un tomo de filosofía sobre las razas". Vamos a transcribirlo sin comillas, pues no las usa, salvo al final, el mismo Ingenieros. Bajo el alero de una mansión estaban cuatro seres humanos. El primero de ellos era un americano, propietario de esas tierras; estaba tendido en su silla de campo, los talones apoyados en la balaustrada, a la altura del mentón; un cigarro humeaba entre sus labios y leía un ejemplar de diario llegado por el último correo. El segundo, apoyado en las columnas de la glorieta, contemplaba con aire grave y solemne el horizonte de las montañas azuladas que se perfilaban a la distancia, entre las cuales el sol descendía rápidamente; apoyaba su mano sobre el cañón de una carabina, envuelto el cuerpo en un amplio manto rojo, sobre el cual descendían largas trenzas de cabellos negros adornados por una pluma de águila: era un piel roja. El tercer sujeto era un negro; tarareaba entre dientes alguna canción, mientras engrasaba un par de botas pertenecientes al amo blanco; sus cabellos crespos, su cabezota redonda y sus dientes blanquísimos, como los de un perro, contrastaban singularmente con la silueta bronceada del autóctono. Por fin, el cuarto hombre era un chino, el cocinero de la casa; vagaba en torno de una olla, sin que su larga cola occipital pareciera incomodarle en sus operaciones culinarias. Ante ese cuadro profundamente simbólico, Gaullier se formuló esta pregunta: "¿Ese americano, ese propietario reclinado en su cómoda silla y leyendo su diario en medio del desierto, no es, por decirlo así, el símbolo viviente de la supremacía de la raza blanca?"

Ingenieros concuerda con estos pareceres, aunque por momento intenta el tono leve del cronista como si percibiera oscuramente la necesidad de un distanciamiento respecto a su feroz veredicto. Es difícil concebir tantos desatinos y conceptos extraviados en una frase como ésta: *trabajar por las razas inferiores era anticientífico.* "Los negros no son nuestros semejantes." Aun con empeño, no sería posible encontrar otra descripción que tan cruelmente amalgame ciencia y potencialidad de destrucción de la esencia de lo humano. No sería posible, al menos, encontrarla en la historia cultural argentina, donde no escasean textos que bordean o se internan decididamente en zonas de racismo. Tema abierto: el racismo se presenta como ámbito de observación científica; la ciencia se presenta como guardián de la esclavitud y la aniquilación humana. No es cómodo ver a Ingenieros allí involucrado. Su aceptación de esa forma de la casa patriarcal, si cabe, consigue agravar el mito de la casa lugoniana. En esta, el bucolismo de la autoridad ancestral se destina a conjurar e invisibilizar las diferencias humanas en nombre de un protectorado blanco, tan omnisciente que evita presentarse nítido. Se presenta, al contrario, mimetizado con la rudeza, exhalando barbarie.

En la fundamental introducción al libro de Ramos Mejía *La neurosis de los hombres célebres* (1878) —a la que ya nos hemos referido en el capítulo anterior— Vicente Fidel López traía otro ejemplo de casa patriarcal. Se trataba de "La casa del Lord", alegoría que López toma de Bahegot para negar que en algún momento presente de una historia exista homogeneidad. Residuos antiguos se van recombinando incesantemente y permanecen en cada franja temporal aun cuando haya desaparecido el cuerpo que lo contenía. Es cierto que López pone esta consideración en el cuadro del evolucionismo, pero es también la ruta por la cual se renueva el saber dialéctico (el "residuo que permanece" es lo que ocupa las reflexiones de muchos momentos de la obra de Marx). "Cada siglo contiene incrustado en su enorme cuerpo un inmenso residuo que reproduce, en su capa respectiva, la vida, las creencias, los errores y las preocupaciones de esos siglos anteriores que el vulgo tiene por olvidados y por ahogados en los senos inconmensurables de la Eternidad." De ahí, la casa del Lord. Si se estudia la composición de la casa de este hombre progresista y liberal, su figura aparece en un conjunto de relaciones con los oficios intermediarios alojados en su vida doméstica, y con los aún más "bajos" que contribuyen a su comodidad o su lujo. De ese modo, en la casa familiar se encuentran hombres de muchos siglos diversos, en sus hábitos, aptitudes y creencias. Alguien podrá estar culturalmente en el siglo V, otro en los tiempos del paganismo romano y aquel de más allá, viviendo en plena era de las Luces. Una nación moderna, concluye V. F. López, amplifica en escala gigantesca estas mismas napas temporales que se combinan en la aparente unanimidad cultural de la complaciente casa del Lord.

¿No se puede percibir aquí que el mundo de Ramos Mejía no está esencialmente alcanzado por la alianza mortal entre la ciencia y el expurgo racial que reproduce al "grupo humano superior"? Ni él ni López sienten que el artefacto científico inhiba la iniciativa cultural humana, esencialmente diversificada. La *casa del Lord progresista* —metonimia de sus respectivas casas de linaje criollo— es el ámbito de la conciliación de las vetas del tiempo, madre de la avenencia de los diversos oficios y congregación cordial de las clases de la sociedad. A diferencia de Lugones, esta casa es escéptica sobre el Padre Pródigo que recorre desde las escenas del desierto —tintas en sangre— hasta la poesía de Lamartine. (Recorrido que algún modo evoca la excursión de Mansilla.) Y, a diferencia de Ingenieros, hay aristocratismo displicente y ascético, no ciencia biológico-social que declara "inferior" a una porción de la humanidad. Las *aguafuertes* de Ramos Mejía, como la de la casa del inmigrante que sorbe ruidosamente la sopa, vulgar pero no ambicioso burgués, sugieren escenas insospechadas respecto a la mitopoética aristocrática del habitar. No conceden fácilmente al *pater familias* atroz y refinado de Lugones ni al amo blanco de Ingenieros a cuyo alrededor circulan las razas subordinadas. Pero tampoco llega a rozar la cúspide de la construcción legendaria de la casa indiana, que le estaría reservada al brasileño Gilberto Freyre, autor del informadísimo, excitante y aún hoy más que legible *Casa grande y senzala* (Pernambuco, 1933).

El patriarcalismo rural y esclavista de la gruesa casa de adobe del portugués blanco apoyado en el ingenio de la caña de azúcar y en la Senzala (la habitación de los esclavos) compone la escena cultural de un Brasil que construye su *ethos* en el corazón de esa dicotomía habitacional. Pero en verdad la dicotomía tal como la concibe Freyre está hecha de la fibra de un diálogo cultural que trascendiendo sus condiciones históricas reprobables —la esclavitud, el desprecio racial— construye una sociabilidad de encuentro, que es la arquitectura social, lingüística, doméstica y sentimental del brasileño contemporáneo. Freyre es también adicto a *escenas*. He aquí un señor de ingenio, de 80 años, Barón del Imperio, que entretenía su dulce senectud "acariciando mucamas púberes e impúberes". Su trato con el curanderismo de la Senzala le proporciona afrodisíacos con los que serenar la triste vetustez. Pero las magias sexuales, la hechicería propiciatoria como vía regia a la lujuria, no provienen esencialmente de la Senzala, sino del satanismo europeo. Freyre desea demoler la mala mitología sobre la sensualidad negra para poner en primer plano el hecho social de la esclavitud. Como esclavo, el negro veía disminuida sus potencialidad creadora, que en el caso de muchas etnias africanas traídas por el tráfico esclavista hacia América contaban con estadios civilizatorios de rauda y delicada imaginería, no exenta de saberes técnicos y filosóficos radiantes.

Para Freyre, la civilización brasilera, por el lado de su influjo negro, revela una cosmovisión que aquieta la rusticidad, la frialdad o la agresividad portuguesa. "El ama negra muchas veces hizo con las palabras lo que con la comida: machucolas, les quitó las espinas, los huesos, las durezas, dejando solamente para la boca del niño blanco las sílabas blandas." Y así, la lengua portuguesa "ni se entregó del todo a la corrupción de las senzalas (...) ni se mantuvo calafateada en las aulas de las casas grandes, bajo la mirada severa de los maestros clérigos. Nuestro idioma nacional es el resultado de la compenetración de ambas tendencias (...) Es así que el portugués de Brasil, uniendo la Casa Grande con las Senzalas, los esclavos con los señores, las mucamas con los señoritos, enriqueciose con una variedad de antagonismos de que carece el portugués de Europa." Así, cuando el duro portugués dice *digam-me*, *faça-me*, *espere-me*, es transformado por la Senzala en el cálido *me-diga*, *me-faça*, *me-espere*. Dulcificación del reclamo. El primero es el idioma del mando y la etiqueta. El otro, el de la intimidad y la súplica. Las relaciones psicológicas emergentes del cuño patriarcal que unía señores y esclavos, niñas y mucamas, da como resultado un "carácter nacional" basado en la ternura y la cordialidad. *Faça-se*, es el señor hablando, el patriarca. *Me-dê*: es la mujer, el hijo, la mucama, el esclavo. Y remata Freyre: "nos parece atinado atribuir en gran parte a los esclavos, aliados a los niños de la casa grande, el modo brasileño de colocar pronombres".

Estas agudas observaciones de Freyre, llevan a la antropología del carácter nacional brasileño a cúspides de gran delicadeza conceptual, lo que no impidió la desconfianza con que ese culturalismo intercesor y *"o homem cordial"* de

Sergio Buarque eran recibidos por la *sociología de la "estratificación social"*. Por cierto, son pensamientos que sellan un cuadro de integración social por medio de concordancias culturales que hay todo el derecho de considerar poco dispuestas a entrever las bases de conflicto irremediable que subyace a esa comunión entre el señor de la casa y su ablandamiento en el seno de la coloquialidad inventada por la coalición entre esclavos, mujeres y niños. Sin vacilaciones, en *Casa grande y senzala* el negro aparece valorado e interpretado como portador de altas culturas, solo deformadas por el acontecimiento insoportable de la esclavitud. Pero a costa de atribuirle docilidad y sumisión, complemento feminil del señorío. Freyre, aristócrata que conoce los vericuetos de la literatura picaresca, construye el gran edificio de la integración cultural brasilera apelando a una sexualidad alegre y hedónica que él rescata de la saturación sexual que funciona como una leyenda oscura, sustrato ideológico del monocultivo, marca de ese capitalismo patriarcal fundado en la esclavitud, "en secreta alianza con el clima".

Se explican los mitos sexuales por las relaciones generadas en la historia de esa sociedad esclavista, y a la vez —esa es la peculiaridad de Freyre— se construye la gran catedral de la sociabilidad brasilera a través de la fusión de las mentalidades señoriales con la creatividad de la *senzala* —y si entendemos bien, una creatividad que de algún modo es un secreto síntoma de emancipación en el seno de las odiosas relaciones de sumisión económica de unos hombres a otros hombres—.

La "dialéctica del amo y del esclavo" que se insinúa en *Casa grande y senzala* es ahogada por Freyre con las sabias paradojas de un señor que se relame con el don de la escritura, que él posee, y que destina a sorprender y descolocar al lector. Sea que en tal lugar se lo piense antropólogo, se lo encuentra más acá libertino; sea que allí se lo piense cincelando una investigación con infinitos datos, se lo encuentra en tal lugar cuentista o reelaborador del idioma nacional en la propia escritura de su libro. Porque es un libro dedicado a la estricta representación del vasto encuentro de culturas desde el que interpreta la formación de la *intimidad social brasilera*. No en vano Roland Barthes lo juzgó convirtiendo en objeto vivo la materia palpable o impalpable de la historia, y en eso, superior a Marc Bloch y Lucien Febvre, "pudiendo ser comparado apenas con Michelet".

La proclama que Freyre pone al frente de su obra, realizar *la historia social de la casa-grande como hilo conductor de la historia íntima de casi todos los brasileños, de su vida doméstica, conyugal,* lo convierte en un adelantado tratadista sobre las creencias cotidianas y privadas, anticipado en varias décadas al surgimiento de los estilos académicos que en Francia se dedicaron a explorar ese tema, pero allí, más como agotamiento y estrechamiento del campo de la historiografía profesional que como descubrimiento inesperado de un espíritu independiente, al que Darcy Ribeiro supo ver —con los énfasis de los que él mismo nunca se privara— con algo de la introspección evocativa de Proust.

En Brasil, se lo suele comparar a Gilberto Freyre con Martínez Estrada. Y quienes lo hacen —algunos, los pocos, el número pequeño de personas que evidentemente aún se lanzan a estos temas— proponen tal comparación para señalar que el pesimismo del argentino está en inferioridad de condiciones para hacerse cargo de las imágenes que crea la historia social viva. Frente a ese pesimismo, el optimista Freyre desnuda la sociedad en sus formas de vida domésticas, en la frescura de sus hechos cotidianos, en la génesis jovial de sus creencias. En cierto modo, este contraste tan sinóptico no está desencaminado. Martínez Estrada es "muy argentino" en su estilo grave, en su acre predisposición a poner las cosas en la frontera entre la ruina y la redención. Y en forzar los hechos para hacerlos entrar en grandes categorías metafísicas, comprimidos en esas efigies morales que emanan de los textos, reacios a la penetración de lo histórico-social en la maldición y el nimbo profético del escritor incomprendido.

Para colmo, los dos libros fundamentales de ambos, *Casa grande* de Freyre y *Radiografía de la Pampa* de Martínez Estrada, son publicados en el mismo año, 1933. El primero es pletórico de minucias y hechos relamidos, observaciones de una bitácora veladamente autobiográfica sin dejar de pertenecer al sector moderno de las ciencias antropológicas. Estas, alimentadas por una visión más que aceptable de la formación de un carácter nacional entendido como historización de las creencias privadas. El segundo está sometido a la fijeza conceptual de las *invariantes*, formidables vigas mentales que muy difícilmente dejan de subordinar y someter a elegantes masacres los hechos. Pero sería injusto decir que se ausentan y están en la obra imaginativamente dispuestos, bajo el aliento de un pensador de la mortificación y el anatema. Y esas son, en los años 30, las dos carátulas del pensamiento alegórico social, con distintos énfasis de ambos en el primero o en el segundo vocablo. Y cuando hoy los leemos, sabemos íntimamente que son escritos que no pueden olvidarse, menos por nuestra condescendencia de lectores que por la fuerza natural que ellos irradian.

Sin embargo, es también frente a Lugones que se entablaría otro buen cotejo con *Casa grande y senzala*. No solo porque en *El payador* está también la *casa grande pampeana* que ya vimos —y no hay *senzala* pero sí gauchos que no venían de una África histórica sino de una Grecia irreal— sino porque se puede descubrir en ese libro la misma tensión entre señorío y anarquismo. ¿Qué hacer con ella? Ciertamente, Lugones posee un verbo asfixiado, carente de planos y vericuetos. No evita el rizo, un aire enrarecido y culterano que envuelve ciertos párrafos en un aire convulsionado, pero siempre se mantiene monocorde, al borde de la pérdida del aliento. La atmósfera se rarifica alrededor, y el lector asiste a una escritura acerada, que se arrastra a lo largo de una única vibración denodada, metálica. El héroe comienza a serlo a partir de esa escritura broncínea, como esculpida. Porque el acto literario se ejerce en paralelismo con una estatuaria, como si estuviéramos dentro de la misma consideración que hace Lessing del *Laocoonte*, respecto a cómo traducir en la poesía la expresión de un rostro tal como se halla en un grupo escultórico. Y, a pesar de todo esto, a cada momento Lugones siente —y el lector siente— que todo ese conjunto está sometido a tal insoportable tirantez que siempre estamos al borde de una devastación emocional y política.

Devastación que por un lado se percibe en las formas que adquiere la meditación lugoniana sobre las estatuas, como alegorías de la percepción cultural y de la escritura misma. Porque Lugones prefiere, en un tramo elocuente de *El payador*, las esculturas que eviten la sugestión del despotismo oriental —y por lo tanto del cristianismo— con sus estatuas en actitudes extraordinarias, de "seres superiores a los mortales". Y por otro lado la cortesía trovadoresca que galanamente imagina como el culto a la mujer, sin duda heredado por un empalagoso aristrocratismo, y que tiene desenlaces mucho más considerables (sin que deje de ser estimable el anterior puesto en otros términos). Ese otro desenlace lo encuentra Lugones en el trovador como un crítico que funda la democracia intelectual. ¿Qué sería esa democracia? Sin duda, es una de las formas de la caballería. A su amparo, ve Lugones la organización de las corporaciones obreras que resisten por medio de la huelga en una transposición de los valores de una edad heroica hacia la praxis del movimiento obrero, rasgo que ya había ensayado Georges Sorel en sus *Reflexiones sobre la violencia* (1905). Pero no es solo la caballería la que se transfunde en obrerismo, sino que el paganismo aporta lo suyo ampliando la idea de justicia, fundadora de ciudades libres antipapistas, municipios de los que germinaría tanto la nación como la música polifónica. Por añadidura, los trovadores resisten al papado y a los clérigos con las instituciones paganas del duelo judicial y el culto a la mujer, de los que resulta el juglar que con sus *justas en verso* —no desprovistas de fuerte influencia árabe— son "la fuente de nuestras payadas".

Todas estas formas "helénicas" de libertad tropezarán con la civilización gótica, que al contrario del helenismo es menos amiga de la belleza que de la verdad. Porque será del ideal de la belleza de donde surgirá un debilitamiento de la jerarquía, mientras que el predominio metafísico de la verdad cristiana, obtenida por una "comunicación divina", construye la verticalidad en la verdad. Y dirá Lugones: "Ahora bien, nosotros pertenecemos al helenismo". Ese *ahora bien* aparece como una cadencia demostrativa armoniosa que "va de suyo", como complemento natural del argumento, como si efectivamente no pudiera jamás ponerse en duda el funcionamiento del mito de la cultura. Lugones procede con estilos demostrativos que por pertenecer a la alzada del mito no se conjugan con juegos probatorios, a los que son esencialmente adversos. Puesta así la Argentina en el oscuro vientre del mito de la "raza helénica", ella lo recibe —o mejor: ella se funda al recibirlo— luego que los trovadores y paladines arruinados en Provenza llegaron a América. Trajeron la civilización que revive en el gaucho, o que constituye el existenciario mismo del gaucho.

Pero Lugones, acto seguido, debe aclarar: "Y no se crea que esta afirmación comporta un mero ejercicio de ingenio". ¿Por qué esta justificación? Ya *en* E*l Imperio Jesuíti*co coquetea con un gesto de burla hacia su "exceso de imaginación" cuando debe especular sobre algunos signos ya borrosos que han sido tallados en piedras fragmentadas. ¿Sospechas atinadas respecto a que su mente afiebrada lo lleva excesivamente lejos en los encadenamientos etimológicos y los desciframientos de arcanos? Sin embargo, esa sospecha no es obstáculo —al contrario, es una sospecha propedéutica— para lo que ahora sobreviene. Es que Lugones trata de pensar el enigma de "los antecesores" tal como se descifrarían los signos partidos de lejanos menhires. La idea de "una no interrumpida cadena de vidas semejantes" lo lleva a considerar que cada vida actual es un resumen de generaciones. Cada respiración presente prolongaría un aire que ya fue respirado antes, por antecesores que "soya decenas de millones, según lo demuestra un cálculo sencillo".

Extraña concepción, por la cual se hacen "calculables" las vidas anteriores, las vidas de la humanidad entera, pero caso por caso, en un cómputo que sin duda retiene en una medida impresionante la propensión esotérica de Lugones. Así, no es posible poner en duda el origen del Martín Fierro como proveniente de los paladines y de los miembros de la casta de Hércules. La "continuidad de la existencia" es aquí una proposición ineludible, en la que al mismo tiempo se encuentra la definición lugoniana de "raza". Definición mesiánica, en la que la crítica anarquista de la obediencia y la apología naturalista de la ciencia cercan a Lugones, que siente que entre ambos flancos del problema de la verdad inmortal debe hallar los "secretos de la vida". Otra forma, quizás, de inmortalidad. Meditando sobre el sometimiento, Lugones encuentra, como ya vimos, el bálsamo del *individualismo racionalista*, que contra los dioses soberbios y sus representantes en la tierra, pusilánimes demócratas, es la trinchera desde la cual se lanza la sublime acusación de que los sistemas políticos y las apelaciones a cualquier divinidad, son una manera de ir cambiando los "collares de opresión". Esa otra forma de inmortalidad para los dioses mortales era la memoria de las generaciones.

En *El secreto de las instituciones*, una de las aguafuertes que Lugones escribe en su *Filosofícula* (c. 1920), se lee una curiosa reflexión sobre la relación del hombre con el perro. "Los hombres primitivos desprecian al perro porque olvida las injurias", imagina Lugones. Se trata de un animal que no devuelve las ofensas más humillantes, rompiendo el principio de las civilizaciones que a imagen de una piedra que rebota contra otra piedra, destinan la misma proporción de algo para responder a algo que han recibido. Pero el desprecio hacia el perro tuvo que ser reconsiderado cuando el hombre se convirtió en pastor de ovejas. Comenzaron a elogiar su fidelidad, pero bajo cuerda el primitivo desprecio continuaba. Y al animal que ya era indispensable, lo castigaban con puntapiés cuando podían. El insulto *"¡perro!"* se convirtió en voz suprema de desprecio hacia el acto de humillarse. Conclusión de Lugones: "He aquí por qué los pueblos no aman nunca sus autoridades".

Esta fábula libertaria supone que las instituciones son necesarias sobre la base del olvido de una impulsiva igualdad sin mediaciones. Su repique nietzschista no oculta su base asentada en la falsedad de las instituciones y en el proyecto de individuo autónomo. Desde luego, allí yace el individuo heroico, pero constituido con una quiebra interna —que a nuestro juicio da origen a un bosquejo de subjetividad libertaria— que lo liga a un intento de encontrar el secreto de la libertad. Cuando Viñas advierte que esa literatura del individuo heroico (y el propio Viñas confesaría cierta vez el temor de ser alcanzado por ella) mantiene en su interior la corrosiva latencia del suicidio, está señalando implícitamente que se trataba de forjar una subjetividad liberada, afirmada en la crítica a la obediencia. Es posible ver a Lugones como ese señor hedónico que extraía el mando de una ficticia igualdad con la mesnada que obedece espontáneamente, en la fraternidad bucólica del alodio de la Provenza Argentina. Pero tanta penuria intelectual en la búsqueda de la emancipación en el interior de la obediencia, revela que el enigma anarquista que se había insinuado en sus primeras acrobacias literarias, en la época de *La Montaña*, continuaba como emboscadura dentro de tamaña apología del patronazgo.

Neo-aguafuertismo: Viñas, último proyecto de la retórica pampeana

Ademán o *codeo*, dice Viñas para describir los movimientos de una escritura, y no solo las que le gustan. Es la retórica corporizada, que atizará sobre una crítica que no siempre consiguió percibir que se escribe en busca de la encarnada metáfora del vivir. Fusión entre carne y letra, que en Viñas supone situar en laicas historias las antiguas anotaciones que la idea de Biblia no sugeriría mal. Pecado, redención, hedonismo y agonía, son en Viñas actos corporales. Ocurre que el escribir, entendido como acto equiparable al gesto corporal, trae la *negatividad* al pensar. Esta es, en efecto, la palabra que Viñas prefiere acentuar para decir que el lazo entre el cuerpo y la escritura no se refiere a la salvación espiritual sino a la moral dialéctica de la historia.

Pero hay que agregar: Viñas hace un uso despreocupado de la red teórica proveniente de esa tradición dialéctica, como si fuera a suscitar, convocar palabras en raudas aguadas, al modo de un acuarelista apurado. Los términos de un marxismo crítico parecerían entonces propicios solo para un coqueteo literario, aunque ese *coquetear* con vocablos de la teoría crítica es lo que en Viñas acaba fusionando las antiguas palabras de la dialéctica con la idea novelística de un habla somática, no ideológica. Pero este ser que corporiza palabras tendrá su reverso omitido y soterrado, que vendría a constituir su *verdad* negativa, su "revés de trama", según la expresión que Viñas ha convertido en sabroso bocadillo, con el secreto gozo y el humor de quien se redobla en el sobreentendido de una autocitación. Y esta elocuente pieza patrimonial del *sistema Viñas* ya no tiene dueño.

Viñas convertirá en literatura de ensayo, como pasándolos por el cedazo de una agitada conversación personal, los mismos conceptos que con distante delicadeza podrían estar implantados en un correcto Lukács o en un profesoral Goldmann. Al final de ciertos parágrafos de *Literatura argentina y realidad política (De Sarmiento a Cortázar*, c.1964) Viñas los cita en sus ediciones francesas, con urgidos paréntesis. Pero el estilo crítico de Viñas quizá podría ejemplificarse más adecuadamente con la actitud de un Gramsci frente a Pirandello que con la de un Lukács frente a Kafka, aunque para ello hubiese que ignorar momentáneamente la más "viñesca" de Sartre frente a Flaubert.

Para Gramsci, Pirandello había contribuido mucho más que los *futuristas* a desprovincializar la cultura italiana, suscitando una actitud crítica moderna en oposición a la actitud melodramática tradicional. Viñas no es, no fue un partidario del encarcelado italiano, y resultaría obvio imaginar por qué, pero su análisis de la obra teatral de Florencio Sánchez, casi al final de *Literatura argentina y realidad política* —hoy un clásico, y de los pocos que resisten en el anaquel de la lectura argentina—, roza cierta particularidad climática "gramsciana" al afincarse en el estudio de una consigna de aquella hora argentina: la elaboración de un "arte nacional" como ideología de los sectores oficiales de la política y la cultura. La "oligarquía liberal" deseaba coronar la construcción del dominio social con una escena donde brillase, en obras, la peculiaridad cultural nacional. La "época de oro" del teatro nacional, encajada en los albores del siglo veinte, se torna así el ámbito de una comprobación sobre el funcionamiento de la cultura como pértiga de integración social.

En 1903 se estrena *M'hijo el dotor* en medio de cierto malestar de la crítica que esperaba más tersura en la mentada elaboración del discurso sobre el arte "distintivo" de la nación. Viñas pone ese malestar de época en el ambiente de una reflexión ejemplar sobre la ideología teatral de Florencio Sánchez y de sus vínculos con el último tramo del liberalismo de Estado pre-yrigoyenista. Ni zarzuela ni Juan Moreira, postulaba Sánchez, pues la primera conducía a la hibridez, el segundo a la fechoría. En estas condiciones, bien podría ser el teatro de Florencio Sánchez un equivalente al que Gramsci ve en Pirandello, quien había tratado de introducir en la cultura popular la dialéctica de la filosofía moderna en oposición al modo aristotélico-católico de concebir la objetividad de lo real. Pero Viñas no desea y no puede ver en Florencio Sánchez un Pirandello. No es amigo de realzar ese vínculo gramsciano que une la creencia colectiva con las cosmovisiones artísticas.

Por el contrario, Viñas destaca en Sánchez la *materialidad cotidiana* de la vida del escritor burgués, deseoso de ingresar al campo de las remuneraciones profesionales para el trabajo intelectual, y que además ya se había expedido tajantemente contra "el caudillaje criminal en Sudamérica". Lo había hecho por escrito en el simbólico ámbito de los *Archivos de psiquiatría y criminología* que dirigía Ingenieros. El autor de *M'hijo el dotor* dejará así traspasar su obra teatral con notorias convicciones sobre la inferioridad del mundo cultural popular, alojamiento impuro de la "barbarie". La teoría del teatro de Florencio Sánchez es una teoría —o una "visión del mundo" escribe Viñas— que acaba insertándose en la tesis maestra del liberalismo elitista sobre la desvalorización de las culturas "atrasadas". De ahí la falta de resolución del personaje culto de *M'hijo el dotor*, que es portador del progresismo pedagógico urbano pero se expone a condenar torpemente el saber tradicional. A partir de allí Viñas despliega sus *hipótesis*, palabra que en sus escritos equivale a una enérgica fluctuación del pensar, que va dejando núcleos dramáticos en cada estación de perplejidad o de certeza que atraviesa.

En relación al dramaturgo rioplatense, la vía de las hipótesis se abrirá en dos: ya que Florencio Sánchez provenía de una familia antiliberal que seguía al jefe del partido uruguayo blanco, Aparicio Saravia, su conversión al liberalismo podría derivar de una supuesta cobardía suya acontecida en las filas del caudillo. Humillación que luego "racionalizaría" en una denuncia a los bárbaros. Es la primera hipótesis. Viñas la enumera y luego —ademán— la aparta por inverificable. Resta la otra, la segunda hipótesis, más sustentada en evidencias.

Sánchez percibirá su lugar en el cuadro asalariado de la naciente intelectualidad ligada al grupo gobernante y encamina su obra, no sin conflictividad, a elaborar la dramaturgia de ese pasaje. Las dos *hipótesis* pertenecen al terreno crítico donde fuertemente se ha asentado Viñas. Pero no por incomprobable con testimonios fidedignos la primera hipótesis deja de colocarnos frente a la corporalidad, a la singularidad de las vidas, implicadas con el acecho persistente de la *traición*, de la *abdicación*, de la "flojera" insondable donde el impulso del valor desfallece. Viñas ha apartado a Viñas.

Porque esta hipótesis se halla basada en la propia certeza de Viñas de que la literatura respira al compás novelístico de las ideologías ocultas o implícitas de un género privado, *el estilo del honor personal.* Es con Mansilla que ese estilo se pondrá en escena sin *flojeras*, de un modo *vehemente*—ya que lo vehemente es un atributo de los estilos vitales que aguijonean a Viñas— y como ejercicio de una reflexión de clase. Pero en Viñas las cuestiones de clase están *mediadas* por el resuello con el que se encaran los estilos de vida: por los viajes europeos o por todo lo que instila el recinto del club exclusivo. Y en Mansilla, además, por los sobreentendidos teatrales de una conversación que amaga con ser cientificista, pero es necesariamente casquivana y frívola. Mansilla *coquetea* al hablar, al escribir, y por supuesto, al conversar frente al espejo.

En cuanto a la segunda hipótesis, el escritor nacional inmerso en una trama intelectual fijada por la clase cultural gobernante, Viñas nos deja frente a un Florencio Sánchez que dramatiza en su propia "teoría teatral" ese pasaje hacia el oscuro y vertiginoso mundo —lo *vertiginoso* es en Viñas el estilo dramático de pasaje de las vidas hacia las *verdades* reveladoras de lo social— del intelectual moderno sin revés de trama, sin acoso de negatividad. Aquí podrá ser el examen de Miguel Cané —en el ejemplar ensayo *Miedo y estilo*— lo que modele este rasgo del escritor vinculado a las coartadas del ocio y que mira las estéticas del trabajo desde arriba, como "en una *plongée* cinematográfica". Poco a poco este escritor asustado va identificando el mal, la invasión de los recién llegados, al punto de que su literatura se va convirtiendo "en una paulatina recopilación de antecedentes para la Ley de Residencia". Cané no será un intelectual asalariado profesional, pero su ideología literaria se resolverá en una ciega construcción moral en la que no es difícil visualizar a los hombres de 1880 elaborando las fantásticas fronteras del miedo de clase. Para que una literatura que procede con la materia prima del tedio voyeurista realice el pasaje a la escena literaria del miedo, es necesario acudir en ambos casos a una idea de lo literario donde lo social obra en él, pero a través de "coartadas espiritualistas".

De allí proviene la severidad mayor del envión crítico de Viñas. Estos autores piensan *dentro* de las compulsiones de una clase social, pero lo hacen a través del *estilo*, modo singular, biográfico, del fingimiento sintomático que torna imposible que ninguna vida se disuelva sin más en la totalidad social. Al contrario, esta actúa estilísticamente en los sujetos literarios, y ese *estilo* será la verdad biográfica con la que cada vida se situará en la urdimbre de lo histórico-social. La crítica de Viñas, a partir de la idea de "que toda estética implica una moral", adquiere el poderoso aparejo del develamiento: *develar, en el estilo, las morales ambientes.* Esta develación en Viñas no ocurre con la urgencia del desmitificador profesional, que ve en cada paño ideológico una escondida prueba clasista. Develar significa identificar y recrear el lazo que cierta escritura mantiene con un utensilio simbólico y real que representará la *mediación.* Y la mediación por excelencia entre la persona literaria y el texto de lo social solo puede ofrecerla o expresarla el *cuerpo.*

Ancha metáfora en Viñas, el cuerpo piensa, el cuerpo escribe, el cuerpo entrega funciones, respiraciones, ademanes. Entrega codazos, jadeos, musculaturas, estrías. Entrega nervaduras y alientos que son los otros tantos nombres de la escritura. Y son también los artilugios de una manera crítica sin la cual sería hoy inconcebible pensar el panorama completo de la crítica argentina en los últimos treinta años. Las páginas que Viñas le dedica a Sarmiento —como con Mansilla, sin disimular su simpatía— mantienen una tensión igualmente "sarmientina" en la identificación de una escritura cuyas palabras actúan en el mundo como "una suerte de oblea que con una presión del pulgar contribuyen de inmediato, en un *ya* brusco, a iluminar". El estilo es aquí el del "balzaciano que conquista París", que impaciente y múltiple expresa sus "ganas" sobre Europa como un hedonista que requiere regodeos. Burgués, sin duda, pero un burgués viñesco: su cuerpo frasea, con impudor, al ver, al tocar, al comer, de modo que, con Sarmiento, "por fin en un libro argentino se siente la proximidad constante de un autor... es decir, que un estilo se personaliza a través de un cuerpo... y la literatura se encarna en un aliento ácido, en un dedo grueso que se apoya sobre la ventanilla del tren y señala..."

Hace más de tres décadas, pues, se comenzaba a escribir esta teoría literaria al compás de las entregas de la revista *Contorno.* Es la teoría del cuerpo pensante en la literatura escrita. Pero en ella no hay la percepción interna de que se está ante una *teoría.* Viñas es, como su Sarmiento, un caballero epicúreo que agasaja los trechos vivaces de una época dejándose libar por ellos, y en su libro, como en otros ensayos de su saga crítica, retozan los materiales fuertes de un momento social, aludidos a chispazos y enhebrados bajo el sello del apremio. Viñas convierte los textos en miniaturas vibrantes, titula sus apartados con tríadas que introducen una invitación a la dialéctica pero también a una intrigante narración compendiada, nerviosa, esquelética: *cientificismo, coquetería y gula,* o si no: *clase social, público y clientela.* Una tensión irresoluble, implícita y lúcida, sigue nutriendo la permanencia irreversible de estos escritos: la tirantez entre su carácter misceláneo y la dialéctica histórica que los coloca en la serie social de negatividades.

Miscelánea y dialéctica: elementos entre los que oscila la teoría de Viñas. Pero son elementos que permanecen irredentos, informulados y en un plano sólo insinuado. *¿Nos llevarían a decir que esas "teorías" postulan algo así como la literatura convertida en un cuerpo, en pulsación jadeante, como intercesión con la dialéctica social?* Es esta *persuasión teórica,* que no desea ser teoría, lo que hace que los ensayos de Viñas sigan actuando para el lector contemporáneo precisamente en nombre de lo que sugieren y no de lo que concluyen. No se proponen ser sartreanos ni merleau-pontyanos, se proponen ser ensayos abiertos, porosos a los tiempos, en los que *además* inhalamos el diálogo, si no con Sartre o Merleau-Ponty por lo menos con la sombra de aquellos nombres que aún reverberan. Viñas extrae guiños y mohínes del desván de los textos, que en un relumbrón liberan lo que ignoraban poseer.

Cada pepita que arranca es festejada por el crítico pero desde la barricada del polemista, como en los estudios sobre *La Bolsa* de Julián Martel y *Los gauchos judíos* de Gerchunoff, en los que surgen los contornos del debate sobre la cuestión judía en la Argentina, desde la condena del primero a "los demonios de la ciudad" hasta el "spinozismo" asimilacionista del segundo. De inmediato, sobreviene el hallazgo viñesco, ese mundo de estilos que remiten a las clases sociales y sus proyectos culturales, pero que también pueden cotejarse o conjugarse en "series" o "reenvíos" *estilísticos.* Y así: "*Los gauchos judíos* por su estilo arcaizante y por su orientación nacional se vincula a otro libro de narraciones que unos años antes, en 1905, había participado de esas dos características pugnando por resultar ejemplar: *La guerra gaucha,* de Lugones". Esas vinculaciones (que hacen descansar en lo sorpresivo, en lo inesperado, su potencia) descubren todo aquello que el cuerpo social *exporta* al conocimiento y la literatura, pero también insinúan el camino de una crítica por el envés, el dorso material de los terciopelos transhistóricos. Una crítica quizás tan evocadora de la fenomenología del mal como de las feuerbacheanas apelaciones a cuestionar el espíritu etéreo de las "familias sagradas" traduciéndolo a su belicosa raíz terrenal.

Por eso, *no hay literatura inocente,* proclama, sartreano, Viñas, mostrando una veta programática que, nuevamente, lo propone en un tiempo donde esta frase retumbó con un sentido del que ahora fue despojada. Pero la labor del Viñas ensayista está afincada en un rastro trágico, el mismo del Viñas novelista, tragedias que se dan en la memoria como vano consuelo de la brutalidad de la historia. Y esa pista perpetua de tragedias, a despecho de las literaturas corpulentas y agitadas, *sí* tiene algo de inocencia. Emplumar de inocencia la literatura no impide que en ella hablen las voces y contravoces de la historia. No sabemos, al fin, en cuál soledad extrema puede quedar el escritor —sea un Mansilla, sea un Viñas— a pesar de sus proclamados vínculos con el mundo, con su clase social, con sus públicas ensoñaciones o con sus quimeras morales. En ese linde está la obra entera de Viñas, que una y otra vez recae en la misma oculta cicatriz que podía hacer de lo trágico algo ingenuo; y de lo candoroso algo desdichado. No es difícil suponer que Viñas sigue fiel a la condena que hace muchos años diseñó en la figura del que "cita a Proust para hablar de la calle Corrientes". Percibe aquí odiosas prescindencias de los objetos vividos, elusiones de la carnalidad, rodeos vanidosos para evitar el "singular concreto" que sólo se capta en su *aliento*, con una literatura que *suda.*

Esos proustismos sentenciados por Viñas salen muy maltrechos de su comparación con la calle porteña. Pero la calle más viñesca, sin embargo, entrega sudores que recuerdan la axila de Combray, nada ajenos a la intimidad actual de la escritura del propio Viñas. Su tema es la memoria, sin duda, pero al modo de quien va solicitando, con serena desesperación, distintas capas de olvidos que son reclamados con contorsiones apremiantes. Esas contorsiones quedan escritas, pues Viñas hace del estilo un acto en que deben constar las propias maniobras de rememoración. La sintaxis de sus rezongos, quejas y murmullos se enumeran así en el movimiento de la escritura, a modo de una puntuación corporal que acompaña las búsquedas de la memoria. Son esas *series* de gestos yacentes en el dormidero de la cultura que, exasperado, Viñas busca rescatar para una nueva reaparición que amplíe la respiración del presente. "Apretando el bandoneón", suele decir y escribir Viñas en sus ensayos, para sugerir un ritmo de crispación con que desea dar cauce a la realidad *serial* de la memoria. Se urge a sí mismo y de ello deja constancia en el vaivén de sus pensamientos convertidos en cuerpo, sudor, sabor. Materias proustianas que, acriolladas —pero no adaptadas ni recibidas bajo aclimatación—, hablan de los imperativos, que son los mismos siempre, del escritor que revela su figura en el mundo moderno.

De ahí que Viñas, anteponiendo la ciudad porteña al salón de Verdurin, no consigue otra cosa que llamar la atención sobre el irónico resultado de su escritura, al tomar como punto de partida literario los mismos elementos de la memoria que son traídos siempre por la poderosa evocación universal de sabores y olores, la sensualidad mayor que rige la prosa del mundo. Los ensayos y novelas de Viñas ejemplifican ese gesto de búsqueda en el armazón extraviado o traspapelado del tiempo, pero esta vez en la memoria de la literatura nacional. Aunque no solo este rioplatense *ademán de recobrar el tiempo* hace posible una irónica posibilidad proustiana en la calle Corrientes. Ya en los años 50 Viñas había expuesto su decisión contra el "Zeppelin inodoro" y contra "el que desprecia al que tiene capacidad de odiar porque dice que suda". También la metáfora de una literatura del sudor —e ignoramos si el propio Viñas se sentiría satisfecho de estas otras "series" que amistosamente pueden recórdarsele— tiene el contundente antecedente de Flaubert. El autor de *Madame Bovary*, en una carta nada desconocida, escribirá: "me gustan las obras que huelen a sudor, donde se ven los músculos bajo la ropa interior, y que caminan descalzas, lo cual es más difícil que llevar botas, pues las tales botas son moldes para los gotosos, se ocultan en ellas las uñas torcidas y toda clase de deformaciones".

Viñas, pues, y sus predecesores. Algo que no se afirma como un intento de recordar prestigios que el propio Viñas ni se molestaría en desdeñar —pues la arrogancia del desaire, una pasión inútil, no se ejerce con lo que no se sabe sino acaso con lo que se tiene— antes bien para advertir hasta qué punto el destino universalista de nuestra literatura se está verificando en zonas que a veces ni suelen percibirse. "Zona" es otra palabra viñesca (su idea antropomorfa del espacio) que deliberadamente usamos pues ya va quedando en la memoria involuntaria de la crítica argentina. Viñas promueve una reconocible galería de recursos retóricos —esas *palabras corporales*— que son vibraciones en la lengua fusionadas con meneos de la ideología social. Al buscar en punto de unión entre teatro de la palabra y emotividad pública Viñas se ha convertido en una encarnación de aquella concurrida frase *"el estilo es el hombre"*. Porque esta frase, en su machacona generalización, parecería que rige siempre. No. Rige cuando debe regir. Una sola vez en las vidas, cuando en cierto momento puede producirse el encuentro entre lo colectivo y lo individual. En la primera edición de *Los profetas del odio* (1957), dice Jauretche: "*He leído últimamente una revista:* Contorno. *Escribe allí un mozo, Viñas, que creo es uno que yo nombré y eché de un empleo. Pero este no respira por la herida, y trata de ser útil al país desde su punto de vista que desde luego no es el mío. Este ve el blanco y ve el negro, balancea y hace el juicio. Este juicio no nos es favorable, pero es un juicio de hombre. Este muchacho pinta para intelectual, pero no se despinta de varón; y además trata de ver el país como hijo del país. Es otra cosa que un 'intelectual libre'. Estoy seguro de que es capaz de 'ponerse' detrás de una idea, como el padre".*

Declaración que tiene fraseo de payada y estilo de la caballería intelectual. Estamos en el altar de la conciliación entre literatura y hombría, ese tema "malrauxiano" al gusto de la revista *Sur*, que lo concibe con el ceñidor del exotismo, mientras Jauretche lo "acriolla" y Viñas lo "izquierdiza". De ahí el *desafío* jauretcheano comprendido como choque de hombres. No están de acuerdo, parecen no conocerse, uno echó al otro de un empleo, y este no se escudó en lo "contencioso administrativo". Presume conocerlo poco "al muchacho que pinta para intelectual" pero finalmente revela que conoce al padre, del cual sale ese hijo que a su vez podrá ser un "intelectual hijo del país". Es que, sabemos, el padre de Viñas y Arturo Jauretche son de los pocos que asisten al lecho de muerte de Hipólito Yrigoyen. Memorias de la política nacional, meditaciones sobre la ascendencia o la estirpe como hilo conductor de la rememoración crítica, corazón confidencial de la *res gestae* argentina. Jauretchismos, sin duda. Páginas que ya no se leen o acaso se leen con el *parti pris* de ridiculizadas. Pero solo acuden a tal actitud enclenque quienes se disponen a perderse el cuaderno secreto de la crítica argentina.

En los *Profetas del odio y la yapa*, (reedición de 1967), Jauretche cita a Viñas, pero no a aquel indistinto "mozo", sino al autor ya de *Literatura argentina y realidad política* (1964), que le suministra la idea de que la gran historia plutarquiana, de polémica y combate, es continuada por la *petite histoire* de la conversación íntima, cuando las pasiones se han sosegado y queda apenas la tarea del realizador estatal. Pero Jauretche toma a Viñas para discutir con él, en un punto decisivo en el cual recuerda a Ramón Doll, escritor en el cual inspira no poco de su gracejo zumbón y su arte jocundo de la injuria. Porque Jauretche desciende del humor irreverente de un sector del nacionalismo cismático que siempre marchó *paripassu* con el espíritu iconoclasta. En sus antípodas conceptuales (aunque de algún modo no estilísticas) se sitúa la obra de Ignacio Braulio Anzoátegui, el autor de *Vida de muertos* (1930) y *Vida de payasos ilustres* (1954), extrañas gemas del pensamiento ultramontano y antimodernista. Prosas de un raro fascismo horadado por el absurdo, de un impulso demoníaco que fulmina al hereje con la pira de su lenguaje bufo. Es un fascismo que alberga una jocosidad interna trastornada, paradójica y vesánica. Y como "fascismo que ríe" significa al mismo tiempo el fracaso del fascismo ceremonial y la ampliación de la antropología de las derechas hacia el terreno del *non-sense*. (Más reflexiones sobre el tema han sido escuchadas por quienes asistieron a la clase de Esteban Rodríguez Alzueta, Universidad de La Plata.) Pero la estilística de monje imprecador y funámbulo de Anzoátegui es retomada por Ramón Doll y Arturo Jauretche despojada del anatema contra el impío. Será vertida, en cambio, hacia la sátira popular, con un contenido social antiimperialista pero con un alma cachadora que imaginan fundada en el arquetipo lingüístico del criollismo.

Doll y Jauretche comparten la idea de una literatura nacional a la que no vacilan en adjudicarle raíces de clase, pero prefieren verla en el momento en que deja latir en su trajín algo o mucho de los dramas fundadores del país. De algún modo, han escuchado el eco de la idea lugoniana del épico retorno del padre a la casa solariega. Véase esto, dicho por Jauretche de esos hombres literatos: "Son también hombres de guerra y de a caballo que alternan el campamento y los desiertos con los salones y que llevan a Horacio bajo el cojinillo, pero pueden dialogar con el gaucho y con el indio y comprender el hombre si no la sociedad, el paisaje si no el destino geográfico y económico". Pero lo que en Lugones es una apología bucólica del señorío rural inmutable, en Jauretche es una lengua construida sobre la metáfora gauchipolítica. Con ella recorre otro sendero, quizás una *batrocomiomaquia*, pero vivida por hombres a los que se les dedica un humor corrosivo, se los desdeña con salidas chispeantes, con pullas mordaces o con una ridiculización de los idiomas intelectuales que no saben "pegar el oído en el suelo".

Viñas acentúa aún más la voz trágica que acompaña a los bruscos señores de la guerra que leen a Hesíodo o a Virgilio. Pero sus "hombres de a caballo" hablan con una voz espectral, rota, apagada por una melancolía viril. Porque se recortan sobre la memoria, que es lamento, y sobre el heroísmo, que viene a ser el modo no en que se honra el individuo excepcional, sino el modo en que castiga la historia. En Viñas, lo que en Lugones es integridad se torna *flecos* (la palabra es suya), vestigios de un monólogo cautamente desesperado. Hay una sensación de agonía en cada voz puesta en juego por Viñas (en Lugones la proclama no deja ver la agonía, que existe tras el manto de las exhortaciones ruidosas). Son voces arrebatadas por un remolino que es siempre más que ellos, por una historia implacable que solo deja una pregunta nostálgica, la burla de sí mismo, la piedad con nuestras propias pifias. Los personajes de Viñas hablan con sus combates vencidos en la lengua, rememorados en medio del espanto y la tierna extravagancia, como esa entrada al tambo del abuelo, el viejo Cayró, en la escena inicial de *Prontuario* (1993), en donde Viñas compone de algún modo su correspondiente cuadro campestre y patriarcal, pero tan irónico como crepuscular.

En *Dar la cara* (1962), Viñas ofrece una conclusión, su frase final, que se acerca notablemente al modo en que Martínez Estrada cierra *La cabeza de Goliat*. Esa frase de Viñas habla de Buenos Aires: *"No era el centro del mundo, sino una ciudad inmensa y oscura. Y al final de la calle, detrás de esos edificios negros, flotaban unos resplandores. Buenos Aires, bajo la noche, era un vivac. Más allá empezaba el campo de batalla"*. Por su parte, Martínez Estrada, veinte años antes, había dicho: *"De la noche cósmica, en que se sumerge, Buenos Aires extrae energías para nuevas luchas en la que está casi sin aliados. Las voluntades que en el ímpetu del día procuran la victoria de sus propios intereses ahora reciben en el sueño de la noche un influjo de total unidad. Así Buenos Aires trabaja silenciosamente contra las potestades del caos"*. En ambos casos, hay una visión de la noche como augurio pesimista, e incluso casi consigue Viñas dar un clima más desesperado que Estrada. En *Dar la cara* hay un anuncio de batalla que no parece provocar ilusiones. Los resplandores que flotan son amenazadores, lo que de algún modo contrasta con la noche de *La cabeza de Goliat*, donde es posible conjurar el caos. Pero en ambos casos hay un trazado entre la ciudad y lo que habita más allá de ella, el campo de batalla en Viñas, esa historia nacional que devoraba los sueños, y en Martínez Estrada la pampa con sus indescifrados fulgores.

No es impropio considerar que Viñas, en una fuerte superposición con Martínez Estrada, viene a cerrar un círculo en el que también puede intervenir un Jauretche que se encarniza con el autor de *La cabeza de Goliat* mientras que abre una severa cédula de admisión para el autor de *Dar la cara* en la imaginaria ciudad de los literatos gladiadores. Entre carcajadas de fauno criollo, Jauretche expulsa de la *Pólis* a Martínez Estrada y admite murmurando a un Viñas que a su vez, al consentir a Martínez Estrada, repone la justicia poética de una rueda, que como molinete extraviado entre fumaradas va girando sobre los despojos de lo que pudo ser el pensamiento crítico argentino. En *De Sarmiento a Cortázar*, Viñas ofrece un aguafuerte de Martínez Estrada, al que ve primero acechado por los fantasmas de Lugones y Horacio Quiroga, luego capturado por un Spengler irracionalista —en ello insistirá especialmente todo el grupo, o todo el estilo *Contorno*— y más allá por una visión profética y paralizante de los misterios de la pampa. Pero hay algo que rescata a Martínez Estrada, y a eso Viñas lo considera ya un asunto "que lo toca de cerca", a él y al grupo de *Contorno*. Es, desde luego, Cuba. Pero la relación de Martínez Estrada con Ernesto Guevara no está exenta de ser pensada en el *cielo mitológico de la burguesía*. "Espiritualismo", descarta Viñas, inaugurando quizás esa expresión que se alojará tan fuerte en las modalidades de la crítica. No deja de rozar con ella al propio Guevara. Así, avanzando aún más allá, declara en primera persona que "necesito despegarme de lo que aún advierto en ambos vinculado al individualismo heroico del modelo instaurado por los románticos burgueses del año 37 y a la ideología mayor que los sustentan".

Ha transcurrido ya un ciclo histórico muy amplio desde que se escribieran estos párrafos. La confesión de Viñas, en esa primera persona infrecuente en él —no porque todo lo suyo no esté en una primera persona perentoria, sino porque aquella es confesional, programática—, nos permite visualizar una situación extraña. Acaso una paradoja. Las retóricas del cuerpo, en Viñas, se dirigen contra el poder inmovilizante del mito. Estamos ante una labor antimitológica, quizás en su momento inaugural para la crítica argentina del último medio siglo. Si en los años 20 pudo considerarse un destino literario unido a una "fundación mítica", entendida como deliberada elección agnóstica que sin embargo actúa con una voluntaria suspensión de la duda respecto a esos mitos en los años 60 —desde un poco antes y hasta bastante después—, esas mitologías fueron consideradas como un impedimento para la comprensión de la historia. En la revista *Les Temps Modernes* de Sartre, en el número dedicado a la Argentina en la época del gobierno militar, Viñas escribe su *Borges et Perón*, en donde pone en juego toda su perspectiva estético-política, dando una condensación crispada de su idea persistente respecto a que la *orden* y la *plegaria*, como dos atributos de la mímesis, asedian el cuerpo social argentino encerrándolo en una sustitución etérea de la realidad, en una dialéctica suspendida.

Los nombres de Borges y Perón, con sus dictámenes y adoraciones, eran los responsables de haber configurado la lengua mitológica argentina que estancaba el fluir desalienado del pensamiento. Y así, con esta magna retórica del fetiche, ambos próceres clausuraban los poros sociales y la respiración de la historia, obligando a la crítica a asumir otra retórica, la del cuerpo pensante sin ataduras mitológicas que interceptan su experiencia. Todo Viñas es el intento de elaborar esa retórica. En tanto, su proclama adversa al "espiritualismo" y al distanciamiento mítico como frustración de la comprensión de la tragedia histórica ha tenido un itinerario que recorre desde los años inaugurales de *Contorno* hasta la actual crítica que opera el "desencantamiento del mundo", que recoge una de las interpretaciones posibles de Viñas pero al mismo tiempo le niega el derecho a seguir hablando.

Irónica situación. Si por un lado Viñas inicia uno de los modos en que se reclamara la emancipación del pensamiento real respecto a las ilusiones del mito, por otro lado, uno de los desenlaces inesperados de la apelación *antiespiritualista* es el clima que domina las academias argentinas. Se ha dictado el fin de las ilusiones y ahora la "crítica al mito" se presenta como un fastidio impaciente frente a todo lo que no sea la media lengua del académico que ve amenazada la cenicienta tranquilidad de su canon. La crítica al mito sin el espolón del movimiento social que la acompañaba se transforma en pensamiento tasado y pronosticable, mientras que el propio Viñas se ha convertido ahora —y recibamos con interés la paradoja— en el mito asumido de una voz que, retórica, persevera. Ahí late una nueva posibilidad para el mito que comienza —como es necesario— con el intento de superarse y vuelve a sus fueros para encontrar nuevas energías para la larga espera.

Siempre habrá travesías recomenzadas. En este sentido, Viñas es el último eslabón del aguafuertismo, de esas "retóricas pampeanas" que se elaboraban con palabras que compartían por igual el mandato de la ficción y el deseo de horadar planchuelas de la realidad con el ácido de una escritura.

Capítulo 3

(IDEOLOGÍAS DE LA NACIÓN: INFORTUNIOS DEL MARXISMO Y DEL PERONISMO)

El socialismo y la cosa

Yace ahí, ante nuestros ojos, una revista. Descansa con mudez confiada sobre la mesa. A pesar de que tropezamos fortuitamente con su presencia, podemos identificarla: *es una revista vieja.* ¿Podría compendiar el pasado? ¿Podría traernos el aire añejo de algo que ya consumó su existencia? Como toda revista es momentánea y efímera. Como los días del calendario. Pero ahora la vemos como reliquia extraviada. Ya es un objeto sin tiempo.

No la hallamos en otro instante como no sea el de su inactualidad. Sigue existiendo, pero como sobreviviente de una serie dispersada por el tiempo. En su "divina ausencia" es un ejemplar único, que perdió la compañía de sus semejantes. Y es así que se valoriza, condenada a representar involuntariamente sus réplicas perdidas, como si fuera un último hombre. Esta revista evoca entonces un conjunto mayor, cuantioso y rendido. Recuerda a todas las piezas semejantes que cierto día, de un solo impulso, salieron de la linotipia. (Aún no daremos su nombre.)

A partir de esta copia, salvada de un extinguido tiraje, quizás pueda alargarse la cuerda que rehabilite los anales marchitos de una historia. Porque la duración incidental de un ejemplar de la serie, resto indemne de las copias sacrificadas, es también un gesto de la historia, una dádiva ritual que el pasado le ofrece al presente. Y también una voluntad de hacer excepcional aquello que sumergido en el montón originario era rutina. Ahora, tiene el desamparado prestigio del "eslabón perdido".

Pero casi siempre esa pervivencia es un acto del coleccionista. ¿Quién es el que colecciona diarios, revistas? No es propio del lector que apenas las cree perecederas y útiles. Coleccionarlas es justamente un acto de quien *por creerlas perecederas y útiles* se anticipa en conservarlas para saber el valor de *contrafigura* que harán en el futuro. El coleccionador apuesta a jugar a contramano de la condición perecedera de lo que colecciona. A cambio de eso, él pierde la velada felicidad de tenerlo tan solo como huidizo objeto, útil de un día. Primero eran perecederas para poder ser útiles; luego serán útiles porque al conservarlas se frustró lo que era su esencia perecedera.

Por eso, si las revistas resisten a la fatal desbandada —quién sabe en qué previsores antros, en qué convenientes desvanes y archivos— es porque alguien las retiró de lo que el tiempo siempre reclama y devora, rescatándolas de la recurrente sentencia de descarte. Esa sentencia es el ritmo que pone una tachadura implacable en cada casilla del almanaque. El archivo y la colección del devoto evitan que las revistas —¿y todo signo del pasado?— se pierdan como objetos circulantes, disueltos en la papilla ignota de una materia general que se va desvaneciendo. Pero las convierte en un ser vago, habitante de involuntarios museos, hablando una lengua que parece familiar pero que hay que descifrar, como todo aquello que perdió el alma que la rodeaba y el ambiente que le era contemporáneo. Esa restitución supone una tarea inacabable, quizás imposible, un evento de la incierta imaginación retrospectiva. Devolverlas a la desvanecida trama de la que escaparon a condición de volverse arcaicas.

Esas revistas, esos diarios, quedan como el abono del historiador. Plegarias vencidas y expatriadas del tiempo burgués. Pero el historiador, que puede oficiar, por qué no, de alicate recóndito de la memoria burguesa, es el que finalmente adquiere en ellas un saber casi maquinal. Pues allí, en el testimonio ajado que le ofrece un ente pretérito, experimenta los artilugios de su mirar. Pero a condición, primero, de que sea un objeto, una sólida y perceptible materia trabajada por la limosna del tiempo. Pero luego, el historiador podrá tornar viejo todo lo que mira porque su mirada *ya conformaría así a las cosas.* Entonces, el historiador podrá mirarse a sí mismo como un ser que forja su propio *presente como historia.* El pasado ya estaría en la pregunta sobre la forma en que ocurrió el pasado.

Por eso, ya en la inminencia de declarar de cuál revista estamos hablando, conviene que miremos una vez más su tapa. Que la miremos, como decía Merleau-Ponty, con esa mirada de aquél que *se ve viendo.* De este modo podríamos ver como alguien que en lo que ve está preparado para ver la fuente íntima de su desasosiego. Sí. Estamos contemplando en *esa* tapa de revista una cierta manera *en acto* de ver la historia. El ejemplar que tenemos a la vista posee una particularidad que va a ser motivo de nuestro comentario. Se trata de cómo hay que comprender un instante presente de la historia cuando, ciertos protagonistas, *además* creen que ante la historia —ante su oneroso funcionamiento— nada ni nadie es invulnerable. *Porque las divisas, los nombres propios que lucían ya fijados..., ninguna cosa es invulnerable.* Pero los hombres que de repente comprueban su endeblez, se defienden pensando que no tendrían motivos para cesar en sus empeños. A lo sumo, deben protegerlos, dándoles otro nombre u otra apariencia.

He allí lo que se comprueba, lo que acarrea perturbación: la persistencia de cualquier brío tiene como precio el abandono de unos rasgos que se juzgan sacrificables para la preservación de otros que en último término serían más relevantes. Es que un sentimiento de desasosiego proviene de observar *cómo* demasiadas veces los hombres en la historia deben actuar como si fueran invulnerables y sin embargo *son llevados a pensar que no tienen otro recurso que aceptar su vulnerabilidad.* Y *cómo* en innumerables circunstancias hacen descansar en esa condición de lo vulnerable la definición misma de su permanencia en la historia. Entonces imaginan un remedio. Se impulsan a suponer que frente a la fragilidad hay que extremar el ardid defensivo. Y aunque sea por breves instantes —instantes que algunos llamarían "tácticos"— protegerán con momentáneas reculadas un valor esencial que les sería más preciado. "Entregar los anillos para no entregar las manos." Como diciendo: *la esencia de una verdad sucumbiría más fácil si no supiésemos retroceder a tiempo.*

Esta revista, la revista de la que estamos tratando, se publicaba en la Argentina de 1974. Año enconado. Y en esa hora exacta hace la revista el anuncio de *cambiar su nombre.* Manifestaba que no iba a dejar de ser la misma a pesar de verse obligada a cometer ese acto inusual, que acaso como ningún otro retrataba la enloquecedora fortuna de la historia. Cambiar un nombre ante la adversidad de las circunstancias surge de variadísimos estados y experiencias. Es propio de proscriptos, de revolucionarios, de desorientados, de profetas, de asustadizos, de aventureros, de inmigrantes, de peregrinos, de fugitivos, de derrotados que conservan la esperanza.

Esta enumeración podría ser aún más completa y nos pondría frente a la evidencia de que un nombre, antes que identificación, es salvaguarda. Pero en este caso, el origen de esa decisión nos sitúa frente a lo que definitivamente es una revista: algo que pregunta cómo hay que percibir e interpretar la historia, sospechando que si pudiera obtenerse por completo esa respuesta, se disolvería quizás la propia visión de la historia que intentaba exponerse. ¿Es que alguna vez habrá circunstancias que no sean adversas? ¿O siempre estamos en el momento de interpretar que nuestro propio nombre es un valor —cualquiera sea el que asignemos— que debe sacrificarse, arrojado a los leones, a fin de preservarnos? Porque el nombre, nos consolamos, nunca sería la parte esencial de lo que somos...

En el mes de agosto de 1974, año del gran luto público, el escritor Juan José Hernández Arregui, autor del influyente libro *La formación de la conciencia nacional,* dirigía esta revista, que estamos mirando en este preciso instante. Su nombre (pobre incógnita que hemos creado) al fin lo develamos. Se llamaba *Peronismo y Liberación.*

Ya dijimos que el problema surge justamente *con* y *de ese* nombre. Sin duda, provocamos un pequeño suspenso antes de presentarlo, manera elemental de reclamar atención sobre un asunto decisivo. Se trata del juego de las ideologías —y por lo tanto ciertos juegos de conciencia— tal como acontecen en los laberintos de una historia. La conciencia del nombre, ¿qué sector de la conciencia representa para que pueda ser una pieza accesoria que ocultamos o resaltamos según la ventura de los acontecimientos?

Difíciles preguntas. Pero ocupémonos ya de las vicisitudes de ese nombre en el escándalo de la historia. No siempre esa revista se había llamado así. Su denominación *anterior* era *Peronismo y Socialismo.* El número que se ofrece a nuestro acecho, y para el que estuvimos preparando al lector, es el primero que salía con ese cambio: *Peronismo y Liberación.* Ahora —estamos hablando del "ahora" de aquel año de 1974— donde se lee *liberación,* se leía antes *socialismo.* El primer término, *peronismo,* no había cambiado. Las razones del nuevo nombre eran oportunamente explicadas en el editorial del número que estamos considerando. *Ese editorial nos interesa.*

A la explicación la resumiremos brevemente, y aunque nada reemplaza las propias palabras del texto, también aprovechamos para afirmar lo obvio, que el nuestro es *otro* texto, con sus propios derechos a la glosa y a la cita. Y así, la justificación del cambio de nombre estaba provocado por una visión consternada de la historia. Nadie concebiría que esos cambios son plácidos. Al poco tiempo de la muerte del general Perón, la revista imaginaba acciones de la Agencia Central de Inteligencia, la CIA norteamericana, contra todo lo que desde el peronismo esgrimiese su carácter socialista. Tales actos se ejercitarían para "*confundir a los militantes de orientación nacional y producir una lucha de sectores dentro del peronismo que solo serviría al enemigo*". Tal es lo que se lee en el número uno del referido mes de agosto de 1974. Comienza, pues, una nueva numeración, un nuevo año cero con la mudanza pública de identidad.

Por eso, continuaba el editorial de *Peronismo y Liberación,* "todas las energías deben centrarse hoy en la divisa única de la emancipación, es decir en la grandiosa lucha de liberación nacional que engloba todas las otras luchas y clases sociales no ligadas al imperialismo, en un solo frente unificado. Desde hoy, por estas razones políticas y exigencias patrióticas, convencidos de que cambiar el nombre no es cambiar la cosa, esta revista pasa a llamarse *Peronismo y Liberación*". Una página adelante, se vuelve al tema de los nombres: "*en estas condiciones las definiciones socialistas se prestan a interpretaciones equívocas. Si bien durante un lapso comenzó a no haber en el Movimiento Nacional Peronista contraposición entre las dos definiciones, otra vez —como dijimos— se hace antiperonismo en nombre del socialismo (...) Decir peronismo es decir liberación nacional. Pero el peronismo no se agota en la liberación nacional tanto por ser nuestra revolución nacional parte del campo de las fuerzas que luchan por el socialismo —el futuro de la humanidad— como por el peso de la clase trabajadora, su base fundamental, en la que ya existe un desarrollo socialista, incipiente y fraccionado pero no por ello menos real...*"

Y en la retiración de contratapa —para emplear una terminología de antiguos linotipistas— se lee una nota. La transcribimos: "Distintas razones nos impidieron hacer participar a todos y cada uno de los colaboradores de la discusión y posterior decisión —por parte del Consejo de Redacción— de cambiar el nombre de esta revista. Ofrecemos por ello las páginas del número siguiente para recoger su opinión al respecto, así como también solicitamos el aporte de los compañeros para profundizar esta discusión". Pero en la página 3 se indica que la revista es una publicación de la Editorial *Peronismo y Socialismo* —no había mudanza de nombre allí— cuya dirección era la calle Guise 2064, tercer piso, Capital Federal. Era el domicilio, es preciso recordarlo, del propio director. Allí vivía Hernández Arregui. Era la casa que tiempo antes había sido afectada por el estallido de una bomba.

No es fácil volver a este tramo confinado y lóbrego de las luchas contemporáneas argentinas, y aún más, a este episodio de apariencia nimia pero de inocultable significación para la amalgama de sucesos que vamos a discutir. El peronismo arroja las contraseñas y los vocablos políticos contra las cuerdas de la incerteza, los torna inanes. Los conmina a considerar la pérdida de su materia significativa y a imaginar que cada nombre pronunciado desnuda menos una ideología que una condena que la conciencia se inflige a sí misma cuando se notifica de sus oscuras pasiones. Por eso, la revista decide defender su *materia* abandonando los nombres que juzga como verbos convocantes de la tragedia, que no había por qué ayudar a desplegar. Y elige suponer que "cambiar el nombre no es cambiar la cosa". Dice "*la cosa*", rescatando el concepto del cofre de las epistemologías realistas, siempre poco preocupadas por las resonancias de un nombre en el trazado de los destinos. Pero ocurre que ese nombre —*socialismo*— algo significaba en la historia social argentina. Y la revista sabía que en aquel tiempo histórico, que había comenzado promisorio y se tornaba ya tan desventurado, alrededor de ese nombre se habían reunido prácticas, biografías y existencias, que juzgaban propicio mentarlo *en el interior del peronismo* para el avance de la revuelta social.

Pero *precisamente* era esa la situación en que había que disponerse a un alerta y a un sacrificio, pues ese nombre, que en otras oportunidades debía ser el que correctamente se utilizara para definir las justicieras luchas realizadas, podría servir *ahora* para poner en marcha la "provocación" contra aquel poder centralizado, y sin duda ya jaqueado —el gobierno peronista, que aun con sus patéticos titubeos algo debía expresar sobre "la común tarea de la liberación nacional"—. Con todo, era un retroceso del socialismo hacia la categoría más abarcadora y abstracta de liberación. Y esto era explicado por la revista con un gambito dialéctico, pues se trataba de percibir que en la propia idea de liberación ya se contenía un desarrollo socialista "incipiente y fraccionado pero no menos real". Así también lo deja entrever en el editorial de *Peronismo y Liberación* la mención a ese *tempo,* de resonancias míticas, donde en el interior del *movimiento peronista* "no había contraposición entre ambas definiciones".

La tapa de la publicación estaba cruzada por la franja negra de un luto. Había muerto el general Perón, cuya fotografía ocupaba toda la superficie de la cubierta. Pero era la foto de un general no muerto, no difunto. Sonriente. Tomado por el fotógrafo ante el borroso paisaje de una distendida vegetación de jardín, apacible en su quinta, en remera informal, despreocupado. La historia, puesta así en imagen, parecía ser lo contrario de aquella premura que llevaba al dramático juego de escondidas de los nombres. El antiguo tema de la "muerte del César" —que obsesionó a la política hasta el punto de ser uno de los secretos corazones de la obra de un Max Weber— está presente aquí como límite profundo de la historia. Esa muerte, esa cesación de un cuerpo que había encarnado la absorción y la simultánea paralización del conflicto de la Argentina, era el verdadero tema de *Peronismo y Liberación.*

¡Mientras vivía el César —se pensaba— era posible pronunciar el socialismo! Sin él, el socialismo perdía la protección —protección con que se lo mantenía y se lo inmovilizaba al mismo tiempo— que otorgaba esa inescrutable sonrisa de jardín, flemáticamente sorprendida en la tapa de *Peronismo y Liberación* con las manos en los bolsillos y su aire de irónica apatía. Un luto siempre detiene la historia en un punto y en un momento. Pero el luto, como rito de aceptación de una ausencia, empujaba aquí a esconder los registros de una palabra. El consuelo aparecía más allá de las denominaciones, en el espíritu de esa "unión de todas las clases no ligadas al imperialismo", lo que designaba un acontecimiento cuya realidad concisa lo eximía de lo que parecía un superficial compromiso con los nombres.

La revista del autor de *La formación de la conciencia nacional* —su propio libro, uno de los más leídos por los militantes de ese tiempo— siempre había querido resolver la paradoja de un socialismo que no poseía *prácticas* históricas acordes con sus audaces promesas, y un peronismo carente de *nombres* que revelaran el futuro emancipado de la humanidad, pero que englobaba las prácticas que en germen conducían a la emancipación. (Las locuciones *humanidad, emancipación*, continuaban bien alojadas en la ahora denominada *Peronismo y Liberación.*)

Raro pasaje de la revista, extraña encrucijada incomprensible, como no sea en el encierro de una historia nacional sobrecargada y cerrada sobre sí. Al socialismo se lo concebía engarzado a la liberación, y resonaba aquí el viejo dilema de las *etapas de la historia.* Estas podían articularse entre sí de manera que en la capacidad "germinal" que podía brotar durante el transcurso de una etapa se palparía el ascenso de la siguiente. Antiguo tema de las discusiones de las Internacionales Socialistas, sobre todo de la tercera, donde habían lucido las tesis leninistas sobre la "cuestión nacional", adaptación y superposición de la más antigua problemática vinculada a la "cuestión democrática". El socialismo, momento de esplendor de la historia, forma autoconsciente de lo humano, era un valor general más extenso. Pero arribar a él suponía una orfebrería tan compleja que en un momento dado podía permitirse, en el confín contradictorio de los nombres, resignar el suyo propio. Seguía estando a su servicio en el acto supremo de negarse.

Pero en este caso, doble explicación de ese renunciamiento. Primero, porque los enemigos "provocan", obligando a la imprudencia de exhibir al *socialismo* como nombre, lo que se acaba convirtiendo en una señal acusadora que les facilita la tarea de ubicar y perseguir a los revolucionarios (que para protegerse deben tornar secreta la verdadera palabra que los acoge). Segundo, porque el propio nombre del socialismo era relativamente innecesario, pues la potencialidad de su *cosa* ya estaba involucrada en las entrañas de la liberación, cuya realidad de amplia transformación democrática envolviendo "todas las clases de la nación" estaba resguardada por la magna tesis de una historia finalista, de sentido garantizado en su despliegue teleológico, crecientemente emancipador. (Y aceptándose, por otro lado, que el peronismo es *ese* "movimiento de liberación" que guardaba tantas contradicciones en su seno, que él mismo representaba muy bien el mecanismo de alentar una palabra para reprimirla después gracias a la visibilidad que le conferían precisamente tales alientos.)

¿Era ésta la discusión que deseaba "profundizar" la revista *Peronismo y Liberación*, que continuaba a *Peronismo y Socialismo*? De algún modo, la danza de nombres era el vaivén interno y elocuente del drama político de ese año y sin duda de ese período histórico. "Profundizarlo en la discusión con todos los compañeros", como decía la revista, hubiera llevado por fin al arcano revelado del utopismo argentino. En donde la conjunción final de nacionalismo y socialismo era una vez más la demostración —en un país periférico, que se imaginaba preparado para su máxima jornada de "liberación nacional"— que las dos ideologías más distinguibles y aprestadas del siglo tanto se atraían como se destrozaban en las guerras modernas.

De algún modo los nombres siempre están fuera de lugar. La conciencia nunca tiene nombres verdaderos o la conciencia nunca puede llegar a la verdad de sus nombres. Pero la propia expresión *conciencia* no es igual cuando la emplea Hegel que cuando la emplea —ejemplificamos— Ernest Renan. Y aunque no queremos invocarlo en vano, Hegel —en la brevedad de esta cita— considera la vida de la conciencia en un desarrollo que se presenta como una necesidad en sí mismo, un despliegue que pasa de una certeza a otra, luego de superar en cada caso la marca engañosa que un momento anterior le hubiera provocado. Pero si mencionamos a Renan —el Renan de 1870, el de *La reforma moral e intelectual*— es porque en su libro encontraremos la formulación adelantada del tema "argentino" que nos ocupa: las artes "providencialistas" de recuperar una nación. Tema tratado por Renan de una manera, decimos, providencialista porque a Francia se la ve castigada y algo hay que suscitar para explicar la penuria y provocar el despertar. Ha perdido la guerra con Prusia, pero es en ese castigo que podría revelarse luego su vocación. Se escarmienta lo que se ama, y el amor providencial por Francia se expresaría en la adversidad que le ofrece la fortuna. Cuando después se recobre, mostrando lo que valía y lo que en ella estaba dormido, se comprendería que solo el amor que alumbra ese momento justificaba la crueldad de la reprimenda.

En Renan la conciencia no evoluciona entre figuras desdichadas ni actúa por medio de una alteridad que produce el sí mismo por las mediaciones de un otro. Pero Renan es apropiado a nuestro fin de aislar un concepto de "conciencia nacional" consistente en el recurso a la después célebre "situación moral e intelectual" de una nación. Mezcla de lamento y resolución, este llamado a una recuperación nacional en momentos de peligro será capaz de entregar un estilo más que perdurable para contemplar y tratar "el mal" que se desencadena en las derrotas. *"El edificio de nuestras quimeras se ha derrumbado como los castillos maravillosos que construimos en sueños."* Era la Francia militarmente derrotada de Napoleón III, a la que Renan le propone un modelo regenerativo que trascienda "la apatía de la democracia".

Pero en *¿Qué es una nación?* (1882), su difundido folleto originado en una conferencia en la Sorbona, Renan sugiere que "el olvido, y yo diría, el error histórico, son factores esenciales en la creación de una nación, y por ello el progreso de los estudios históricos es con frecuencia peligroso para la nacionalidad". Llama la atención la agudeza de este punto de vista que produce una vibración que se superpone a los debates más contemporáneos. ¿No es comúnmente aceptado que cualquier acto humano se inscribe sobre el olvido selectivo de sus rastros a fin de no producir el horror de un presente continuo, y sobre la tolerancia del error, a fin de no hacer de lo actuado la consecuencia de un encadenamiento obligatorio de antecedentes? De algún modo, esta tesis es la inversa de la que hoy los ambientes académicos propagan bajo el lema de la "invención de la nación". Frente a la idea de que todo colectivo cultural tiene un origen discernible en una voluntad de dominio, se yergue la idea de que la memoria no es la actualización astuta de un invento sino la omisión inevitable de un daño, de un horror sospechado o de un suceso desconocido. *"No existen en Francia diez familias que pudiesen proporcionar pruebas de un origen franco, e inclusive se trata de una prueba defectuosa por esencia, debido a los miles de cruzamientos desconocidos que pueden descomponer todos los sistemas de los genealogistas."* No solo en esto es sutil Renan, sino en diferenciar el principio de la nación del de la raza ("grave error que el principio de la etnografía reemplace al de las naciones"; "los países más nobles son aquellos en que la sangre está más mezclada"; Alberdi había hecho figurar este principio para las *Bases*).

Y también en diferenciarlo del principio de la lengua. "Existe en el hombre algo superior a la lengua: la voluntad." Con esta voluntad es preciso respirar el aire que emana de los territorios de la humanidad completa, que nos aconseja no encerrarnos en "los conventículos de compatriotas". Puesto a salvo el culto de los antepasados —tema de Renan que pasa a Barrès y pasará a Lugones— la conciencia nacional viene a ser ese "plebiscito cotidiano" que hace de las sociedades un hecho "moral e intelectual". De nada sirve señalar que Renan mantiene un culturalismo antidemocrático y espiritualista que va a desembocar en Barrès, si no se considera al mismo tiempo que en lo que tiene de perspicaz cronista de la cultura Renan pasa a Sorel, que pasa a Durkheim y que pasa a Gramsci.

De igual modo, de nada vale esgrimir las justificables desconfianzas contra la áulica fastuosidad de este administrador del Collège de France, si no se acepta que el debate sobre la lengua, resuelto adecuadamente en la separación entre lengua y nación, sigue siendo hoy fundamental para crear ámbitos de discusión sobre el conocimiento como destinos compartidos por los grupos humanos que viven en la historia. En la Argentina, este debate comenzó con la generación del 37 (que ensayó la idea de una emancipación cultural lingüística respecto de España); siguió con Ernesto Quesada (que en polémica con Luciano Abeille proscribió la gauchesca a fin de asegurar la modernización y unificar la cultura hispanoamericana como resguardo ante la influencia norteamericana, o "Nordomanía", como la llamaba Rodó); luego con Arlt y Borges (que en sus respectivos escritos sobre "el idioma de los argentinos" mantuvieron el recelo romántico-vanguardista contra España y la Academia, aunque el primero asociando la lengua a los hallazgos de la técnica, y el segundo al recuerdo de los muertos). Es un debate crucial que nunca cesa de tener manifestaciones actuales. Aminorarlo o desdeñarlo equivale a no entender esa praxis de olvido, creación incesante e infortunada corrosión de las urdimbres vitales compartidas, que es la cultura.

La conciencia en Renan es una voluntad cultural para reponer a la nación de sus desastres, muy diferente a la conciencia hegeliana que lleva a la *desesperación* del yo, que es pura mediación y debe padecer en el pasaje a otros estadios del saber que lo van negando. Porque en Renan se trataba de una idea que encontraba su alimento en un culturalismo aristocrático, que sin embargo había conseguido propagar el concepto de lo "moral e intelectual", llamado a perdurar. Desperdigado en extrañas direcciones, esa cifra de lo "moral e intelectual" se habría de convertir en la figura más poderosa de la definición de la nación social contemporánea, entendida como el albergue de una lucha revolucionaria que superaría la energía abstracta de la civilización universal.

"Reforma moral e intelectual" aludía pues a la convulsión de un examen colectivo de creencias, que se cohesionan o disgregan durante las "escisiones" sociales. Con ese anuncio se desarrollaría el combate por la *organización de la cultura* en una nación históricamente definida, porque en la trama inmanente de las instituciones se expresarían tanto los conocimientos cautivos al *imperium* dominante como los signos de la voluntad socialista que los desquician. Desde esa resonancia moral e intelectual, arrastrada a lo largo de la segunda mitad del siglo XIX, se proyectan, ya dijimos, un Durkheim, un Sorel, un Gramsci, cada uno con el énfasis que le corresponde.

Guiados ahora por una somera evocación de ambos libros —el de Hernández Arregui y el de Renan— es posible capturar ciertas coincidencias, aunque sean divergentes todas las demás circunstancias. Se puede releer *La formación de la conciencia nacional* con el troquel de *La reforma moral e intelectual* pues en ambos casos se desea presentar un testimonio de cómo se ha formado y cómo se puede rescatar una conciencia nacional en la encrucijada.

Es cierto que Renan no utiliza con frecuencia el vocablo *conciencia.* Concibe la nación como una suerte de *macizo cultural de destino,* lo que de cierto modo es lo contrario a la conciencia. La palabra solo aparece en su escrito para designar situaciones como esta: "la conciencia francesa es corta y viva; la conciencia alemana es larga, tenaz y profunda". No se oye aquí el rumor hegeliano de una inflexión del conocimiento sino la alusión a un colectivo histórico que lleva una vida antropomorfa y debería ser siempre igual a su "destino de grandeza". Se trata entonces de otra formulación, más cercana al *carácter nacional* como un valor permanente, *daimon* escondido que va revelando la historia nacional como una sucesión de momentos de acatamiento o discordancia con él.

En cambio, con Hernández Arregui el punto de partida es una montura hegeliana de las conciencias, en marcha hacia la fusión de su espíritu infinito con la humanidad temporal. Solo que en él, ausente el regusto interno de la lengua hegeliana pero no sus exterioridades más llamativas, su croquis desplegado se refería al espíritu nacional como un pseudo-infinito que debe ser historizado gracias a la finitud de las luchas proletarias, socialistas. La aventura del cumplimiento de esa finalidad desembocaba en el propio texto arreguiano. La escritura historicista de *La formación de la conciencia nacional* se entiende como la de un libro "en progreso", una obra cuyas páginas adicionables son las que la propia historia le agrega al libro en el mismo momento en que se cumple. Asimismo, las que el libro le adiciona a las luchas ya son el jeroglífico interpretado de la historia.

Renan cultivaba —no así Arregui— una fuerte propensión antidemocrática. No se privó de ensayar precoces menosprecios hacia lo que denominaba la "escuela socialista". Y contra lo que esta creía, "los problemas de rivalidad entre las razas y naciones seguirán predominando sobre los problemas relacionados con el salario y el bienestar". Salvando diferencias, como se dice, importa considerar en Hernández Arregui el común trasfondo por el cual se ve la política como "un drama nacional". Sin duda, en Arregui existe la vislumbre de una democracia nacional que brota de un pacto cultural. Este pacto es inherente a una historia colectiva que debía expurgar sus anomalías. El modelo de purificación que se propone, a la manera de una catarsis histriónica, abarca muchas curvas y desarrollos, pero ronda especialmente sobre la figura de Leopoldo Lugones.

A pesar de que sus ideas filosóficas estaban señaladas por la *menesterosidad* —esa palabra le gustaba a Arregui— en Lugones se expresaba "una pasión nacional". En ese rasgo adversativo, "a pesar de...", que da el clima paradojal de un enunciado, está recostado todo el *tema* Lugones. Ámbito privilegiado de los contrasentidos de la cuestión nacional, el "caso Lugones" verificaría una vez más que en el seno de un error se hallaba una verdad. A pesar de sus rasgos oscurantistas —de su pensamiento político y de profusos tramos de su poética— el nacionalismo lugoniano *intuía* verdades. No que las expusiera con su ropaje completo y sin residuos —y nunca más justa la apelación a una intuición— sino que las enviaba a la consideración pública en medio del embrollo aparentemente irreductible de sus imaginerías. Había pues que desentrañarlas.

Es que *a pesar* de ser nacionalistas las elites culturales no llegan al corazón del problema social. Es que *a pesar* de ser proletarios los partidos sociales no llegan al corazón del problema nacional. Esta doble desistencia definía la estructura, por decirlo así, del problema lugoniano de la conciencia nacional. Había que producir una escisión de otra índole que suturara la deficiencia anterior: *nacionalistas que pudiesen absorber la cultura social antiimperialista y partidos sociales laboristas u obreros que pudiesen absorber la nación.* Entonces, el desacoplamiento que surgiría sería ya el verdadero, el necesario: por un lado, el nacionalismo popular democrático más sus marxismos historicistas, y por otro, el imperialismo "progresista" más sus cohortes izquierdistas alienadas.

Este libro, dice Hernández Arregui en la *Introducción,* es una crítica a la izquierda argentina *sin* conciencia nacional y al nacionalismo de derecha *con* conciencia nacional y *sin* amor al pueblo. Leamos estas tres proposiciones intercaladas por el autor de *La formación de la conciencia nacional,* esos dos "*sin*" y ese "*con*". Allí está de cuerpo entero Arregui, todo lo que intenta tener de dialéctico para superar las "oscuras intuiciones" de Lugones. Es su suma dialéctica menor, su llamado imperativo a superar los pensamientos lugonianos que, *a pesar* de que percibían que "en la población criolla explotada subyacían las potencias de lo nacional", no podían escapar del "desafinamiento melódico del aparato imperialista con el que colaboraba". Pero también Lugones convocaba a "preparar una nueva época de justicia" *a pesar* de su "pensamiento reaccionario".

Ese *a pesar...* ¡cruza y desorbita también el libro de Hernández Arregui! Porque estos vocablos son su misterioso espolón crítico, su hermenéutica imperiosa. Se traducen en su vocación de querer cesar la persistente discordancia entre la intuición cultural y la ontología social, ese obstáculo entre la cultura nacionalista y el pueblo social, con el que se insistía en desoír el "verdadero trazo historicista" que emanaba de las batallas obreras y en los dramas del colectivo nacional. Pero la destemplanza de las tesis que buscan reunificar esa indócil anomalía que separa los afanes culturales de las prácticas sociales —nacionales en un caso, proletarias en el otro— acaban señalando un momento particular de la historia. Aquel en que se buscan convenios perentorios entre lo que marcha separado a lo largo de las luchas de la civilización pero que *precisamente en el halo de esa separación entre la crisis cultural y sujeto social* termina definiendo al propio ser histórico que —¿sonaría muy extrema esta afirmación?— nunca acaba suturando sus hendiduras y disonancias.

Hernández Arregui escribió su libro en 1960, dedicado a Raúl Scalabrini Ortiz y a "los jóvenes obreros y estudiantes caídos en la lucha de Liberación". No desea modificarlo en sus ediciones posteriores —excepto un error sobre el filósofo Carlos Astrada, que el propio autor de *El marxismo y las escatologías* le pide que salve— y, sin embargo, largos apéndices acrecentados van dando cuenta de que *La formación de la conciencia nacional* se ampliaba con textos que provenían de las calles en lucha, que el propio libro escuchaba, voces que insistía en ver idénticas a las suyas. El libro era un proyecto de "libro viviente" —como quería Gramsci de su Moderno Príncipe—, libro circular que incidía produciendo textos paralelos al suelo vivo de la historia, textos que después recuperaba en el propio libro para evidenciar la continuidad entre una escritura y la historia. Historicismo escritural, acaso el único que siempre permanece, por el cual lo escrito se disuelve en la vida histórica y la historia habla por las escrituras que la prefiguraron.

Pero... sería distinta la situación de la revista *Peronismo y Liberación* algunos años después. Entonces se comprobaría que la historia es menos "historicista" de lo que se podía suponer. Llegaría un momento —Arregui y sus colaboradores lo comprobarían— en que la historia no devuelve escrituras surgidas del eco colectivo de lo leído antes, sino que obliga a esconder palabras en el cofre de las esperanzas reprimidas.

Mientras Ernest Renan escribe una historia providencialista de martirios y purificación —"Francia ha expiado de manera más cruel sus años de extravío"— Hernández Arregui propone una historia donde la resonancia moralizante se recueste sobre un fondo historicista: "si nos interesa la historia, si nos angustia a todos, es porque tenemos la certidumbre de que en ella se juega nuestro destino individual y colectivo". Idea de destino laico, ajena a la predestinación de Renan —del que de todos modos estaba más cerca un coronel Perón que la había leído en los infinitos volúmenes de *Historia Universal* de Cantú— en la cual decir que "la política es el destino", como el mismo Arregui se complace en citar recordando un consabido *moto* napoléonico, significaba un llamado a resolver el misterio de la historia universal declarándola interpretable bajo la Crítica a la era del imperialismo.

En Renan —y luego escucharemos este pensamiento trepidar quedamente en Perón, que lo hace más agreste— ninguna nación puede escapar a la Providencia. "Francia no puede negligir su vocación." En cambio, para el autor de *La formación de la conciencia nacional* "es el ocaso del liberalismo, la descomposición del imperialismo y el empuje mundial del proletariado lo que está en la base de esta actitud de agitación social y de ideas en la Argentina avasallada". Arregui, si piensa en términos de vocación, es para traducirla en herencias. Había que heredar, en la crisis del capitalismo, las fuerzas del hombre libre, de la razón realizadora y de la técnica universalista, pero regidas ahora por una humanidad autoconsciente y singularizada en sus naciones, que llamará destino a esa notable autarquía, a esa emancipación insigne. Además, Francia ya posee la *vocación.* Argentina debe encontrarla mientras hace estallar la coraza del *vasallaje.*

Pensando justamente en la conciencia nacional, en 1909, un año que devuelve nuestra crónica al siglo recientemente iniciado, Ricardo Rojas había escrito *La restauración nacionalista,* previsiblemente dirigida contra "el mercantilismo cosmopolita". Luego de un inspirador viaje por Europa, Rojas tanto se había entusiasmado por tallas medievales usadas como íconos guerreros por Don Díaz de Vivar como por el concepto alemán de *Kulturgeschichte.* Deseaba cambiar la enseñanza en la Argentina con una apelación al conocimiento nacional histórico, que a la vez renovase los métodos de la historia. *Una historia en el centro del sistema de las humanidades.* Una historia como *paideia* de la conciencia nacional, la idea de patria emanada de una continuidad cultural garantizada por relatos y memorias colectivas. Tal la recomendación que el joven Rojas le proporciona a las autoridades del gobierno nacional para reencaminar la educación pública con los criterios de una "historia cultural".

Su provocante libro —en la Argentina, era más irritante la palabra maldita de *restauración* a principios de siglo que la idea marxista de *formación* que esgrimiría Arregui cincuenta años después— había recibido ostensibles críticas. ¿Nacionalismo ocluido y ciego? ¿Odio a la inmigración? Rojas se alarma por lo que él mismo ha escrito y recibirá con alivio la aprobación "salvadora" de un Rodó, quien ya había combatido contra Calibán y la Nordomanía, de un Unamuno, quien compartía un impulso de "independencia espiritual hispanoamericana", de un Enrico Ferri, dignatario de socialismo italiano, que reconoce que *la restaurazione de la coscienza nazionalista è un chiaro e preveggente pensiero e la visione netta del dovere che alla Argentina s'impone,* y de un Jean Jaurès, el jefe del partido socialista francés, que lo alivia del reproche de ser adverso a la inmigración y a las ideas socialistas europeas, diciendo que *suivant la definition de Ricardo Rojas, l'enseignement national habitue les esprits à s'interesser au passé et à l'avenir de la Nation... l'internationalisme n'est pas le cosmopolitisme... pour être vigoureuse l'action internationale supose des nations conscientes... le cosmopolitisme est un déraciné que n'a que des interêts flottants...*

De ambos políticos, Rojas cita sus párrafos redentores en sus respectivos idiomas originales. Luego de la Revolución rusa, que según Rojas impone revisar la idea de "cosmopolitismo marxista", y del alentador avance democrático producido por el yrigoyenismo —el autor de *La restauración nacionalista* inscribirá allí sus afanes políticos— ¿hubiera merecido el libro una reescritura? En la reedición que ve a luz en los años 20, Rojas lo descarta (del mismo modo que con la reedición de su libro hará Hernández Arregui algunas décadas después) pues cree que aunque muchas de sus afirmaciones hubiesen perdido actualidad, el libro "debe permanecer fiel a su texto inicial". Un primer gesto historicista, a la "alemana" en Rojas, a la "italiana" en Arregui, imponía el respeto ritual por lo que se plasma en un texto en un momento *particular* de la historia, que desechaba rehacerse porque quería verse como "monumento de una época que al desaparecer deja vestigios exánimes en la escritura". Este era el tema precisamente de la pedagogía que recomendaba *La restauración nacionalista.* Una teoría de las humanidades modernas que contuvieran la posibilidad de interrogar la historia nacional alrededor del tiempo como testigo, ya sean sobrevivencias o novedades culturales: podía ser un rancho de gaucho, podía ser un rascacielo neoyorquino.

En Hernández Arregui se propone una apelación a la reunificación teórico-práctica de las dos almas irresueltas de la conciencia nacional, el marxismo que perdería su cosmopolitismo y los intelectuales nacionalistas en "duelo dramático" con su patriotismo abstracto. En el radical Rojas, que escribe *el* libro que antecede a *La formación de la conciencia nacional* (este no citaría a su antecedente), la práctica debe ser pedagógica, muy cercana al *sistema nacional de educación* que Fichte había desarrollado un siglo antes para resarcir la nación alemana. Extraemos una frase del libro de Rojas. "La aplicación de la Historia y de las asignaturas afines a la formación de la conciencia nacional es un sistema que, practicado con eficacia por naciones ya constituidas, no tendrían porque rechazarlo los pueblos en formación. Gabriel Monod, catedrático erudito del Colegio de Francia, ha afirmado: 'el movimiento nacional alemán, el movimiento nacional italiano, el movimiento nacional checo, el movimiento nacional húngaro, el movimiento nacional eslavo, si no han sido creados por la erudición histórica, han encontrado al menos en la erudición histórica un poderoso auxiliar, un hogar de excitación, un activo instrumento de propaganda'."

Cerramos el párrafo anterior con dos sistemas de comillas, una para la frase de Rojas y otra para la de Gabriel Monod, contenida en la de Rojas. Textos embutidos en otros textos, frases que evocan otras frases. Entre una y otra, no solo transcurre la historia, sino que la historia misma es ese transcurrir de frases cuya esencia permanece en cada reemplazo. Aparece así un personaje bien conocido, el "Movimiento nacional". Y aparece ejemplificado entre diversas nacionalidades en la declaración del erudito Gabriel Monod. Es lógico que esgrima su erudición, pues también impone ese atributo como necesario al conocimiento histórico. ¡Habla como catedrático! Pero también los catedráticos suelen pronunciar las palabras que pueden mostrarse en la historia una vez como ilustración y otra vez como presagio.

He aquí, entonces, a los socialistas reformistas europeos y a sapientes educadores que respaldan a la nación hispanoamericana por medio de una necesaria agitación en la enseñanza. Se trata de una construcción en abismo, de conceptos que esperan como sonámbulos el rescate que se hará de ellos en otro momento histórico, cuatro décadas después. Si primero designan a la educación como diapasón del alma colectiva, en otros giros de la historia se encontrarán con la idea de un Partido o un Movimiento. Donde antes se había dicho Instrucción pública ahora se podía escuchar Movilización nacional. "Formación de la conciencia nacional", llega a escribir Rojas. Estas palabras se deslizan en su escrito con un tono casual que los textos argentinos de las décadas posteriores propondrán con carácter de sentencia o de augurio. Pero Rojas piensa menos en un leninismo nacionalista que en profesores que, como él, se hallan dispuestos a recrear la nacionalidad alrededor de las prácticas de l*a Kulturgeschich*te, y también invocando una cultura sin "simulaciones", revelando hasta qué punto el concepto primordial de los psicopatólogos y criminólogos del momenthabía conseguido trascender hacia los dominios del historicismo. Ese vaticinio autonomista era lanzado en una patria aparentemente nutrida y vanidosa. Pero en 1960 ya podría escucharse como engranaje recóndito de la "nación avasallada".

Rojas trae el testimonio de la visita de Ferri, "extranjero y campeón del internacionalismo", a la casa de Sarmiento en San Juan. Estaba abandonada y el socialista italiano protesta. "Como reliquia histórica y como arquitectura esa casa le había causado una impresión estética y cívica más grande que la Avenida de Mayo." El teórico socialista no dejaba de serlo, para Rojas, si postulaba una crítica al descuido de las autoridades hacia los testimonios arquitectónicos del pasado. Esa incuria oficial se le ocurre a Rojas que es una muestra de torpe indolencia hacia "el trascendentalismo de la civilización argentina, si tal cosa existe". No hay duda de que existe una vocación trascendentalista en Rojas, un ánimo civilizatorio con el que interroga a las autoridades nacionales, ofreciéndoles los túmulos arcaicos antes que la Avenida más notable de la ciudad inmigratoria y europeísta.

No habrá algo semejante en Hernández Arregui, quien no concibe una interpelación a las autoridades sino una elaboración política desplegada por otro sujeto histórico. Y no hay proletarios en Rojas sino ruinas de objetos antiguos, el pasado que habla a través de la languidez anímica de sus reliquias destrozadas. Era una disposición hacia el éxtasis americanista, un misticismo de esquirlas protegidas por la historia, como las que había intentado descifrar Lugones en los vestigios del jesuitismo en América. Trascendentalismo garantizado por reliquias en Rojas; historia inmanente en Hernández Arregui, donde la destrucción de la historia solo ocurre en un presente vivo del cual el pensamiento solo puede permanecer contemporáneo en medio de las luchas sociales.

El cambio de nombre de la revista de Hernández Arregui ocurre en medio de un juego inclemente con las palabras que agitan aquella historia: *peronismo, socialismo, liberación.* Son palabras que hostigan la imaginación nacional en un momento en que se percibe que no hay instituciones públicas para absorberlas *simultáneamente*, ni existe el deseo de inspirar una gesta del Estado para despertar a la clase dirigente hacia el rumor de las epopeyas lejanas. El parsimonioso mundo profesoral de Rojas no fue el mismo del que gozó el también profesor Hernández Arregui. El autor de *La formación de la conciencia nacional* definió su época, citando a Hegel, como una época de revoluciones calladas, invisibles y ocultas, que ocurren en napas sigilosas del mundo cultural que no cabría en su propio asombro cuando estallen. No podía detenerse en el pasado ni convertirse en un publicista que alertara al Estado sobre la custodia de los restos del pasado nacional. Sin haberlo deseado —pues también se dirigía "a la joven oficialidad militar"— acabó siendo un profeta sin instituciones, y, muy poco después, sin nadie que lo leyera.

Hombres y naciones

Hagamos un recorrido ahora un tanto circular, como suelen ser los recorridos de la conciencia. Es decir, el recorrido de la pregunta del *sí mismo.* El ser comprueba su identidad cuando es capaz de recobrar las hebras sueltas que dejó en su itinerario. La reflexión consiste en un rescate de los pasados ocurridos, realizado en un presente cualquiera de la conciencia. ¿Pero cómo es este trayecto cuando están en juego las fuerzas colectivas de la historia? El dificultoso concepto de nación, que resbala y se mantiene vivaz en todas las lenguas, viene entonces a la mente...

Las naciones son una creación en el tiempo, una incómoda sustracción que le hacemos al ser genérico del hombre, una rebaja en el juicio de la humanidad. Pero las naciones también son la forma *espontánea* de la historia y de la memoria social moderna. Contrariamente a lo que se cree, las "historias de la vida privada" son las que exigen una construcción ardua y una reflexión distanciadora, y entonces una elaboración teórica mayor. Es en la historia del mundo privado, por tratarse de un problema de índole intelectual, donde se hace posible expurgar el tiempo épico-dramático, propio de la exposición histórica nacional. *Y se revela entonces que es más cómodo —o más fácil— pensar un mundo desprovisto de hombres en lucha —un mundo donde lo cotidiano se hace naturaleza— que una historia desprovista de naciones.*

Porque se puede pensar *fácilmente* un mundo sin hombres. En la fuerza de esa posibilidad descansa la radical fantasía de los antropólogos o de los arqueólogos. Allí encontramos el punto de partida admitido, reclamado y familiar, que postula un rechazo a las historias modernas, propias de una "historicidad revolucionaria". En una temporalidad que desaloja el *tempo* de las revoluciones —aquellas que podríamos datar a partir del siglo XVIII— radica el confín de la ciencia histórica, la amenaza de su disolución. Radica también allí el uso del lenguaje en su máximo punto de quimera. Es decir, el lenguaje sin "Europa", el lenguaje sin ciudades, el lenguaje anterior a las ideas de oriente y occidente, el lenguaje sin nación y sin periódicos. Periódicos que podrían llamarse *L'Ordine Nuovo* o *La Montaña*, que a pesar de postular ensueños políticos ligados a fuertes metáforas mantienen próximo su lenguaje al sujeto de una revolución.

En cambio, la *historia sin naciones* hasta hoy supone casi un imposible. Es evidente que tal historia insistiría en quedar despojada de revolución, de Estado, de tejedores de Silesia o mineros de Río Turbio, pero ocurriría en ámbitos que deberían emancipar drásticamente sus ceremonias culturales de sus formas políticas. En el afán de no mutilar el cosmopolitismo, tal historia no podría mentarse sin desamparo de nuestro propio pensamiento histórico, hecho de ciudadanos en armas, de jacobinos en barricadas, de proletarios que invocaron al mundo como testigo de su conciencia unida, y también de jefaturas infaustas y de "consejos al príncipe". Tanto ese riesgo es perceptible, que conocemos el esfuerzo del historiador para encarar la transitoria figura del Estado nacional moderno —que supo ocupar las pasiones contrapuestas de un Bismarck o de un Lenin— como algo que por ser perecedero conduce precisamente al corazón del problema histórico: *la insignificancia radical de toda construcción humana.* Pues si lo más firme puede astillarse o diluirse ¿cómo podría pensarse en una acción humana duradera?

Porque es paradójicamente en la fugacidad de esas construcciones que la historia evapora su abstracción, reclamando a cambio de ese carácter voladizo el reconocimiento de lo singular de sus nombres y móviles de combate, forjados en el clima de los Estados-naciones, de los jefes revolucionarios, de los sitios a ciudades enemigas y de las guerras sociales. O, si no, de los relatos que narran hazañas de reyes como aquella *Corona Gótica*, de Alfonso Núñez de Castro, que se complace en citar Ricardo Rojas.

¿Por qué se lucha? ¿Por qué se combate? Estas son preguntas esenciales de dos escritos argentinos casi simultáneos, el *Facundo* de Sarmiento y la *Ojeada retrospectiva* de Echeverría. En ambos, la respuesta coincidente —se lucha solo por ideas, o dicho de otro modo, se lucha por amor a las luchas— no consigue apagar la sensación permanente que identifica la historia con una agonística, lo que se insinúa como imponente sospecha en el primero de esos libros, y con esta otra pregunta: ¿somos dueños de hacer otra cosa que lo que hacemos? Pregunta del pesimista histórico, pero que permite también la caución moral de aceptar con valentía lo que todo tiempo nos depara.

Henri Pirenne hace recaer su *Historia de Europa* en la capacidad de imaginar una cristiandad extensa, un ámbito ecuménico de monarcas, hidalgos y taumaturgos, *anterior a las naciones*. Pero el llamado del historiador a pensar esa Europa elaborada por las insignias del cristianismo o del inconmensurable latín, y previa a las ciudadanías nacionales, supone el reconocimiento de la incalculable dificultad de imaginar ahora una fe universal o una lengua erudita general, sin el choque de singularidades que está inscripto —hasta hoy— en las mutaciones rústicas o dulces de la lengua con la que seguimos hablando del acto político, *la lengua de la nación, de su intimidad y sus guerras*, que animan el conocimiento por lo menos desde hace un milenio. En este sentido ¿pensar un *mundo sin hombres* no resulta al cabo más factible, porque se convierte en una especulación asequible y costumbrista del pesimismo filosófico? Es que el pesimismo busca, en su raíz más remota, pensar más allá de lo humano. Y no suele preocuparse por las naciones, esa idolatría que ellos suelen regalar a los esperanzados, a los fanfarrones o a los fácilmente impresionables.

Quizá la hipótesis de una *historia sin naciones* sea una empresa de reconocibles obstáculos para el pensamiento político, pues las naciones serían la última lumbre con la que intenta razonar el optimista histórico, esto es, aquel que insiste en conservar la idea de nación solo para hacerla sinónimo de utopía y profetismo, de realización libre de lo humano, euforia colectiva emancipada. El optimista actúa en la historia con su particular dialéctica *en avance*. Y por eso la nación puede convertirse en una proyección mesiánica al servicio de la fraternidad universal y la felicidad social. Y por más burguesa, mercantil, *aufklärung* o expansionista que sea, la nación procura reflejarse muchas veces en los vitrales salvadores de la patria blanquista, de la comuna parisina, del soviet leninista, del federalismo proudhoniano, del municipio echeverriano, de la comunidad saintsimoniana o del consejalismo grasmciano. ¿Demasiado altanero o demasiado abigarrado?

Toda nación, en el remoto texto de su formación, pretende revolver las cenizas de las palabras primeras. Se hace oír o se hace anunciar. Descansa sobre una ley eufónica que traducirá en frases como *oíd mortales un grito sagrado* y se ufanará ineludiblemente por *días de gloria al fin arribados*. Pero puede invocar también a los eminentes *acorazados del mar Báltico* y a las *escalinatas de Odessa,* así como propone —en sus notorios himnos— mensajes hacia los hombres "libres del mundo", para que a su vez respondan con un saludo a los pueblos nuevos que acaban de romper sus cadenas. Casos de un severo internacionalismo que no es menor por provenir de un himno suramericano neoclásico de la era de las revoluciones mercantiles. ¿Por qué sería menos internacionalista el humanismo cósmico de la ilustración argentina que los osados marineros del Potemkin? Y a la vez: ¿qué avisan esas canciones, esas rebeliones ocurridas en el corazón de los grandes aparatos de guerra? ¿Qué nos dicen esos Acorazados-Leviatanes, que en sí mismos equivalen a los Estados-nacionales? Notifican que se ha generado un nuevo eslabón de libertad humana, a ser admitido en el "concierto de los justos" a poco que exhiba una singularidad nacional-estatal que podrá resaltar en monedas, sellos y banderas. En suma, descollar en las proclamadas hazañas de sus hijos, llámense *rotos, sansculottes, descamisados, damnés de la terre o soldados bolcheviques.*

Por eso el *ser genérico* de una humanidad sin Naciones, sin Numismática, sin Códigos napoleónicos ni Derecho romano, ese *ser genérico* asentado en actos autónomos inherentes al trato con la crítica, la naturaleza, el trabajo y la técnica, es un *ser genérico* que reclama una meditación sobre lo que podría ser su enemigo mayor: las irrisorias nacionalidades. Puesto que el ser en su máxima universalidad es a la vez la cúspide del sentido histórico, es preciso reflexionar sobre lo que sería una *pérdida del sentido* que impediría al cabo arribar al sentido pleno. Porque la demora para que la humanidad llegue a su forma emancipada está preñada por un presente repleto de oscuridad, fracaso, particularismo, es decir, de *sin-sentido,* de *alienación.* Y así, si esos aparentes perjuicios a la plenitud humana llevaran el nombre decimonónico de nación, ese podría ser el sitio donde se conjuge tanto el pasaje a la humanidad universal como la valla donde esta se pierde. ¿Cómo entonces no ver en la nación el lugar exacto donde lo humano sin más puede desplegarse sin abstracción o puede frustrarse por una demasía de los *ídola tribu* nacionales?

Ahora se hace posible la pregunta esencial de la cuestión nacional vista desde el ángulo del conocimiento: *¿por qué pudiendo haber discernimiento hay más bien alienación?* La *nación* permite esa pregunta, porque si para los nacionalismos de cualquier observancia es la nación lo que permite arribar a la historia, para los universalismos combatientes *es tan solo ella el sujeto que la impide.* Porque puede ser esta pérdida de sentido, esta *alienación* como fundamento cultural productivo, la que caracterice el mundo nacional-popular, el mundo específico tanto cultural como lingüístico de la nación histórica moderna, con sus idiosincrasias e identidades que "amenazan" lo genérico humano. Lo amenazan creando "colectivos anómalos" pero que parecen definitivos, como pueden parecerlo un húngaro, un polaco, un serbio, sin percibir que sus irreductibles particularismos no son sino el otro rostro de su radical desposesión en materia de comprensión lógica del mundo. Debe percibirse aquí el valor doble de este concepto de alienación, que puede ser interpretado como lo que embaraza al pensar efectivo, y por otro lado como lo único que resguarda el pensamiento en los pliegues de un enraizado —y necesario— prejuicio comunitario.

Y debido a eso, el tema de la nación podía convertirse en un banco de pruebas, en la maldita encrucijada de los movimientos sociales durante dos siglos, la traba esbelta que reclamaba ser superada para arribar a la promesa de manumisión social del *totus* humano. Pero esa superación no debía ser simple ni ofrecida en bandeja de plata por los hijos del universalismo positivo. Debía ser un trabajo con el horizonte de alienación, opacidad y trastorno que una masa borrosa de hechos va definiendo una y otra vez como siendo *la nación*, ese colectivo de simbologías y signos nebulosamente compartidos. Se precisaba entonces pensar *la* alienación y, acaso, pensar *dentro* de la alienación. Pues la nación podía aparecer como el *trobar clus* de una memoria social-nacional que atraviesa clases productivas, antojos culturales, oficios estamentales, estilos artísticos e individualismos sagaces. Y marcar con eso la conciencia social de estos siglos que vamos llamando el mundo moderno, fuente del humanismo, del nacionalismo, de la revolución y de la técnica. Las más dúctiles filosofías de la última centuria imaginaron que es fácil hacer superfluo al concepto de hombre. Con ello, se lanzaron a investigar relaciones de fuerza, dispositivos de poder, formas simbólicas, la destinación y el olvido del ser, las simetrías y oposiciones en las estructuras del mito. Quedaban las *naciones* como sujeto de una reflexión menor, un culturalismo apto para sociólogos noveleros y políticos indolentes. Y sin embargo todo estaba preparado para que otro concepto —el concepto de *clase*—, que interrogaba la raíz de lo humano, viniese por esta misma senda a interceptar la traza histórica que iban dejando las naciones.

Otto Bauer: formas sociales, energías anímicas y sociología nacional

Es ese irrecusable modernismo de las naciones el tema que descubrió un apremiado Marx. Este temprano hallazgo fue lo que de algún modo escindió al marxismo durante su largo ciclo político. Muy pronto en el marxismo se reconoce la cuestión de "las naciones que oprimen a otras", como se postula respecto a Polonia, y luego más ostensiblemente respecto de una Irlanda sofocada por Inglaterra, lo que pone al proletariado inglés ante la necesidad de criticar la sujeción colonial, para no exponerse al riesgo inconsciente de usufructuarla. Por los años sesenta del siglo XIX, *"Irlanda independiente"* era para Marx un concepto tan radical que en su perentoriedad era capaz de desencadenar los primeros signos dialécticos de la mismísima revolución proletaria. "Es un Proteo que se nos escapa cuando deseamos tomarlo", escribirá luego Kaustky del concepto de *nación*. Es que *la* nación no podía desconocerse como problema de la izquierda alemana desde que Otto Bauer escribiera un texto esencial, redactado en 1907, *La cuestión nacional y la socialdemocracia*, en el cual afirma que "la sociedad socialista realizará el deseo de Fichte de hacer de cada uno un partícipe de la cultura nacional". La crispación de los Balcanes inspira este texto capital de la "cuestión nacional" en el marxismo, así como una "Eurindia" imaginada sin estremecimientos fronterizos le permitía al argentino Rojas, dos años después de Bauer, proponer que las nacionalidades tienen "el mismo misterio de vida que los árboles, mientras que la humanidad es la floresta".

La larga reflexión teórica escrita por Bauer con el trasfondo de la situación austro-húngara, especialmente serbio-herzegovina, y en la cual relumbra el concepto de comunidad, es parte de un incesante debate en el marxismo, que lo corta dramáticamente en dos porciones de un modo que el vocablo *cuestión* no consigue describir muy bien. Lo corta —si es que este vocablo no es muy enfático— en dos venas. Una, anclada en la razón productiva y universalista. Y otra, en la voluntad cultural, que muchas veces se halla en vecindad con el camino de las filosofías fenomenológicas del siglo. Son las dos venas de Marx.

Para Bauer, que sin duda dispone su obra en el rubro culturalista, las líneas de ruptura en el legado marxista siguen el itinerario de un género de conocimiento que el austromarxismo suele ponderar: la *sociología*. La sociología, palabra que no tenía entonces mucho tiempo de uso pero cuya palpitación rupturista respecto a los utopismos sociales ya había sido percibida, significaba adjuntar al cuerpo marxista un conjunto de problemas que venían a complementar y más que eso, a entibiar el poder explicativo de la *praxis* y del argumento del *valor-trabajo*, con realidades obtenidas de un análisis de las creencias culturales y de una idea de la historia sin dramatismos teleológicos. Conceptos como "comunidad de comunicación" provenían de ese horizonte sociológico y apuntaban a superar el rasgo de particularismo que Bauer encontraba en la noción tradicional de "comunidad de lengua", tratándose en cuanto a esta última de ver qué es lo que "está detrás de ella". Entonces, en ese "detrás" —permanencia de un marxismo que *desenmascara* pero ahora conjugado a una sociología que clasifica al sujeto en polaridades culturales más o menos fijas— no se encontrará la idea de los intereses económicos o clasistas, sino la de una "comunidad de cultura", ampliada por Bauer hacia una definición más sonora: una *"comunidad de destino"*, que de hecho reponía secretamente, en el marxismo kaustkiano, un sabor espiritualizado que por otro lado se deseaba expulsar.

Y será en esa comunidad nacional que se podrá visualizar, cuando se revierte sobre sus márgenes sociales, a las clases "tributarias de la nación". Son los campesinos o trabajadores, sectores en principio excluidos de una nacionalidad que hasta entonces solo abarcaba a los sectores propietarios dominantes, esos mismos que habían dejado a aquellos subalternos en un ámbito de vasallaje, en las fronteras exteriores de la nación. Son esas camadas sumergidas y olvidadas las que desatan la modernidad con su incorporación a la comunidad, y es en este acto que en verdad la crean.

Bauer: *"Solo las convulsiones sociales bajo la dominación del capitalismo moderno hacen que el proceso durante el cual se funda, o más bien, se vuelve a fundar la unidad cultural de la nación, comprenda también a las clases trabajadoras del pueblo"*. Esta irrupción campesino-trabajadora señalaba el momento en que surgía la nación moderna capitalista, gracias al conflicto radical entre clases, conflicto que no era un adosamiento externo a la nación, sino el modo social inherente en que esta se manifestaba.

El tema de la *irrupción* marca con severidad la reflexión marxista de los años 20, y cuando se convierte en un tema gramsciano gana, si cabe, un mayor peso culturalista. Ya en las primeras páginas de su *Príncipe Moderno*, Antonio Gramsci imagina que cualquier formación de la voluntad nacional colectiva era imposible si las grandes masas de campesinos no irrumpían simultáneamente en la vida política. Gramsci acrecienta, pues, la idea de *simultaneidad*. La idea de una acción masiva y a la vez puntual en el tiempo recalifica para el marxismo ese acto de irrupción, que era más de Bauer que de Lenin. No se irrumpe en una cadena de tiempo, sino que esa misma irrupción "crea el tiempo", la noción misma de lo moderno. Pero además Gramsci remite esa misma idea a Maquiavelo, cuya "irrupción de subalternos" se expresaba a través de la milicia, la misma que siglos más tarde sabrían concretar los jacobinos de 1789. Esa génesis intempestiva de la nación la convertía en un concepto *dramático*, mucho más que en una pieza compleja del andamiento de lo histórico-universal, tal como la había considerado Marx.

Pero Gramsci le agrega al marxismo una filosofía de la acción basada en un historicismo vitalista y mito-poético. *No le agrega una sociología.* Eso es lo que *sí le adhiere* Otto Bauer. Es en nombre de la sociología, a través de lecturas de

Tönnies, sin duda, pero en un plano más sutil también de Simmel, y en otro aun más furtivo, de un Le Bon, que aparece todo el andamiaje de lo que por entonces esa surgente ciencia está considerando, en especial la polaridad entre comunidad y sociedad, las formas psíquicas colectivas y la idea misma de *forma*, que adquiere en Bauer un gran tratamiento, revelador de una ansiedad teórica que lo deslumbra, no exenta de la ingenua pompa del catedrático.

De ahí que *la cuestión nacional* baueriana —como coalición teórica entre el marxismo, la sociología, el partido político y la Universidad— avanza hacia una descripción *psicológica* del proceso de mestizaje cultural, que quiere ser todo lo prevenida que se pueda respecto a misteriosos arcanos anímicos fundados en la ideología del carácter nacional, a los que sin embargo, despojados de misticismo o esoterismo, Bauer colocará como acicate y provocación en las áreas limítrofes de un marxismo posible. De este modo, decir que *"las culturas nacionales son los receptáculos en los que también está escondida la cultura internacional, vale decir, los elementos culturales comunes a todas o varias naciones"*, no solo le daba una salida posible a la ansiedad por recobrar el idioma de la prestigiosa pero olvidada dialéctica de "lo singular y lo mundial histórico", sino que también aportaba una doctrina del *receptáculo* como escondite, napa interna o subterránea en la que yacía —a la espera de su manumisión social revolucionaria— la comunidad nacional. Y era esta comunidad nacional la merecedora estricta del honor de *acarrear* el concepto de comunidad. Porque la otra forma de comunidad, la "comunidad de lengua", según la adscripción baueriana a los sociologismos imperantes, se yuxtaponía al concepto de *sociedad* y no al de *comunidad* y por lo tanto no parecía adecuada al empeño singularizador que buscaban estas proposiciones.

Otto Bauer está haciendo teorías con un material encendido. Llega a conclusiones que friccionan sobre los pensamientos no muy posteriores de Gramsci. El italiano, a su vez, los obtiene de un trato propio de "crítico teatral" con un Renan, un Sorel y un Croce. *Lo internacional es lo abstracto, lo indeterminado, que solo se entiende porque está interligado a lo concreto, lo nacional.* Pero si la escritura de Bauer es la del profesor vienés, la del doctor en leyes que abandona el prestigio burgués para dirigir diarios socialistas sin inflamar en exceso el argumento, sus conclusiones rozan los abismos conceptuales que presidieron las guerras ideológicas del siglo XX. Y si su empaque es el de un preocupado dómine que estudia el jeroglífico de los Balcanes —casi con la misma cumplidora pasión de su contemporáneo Freud por el destino soterrado y el mapa ignorado de cualquier historia personal—, su disposición política es de aquellas que dejan en el aire una advertencia trágica: *"no se podía dar por no sucedida la historia de las naciones"*.

Pues era posible sospechar que el socialismo "de las fuerzas productivas" reprimía, como a su inconsciente sombrío, como a un residuo grotesco en el concierto público de las ideologías, un material anímico que en una inesperada jornada de estallidos y desbordamientos solía luego revelarse como el signo enigmático de las historias colectivas. Convenía entonces darle nombre a este fenómeno. Nombre teórico, nombre político, nombre fraseado: *"la lucha de clases del proletariado es una lucha por la posesión de la cultura nacional"*. Sería esta una expresión que recorrería por lo menos cinco o seis décadas del siglo. Y la convicción de Bauer respecto a que la universalidad capitalista adopta el contrapunto de singularidades nacionales muy diversas lo lleva al concepto de "material psíquico diferente cuya diversidad está fundada en la peculiaridad del desarrollo histórico de cada nación". Riesgosos conceptos, como se le señaló de inmediato, pero que hacían a la fuerte apuesta de su obra. ¿Llevaba a un psicologismo de la naciones, cuna comprometedora de las tesis sobre la irreductibilidad del *carácter nacional*?

Stalin, en su opúsculo sobre *El marxismo y la cuestión nacional* (1913), recoge precisamente estos puntos de vista de Bauer, afirmando conceptos como "carácter nacional" y "comunidad de formación psíquica". El trabajo de Stalin, preso de didactismos comedidos y fatales, no era claro sobre las "nacionalidades oprimidas" —como *sí* lo eran las intervenciones muy precisas de Lenin en torno del concepto de "autodeterminación de los pueblos"— pero aceptaba la eficacia de los nacionalismos para desestabilizar el imperialismo como mera cuestión geopolítica, lo que obviaba tener que juzgar qué tipo de nacionalismo era aquel. (El Rajá de Afganistán podía ser tiránico pero su oposición a Inglaterra contribuía a debilitar al imperialismo.) En la crítica que hace Michael Löwy a Otto Bauer, se señala que queda imposibilitado de definir los "bienes culturales comunitarios" con su correspondiente contenido de clase. Bauer habría cometido "el error inverso que los partidarios del *Proletkult*, que ignoraban la autonomía relativa del universo cultural y querían reducirlo de inmediato a la base cultural 'cultura proletaria' versus 'cultura burguesa'" (M. Löwy, "El problema de la historia", en *Los marxistas y la cuestión nacional,* 1980). Pero quizás esta observación, que no es inexacta en su observancia puntillosa de la tradición *clasista,* pierde la posibilidad de enfrentarse con esta extraña obra baueriana, que a su obligatorio Fichte le agrega este remate que puede explicar su espíritu argumental: "también en la lucha contra el nacionalismo nos puede instruir Hegel, maestro de nuestro maestro, quien sentaba como premisa de una de sus grandes refutaciones estas palabras: 'la verdadera refutación debe meterse en la fuerza del adversario y ubicarse en el entorno de su vigor'". ¿Pasaremos por alto también esta deliciosa expresión, *"el maestro de nuestro maestro"*, que habla de una sucesión, de una cercanía, de un aroma familiar, de un clima intelectual que desdichadamente ya no es el nuestro?

Lejos de los maestros, estas palabras y otras parecidas repercutirían en ostensibles contiendas argentinas. No dejaban de resonar estos mismos énfasis mittel-europeos en los enunciados de la izquierda argentina sobre la cuestión nacional. Y el ambiente nacional podía despojarlos fácilmente de gravedad étnica o milenarista. Sobre estos enunciados Jorge Abelardo Ramos haría el esfuerzo de imaginar la amenaza de una "balcanización latinoamericana". Con esos términos estaba aludiendo al clásico ámbito territorial de la Europa balcánica de donde se extraía la nomenclatura del problema. Y también a la fuente textual que en el "marxismo de la cuestión nacional" daba gravedad a una historia latinoamericana, distante de la europea, pero que demostraría muy pronto no desdeñar un similar dramatismo.

En cambio, los bauerianos argentinos —nunca nítidos, siempre misceláneos, pues estaban entreverados al Marx "irlandés", al Trotsky "mexicano" y, en el caso de Hernández Arregui, a las "intuiciones oscuras" de un Lugones— no recogieron el tema de la contraposición entre "comunidad de lengua" y "comunidad de destino cultural". La causa de esta abstención se originaba, sin duda, en el menor atractivo que tenía la ya nutrida sociología académica para el grupo de la *izquierda nacional* argentina, por lo que visiblemente no encontramos aquí el sentimiento que enorgullece a Bauer, pues él —porfiado, imperioso— se percibe haciendo teoría. Y a la hora de atribuir nomenclaturas, llamaría a su teoría *doctrina de las formas sociales*, entendida como una sociología que estudia las determinaciones histórico-económicas de la formación de la nación, de modo que esta se percibe como representación viva, existencial y culturalmente determinada.

Pero para el socialdemócrata Bauer, ya lo observamos, este teoricismo con garbo vienés nunca relega el alma política del problema. La constante discusión con los críticos de su mismo partido —a los que ubica tanto "a izquierda y derecha" para poder inscribirse él en la automática pedagogía del juicio equilibrado— no le impide forjar una advertencia que intuye de gran trascendencia para el futuro del socialismo. *"Las naciones son un producto de un desarrollo de milenios. Desde hace un siglo las luchas nacionales despiertan las más fuertes pasiones. Para decenas de miles fueron y son un contenido vital, miles marcharon alegremente a la muerte por ellas. Fueron ya la fuente de vida, ya la causa de muerte de las revoluciones más pujantes. Diciendo como el tendero '¿Qué saco de ahí?', nadie se libra del poderoso efecto de esa gran ideología de masas."*

Un párrafo excitante, que en una única tesis sobre la pasión nacional cobija tanto una complacencia por el nacionalismo de las revoluciones del siglo XIX como una reservada admiración por esa "gran ideología de masas". Considerando esta frase como un vaticinio o una percepción calificada de los síntomas de la zozobra cultural europea, no deja de estremecer al lector actual por su sonoridad profética, repleta al mismo tiempo de ambigüedad. Porque, en efecto, con estos enunciados —y esa es la razón también de la fuerza que los alienta— nunca sabemos si se nos llama a ser cautelosos e incluso apáticos con esos "contenidos vitales y pujantes" de la nación que se revela a nuestros ojos, o si se nos advierte que seremos castigados por necios si no los adscribimos privilegiadamente a la marcha de la historia. Y porque, además, este "inconsciente balcanizado" saldría a luz como un aciago y furioso anticristo si los representantes del socialismo —y en este caso de la razón— no supieran solicitarlo, respetarlo, incluso tomar su idiomática y hablar con su misma lengua, a la que al cabo se le debería el secreto de la "vida y la muerte de las revoluciones". No es preciso demasiado esfuerzo para percibir cómo estas lúcidas y temibles filigranas —que tanto eco tuvieron en la Argentina—contienen proporciones que, sometidas a diferentes mezcolanzas, ofrecen la oscilación en la que buscaron su voz las ideologías y las guerras contemporáneas.

Esta oscilación ya estaba en aquellos hemisferios del marxismo que surgen de las diferentes visiones sobre la cuestión nacional. Ellos suponen las distintas calidades con las que se piensa el obstáculo a la diseminación y mundialización de la razón económica. Y ese *obstáculo* —obstáculo que significa al mismo tiempo impedimento y preñez, traba y posibilidad— era la nación. Para un marxismo de compromisos legaliformes, que manifestaba un ideal de superación ineluctable de las contradicciones históricas, el obstáculo provenía del mundo burgués, metáfora encarnada del impedimento al universal revolucionario. Se trataba de un mundo burgués cuyas prácticas —aquellas "que no saben nada de sí"— inventaban normas coaguladas y formas muertas solo capaces de "pensar" contra la condición común de lo universal-humano. Un mundo burgués que se definía como tal obstáculo, porque reclamaba para sí una verdad absoluta —llámese *estado*, *derecho* o *cultura* y fundamentalmente *nación*— sin comprender el atascamiento que ejercía contra la dimensión social de la vida, la única capaz de desbaratar lo aparentemente innato de la realidad, ese fetichismo de lo inalterable.

De ahí que para el sector más severo del marxismo, ese obstáculo fincado en la nación solo podía ser despreciado como una anomalía hueca y efímera, arrasado por la lógica de las fuerzas productivas que procederían contra los pueriles atascos de las tradiciones como quien destroza manoseadas vanidades, tan venerables como pueriles. Esos sentimentalismos desoladores y supersticiosos —milenarismos incansables como los de la India o de la China—

caerían astillados frente a las *railways* o el *crédit lyonnais*. En la concluyente fatalidad de estos enunciados, la nación solo era una membrana de astucia superpuesta a los negocios de la burguesía. Ahí nacía el dilema, que es principalmente un dilema para los marxismos culturalistas y para la teoría de la cultura inspirada en las izquierdas historicistas. Porque, contrario sensu, surgía como necesidad irrefutable la impaciencia de mostrar que lo que era considerado obstáculo podía encerrar un tesoro de pensamientos cuya liberación era la condición primera o simultánea de la liberación de todo lo demás.

Mientras lo máximo que podía concederle el marxismo clásico a la teoría de la nación eran los atributos de la *astucia de la razón*, la doctrina de Otto Bauer avanzaba hacia una idea de las *formas sociales* (que Kausky, irónicamente, dijo desear que se hubiera desarrollado con más claridad de la que poseía, para posibilitar la polémica, y no dejaba de tener razón), con lo que se abría el camino hacia un análisis de los estilos culturales singulares, inherentes a cualquier momento histórico-productivo. Con *la astucia de la razón*, se permitía que hubiera un momento nacional que con desvíos y enigmas fuese un entretenimiento necesario pero ilusorio en la trocha inflexible de la historia. Con *las formas sociales*, ese entretenimiento podía reclamar quizás la posesión de la totalidad del drama histórico. Bauer se había lanzado a pensar el obstáculo y eso solo podía significar que las formas de la historia tenían la hechura misma de obstáculo.

El libro viviente de Gramsci

Para el marxismo, entonces, quedaba señalado el dilema, entre la mercancía planetaria sin obstáculos y la supervivencia de la forma social añeja como obstáculo consentido. Escritos de Marx donde se proclama el entusiasmo más impetuoso sobre el papel constructivo, técnico e intelectual de las fuerzas efectivas del trabajo acumulado, tienden a reforzar el menosprecio sobre el estorbo pretérito que propone la nación, vista bajo un bastidor de culturas arcaicas y vencidas, que solo sobreviven como caricatura o vestigios mal asimilados por el presente. Pero otros escritos, que acaso no forman su cuerpo central de ideas, tratan lo arcaico y lo que resiste a disolverse en el ritmo de la modernidad en términos de una excitante oportunidad de pensar otro punto de partida para el "rumor de cencerro" de la revolución. De este modo deben leerse los vivaces tramos de la correspondencia de Marx con los *nardoniki* rusos. En este caso, solo una aleación entre lo más moderno y lo más antiguo le daría a la revolución un aspecto por fin acabado, "la forma final encontrada", no progresiva, nada *aufgheben,* menos rectilínea que discoidal o circular. Este aspecto orbicular quizás fue buscado por Marx a lo largo de toda una obra que secretamente tal vez quiso empalmarse con esa forma de *ricorsi,* con esa revolución viqueana y en subida, de recia alma espiralada.

¿Pero cómo resolver esta escisión, que de un lado deja a la nación como un arcaísmo prometedor y por otro le exige que se disuelva en la "generalización de las relaciones capitalistas"? Se provoca una tensión insoportable. Más que en ningún otro sitio del marxismo, esta zozobra se nota en la obra y sin duda en la vida de Rosa Luxemburgo, admirada muy íntimamente por quien sería su dedicado adversario, un Bernstein agudo, que desde un pensar antagónico sabía reconocer en ella un compartido afán de no detenerse, juramentados por adoraciones ciegas, ante las sacras compuertas del texto de Marx.

Localización eximia y a la vez despliegue sutil de un marxismo confidencial, la obra de Rosa Luxemburgo se dedica a llevar hasta el confín la idea de colapso de las potencialidades acumulativas del capitalismo. Descubre en ese movimiento la realidad de un mundo periférico, aún no anexado por el capitalismo, que proporciona una fascinante posibilidad de pensar el remate terminal del ciclo burgués. Y en las entrelíneas de ese ápice acumulativo, a partir de cuya cima se derrumba el capitalismo, era preciso reconocer y a un tiempo intentar disolver el peso que el "social-nacionalismo" comenzaba a tener en las preocupaciones de la socialdemocracia alemana.

Sin embargo, no vaciló en defender el uso *autodeterminado* de las lenguas nacionales ante la presencia de una lengua exógena dominante, como ocurría con el ruso respecto al idioma polaco, mostrando que ese pensamiento que interpretaba el mundo bajo la cobija fantástica y anexionista de la "acumulación de capital" intentaba disolver toda opacidad "social-patriótica" (así es como esta dirigente se expresaba en el célebre diario social-demócrata dirigido por Kautsky). No por eso la Luxemburgo abandona una consideración atenta de la cuestión democrática, esa "otra cuestión" que le exigía al movimiento revolucionario una sutileza demasiadas veces ausente a la hora en que surgía el poder soviético. La autora de *La acumulación de capital* se expresa con firme simpatía sobre el sino espontáneo del acto revolucionario, lo que años después merece una atenta consideración de Gramsci, quien no desea verse arrebatado en medio de la *catarsis* que conmovería a Europa sin poder articular lo espontáneo a lo orgánico, lo ocasional a las tramas vitales permanentes.

Pero la *espontaneidad* es el cristal original de las conciencias revolucionarias, siempre que no se confunda el clamor de las inquietudes inmediatas con lo que toda sociedad histórica presupone de mediatez, creencia, intención orgánica y formación histórica arraigada. En este sentido, el luxemburguismo es secretamente admirado por el soreliano Gramsci, pero debía ser corregido en un aspecto crucial referido al alma complementaria de la tesis gramsciana: *el plan*. El luxemburguismo, en vez de una catarsis trágica, fundada en la consideración de raíces culturales específicas, estaba pensando en un colapso de la realidad mundial capitalista, lo que a Gramsci le parece una errada obstinación que tiende al "misticismo histórico". Por esa razón, Lenin va a ser declarado por Gramsci "profudamente nacional y profundamente europeo", mientras que las tesis de Trotsky sobre la *revolución permanente* y la de Rosa Luxemburgo sobre la *huelga general* sobrevolaban apenas exteriormente las raíces culturales e históricas de las naciones, y es por eso que ellos son "cosmopolitas", por hacer gala de un inmediatismo social incapaz de encontrar su estirpe en el cuadro de los hechos nacionales. Un cuadro "moral e intelectual" que alude a las virtudes constructivas y dramatúrgicas del *mito de la acción*, que tiene tanto plan como azar, diseño como error. Esto es, capítulos inescindibles de la *pasión* política, presión esencial que la alimenta amalgamando intención y acaso.

Gramsci llama "cuadro de la vida nacional" a la construcción de una temporalidad orgánica, arraigada en un sentido común robusto y en las creencias cotidianas. Son los músculos recónditos de la nación entendida como una urdimbre de sentimientos que a todo evento político lo reviste de un signo pasional. La inveterada tesis *pasionalista* suponía una extensa y arácnida investigación sobre la voluntad como cruce entre el momento en que una historia se hace orgánica y el momento en que un acontecimiento anómalo rompe el letargo conservador. Quizás pueda afirmarse que Gramsci es un pensador que expresa su mayor originalidad en el campo de la retórica. Pues el surgimiento de un cambio moral-cultural solo podía iniciarse en un orden retórico, es decir, en las metáforas que se descubren en el lenguaje como representación de un crispado sentido común cuya tensión hay que resolver. Por eso, la construcción de la "palabra viva", de la "forma mítica", es la principal preocupación de Gramsci como momento de fusión dramática entre la conciencia ideológica inmediata y la solidez de las creencias sociales.

La *praxis* no sería otra cosa —y aquí hay lejanos ecos aristotélicos— que la puntada escénica que reúne la libertad y la necesidad. Y las reúne en los actos nuevos despojados de memoria embrionaria y en las visiones del mundo ensambladas a la metáfora de la sociedad como "trincheras o fortalezas", sostén del ser histórico colectivo. Por eso, solamente un recurso al jacobinismo podía garantizar que Gramsci, apartándose en este punto del antijacobinista Sorel, encontrara el síntoma de todo radicalismo en la acción capaz de conjugar —en una única convulsión dramática— las culturas populares más remotas con las pasiones irónicas que anunciaban la emancipación de antiguos vasallajes. *En última instancia, en Gramsci no hay un nacionalismo.* Hay naciones entendidas como un cuerpo dramático y orgánico, un instante bergsoniano de búsqueda histórica en la intersección entre Oriente y Occidente. Lo cual significaba una búsqueda estilística, en cada caso diferente, respecto a la relación entre sociedad y Estado. En suma, la nación gramsciana es una investigación de las condiciones históricas en las que, desde los arcanos de la voluntad colectiva, emerge un hecho inédito que recorrerá a su vez el ciclo de la hegemonía, tornándose nuevamente certidumbre corriente.

Y así, la *nación gramsciana* está lejos de ser un acontecimiento interior de una conciencia colectiva, sino el presente de una práctica dramática que agrupa a su alrededor una memoria social despojada de vetustas hegemonías. La nación gramsciana es un *libro viviente.* Con esta denominación alude Gramsci al acontecimiento retórico que deja escurrir la historia desde el texto a la acción, proponiendo entonces el problema esencial de la política: ¿cómo organizar la palabra elocuente, esto es, la palabra que en sí misma ya es vínculo social y político? La ruta dramática del príncipe iba desde el precepto partidario a su disposición escritural, con una vertiginosidad que nunca cesa en los escritos gramscianos. Por eso hay largos trechos que evaporan su sujeto y no se sabe bien de qué hablan, si del Partido o del Libro. Pero ambos, en esencia, son homólogos, son ambos creadores de hegemonía. Y esta es una forma viviente de la sociedad, en la cual un texto solo puede ser leído en cuanto asume forma dramática y conmovente, sacude al lector y lo convierte en sujeto de una irrupción histórica en el mismo acto de la lectura. La nación gramsciana comienza pues por ser un acto viviente de lectura.

El destino del marxismo en los movimientos nacionales

No se puede leer en Gramsci que "el problema político sea un problema de conciencia". Ciertamente, tal es la frase que escribe un teórico del nacionalismo hoy olvidado, Thierry Maulnier. En 1938 este autor había publicado *Más allá del nacionalismo,* un libro que supo congregar cierta agitación alrededor de la necesidad de "liberar al nacionalismo de su carácter *burgués* y a la revolución de su carácter *proletario*". Resulta inesperado que el libro que contiene estas premisas, casi las mismas que atravesaran con honda familiaridad los años 60 argentinos, fuera calificado como "harapiento" por Juan José Hernández Arregui, que a simple vista orientaba su pensamiento hacia muy semejantes revelaciones. Maulnier, al igual que Hernández Arregui, figuraba en un lote de escritores nada restricto que intentaba investigar los cimientos de la revolución contemporánea como una simultánea "transfiguración de valores" entre marxismos y nacionalismos.

Ocurre que visto por Hernández Arregui —que le dedica varias páginas hirientes en *La formación de la conciencia nacional*— Maulnier hacía gala de su pertenencia a las filas de la "revolución nacional" de un modo que inferiorizaba y disminuía las realizaciones históricas del proletariado. Maulnier percibía el "papel positivo" del proletariado al mismo tiempo que lo investía de valores culturales superiores a los que promovía la lucha de clases. De este modo, el proletariado debía renunciar a desgarrar el horizonte civilizatorio que lo contenía. El signo transformador que la clase productora encarnaba, no debía generar intereses preeminentes por sobre los títulos vitales de las culturas de la comunidad. La nación merecía ser rescatada por los hombres explotados, pero a condición de que estos también fueran redimidos por una razón fundante inmune a la agonística de la lucha de clases. Acaso está aquí la resonancia del clamor del último Weber, que ante la "noche polar" le advierte al proletariado la inconveniencia de sustituir todo el patrimonio civilizatorio, a riesgo de generar una destrucción en la que desaparecería él mismo.

El calado de estos pensamientos tiene un aire trascendentalista que Hernández Arregui recusa en un ademán enfático. Pero la encrucijada excelsa entre proletariado y nación que Maulnier postula no vendría a resultar tan diferente de la tesis del argentino sobre la doble sustracción de desaciertos que era menester realizar: *sustraer el desacierto del nacionalismo de permanecer ciego ante el proletario; sustraer la ceguera del proletario de permanecer desligado de la nación.* Descontados ambos errores, quedaba despejado el terreno de la mancomunión: creábase el *proletariado nacional.*

Pero el desdén de Arregui hacia el nacionalista francés se originaba en la calificación de "fascista racionalista" que cree posible atribuirle. Un fascismo desastrado que aunque apela a la razón tiene analogía postrera con el "vitalismo nietzscheano", el "misticismo hegeliano", el "sorelismo enajenado" y al fin "termina en el existencialismo de Sartre". Es curioso que una opinión muy diferente sobre el autor de *Más allá del nacionalismo* fue dejada por el cuidadoso y refinado Maurice Merleau-Ponty. En un artículo escrito en 1945, el filósofo de lo visible y lo invisible decía que Thierry Maulnier había llegado a la última frontera reservada a un pensamiento cuyo indudable origen era ultramontano.

Pero descontaba la honestidad de Maulnier e, inspirado en sus reflexiones, intentaba llevarlas a las últimas consecuencias en un punto vital: "*¿cuál sería el destino de los marxistas en el seno de los 'movimientos nacionales?'*". Maulnier le prestaba atención a la trágica estrella que cumplían los agrupamientos de raíz marxista en el orbe de la "nación irredenta", pero para Merleau-Ponty se trataba de preguntar, en ese punto preciso, si aquel marxismo no estaba llamado a ampliar el potencial revolucionario de los movimientos de "reconquista nacional" y, agotada esa tolerada misión, sería luego derogado por el orden inherente al atrofiado y conservador nacionalismo.

El tema tendría una repercusión indisimulable en la Argentina de los años sesenta y setenta, cuando las izquierdas que actuaban como categoría interior de los "nacionalismos revolucionarios" —este rango conceptual merecerá más comentarios— se preguntaban y a su vez eran preguntadas sobre la peculiar astucia de la razón que podría convertirlas en necesarias, y a la vez en prescindibles. Pero entre el momento de la necesariedad y el de la desgracia, cabía una guerra.

Sin embargo, Thierry Maulnier, descartado por fascista soreliano, se acercaba apreciablemente a la descripción "existencial" del drama del comunista en el nacionalismo y del nacionalista que en un mundo de izquierdas, buscando darle progenie proletaria a la "revolución nacional". Es que Hernández Arregui —que no deseaba tener sartrismos a la vista— partía de una tesis leninista y de un esquema evolutivo de enmascarada prosapia hegeliana. La primera lo llevaba a ver el imperialismo como "misterio revelado" de las culturas de época, y el segundo a percibir urgencias resolutivas de la historia en sucesivas síntesis que iban atravesando figuras intermediarias —nacionalistas que pugnaban por descubrir la dimensión obrera, marxistas que comenzaban a denunciar la sumisión nacional— hasta llegar a la "determinación concreta" del *comunismo nacional.* Este concepto ocupaba el lugar del espíritu absoluto, reconciliación autoproducida por la historia de luchas que se despojaba de toda alienación. En el caso de Arregui la historia realizada se plasmaba en el libro de *formación* que estaba escribiendo, ese *bildung roman* incesante de la nación que no hacía sino recordar el calvario de sus pérdidas, demoras y balbuceos.

La nación en busca de su plenitud de conciencia, se personificaba así en un libro que recubría como texto toda la extensión recobrada de la conciencia política. Y el mismo intelectual que escribía ese libro, cuyo título y postulación de lo real se leía como "la formación de la conciencia nacional", por autodecisión quedaba ungido como el mismo asiento moral que nombraba a *esa* conciencia pública emancipada. El relato de sí mismo y la elevación colectiva al saber libre nacional, se fusionaban en el propio cuerpo de Hernández Arregui. Y también se fusionaban "las dos críticas" una vez consumado el desesperante recorrido de la verdad: la crítica del nacionalismo revolucionario al marxismo abstracto y la crítica del marxismo *situado* al nacionalismo indeterminado y nebuloso. Podía establecerse, al fin, como mediación y apaciguamiento del dolor común, el ámbito redimido que podría llevar el nombre de *comunismo nacional.* Ese nombre solo era pronunciado en clandestinas tertulias —suelen referirse, lo hace Norberto Galasso, a las que mantenían Raúl Scalabrini Ortiz y Hernández Arregui— en donde se invocaba enigmáticamente ese vocablo compuesto, como una revelación necesaria de la historia, como algo colosal que un país parecía reclamar, pero que, en un capricho inconsolable de la dialéctica, también hostigaba y puniría.

Si por un lado se alertaba contra la utilización de los marxistas como mástil militante de un nacionalismo que los convocaba para después perseguirlos, por otro lado, ajeno a esta reflexión moral que Merleau-Ponty extrae de las sumarias meditaciones de Th. Maulnier, Hernández Arregui intentaba trazar un camino de realizaciones que ocurriría en el suelo de las "formaciones históricas". Con ello, la conciencia que iba configurándose con los simultáneos aciertos de cada corriente enfrentada, tenía una travesía efectiva, de cuño dialéctico, que hacía prescindible y tornaba metafísica o superficial toda reflexión moral.

La fórmula del "comunismo nacional" observaba una resonancia que recogía un corpulento debate, que se había acumulado durante un siglo. Es posible enumerarlo desde las primeras intervenciones de Marx sobre la "cuestión irlandesa", pasando por el Partido Republicano Socialista irlandés de James Conolly e incluyendo el debate sobre las "comunidades lingüísticas", que la *autonomista* Rosa Luxemburgo pondera más relevante que el plano subordinado en que lo colocaba Otto Bauer. Y se debe continuar con una mención a la controversia del leninismo con el *Bund*, que representa al "proletariado judío"; a la caracterología del "obrero nacional" del austromarxista y neokantiano Bauer, anticipador de antropologías y psicologías colectivas de la política; a las incontables maneras en que la cuestión de la lengua reaparece en los foros bolcheviques, hasta llegar al célebre folleto del Stalin: *El marxismo y la lingüística* en el cual se desliga la lengua de la "superestructura" dando lugar a una implícita continuidad estatal-nacional —quizás no se expresaba aquí una huella baueriana— y *El marxismo y la cuestión nacional* (datado en 1913, por lo cual antecede a su "intervención lingüística"), en el cual el concepto de "comunidad psíquica nacional" revela aquel arrastre baueriano.

Pero sin duda las consideraciones leninistas en los congresos de la IIIa. Internacional, referidos a la "cuestión oriental" superpuesta a la "etapa democrática-nacional", de larga influencia en la estrategia de los partidos comunistas periféricos, son la cúspide de todo este razonamiento fincado en la relación entre democracia radicalizada, autodeterminación nacional y proletariado, quien debe ser el que le dé sentido a ese ámbito nacional autodeterminado. Y por último, a las intervenciones de la "izquierda nacional" en el Río de la Plata, que a diferencia de las tesis mitologizantes y culturalistas de Mariátegui —estas influidas por Sorel, Nietzsche y el simbolismo francés—, interpretan la dimensión cultural no como memorias que alientan destinos comunes, sino como un ámbito político de escisión *objetiva* entre "colonizados y colonizadores".

El hecho de que el leninismo doctoral y "anti-sartreano" de Hernández Arregui o un trotskismo a la altura del drama nacional a la manera de Jorge Abelardo Ramos, rechazaran por burguesas la visión de "la descolonización como un estallido de conciencia", provocaron que la hipótesis del *nacionalismo comunista* argentino, privadas del tragicismo fanoniano-lukacsiano, quedaran fijadas a las tácticas de un poder nacional y de un movimiento popular —el peronismo— cuyas laberintos doctrinarios padecían toda clase de dificultades para conjugarse con las fuentes teóricas del historicismo marxista. Excepto en las lejanas evocaciones que se respiran en la célebre frase sobre el "hecho maldito" de John William Cooke —en donde también se nota un ligero aire existencialista y un envío lateral a la literatura francesa— nada hay en la tradición política argentina del siglo veinte que lleve a intuir que se reclama un sujeto político que puede ser *disonante* con una ideología política que toma forma de ciencia, "determinada de modo perfecto, exotérico". Si existiese, ¿en qué sería esencial tal disonancia? Se podría responder: en mostrar un *pathos* del sujeto, contrincante consigo mismo, que por dejar al sujeto "fuera de sí" significaría la *materia sensible terminal* de todo acto en la escena pública. Consistiría en una figura del ser político incapaz de despejar la totalidad de su conciencia en los moldes de la conciencia pública. Así, en la fisura que resta entre la verdad de época y las verdades de cada biografía confinada en sí misma, se descubre que ambos campos no son correlativos, que las creencias suelen imaginarse como precarias mientras las ideologías históricas gustan promoverse como compactas y llenas. Y en esa ausencia de correlatividad, puede surgir —antes que apagarse— el sentimiento revolucionario en las cosas.

Dicho de otro modo, si es que se postula una objetividad histórica, ese grado ilimitado de verdad no puede cubrir lo que es siempre *limitado* en las conciencias particulares. Porque esa limitación —y no lo contrario— es lo que las hace libres. De ahí la conocida refutación que parte de la re-jerarquización del mundo cotidiano respecto al núcleo heroico del historicismo absoluto. El héroe público que "tiene la honra de ser lo que es, ni inocente ni culpable", asfixia su conciencia cotidiana superponiéndola a las exigencias del horizonte comunitario. Pero el reintegro de lo cotidiano busca interpretar esa inocencia como un hecho del sentido común hogareño, mostrado como "superior" en su aparente libertad y sencillez, sin que importe que provenga de una herencia cultural coercitiva, muchas veces insondable para sus centuriones.

Justamente, ese juego de inocencias y culpabilidades, aceptado como indicio de la disparidad entre las criaturas sociales efectivas y el ideal histórico-épico, implica el reconocimiento de que ningún momento de la *historia* es igual a la *Historia* desplegada en su verdad taimada. Si aceptamos estas señales, se daría lugar a una impresionante reinterpretación de la idea del *comunismo nacional* en la Argentina, a cargo ahora de un desolado John William Cooke, que escribió y dijo en innumerables situaciones que *"en la Argentina los comunistas somos nosotros, los peronistas"*. Con eso deseaba indicar que una doble situación de alienación —estaba, en efecto, bajo la urgente influencia de los *Manuscritos* marxistas de 1844— era más propicia para el juego revolucionario que la coincidencia del nombre con los actos.

Precisamente, la no coincidencia, o el doble desajuste entre lo que se producía en la historia y el nombre propiciador que cada uno llevaba (*comunistas* alienados de la revolución pero no del nombre propicio; *peronistas* alienados del nombre y de las palabras balsámicas pero no de la revolución) precisaban de un intercambio de humores. Este intercambio se diferencia en todo de las tesis de la "cuestión nacional", que buscaban inscribir un momento irreductible de las culturas históricas, en una historicidad determinada por las etapas victoriosas del capitalismo.

En Cooke —digamos, en el *baueriano* Cooke, y en general en las tesis de *comunismo nacional*— no hay una inscripción *necesaria* de una circunstancia *nacional* en un flujo capitalista *genérico,* que condicionaría los ritmos completos de su existencia. Lo que existe es más bien un pensamiento agobiado en la lucha pertinaz por hacer coincidir la selva de símbolos invocada por las revoluciones históricas, con las experiencias de la revolución "en cada lugar", revoluciones que parecen ser huérfanas de cualquier identidad clásica. Esta contraposición, por un lado, se yuxtapone a la escisión entre signos lingüísticos y experiencias efectivas, lo que es mucho más grave cuando los símbolos no hacen más que exponer su vaciedad y, por el contrario, la experiencia se muestra opulenta. Por otro lado, colocan el pensamiento político en la dimensión de "lo que no fue", porque si al cabo se cumpliera acabadamente, en el terreno de la historia colectiva, esa fórmula de unificación que da luz al *comunismo nacional,* equivaldría a un juicio final de las ideologías del siglo.

Y ese juicio —si se verificase como algo más que un deseo de postrera redención secretamente soñado por cada revolucionario— destruiría la raíz misma del goce por la política. Precisamente, la política revelaría su esencia salvadora y turbia en esa soñada búsqueda de familiaridad entre las mismas fuerzas que podrían causar una guerra. Búsqueda imposible, pues, la del comunismo nacional. Sin esta figura la política no da cuenta de la ambición de reunificar sus "dos" parcelas separadas. Pero con ella, se revela el recóndito sentimiento de discrepancia que la acecha, pues el reverso —el sinónimo invertido— de esa imposible comunión se lee como ejército, ideología y contienda.

"Saintsimonianos argentinos"

En la Argentina, huellas magnetizadas de estas fórmulas aparecen de un modo escorzado y oblicuo. Se las puede perseguir en los debates "saintsimonianos" del siglo XIX. Por cierto, hay en ellas una forma preliminar del enunciado comunista-nacional en torno a una vaivén complementario: una humanidad genérica como cifra de una deseada emancipación, complementada por una envidia de los vivos respecto a los lamentados mártires de la patria. "Diez años con el arma bajo el brazo rondando la guarida del Minotauro", expresa la elegía que escribe Echeverría bajo el título de *Ojeada retrospectiva sobre el movimiento y intelectual en el Plata desde 1837*, un texto conmocionante, único por su conjunción de llanto y crítica, embriaguez y melancolía.

Este escrito echeverriano se inspira en la posibilidad de manifestar la historia bajo la visión de un esfuerzo sin recompensas presentes, como una quimera que obliga a la contemplación de un fracaso, sinónimo de un *illus tempore* que solo puede significar una crónica con glorias pero sin recompensas. Se lee allí el destino de una "revolución moral", concepto que había alentado los redentismos nacionales de Mazzini y que luego haría una larga carrera en todas las teorías de la nación, desde que Ernest Renan, el guardián de la Francia de los Capetos, lo usara en su opúsculo sobre *"La reforma moral e intelectual"*. Luego este concepto, con análogos significados pero en ámbitos políticos muy diversos, pasaría al dialecto de un Sorel o un Gramsci, y por supuesto al de un Durkheim.

En Echeverría se agita el concepto de nación según una *animación moral, una restitución vital*. Dice: "caminábamos a la unidad, pero por diversa senda que los federales y unitarios. No a la unidad de forma del unitarismo, ni a la despótica del federalismo, sino a la unidad intrínseca, animada, que proviene de la concentración y acción de las capacidades físicas y morales de todos los miembros de la sociedad". En el *Dogma socialista* echeverriano reluce "la ley cristiana de la fraternidad", el "Evangelio como ley moral de la conciencia racional", formas de conjurar "la maldición de la juventud argentina" que configura a esa juventud como el hecho maldito de un país culpable, en el que se demora la tierra prometida. Juventud que por una ley injusta —dice— parecía destinada a sufrir el castigo de los crímenes y errores de la generación que había alumbrado la independencia nacional. Eran párrafos resonantes, tañían como dilatación rioplatense de los escritos de Lamennais y de Pierre Leroux.

En la *Refutación del eclecticismo* —su magnífica diatriba contra Cousin— Leroux decía que la religión y la filosofía son idénticas, que la filosofía moderna debe explicarse sobre el mismo fondo de la teología, trazando —y no solo él y con ese escrito— un contorno de comprensión de la cuestión nacional recluido en el sello de una alianza teológico-política. Y así, en cuanto a la idea echeverriana de "concentración de las capacidades de todos los miembros de la sociedad" —donde la dimensión religiosa comienza siendo un *élan* asociativo— acaso puede decirse que en Leroux existe una visión más definida de ese mismo problema: "¿soy una porción, una dependencia de la sociedad? No, soy una libertad destinada a vivir en una sociedad". Es sobre la forma de una *religión nacional* que Leroux concibe la nueva alianza entre política y religión. Sin embargo, como pensador político moderno, provee la creación de una religión civil, que según el comentario actual de Miguel Abensour, adquiere rasgos de inspiración spinoziana, y de un culto público o nacional que funciona como religión de Estado, con lo que el pueblo puede constituir su identidad cultural y territorial. En la última frontera de este pensamiento los hombres van a adquirir una doble condición: *de ciudadanos y de sacerdotes.*

Leroux destituye la solución saintsimoniana de crear jerarquías conforme al ideal de la "nueva fábrica", con la fórmula "el amor viene de abajo y la autoridad de arriba". Rechazando señoríos investidos de poderes mortificantes, piensa en regular el impulso de construcción política por la instrucción y su materia prima esencial: *la amistad.* Introduce en el socialismo la creencia en una dimensión religiosa que considere el progreso como una tensión entre lo finito social y el llamado a la infinitud moral. En la amistad se halla la clave de bóveda de lo que la Joven Europa llama "ley del ser de los pueblos", pues en ella se reúne, en éxtasis, la fusión de lo intrínseco de cada ser con el reconocimiento y amalgama en el halo fraterno que emana de las otras existencias.

Esta *amicitia* tendrá su eco en el *Dogma socialista* y en el echeverriano recuerdo de la noche en que se leen las palabras simbólicas del credo de esos argentinos errantes. Se hallaban inmersos en el sueño fundador, entre la humanidad socializada y el patriotismo de la revolución moral. Entonces, esa noche pudo ser *"la más bella de nuestras vidas, porque antes ni después hemos sentido tan puras y entrañables emociones de patria"*. ¡Qué palabras agraciadas, que muchos hubiéramos deseado pronunciar cuando teníamos veinte años en nuestras vidas políticas!

La fórmula de Leroux, *"todos en tanto estamos en Cristo somos miembros los unos de los otros"*, lleva a una consideración sobre el cuerpo comunista crístico, tema que en las páginas contemporáneas que le dedica Jacques Rancière, conduce al peligro de que la comunidad de iguales se torne una colectividad de esclavos, y que la humanidad como confraternización de trabajadores provoque una pérdida de la capacidad de pensar la grave hostilidad con que se proyecta el mundo. Nación y humanidad, socialismo y patria establecen el juego basculante entre las dos calidades que buscan fundar la política: *el dogma entendido como creencia.*

Creer es la magia de la vida, dirá muchos años después Scalabrini Ortiz, y en este paso vitalista y devocional, se escucha aún el demorado retintín de los escritores de 1837, ese neocristianismo que se comprende a sí mismo como fundador de sociedades igualitarias, declarando la politicidad de todo vínculo humano. La creencia es de índole "moral e intelectual", un conocimiento impalpable que vincula simultáneamente con la patria y la humanidad. El socialismo es *ese* ensanchamiento extático de la conciencia, llevada a una necesaria y salvadora ampliación dramática justo en el momento en que se reconoce inmersa en una lengua propia, inalienable. Y la política —a imagen de esa finitiud social para fundar una infinitud realmente venturosa— es *esa* necesaria tolerancia que hay que construir en medio del dolor y la añoranza. Porque no puede haber política si no se piensa en un *ser genérico* de lo humano compuesto de una doble aceptación dolorida y nostálgica. Aceptación, en primer lugar, de que en la peculiaridad nacional está implicada la humanidad social. Aceptación, en segundo lugar, de que cada momento de la humanidad emancipada pide el retorno de nuestras "aldeas lingüísticas", así como cada Patria pide que sus supliciados y mártires sean parte del panteón universal de los justos.

Echeverría americaniza a Leroux y le alivia las aristas que en Francia lo hacen chocar luego con Saint-Simon. Y así, pues, *¿qué es un afrancesado?* En verdad nadie querría serlo, pero en el último celaje de las filosofías americanas suele aparecer algo semejante a un manto roussoniano, cobijos sartreanos que se obstinan en demorarse sobre nuestros hombros, sin resbalarse con la premura que Marx deseaba que cayeran las mortajas sagradas de la espalda de bronce de Napoléon III. El autor de "El matadero" —ese magnífico cuento que le debe menos a Leroux que a una sociología sarcástica de la sangre, a una antropología del degüello como destino, a una economía política vista por su reverso de candorosa criminalidad— vacila entre Francia y Sudamérica. Encontrará la anticipación del dilema mariateguiano de descubrirse argentino *gracias* a la luz proporcionada por el intervalo y la estancia europea.

En 1838, frente a la intervención francesa en el Río de la Plata, los pipiolos jóvenes del credo socialista consiguen espantar inclusive a los duchos políticos *unitarios* del exilio montevideano, al proclamar sin más su adhesión a la flota sitiadora. Pero en la *Ojeada retrospectiva* se lee que "nuestros fenómenos sociales" tienen una singularidad que nunca se mostraría apta para que la trate un ministro a la Guizot o un filósofo a la Leroux. *¿No retrata un párrafo como este el verdadero dilema del escritor sudamericano?* El movimiento de inscribirse en la leyenda del maestro de ultramar es seguido por un rechazo airado a todo mentor ajeno al saber local. La irresolución de este conflicto es el alma de la obra echeverriana y el signo más adecuado para entender lo que, solo por apresuramiento, llamaríamos la "tradición argentina", en la acepción similar que este concepto tiene en un conocido escrito de Borges datado cien años después de las desventuras de la generación del 37, la misma que fue festejada por el alma oficial de liberalismo, denostada por el historicismo "antieuropeísta" —Hernández Arregui fue particularmente mortificador con Echeverría— y reivindicada por Héctor Agosti y Carlos Astrada poniendo en juego los esfuerzos historiográficos atípicos de un marxismo que deseaba apartarse del mermado adiestramiento de la ministerial *aufklärung* argentina.

El llamado de la melancolía, que es una irradiación del espíritu romántico y el borde exterior del sueño, puede rescatar las páginas echeverrianas dándoles un esmalte de utopía y desengaño. Rememorando a aquellos que en vano realizaban su ronda frente a la "guarida del Minotauro", Echeverría les reserva el óleo empalagoso de una hagiografía que al cabo impide que sus últimos escritos sean los de un simple copista. Pero así lo había visto Groussac: "si se le quitara todo lo que viene de Leroux, Mazzini e tutti quanti, quedarían solo las alusiones locales y los solecismos". Como alma desdichada que persigue al escritor argentino, Echeverría encarna como nadie la metáfora del que recopila, actualiza e imita.

Pero también es curioso el designio de Groussac, profiriendo un veredicto terrible al que lo habilita su obsequiosa altivez. Ese dictamen se lanza sobre toda la literatura y la publicidad política argentina, que acaso mostraría avergonzada sus pifias chapuceras si de repente —por cínica decisión de los demiurgos que persiguen a los remedadores— se le restase un Rousseau, un Cousin, un Taine, un Tocqueville, un Schopenhauer, un Le Bon, un Dostoievsky o un Barrès. Pero representa también el genuino estado del problema, *hasta hoy.* A la sombra de sapiencias europeas y lejanas, envueltas en el aura de otro espesor histórico, Sudamérica parece la resonancia cautiva de momentos elevados del espíritu, donde pueden brillar las etapas dialécticas simuladas en un continente fresco que Hegel no veía aún rozado por la marcha de la razón. Pero ese cautiverio es constantemente excavado u hostilizado no por una "recepción" sumisa, meramente tributaria y satisfecha de su indigna zalamería. Al contrario, la cultura argentina —en la medida que este concepto pueda solicitarse— solo podía pensarse en la obligación de pervivir en el secreto de un europeísmo íntimamente rechazado, tan solo en el gesto aparente de secundarlo con fastidio.

Así parecen mostrarlo las entrelíneas de Echeverría, que mantiene la ventura fatídica de enunciar con lucidez perdurable aquello *que no puede resolverse en los términos que él propone.* Se lee en esas entrelíneas un párrafo que ha tenido cierta fortuna: "el mundo de nuestra vida intelectual será a la vez nacional y humanitario, tendremos un ojo siempre clavado en el progreso de las naciones y el otro en las entrañas de nuestra sociedad". *Los dos ojos de Echeverría* anuncian y colman el dilema de la política: la *simultaneidad* postulada entre la humanidad y la nación. Y esta simultaneidad declara —y al mismo tiempo pasa por alto— que lo que está en juego es un *punto espeso* en el cual se pueda dar cuenta de la densidad con la que las culturas nacionales juegan a ser irreductibles. Pero junto a ellas, revelar lo humano genérico como una creación cargada de promesas históricas. Incluso, como apreciación crítica, tratar la idea del *hombre abstracto,* que Marx señalaba como el máximo hallazgo con el cual el cristianismo preparó el capitalismo.

Pero es entonces, ante la *falla* de ese ámbito condensado —esa nueva espesura que enriquece a la humanidad al mismo tiempo que a sus diversas comarcas culturales— que se abre lo realmente histórico moderno. Y lo que se contempla es turbio. Por un lado, lo humano genérico convertido en un blasón cómplice del imperialismo, de la falsa universalidad civilizatoria esgrimida en nombre de un proceso particular de hegemonía. Por otro lado, la particularidad nacional suspendida del trato con el flujo de la historia mundial y exacerbada en su desconexión por énfasis intolerantes, a la manera de un mesianismo del *pueblo-nación* o de un *volkgeist* que se espiritualiza para coaccionar. Y algo más: ocurre que la proclama que desea resguardar la nación para la humanidad, puede exponerse a la crítica, precisamente porque desea fundar un patriotismo social y democrático que implanta abruptamente una paradoja. La paradoja, debe decirse, de que el *necesario particularismo* al que se convoca, sea él mismo una idea exógena, proveniente de "lejanas metrópolis intelectuales europeas". Se estaría así rescatando el *carácter sagrado de la nación* —y con ello se invocaría a un Mazzini o a un Lamennais— pero se introduciría lo que esa sacralidad tendría de acontecimiento doctrinal "traído de apartados reinos". En suma, un Saint-Simon transmitido por ventrílocuos, hablando en un imaginario Fuerte de Buenos Aires, que en cuanto proclama lo propio *en ese mismo acto se vuelve ajeno.*

Este punto —donde Borges se afincaría en su polémica con los nacionalistas del treinta— es uno de los temas de la temprana controversia de Echeverría con Pedro De Angelis, polígrafo, enciclopedista y extraño estudioso de Giambattista Vico extraviado en el Plata. En este punto, José Ingenieros le otorga razón al astuto De Angelis. El sabio italiano al servicio de Rosas —no se puede ser "sabio" sin ser astuto— señalaba el absurdo de que los jóvenes alberdianos de aquella Buenos Aires, pacata y federal, se inspiraran en "los delirios de Saint-Simon, Fourier y Considérant" y que "si les fuera posible salir del paroxismo revolucionario comprenderían todo lo ridículo que había en querer convertir a los argentinos en una sociedad de saintsimonianos". Palabras que, como bandos implacables, repercutirán durante todo el siglo veinte al servicio de todo aquel que hubiera postulado la inutilidad de un proceso que no fuera inherente a una supuesta "raíz vernácula" o a "realidades enraizadas en la trama de historicidad específica".

Echeverría quizás comprende el dilema y por eso, en el fragmento antes citado sobre "los dos ojos", emplea las palabras *entraña* y *clavar.* Una forma de que la disyuntiva se mantenga en equilibrio. Entre la nación y la humanidad progresista debía haber un sistema perfecto de acrobacia que los mantuviese como complementos: para ello había que *clavar* una doctrina en las *entrañas* de ambos conceptos. Pero esa doctrina, para resguardar el equilibrio de una empresa que señalaba la presencia de una nueva civilidad moderna, debía pronunciar la palabra revolución. Hablando como Leroux, su maestro, Echeverría lo hace. Y llega por fin a un enunciado superior al que mantiene unido el progreso mundial con "nuestra propia historia". *Llega a la revolución como el restablecimiento del lazo directo entre Dios y los hombres.* Ni Dios ni los hombres, metáforas del confín de la política, poseen entrañas donde haya que clavar los ojos. Los ojos están, ellos mismos, en el acto revolucionario del mutuo mirarse entre las divinidades y las sociedades humanas.

De todos modos, afecta el argumento echeverriano —y una afección similar rozará casi dos siglos de vida social argentina— la visión de un mundo plano, ptolomaico, con el que se presupone una armonía asequible entre los conceptos de patria y humanidad. Conceptos del florilegio místico de lo que luego se conocería como "socialismo utópico", que se vería muy pronto derrumbado por los grados de historicidad diferentes que una y otra vez escindían el orbe cultural europeo del "nuevo mundo" sudamericano. De ahí que la temporalidad europea, sus siglos culturales bien fundados en etapas pronosticables, significaban un conjunto de previsibles problemas. ¿Podía servir de figurín para juzgar el tiempo americano? Allí se abrían las innumerables cuestiones que surgen cuando una edad histórica cree que puede decirle a otra: *de te fabula narratur.*

Y así, en los pliegues visibles de esas cuestiones podía leerse la crítica a la actitud de "importación" de los mismos dinamismos europeos, tanto como la aturdida expectativa que fundaba esperanzas en el cumplimiento de los mismos ciclos históricos a un lado y otro del Atlántico. Se percibía además la diversidad de aristas para juzgar el papel cambiante de la idea de liberalismo, sea cuando quedaba asociada a la ampliación del progreso con raíces en la sociedad civil, sea cuando la esgrimía a una elite que lo iba a imponer haciendo gala de drásticas hegemonías. Por otro lado, aparecía el debate sobre el "atraso histórico" juzgado como inferioridad civilizatoria o al contrario, como rasgo de identidad que permitiría un necesario desvío cultural autónomo. Podía entonces condenarse a la "imitación" y rechazarse el universalismo por creerse falsa la "unidad moral del mundo" en nombre de la cual se reprimía —por "anómala"— cada particularidad cultural. Estos temas, no es necesario repetirlo, tuvieron diversa fortuna a lo largo de la historia sudamericana.

Vidas épicas iluminadas en América se lanzaban a juzgar la actualidad social europea y podían hacer trastabillar en un caso o confirmar en otros, que el juicio moral e histórico astillaba una tersa superficie que parecía sin escabrosas estrías y que sin embargo mostraba *cuan diferente* era hablar lo mismo a un lado o a otro del Atlántico. Así, un *americanismo de las naciones* podía tropezar malamente ante la Europa de las trincheras sociales: el general San Martín se siente atemorizado con la insurrección de 1848 y las barricadas republicanas de París. En la Comuna de 1871, el exilado Rosas ve una catástrofe pavorosa para el Orden mientras "ensueña que escribirá el libro que al fin lo justifique".

Pero si las sociedades contienen disparidades históricas, también es posible imaginar la facilidad con que comulgan, se diseminan y abrazan las ideas. Se enhebran con una alarmante facilidad, como si no importara que sean épocas distintas, situaciones separadas por una hondonada histórica, decisivas batallas, grandiosas invenciones científicas o drásticas sustuciones de un poder desplomado por otro que ingresa con los fastos de un príncipe nuevo, como quería Maquiavelo, prometiendo anular con una crónica virgen cualquier memoria referida a la historia anterior. Puede darse vuelta una página de la historia, crearse entre uno y otro capítulo una lejanía inquebrantable, y sin embargo, permanecerá un texto o una idea que atraviese todo, resistente e impasible, como las de Dios o de Revolución, la de Sentido Común o la de Mito. Puede generarse así una emulsión atemporal, un campo de burbujas uniformes mas allá de las diferencias que podrían destruir esa ilusión. La quimera del liberalismo en sociedades esclavistas, del socialismo en sociedades feudalizadas, podían ser anacronismos y disonancias, sí, pero podían sobrevivir porque ya en su misma condición de ideologías requerían mantener una autonomía o una discrepancia respecto a lo concreto social que querían comprender o interpretar. Y una ilusión que adquiere condición de texto ideológico, toma velocidades diferentes en su transcurrir. Puede quedar en el ambiente como nimbo, aun cuando el drama determinado que la originó se haya desdibujado.

Fascistas de izquierda

Por eso, *algo hay* de Saint-Simon en Gramsci; y la idea de entender el mundo histórico como una trama "moral e intelectual" roza también aquellas incontables escrituras adornadas con las vestimentas del desabrido Durkheim. Pero es el mismo Gramsci, cuando se hace cargo de su filiación intelectual, quien rechazará el sainsimonismo que bajo un giro interpretativo de derecha pudo servir como antecedente del Rotary Club, del positivismo y la racionalización puritana del trabajo: ¡ese criticado "americanismo fordista"! A pesar de eso, sus soluciones totalmente diferentes no lo alejan completamente del tema de las relaciones entre *industria, cristianismo y creencia,* propias de la meditación saintsimoniana. De ahí que cuando Echeverría escribe que la emancipación social americana solo podrá conseguirse repudiando la herencia que nos dejó España y que esa sociabilidad americana se compondría de *todos los elementos de la civilización: políticos, filosóficos, religiosos, científicos, artísticos, industriales,* esta totalización de lo social no deja de hablar con una ligera dicción pre-gramsciana. Por cierto, el dictado saintisimoniano-mazziniano de que *la nacionalidad es sagrada* no está del mismo modo en Gramsci, y por el contrario, sí está en el ánimo del inmanentismo gramsciano sostener la idea de una *"vita nazionale"* tajantemente emancipada de cualquier atmósfera de sacralidad.

El problema del "gramscismo" de Echeverría proclamado por Héctor Agosti y que José Aricó pusiera en duda, se resuelve a favor del segundo si tenemos en cuenta la relativa inanidad de los modelos gramscianos —sean los de "clase subalterna" o "guerra de posiciones"— aplicados al siglo XIX argentino sin recaudos diferenciales, pero a favor del primero si tenemos en cuenta el similar tegumento de ideas al que pertenecen el autor del *Príncipe Moderno* y el autor de *El matadero.* Sobre ellos se cierne una sombra llena de analogías, un bosquejo de semejanzas expresado por el *Risorgimento,* por Garibaldi y desde luego, por Mazzini. Heredero de los círculos filológicos del crítico Francesco De Sanctis y su vitalismo científico, Antonio Gramsci recoge los ecos de *Risorgimento* con el dilema recurrente que él identifica en el *Renacimiento,* con su vitalidad artística cosmopolita, pero con su incapacidad para generar la "religión laica" de la unidad nacional.

Entonces, el *cosmopolitismo*—una humanidad espiritualizada por las culturas intelectuales de elite— está en medio de una recelosa discusión. Y tiene una extraña derivación a la altura del debate gramsciano sobre la herencia mazziniana. Gramsci se pronuncia por un cosmopolitismo moderno, cercano a la "internacional de los trabajadores", pero con epicentro en la cultura italiana. Afirmará el antiguo crítico teatral de *Avanti* que *"el cosmopolitismo italiano tradicional debería convertirse en un cosmopolitismo de tipo moderno, es decir que pueda asegurar las mejores condiciones de desarrollo del hombre-trabajo italiano en cualquier lugar del mundo que se encuentre... El desarrollo del pueblo italiano, la 'misión' está en la renovación del cosmopolitismo romano y medieval pero en su forma moderna y avanzada. Aunque sea una nación proletaria, como quería Páscoli, proletariado como nación que ha sido el ejército de reserva de los capitalistas extranjeros, porque junto con los pueblos eslavos ha dado fuerza de trabajo a todo el mundo. Precisamente por eso debe estar en el frente moderno de la lucha para reorganizar el mundo, incluso no italiano, que ha contribuido a crear con su trabajo ... "* Extraño párrafo de Gramsci. Deja la impresión de que retoma sin dificultades el argumento de Páscoli, y tan fino crítico, capaz de terciar con mucha pericia en las interpretaciones sobre el Canto X de la *Divina Comedia,* no parece sentir demasiada contrariedad ante la idea de nación proletaria, cuyos graves compromisos y desenlaces estaban a la vista.

Más adelante, en otras páginas de sus *Cuadernos,* Gramsci hace una breve reseña del pensamiento de Páscoli. Se trata de un *fascista de izquierda* que produce un ceñidor conceptual que mantendrá a Mussolini en conjunción remota con el mazzinismo y el garibaldismo. Gramsci cita un párrafo de una carta de Páscoli a un amigo: "En el discurso que pronuncié el otro día, y que te mando purgado de muchos errores de imprenta idiotas, hay un indicio que considero mi misión: introducir el pensamiento de la patria, de la nación y de la raza en el socialismo ciego y gélido de Marx".

Un colonialismo italiano bañado de marxismo heroico, de un proletariado investido con las "lenguas de fuego" de la raza, capaz de sentirse más en la dimensión de la humanidad que de la clase, una humanidad combatiente cuyo sujeto sería la "nación proletaria", todo ello revelaba una de las mutaciones posibles del socialismo *cálido*, nacional. Mariátegui, el peruano, había sentido las mismas punzaduras gramscianas a las que lo llevaba la idea soreliana de *mito* como activismo, como hálito reparador en lo social. En la disputa con el fascismo se reconocía un codicioso terreno común basado en la idea de extraer la *praxis* política de una energía reparadora y colectiva de la cultura. Ese simultáneo campo de concomitancias y bifurcaciones lo lleva a Gramsci a decir que Maurras es un "jacobino a la inversa" y que la doctrina del "jefe carismático", preexistente en Weber y cara a los razonamientos de Michels, era de inferior calidad a la del "moderno príncipe", cuya acción era de cuño colectivo. Separábase también de D'Annunzio, observándolo como un nacional-imperialista pero al mismo tiempo aguzando la pregunta sobre su popularidad. ¿Cómo se aparta entonces el antifascista Gramsci del fascismo? Con su estilo aracnoideo y meditativo, con su ligero, apenas perceptible *sarcasmo apasionado*, ese instrumento retórico de los revolucionarios que saben lo que no quieren, pero no pueden aún trazar el mapa completo de lo quieren.

Así, a cierta altura de sus escritos de cárcel, comenta Gramsci una carta abierta de Camilo Pellizzi titulada *El fascismo como libertad*. Pellizi es considerado por el encarcelado, como un fascista de la primera hora, "caballero probo y de agudísimo ingenio", quién defiende la idea de que el fascismo va a resolver el problema del comunismo dentro del problema mayor de la civilización. El fascismo sería, en su íntima y universal significación, un *comunismo libre* que socializaría bienes económicos mientras mantendría la civilización de la libertad.

Gramsci se burla de estos propósitos y los atribuye a una confusión en las propias filas fascistas. Cree que se adecúan más a los conceptos de la Contrarreforma, a una nueva *Ciudad del Sol* o a una ilusoria construcción como la de los jesuitas en el Paraguay. Como sea, queda en pie el fantasma "que recorre" estas meditaciones, el tumultuoso tema de un punto de velada reunión entre fascismos y comunismos, como las dos alas titánicas de la modernidad que disputaban entre sí —todo lo mortíferamente que se quiera— el venidero significado de los tiempos. Así, la fórmula del *comunismo nacional* tenía severos antecedentes, tanto en un intento pasmoso de fusión literaria, como en un esfuerzo político por desmenuzarla o acotarla a las módicas proporciones de una táctica de momento.

Comunistas y peronistas: crítica a la "telurización"

La ya comentada frase de Cooke respecto a que en la Argentina "los comunistas somos nosotros, los peronistas" representa la inversión de la fórmula del fascismo de izquierda que —aunque sin designarla de ese modo— reintroduce en la Argentina el escasamente gramsciano Gino Germani, escasez que puede notarse precisamente porque su tema son también las transiciones culturales de la modernidad, tratadas con un indudable tono menor. Germani nada escribe sin considerar con profunda intranquilidad el trasfondo existencial del peronismo, "pseudo solución totalitaria" al problema de la democracia, puesto que la invoca, evidentemente como ilusión y no como práctica veraz. El peronismo no era el fascismo, desde luego (el primero acentuaba las tensiones antes que la colaboración entre clases) pero Germani no abandona su tema más angustiante: se trata de la trágica opacidad de una sociedad que ha "enturbiado considerablemente una disposición que parecía tan evidente" (se refiere a la abolida nitidez de la estratificación social clásica).

Y así, para decirlo con una aliteración, el desasosiego del sociólogo provenía de la existencia de obstáculos inconcebibles... ¡que la historia misma había puesto allí! ¿Se podía imaginar alguna forma de escándalo teórico más grave? ¡Véase a la historia enturbiar el deseo de la sociología! Allí estaban, a la vista, el *autoritarismo de izquierda*, el *nacionalismo de izquierda*, *las ideologías de derecha con contenido socialista*, que complicaban la reflexión sobre la sociedad "intentione recta". ¿Pero no perdía Germani, de este modo, la posibilidad real de juzgar como se desplegaban las ideologías activas de las sociedades que estudiaba? Sus definiciones rozaban el fenómeno del "mito ideológico del siglo", pero se detenía espantado ante él, sin animarse a darle soluciones radicalmente imaginativas, al servicio de la emancipación de la teoría y de los pueblos, para que de lo primero surgiera la crítica, y la justicia de lo segundo. Como curiosidad destacable, puede mencionarse el modo en que Germani recurre a Simone Weil para aludir a las condiciones de la vida obrera. Esta era una de las lecturas preferidas de Martínez Estrada, con lo que podemos apreciar una vez más cómo un *tercer nombre* puede ser compartido por antagonistas contundentes. No le faltaba sensibilidad social a Germani. Le faltó, sin embargo, lo que no puede faltar si se quiere comprender: no confundir la teoría con una mera aflicción ante los obstáculos que proponía la historia.

En cuanto a la frase cookiana antes citada, partía precisamente del horizonte que había rechazado la llamada "sociología científica". Invertía también la concepción del "comunismo nacional", que era imaginado como un bloque histórico ya configurado, que expulsaba lo que la fórmula "irlandesa" de Cooke retenía, a saber, la incerteza de las identidades históricas y el trabajo de traducción permanente que se hacía necesario para convencer a los incrédulos que solo "ven la apariencia" y no saben aguantar la discordancia entre el signo de los nombres y el resultado de las acciones. No hay en Cooke fusión de ideologías, no hay catarsis que pueda derretir unas en otras, ni hay entronque catastrófico final. Hay juego de espejos, oscura sustitución, equívocos préstamos entre ambas y una dialéctica escondida que va soltando la "esencia antitética de la verdad".

La idea de praxis, de sabor gramsciano, anunciada por Cooke en su expresión sobre el "hecho maldito del país burgués" —una de las más perdurables del diccionario de frases sesentistas, con semejantes pero inversas resonancias que la sarmientina "el mal que aqueja a la argentina es su extensión"— se acercaba a encarnar muy ajustadamente el ideal del italiano encarcelado, quizás de un modo más dramático que los notables intentos que había mostrado Héctor Agosti en *Nación y cultura*, un libro de 1959, donde el secretario de cultura del Partido Comunista e introductor de Antonio Gramsci en la lectura argentina, evocaba las obras de Carlos Astrada, Hernández Arregui, Héctor Murena y Martínez Estrada, en una abrumadora discusión para describir y a la vez contrapesar ese fornido ensayismo nacional que descansaba, según la propia designación de Agosti, en una incierta "telurización de la historia". Pero las diferencias entre Cooke y Agosti, o entre Cooke y Hernández Arregui eran dilatadas, lo que también las hacía pertinaces y sutiles si se las considerase a la luz del marxismo que irrigaba a todos ellos. Mientras Cooke es un estilista y explorador de la *forma* de la política, que por un lado intenta raras figuras argumentales y por otro se contrapone a la ontología de la técnica para regular la política, Héctor Agosti —y también Hernández Arregui— son historicistas que se apoyan en volúmenes históricos uniformes, en hechos que adquieren dimensiones homogéneas entre sus intereses y resultados, desdeñando por causa del "despliegue de las condiciones reales" la escisión entre *nombre* y *cosa* que conmovía el pensamiento de John William Cooke.

Cooke refuta la idea de que el acuerdo Perón-Frondizi de 1958 fue tramado por "los consorcios internacionales del petróleo" y para hacerlo acude a lo que denomina una "cadena argumental" para develar la lógica que urden los críticos lunáticos del peronismo. Por esa lógica, el contrato petrolero de 1955 firmado por Perón con la *Californian* era el remoto bastidor mental sobre el cual los acusadores superponían las ahora controvertidas concesiones petrolíferas realizadas por Frondizi en 1958. Así, para poder levantar su instrumento crítico, antes debe reconstruir Cooke el texto interno que anima el argumento de los ocasionales cuestionadores. Para eso anuda hilos sueltos en la historia, reconstituye las continuidades oscuras e implícitas con las que trabaja la cabeza de los adversarios. Llama a eso *cadena argumental*, la permanencia descubierta de un razonar no sospechado por quienes lo invocan, que no es otra cosa que el filamento retórico que identifica una misma cultura política en sus diferentes momentos no sabidos por ella misma.

Este gusto por las formas de la retórica, para retratar los hilos furtivos de los ciclos históricos, señala el pensamiento de Cooke como un estilo lanzado a reconocer las fuerzas de la historia en el interior del peso vinculante y opaco de la palabra. Sin duda, a partir de allí muchas veces incurre en los términos conocidos del marxismo habitual argentino, que actúa al compás de la contraposición entre los intereses reales y los velos de astucia que los encubren, esas fuerzas materiales que proceden siempre con voluntad de enmascaramiento. "El imperialismo quiere que en cuanto sea posible, los gobiernos cipayos mantengan aunque sea el séptimo velo del constitucionalismo liberal" (*Peronismo y revolución,* 1960). En esta fórmula que combina la alquimia marxista clásica de *interés, voluntad* y *disfraz*, corona Cooke aquella otra en la que, sin embargo, solo él se destaca en esa Argentina turbada: *la ironía de cuño existencialista* por la cual un hecho actúa más efectivamente por lo que no sabe de sí mismo que por lo que cree conocer objetivamente.

El proclamado "hecho maldito", concepto que enlaza a Cooke con los escritores de *Contorno*, tiene un modo irónico de expresarse pues en principio parte también de capturar una imagen instantánea del pensamiento de los antagonistas: ésta no es otra que la que convierte al peronismo, *"por definición, en el Mal absoluto..."* Cuando Cooke escribe esta frase, se sumerge en una función irónica del lenguaje por la cual esos rangos del lenguaje adversario —el desprecio y la ofuscación— quedan convertidos en materia de una investigación por la cual se les averigua su *motto* oculto para luego absorberlos como emblema de identificación propia, importándolos sin más hacia su propio lenguaje. En suma: si se nos considera el Mal, debemos pensar que está bien aquello que desde este momento llevará también para nosotros el mismo nombre del Mal. La argumentación política clásica, desde luego, se basa siempre en estas *inversiones de significado* por las cuales el injuriado marcha orgulloso con el nombre que le infirió un oponente, nombre que pasa a ser bueno pues su función denigratoria se desvanece por el solo hecho de que proviene del despreciado rival. Y mientras el injuriado, en una compleja subversión idiomática —de la cual mucho sabe el discurrir dialéctico— demuestra que puede convertir las heces en almíbar, retorcerá el desprecio con que lo interpretaba la mirada enemiga, para tornarlo la materia prima más apropiada en que reconocerá su propia facultad.

Si el peronismo estaba dispuesto a ser socialmente revulsivo, debía demostrarlo al tomar palabras adversas y vaciarlas como pellejos, haciéndolas idóneas para significar *otra* cosa, *su* propia cosa maldecida. Era la disposición a ser revulsivo, *también*, lingüísticamente. Cooke, bien se sabe, asocia su nombre en la Argentina a la invención de este concepto identificador del carácter del peronismo —el *hecho maldito*— y que si bien retrata un movimiento habitual del lenguaje político —*la inversión de la injuria*, convertida en contracara de "la vanidad de los ofendidos"— hasta entonces no había sido proferido como parte sustancial del estilo crítico nacional. El peronismo queda así conceptualizado dentro de la tradición irónico-dialéctica, que es *la tradición de la izquierda*, con un gesto lingüístico más elevado del que hubiera podido extraerse de cualesquiera de las demás tradiciones que lo informaban.

Por otro lado, Cooke realiza una recia reflexión sobre la cuestión de la técnica, imposible de encontrar en ningún dirigente del ciclo burgués de la política argentina, ese ciclo maldito del peronismo. En *El retorno*, conferencia pronunciada en Córdoba en 1964, se expresa de este modo: "El fetichismo técnico debía prender fácilmente en instituciones que actúan con el utilaje bélico y a las Fuerzas Armadas les sirve como coartada o como escape. Pero los problemas del desarrollo son parte del problema nacional, que se resuelve a nivel político y no a nivel técnico: las desigualdades no son técnicas en ningún caso. La aparente neutralidad de la técnica envuelve decisiones políticas que el pueblo no puede adoptar porque está privado de la facultad de resolver su destino". Puede apreciarse en estas observaciones, incluidas en una conferencia dada en horas agitadas, la dimensión de un pensamiento que choca absolutamente con la norma reinante en la política nacional, que nunca pone en cuestión la soberanía cultural y operativa de la técnica. No solo porque esos eran los años en que dominaba la certidumbre moral que había diseminado el *desarrollismo* —la técnica como árbitro final de la totalidad de los conocimientos que se pueden concebir en una situación histórica dada— sino porque hay una dificultad esencial en la política de constituirse a partir de una crítica a la razón técnica. "Fetichismo técnico", dice Cooke, apelando a una designación cuyo origen marxista escapa al de una mera citación ilustrada, inscribiéndose en el dramático intento por pensar la política argentina más incandescente —el general Perón había sido detenido en Río de Janeiro y enviado nuevamente a Madrid— con exigencias conceptuales renovadas.

Precisamente, se trataba de crear el ámbito de un pensamiento crítico sobre las fuerzas armadas que superase la interpretación dominante en el peronismo proscripto —*las fuerzas armadas como órgano esencial del pueblo-nación pero que debían a su vez despojarse de una "osificación forastera" que las alienaba*—

para emplazar la cuestión en la relación de los militares con las ideologías técnicas. En este terreno, se nota la lejana reiteración de un problema que había ocupado lateralmente a Marx, aunque dudosamente Cooke conociera aquellos olvidados trabajos: los ejércitos como *forma* social anticipatoria de las relaciones capitalistas de producción. De este modo, en la misma obra originaria de Marx se debatía oscuramente el problema del inicio de la acción, de un modo que escindía el corazón mismo del ser social, provocando un enigma respecto a si el primer juicio de realidad provenía, o bien de las instituciones y órdenes culturales, o bien del mundo del rendimiento y del producto económico. Tarde o temprano, ser marxista implicará enfrentarse a ese abismo donde se resuelve la consistencia y el secreto de la praxis. Y detenerse en la inminencia y desesperación de ese abismo, retrata la condición del marxista contemporáneo, la condición misma plasmada por el propio Marx en los orígenes.

Desde La Habana, la capital revolucionaria de los sesenta, ciudad que aparece dichosamente engalanada por la luz revolucionaria, en un fantástico contraste con la borrosa Buenos Aires enredada en el embotamientos de sus fuerzas activas, escribe Cooke a Hernández Arregui —ya es el año 1961—: "Hay otro problema que quiero mencionarle. El de los intelectuales argentinos que como usted, no pertenecen a los grupos que han tenido siempre montada su maquinaria de difusión y propaganda. Cuando llegué aquí me encontré con que *Lunes de Revolución*, el semanario literario, órgano del Movimiento 26 de Julio, en todos los números se comentaba la obra de González Lanuza, Victoria Ocampo, Peyrou, Borges, etc. El único escritor no perteneciente a ese círculo que se conocía era Martínez Estrada, que el año pasado ganó el concurso de la Casa de las Américas. Sobre esto hablé con los compañeros de aquí, y en los grupos realmente revolucionarios hice conocer el nombre y la obra de tantos intelectuales argentinos que están con nuestro pueblo y no con sus elites expoliadoras. Por una verdadera coincidencia encontré en una biblioteca particular *Imperialismo y cultura,* que hice circular hasta que le perdí la pista y algún entusiasta se quedó con él. Pero lo importante es que aquí se conozca la obra de ustedes. Algunos episodios producidos antes de los festejos del 26 de julio impidieron que se llevase adelante el plan, ya aprobado, de invitar a una serie de personalidades argentinas, entre las cuales estaba usted, Pepe Rosa, Trípoli, Reynaldo Frigerio, Fermín Chávez, etc. Pero es preciso que mis esfuerzos de aquí se complementen allí porque siempre hay los snobs que tienen contacto con el grupo Sur o creen que en él se agota la intelectualidad argentina."

Lunes de Revolución estaba dirigido por Guillermo Cabrera Infante, al que Cooke, en otra parte de la carta mencionaba como la persona (ninguna otra cosa a decir, excepto: *¡ironías de la historia!*) a la que había que dirigir los materiales que evidenciarían la existencia de *otra* cultura literario-política en la Argentina. Dudosamente Cabrera Infante, a punto de exilarse, los hubiera apreciado, pero el episodio se sitúa en el punto exacto en que, en Cuba, la revolución procedería a descartar la cultura erudita del grupo Sur, que apoya en sus comienzos la toma de La Habana por parte de los barbiespesos guerrilleros, sin por eso adoptar la bibliografía nacional-popular argentina, que en ese momento no habría pasado mas allá de la solitaria circulación del descubierto libro de Hernández Arregui que Cooke hace deambular de mano en mano, por la ciudad cubana de aquel inicio de los 60, no sin patetismo.

Cuando en 1959, el mismo año de la Revolución Cubana, Héctor Agosti publica *Nación y cultura* —donde se halla su crítica a la "telurización de la historia"— no está pensando en Hernández Arregui ("con quien tengo tantas discrepancias y tantas coincidencias...") sino en el grupo Sur y sus cercanías, especialmente en "algún ensayista premiado". Desde ya, se trata de Héctor Murena, y del autor mas leído de aquel tiempo, el hoy innegablemente mustio Eduardo Mallea. Además, por razones diversas, también se fija en dos ensayistas de alta pértiga escritural: Carlos Astrada y a Scalabrini Ortiz.

Héctor Agosti cuestiona al "hombre invisible" de Mallea, que en *Historia de una pasión argentina* había apreciado la existencia de un alma argentina soterrada, oprimida debajo de los intereses burgueses y mercantiles que proliferaban en la superficie, prueba contundente de la existencia de las "dos Argentinas". Pero le interesa mucho más —¿acaso no es su debate con el peronismo?— atacar aquella "metafísica de la consustanciación con la tierra" a partir de la cual Scalabrini explicaba la condición doliente del *pathos* argentino. A esta telurización —"que alcanza tanto a nacionalistas como liberales"—, había que considerarla en primer lugar como un avatar menguante de la originaria (y mejor planteada) teoría del desierto bosquejada por Sarmiento, pero luego era necesario criticarla en nombre de los *soportes reales de la historia*, que sucumbían injustamente ante esta psicología social intuicionista. Pero Agosti es cuidadoso, pues reconoce que oscuramente se muestra aquí un válido desasosiego, es cierto que plagado de meditaciones fuliginosas y sombrías, respecto a la *real* situación de sometimiento del país, que solo apelando a un estudio que identificase factores económicos, culturales y sociales, quedaría servido por explicaciones más apropiadas. No otra cosa dirá poco después Hernández Arregui de esta crucial cuestión, aquellos estilos alegorizados que si bien descubren la opresión económica en la historia, lo hacen partiendo de una perpleja literatura abierta al "ensayo metafísico". En *La formación de la conciencia nacional*, recordando a Scalabrini, juzgaba Arregui que una bruma perturbadora, emanada de la figura de Macedonio Fernández, había conseguido opacar siquiera por un instante, la fuerza de las reflexiones económicas scalabrinianas sobre el capitalismo ferroviario de periferias, originadas en la teoría del imperialismo de Lenin. En consonancia con esta opinión, Scalabrini solo lograría conectarse con la trama de la historia —y es ahora Agosti el que con su propia voz acuerda—, cuando dejando de lado su inclinación mística, examinase los síntomas concretos del "sufrimiento que nos escinde en las dos argentinas" a partir de acontecimientos históricamente determinados, los que solo deben estudiarse en la dialéctica de las prácticas sociales.

A partir del *hombre argentino social* en el que piensa Agosti, que por supuesto lo prefiere a aquel que *está solo y espera* de la célebre sentencia scalabriniana —también recaída en el pliegue insondable del ser telurizado— se podría extender entonces la condena a las muy similares ideas de Martínez Estrada. Este proponía una suerte de libertación radicalizada, que surgiría de una sepultada barbarie pampeana que al aparecer con cariz redentor, se lanzaría proféticamente contra las "ciudades vendidas". Pero si esto fuera así, solo se conseguiría representar un propósito de reanimación cultural indiscutiblemente excelso —¿no lo sería todo ánimo de condenar una ciudad de traficantes y mercaderes?— pero que se traduciría en un inaceptable menoscabo del proletariado urbano, verdadero principio de crítica a la urbe capitalista. Curiosamente, desde distintas perspectivas, Jauretche y Juan José Sebreli mencionaban esta situación como un punto de vista premoderno, inaceptable por ir en detrimento de la potencialidad constructiva del "sujeto trabajador". Agosti —y es necesario pensar en el valor polémico de estos hallazgos que pertenecían a una discusión interna en el Partido Comunista argentino— se había tomado el trabajo de leer nada ociosamente a Martínez Estrada —eso debe reconocérsele— antes de aplicarse a una refutación bastante pedestre inspirada en los develamientos que se practicaban en los ambientes del comunismo culto. Se trataba de denunciar con mayor esmero crítico las metáforas del vitalismo político con las que se ejercía un "asalto a la razón". Entonces sabía ver Agosti un aciago encubrimiento en esas fantasmagorías raigales del autor de *Radiografía de la Pampa*, las que describían menos una realidad histórica desamparada, que una historia inadecuada de disfraces. Esos embozos, voluntarios o no, silenciaban los intereses productivos y veritativos de la revuelta social. Eran tapujos que solo podían ser beneficiosos para los que querían "obstruir caminos" a la convulsión transformadora de las sociedades.

El latifundio que nos ahoga desde la Colonia y el imperialismo que nos asfixia desde la Organización Nacional son los bretes que Agosti desea ver señalados en el nomenclador exacto del problema argentino. Por eso, escribir, como lo hace Martínez Estrada, que *"el latifundio fue la forma de propiedad adecuada al alma del navegante de tierra y mar, y la forma propia del cultivo y del aprovechamiento del agro (lo que implicaba) una fatídica razón geográfica y étnica"*, significaba elaborar difusas alegorías del destino sobre un terreno social que precisaba de otros análisis y de otros nombres. Asimismo, cuando Héctor Murena dice que "poblamos naciones a las que la historia solo alarga la mano en busca de recursos materiales" ¿no estaba contribuyendo a que se le *arrebataran* al pueblo los instrumentos de liberación, que únicamente debían descansar en el *reconocimiento social* de su propia fuerza"? En *Nación y cultura*, al acusar Héctor Agosti de ese *arrebato* a la imaginería de los ensayistas del "carácter nacional", ingresa al irresuelto debate argentino concerniente a cuál debería ser la lengua crítica que posibilitase, al fin, el efectivo conocer de lo social. Los argumentos involucrados en el ensayismo almístico y alegorizante de Martínez Estrada, y también en el de *El pecado original de América* de Murena —oficiantes ambos de la infausta telurización que *Nación y cultura* combate— parecen dar una traza de intuición artística a la historia. ¿No *arrebataban* entonces el nombre de la cosa histórica efectiva? Sin duda, ellos definían cuestiones "reales" —*el latifundio, la condena a la exportación de materias primas*— pero las aplastaban en un cuadro sombrío, paralizante y anonadado. Son las cuentas de un destino que unía el territorio con las conciencias de una manera animista, churrigueresca y agorera. Descubrían las formas sociales con una vivacidad notable, al cabo ese era su tema, pero las hacían proyección de un ánima furtiva y cadente.

Con su crítica, Agosti rozará la cuestión cardinal que se abre en los años sesenta y perdura hasta hoy, en este filoso trance político del año dos mil: ¿cuáles son los nombres adecuados para designar una *fuerza* de la historia? ¿Es su nombre una seña literal exclusiva y atada a la cosa por relaciones fácticas y con coherencia ya establecida? ¿O está siempre sometido a nuevas artesanías de la lengua, usado aleatoriamente en su forma primitiva pero con significados flotantes? ¿O es aquel que actúa continuamente tamizado por deslices metafóricos que exploran significaciones adormecidas que se despabilan en medio de las denominaciones nuevas? El comunismo gramsciano de la Argentina se sentía atemorizado por estos relatos sociales donde el *destino como forma* —problema de la filosofía ensayística alemana de los años veinte a los que Agosti no había prestado atención— parecía producir un desvanecimiento de las fuerzas sociales directas y activas, a las que veía ubicadas de antemano, como *tropos* acabados de la lengua. Así, descubrió, tropezó y se enmarañó con un problema fundamental que solo hubiera podido resolver extremando la idea de "forma dramática del mito", idea ya presente en las páginas justamente más leídas que habían salido de la imaginación maquiaveliana del gran encarcelado de Turi, aquel Gramsci que Agosti mismo había traducido al castellano.

De todos modos, la discusión de Agosti con la tradición liberal, lo que era inusitado para un comunista de la época, descansaba entera en el gravísimo tema que se relacionaba con el *arrebato,* la sustracción de los instrumentos de liberación del pueblo ¿Cuáles eran? ¿Cuál su materia, de modo que pudieran ser arrebatados? ¿Cómo podría producirse tal acción de despojamiento? Cualquiera sea la respuesta, esos "instrumentos" pertenecen —en una dimensión imprescindible— al lenguaje y a su problema. Esto es, pertenecen al campo del *reconocimiento práctico* que siempre tiende potencialmente a distinguir cualquier acto mundano o social con una necesaria y verosímil atribución de identidad lingüística, por tornadiza y fugaz que fuese. Pero los nombres son *prácticas* porque también están sometidos a un juego de sustracción, desplazamiento y pérdida. Se arrebatan porque la designación nunca es igual a la cosa designada.

John William Cooke se había enfrentado a ese problema de otro modo, en el cual no pesaba la ontología del realismo crítico que Agosti promocionaba no sin sensibilidad, sino que introducía la cuestión de la posibilidad siempre abierta de relaciones históricas desconocidas entre *fuerzas* y *nombres.* De este modo, no era Cooke quien justamente sobrevaloraría la crítica llamada a resguardar las fuerzas sociales del *arrebato* de su nombre, oscurecido por los quiméricos lenguaraces del indefectible ensayismo argentino. No, porque el peronismo, súbito e invertebrado como un ciempiés, para Cooke *era ese ensayismo,* ese revoltillo de nombres que con el arte de la demora, esquivaba —y ese esquive necesitaba intérpretes adecuados— el momento vital de encarrilarse hacia su destino social efectivo. Arrebatar el nombre (o bien *demorar* la coincidencia entre enunciados de identidad y el efecto real de las acciones) era para Cooke el inicio de un acto revolucionario.

Había, pues, en aquella Argentina *varios* marxismos. Eran marxismos que declaraban querer interpretar esa *demora revolucionaria* en el tiempo y en las ideas, retraso en el que se alojaban todas las tensiones irresueltas a partir de las que había que prefigurar un venturoso desenlace, como en Arregui, o soportarlas en un presente desesperante para tornarse auténtico sujeto político inmerso en ellas, como en Cooke. Si por el momento, y a costa de una momentánea injusticia, fijáramos en cuatro el número de estas voces marxistas que se inscriben en la idea de *vida nacional* —la de Cooke, la de Hernández Arregui, la de Agosti y la de Carlos Astrada— sería momento de percibir cómo precisamente una de ellas conseguía sobrevivir junto a los estilos de la "meditación telúrica".

Es así que Carlos Astrada, en *El marxismo y las escatologías*, su libro de 1958, un año antes de que Hernández Arregui lanzara su atronadora hipótesis sobre el marxismo y la conciencia nacional, se propone inscribir el marxismo en un inmanentismo de la historia y al mismo tiempo introduce una severo trastorno en su anterior llamado a la explicación por el *mito*, al que ahora parece descartar lacónicamente. Retomando el tema marxista de la crítica a la religión, Astrada considera que las escatologías y teodiceas de la historia inspiradas en una espera mesiánica del porvenir, recobran sin mayores velos los milenarismos de cuño bíblico, siempre reforzados por el idealismo alemán. Cuando se transfieren al terreno social, pueden acompañar, tal vez, un tipo de reivindicación progresista, pero ella se hallará siempre presa de una "servidumbre celestial" que acepta cumplir la justicia en la historia, gracias a deshistorizar la propia raíz humana de la necesidad de justicia. Como se puede percibir, Astrada no era un pensador que pertenecía a "las filas católicas", como se había equivocado Hernández Arregui en *La formación de la conciencia nacional*, aunque aclararía "la confusión" en la segunda edición de su libro.

Carlos Astrada recusa la idea de un "fin moral último", que gestado y representado por Dios, deje el drama de la historia bajo la monocorde autoría divina. Y rechaza asimismo la derivación hegeliana de esta idea, que lleva a la historia como un despliegue irreparable de la conciencia de libertad, mientras que las pasiones humanas serían simples medios para realizar los fines del espíritu universal. Tal "espíritu" no puede ser un nuevo sujeto de la historia sin observarse que es allí donde —justamente— se halla la alienación de la raíz humana de la historia. Pero no solo Hegel aparece en la larga fila de las filosofías del "fin último", sino que el "eterno retorno" de Nietzsche, con su voluntad de poderío que busca el "momento matinal" más fuerte de la existencia para generar una felicidad cíclica, también contribuye para una aciaga sustracción del ser social histórico. Nietzsche, a pesar de su crítica a los valores de la cultura burguesa —al que Astrada, filósofo sutil, no descarta—, deja la puerta abierta para el ideal de poder de "los círculos del alto capitalismo". En ello el progenitor de Zarathustra no se diferencia mucho de la escatología del ser que se halla en Martin Heidegger, para el cual el acaecer de la historia se verifica como una "destinación" hacia una verdad esencial que convierte al hombre concreto en "una nihilidad en pos de su propia sombra". Así lo indica, áspero, el autor de *El marxismo y las escatologías*, el libro de combate que se revolvía en aquellas trincheras del debate ideológico argentino.

Habiendo estudiado con Heidegger en varios seminarios a fines de los años

20 en Friburgo, ahora Astrada se mostraba mordaz con el filósofo que dijo dialogar, en el "misterio de las altas cimas", con poetas como Hölderlin y Trakl. Ve en él la lóbrega escatología del "Occidente primordial", y se lanza a polemizar con su viejo maestro en un terreno delicado que al alemán le era totalmente constitutivo —precisamente el de los alcances de la poesía de Trakl— y rematará su crítica con una divergencia respecto al enunciado heideggeriano sobre "el desconsolador frenesí de la técnica". Con un enojo que parecería eximirlo de destellos mayores en su argumento, Astrada señala que con expresiones como ésas, Heidegger encubre el uso antihumano que ha hecho de la técnica el mundo capitalista. Así, *El marxismo y las escatologías* mantiene una adusta relación con Heidegger, que sin embargo Astrada (filósofo, como sabemos, estremecido a lo largo de los años por repliegues y oscilaciones) tendrá ocasión de revertir poco después, en uno de sus últimos libros, donde su visión del filósofo de *Ser y tiempo* aparece entretejida a la luz, según dice, de un adecuado pasaje de la "analítica ontológica a la dimensión dialéctica". Un Heidegger, pues, que en ese momento ya recogía, para Astrada, los ecos más finos de un Hegel y un Marx.

El "marxismo sin escatologías" que Astrada define como siendo un inmanentismo de la historia donde lo veritativo sólo puede ser el "movimiento real que supera la situación actual", puede considerarse una resonancia rioplatense de la crítica al irracionalismo que anteriores generaciones ya habían tenido oportunidad de leer en *El asalto a la razón* de Lukács, aunque sin la inflexibilidad ni el gesto amplísimo que en 1954 había arrojado el turbado intelectual húngaro sobre todo un ciclo histórico europeo —en ese caso, el de la Alemania filosófica que va desde los años guillerminos hasta el hitlerismo—. Por eso hay personajes compartidos en el complicado itinerario de aquellas *teleologías vitalistas* que eran demolidas tanto por el libro de Lukács, dedicado a homenajear al ejército soviético (ese *emisario de la razón*, que había entrado victorioso a Berlín) como por *El marxismo y las escatologías*, donde tales figuras son enjuiciadas con severos dictámenes. Tal es el caso de la de Georg Simmel, exornado autor que también cae bajo el implacable denuesto astradiano por su tendencia formalista y ultra-analítica que —a pesar de estar repleta de detalles perspicaces, de lúcida identificación de las infinitas piezas dispersas de un rompecabezas— resultaba disgregadora de la totalidad sensible que, según defiende Astrada, debe constituirse para que la filosofía esté efectivamente frente a un problema digno de ese nombre. Pero es necesario advertir que la relación de Astrada con el Lukács de *El asalto a la razón* solo a la distancia puede ser vista como gobernada por cierta compatibilidad. Porque luego de la publicación del libro del húngaro, Astrada y su círculo reaccionaron con acritud, negándose a ver a Schelling y a Nietzsche en el mismo itinerario anticipado que habría conducido a Hitler. Por otra parte, la figura de Lukács no les inspiraba respeto: "ejemplo típico de oportunismo y mala fe perogrullesca", según un artículo firmado por las iniciales M.B. en *Kairós* (1967), revista astradiana dirigida por el filósofo Alfredo Llanos.

Pero cuando Astrada pasa a ver en Benedetto Croce una interpretación liberal, idealista y neohegeliana, que contribuiría a la indeseable idea de que hay —sea para condenarla, sea para reconocerla— una "religión marxista" que buscaría una clave trascendente para interpretar la opresión y las calamidades sociales, se puede percibir hasta qué punto esta obstrucción del *sendero Croce* le imponía al disonante filósofo argentino más costos que los que suponía el descarte de Simmel. Porque acaso se manifestaba allí el escollo drástico que opone a una posible derivación gramsciana de su pensamiento. Es que el gramscismo solo había ocurrido en el seno del marxismo del siglo veinte cuando fue provocado, entre otros constituyentes, por la insistencia de Croce en las tramas del "influjo cultural" que nunca permitían que el poder quedara en un insociable estado de cohersión pura. Carlos Astrada —como también su contradictor Hernández Arregui, quien en un juicio un tanto sobrador lo percibe debatiéndose entre la metafísica y la sociología— elige el rumbo de un historicismo inmanente (la historia como resultado único del conflicto entre las *praxis* humanas) que sin embargo en nada prestaba atención —o incluso explícitamente desdeñaba— las meditaciones del comunista italiano encarcelado, también un inmanentista adversario de las escatologías, pero no así del *Mito*, que infundía sentido a las prácticas históricas. Esta noción la había recibido Gramsci de Sorel, del que de todos modos, tanto se aparta Astrada como se apartará Arregui.

Es que en *El mito gaucho*, un libro de 1948 —el mismo año en que Martínez Estrada publica el tan diverso *Muerte y transfiguración de Martín Fierro*— Astrada presentaba la "peculiaridad impermutable de lo argentino" para forjar formas de vida a partir del resultado que se obtendría potenciando "el mito de la comunidad argentina como suma de supuestos anímicos". Era así del dominio del mito, en pasmosa *autopoiesis*, que surgía o fluía todo el proceso histórico social. Este libro tan atrevido —que ya hemos examinado en muchos de sus aspectos— proponía para descifrar los versos del poema la "mística pitagórica del número" y afirmaba que flotaba en él la idea védica de destino. Eran los signos de la *Ananke* gaucha. El poema *Martín Fierro* captaba así la "larva del mito de nuestros orígenes argentinos" y Astrada se situaría frente a él como el filósofo que se dispone a escuchar la "voz del ser" a través de la palabra del poeta. El fondo mítico ontológico del gaucho designaba entonces al hombre argentino, pero todo ello llevaba a una discusión sobre el propio concepto de mito, a la que Astrada le dedica una breve reflexión en la introducción incorporada con posterioridad a la primera edición del libro, un tanto fastidiado por el hecho de que "en ciertas revistas de *cachet* cosmopolita se pretendió ironizar sobre nuestra interpretación y hasta se la tildó de reaccionaria".

Y así, era necesario apartarse de Sorel —quien notoriamente había dado una versión energética y catastrofista del uso del mito en el combate social— para afirmar un mito creador de acontecimientos históricos, por el cual las grandeconstrucciones míticas que alimentan el hilo de las "psicologías colectivas" debían cuajar en acontecimientos conmocionantes, capaces de iniciar una nueva época social, como es el caso de la Revolución China —contemporánea de la primera edición de *El mito gaucho*— evento maoísta del que Astrada se declarará, una década más tarde, febril simpatizante. Pero no es seguro que Sorel haya sido bien comprendido por Astrada, pues le atribuye el papel de obstaculizar el pasaje a la historia —ese *pasaje* era el tema de *Mito y metafísica,* un libro de Gusdorf en el que Astrada se apoyaba— mientras que el autor de *Reflexiones sobre la violencia* en realidad compone una rara amalgama entre su rechazo al plano intelectual de la conciencia y la aceptación de un productivismo social que haría aflorar las notas misteriosas del activismo humano, lo que constituye una reinterpretación del acto de la producción, que en Marx es oblicuo compañero de la Ilustración, pero en Sorel queda volcado a los ámbitos más oscuros de la subjetividad y la creación.

Estos equívocos provocaban, por un lado, que Carlos Astrada clausurara los vasos comunicantes que se podrían abrir hacia lo que denominaríamos, no sin cierto abuso, el *sorelismo-crocismo* que se había fusionado con la tradición jacobina-bolchevique, como en el caso ostensible de Antonio Gramsci y —con inequívocas trazas indigenistas y simbolistas— en el del peruano Mariátegui. Por otro lado, le daba a su marxismo un recurso ontológico más encumbrado que el del ímpetu enigmático del mito de acción, cual era su giro hacia una preocupación telúrica alrededor del *genius loci,* las notas peculiares del paisaje en la determinación de la historia. El paisaje —"la líquida pampa atlántica", el "karma pampeano"— era un elemento sino suficiente, por lo menos imprescindible a la hora de inferir el estilo colectivo y las figuras características de un mundo histórico y social. Todo esto a modo de una "geopsique" —él mismo emplea esta palabra— que enlazaría en un mismo conjunto explicativo la *tierra* y la *humanidad,* los dos cabos anímicos entre los que se desempeñan las prácticas de la historia.

Esta geopsique marxista ya no representaba una escatología, sino que a la manera de una mención evocativa de la acción de estructuras y superestructuras

—conceptos que Astrada no solicita— se procuran las determinaciones de sentido en la raíz activa de lo humano. Y como dirá en *El mito gaucho*, permite contrastar la creadora politicidad del mito con las abstractas etapas prefiguradas por una historia mesiánica. Es la manera con que, con cierta evocación hegeliana, se saca al hombre del recinto autónomo de su conciencia para entregarlo "a la historia universal como juicio final". Los mitos telúricos, para el comunista Héctor Agosti, eran la prueba del extravío filosófico de esa ensayística, en la que de todos modos ubica antes a Martínez Estrada y a Murena que a Astrada —de quien no ignora la rara, oscura y atractiva conjunción que practica entre el marxismo y toda clase de cosmogonías—. Pero esos mitos no eran para Astrada sino un eficaz contrapunto con la idea, que proclama falaz, de un "fin de la historia", que creía refutar con una suerte de "comunismo interno de la historia". A ese comunismo contribuían a iluminarlo las ideas telúricas, pitagóricas y cósmicas. Nada, pues, de Tribunales historicistas ni de una Edad Definitiva, como le atribuye Croce al marxismo (agitando la frase marxiana según la cual el comunismo es el "enigma resuelto de la historia") sino la constante participación activa del hombre en la apropiación místico-política de su esencia universal, sin enigmas ni dictámenes sacerdotales.

De la Escuela de Guerra Naval (1947) a Pekín (1960)

Carlos Astrada es un filósofo no exento de boato académico, pero con furias expositivas de agrio polemista, implacable en sus argumentaciones y corroído por aborrecimientos personales, como cuando a comienzos de los sesenta —su hora en las izquierdas de liberación— anatemiza a los "gorilas sobrealimentados trepados al estribo de los intereses forasteros", con sus "cogotudos y orejudos de Jockey Club" y sus "académicos asaltantes de cátedras ansiosos de dádivas y canongías". Lenguaje canoro del despreciativo polemista. Pero apostrofará al mismo tiempo al fárrago peronista "con su infaltable bombo cuyo eco traducía la oquedad de ese populacho, esas mesnadas que solo querían corear el nombre del jefe, taumaturgo de los aumentos de salarios y del feriado subsiguiente..." Porque el pueblo, cogitaba Astrada, el verdadero pueblo del *pathos* nacional, estaba ausente o disperso. *Había que suscitarlo.*

Comentados sus trabajos en la década del 30 por Jean Wahl o Benedetto Croce, lo fueron de un modo polémico, no caritativo o indulgente, como por ejemplo se percibe en el saludo de Henri Lefebvre ante *Defensa del realismo* de

Agosti. A Macedonio Fernández, según una confesión epistolar que le hace al propio Astrada, le provocaba una pudorosa incomodidad: la "vacilación de ser leído por usted aun contando con la parcialidad a mi favor que creo conocerle". Pero el mismo Macedonio supo regañarle al creer ver en él "una crisis de negación del Misterio"; por eso, comparando los escritos de ambos, cree poder establecer la siguiente diferencia: *como empirista radical al estilo de W. James no creo en ninguna clase ni necesidad de fundamentos.* Carlos Astrada sí buscó fundamentos. Fue de estaciones nacionalistas y existencialistas a tumultos cósmicos de influjo lugonianos y a marxismos hegelianos de simpatías maoístas. Atravesó más de seis décadas de actividad filosófica y política en la Argentina, desde la reforma universitaria de 1918 hasta su fugaz conversación con Mao y la reposición de la clásica crítica hegeliano-marxista dirigida hacia la "sofística contemporánea", en la que incluía a Marcuse, Merleau-Ponty, Sartre y Lukács, rescatando sin embargo a Heidegger, "cuya posición se abre hacia un pensamiento planetario". Volvía con ello a sus temas juveniles —en verdad, nunca abandonados— en los cuales, como en *Hegel y el presente,* un tajante ensayo de 1931, ve tanto a Heidegger, "una de las mentes de más rango en la filosofía contemporánea", como al autor de *Fenomenología del espíritu,* envueltos "en un conato genial, en un gigantesco combate en torno al Ser".

Filósofo caprichoso, tornadizo y adusto, que se deslizaba entre afirmaciones enérgicas que ora subían y ora bajaban en su estima, una contemplación final de su obra ofrece el espectáculo de una coexistencia, por así decirlo, de gajos resquebrajados y vasos tronchados. Estos permiten menos percibir diferentes estrías culturales de un cómodo itinerario, que un revuelto incómodo de destinos filosóficos ovillados y desovillados por sucesivos arrebatos políticos. Astrada fue un filósofo de exposición clara y contundente, arrogante en el manejo de un programa cumbre de lecturas, de serena erudición y versátil escritura, que transitaba desde el tono majestuoso hasta la ojeriza de trincheras, y que vivió el drama irresoluble, drama hegeliano al fin, de sentirse el filósofo de un Estado y de una revolución. Y como tal sentimiento ocurría en el paisaje filosófico de la Argentina —un país, como todo país, fuertemente neutralizador de las esperanzas que al calor de su quimera teje la lengua filosófica— Astrada fue, como tantos, un hombre frágil con pensamientos fuertes. Estos son los complementarios ingredientes que chocan trágicamente en la conciencia intelectual contemporánea, produciendo sentimientos de congoja y de imposibilidad, con los que finalmente toda filosofía quedará desnuda e informulada frente a los poderes que quiso abrigar. (Un libro próximo de Guillermo David estará encargado, en los años que vengan, de tornar público un estudio crítico completo sobre la figura de este filósofo.)

En 1947, Carlos Astrada pronuncia una conferencia en la Escuela de Guerra Naval ante un auditorio de oficiales de la marina argentina. El texto está inmerso en el contorno de asuntos que agita el primer gobierno de Perón y se edita en la forma de un folleto que lleva el escudo de la Universidad de Buenos Aires, de cuyo Instituto de Filosofía el mismo Astrada era director. No podemos pasar por alto la necesaria observación sobre la extrañeza y excepcionalidad de esta situación. Simplemente, no existen en la Argentina las piezas oratorias que, dirigidas hacia las fuerzas armadas, tengan el patrocinio de un ámbito ligado a la Universidad. Sin embargo, entre las curiosas piezas que contienen un alegato ideológico dirigido a la institución militar, no puede ignorarse el discurso sobre "el idioma nacional de los argentinos" que Luciano Abeille dio en el Círculo Militar en 1900, dando lugar a la encendida polémica sobre la relación entre la lengua y la "psicología colectiva" proyectada sobre una "raza argentina". Carlos Astrada, según su modo habitual, no escatima citas sapientes para abonar su tesis de mantener una paz fecunda, no instrumental y civilizatoria, presentada como una tarea nacional inexcusable. Luego de elogiar la tarea del ejército, dedicando párrafos entusiastas a la campaña del desierto —"hasta el último fortín llevó el espíritu de las instituciones"— convoca a una batalla "por la conquista de la frontera marítima", que menciona con una metáfora, la "pampa oceánica", *para anexarla así a toda su metafísica del impulso ontológico pampeano.*

Sin duda, el filósofo está hablando desde la oscura densidad del Estado, donde cree poder percibir necesidades y tareas, comenzando por la de él mismo, hablándole a las armas y vinculando la función filosófica a la identificación de "un destino para nuestra vocación de grandeza histórica". ¿Y qué escuchan esos marinos en relación el tema de la guerra, en medio de citas de William James, Aristóteles, Kant, Spencer, Max Scheler y Marx? En primer lugar, el razonamiento que acentúa la envergadura del "genio del corazón" frente al héroe militar, "que no está dicho que sea el más alto modelo para el hombre". En segundo lugar, que al no estar la guerra en la esencia de la naturaleza humana, la "paz perpetua es verosímil" aunque ello no suponga defender un pacifismo spenceriano, mera mercancía mercantilista, positivista, utilitaria, librecambista, por lo tanto burguesa: ella reduce a factores económicos el hecho bélico, error que asimismo envuelve a los marxistas. Cree Astrada que en el futuro las guerras serán "guerras de raza" —entre la raza blanca y la amarilla, o entre la negra y la blanca— o sino, en lo que sería la manifestación más inquietante de un nuevo horizonte bélico de la humanidad, "guerras de clases a empeñarse entre el comunismo euroasiático y el capitalismo occidental representado hoy por los núcleos plutocráticos extra-europeos".

Luego de descartar otras formas de pacifismo que encubren, de manera diversa, intereses particularistas no declarados, Astrada invoca a la doctrina estoica, la *Stoa*, que alude al entendimiento entre todas las esferas culturales de las diversas regiones del orbe, aunque estos pensamientos suenan bellos pero ineficaces, por abandonar los complejos intereses que en definitiva provocan las conflagraciones. Por eso, se le ocurre presentar la posibilidad de un nuevo pacifismo que recoja el ideal de la "paz perpetua", pero que sea capaz de complementarlo con una visión "realista" de las fuerzas mundiales. Se correspondería entonces "con la posición de la República Argentina en un mundo desgarrado y convulso". Y así, empalmando con la doctrina estatal exhibida por el cuerpo doctrinario oficial de aquellos años, Astrada descarta y alega: "No lucha de clases ni pugna suicida de dos imperialismos, sino la tercera posición, cifrada en la convivencia justa de las clases y conciliación, sino renuncia, de los intereses y aspiraciones hegemónicos". Juzga que esta es una "verdad argentina, nacida de las entrañas del alma argentina" y termina citando a la *Eneida*: *"¿A qué conducen tan grandes luchas, por qué no concertar la paz"?* En el camino de este texto, por hacerse necesaria la refutación de la idea de que la guerra favorece "la fortaleza biológica" de los pueblos, Astrada llega a conceder un programa ligado a las "posibilidades físicas y morales del pueblo" dirigido a asegurar "la salud biológica merced a la paz", consistente en elevar el nivel de vida con "políticas sociales enérgicas de vivienda y de condiciones de trabajo" y gracias a la higiene, los deportes, los ejercicios físicos, al "combate a las enfermedades sociales y de la raza" y a una "sana política demográfica desde el punto de vista cuantitativo y cualitativo".

La lectura de estos riesgosos conceptos, heredados del antiguo higienismo positivista, no deja cómodo al lector de hoy, y de algún modo oscurecen con una suerte de demografismo estatalista y biología objetiva, a la manera de los planes del doctor Carrillo, ministro de Salud del peronismo, estas embarazosas y crédulas especulaciones compuestas por una pócima de kantismo y de estoicismo, y de un historicismo en parte humanista, en parte bismarckiano, todo aderezado por un elogio a la campaña roquista al desierto. En *El mito gaucho*, sin embargo, cambia la visión de ese acontecimiento militar. En los agregados que Astrada hará con posterioridad a 1948, citando a Daireaux, dice que la conquista del desierto fue una fábula que, desde la época de Rosas, ocultaba sus verdaderos propósitos económicos: exterminar indios y ocupar las más feraces tierras pampeanas, impidiendo la "instauración de una Argentina libre y justa". Es su respuesta al *Roca* de Lugones y a Lugones mismo. "La culminación de esa campaña fue el comienzo de la época más ominosa e ignominiosa de la vida argentina; aparece una generación que no tuvo conciencia de su barbarie y que, por lo mismo, no pudo salir de ella; el unicato roquista constituyó una gran vergüenza nacional, pues durante esos treinta años se programó y consumó la entrega del país al amo extranjero."

Porque Astrada quebrará entonces su relación con Lugones, cuestionando incluso *El payador*, intento retórico que embellece al gaucho pero le extiende al mismo tiempo la partida de defunción. "¿Qué podían ver los oligarcas en el poema, y cómo ellos, signados por la inveterada servidumbre en relación al extranjero, iban a percibir en él la captación de la génesis de lo argentino?" Es el Astrada de los años sesenta, que reencamina toda su interpretación lo más lejos que puede del lugonismo y ya en los dominios del marxismo hegeliano. Leemos: "El gaucho es pues una clase social, vinculada por la mezcla de sangre con las razas aborígenes. Vale decir que el gaucho fue y es pueblo, así como el hombre argentino mayoritario lo es (en sentido cualitativo), en su más auténtica raíz; su bien espigado brote se enriqueció con el aporte étnico foráneo, principalmente latino, asimilado hasta los tuétanos por la teluria pampeana". Condena los "seudo mitos antihumanos y raciales" para afirmar su propio mito gauchesco, mito social reparador y de índole revolucionaria, a la altura de las revoluciones sociales contemporáneas, la Francesa, la Rusa, la China.

Pero el discurso de la Escuela Naval fue pronunciado. Sobre la evidencia de ese hecho que convocó la pasión política de un hombre, debemos superponer ahora las otras escrituras que lo corrigen, lo matizan o lo niegan. Un hombre es así un palimpsesto. Las babas flotantes que deja la vida de un hombre en todo lo que ha dicho, hacen de esa vida algo cercano a la imposibilidad de ser pensado. Es el "síndrome lukacsiano" que comentamos en otro lugar de este libro. La historia no es forastera en la conciencia intelectual. Si esta desea "transformarla", aquella lo obliga a pensar sin abarcar nunca las opacas eventualidades que harán inútil su pensamiento. Así, tanto la conferencia de Abeille a los militares como el discurso filosófico de Carlos Astrada a los marinos argentinos, debe provocar una indispensable reflexión —y que es la misma reflexión de siempre— respecto a las relaciones entre la filosofía y el Estado, entre el filósofo y las distintas figuraciones de poder. Carlos Astrada concibe aquí a la filosofía como "una historia universal que no es otra cosa que la exégesis del espíritu en el tiempo", con un recurso a las evidencias hegelianas antes que a los atentos comentarios heideggerianos que dos años después, en 1949, ensayará en sus trabajos para el *Congreso de Filosofía de Mendoza.*

Pero en este discurso constreñido, ante la oficialidad naval que a poco tiempo de distancia será la vanguardia del desmantelamiento del peronismo estatal (cuya defensa ahí escucha) y que a menos de tres décadas pondrá en práctica un designio exterminador en la ESMA, muestra los trágicos alcances de la palabra filosófica cuando queda flotando como un espumarajo lisonjero sobre el acero del Estado, "que cumple con lo que él sabe y cómo lo sabe", frase eximia del maestro de la Universidad de Berlín que buscaba el absoluto *wie aus der Pistole geschossen.* Todo lo cual podía consagrar la autoconsciencia en tanto represalia, la autonomía en tanto opresión.

A despecho de su enfático apartamiento posterior del peronismo, quedan estas palabras de Astrada como la representación más dramática de la relación del pensar filosófico con el rumbo aciago de las luchas sociales. Porque toda palabra se sitúa en el tiempo, un tiempo que parecería no pertenecerle, pues ella cree actuar en un mundo de absolutos en el que imperaría con un halo de validez incorpóreo e incesantemente ampliado. Pero la oscura sospecha perpetua, respecto a que "hay un momento y un lugar relativo" para cada actuación de un sujeto —lo que incluye especialmente su letra mundana, el paso público de su escritura— nos pone frente a la evidencia de que lo que parecería inerte se movía en el mundo con su letra poderosa e indeclarada. Y que hablaba con la fuerza silenciosa de su cuerpo instituido e impenetrable, mientras nosotros solo actuábamos con el jolgorio de una literatura que parecía emancipada.

Pero al fin esa literatura se guardaba quieta y para siempre, con escudo oficial, en esos archivos cancerberos que la aprisionaban como una palabra forjada en hierro, sin el tácito condicionante que entonces habíamos respetado, que creíamos que nos justificaba —"la necesaria gravidez del interlocutor en nuestra subjetividad"— y que de repente se volvía acusador contra nosotros. Solo restaba la excusa de nuestra inocencia, si es que cuando alguien quiere trazar las líneas conceptuales de la marcha del mundo ante hombres uniformados, puede esgrimir para sí que solo lo hacía por respeto lírico al encanto indeterminado de las palabras. Carlos Astrada, como si el tiempo fuese una alfombra que de repente se retira de esos discursos que parecían tan bien abotinados, queda ahora solo con sus palabras sobre la *paz perpetua* acompañado con un dejo de "realismo prusiano", como autor de uno de los pocos documentos dirigidos a las fuerzas armadas argentinas que gozan del sello reglamentario de otra institución de la esfera estatal, la universidad pública.

La historia de ese gesto de afluir con encargos y previsiones hacia el sector militar de la sociedad —sea en nombre de la filosofía, sea en nombre de las más inmediatas ideologías políticas— tiene eslabones notorios en la Argentina. Ya mencionamos a Lucien Albeille, el francés que desde su cátedra en el Nacional Buenos Aires, esgrime una suerte de "geopsique" basada en el idioma nacional, pensando en una alianza entre el habla y las armas, lo que lo lleva a polemizar con Quesada y Cané y a alojar un evidente concepto en el habla de Borges de 1928. Desde la proclama máxima de Lugones —al promediar los años 20—

sobre un altivo momento de la espada, pensamiento que, según declara, es costoso mentar "en estos tiempos de paradoja libertaria y de fracasada, bien que de audaz ideología" y reafirmada en su póstumo *Roca* al imaginar que "el pueblo argentino está predestinado a la espada", hasta la expectativa favorable de Hernández Arregui en "la función anticolonialista que puede cumplir el Ejército" —ilusión que, en la edición de 1970 de *La formación de la conciencia nacional*, ya comprueba que estaba muy lejos de verificarse—, el sector militar fue solicitado en su potencial intervencionista prácticamente por todas las corrientes de opinión y fuerzas políticas del país.

Jorge Abelardo Ramos, en los años 60, ejercía una notoria influencia en las áreas del nacionalismo de izquierda, con una tesis muy sumaria y fulgurante sobre la alianza entre un sector "nacional" del ejército y las políticas autonomistas de un sector industrial, alegorizadas en la remota figura de Fray Luis Beltrán, que había fundido en un precario proceso industrial, los míticos cañones del ejército sanmartiniano. Y en un sentido general, en los ambientes más sensibles de la política argentina "de la era del peronismo" —sobre todo en las alcanzadas por el espíritu de la "izquierda nacional"— había una propensión a considerar que eran más aplicables al *ejército* las tesis leninistas sobre el "sector más sensible de la intelectualidad" —lo que hacía de la "joven oficialidad militar" no una manifestación clasista cerrada sino una antena receptiva del conflicto social— antes que al *estudiantado*, sector hacia el cual paradojalmente esas tesis estaban dirigidas, pues este en vez de ver "desfilar libremente ante sí las ideologías de la época", se crispaba sobre su secreto "clasismo". Lo hacía para expresar las posiciones de la asustadiza clase media, ella sí parte inconsciente del "estatuto colonial del país", como innumerables veces lo señalaba Arturo Jauretche con las sinopsis que extraía de su morral de polémicos gracejos.

Pero, como vimos, ese año de 1947 Carlos Astrada había concurrido como conferenciante a una escuela militar. Y había publicado sus dichos al amparo de instituciones públicas como la Facultad de Filosofía y Letras, porque indudablemente, había ido allí *en nombre de la filosofía*. No para hablar de revoluciones que contarían como aliado a un seleccionado grupo militar dispuesto a sofrenar imperialismos y oligarquías, sino para barnizar con una reinterpretación del humanismo kantiano el conjunto de las posibilidades que ya percibía potencialmente incluidas en vida estatal del momento, tal como ella manifestaba sus anuncios de soberanía. El tema de Astrada no es la *revolución nacional* —expresión que ya circulaba en la política argentina y adquiriría innumerables matices luego de la caída del gobierno peronista en 1955— sino una reflexión, en cierto modo scheleriana, sobre valores afectados por el nuevo modo tecnológico e imperialista de las guerras, que lo eran de exterminio y de conquista de mercados según el concepto de "movilización total", que Astrada critica pues ya lo ha leído en Jünger, aunque de todas maneras estaba anteriormente aludido —implícitamente— en las consideraciones que había hecho el coronel Perón poco tiempo antes, *en un foro universitario*, en la Universidad de La Plata, año 1944, relacionando la defensa nacional al dominio de las potencialidades industriales internas y a la movilización entera de los "recursos estratégicos de la nación".

De este modo, el coronel hablaba de su tema —del cual durante no pocos años había sido profesor—, mientras que el profesor de filosofía retomaba la cuestión del *discurso de la guerra*. Ponía sobre él, con cierto regusto del Alberdi de la "conquista de la conciencia nacional", por entonces un joven herderiano, aunque también del Lugones de 1913, la imaginaria y afectada superioridad del filósofo o del poeta que razonan a la altura del logos universal. Lo hacían en teatros a sala llena, para ilustrar al político torpe o al militar desnudo de saberes. Sin embargo, en el Congreso de Filosofía de 1949, ya no como coronel sino como general y presidente de la Nación, Perón lee un largo discurso titulado *La comunidad organizada*, destinado a larga vida pública y sobre el cual se abrió inmediatamente un gran torrente polémico. No sabemos si Perón lo lee parcial o enteramente, ante una audiencia en la que probablemente están Gadamer, Alberini, Luis Juan Guerrero, Nicolai Hartmann, N. Abbagnano, Karl Löwith, Gabriel Marcel, Jean Hippolyte, W. Szilasi, Ugo Spirito, José Vasconcelos, Eugen Fink, Ludwig Klages, Karl Jaspers, G. Della Volpe, Mondolfo, M. F. Sciaccia, entre tantos otros nombres que integraban el notorio batallón de filósofos —filiados en la fortalecida fenomenología, en el humanismo marxista, o en el pensamiento cristiano— que expresaban el debate de posguerra sobre la existencia, la metafísica y la crisis de valores.

Pero interesa, particularmente, la incerteza sobre la autoría del documento que lee desenfadado el presidente argentino, pues habiendo sido Carlos Astrada uno de los organizadores de ese Congreso, durante largo tiempo se arrastró la idea de que había que encontrar en él al autor encubierto de esa rara pieza, en la que se jugueteaba —no sin maña— con vastas citas del pensamiento filosófico de oriente y occidente. ¿Era posible concebir que el ducho presidente hubiera redactado párrafos en una lengua informada del profesional de la filosofía, con temas, observaciones y sapiencias jamás evidenciadas en sus demás intervenciones de ningún otro período? Como por ejemplo, ese párrafo contra el "reduccionismo materialista" en la que se afirmaba que el hombre "no posee la misma medida de su personalidad a la sombra del olmo bucólico que junto al poderío estruendoso de la máquina". O ese otro, en el que se dice que "Hobbes pertenece a ese momento en que las luces socráticas y la esperanza evangélica empiezan a desvanecerse ante los fríos resplandores de la Razón" y que "los efectos del *Leviathan* se comienzan a divisar cuando Marx nos dice que la historia de la humanidad es tan solo historia de la lucha de clases". O aquel de más allá, donde se lee que "Kant nos situará ante los conceptos de espacio y tiempo que Bergson convertirá en materia y memoria". O este otro, en el cual la "defraudada y desencantada *náusea* que pretende orientar la comprensión de la existencia colectiva es la *angustia* abstracta de Heidegger en el terreno práctico".

Pero el presidente no se detenía ante estos difíciles deslizamientos de la filosofía occidental, en párrafos que revelaban que su autor efectivo no desconocía filiaciones y entramados conceptuales —más allá de su interpretación comunitarista y espiritualista— sino que avanzaba sobre el *Rig-Veda* y el *logos* griego, para poner a *Prajapati*, padre del Universo, a la altura de la palabra primera y del verbo evangélico, con los que se diferenciaría el bien el mal, tanto como era necesario *Prajapati* para reconocer el *atman*, el "yo mismo". Y por fin, finalizaba con una invocación a conocidas palabras de Spinoza —filósofo tratado con extrema simpatía a lo largo de todo el escrito— según las cuales *"sentimos, experimentamos que somos eternos"*. Desde luego, toda *La comunidad organizada* está pensada como un texto de intenciones doctrinarias, en el que la *comunidad como norma, armonía y persuasión* —rozando siempre los alcances de un asequible tomismo— resguardaba la libertad moral y ésta se hallaba garantizada, a su turno, "en la realización del individuo en la comunidad, que a su vez en él se realiza".

En tanto, más importante que la materia que compone su credo explícito, resulta ser el andamiaje del texto en cuanto a su batería de citaciones y su andadura argumentativa. Se trata de un texto de pretensión escolástica, panorámico y forzado, que ata a una cosmovisión ya conclusa lo que nunca dejó de ser una narración filosófica heterogénea y hasta trastornada. Pero el redactor de esas páginas no quería ver un debate filosófico siempre salido de cuajo, siempre inaprensible en su incapacidad de no mostrar ningún metalenguaje que resolviese su desarreglada falta de ilación, sino un rosario de cuentas bien ensambladas, con su claro "mensaje a la humanidad". Cierto es que para tal mensaje se acudía, no sin tino, a las fronteras últimas de la historia de la filosofía, pero el conjunto no dejaba de dar una impresión escolar, que cuando rozaba problemas de honda significación, los alisaba con una prosa perspectivista, un administrado ánimo doctrinario. ¿Pudo Astrada haber escrito tal texto?

Con el paso de los años, surgieron voces que indicaron la inexactitud, o mejor el absurdo de esa atribución, pero era más fácil cotejar los textos efectivamente firmados por Astrada —como esta alocución de 1947 a los marinos, realizada en términos de un "oficialismo estatal" que no se privaba de criticar a "los dos imperialismos" y a las "aspiraciones hegemónicas"— para percibir la distancia entre uno y otro, especialmente en el tono ingenuo de "repaso escolar" que tiene el escrito leído por Perón —aunque asienta con intención polémica el principio del "hombre comunitario"— y las maduras piezas astradianas, en las que siempre late, hegelianamente, el drama irresuelto de la historia. En cuanto al comunitarismo militante del escrito peronista —cribado de sabor cristiano— no pertenece a la idea de la historia que mantiene Astrada, aunque es posible que algunas de las derivaciones que el texto establece —el pasaje de la angustia heideggeriana a la naúsea sartreana— sean pedazos rápidamente compactados de problemas a los que sí Astrada les dedicó mucho tiempo de escrituras y reflexiones.

Es difícil saber cuál pudo haber sido la sorpresa o la secreta ironía con la que ese auditorio, el más calificado que podía reunirse en ese momento de la filosofía mundial, recibía la refutación a Sartre —que acababa de publicar *El ser y la nada*— o la rápida readaptación de la ley moral de Kant para servir a la cohesión del grupo comunitario. O sino, la docta mención del problema de la *forma* y el *alma*, tomado de Aristóteles pero que pertenecía a un *motto* romántico al cual el joven Lukács le había dado importante difusión en los años anteriores a la primera guerra mundial.

Sin duda, el peronismo no vacilaba en exponerse porque estaba seguro de que *buscaba* una filosofía, de que *debía* sostener un plano de dicción filosófica y que debía *asumir*, por añadidura, un texto escrito con la inflexión profesional que suelen guardar las pedagogías filosóficas. Y aún más, el propio presidente de la Nación —que en plaza pública tomaba aires repentistas propios del orador de riesgo, que lo era, y muy hábil— quería unir el característico resuello acaparador de su voz, al fin, su más profunda intimidad política, al tejido de un escrito de fuerte lastre académico. En 1968, año en que lanza otro extraño opúsculo, *América Latina, ¡ahora o nunca!*, Perón repite una afirmación recurrente: "en los tres libros que publiqué, los jóvenes peronistas encontrarán tales principios: la ideología en el libro *Una comunidad organizada*, las formas de ejecutar esa ideología en el libro *La doctrina peronista* y los conocimientos de la teoría y la técnica de la conducción en el libro *Conducción política...*" Aunque citado con una ligera incorrección, *La comunidad organizada* aparece en el plano de la ideología, reinando por encima de "las formas de ejecución" y aun de "los conocimientos de teoría y técnica".

No es momento de aludir a estos imprecisos planos, nunca debatidos adecuadamente en el peronismo, que —borrascosamente— escinden *ideología* (esto es, la filosofía explícita de los profesores), y *práctica* (esto es, la retórica, o la relación entre el mando y la persuasión, o entre la teoría y la técnica, o mejor, la *teoría en tanto técnica*). Hay que considerar, en cambio, si su idea de la política se vio finalmente trastornada por estas desconcertantes distinciones. Pero es inequívoco en el peronismo el deseo de contar con un habla filosófica *establecida*, citando a una ristra de filósofos que no estarían ausentes en ningún manual del ramo. Este rasgo del peronismo no puede permanecer —como ahora lo está— al margen del debate político argentino. Debatirlo supone, como acaso lo hubiera dicho Martínez Estrada, asumir que en esas palabras quedaron apresadas innumerables vidas políticas, y en ellas se abisma un trastorno que es menester hoy seguir dilucidando, pues no es seguro que haya cesado.

El peronismo buscó las formas de la filosofía realizada y la exhortación a los intelectuales, empleando asiduamente este vocablo que bailotea incómodo en las frases donde aparece. Ya no se trataba de citar a Aristóteles y a Bergson desde la cátedra estatal sino de la codicia abarcadora de un exilado. A Scalabrini Ortiz, Perón le sugirió —ante la oscura incomodidad de éste— el título de "jefe espiritual de los intelectuales argentinos". Y a Hernández Arregui le elogia uno de sus libros, señalándolo como "un honor para las letras argentinas", diciendo luego que *"el peronismo está despertando entre los 'intelectuales' el deseo de escribir sobre él..."* Entrecomilla la palabra intelectual, la pone en el ámbito de un suspenso, como si un viento soplara sobre la frente de esa elocución, desajustando un vocablo mal retenido, haciéndolo temblar, pero al que con una oculta inquisición se le preguntaría —perdonándole el extravío— si vale la pena ofrecerle la libertad, "desencomillarlo" para que al fin se aclimate a la frase.

Carlos Astrada, en los añadidos posteriores a *El mito gaucho*, critica a Perón con un llamativo ensañamiento —*"el rosismo es una minúscula bandería supérstite... una excrecencia del pasado... (al que) pretenden darle vigencia política volcándolo en el muladar del peronismo. (...) Con verdadera aberración moral han dado en vociferar sobre la inexistente línea —ellos también como la gorilocracia tienen su "línea"— San Martín, Rosas, Perón, como si San Martín, libertador de pueblos, fuese parangonable sin ofensa para él y su obra con estos dos cogotudos, estos dos 'revolucionarios' paternalistas que fueron corridos a bolsazos..."*— pero su ciclo anterior lo había encontrado en el discurso de la Escuela Naval defendiendo las notorias equidistancias políticas que el peronismo había promulgado. Sin embargo, su problema era siempre el mismo: ¿es posible una filosofía que se sitúe entre el Estado y la Revolución, que los tome circunstancialmente como sujetos, pero que al cabo hable *sin* asumirse como comisionada o lugarteniente de ningún señorío de la historia?

No se puede, ahora, omitir en la discusión argentina que el peronismo quiso tener una filosofía ataviada con la fisonomía elocuente que podían darle los profesores y eruditos tradicionalistas, pero lo que importa es menos el hecho de su inscripción en las "esencias espirituales del individuo comunitario", que la evidencia de que el movimiento gobernante y su conceptos de "la ciencia de conducción" procuraban un rostro de palabras resonantes en la galería de filósofos de la humanidad. El hinchado discurso que Perón había leído en el Congreso de Filosofía, estaba recubierto por una abundantísima primera persona —"me atrevo a afirmar..., permítanme decir"— y con eso quizás se quería significar el acto de fuerte apropiación de un lenguaje que se estaba ejerciendo, lenguaje que no era precisamente aquel —el lenguaje de "la persuasión política"— del cual el propio Perón se declaraba un "científico riguroso".

Astrada fue filósofo de Estado y de Congresos, pero abandonando esas hojalatas vacías, pasó sustancialmente a ser filósofo del Mito, para "pulir el *karma* de nuestros orígenes", cuestión que veía como un acatamiento modificador del destino, esto es, una voluntad historizada. Es así como percibe el contacto con la última de las grandes entidades históricas y políticas del siglo XX con la que entra en contacto: *el maoísmo.* La entrevista con Mao Tse Tung tiene lugar a fines de agosto de 1960 en el palacio de Tiananmen en Pekín. El diálogo dura tres horas y media e incluye una cena: Astrada lleva anotadas algunas preguntas. Mao afirma, según Astrada, "la forma nacional del marxismo". Astrada, por su parte, lo informa sobre las corrientes filosóficas argentinas y despliega una pregunta: —*Presidente Mao ¿cuál es, entre otros, el aporte decisivo de la Revolución China para la construcción del socialismo en el país?*

La narración de esta escena por Astrada es grave y compacta, la pregunta está encabezada por la mención solemne del cargo de Mao, la cuestión se anuncia como histórico-filosófica pero está envuelta en un cerúleo clima ceremonial. "La respuesta de Mao, que ya la sospechábamos, fue bien concreta y rotunda: *'Nuestro más trascendental aporte para la construcción del socialismo en la República Popular China es la creación de Comunas populares'.* "Es la sospecha del filósofo que *ya sabía* la respuesta del Presidente, respuesta "concreta y rotunda". Eran palabras cinceladas en el granito filosófico de la revolución, tal como lo auguraba esa marcha de la historia —que es "la dialéctica transustanciada en carne y sangre"— en la cual "hoy la República Popular China es el lugar de focalización de la historia de la humanidad vendiera". La China maoísta, entonces, provocaba en Astrada un nuevo compromiso que recubría no pocos aspectos que habían gravitado en su defensa de la "tercera posición" en el discurso de 1947 —a pesar de la irritada ruptura posterior con el "cogotudo" Perón— sobre todo porque era la misma y frágil figura del filósofo la que anunciaba la encarnación de la filosofía en las emblemas vibrantes de la historia. Pero como el espíritu absoluto de Hegel que nunca comienza en la inmediatez presente y que buscando revelar todo lo que ha sido, niega en sí mismo la sucesión anterior de lo que conserva como recuerdo, Astrada era esa revelación constante de todo lo que había sido. Y era también los intentos astillados de negar aquella otra parte de las abandonadas certidumbres, que se le ocurrían ya rotas.

De este modo, en el drama entero de su itinerario intelectual no se alejaba bastante del retrato que hará de la dialéctica, tal como conseguía entusiasmarlo ahora el trabajo de Mao *Sobre el tratamiento correcto de las contradicciones en el seno del pueblo.* Así, en su comentario, ve Astrada que: "Mao destaca una simultaneidad de contradicciones que se dan históricamente en el seno del pueblo chino, el cual en función de la finalidad constructiva perseguida, imprime en ellas el carácter de aspectos de un proceso revolucionario unitario. Esta unidad viviente y dinámica de las contradicciones viene de la unidad de destino del pueblo chino, en el más grande avatar de su historia milenaria". Esta *simultaneidad* que ofrece constantes *aspectos* que se intercambian y se van escogiendo para resaltar según la interpretación del movimiento colectivo, no le sirven a Astrada para encaminarse hacia el desdeñado parnaso estructuralista —tal como notablemente había ocurrido con Althusser, que inspiraba allí su perspectiva de la *contradicción sobredeterminada*— sino para recordar hilos sutiles de sus anteriores textos públicos, como ese concepto de "unidad de destino", que tanto evoca lo que más de una década antes, en *El mito gaucho,* denomina "las nuevas promociones del acervo original de la comunidad argentina, los sucesivos avatares que asegurarán su continuidad histórica". Ahora daba una versión hegeliano-maoísta de un tema que antes trataba con climas heideggerianos en relación a la "llegada del vate que depertará el mito". Esa idea de comunidad no estaba sometida a esa cifra de *organización* —como la quería el General de aquel discurso filosófico en el Congreso del 49— sino a "un conato plasmador, un conato creador", que entrañaba un principio activista y de lucha que unía con una cuerda clandestina todos sus otros *avatares* —era suya esta palabra de aroma dialéctico— existenciales.

Ciertamente, la bomba atómica lo preocupaba. En su controvertido discurso de la Escuela de Guerra Naval, Astrada había criticado la "guerra técnica moderna" y desde luego surgía la cuestión del empleo de esa arma exterminadora, "que ha reducido las más bellas ciudades del continente europeo y algunas del Japón a un informe montón de ruinas". Hacía dos años que habían ocurrido Hiroshima y Nagasaki. Y ante ese auditorio de marinos argentinos que es difícil imaginar inspirados por los reclamos de una moral universal, piensa Astrada con escalofríos en una guerra futura de desintegración atómica "de la que no sobreviviría el hombre como especie". ¿Variaría esta preocupación unas décadas después? En otro escrito en el que comenta su viaje a China, dice que gracias a una *inferencia*, fue el primero "en traer a la Argentina la noticia fehaciente de que China disponía ya de la bomba atómica". Pero aquí, entusiasmado por la "llama devoradora" de la revolución cultural de Mao, ya ha aceptado la visión de un tercermundismo respaldado por poderes excepcionales, capaces de enfrentar los armamentos norteamericanos y soviéticos. Y agitado por una idea de la dialéctica como coloso planetario del conocimiento en tanto conato histórico, llega a decir que "la unidad de Hegel y Marx, síntesis de opuestos en la identidad dialéctica, es la Bomba A, o H, o C más poderosa de la historia *in fieri*".

La dialéctica como hilo atronador de la historia, mitigada cuando Astrada establece su coqueteo con la "paz perpetua" y que entonces cargaba una frase de Hegel que Astrada reprueba, *"la guerra es el baño de acero de los pueblos"*, vista ahora desde aquella cena con Mao es la anunciación encarnada de una actividad liberadora, pues la dialéctica es la estructura misma de la realidad histórica, que se transfigura como *"carne y sangre"*. Tomándose del alegorismo de los chinos, Astrada cita al "Dragón de la dialéctica" pero no deja de pensar también en el Rig-Veda, que alude a *una aurora que no ha brillado todavía* —en este caso serían las consecuencias de la revolución cultural china— lo cual introduce nuevamente un relámpago de duda sobre la autoría del discurso sobre la comunidad organizada, leído por Perón en el Congreso de 1949, ya que también hay en él una mención al Rig-Veda, que sería totalmente excéntrica no solo en ese tipo de documentos sino en el discurrir completo de las tradiciones públicas argentinas, si no estuviera ligada a programas muy personales de lectura.

¿Acaso Astrada, interesado en el budismo y en el pitagorismo, habría redactado o contribuido a redactar ese texto devenido "oficial" para el peronismo, pero su enconada ruptura posterior provocaba enfáticas desmentidas? *La comunidad organizada* tiene, es cierto, un aspecto escolar, una cinta a cremallera que va transportando insaciables citas célebres, pero asimismo tiene una voluntad de plantear el problema de la relación *individuo-sociedad* que, aun descontando su índole antimodernista —entre un ajetreado neotomismo y el raudo Spinoza— no deja de evidenciar cierta coherencia argumental. Si al menos una brizna de esa prosa filosófica ministerial hubiera provenido de la sugestión del después antiperonista Astrada, podrá resultar alcanzado por los rayos de la ironía el propio giro hacia Mao, que no dejaba de ser también alentado por quien fuera el lector vicario de aquel discurso sobre el que pendía la negada sombra astradiana, ese Perón que en su correspondencia de exilado de los años 60, solía invocar a las comunas rurales chinas —quién sabe hasta qué punto remotamente evocativas de sus ensueños comunitarios— y se despachaba con hartas lisonjas sobre "el Gran Mao".

En materia de visitas a Mao, Astrada comenta rápidamente la que realiza Malraux por la misma época y que es publicada en el volumen de *Antimemorias* del polígrafo francés, que en la argentina editaría Victoria Ocampo. Aunque las trata un poco en solfa, Astrada las da por buenas —en lo cual no se diferenciaría de la opinión de gran parte del lector político rioplatense, que adoptara con entusiasmo ese libro— y las invoca para mostrar la fuerza de la naciente revolución cultural, que el avisado Malraux ya había intuido. Pero siendo la de Malraux una visita oficial, pues el gaullismo veía con simpatía todo lo que sugiriera una geopolítica de calculada tirantez con los norteamericanos, el boceto de los climas de esa conversación nos entregará una suerte de melancólica marina, transcurrida entre la obsesión patricia y la urdida languidez de titanes de un imaginario panteón. En cambio, Astrada había ido con sus anotaciones filosóficas a hablarle al "innovador oriental del materialismo dialéctico". Pero Malraux es el que saca partido político de la entrevista en la Ciudad Prohibida, con sus pinceladas literarias basadas en la fatiga egregia y en una épica sutil, como evidencias decepcionadas de todo lo que el esfuerzo humano es capaz de emprender y frustrar.

Lo habitual en el autor de *La condición humana* es el diálogo entre Césares que gozan con la insignificancia estoica de las cosas y se sienten permanentemente traicionados por el mundo. Cuando Malraux recrea literariamente sus diálogos con De Gaulle, incluye una mención displicente hacia el distante Perón, que sin embargo desde Madrid había dicho en 1964: "De Gaulle visitará Buenos Aires, recíbanlo como si fuera yo". En tanto, la Ciudad Prohibida como tema gaullista —y los propios funerales de De Gaulle, en los que en la primera fila de ofrendas lucía una corona de Mao Tse Tung— indicaban contrariamente que la filosofía argentina pagaba un tributo evidente a la ausencia de una "literatura del honor" para testimoniar sobre "el destino de las naciones y de los hombres como hojarascas gloriosas de la historia".

¿Era inadecuada esa ausencia? Debemos decir que no, pero lo incómodo podía ser un persistente bosquejo intelectual cuyo estilo consistía en sapiencias de etiqueta. Parece que así, como magistrado de cartillas, hubo de actuar el argentino Rodolfo Ghioldi —miembro encumbrado del Buró Comunista Latinoamericano— en la insurrección brasileña de 1935 que retrata Graciliano Ramos en *Memorias de la cárcel*. Pero la filosofía astradiana tenía la marca del intelectual intranquilo, que ve pasar bajo su lucerna los dragones revolucionarios y los corceles de la dialéctica, rasgo que quizás delataba un género argentino, pero que Astrada cumplimentará sin boatos ni aplicación de silabarios.

En la conferencia de 1947, Astrada ya había intuido la guerra solapada entre lo que llamaba el comunismo asiático y el capitalismo occidental. Ahora, que tanto decía haberse apartado de aquel momento en que el Estado peronista lo arropaba, estaba en la real situación de percibir nuevamente esa guerra no solo como un odioso espectáculo que heriría definitivamente a la humanidad, sino como una demasía inicua para el verdadero pacifista. *Aunque si tal pacifista fuese a la vez marxista*, debía contemplar la guerra como un manojo latente de fuerzas en tensión que, al tiempo que evitasen la contienda final, encontrarían su desenlace en un socialismo liberador, extraído dialécticamente de las entrañas del Dragón filosófico de la historia. A su manera, ausentando las citas de Alberdi, trocadas ahora por las de Lao Tsé, había recorrido el vía crucis desde el filósofo de la "defensa nacional" —adjuntándole un esforzado kantismo al tercerismo peronista— hasta una desembocadura en la filosofía maoísta de la incesante articulación de contradicciones. A esta, Althusser la había traducido de un modo y Malraux de otro, pero agregándole "una perspectiva macro-cósmica" por la cual el destino filosófico revolucionario se expresaba en la interpretación de luchas mundiales como las que ocurrían "en Corea o en Indochina". Nuevamente: otro tercerismo, que en un resuello lejano, Perón acompañaba entre guiñadas untuosas y arácnidas misivas.

Astrada otra vez tenía ante sí a "los dos imperialismos". En la primera ocasión había criticado a la "guerra de máquinas" y a la "movilización total", cuando trataba de hablar desde "el polvo cósmico de la pampa argentina". Ahora se apartaba de las guerras imperialistas, pero pensándolas desde el interior de esa misma conflagración potencial y tratando de sofrenar las interpretaciones quisquillosas de la dialéctica, como las de Merleau-Ponty —autor que siempre tiene en la mira— pues el concepto de *aventura de la dialéctica* del filósofo francés le parece una crítica incapaz de hacerse cargo de la verdadera relación entre historia y naturaleza postulada por Marx. Y entonces dirá que le falta a Merleau-Ponty lo que le hubiera conducido a un encuentro fructífero con la dialéctica marxista: ¡una cabal lectura del capítulo quinto de *Ser y tiempo*, la estructura de la historicidad tratada por Martin Heidegger! De un modo o de otro, desde Buenos Aires o Pekín, el flujo de los años y el cambio de situaciones históricas no hacía más que dejar en pie una épica del conocer —esa dialéctica heideggeriana, por así llamarla— y apartar una y otra vez imágenes fugaces de configuraciones políticas, estados o cuerpos armados, que no eran sino sujetos provisorios de la historia, sometidos en el pensamiento astradiano a un juego consecutivo de trueques y sustituciones. El filósofo estaba expuesto al fragor de la historia. Y solo allí, decía, se encontraba la filosofía. ¿No era en la contradicción consigo mismo, donde encontraba la "paz perpetua" del tiempo dialéctico que conmovía a la historia? Hoy, trabajos como los de Guillermo David y Esteban Vernik (Revista *El Ojo Mocho*, verano de 1999) nos hacen sentir nuevamente el imperativo de revisar —quizás corresponda la esmerada palabra *revisitar*— la obra de este escritor que hacía de su despecho un motivo de sapiencia y de su entusiasmo un aliado clandestino de la historia

Perón y los Apuntes del 31

En el año 1931, el mayor Juan Perón es un profesor de Historia Militar, en el curso I-B del Colegio Militar. De esa empresa pedagógica queda un libro que por muchos motivos tuvo una importancia capital en la historia de las ideas políticas de la última mitad del siglo XX, los *Apuntes de Historia Militar* publicados por la "Biblioteca del Oficial" al siguiente año. El libro contenía conocimientos clásicos sobre la guerra ordenados en abigarradas citas, pero a poco que escapara de la caserna su contenido era revulsivo respecto a los idiomas tradicionales de la política argentina. Cuando irrumpa dramáticamente el *lenguaje estratégico* —saliendo de los cuarteles, tal como Weber ve a las ideas de salvación puritanas saliendo del claustro hacia el mundo— será para disputarle la primacía que hasta entonces tenían las filosofías historicistas, como las que hablaban Hernández Arregui, Astrada o Agosti *y todos los demás.* Mientras todo el ciclo que se abre en los años 30 hasta los 70 —cuarenta años, pues— descansa sobre la coreografía con la cual el marxismo y el nacionalismo se acechan mutuamente, una segunda cuerda retórica se había abierto de improviso y estaría destinada a prosperar inusitadamente. Era el bramante de la "conducción", expresión que alude a la historia intepretada bajo los dioses de la guerra. Saber plano, ahistórico y voluntarista, la estrategia dispone a sus sujetos en un juego de leyes que rematan siempre en un acontecimiento —la batalla— cuya contingencia hace estallar la forma necesaria en que parecía darse la acumulación de los hechos.

Enigma para filósofos, la estrategia resume en un diálogo de fuerzas sobre un mapa, el conjunto de las pasiones de la historia. Sus alegorías enraízan en metáforas económicas (las fuerzas se ahorran, se invierten, se gastan, se destruyen, se acumulan) y en el misterio de la obediencia. Explorado por las retóricas de la antigüedad, al hombre se lo concibe activo cuando se halla envuelto en ámbitos de creencia por las vías del mando o de "la mejor argumentación". El mundo moderno, agitado por las ideologías —pues la *agitación* es el símil corporal, verbal y situacional de las ideologías— recibe también en su seno la rara persistencia del saber estratégico, que acaba entremezclándose en todas las revoluciones de los dos últimos siglos hablando el idioma de la dinámica de fuerzas, del heroísmo trágico, del movimiento nocturno, del coraje del encuentro, de la retirada táctica y la ofensiva final, fuliginosa sabiduría de Federico el Grande, Napoleón o el mariscal Föch y cuyo tema es uno solo: el *destino de gloria y la agonía de toda grandeza.*

Pero el libro del mayor Perón —que venía de participar del golpe que había derribado a Yrigoyen— traía un prólogo que debe merecer nuestra atención. En él se hace una curiosa consideración sobre los apuntes que toman en clase los alumnos, que la publicación del libro debía contribuir a evitar. No parecía oportuno que los jóvenes cadetes bajaran la vista hacia su cuaderno de notas, retirándola del lugar apolíneo en que se hallaba el profesor en el centro de la sala. El profesor, con la libertad que le daba la independencia lograda por los alumnos respecto a la mecánica de los apuntes, podía desplegar el teatro operacional de su verbo, sacando partido de que era una *recidiva* en un texto ya fijado. Pero lo que importa era más esa repetición que los ejemplos que el profesor agregaba, y lo que realmente agregaba era la voz, el matiz o el garbo oratorio con que los decía. Ese decir reiterativo, que insistía en las inflexiones ya pronunciadas por la voz de la historia, con su larga sucesión de jefes y gritos de batalla, contribuía para que las clases adquirieran el verdadero valor teatral de una reincidencia en la que un actor sumaba su acción a lo que las demás voces del pasado tenían ya consumado. No cuesta trabajo imaginar que luego, en plaza pública, el que así había concebido la vivificación de clásicos textos de esencia sentenciosa y machacona, actuaba como quién iba desgranando un texto inalterable y preexistente frente a una muchedumbre que tenía la vista alzada hacia el punto de la balaustrada donde emanaba el destello profesoral, como si fuera Jenofonte en su *Ciropedia.*

Sin embargo, aún hay otro detalle de interés en el prólogo a la siguiente edición (1934) de *Apuntes de historia militar*—la tercera es de 1951 y ya en los años 70 se generalizarían las ediciones y la lectura del libro. Se trata de una advertencia sobre la edad en que se deben encarar los "estudios estratégicos", señalándose que a los veinte años ya son posibles, en contra de la opinión de quienes los hacen una materia accesible solo en la madurez. "Napoleón fue gran estratega poco después de los 20 años; Alejandro probablemente el más grande conductor de todos los tiempos, lo era a los 18". Pero esta juvenilia militar del *arte decisionista* también se enfrenta con el dilema entre la empirie y la teoría. Se concluye: "entre ambos extremos existe un término medio". Perón le habla al noviciado militar y afirma que la estrategia es una *disciplina científica* sujeta al método y por ello no puede ser ni absolutamente idealista ni exclusivamente empírica. Contra un *excesivo* empirismo o inducción es preciso considerar la necesaria habilidad sintética o deductiva. *Y viceversa.* "No es posible privarse de la aplicación de categorías a la presencia de lo cognoscible; tal es la ley objetivo-subjetiva del conocimiento". Perón pone la frase entre comillas. No es de él, pero no dice su autor, probablemente extraída de algunos de los manuales con que en las academias militares se estudia el abecé de la crítica kantiana. Entonces, ni lo analítico ni lo sintético separados; no hay percepción de los objetos sin categorías del conocimiento ni leyes de comprensión sin un examen singular de cada caso nuevo.

¿No es evidente entonces que el método consiste en aunar todas esas posibilidades indicadas? Bien se ve que el *juste milieu* del método del mayor Perón, al que sorprendemos lidiando con un diluido Kant en su prólogo, también sería exportado a la plaza pública argentina. El arte estratégico, sabiduría fundada en la decisión, se presentaba así como un desesperado ramillete de indecisiones, apenas vestidas de "término medio entre dos extremos". Esta vulgar teoría del conocimiento no era sino una conclusión desalentadora de todo lo que la ciencia prometía, la búsqueda del hecho nuevo y original, la *batalla*. Porque en verdad, se llamaba ciencia y jugaba con el arte, se decía arte y se sentía protegida por la ciencia. Este vaivén consagratorio de lo irresoluto y lo indeterminado, se presentaba también como un sistema de opciones equilibradas. El *Método*, más que una opción por el "término medio" parecía un procedimiento paradojal en incesante funcionamiento, obligado continuamente a perseguir improbables puntos de tensión y equilibrio.

Exponíase así, vertiginosamente, a los bisoños militares veinteañeros de la década del 30 y luego sería arrojado repentinamente al juego espectacular de las multitudes argentinas. ¿Qué eran los *Apuntes* para el lector? Comenzaban en ellos a desfilar definiciones, frases de santa resonancia en la mochila aforística del oficial o infinitas tablas cronológicas que, de ese mismo modo y con idéntico sabor clasificatorio, solo hemos visto en la *Filogenia* de Ameghino. Los efebos militares aprendían entonces la historia bajo el peso de retículas y estamentos clasificatorios, pues tanto las frases, los ejemplos, los tramos alegóricos de la historia o el número de soldados, todo obedecía en la exposición a un estilo que los disponía sobre un terreno fijo y axiomático, sea mesa de arena, sea página de libro. El conocimiento era *ejemplar*. El cónsul Terencio Varrón tenía el comando de 55.000 hoplitas, 8.000 arqueros y 6.000 jinetes, más 10.000 hombres de reserva. Aníbal disponía solamente de 32.000 hoplitas, 8.000 arqueros y 10.000 jinetes y tenía el mar a sus espaldas. Pero Aníbal, secundado por Asdrúbal, con sus cartagineses, íberos y galos, había ganado, "rebozando de rencor su corazón". Es la batalla de *Cannas*. "Una batalla de aniquilamiento completo se había dado tanto más digna de admiración cuanto que, contrariando todas las teorías, fue ganada con inferioridad numérica".

La historia ejemplar irá a extenderse de *Cannas* a *Maipú*, donde San Martín se empeñó en una batalla-maniobra con choque frontal, donde "nada ha podido preverse, son los mismos acontecimientos los que aconsejaron las sucesivas medidas". Estos atributos de contingencia que reclaman inspiración constante, exigen que el general en jefe, con su *chispa sagrada,* esté siempre presente. La ciencia se troca en arte, así como el arte se trocará en ciencia cada vez que los demiurgos inescrutables de la guerra lo dispongan. Perón es en buena medida *cientificista* —herencia del positivismo militar— pero en otra buena medida es *destinal* —herencia de la formación romántico-prusiana-napoléonica que sobrevuela su vocación pedagógica: "un jefe enseña".

Perón sigue en su exposición a Jomini o al conde Schlieffen, finos autores de textos de historia militar, pero el fantasma que recorre los *Apuntes* es, no podía dejar de serlo, Carl von Clausewitz, el autor de *Vom Kriege.* Libro de reglas, preceptos y principios, colección de adagios que hace de la historia de la humanidad una crónica del "genio militar", los *Apuntes* son una cantera de sonoros enunciados emanados de Napoléon, Moltke, von der Goltz o Federico II, que van desfilando en largas citas —¡como hoplitas!— mientras la voz de fondo, por momentos la de Föch, nos dice que una fuerza mayor no importa si se sabe "hacer el número en el punto decisivo", y por momentos la de Clausewitz, que con sus clásicas expresiones, nos reitera una vez más las vicisitudes de la relación guerra-política y sus meditaciones sobre la *voluntad,* la *defensiva,* la *ofensiva,* la *razón,* la *imaginación* y las virtudes del *azar.* Inspirado en este hijo de la Ilustración, influido por Kant según algunos, por Fichte según otros, amigo de románticos como Schlegel —y director durante largos años de la Escuela Militar de Berlín casi hasta su muerte en 1831—, el mayor Perón descarta una idea de guerra de "marchas atrevidas y victorias sin batalla", para asentarla en la idea de que "no hay nada que desee más que una batalla", pensamiento atribuido a Napoléon. Un *Manual* exime siempre a sus autores de ser innovadores o precisos en las fuentes, y en el que escribe Perón, eso se nota en el inagotable vendaval de citas, tesoros improbables del pensamiento militar, todas fundadas en su aspecto aforístico y su condición de refrán. De ahí, que la idea de *copia* no aparece como un inconveniente que afectaría la natural originalidad que se querría postular para todo acto humano o colectivo. Al contrario, la copia, o mejor aún, el plagio, son reaseguros de que un saber cae junto a la misma médula de realidad ya acreditada.

Uno de los escritos del siglo más importantes sobre el arte estratégico se debe a Marcel Proust, y lo estampa tan luego en *El mundo de Guermantes,* en el corazón de *À la recherche...* Allí se reflexiona sobre la historia militar —el diálogo ocurre en el cuartel del oficial Robert de Saint-Loup— como un palimpsesto donde una batalla moderna significa que atrás hay *calcadas* batallas más antiguas, "que son como el pasado, como la biblioteca, como la erudición, como la etimología, como la aristocracia de las nuevas batallas". Hay, en la naturaleza, lugares predestinados para ser campos de batalla, y por cierto, se imitan batallas que ya están escritas en el libro de *ejemplos* de la historia. Si aún habrá guerras, no faltará un *Cannas*, un *Austerlitz* o un *Waterloo*. Pero esta idea del calco de inmediato suscita la cuestión del "genio del jefe". ¿Cuál es el lugar de la "oscura adivinación" de Napoleón? ¿Cuál el de las fintas y el engaño al enemigo? ¿Se pueden predecir las batallas como la "grandiosa belleza de las avalanchas" en la naturaleza? ¿La guerra está escrita por las líneas de una necesidad histórica o las deciden las refriegas donde el más tenaz sale vencedor? La conversación proustiana sobre estrategia militar tiene el encanto severo de ofrecer —junto al sutil drama de celosía de los participantes— un punto definitivo en el cual este conocimiento se anula a sí mismo, agotado en una formulación imposible de resolver respecto si es la acción del jefe —la voluntad humana— o la determinación de la naturaleza —la historia plagiando sus propios ejemplos— lo que lleva a la creencia. No sospechando los alcances estéticos que le concede Proust al arte militar, Perón no descubre la posibilidad de que a través de la autoanulación aristocrática de un saber —que probablemente une en un solo hecho artístico la figura del jefe y el determinismo histórico— la tradición militar podría encontrar al fin su ansiado fontanar poético. Pero las frases sobre las que él va rondando en sus propios *calcos*, aluden constantemente a este problema.

"En último análisis las guerras y las batallas son ganadas por el conductor", "nadie hará algo por él que él pueda agradecerle", dice Perón resumiendo un pensamiento que recorre todo su libro. Toda la arquitectura del pensar militar reposaría así sobre la idea de fuerzas morales, en el corazón de la cual está el "genio del jefe", con su conciencia solitaria y angustiada, brizna del destino hambrienta de gloria, iluminado por los linimentos sagrados del "drama violento y pasional" y por la convicción de que nada hay superior a las naciones que resguardan por las armas su presencia de paz en el mundo. Pero una paz visualizada desde la confianza de que la guerra es un "fenómeno social inevitable", en un mundo de intereses que aconsejan crecientemente que cada nación se conciba bajo el concepto de "nación en armas", con todas sus fuerzas económicas, políticas y financieras, diplomáticas, industriales, etc., articuladas al pensamiento de la "defensa nacional". Así lo expresa Perón en su conocido discurso sobre el *Significado de la Defensa Nacional* (1944), y que se podría comparar con el de Carlos Astrada de 1947 —aquel, el de un militar en ámbito universitario, este el de un filósofo en ámbito militar, y mucho más decidido en su pacifismo, al que le da alcances "estratégicos" y no meramente instrumentales, como en cambio lo hace Perón (*"si vis pacem, para bellum"*).

Hay en los *Apuntes* una cita de Oswald Spengler, autor que los jóvenes militares de aquel tiempo debían leer, que rechaza del destino de las naciones lo que denomina "los ideales del fellah" —pueblos que adoptan las lenguas del vencedor— mientras que elogia en cambio a los campesinos de Frisia que dicen "antes muertos que esclavos". Poco más de una década después, este aforismo frisio, en el discurso de la Defensa Nacional es puesto por Perón en boca de "nuestros padres de la patria". Las frases épicas son infinitamente perseverantes y tienen la misma inmortalidad que el gesto del guerrero borgeano Droctulft. Pueden ser dichas en una remota campiña medieval, en las estepas orientales o en los desiertos africanos..., son viajeras e inmutables. Ellas no son dichas por los hombres, sino que los hombres son habilitados por esas frases. De ahí que tengan también ese fuerte efecto deshistorizado e itinerante: se las puede encontrar en cualquier momento histórico, están siempre a disposición de quién quiera pronunciarlas y de quién quiera atribuirlas al tramo histórico que se desee. Remotos labriegos de regiones invadidas podían hablar como San Martín porque a las épocas las igualan las resonancias épicas de las palabras y porque el "conductor" —que conduce, esencialmente frases— actúa bajo el impulso del plagio verosímil, del legítimo calco.

Parte esencial de un indeclarado *tratado de las pasiones*, la "doctrina de la guerra" actúa estimulada por el enigma principal de cómo domeñar pasiones bajo una impulsión organizacional. Cálculo severo del racionalista militar, que proclama que "la política es el destino" mientras acumula tecnologías y repasa sus principios como un siervo ascético de la ley. Sabe, entretanto, que la materia con la que trata son las pasiones y que debe descubrirlas en su carácter arrebatado, mirándose en el espejo de ese frenesí pero practicando el dominio racional del propio ser colérico. A la vez, debe ver la materia real en constante movimiento sin dejar de custodiar el molde permanente del Estado, pues estas teorías de guerra, a pesar de chinos, griegos, persas, romanos y cartagineses, solo se entienden como un conocimiento surgido del interior de los Estados naciones a partir del siglo XVII. La idea de movilización, tan cara a la lengua política del siglo XX, tiene también un inequívoco origen de academia militar. El mayor Perón la trata como una "operación integral" y sin duda está abordando el concepto más ostensible del pensamiento militar prusiano que cruzó como una pértiga vanidosa todo el cielo militar de la segunda guerra mundial.

No conoce, ni conoció posteriormente, los pensamientos más aguzados sobre el tema, que sin duda pertenecen a Ernest Jünger, que casi simultáneamente a los balbuceos pedagógicos de los *Apuntes de historia militar*, publica *La movilización total* (1930) y *El trabajador* (1932). Nótase la diferencia entre el texto argentino cuya materia se compone de una mascadura que agolpa citas dispares, y los de Jünger, que brotan del interior alucinado del tema y lo llevan al límite de su nocturna irradiación. Para Jünger la guerra es una catástrofe y en ella toda la existencia se convierte en una energía, en un gigantesco proceso laboral. Dice: ni la máquina de coser de una empleada doméstica queda al margen de la tensión productiva del ser bélico nacional. Las relaciones de trabajo se tornan relaciones de tipo militar. Y después de la guerra, este modelo de "movilización total" será el alma que organizará toda la vida civil. El "estado mayor" está en la industria. Nuestra vida cotidiana estará sometida a una disciplina férrea, los distritos urbanos ahogados bajo el humo, ahogados por la física y la metafísica de su comercio, de los motores y aviones. En esas metrópolis en que amontonan millones de seres... la movilización total se realizará a sí misma... pues en tiempo de guerra como de paz es expresión de una exigencia secreta y forzosa a las que nos somete esta era de máquinas y masas. Cada existencia individual se convierte en una existencia de *Trabajador*... a la guerra de los caballeros, a la de los soberanos, sucede la guerra de los trabajadores... su estructura será racional y su carácter escalofriante.

Y comentará Jünger la frase del diputado socialdemócrata Ludwig Frank en el Reischstag, quien dice que a pesar de internacionalistas, son alemanes, *y que en una guerra los soldados socialdemócratas cumplen su deber.* Y agrega: "Esa significativa frase contiene ya en germen los dos aspectos del conflicto, guerra y revolución, de cuyo destino iba a depender la historia". En *Apuntes de historia militar* de Perón se contiene un episodio semejante, pero es otro diputado el que habla. Aquí lo hace —en ese mismo Reichstag— el diputado Haase y en nombre del Partido Socialista exclama: *"En la hora de peligro no abandonamos a nuestra patria."* ¡Frank por Haase! La cuestión alude al hondo drama del socialismo en el seno de naciones en guerra. Spengler observaba las marchas reivindicativas de los obreros socialdemócratas y se congratulaba: "¡miren cómo desfilan... son como nosotros, prusianos!" En el escrito de Perón que relata aquella frase de Haase se encuentra también esta sugestiva reflexión: "*quiera que nuestra política interior ofrezca los resultados que dio al gran imperio alemán cuando el 4 de agosto en el Reichstag, el diputado Haase en nombre del Partido Socialista dijo...*" y ahí cita la frase del diputado que formaba en el ala de aquellos que las izquierdas europeas más estrictas criticaban despectivamente como "socialpatriotas". ¿No se halla aquí el cordel trágico de la historia ideológica argentina, la nación reclamando que el socialismo se entregue a ella, y notorias corrientes socialistas imaginando que esa sería una reunión que por fin haría de las naciones verdaderas democracias sociales? Acaso Perón llevó siempre en sus oídos esa frase del parlamentario socialdemócrata alemán. "¡En hora de peligro no abandonaremos a nuestra patria!". Había también un eco blanquista de 1870 en ella, pero esencialmente es la frase que daba por consumada la tesis de "la nación en armas" con la evidencia de que ni siquiera las ideologías que parecían indiferentes hacia ella, se sustraían a su llamado. En 1910, para el Centenario, viajó a la Argentina el mariscal Colmar von der Goltz, autor del libro *La nación en armas*, uno de los héroes de las citas del mayor Perón. Seguramente vio desfilar al ejército argentino, del cual Ingenieros ya había escrito que unía su vocación democrática con su condición ilustrada, soldados blancos, alfabetizados, reclutados entre los sectores nuevos de la población. ¿Podía decirse de esos hijos de inmigrantes conscriptos, "son como nosotros, ved como desfilan"?

Sin embargo, en eso y en todo lo demás, el comentario del mayor Perón carece del denso clima que imprime Jünger a sus reflexiones, *cuyo tema es el mismo que el del militar argentino, la movilización humana y técnica, pero tratada con una moral ascética, por un lado secretamente celebratoria y, por otro, motivo de amargas señales de una infausta destrucción. ¿Pero ella no hace de acero los espíritus?* En la afilada austeridad de los escritos de Jünger se lee el horror contemporáneo con una objetividad muda, lúcida y enjuta. No se sabe nunca si es un pensamiento que al descubrir la lógica profunda de la guerra, ese juego inclemente entre máquinas e individuos, retrocede espantado al ver precipitarse a los hombres en la celada, o si sus descripciones sin esperanzas de una coreografía destructiva, tienen la secreta belleza de lo que alarma, sin que nos sea dado escapar.

Perón no se animaba, como intelectual de la academia militar, a desarrollar una literatura que con sequedad señorial llevara a una antropología estetizada de la destrucción. Como si un estadio superior de esas especulaciones sobre el arte bélico —que en Proust habían motivado una conversación filosófica sobre el libre albedrío junto a la estufa de un salón de cuartel y en Jünger una meditación serena sobre la orgía maquinística y la capacidad de soportar que tiene el cuerpo humano— fuera inadecuado al margen de las grandes culturas que descubren la crueldad como estación final de un humanismo clandestino. En Perón, sólo eran los tartamudeos de un militar sudamericano versado, que se planta reverencial —obstinado citador— frente a esos temas expresionistas del *Volk*, la *Kultur*, la *Wille zur Gestalt* y el *Totale Staat*. De algún modo, se puede decir que en Perón, la cultura de las frases sentenciosas forjó su cuerpo retórico, le dio densidad a su oratoria y le permitió ser un escritor nada menor de la política argentina, el último que escribía sus alocuciones públicas, el último también que consideraba que su texto era otra de las formas y expresiones de su rostro.

Entre estas frases de alabastro del saber estratégico, lucía una en especial, *"la guerra es un drama violento y pasional"*, que pertenece al acervo clausewtziano y que Perón repite de varias formas —como todo en sus *Apuntes*— indicando hasta la saciedad de la cita el nombre del autor. No hay en los *Apuntes* conocimientos sin autor. Proliferan las comillas al sabor de un tipografía errática que plantea súbitas ambigüedades, en las que es difícil saber quién escribe, si el citador o el citado. Pero con el tiempo, esa imprecisión tipográfica dejó paso a otra mayor, porque Perón fue encarnando todas esas frases, las asimiló en su cuerpo y ellas hablaron con él, o él se hizo enteramente cargo de ellas. Eran la vibración íntima de su discurso. Por eso, no solo pudo eliminar sus fuentes —siempre improbables— haciéndolas parte de un refranero ubicuo, sino que el sujeto cambiaba de este modo: *la liberación nacional es un drama violento y pasional.* En los años 70 la frase se había revestido, como vemos, de otra historicidad; ahora hablaba de liberación nacional pero seguía siendo la misma. Eternamente grabada en esos *Apuntes,* a los que los cadetes de primer año miraban sin distraerse, sin tomar *apuntes,* con la vista hacia la efigie que revivía en el aula los aforismos del Mariscal de Sajonia o de Schlieffen, quien llamaba a *"soportar virilmente los golpes del destino"*. Perón también absorbió esta última frase y la distribuyó con entusiasmo en todos sus discursos y correspondencia. No consiguió, al menos, que Carlos Astrada le creyera, y a la luz de esa frase, se puede entender la saeta hiriente que envía el filósofo —¡que sí había leído a Jünger y cuestionaba el efecto devastador de la guerra técnica moderna!— al sacudirlo y nombrarlo como "el jefe que ha huido".

Clausewitz fue leído siempre por los movimientos políticos del siglo XIX, en especial por Marx y Engels, sobre todo por este último, que no tenía una idea tan unívoca de la relación entre fuerzas económicas e instituciones militares, dándole así cierta autonomía a los factores de decisión bélica en las guerras modernas. Por otro lado, Marx, en su correspondencia y notas marginales, desarrolla una decisiva idea sobre el Ejército anticipando en su dialéctica económica interna, ciertos procesos económicos que después se generalizarían en el capitalismo. Franz Mehring, un espíritu sutil de la socialdemocracia alemana, lanza la idea de que Clausewitz desarrolla sus tesis *dentro del pensamiento de Hegel,* aunque sin el lenguaje del maestro de Jena. Lenin, con todo, fue el gran lector de Clausewitz, dedicándole sorprendentes menciones y anotaciones. También para Lenin, el pensamiento de Clausewitz —¡un general que estuvo siempre al servicio de los príncipes Hohenzollern!— evocaba el de Hegel, y esta opinión de largo alcance, aunque motivada por su deseo de refutar el pacifismo de la socialdemocracia alemana, nos introduce en el excitante tema de cómo un escrito es invocado para hablar otra vez, pero en condiciones diferentes, y decir entonces *lo que no sabía estar diciendo.* Saberlo es misión de los lectores futuros.

Lenin, lector futuro de Clausewitz, ve en este anticipos "marxistas", sobre todo en la célebre afirmación de que la guerra es la continuación de la política por otros medios. Suponer luego, como lo hizo Lenin, que "la política es economía condensada", no es sino acudir a otra fórmula de aroma clausewitiano. Bajo el título de *Leninskaia tetradka* se conserva en un archivo de Moscú (¿quién los custodia ahora?) un cuaderno de anotaciones en que Lenin extracta, subraya y comenta *Vom Kriege* de Clausewitz. Es evidente, por el tenor de esas observaciones en las que se resaltan las cercanías con el pensamiento dialéctico —transformación de una cosa en otra, o directamente, el reconocimiento del conjunto escindido de los intereses en juego—, que Lenin pone a Clausewitz en el solio más cercano al de Hegel para hacerle compartir *la misma* responsabilidad como precursores de Marx. Como el monarquista Balzac, que mejor que nadie comprendía las luchas sociales y clasistas de la Francia de 1830, el pensador militar del Estado prusiano dejaba dormidos en su texto las semillas de una Lógica Dialéctica de la Guerra, que había que despertar.

En 1946, el coronel Razin, profesor de historia militar en la Academia Soviética de la Guerra, envió un ingenuo y alarmado cuestionario a Stalin, preocupado por la tendencia que percibía en el ejército rojo, vencedor del nazismo, tendiente al abandono de la herencia leninista-clausewitziana. "¿Es Clausewitz reaccionario, está por debajo de los conocimientos militares de su época?", pregunta el coronel, escandalizado por lo que le parece un necio desconocimiento del linaje militar de la revolución. La respuesta de Stalin es fulminante. Clausewitz era un "representante del período manufacturero de la guerra", Lenin se había basado en él solo para defender frente a la ultraizquierda ciertos momentos de necesario "repliegue táctico", y ya no era posible mantener en tan alta estima al ideólogo de ejércitos que habían sido derrotados clamorosamente por dos veces en el siglo. Pero además, el pobre profesor, que estaba preparando una historia militar en ocho volúmenes con criterios clausewitianos-leninianos, recibe otra letal amonestación de Stalin. ¿Por qué motivo? "Por escribir ditirambos en honor a Stalin que hieren los oídos."

Sin duda, un ejército triunfante no quería tornarse lector admirativo del teórico mayor del vencido, a lo más, del "período manufacturero", pero esta idea del intrincado Stalin (que había suscitado pero también reprimía el llamado "culto a la personalidad") pasaba por alto el estilo de lectura leninista. Se trata de un estilo —afirmamos *ahora*, ahora que parece haber ya pasado todo— que nada impide adoptar. En los brazos de ese estilo, la reflexión sobre un texto y las maniobras a realizar sobre él —glosa, subrayado, comentario lateral, tachadura, resumen, inversión de sus términos y la más osada, invitarlo a *revelar lo que no dice*— no son en sí mismas acciones que puedan remitirse a intereses situados *literalmente* en la historia. Por el contrario, la lectura es lo que lleva, por la senda de la interpretación, a mitigar los efectos literales que provocan el error de situar el pensar como membrana inconsútil de una época, sea o no "manufacturera". En este sentido, Perón no corría riesgos literales por su espíritu de citador impreciso y altamente incorporador de metáforas de guerra para hablar de política, con lo cual de algún modo invertía el itinerario clausewitiano. Sobre esto volveremos al momento de comentar la crítica incisiva que realiza León Rozitchner al modo en que Perón recibe los conceptos de Clausewitz.

En la tradición marxista, pues, la figura de Clausewitz significaba demasiado en el plano de una teoría de la develación de lo real, como para que el problema lo pudieran resolver las meras sospechas de un pobre coronel soviético, sospechas estropeadas por Stalin. Porque con Clausewitz quedaba en estado de develación el hecho de que un mapa de fuerzas políticas siempre albergaba en su oculto interior, otro texto en discordancia, que era el que ocasionalmente se prolongaba como guerra sin nunca dejar de existir como trama enmascarada. Pues bien, ese mecanismo de la prolongación era el que la dialéctica solicitaba para interrogar no como mera continuidad de una cosa en otra, sino como un juego mortal de dos lenguajes aptos para ser uno la metáfora del otro.

Como mucho tiempo después lo viera Gramsci, el lenguaje de la guerra servía para instituir los conceptos fundamentales —*cum grano salis*— de la política. Pero antes de que Gramsci con su guerra de trincheras como metáfora de la sociedad civil, Jean Jaurès con su *L'Armée Nouvelle* (1915) deseaba también responderle al alemán Clausewitz. El socialista Jaurès iba al encuentro del concepto de ofensiva rápida, concentrada y audaz, que creía corresponder a una mala lectura de Clausewitz, porque éste también había sabido darle una relevancia esencial a las guerras defensivas, tomando como ejemplo las rusas, españolas y prusianas contra el poder napoléonico. Precisamente, el intento jauresiano se refería a la necesidad del socialismo francés de contar con una política sobre las fuerzas armadas que interrumpiera la tradición napoléonica. Para eso, era necesario criticar el concepto de *aniquilamiento* que emanaba de todas las tradiciones militares y que particularmente el estado mayor prusiano había convertido en una verdadera "cultura de la agresión". Esa palabra recuerda muy dramáticamente a la Argentina contemporánea.

El Perón de León Rozitchner

Del mismo modo que Jean Jaurès, pero con insistencias y proposiciones obviamente muy diversas, León Rozitchner también discute sobre la base de las diferentes interpretaciones de Clausewitz, y como antes el pertinaz dirigente socialista, el filósofo argentino se detiene ahora en una interpretación de la ideología militar "defensivista" del teórico prusiano, en lo que podría llamarse una *ontología militar de la defensa.* Tal es lo que leemos, entre muchas otras cosas, en un libro capital y muy mal atendido por la crítica filosófico-política hecha en la Argentina. Se trata de *Perón: entre la sangre y el tiempo* (1985), de León Rozitchner. Considerando que existe una "estrategia de los pobres" en las raíces del pensamiento de Clausewitz —*general bastardo en lucha con la incerteza de su origen*—, se destaca en él un énfasis en la defensiva popular y el predominio del estímulo moral. Muestra Clausewitz que la lógica implacable de la guerra tendrá siempre como premisa el poder material y moral de un pueblo. No es sino a partir de ahí que se abre el tema inusitado del análisis de la "forma humana de Perón", ámbito lóbrego de una conciencia cuya interrogación permite saber cómo persistía "en cada peronista" el núcleo de un poder despótico, organizado en la propia subjetividad. Este concepto, *subjetividad*, es a lo que llama Rozitchner para explorar, recogiendo un legado entre el inconsciente freudiano y el fondo de sentimentalidad tácita de Hegel, ese "interior indeterminado" cuyo fondo de representaciones es convocado por el alma racional de la conciencia.

La reflexión sobre el espíritu épico —¿no se pueden leer muy clásicos ensayos sobre "el alma de Napoleón"?— incluye al destino como una forma de la acción pública cuyos signos ocurren *al margen* de la madriguera desquiciada y opresiva del yo. Pero fijar la atención en el "nido de víboras de la subjetividad", según una antigua expresión del propio Rozitchner, debe llevar a entender la historia como una *cota* propia, singular, inherente a sí misma, no mera proyección ampliada de ancestrales batallas edípicas. Pero una vez dispuesto este recaudo que previene contra la substracción de lo propiamente histórico-político, es preciso no solo producir una revisión del sujeto de la historia sino rever qué ocurre con la historia cuando irrumpe con violencia la idea de que los sujetos que la hacen son microcosmos donde se juega, al cabo, el destino mismo de la emancipación.

Perón, en este sentido, es un "operador social" que como un animal totémico anuda relaciones de encubrimiento para garantizar las transacciones sociales entre la *cruz* de la historia providencial mistificada y la *cosa* innombrable que disfraza en la conciencia las pulsiones voluptuosas de coacción. El duelo edípico está en el comienzo del sujeto pero el verdadero problema teórico consiste en saber de qué modo la lucha de clases de Marx lo invoca sin que sea necesariamente su ampliación mecánica. Lo mismo con Freud, pues la violencia en tanto duelo a muerte tiene consistencia edípica y este supuesto puede encontrarse *también* en la esencia de la guerra. Y aun con Clausewitz, la transformación subjetiva está presente como requerimientos teórico-prácticos en el cumplimiento de la teorías de la guerra, pues comienza pensándola desde su matriz edípica, el duelo entre dos combatientes. La guerra, sin embargo, no es simple prolongación de un duelo individual, que si por ventura excluyese *los fines de la historia* del sentido del enfrentamiento, no conseguiría entender tampoco el origen oculto de ese duelo. Doble tarea, pues, en lo que puede percibirse de la hermenéutica rozitchneriana. Si por un lado, la remota raíz edípica implicada en la oscura realidad de una bastardía familiar, es lo que Clausewitz no puede conceptualizar pero tampoco impedir que aparezca con otro nombre en su teoría —*defensiva estratégica*—, por otro lado la fórmula del duelo surge equívoca sin permitirnos pensar la esencia histórica de la guerra. Si esto ocurre —y es notoriamente el caso de Perón— el duelo infantil e imaginario seguirá determinando la conciencia adulta del militar.

Por eso habría que eliminar de la guerra la preeminencia edípica imaginaria y su prolongación ilusoria en la realidad. Pues si el duelo lleva al aniquilamiento, la guerra, siempre que entendida como un hecho fundado en la política y el pueblo, debe llevar a la tregua. El militar que no entiende esto se siente desesperado ante lo súbito del azar y la decisión, la que lo introduce en un reino de terror que suele resolver apelando a sus fantasmas más represivos. De ahí que un implícito principio de rechazo a esta vil consecuencia de la falta de resolución entre lo subjetivo y lo histórico, lo encontramos en Clausewitz. Se podría decir que él despliega su representación del Edipo en su forma individual pero lo abre a la política, pensando desde el lugar donde se asienta "lo político", la defensiva estratégica de los pobres. Todo lo cual no sería un problema si en el militante de izquierda no siguiese operando esa concepción de la guerra como duelo individualista, anclado en un "inconsciente" que también remite a la concepción de la guerra de Perón. ¿No es posible ver esta misma situación en el proyecto de guerrilla de los Montoneros, quienes creían en lo mismo que creía el adversario, en la pura fuerza?

La lectura que realiza Rozitchner de los *Apuntes de historia militar* y de su implícita prolongación en el *Manual de conducción política* alrededor de veinte años después, se encuentra entre los ejercicios de reflexión más relevantes de la filosofía que hoy se realiza en la Argentina. El modo de interpretar esos textos presupone que en ellos hay que descubrir una subjetividad anómala donde la sutil esclavitud y humillación de la conciencia que se agazapa en la escritura, encuentra en ella una norma o una ley, si no fuera que como todo texto la historia los invade haciéndolos también un terreno de decisión. Lo que se decide está entre la emancipación y la desdicha de un drama de esclavitud no declarado. Instrumentos del develamiento que emprende Rozitchner son la ironía y la glosa mordaz, muy distantes de los estilos de "análisis de discursos" de las otras hermenéuticas contemporáneas que en su momento han gozado, sin duda, de mayor repercusión que aquella que solitariamente cultivó Rozitchner.

En ese sentido, *Perón o Muerte, los fundamentos discursivos del fenómeno peronista* (1985) de Eliseo Verón y Silvia Sigal, que tuvo mayor fortuna por entrelazarse a estilos universitarios y políticos fuertemente proliferantes en aquel tiempo, se preguntaba por la relación del discurso político con sus condiciones *específicas* de producción, por lo que estudiar quién enuncia, cómo esa enunciación genera creencias y un orden social imaginario (como parte de esas luchas enunciativas) se convertía en un llamado a considerar la actividad social sub especie discursiva. Esgrimiendo esta sospecha, un apercibimiento sutil en la forma de cálido elogio no exento de punzante ambigüedad, fue enviado hacia este libro por parte de Tulio Halperín Donghi. Esa laudatoria amonestación representaba la crítica precavida del historiador experimentado y escéptico hacia las técnicas del semiologismo discursivista, despojadas precisamente de juegos de historicidad. Estos son los que llevaban a Halperín a remitir el problema de la "enunciación peronista" a un conjunto de antecedentes que la disolvían en otros fuertes momentos históricos, aquellos en que, ni más ni menos que un Echeverría o un Mitre, tratan *el mismo problema del enunciador peronista* respecto a armonizar la diversidad sin alterar el "monopolio de la legitimidad".

Pero en Rozitchner se hallaba viva la evidencia de un estilo que provenía por partes iguales de la vieja fenomenología existencial y de la interrogación de textos a través de glosas críticas no exentas de sarcasmo, a la manera de una "develación de la verdad por síntomas" inspirada en textos clásicos de Freud o Marx. Frente a la glosa amena que solo pretende facilitar el acceso a un texto, la glosa de Rozitchner ejerce la crítica implacable y adusta al decir como "verdad" lo que cualquier tramo escritural dice con inadvertido placer. Para eso, cada texto debe ser rescatado de las garras del mito —en este caso, del mito edípico— para que hable de lo que la presencia en él de este mito lo obligaba a negar. Y así, se percibirá que la trama de cualquier escrito replica otra trama anterior y disfrazada que el anterior no hace sino desviar o exorcizar, pues solo podría conducir a la verdad de que la historia familiar y colectiva es un diálogo no asumido con formas de terror que en medio de una pavorosa mudez, terminan informando la conciencia de todos. Así, León Rozitchner acecha los escritos de los otros, para que suelten su secreto alojado en la íntima voz del texto, solicitados por otra voz que en paralelo lo va mordisqueando con sañudo esmero.

Perón concebía la guerra —continuará Rozitchner— apelando tan solo a lo que esta tiene de esencia duelística, abandonando el ideal defensivo popular, y por esa vía identificándose con el dominador de la historia en consonancia con la "forma edípica y despótica de su estructura personal". La guerra de la que habla, y no solo por esos motivos, es una guerra apariencial, pues trata de disimular permanentemente que su ejército es periférico, subordinado, en última instancia vencido. No es el ejército de su admirado Federico II, pero de él pudo aprender que los hombres van a la guerra motivados por un mayor miedo a sus propios oficiales que a los peligros a los cuales se exponen. De ahí que el soldado "muere por amor" a aquel que le infunde pavura. Este es el hecho nuclear de la conciencia que administra el jefe: crea un amor basado en el dominio. Y puede suponerse que así son también las notas que el conductor desea ver en su conciencia solitaria, aislada en el acto de la pura decisión. (En efecto, los *Apuntes* de Perón, luego de revisar exhaustivamente todos los factores de la guerra, advienen al verdadero momento sublime para el conductor, que es donde se exclama: *"¡al diablo los principios, el hombre es todo!"*.)

Pero el jefe del que aquí se trata crece en un ejército de un país subordinado e inexpresivo. Habla del carácter aniquilador de la guerra con un "lirismo macabro" que de todos modos es un formalismo: no puede verificarse en un mundo histórica y tecnológicamente ajeno a aquella Europa de los estados mayores napoléonicos o bismarckianos. De ahí que Perón acepta sobre bases irreales —en el fondo antipopulares— la idea de *ofensiva estratégica*, desoyendo el Libro VI de *Vom Kriege* titulado precisamente *La Defensa*. Perón, en efecto, pensaba los problemas militares como si estuvieran presos a *invariantes históricas*, leyendo a Clausewitz al revés: pasa a la política para encubrir una guerra imposible. Y de ahí que se dirija a la clase trabajadora como el sujeto de sus preocupaciones. Ahí encontrará esa política que habla con la lengua de la guerra para descubrir que es un sistema de dominación aplicado a congelar en el *amor al jefe* a quienes deberían ser sus enemigos. "Inculcar y unificar la doctrina en la masa", dice en el *Manual de conducción*, develando con eso la relación mecánica y de control con los trabajadores. ¿Y estos? "Había gozo en el sometimiento pródigo al Conductor." Esta paradoja se revelará particularmente dramática en el caso de la izquierda peronista, que con su concepción economicista de la política creía poder dar como resuelto un hecho que petrificaba la historia, partiendo del *a priori* de que las masas eran peronistas.

Pero este *ser* peronista —insiste Rozitchner— estaba informado por el amor de sujeción al jefe. Amparado en esa aberración afectiva, Perón se convierte, "con la astucia inalcanzable del conductor" en alguien que termina "comandando el ejército de enemigos de su clase". Y así prolonga la disciplina del ejército burgués en la clase trabajadora. La organización "que vence al tiempo" se hace cosa social inmovilizadora. Perón es un dominador que amenaza con la castración a sus subordinados —en una prologanción de su mimetismo edípico— y se convierte en el jefe de los enemigos de su clase pagando con sangre de izquierda su oscuro contrato con el poder de las derechas. Y eso fue su política: metáforas de guerra, "de una guerra que eludió como general de utilería, lleno de entorchados, que montando una aplanadora de calesita iba haciendo para los hombres-niños la guerra en redondel".

Hemos citado —glosado— extensamente a Rozitchner y creemos no haber traicionado los andadura de un libro complejo que es rebelde al compendio o a la simplificación. Ahora desearíamos hacer algunos comentarios adicionales que son parte de un diálogo reservado que se puede mantener con *Perón, entre el tiempo y la sangre*, al que además es posible alojar en un bastidor más amplio de la historia intelectual argentina. Lo haremos bajo otro subtítulo.

Psicología social de las multitudes: Ramos Mejía. Scalabrini Ortiz y Martínez Estrada

¿Escribió León Rozitchner una psicología social? Su libro es vigoroso, despectivo, terminante. Condena el fingimiento del lenguaje peronista y ese lirismo macrabro por el cual sus criterios de guerra llevaban a representar un equívoco que invertía los términos de la realidad. El momento más alucinado de esa inversión estalla en la afirmación por la cual Perón aparece como "jefe de los enemigos de su clase". La literatura argentina abunda en estos rangos de la retórica que aluden a malentendidos indescifrables provocados por significaciones que se cruzan en forma anómala. En este caso, el *malentendido* es lo que destina a una conciencia el cumplimiento de fines que no le convienen, o que asigna a un sujeto virtuoso una representación que lo traiciona. Tal, la persistente figura retórica que ha recorrido toda la historia de la cultura, en muchos casos convirtiendo la anomalía de esa confluencia en una fundación de formas culturales duraderas, y por la tanto, ya no percibidas como incongruentes sino como "naturales".

En los dominios de los habituales manuales de elocuencia, suele denominarse con el término *quiasmo* —heredado de la medicina, es necesario decirlo, si es que antes la propia retórica no lo prestó a aquella— una situación por la cual dos términos condensan en el mismo enunciado una situación cuya tensión hace inaceptable la propia *continuación* de la realidad. Como se sabe, Borges usó y abusó de esta figura, que significaba la posibilidad de pensar un desdoblamiento, bifurcación o unificación de opuestos. "Un balazo anhelado entró en el pecho del traidor y del héroe." Todos esos movimientos se realizaban por medio de cruces de destino pertenecientes a afinidades secretas y a morfologías fatales. El tiempo no opera por sucesión o continuidad sino por una percepción abstracta del mundo. Son sin duda los elementos de un juego de significaciones que en uno de los momentos más altos del estructuralismo francés, la obra de Lévi-Strauss, se exploró como un conjunto de relaciones de opuestos simétricos entre naturaleza y cultura, entre acontecimiento y sistema, entre vida y muerte. El tiempo de la historia, además, no era sino una forma de inventariar los elementos de una estructura. Ahora bien, en la elaboración de este *"Perón que es jefe del ejército enemigo"* concurren sorprendentes elementos sellados por la idea de *destino* —no asumido como tal por Rozitchner— que se explican dentro de una historia burguesa de control de masas a través del miedo. Este miedo está provocado *en* y *por* la conciencia infantil de los jefes militares, llena de amor despótico hacia la masas —que a su vez viven paralizadas dentro de ese amor idílico— y de las izquierdas políticas que se incorporan a él creyendo poder utilizarlo sin saber que su pensamiento había sido absorbido por la maraña en cuyo centro habitaba el amo.

Pero hay también una astucia consciente en el Perón que confía en que el canon disciplinario militar podrá componer una razón ordenadora en el mundo fabril y obrero. Por eso, su transposición desde el pensamiento burgués castrador hacia el mundo histórico —que Rozitchner quiere que sea un evento sin reductivismos— se hace con una conjunción de astucia consciente y de fantasmagorías de amor infantil imposibles de detectar en la conciencia espontánea. Mantener una empresa interpretativa de esta índole, se inscribe en formas mixtas de conocimiento que desde hace largo tiempo no vacilan en denominarse *psicología social*. ¿Ha escrito Rozitchner, pues, una psicología social? ¿A qué estilo de conocimiento pertenece su trabajo de interpretación? Por supuesto, nada hace necesario que una obra abandone su singularidad para obligarla a formar parte de un cortejo de obras que constituirían una *manera*, o una *serie*. Pero el ejercicio de incluirla en una encadenamiento más amplio también la pone en un diálogo que, por más reacio que fuese su origen al juego de los géneros —y este es el caso de la obra de Rozitchner—, suele inspirarle efectos beneficiosos. Ángulos suyos borrosos o postergados por el lector son vistos como relevantes; aspectos que parecían atados a la redundancia o el ritual, que todo escrito guarda para sí mismo, se enlazan con antecedentes que los liberan; hallazgos propios inusitados pueden arrojar una luz salvadora sobre obras pasadas que auguraban sin tanta fortuna un desarrollo posterior más acertado.

Hablamos de psicología social, entonces, y enseguida llama a nuestro espíritu la realidad de una conjunción que parece haber surgido de la noticia de una carencia. Pudo pensarse alguna vez —y pertenece esto a una historia de los conocimientos sociales que no es el caso hacer aquí— que las esferas del individuo y del colectivo merecían no tanto una respectiva acentuación de la supremacía de una frente a la otra, sino un encuentro en un campo intermediario donde se revelara una articulación y fusión. O mejor, un núcleo nuevo de problemas donde el individuo con su realidad psíquicas y la sociedad con sus representaciones simbólicas pudiesen reconocerse mutuamente. De este modo se resolvería la *carencia* de un individuo inmune a la redefinición que sobre él provocan los lazos sociales o una sociedad *ajena* a las simbolizaciones autónomas de los individuos. De ahí que entre todos los intentos históricos de superar la "antinomia individuo sociedad", el de la psicología social podía no ser el más imaginativo ni el más concluyente, pero era el primero que mostraba la explícita disconformidad por los sucesivos imperialismos conceptuales que en un caso hacían de la sociedad una mera *psique* ampliada o del individuo un modo de *internalizar* el todo social.

Ricaurte Soler, en su resistente y muy bien informada historia del positivismo argentino (Panamá, 1959), apelando a numerosas fuentes indica que si bien se suele afirmar que en 1908 aparecen por primera vez obras con el título de psicología social, debe tenerse en cuenta que Carlos Octavio Bunge ya en 1903 lo había empleado en *Principes de Psychologie Individuelle et Sociale*. Postulando que "cada pueblo posee una psicología social propia" —afirmación alrededor de la cual en *Nuestra América* (1903) desarrollará un infausto racismo científico— Bunge asienta que "en las reacciones primordiales de la materia orgánica reside el origen del derecho", riesgosa aseveración que confrontará el organicismo jurídico con una psicología social que deberá explicar las diferencias entre "un hocicudo negro neocelandés y un elegante estadista británico", eco desmejorado y torvo del aserto que Vicente Fidel López había estampado en su muy citado prólogo a *Las neurosis de los hombres célebres* de Ramos Mejía: "Por más sabio que sea un Brahma, no se hará jamás de él un profesor o un catedrático europeo a la manera de Müller o de Cousin", afirmación que en aquel momento (1878) tiene el más apacible aspecto de comprobar el peso de los ámbitos civilizatorios sobre las determinaciones meramente biológicas. Ahora bien, si en Bunge la psicología social lleva a una biología de la mentalidad colectiva, en el propio Ramos Mejía —se verá por qué volvemos a mencionarlo— llevará a una visión de la historia en recíproco influjo con todo tipo de *agentes frenéticos*. Eso es precisamente lo que deja un surco notorio en el ensayo social argentino, cuyos ecos pueden recogerse y no débilmente, en el seno mismo de aquellos años del debate que se sigue a la caída de Perón en 1955. Y aquí nos encontramos con una "frase perdida" de Jauretche.

Frase perdida que, como suele suceder con las que iluminan con chispazo austero, procede de un pie de página o de otros arrabales del texto. Traducen la rara persistencia de un problema que, si no emerge con pujanza, nunca deja de estar sordamente allí. Dice así Jauretche en *Los profetas del odio y la yapa* (1957-1967), respondiendo al libro de Ernesto Sabato *El otro rostro del peronismo* (1956), en carta dirigida al propio Sabato: "Debo decirle que por más que supere la adversa posición que tenemos en política, lamento que usted que tiene formación dialéctica haya recurrido a la interpretación inaugurada en nuestro país por Ramos Mejía, de querer resolver ecuaciones de la historia por el camino de las aberraciones mentales y psciológicas. No, amigo Sabato. Lo que movilizó las masas hacia Perón no fue el resentimiento, fue la esperanza... deje pues eso del resentimiento y haga el trabajo serio del que usted es capaz y que el país merece". Pero Ramos Mejía también había aparecido con vigor en otro libro al que Jauretche le dedica mayor atención polémica, el *¿Qué es esto?* (1956) de Ezequiel Martínez Estrada. Las páginas jauretcheanas contra este último son de las más generosamente revestidas de sorna zumbona y de perdurable gracia en sus insidiosas zancadillas. Pero en este caso no cargará Jauretche —por no escudriñarlo— contra el muy ostensible arco de la cultura crítica argentina que va de Ramos Mejía a Martínez Estrada, pasando por el Agustín Álvarez que inventó un "manual de imbecilidades argentinas" (1899) del que en algo debe ser deudora su idea de *zoncera argentina*, elocuente lance *gauchipolítico* que sin embargo no deja de tener en su repulgue de sarcasmo, una huella de la metáfora de la "enfermedad nacional".

Ezequiel Martínez Estrada, el hombre que Jauretche injuriaba bajo un mote chacotero: "de radiógrafo de la pampa a fotógrafo de barrio", irá entonces a declarar en su *¿Qué es esto?*: "Podemos decir de él lo que queramos. Proteo es inalterable a través de sus metamorfosis..." ¿De quién habla Martínez Estrada? *Del pueblo.* "Podemos saludarlo como en el Himno o vituperarlo como en *Nuestra América* de Bunge, dirigirnos a él en mapuche, inglés, castellano o alemán; considerarlo como los dirigentes de los partidos políticos o como Ingenieros, Ramos Mejía y Groussac, porque todos son aspectos verídicos de ese Proteo, por lo tanto aspectos igualmente ilusorios." Crucial interpretación de Martínez Estrada de lo que significaría "dirigirse al pueblo". Veamos una de sus veloces alegorías respecto a cómo el pueblo es capturado por aflujos que lo deforman. Léase, pues, esta frase: "Sería inútil y espacioso tratar de robustecer la documentación y la argumentación que condenan inexorablemente a Rosas como un déspota sanguinario capaz de los más siniestros crímenes, mientras el pueblo emasculado mantenga la idolatría del ídolo, pues, apenas dejaba los establos de Rosas cuando se lo mete en los cuarteles de Perón. Analizando situaciones semejantes a la actual en nuestra historia, pues no es esta la primera, escribió J. M. Ramos Mejía: 'es así como se hace la educación del servilismo, mas propiamente la formación del alma pecuaria, que se obtiene por la educación de un considerable número de células cerebrales a la función social de la obediencia automática. Una vez obtenidas las tiranías no necesitan ya derramar sangre; bástales chasquear el látigo de cuando en cuando, *hacer el trueno* como en los teatros'."

Una cita dentro de la cita, como bien se ve. Es Martínez Estrada en su *¿Qué es esto?* citando al Ramos Mejía de *Las multitudes argentinas.* Y es, al mismo tiempo, la noción que irrumpe ante nuestros ojos cuando nombra Martínez Estrada al *pueblo.* Lo hace en una senda que retoma la mención a las *multitudes* tal como las invoca Ramos Mejía. Se trata en ambos casos de una irresolución, una indecisión —digamos mejor, una indeterminación— que deja las ideas centrales envueltas en una vaguedad intranquilizadora y turbadora: *desesperante.* En el prólogo a *¿Qué es esto?* leemos que "mi pueblo había cometido muchos y muy graves pecados y Perón le ofreció la impunidad y no la absolución. Hay que ofrecerle la regeneración, la purificación (pero...) vencido ha sido el pueblo y vencedores sus viejos Iscariotes. Otra vez debo constreñirme a la exposición de la etiología y la sintomatología de nuestos males, aventurándome apenas a un diagnóstico. Creo que estoy en condiciones de aconsejar una terapéutica, pero todavía hay mucho que averiguar en la etiología, en la sintomatología".

Es que Martínez Estrada cultiva también la metáfora de cuño médico, pues la sociedad es un organismo enfermo y la enfermedad una comarca a partir de la cual se expresan las luchas entre el bien y el mal. Son metáforas de una psicología social a la que Martínez Estrada denomina de muchas formas, incluyendo esa, todas en la tradición de las *caracterologías* y las *fisiognómicas,* esto es, de los pensamientos que aparecen a partir de una fuerte torsión alegórica. Lo social, lo colectivo es un drama que se proyecta a partir de signos que actúan a imagen y semejanza de las líneas del rostro, de los rasgos de temperamento, de las formas del carácter. Todas ellas, herencias de las divisas médicas anteriores a la Ilustración, que perduraron como "alegorías biometafísicas" en los estilos ensayísticos rioplatenses del siglo XX. Y de ahí el incómodo posesivo —*"mi pueblo"*— que precede a los sujetos colectivos en el escritor que absorbe en la *sintomatología* de su texto el exorciso, la blasfemia y el anatema del "mal de todos".

Pero está también la noción de destino, que Ramos Mejía agita muy a la distancia, con su interés por esoterismos y milenarismos, pero que en Martínez Estrada está vinculada a la idea de texto y palabra, que se saben esenciales en su obra. *"Todo dependerá de que encontremos la fórmula exacta, las pocas palabras del conjuro. El secreto es ese: hallar las palabras... hemos de confesar que Perón las encontró según sus propósitos, y que si en vez de hablar un lenguaje mendaz hubiera hablado el del verdadero patriotismo, habría podido realizar lo que ahora es también posible pero más difícil. Porque la empresa... de purificar a nuestro pueblo ha de ser, a mi juicio, por decirlo así, obra de ensalmo..."* Ese ensalmo o conjuro es la palabra redentora que surge de los textos de la "nación enferma", que son *invariantes* silenciadas del inconsciente. Este acecha como pampa apocalíptica, como mandato irrealizado para constituir una civilización argentina que no sea meramente la barbarie triunfante, que en gran simulacro se reviste con su enemigo nombre de civilización.

Pero si Perón se había acercado a esa palabra —aun más, la había encontrado aunque con mendacidad— se entiende porque el *¿Qué es esto?* de Martínez Estrada rápidamente es acusado por los acérrimos antiperonistas de haber bajado las banderas ufanas del golpismo del 55, en nombre de una consideración de Perón que lo hacía un *producto del medio como fijador de males difusos y proteicos que aquejaban al país antes de su nacimiento.* Quien le recrimina esto es precisamente un agudo y sensibilizado Borges, que no hace más que reiterar el reproche que un siglo antes le había dirigido Alberdi a Sarmiento, por haber considerado a Facundo Quiroga, en el *Facundo,* también un "producto del medio y de la revolución", una viva encarnación de las condiciones reinantes que parecían entonces no dejar lugar para el absolutismo de la condena moral. Martínez Estrada le responde a Borges con una frase antológica que jamás nadie se animó a decirle —ni siquiera Jauretche— y cuyo tono bíblico no impedía que contuviese un remoto gramo de verdad: *turiferario a sueldo.* No se puede pensar hoy a Borges como si esa frase no hubiese sido pronunciada. Pero tampoco como si "Tlön Uqbar", "La muerte y la brújula" o la *Nueva refutación del tiempo* no hubiesen sido escritos.

Precisamente, la eficacia de la palabra para enhebrar cuerpos se encuentra en Ramos Mejía de un modo más "materialista social", sin ánimos de "purificar a nuestro pueblo", como dirá el autor de *¿Qué es esto?* Leamos esta opinión escrita en *Las multitudes argentinas,* al referirse a las multitudes "americanas" en los tiempos de la colonia: *"¿Cómo se pasan la palabra de orden? ¿Quién lleva a tan grandes distancias, y salvando tales dificultades, las indicaciones más elementales e indispensables para esas movilizaciones mágicas?"* En Ramos Mejía, esa idea vinculante y nervio de la palabra como *bios* de lo social es un *contrato* —la palabra él la emplea— que fundamenta el *grupo*, el *cabildo* y luego la *nación*, en una *filogenia* escalonada donde se delibera cada vez más sin pensamientos políticos trascendentes, pero que forma la imaginación y fantasía profética del *sensorium* de la nación. Puede sospecharse de inmediato que aquí está el corazón de la tesis ramosmejiana, las multitudes, a la vez que una disminución de las facultades de autonomía reflexiva, implican elevarse a un colectivo de unciones laicas que emancipa naciones. Es el otro "contrato social": contrato sensorial de manumisión y ensalmo. El 17 de octubre de 1945 cuenta con dos grandes descripciones que se presentan como parte de este linaje. Una es la Martínez Estrada, que apela a fuertes imágenes alusivas a una revelación de lo sumergido. "Revelación del mal", puede ser, pero tanto más necesaria, pues la turba es la materia de la que trata el redentor. Si los miserables tienen una culpa siniestra que los señala, en eso son superiores a los hombres socialmente privilegiados y apáticos, porque de esa culpabilidad emergerá la verdad soterrada. Ese lado sórdido de la nacionalidad resquebrajaba la superficie indolente del presente e invadía, como hablando otros idiomas, vistiendo trajes exóticos, pero dignos de una recepción huraña e inquieta. De este modo la practica Martínez Estrada: "Y sin embargo, eran parte del pueblo argentino, del pueblo del Himno."

Extraña afirmación que percibe a las multitudes como el efecto de la atemporal canción patria (bien que su historicidad sea por otra parte notoria, en sus propias mutaciones y usos). El Pueblo del Himno es la cifra clandestina de la nacionalidad. ¿Apenas lírica? No, experienciales y míticas a la vez, las multitudes en plaza pública surgen de lo mitológicamente oído en un momento irreal de anacrónica felicidad pública. Ellas escapan de los "textos sagrados" pero no necesariamente para restituir la verdad del subsuelo, sino para demostrar hasta qué punto un acto trascendente —ese emerger— remataba en una incapacidad auditiva o en una derivación deformada: el *peronismo*. A tal configuración había que blasfemarla. Por eso, Martínez Estrada pasa por ser, conforme al nomenclador diario de la política nacional de las décadas anteriores, como el más gorila entre los gorilas. El peronismo es visto como el retorno —cierto que agraviante— de la esencial *res gestae* del país, pensamiento que solo obraba hasta el momento en metafísicas menores, salvo la muy dúctil y modernista de Raúl Scalabrini Ortiz, vinculadas al funcionariado cultural del peronismo. Ahora bien, el agravio del peronismo también lo sufrían y merecían los que nunca entenderían —¡cogotudos y turiferarios!— que la turba encierra verdades en un magma que hay que interrogar hasta llegar a las pepitas de autenticidad social.

Porque la turba es justiciera, aun cuando vuelvan con ella "los demonios de la llanura". ¿Cuáles? ¡Los que había entrevisto Sarmiento en el *Facundo*! De tal modo que las multitudes peronistas —o que luego serían peronistas— del 17 de Octubre de 1945, emanan de dos textos vitales del siglo anterior, el Himno y el *Facundo*. Ya tenemos a la vista el estilo compositivo de Martínez Estrada. La realidad histórica mantiene en su seno movimientos perturbadores que tienen efectos por haber sido figurados previamente en textos trascendentes. Por otro lado, un texto es trascendental si vibra al compás de su capacidad de vaticinio, vaticinios que tienen que ser de regeneración social —y que para el Martínez Estrada, que cita a Franz Fanon en los años 60, *pasarán a ser contra la expoliación colonial de los pueblos*—.

El himno nacional, con todo, más que al pueblo se dirige al resto de la humanidad libre, y el *Facundo*, no tiene sin duda un tono demonológico. Pero esas interpretaciones tenían por motivo trazar el arco que iba desde el pueblo encarnando un acto sagrado —*el grito sagrado*— sin fisuras ni impurezas, al pueblo advertido de su potencialidad destructiva en las líneas del *Facundo*. De todo texto deben evadirse fantasmas, porque todo texto que merece ese nombre, vibra en el anticipo de libertaciones y prefigura sucesos futuros de esencia emancipadora. Esos demonios siniestros de la llanura trazan una cuerda histórica que va desde los saladeros de Rosas, Terrero y Anchorena hasta los frigoríficos de la Argentina Industrial. *Invariantes*, las llama Estrada: *"El 17 de Octubre esos demonios salieron a pedir cuentas de su cautiverio, a exigir un lugar al sol, y aparecieron con sus cuchillos de matarifes en la cintura, amenazando con una San Bartolomé del barrio norte. Sentimos escalofríos viéndolos desfilar en una verdadera horda silenciosa con carteles que amenazaban con tomarse una revancha terrible."* Percibimos entonces que lo que prevalece no es solo el *daimon facúndico* que había que exorcizar, sino que hay otro tercer texto del siglo XIX que está trepidando en las napas internas del 17 de octubre. Es *El matadero* de Echeverría. De este modo, los ecos en sordina de esos escritos que solo tienen lectores ociosos y escolares, demuestran que itineran como almas en pena por todas las épocas para encontrar hombres y ciudades contemporáneas a quienes hablar. Las multitudes de ese 17 eran entonces multitudes literarias, sombras huidas de los escritos fundamentales que dan escalofríos al lector, porque son palabras que desfilarán como hordas por las ciudades. La experiencia del *escalofrío* es la del espectador de ese tropel airado que marcha insolente, pero antes es esencialmente la del lector que entabla con los textos anunciadores una relación confidencial de miedo y éxtasis.

Las multitudes peronistas son así condenadas por ser la encarnación de un mal antiguo que los textos argentinos ya habían denunciado —y este aspecto de los escritos estradianos fueron advertidos como afrentosos por el peronismo militante— pero al mismo tiempo son tomadas como poseedoras de un potencial ensalmo que no halla *forma justa* aunque surge del legítimo material soterrado de la historia nacional —y ese aspecto autentificante era el que había descubierto para su disgusto el ojo clínico Borges. Esa duplicidad de las masas es la que acaso convenía para el resurgir del cautiverio de una intimidad reprimida. En su triple gala de himno, demonio y matadero, las masas peronistas eran los aparecidos que venían para mostrar un nuevo capítulo de la maraña trágica de un país en el que las instituciones artificiales no interpretaban a la comunidad fidedigna. En *Radiografía de la Pampa* (1933) Martínez Estrada ya había anunciado el problema, por ejemplo, en el apartado titulado *fisiología de la ley*. La ley era impostada en códigos urbanos y rurales, en reglamentaciones de cuartel y en normas de circulación, pero así la vida surgía al revés, iba desde la *geometría* estatal-legalista a la *biología* social y no en sentido contrario.

La vida es novela y no alegato, dice Martínez Estrada. Y allí estaba la ley para usurpar la voz formadora de pueblos, que solo sale del interior del relato de las literaturas infantiles, corales y épicas y no de los reglamentos aprendidos de memoria, para no delinquir o para delinquir astutamente. Este *moto* tradicional del ensayo y la política argentina —y de toda nación, en verdad— basado en la distinción entre el *país real* y el *país legal*, tiene en Martínez Estrada un aire respirado inconfundiblemente desde las páginas de Ramos Mejía, donde la afiebrada metafórica biologista —en su camino de ida— transporta a las multitudes vitalistas hacia la formación del Estado autónomo revolucionario de 1810. La "fisiología de la ley" se compone así desde la vida y no la vida desde la forma. ¿Y el himno? En *Radiografía de la Pampa* aparece mucho más del lado de la ley que del lado de la multitud. Pero veinte años después, perfecciona su argumento y el himno es una parte de la voz cantada hecha ritual, pero que como todo mito dormido podía despertar y sacudir demonios en los subsiguientes ciclos históricos.

Por eso, el escalofrío que provocaba la horda era el límite más extendido de la ambigüedad estradiana, pues al mismo tiempo que significaba una repulsa del hombre ilustrado, también apelaba a la tarea pendiente en un país donde la ley hablaba del pueblo sin tolerarlo y sin siquiera hacerle justicia. De esa ley, de esos himnos, venía entonces el pueblo, materializándose en la escena social, a reclamar con su propia voz lo que era suyo. *Por eso mismo el escalofrío era una técnica política de lectura.* "Habíamos hablado mucho de nuestro pueblo, ya en el Himno se lo menciona pero no lo conocíamos", dice en *¿Qué es esto?* Ahora estaba allí, y los escritores o políticos que lo habían invocado no podían mirarse en ese espejo donde centellaba el *pathos.* Eran palabras desconocidas pero arrancadas del mismo texto que ellos habían pronunciado aunque sólo en nombre de la ley. Pero el país ese sobre el cual esas muchedumbres —y Perón— caían como águila, era el de *Radiografía de la Pampa,* no el del *Facundo.* (Así, era el *Facundo* el que se desplomaba "revelado" sobre *Radiografía...*) Se trataba del país donde había triunfado la barbarie que parecía vencida, esos espectros que se creían aniquilados, pero que adornados ahora de medios mecánicos, técnicos e institucionales *habían tomado el nombre de civilización.*

Se aprecia así que en esta serie enloquecida de trastocamientos, los textos reviven por su lado inicuo, y la contraposición esencial y fundante llega al siglo XX con sus términos cambiados. El *17 de octubre peroniano* significaba la movilización sobre la ciudad de un conjunto de textos antiguos, de los que no podían leerse sin estremecimientos. En primer lugar, el Himno; pero luego el *Facundo,* el *Matadero* y la propia *Radiografía de la Pampa.* Este método de la revelación histórica de textos —o si se quiere, lo inverso de lo que Carl Schmitt considerando a *Hamlet* llamaría la irrupción de la historia en el texto— lo sugiere especialmente en el capítulo nueve de su *Sarmiento* (1946) donde concibe la noción de *lector con miedo.* Ella nos interesa. En contra de la lectura didáctica, educativa o informativa, el miedo lleva a la verdadera lectura, la que se clava como espina en los órganos vitales de los individuos, desnudándoles el destino de su ser social.

Aquella lectura, en la cual el miedo indica que se han desatado los secretos irredentos de la historia en un escrito, es precisamente la que siempre impulsó la Inquisición. El estilo lectural del jesuitismo lleva siempre a "pensar en otra cosa cuando se habla y a hablar de otra cosa cuando se piensa". Esta discordancia —¿acaso propia de toda relación de habla con cualquier foco institucional? — la atribuye Estrada a la Inquisición, recordando sin duda la manera en que casi cinco décadas antes, Ramos Mejía la había hecho responsable del predominio de la ley persecutoria contra el deseo de emancipación de taumaturgos y rabdomantes. ¿Sería posible una vida social en que se lea lo que se hable, se hable lo que se piensa y se piense lo que diga? Esta utopista ansiedad de Martínez Estrada se corresponde con la misión que se había atribuido el ensayismo científico-moral de los médicos positivistas —nombre con el que infinitas veces ellos mismos se considerarán— respecto a combatir las irradiaciones de simulación en la vida social.

Entonces, al contrario de aquella lectura que solo sirve para obstruir el argumento y la razón, la lectura "con miedo" es la que deben suscitar los textos que tienen en su ser el rumor de dormidos e irresueltos combates. De esos textos, caben muy pocos en el anaquel de Martínez Estrada: son el *Facundo*, el *Martín Fierro*, *Amalia* y *Una excursión a los indios ranqueles.* Estos textos del siglo diecinueve argentino —estas "radiografías", agrega, al emparentarlos con prodigioso desenfado a su propia obra— desaconsejan la lectura distanciadora y apática, que muchos creen poder seguir haciendo. "*Todavía muchos leen el* Facundo *y el* Martín Fierro *sin miedo, como cuentos pintorescos y divertidos.*" Los textos son así una invariante mítica que espera ser libertada para revelar lo oculto. El espectador catártico de la tragedia clásica es lo más parecido posible a este lector *sin temores* que encuentra su desahogo purificador, restituyendo su alma dañada al incluirse en el mito de la obra. Martínez Estrada hace, en sentido contrario, el recorrido que se expresó por el rechazo de la experiencia catártica en la representación, antigua alternativa que llega hasta Brecht en la dramaturgia occidental.

Pero esta visión basada en el "histerismo de los textos" puede ser cotejada con otra conocida pieza sobre el 17 de octubre. Se trata de la que escribió Raúl Scalabrini Ortiz muy poco después de los hechos, en un relato destinado a tener larga repercusión. En Scalabrini, el "traje exótico" que ve Martínez Estrada en los manifestantes del 45 se convierte en mamelucos tiznados de grasa, pero principalmente llega aquí al ápice una misma idea basada de un plano sumergido que irrumpe en una realidad superficial y indolente. Lo escribirá de un modo que resultaría enteramente recordable, con una frase que sonaba entre el chasquido y el epítome: "era el subsuelo sublevado de la patria". La idea de sublevación telúrica, inexistente en Martínez Estrada, se puede considerar de todos modos una ampliación vibrante de la del "pueblo del Himno". Pero no se puede encontrar en la descripción de Scalabrini la paradojal aspereza que hay en la de Martínez Estrada, pues en aquel solo vemos la clásica forma de las multitudes que marchan por la ciudad como una masa orgánica viviente, olorosa y jadeante. "Un hálito áspero crecía en densas vaharadas mientras las multitudes continuaban llegando." Y esa multitud andarilla y antropomórfica provenía de sitios muy precisos que Scalabrini nombra, en contraste con la única mención que hace Martínez Estrada: *el barrio norte de la ciudad, con su temor a una noche de San Bartolomé.*

En las antípodas de ese barrio, en las periferias populares, está el *locus* de Scalabrini, en testimonio de que le interesa menos a quienes atemorizan las masas que quienes se representan en ellas. "Venían de las usinas de Puerto Nuevo, de los talleres de Chacarita y Villa Crespo, de las manufacturas de San Martín y Vicente López, de las fundiciones y acerías del Riachuelo, de las hilanderías de Barracas." Sitios precisos, toponimias y oficios de las recientes ramas industriales que van trazando la bóveda social de ese mundo en ebullición. Pero este catálogo del alma social de la irrupción, perdería su fuerza si no fuera acompañada de la crónica burilada de la *autoctonía* del hombre del 45. "Brotaban de los pantanos de Gerli o descendían de las Lomas de Zamora", dice Scalabrini, lo que nos impone acciones que surgen de la tierra cenagosa o de relieves elevados del suelo, todo lo cual alude a la naturaleza convulsionada.

Faltaba a este surgir telúrico, una idea más diáfana de la alianza social: "hermanados en el mismo grito y en la misma fe iban el peón de campo de Cañuelas y el tornero de precisión". El mito del subsuelo scalabriniano —recordemos el *scalabrinitherium* de Ameghino— describe diversas curvas que van, respecto a la conciencia, del grito a la fe; respecto a la territorialidad, del campo a la ciudad; respecto a las profesiones, del peón de Cañuelas al obrero industrial moderno; y respecto al tiempo, del subsuelo silencioso y arcaico al momento actual de revelación insurgente. Todos los personajes son sorprendidos caminando en este presente visual que agrega un elemento más, pues en los hombres movilizados del 45 ve al "hombre que está solo y espera" que salía del letargo lírico en que el escritor lo había descubierto en 1931. De este modo, si Scalabrini no apela a textos de oro del siglo anterior para indicar *de dónde salen las multitudes,* lo hace en relación al propio texto que él había escrito casi una década y media antes. La elaboración colectiva de Scalabrini dialoga con fuerzas minerales e hídricas, pues es un hombre torrencial que está difuminado por todo la naturaleza de la cuenca sentimental llamada argentina. Por eso, lo que brota del subsuelo del 45 era el mismo material que en el 31 se estaba amasando a la luz del día, como aluvión y torbellino del paisaje. Hay, pues, algo como una "sensación tectónica" en el relato scalabriniano que recuerda también a las "multitudes americanas" de Ramos Mejía.

Estas se hallan seguras de su "orientación instintiva", de la "facilidad para las concentraciones súbitas" y "descienden rápidas de la ladera", por lo que anuncian esa conjunción entre hombre y naturaleza por el cual el hombre adquiere el poder de una alegoría mineral y la naturaleza uno orgánico. Son multitudes que piensan también con el paisaje y que constituyen un cuerpo colectivo pensante porque el mito político que las conforma les atribuye una capacidad deliberativa como si el texto inconmovible de las leyes físicas le dictase armonías al mundo moral. Es también, en el *como si* de las multitudes, algo que envía a un comportamiento que parecería consistir en ir conservando los restos de sus sucesivas transformaciones mentales "como conserva el insecto los restos de la larva aun después de lanzarse a la vida".

Tanto Martínez Estrada como Scalabrini Ortiz —y no carece de menciones el hecho notable de sus semejanzas a pesar de los ambientes políticos tan contrapuestos por los que deambularon— se dejan tentar por descripciones infundidas de lo que podríamos llamar un *pensamiento salvaje.* En ellas permanece la fuerza alusiva de esos estados "larvarios" que están a la espera, sea en los libros míticos del pasado nacional, sea en una antesala literaria de una intimación patriótica. En ambos casos esta imaginería hace de la multitud la expresión de un organismo que extrae de sus propias mutaciones una *fisiognómica* del drama nacional. Así se puede apreciar en Ramos Mejía, cuya ficción biologista y trascendentalista es el remoto sostén de la imagen estradiana de la multitud que surge de los textos sagrados, y más indirectamente, de la multitud scalabriniana que surge del subsuelo literario de la nación, donde estaba a la espera una alianza de clases y la amalgama teatral entre pantanos, calles industriales y llanuras agropecuarias. Precisamente, la narración de Scalabrini comienza —en los párrafos más citados, que la publicística de los años 60 fijara con esmero— con una invocación apolínea al sol: *"El sol caía a plomo sobre la Plaza de Mayo..."* No dice *Febo*, tal como comienza la marcha de San Lorenzo, en la pertinaz detonación de su estilo conmemorativo oficial, y sustituye el verbo *asomar* de esa drástica melodía —suavidad de un asomo que ampara la batalla— por un *caía a plomo*. El sol caía a plomo: el comienzo de Raúl Scalabrini Ortiz propone una acuarela platónica y tajante. La patria plebeya, encerrada en la caverna antigua, solicitaba la clásica y pagana presencia del sol para emprender sus postergados encargos. Carlos Astrada, en equivalente descripción, también había dicho, pensando en "los hijos de Fierro", que aquel era un día luminoso y retemplado...

Pero no es en Scalabrini sino en Martínez Estrada, donde no son escasas las menciones a Ramos Mejía. Además de las que ya consideramos, en el *¿Qué es esto?* —extraño título, que implica tanta perplejidad ante lo extraño como el *Qué hacer* leniniano implica tanta certeza ante las decisiones a ser tomadas— no se abandonan fácilmente las citas de Ramos Mejía, que sin embargo no abundan en las anteriores obras estradianas. Por otro lado, también el *¿Qué es esto?* es un venero de citas heterogéneas aun para un autor como Martínez Estrada. A pesar de no haberlas desdeñado en su obra anterior, las siembra aquí a puñados —Toynbee, Simmel, Kälher, Arciniegas, Vicente Fidel López, documentos de actualidad, la propia *Conducción política* de Perón, etc.— dando prueba de la apresurada escritura del libro. Habrá entonces, aparte de las mencionadas, otras largas incorporaciones de trechos de *Las multitudes argentinas*, uno referido al "hombre carbono" y otra a la "multitud dinámica", con sus fraseos lebonianos pero con lo que ya sabemos de la originalidad de su barroquismo médico.

Por otra parte, no están ausentes los elementos de la *teoría del simulador*. Martínez Estrada ronda sobre ellos, en primer lugar adjudicados a Hitler por otro autor que se cita largamente en el *¿Qué es esto?*: "Era el perfecto simulador, rico en estratagemas del más variado carácter, todas enderezadas a conseguir su designio de dominar y hacerse obedecer". Y continuamente aparecen, en este libro vibrante y amorfo, los rasgos de una *catilinaria* que con su carga de andanadas imprecatorias, enviaba saetas envenenadas al corazón del peronismo. Es pavoroso el aspecto de esas flechas de ponzoña: "Por lo regular esos tiranos que mencioné, emplearon armas automáticas contra sus propios pueblos, y Perón llevó contra el suyo una guerra bacteriológica, y empleó los gérmenes que sabía que eran los más violentos para el organismo nacional". Frase terrible, servida por el envite de la metáfora biopatológica y que haría pensar que el apóstrofe estradiano es estrictamente *aquello* por lo que su autor sería recordado en la publicística argentina: como un insoportable sermoneador, no solo por los peronistas que no lo leyeron, salvo Jauretche —que lo rebatió en solfa, mofándose de su prosopopeya— sino por los antiperonistas que desconfiaban de su aire bíblico o que, como Borges, veían en esos refunfuños extravagantes y furiosos, una secreta comprensión del período peronista.

Porque el vaivén del jadeo estradiano es rítmico y tapiado. Se reclina en un gusto artero por lo indescifrable que se cuela a pesar de la apariencia clara de sus blasfemias. Y refiriéndose a los elementos que Perón armó "con pistolas automáticas" —más adelante las descartará para subir la apuesta hacia las "armas bacteriológicas" contra el pueblo— dice que "esa era la hez y al mismo tiempo la flor de los que debemos entender por nacionalidad". Esas paradojas, que Borges llevaría a las cimas de una retórica preclara y sistemática, en Martínez Estrada nunca se despliegan acabadamente, pero siempre cuentan con el servicio de su rudo asociacionismo de ideas y su fervor extasiado por las fórmulas invertidas. Tal es la que lo lleva a decir de Perón y Evita: "él era la mujer y ella el hombre". Audaz enunciado que reitera el que respondiéndole al "turiferario" Borges había escrito en *Muerte y transfiguración de Martín Fierro*: "Cruz es el *antiél* de Martín Fierro, el instrumento de su crucifixión". Era la versión estradiana del tema borgeano de "El otro era él".

Esa "trasfiguración" es la que también siente el escritor según lo que relata al asistir a un documento fílmico sobre el sepelio de Eva Perón. "Cuando vi proyectado el velorio con el desfile del pueblo, del auténtico pueblo compungido, anonadado, soportando la lluvia y el plantón durantre horas y horas, me emocioné y me sentí poseído de la misma consternación de las gentes que estaban en el desfile." Martínez Estrada compone entonces su "alma de escritor" con la mímesis exacta de las cualidad de *hez y flor* que ve en las transfiguraciones del pueblo, momento más alto del estilo ensayístico de carácter, en el cual las formas expresivas asumen el destino de una triple fusión, de la imagen artística con la conciencia pública del escritor y el sujeto lector popular que lo conmueve y al que él busca conmover. Esta retórica en culebreo —de las más complejas del ensayismo nacional— también ha recogido el legado de la psicopatologías críticas del llamado "positivismo argentino". No es vano entonces que podamos afirmar una cepa ideológica fincada en esas alegorías del trastorno colectivo. Ellas atraviesan, en amplio arco, un ensayismo argentino que examina anómalas entidades psíquicas proyectadas al colectivo "psicosocial". En este sentido, el primer Sarmiento deja paso a Ramos Mejía y este a Martínez Estrada en la elaboración de una saga ensayística bajo signos patológicos, que acaba reuniéndolos —y no solo a ellos— en un similar estilo que pasa por encima y *de hecho demuele* las clásicas periodizaciones entre positivistas, antipositivistas, espiritualistas y teluristas, que suelen aparecer en brazos de la comprensible comodidad de querer clasificar el mundo.

"Perón era un fracasado, con todos los estigmas clínicos de ese tipo freudiano ya habitual en las revistas de psiquiatría", leemos en *¿Qué es esto?*. Y más adelante: "Será por mucho tiempo un enigma —si la psiquiatría no contribuye a esclarecerlo— saber por qué un hombre que usó de un lenguaje tan explícito y recto ha realizado una obra de gobierno tan nefasta como Perón." ¿Estas tiradas de un escritor interesado además en pensar como "hipnotizador de objetos" y que llamó a realizar "el psicoanálisis de Perón", no reverberan de un modo semejante a cómo ahora respiran las frases de un León Rozitchner? Cierto que el clima filosófico es muy diverso en este último, interesado en filosofías de la conciencia intencional, en un freudismo críticamente elaborado —no meramente como cita de aderezo— y en la reflexión sobre la subjetividad en las prácticas históricas. Martínez Estrada es un pensador salvaje de la forma —un alegorista, en suma— junto a un proveedor de conocimientos por la vía del anatema.

Esos profetismos no se encuentran en la obra de León Rozitchner, que busca los atributos de una reflexión en la tradición severa del develamiento crítico y de la hermenéutica de la conciencia dialectizada. No se trata de los arrebatos de un ensayismo especulativo, que se endiosa a sí mismo al ofrecer la poética del cuerpo enfermo del escritor que absorbe la morbilidad colectiva. Por eso no emplea Rozitchner metáforas médicas y se atiene a los textos —eso sí— como *formas de vida*, a los que interpreta a partir de la elaboración de una cadencia crítica que los va persiguiendo de modo inexorable aunque no áspero. Pero Rozitchner es el único autor contemporáneo que emprendió un riesgoso "psicoanálisis de Perón" como parte del examen de una conciencia que tensionaba un "modelo humano condenado al fracaso", con una "astucia que convertía el miedo en previsión". No estaríamos tan lejos de Martínez Estrada cuando en *Freud y el individualismo burgués* (1972) Rozitchner afirma que "el sentido que del jefe emerge —aparecer como si él fuera el Todo— oculta la materialidad colectiva e histórica desde la cual significa, como está oculta en el superyó la identificación sensible con el padre del cual surge: oculta su fundamento en el todo colectivo del trabajo y de las relaciones de producción". Sin duda, son dos ocultamientos diversos, el del subsuelo estradiano con su pastiche de demonios y vitalismos, y los ocultamientos que intentan develar el marxismo y el psicoanálisis de la segunda mitad del siglo veinte, enlazados en la lengua —asimismo vitalista— inventada por la fenomenología. Pero, para la historia del pensar como ensayo y del ensayo como pensar, no es impropio en la Argentina hacerlos dialogar en un drama intelectual compartido.

Simulación y conducción

Es que en los ecos de una escritura en otra hay permanencias. No osamos a las rotundas *invariantes* estradianas. Pero esas permanencias van tejiendo un sucederse y una herencia cultural. Habíamos dicho que es posible trazar un arco entre la crítica y la simulación tal como la encaran los médicos e intelectuales del *Hospital* estatal argentino alrededor de ese animado 1900, y las formulaciones críticas que suelen tejerse sobre esa novedad conceptual de la política —que lo era hacia 1930— del denominado *"arte de la conducción"*. De algún modo, esto podría también introducirnos en las napas culturales que perduran en los respectivos mundos morales del positivismo y del peronismo, con la secreta persistencia de una continuada ciencia moral del individuo socialmente integrado.

Porque el peronismo constituyó su mundo moral, en primer lugar, con las estipulaciones que llegaban del *Manual de conducción política* (1950), reescritura de los *Apuntes de historia militar* de 1931 y ámbito preferido de las críticas hacia la añagaza ética y las subjetividades ruinosas —evocamos aquí nuevamente a León Rozitchner— que atraviesan el alma peronista. También es posible considerar aquí en qué estación de la ferrovía temática quedó el tema que había sido anunciado bajo el sino de *las multitudes dinámicas* y se pronunciaba ahora con las palabras *conducción de la masa*; aunque también leemos, formulado por Perón, el concepto de *preparación de las multitudes*. En primer lugar, aparece la noción de *inculcar*, que ya desde el umbral de su presencia deja un clara opción de producir un evento desde el *exterior* de las conciencias y considerar a estas meramente receptoras. Esta ontología de lo asimétrico tiene su desenlace brusco en una consideración sobre la *mística* que es lo que haría válido el conocer sacándolo de la frialdad enunciativa e introduciéndolo —no es Perón quien emplea estas palabras— en el mundo carismático. Inculcar es un acto de reunión de la palabra con la fe, mientras que las teorías son "interpretaciones inteligentes de la doctrina y es suficiente con que se las conozca". De ahí había un solo paso para afirmar que los conductores nacen y no se hacen, por lo que el acto de *inculcar* pasa a ser innecesario, aunque de inmediato surge una alternativa para los no poseedores del "genio": *el genio es el trabajo.*

El otro dilema que anuncia pero no se resuelve más que en una angustia flotante —como todo en esta lógica binaria que genera tensión y propone luego la transacción indulgente— es el de la ciencia, la técnica y del arte. La conducción se basa en la idea de arte, ésta en la de inspiración, aunque no desdeña la técnica, cuya porción Perón se anima a estimar, tacaño, en 20 %. Por eso no hay recetas en algo que se expresa en la concentración de circunstancias tan variables y la condensación no racional de elementos vitales. Hay en juego una *fuerza superior*, que se la comprende solo intuitivamente —*las mujeres*, señala Perón, son las más capacitadas— al margen de una ilustración específica. ¿Pero no estuvo siempre Perón, el *intuitivista,* alertando sobre la racionalidad del método y rechazando la *"antigua conducción caudillesca o caciquista que no buscaba el apoyo sentimental de las masas y aun después de la radiotelefonía, no quisieron ponerse en contacto con ella por ese medio que le brindaba la ciencia"*?

Muchas cosas aquí: en nombre de un método subordinado al aura de la decisión, Perón comienza a horadar las posiciones del *jefe destinal* con apologías a la *técnica* y a las *técnicas* de producción de unanimidades sin fisuras (lo que llama "unidad de concepción y de acción", a modo de agrupamiento parmenídico de la realidad histórica). Su ataque al caudillismo y a la política anteriormente a él realizada —es imposible no pensar en Yrigoyen, pues a los socialistas los menciona como "sectarios pero bien intencionados"— vibra con una exhalación que lo iguala a los "psicólogos sociales" del mil novecientos, que condenaron a los *"manitorpes del mando, a la política criolla que está en el clima y la indolencia nacional"*. Sí, por momentos Perón parece Carlos Octavio Bunge, al que probablemente ha leído en sus tiempos de cadete militar. Por otro lado, el apoyo sentimental de la masa aliado a las técnicas de difusión masivas no dejan demasiado lugar para saber si Perón realmente elige los sentimientos por sobre la razón y la decisión por sobre la ciencia, o si habla el lenguaje clásico del que *resiste virilmente los golpes de la fortuna* pero no se anima a desembarazarse del armazón científico-técnico de la política. No cabe duda de que Perón llega, con demasiados azoramientos, al mismo corazón de incertezas de la idea de conducción, una voceada apología del "hombre del destino" que lleva en su alma solitaria el fragor indescifrable de los tiempos. Y solo le resta ir sabiendo que estará expuesto siempre a la tempestad, sin dejar nunca de admirar el brillo tecnológico con que se presenta la persistente razón de Estado.

Y aún, está su estilo profesoral. El libro *son clases* y los vestigios didácticos surgen a cada paso. He aquí al profesor-presidente hablando de tal o cual bolilla y aclarando aquí y allá que va a omitir aspectos indudablemente interesantes, como la "filosofía de la conducción", pero que no se podrían desarrollar en ese momento, pues se precisarían "más de 100 horas de clase". Perón es un profesor. Los que recuerdan su expresión verbal pública, sus furibundos modismos oratorios, sus cóleras y chascarrillos expositivos, sus abreviaturas y guiños tapizados de gracejos y sobreentendidos, no pueden dejar de aceptar que en la montura de todo ello había una vocación pedagógica, una *aufklärung* popularista, amasada en una socarrona ciencia popular. Veamos esta frase: *"Conocemos casos, en la conducción, de hombres oscuros que no han cometido casi errores, y de hombres sabios que no han dejado de cometer casi ninguno de los errores que se les enfrentaron en el camino de la conducción."*

¿No se ve aquí el rasgo del educador clásico, apoyado en arquetipos con forma de paradoja y una puesta del material didáctico en términos de una experiencia directa personal? Esta paradoja nos interesa: se dirige a comentar la ancestral contraposición entre los sabios y el vulgo, donde estos recogen la gloria del triunfo y aquellos son perturbados por el error. La "conducción" se presentaba entonces como un saber al alcance de todos, que al mismo tiempo daba su mansa lección a los arrogantes hombres ilustrados, que aún creían que el buen gobierno era una mera función teórica, cuando en verdad se trataba no de leer libros sino de leer hombres. Si no es posible decir aquí que escuchamos en sordina los hilos palpitantes que desprende el gran nombre de Maquiavelo, es porque el tono hablado de Perón —que emplea el aforismo, la paradoja, la ambigüedad, la incerteza moral, la promoción jovial de la astucia y una visión estatuaria de la temporalidad— actúa con cuotas intercaladas de palabras antiguas y ocurrencias traviesas que provocan la pérdida de la tensión, que en cambio nunca cesa en la lectura maquiaveliana.

Pero es posible decir esto porque la conducción política es una idea que se sitúa como el halo intelectual del príncipe, al que le permite mantener el enigma de su voluntad a cambio de hacerle comprender que la historia espera de él que venza a la fortuna. Y al lograrlo, ser él mismo una encarnada exposición de la fortuna, no como un inescrutable designio sino como un acontecimiento liberador. El príncipe tiene en su palabra y en su figura una disposición estratégica que no significa otra cosa que la plasmación de la voluntad humana sobre la irresolución de la historia. El comandante tiene un tipo de sabiduría que intenta entonces establecer, con forma de axiomas y principios, la materia inestable de lo político. Pronto advierte —y es su responsabilidad decirlo— que el primer principio debe ser entonces el de declarar que nada está sujeto a principio.

Arte decisionista, pues, en la medida en que las condiciones de producción de la vida y del poder son todas reconocidas en su peso ontológico, hasta que se llega a un punto de tensión, insoportabilidad y locura, en que la suma de *necesarias causalidades* se convierte en su contrario, una suma de creación con la *nada* y la *contingencia absoluta* como compañeras. La cuestión de las masas acaso complementa, en la visión militar, la idea de multitud, que corresponde mucho más a la *polis*. El príncipe, sin duda, se dirige al pueblo y éste al príncipe, pero en las inmortales especulaciones de Maquiavelo, los lazos entre uno y otro nunca son lineales o complementarios. Por el contrario, es ese vínculo el que nunca termina de constituirse, afectado por el origen históricamente indeterminado que lo constituye. El vínculo pueblo-príncipe habitará para siempre en esa dubitación ontológica, simbolizada en la imposibilidad de prever una secuencia entera de acontecimientos, en el infortunio de las motivaciones que pueden trastocar los actos en sus contrarios y en el escollo insoluble que hace que nunca coincida una forma de carácter personal con lo que en cada caso reclaman los veleidosos tiempos.

Pero la idea de *masa* no tiene el elemento de *inconstancia* que sí tiene la de *multitud*, que infunde de vitalidad a la adjunta y subsecuente idea de *pueblo*. Es en verdad, el rostro psíquico perturbado de la idea de pueblo. La multitud se mueve pero en el alocamiento, lo que no ocurre con la idea de *masa*. Esta proviene de la concepción dinámica de la física, involucra dimensiones espaciales más que históricas y juegos geométricos de la política más adecuados a la cuestión de la *conducción*, en la cual naturalmente desemboca. Los jefes revolucionarios del ciclo leninista-trotskista acentuaron *también* la palabra *masas*, percibiendo claramente la mayor precisión político-militar que tenía respecto a los tratos propios del "psicólogo social" que en cambio se adherían a *multitud*, y a la candorosidad renacentista que era el halo permanente que rodeaba a *pueblo*. Se entiende mejor su atribución en los ejércitos de la era industrial cuando descendemos —no muy lejos— hacia la idea napoleónica de incorporación masiva al ejército a través de la *leva de masas*, que propone un estadio superior de la ciudadanía, engalanada con uniforme militar y espingarda. Solo de allí se obtiene el elemento de *movimiento* que es la nota vertebral que le da animación a la idea de *masas*. Lo moderno político se compone precisamente de ese matiz de movimiento que hace que las escenas históricas contemporáneas estén atravesadas de masas —incluso *invisiblemente,* en la ostensible dimensión comunicacional— y que el movimiento sea una magnitud que define inevitablemente lo inesperado histórico.

En las celdillas clasificatorias con que el poder industrial contiene a la fuerza de trabajo, esta aparece discriminada o desglosada por oficios, competencias y especificaciones profesionales que, en la superficie social, se ofrecen como el nomenclador de la división social del trabajo. En el ejército estas masas se tornan "artificiales" —según las denomina Freud— y pierden la discriminación profesional para adquirir otra, basada también en funciones técnicas pero que se refieren a distintas responsabilidades en la infinita trama de mandos y órdenes, de algún modo transferidas al orden disciplinario industrial, pero a la inversa, este también se halla prefigurado por las instituciones económicas inherentes al ejército, como muy bien lo indicó Marx ("Toda la historia de las formas de la sociedad burguesa se resumen notablemente en la historia militar", *Correspondencia,* 1857). Pero en el escenario del capitalismo —y esto quizás lo define— esas masas descubren su doble dimensión de trabajadores y soldados, con la primera de ellas puesta entre paréntesis en el ejército y la segunda, en la fábrica. Por eso el ejército no puede no pensar en dirección a la fábrica, ni la lógica capitalista puede dejar de pensar en la guerra como un resguardo de la propiedad privada.

Este tema siempre formó parte trascendente del debate interno militar, entre los *propietistas* —el ejército disciplinado como refuerzo en última instancia de la propiedad burguesa— y los *estatistas* —el ejército como espíritu armado de la nación y con prerrogativas sobre la producción industrial, según la idea de la guerra como continuidad de la política nacional—. Sin embargo, aunque el ejército piensa en el acto voluntario de ir al encuentro de la empresa productiva, su cemento pedagógico y asociativo no lo compone el "valor trabajo" sino otro tipo de trabajo que labora con la obediencia, la muerte, el mando y el ritual épico de la orden. Por eso, el ejército está vertebrado por una lengua perteneciente al terreno de las pasiones singulares convertidas en "orgánicas", con un tipo de valor no referido al trabajo —aunque implícitamente siempre está presente— sino a un arquetipo de excepcionalidad y sacrificio. Este arquetipo está regulado por el pathos de la muerte, todas sus actividades son bañadas de sentido pues se recortan sobre ella como horizonte posible y de allí el tipo de subjetividad que troquela la vida como una templanza que sucede a cambio de la infinita preterición de la muerte. Muchas poéticas sinuosas del yo aventurero exaltaron esta situación como la libertad del artista guerrero —Lawrence de Arabia fue un ejemplo festejado en la Argentina como una ambigua tragedia entre la civilización y la barbarie— y otras insistieron en criticar la conciencia ruinosa que se elaboraba sobre la base de un servilismo que ya era la *muerte en el alma*, que para el filósofo León Rozitchner son pruebas de que el cristianismo y la milicia preparan el desprecio de los cuerpos que el capitalismo expropia.

El pensamiento de Perón se mueve también con una ambigüedad toda suya entre la civilización y la barbarie, y nunca se dirá que no sea este un vaivén que resulta a la postre ineluctable en la definición del ser de la política. Todo depende de los *ritmos*, los *tonos*, las prefiguraciones *éticas* que brotan de los distintos recorridos de ese vaivén. En el caso del militar argentino, un fervoroso partidario del *orden*, se trataba de correr todo lo lejos que fuera imaginable su pasión averiguadora respecto a las antípodas. En efecto, la pregunta de Perón es: *¿debo dejarme fascinar por el desorden?* Se sabe que respondió a este interrogante de un modo curioso y hasta hoy sorprendente. Pensando que las sociedades modernas viven en estado de inquietud revolucionaria —en ese sentido: su impresión del Octubre bolchevique y sobre todo, las acciones de movilización popular y bélica de la República española— llegó a pensar que el necesario orden no sobrevenía como producto de un ideología que hiciese de él un valor doctrinario, sino de una razón ordenatriz que no fuese *ideológica* sino un procedimiento plano para combinar pasiones, *pero que contuviese en sí misma la cualidad de producir el caos.* Llamó conducción a ese procedimiento, una pre-dialéctica de las pasiones, que había aprendido en las academias militares y del cual él mismo había sido destacado profesor.

Ya en 1930, un joven capitán Perón había elaborado un importante informe sobre la Revolución que ese año derroca a Yrigoyen, criticando a los "fatídicos adláteres del General" —se refiere a Uriburu—. Ese es quizás el documento más revelador de los preparativos del golpe, escrito no sin ingenio y con agudas pinturas de ambientes y semblanzas de los conspiradores: Lugones es aludido, quizás por única vez en toda la carrera de Perón. Uriburu era un "perfecto caballero" pero no estaba en condiciones de dominar un entorno caótico, plagado de pasiones diminutas —"codicias y odios mal reprimidos"— que el capitán redactor se detiene a describir como obstáculos para la acción, mientras diferencia entre el "fuego sagrado" del pueblo y el populacho que entra a la casa de gobierno para robar máquinas de escribir, pero envueltas en banderas nacionales a fin de disimular. Da entonces un sorprendente retrato, vivaz y picaresco, que empalma con el estilo secretamente admirativo, pero fundado en el recelo público que provocan las multitudes, con el que la generación de médicos que lo precede había tratado el tema del simulador. Estas agudísimas viñetas de un verdadero manual de conspiradores —*"Lo que yo vi de la preparación y realización de la revolución de 1930"*— son la primera reflexión de Perón en torno del problema del orden dentro del desorden. Estaba prefigurado el peronismo.

Por eso, en el *Manual de conducción política*, las masas se revelan con una fisonomía temible y Perón les dedica un concepto de prístinos alcances: *la masa inorgánica*. Pero a esa inorganicidad, que prometía ser un cultivo propicio de la angustia revolucionaria, no había que responderle desde un gambito conceptual ordenancista sino desde un ideal de *orden futuro* que en sus estribaciones actuales y potenciales mantuviese una sigilosa simpatía por la anarquía y una paradójica paciencia por el trastorno histórico. Sería un orden, pero un orden aún a configurar, pero que para establecerse como un orden satisfecho y veritativo debía devocionar su propio apocalipsis. Es así que el peronismo recoge en el ancho terreno de la historia de las convulsiones contemporáneas sus motivos inspiradores, y a lo largo de su ambigua trayectoria sostiene la oscura creencia de que una revolución se sofoca con revoluciones. Este palimpsesto de revoluciones es también presentado como la historia *secreta* del orden. Por eso, cuando cuenta su propia historia, imagina también que podrá mantener una doble crónica por la cual, en una *faz* (la creacionista), el peronismo surge totalmente irrupcional como príncipe nuevo en 1945, y en la otra *faz* (la superacionista) surge como corrección de las revoluciones anteriores, la francesa y la rusa. ¿Era mejor ser absolutamente original o presentarse como superador de las revoluciones que hicieron temblar los dos últimos siglos? Páginas enteras de la gris pero enfática verba oficial, defendieron una u otra interpretación, según lo que recomendara la euforia reinante, que disponía en sus anaqueles las dos exégesis de la historia.

El peronismo venía a constituir un ideal de *masas* donde estas, moviéndose alrededor del pulso estatal, no eran iguales a las multitudes que habían sido el problemático foco creador del Estado burgués moderno —*multitudes* que iban, con Ramos Mejía, del sonambulismo a la revolución, del misticismo a la creación de comunas, de la guaranguería a la nación, pero también del letargo al caos—. Eran en este caso las *"masas concientizadas"* de la tradición jacobino-bolchevique, las mismas que en obras como la de Gramsci aparecían como sede cultural privilegiada de un sentido común popular del cual surgían formas colectivas de pensamiento e impulsos míticos asociativos, y que en la versión peroniana eran *"masas inculcadas"*. Protagonizaban un pasaje de la retórica de la guerra hacia la persuasión de la política, en un terreno mucho más realista-estatista que el pensamiento *cum grano salis* que había exaltado el culturalista-realista Gramsci.

Porque los problemas de hegemonía, consenso y creencia que Gramsci exploraba, vistos desde un príncipe que era una *virtú textual vitalista*, en el peronismo se presentaban como una pedagogía ya fijada por los profesores de la academia militar. Ningún movimiento político argentino, en ese sentido, fue más academicista que el peronismo, incluso si en este aserto incluimos una comparación con el socialismo clásico justista. Y cuando leemos una frase esencial del retorismo de la conducción peronista como *"los hombres se conducen mejor cuando están preparados para ser conducidos"*, enseguida comprendemos que en la curiosa circularidad del enunciado está postulada la idea de totalidad de una masa como *paideia* consumada que recubre la conciencia social. La preparación es el acceso de la masas a la inteligencia, la obediencia, la iniciativa propia, la disciplina, aspectos no mencionados necesariamente en ese orden por el *manual*. Pero son los ingredientes insoslayables de la tesis que más centellea en ese texto: la idea de masas orgánicas donde cada "átomo" piensa igual que el "todo", y donde cada iniciativa libre no hace sino *reproducir* las condiciones de la totalidad ya armonizada.

¿Y el último hombre de la masa? Puede ser "conducido", desde luego. Pero hay un *non plus ultra* de la conducción, que es el grado final donde ese hombre llega por fin a la *conducción de sí mismo*. En esta expresión parecería resonar, como el largo brazo de un eco, el *nosce te ipsum* de la antigüedad. Pero no es un conocerse a sí mismo que tiene como residencia la conciencia autocomprensiva, sino un acto de conciencia que pasa por el cedazo severo de la obediencia al mentor. Una vez que ese mentor genera el totalismo de la masa orgánica, se permite la torsión que admite que cada partícula, como en una robinsonada, pueda regenerar el todo desde sí misma. De ahí el dramatismo de este pensamiento organicista, pues presupone el momento de disolución de la totalidad, a la que podrá volverse por la acción aislada de uno solo de esos hombres que se "conduce solo". Éxito del conductor-pedagogo, felicidad del individuo que reconoce por fin que en su conciencia confinada —como en las mejores utopías sobre las "representaciones colectivas"— carga el germen desplegable de la totalidad reconstruida. Cuando el *manual* exclama que ese hombre es también un conductor y agrega entusiasmado: *¡un conductor de sí mismo!*, se llega al punto donde se cierra el sistema de conducción como una campana que vuelve sobre sí, haciendo de la obediencia la maestra de la libertad y de la libertad un embrión del recomienzo del todo que aun invisible, aun extinguido, aun fantasmal, seguía existiendo en la memoria del superviviente desolado.

Este mecanismo, como la arqueología matemática de Ameghino, debía permitir que la política se moviera con la fuerza inflexible de la naturaleza. Pero, como pronto se vería —y se vería aún en el mismo momento que el profesor de conducción desgranaba las bolillas de su programa en la Escuela Superior Peronista— la historia rehacía, despedazaba y volvía a reescribir los enunciados de ese vademécum. Lo convertía en frases destrozadas, que perdido el centro de gravedad que creía mantenerlas unidas, serían astillas flotando y abandonadas al torrente. Difícilmente cada una de ellas llevase a una totalidad que se sentía completada a sí misma, mientras que la historia ponía cada vez en desnudo su anomalía, su irremisible condición fraccionada.

La ideología de la *conducción* juega entonces con el simulacro de los principios generales, pero para festejar el ejemplo singular y el caso concreto, *irreductibles.* Y juega con la doctrina, como soldadura que atraviesa los cuerpos de millares de hombres con palabras venturosas que los amalgaman, pero solo para destacar que el conductor es la figura solar alrededor de la cual *todo sentido se despliega.* Tales fisuras la hacen esencialmente paradojal, pero en su motivación primera subyace el deseo de "unir a todos". Este descompás no asumido por Perón no podía dejar de restarle vivacidad a estas palabras, que a través de una larga secuencia de ecos desvaídos, son herederas de los grandes textos políticos de la humanidad —*El Príncipe,* por ejemplo— pero nunca llegan a la temible oquedad que surge cuando en este último, las alternativas se van sucediendo sin que aparezca ninguna instancia, más que el aquí y ahora del mendrugo humano, que resuelva el enigma de las opciones enfrentadas. *El Príncipe* es precisamente ese denso hueco, ese abismo indivisable de conciencia sin sí-mismo, *que no tiene nada previo a su acción.* Su lectura hace vibrar porque es antipedagógica.

El *manual* de Perón, que sin embargo adopta el desvanecido vibrato de la retórica del príncipe, es pedagógico, quiere enseñar *efectivamente* y solo puede esgrimir en su beneficio la idea de las masas que se conducen solas —horizonte final donde el conductor debe disolverse en el océano de su propia innecesariedad—. No es el hombre que hace falta sino el que está de más. Pero esta *nada* final del conductor incorpóreo, Perón solo la percibe en ciertos tramos de la *Correspondencia* con John William Cooke —uno de los más importantes documentos de la lid social liberacionista en la Argentina, junto al *Plan de Operaciones* de Mariano Moreno, su antecedente más directo aun considerando la incerteza sobre su autoría—. Y cuando la percibe, es muy poco lo que sabrá hacer con ella.

Porque además, el escrito de Perón tiene también su anclaje en el acervo picaresco, y así fue interpretado a menudo. *"Algunos creen que gobernar o conducir es hacer siempre lo que uno quiere. Grave error. En el gobierno, para que uno pueda hacer el cincuenta por ciento de lo que quiere, ha de permitir que los demás hagan el cincuenta por ciento de lo que ellos quieren. Hay que tener la habilidad para que el cincuenta por ciento que le toque a uno sea lo fundamental."* ¿No reclaman estos párrafos una interpretación sobre la astucia, eso que "hay que tener" para sacar la mejor mitad? Esta reflexión está pensada desde el conductor que permite libertades *menos* fundamentales y que deja presuponer que ese reparto de equivalencias no es sino una argucia escénica de igualdad que de inmediato se rompe por ese acto desequilibrador de la historia que es su misma presencia inexplicable. El jefe es lo inexplicable en este racionalismo destinal. Nuevamente, lo que en Perón da sentido a todo el esquema de comando no son las valencias equitativas como proyecto de sociedad igualitaria. Es la existencia del conductor.

Sin el conductor no existe el equilibrio, pero con el conductor todo equilibrio está sometido a una crisis esencial, pues él arrebata para sí "lo fundamental". De todos modos, el uso de la figura del conductor que Perón hará pública en la década siguiente no se basará en su simultáneo carácter *desesperante* de imprescindible y sobrante, sino en un énfasis bribón que sería la estopa del arte de conducción. "Donde está la fuerza, nada; actuar con sorpresa, secreto e información." Eran pensamientos *partisanos* que se derivaban del tema estratégico central, pero para tiempos de oposición y combates basados en "promover el desorden". Pensamientos naturalmente extraños a las rugosidades ideológicas de las luchas, a las que concebía como *etapas planas y formas fijas del tiempo*, que podían tener el encanto del desbarajuste. Pero una anarquía interpretada por un positivista, amante del método disciplinado. El conductor era el único que definía el carácter del momento, extrayendo de sí todo el conocimiento intransferible, ahí sí "sagrado e intocable" para ningún otro que no fuera él. La conducción precisaba ser una pedagogía pero repentinamente se transformaba en un estallido que anulaba todo emblema pedagógico. La conciencia del conductor, ese *positivista del enigma*, podía ser un secreto para todos, inclusive para él mismo.

Porque la conducción, que tiene en un extremo lo inescrutable de la conciencia del señor, en su primer umbral democrático es una cuestión de método. Un metodismo que puede pensarse en conjunción con el valor que se le atribuyó a este concepto en las reformas religiosas del siglo XVI. El metodista moldea su vida para que la señal ascética sea también una forma de medir las fuerzas del cosmos y de la sociedad. Pero en Perón el método ascético, una forma de "medir" hombres y fuerzas, tenía una contrapartida laica, incrédula y libertina respecto a cualquier trascendentalismo. El método lleva a la Nación, no a Dios, pues consiste en pensar la situación en el juego de la síntesis y el análisis, juego liso y no dialéctico del planificador. Por eso se percibe en este clima mental un rechazo tan elocuente a pensar la historia. El conductor trabaja con la materia de la historia pero no está *dentro* de ella. Así, cuando respecto al "cuarto elemento, el tiempo", señala lo específico de cada situación, dirá: "no es lo mismo apreciar una situación para el pueblo del 17 de Octubre que para el de la Revolución Francesa o que para el pueblo de Licurgo al que se ha referido mi Señora hace un rato".

Cierto, la singularidad histórica nadie quiere dejar de apreciarla, pero aquí se trataba de presentar la historia como una sucesión de momentos coagulados, sin ataduras entre sí, mirados por lo único que los eslabona, los ojos del estratega. Debe convenirse que no es lo mismo la antigua Grecia, Francia de 1789 y Argentina de 1945, pero la manera de decirlo, que incluye al borroso Licurgo y a una nítida Eva Perón, deja la idea de que la historia son viñetas discontinuas e irreales, mientras que lo único real es el estratega que ofrece continuidad y sentido al mundo. El conductor es exterior a la historia y solo actúa seleccionando de ella sus momentos ejemplares. Sólo hay casos ejemplares en la vida del conductor, por eso nada es cotejable, nada es generalizable, todas son estampas prototípicas, únicas, irrepetibles. Eso es también lo único que garantiza su excepcionalidad. Siempre "las condiciones son otras". Nunca nos bañamos dos veces en el mismo río. Y ese espejo astillado e irregular que es la historia, donde ningún pedazo es asimilable a otro, solo puede ser armonizado por el conductor.

Él es imprescindible para ofrecer orden, pero, al cabo: ¿para qué trabaja sino para hacerse *prescindible*? Avalando una vez más el remoto cauce positivista-romántico del que habían salido estas especulaciones sobre el conductor, él solo se presentaba para poder disolverse, se mostraba como necesario para poder labrar su irreductible y final contingencia. Desaparecería dejando un rastro de amor en su sacrificio por aquellos a los que les mostró el camino sin usurparles la voluntad. Puede verse aquí cómo la doctrina estratégica de los estados mayores de la Europa del siglo XVIII había construido una fábula laica que replicaba aquella de la aparición y disipación del cuerpo de Cristo en la conciencia culpable de los hombres.

A nada obliga, a nadie lleva el conductor. Los que quieren, lo siguen. Es todo espíritu sin axiomas, no cohibe ni ordena, sino que crea necesidad con su sola presencia inmaterial. Máxima demostración de que la *polis* es solo una manifestación de libre albedrío.

Pues bien ¿era posible suponer que un pensamiento de este tipo podría adecuarse al estilo político argentino, y que lo haría sin fusionar su retórica de la antigüedad con las formas de lo político moderno? ¿Y que esa fusión no fuese en definitiva un homenaje a las formas de simulación que exigiría la política? De todos modos, no se puede decir que el *Manual de conducción política* recomiende la simulación. A cada paso, insiste en la honestidad del jefe, en el deber de mantener un contacto privilegiado con la verdad. Pero ocurre que si la Conducción era el ámbito de la verdad (consistente en la aplicación de "principios" que en el momento de la acción debían saber evaporarse) la historia era un ámbito amorfo de fatalidades, sobre el cual no era posible ejercer el conocimiento. Perón hereda de su educación militar positivista —nuevamente empleamos esta expresión tan vaga que sin embargo, en 1910, dice menos sobre los médicos del Hospital San Roque que sobre los oficiales del Colegio Militar— la idea de que hay una ciencia de los hechos y al mismo tiempo un incognoscible mundo histórico que actúa librado a las fuerzas suprahumanas de la providencia. Sin embargo, en su curiosa e infatigable incorporación de motivos extraídos de universos conceptuales tan diversos, la idea cristiana de providencia la transforma en una postura evolucionista, que le permitirá desgranar, en los años 60, frases como "el mundo marcha al socialismo" o "sobreviene la era del universalismo".

Lector adolescente de los volúmenes de *Historia Universal* de Cantú que le había regalado su padre, es probable que Perón obtuviera de allí la noción cristiana de Providencia y acabara disponiéndola sobre un molde escéptico y pesimista de la naturaleza humana. La conciencia providencial de las deidades celestiales se tornaba entonces en el destino del jefe solitario que se templaba en la aceptación de la adversidad. Perón acabó suponiendo que la evolución era una categoría interna de la historia ante la cual no era posible empeñar acciones volitivas humanas, y que el único drama histórico autónomo se desarrollaba alrededor de la figura del conductor, convertido entonces en un simbólico remedo de autoconsciencia histórica contrapuesto al hilo secreto de fatalismo que movía los asuntos humanos.

¿Cómo evitar el mimetismo paralizante que devenía de la creencia en la fatalidad del orbe histórico? En realidad, ese fatalismo tenía un corte optimista, pues a la historia le tenía reservada realizaciones justicieras avaladas por el imperio de una técnica que derramaría benficios sobre el mundo. Pero su tesis sobre la naturaleza humana empalmaba con las corrientes pesimistas que ven al hombre sofocado por tendencias hostiles hacia sus semejantes, custodiando sus intereses agresivamente y no vacilando en martirizar o asolar a sus vecinos. Paradójicamente, en ese pesimismo anidaba la libertad, así como el optimismo de la razón evolutiva histórica dejaba cuotas muy restringidas de libertad: "el hombre solo puede poner una montura sobre los hechos". Este jinete-conductor vacilaba respecto a cómo resolver la cuestión de la libertad en la historia. Y si bien es cierto que no era un filósofo ni un literato y que su anaquel de lecturas se había clausurado cuando absorbió las gemas didácticas del academicismo militar europeo, todos los temas que proponía suponían la teoría política militar clásica sobre el ciudadano en armas, el partisano resistente de la patria extraviada, el trabajador que con su sindicato remedaba el ejército nacional y la nación como drama moderno que sostiene el sentido autónomo de la historia. ¿Había libertad en el alma del conductor y él simbolizaba el deseo libertario del todo social? ¿O todo su sistema consistía en un malla ordenancista que aherrojaba el individuo a un corpus nacional-estatal mientras que la historia era un mecanismo naturalizado de cumplimiento ya elaborado, que restaba autonomía a la decisión colectiva?

Sería fácil ahora criticar estos pespuntes doctrinarios extraídos de las ideales nacionales del siglo XVIII y remozados con el "temor a las revoluciones" que sienten los ejércitos bismarckianos en la entrada del siglo XX. El historiador José Luis Romero comprobaba con asombro esta irrupción de lo que llamaba "las doctrinas del Estado Mayor". Desde luego, ellas habían alterado una política argentina de tono dramático-moral o evolucionista-naturalista. Había, pues, presentado una interferencia drástica del halo místico o científico del jefe político, que con Leandro Alem se manifestaba en la actitud "radical intransigente", con el krausismo yrigoyenista buscaba la "oración laica y la sacralidad del pueblo" y con Juan B. Justo entendía la fuerza de la historia en el "crecimiento indefinido del protoplasma". Aquellos jefes políticos radicales o socialistas habitaban en el misterio del tribuno, en la oratoria del juramento y el martirio. Y también en una sustancia moral que implicaba no separar la vida pública de una filosofía de la naturaleza, del conocimiento o de la conciencia, sea con ciertas simpatías hacia los *empiriocriticistas* en Juan B. Justo —como le escribe en carta a Macedonio Fernández (1926) —, sea imaginando "la tenebrosa lucha de una conciencia que no derrama ni un quejido ante el acíbar", como en Leandro Alem. Sin duda, la teoría del Estado Mayor, una teoría del comando y de la eficacia de la orden, implicaba también agitar cuestiones de conocimiento pero en lo esencial escapaba del drama del "político de ideas". Las ideas llevan al sacrificio por ellas, y en medio de ese cálculo de preferencias —*que se rompa pero no se doble*— nunca parece más importante mantener los conjuntos en funcionamiento. Lo más importante, para el político de ideas, es la expiación por la imposibilidad de mantener la tensión de la palabra. El honor no está en la composición acuerdos, sino en el heroísmo de la verdad.

Por eso, Perón hereda la crítica napoléonica a los *ideològues*, que parten de la honra ideológica de la conciencia y no de las necesidades de *política-real* de la nación. Pero en esta reside la honra, la que para construirse debe descansar en la figura del conductor. En él se preservaría algo del político de ideas —*el sacrificio por las creencias*— pero habría cambiado ya el sentido de tal sacrificio y el efecto de esas creencias. El conductor busca ir con todos, extrayendo de cada conciencia un gramo dócil a la formación del *conjunto*: se debe actuar "mas allá de las ideologías". Para eso, tiene que aceptar, en un primer momento, una base de diálogo con cada individuo aislado que parte de reconocer "el 50 % de sus intereses". Supongamos que sean intereses ideológicos: *estos no son cuestionados*. El conductor puede revestirse con ellos, pues sólo le interesa "la otra mitad más importante". La que hace de cada individuo, cualquiera sea su motivación suicida "para romperse" por ideologías y no "doblarse" en los infinitos vericuetos de una historia, un hombre integrable a una "superior" tarea común.

Descubierta esa *tarea* en un momento de peligro para la nación, como en el blanquismo de *la nation en danger*, no eran las ideologías modernas sociales o naturalistas las que estaban en condiciones de identificarla. Pero tal vez sí los socialistas o naturalistas *en tanto hombres* que podían ser bien intencionados aunque estuviesen equivocados. En estas condiciones, podrían ser reclamados para la tarea común, sin que debiesen abandonar el anecdotario que los mantenía *espiritualistas, dialécticos, empiriocriticistas o materialistas* con tal que supieran escuchar en su corazón clandestino el llamado de la nación. No se sabrá entonces si recorrieron el sendero de la sumisión a la que llamaban libertad, o encontraron la libertad en la última fibra de su corazón sumiso. El conductor especializa su mirada en estas patéticas metamorfosis de la conciencia.

El conductor podía forjar su "teoría de la conducción" como una ofrenda a la masa total. No obliga a nadie si no que exhibe su mera presencia, que en sí mismo produce una invisible retórica de la obligación. Se lo sigue como resultado de su superioridad retórica, pues ha demostrado que conducía frases a la batalla. Pero para hacerlo debía hacer lo contrario a "obligar". Debía mimetizarse con la lengua de los otros. Eso proporcionaba un aspecto de astillamiento o disfraz del núcleo de convicciones propias, para conquistar conciencias disimulándose con ellas. Una sospecha de irresponsabilidad se cierne sobre el conductor, al doblarse hacia la deseos previos de cada interlocutor, sabiendo que importa poco atender sus razones y mucho más atraerlo para una empresa eminente. Es allí que parecía que no había veracidad política, sino simulación. Por situaciones como estas, Carlos Astrada entrevió a Perón no del flanco de Martín Fierro, sino del desagradable Viejo Vizcacha. Sin haberlos leído, el conductor trataba de apartarse del "sonambulismo colectivo" de la multitud que preocupaba a Ramos Mejía, y de la "mentira metafísica" del Astrólogo.

Pero estas murmuraciones de la literatura nacional no son sino las fronteras imaginarias en los que una y otra vez rebota la conciencia secreta del conductor. Solo un John William Cooke, cuya escuela es la de Alem y de Lenin, podía interferir la retórica del conductor napoleónico consistente en "alentar a todos", siempre *por encima* de la manera particular en que cada uno respondería a los linajes ideológicos de la historia. En la fugaz crónica de la cultura argentina, Perón construyó un sistema que lo convertía en el Ameghino de la política nacional a mediados del siglo XX. El conductor era la estribación última de una *filogenia* que descubría sucesivas formas paulatinas de persuasión, deducidas matemáticamente del cuadro de las ideologías sociales. La idea de que en cualquier encuentro interpersonal había que acordar por mitades pero llevarse "la mitad más importante" era una plusvalía retórica que equivalía a la *fórmula dentaria* de Ameghino, secreto revelado de la evolución, mínima metáfora sobre cuyas espaldas reposaba el enigma de la vida.

Es sabido que en los años de la izquierda armada, en su versión nacional-popular o indigenista-cosmopolita, estos temas no parecían estar en el foco mayor del debate. Por eso ahora nos gustaría pronunciar otras palabras y dar vuelta otras páginas de la historia nacional, a fin de percibir si hay distancias irreversibles —y si es así, qué significan— entre las filosofías morales del mando y del orden, las psicologías que buscaban develar los procesos anímicos colectivos, y la vorágine política que aconteció en la Argentina posterior a la primera caída del peronismo, en el ya lejano año de 1955.

Montoneros, sombras de una palabra

Primeramente, el sello que se había mandado a confeccionar —¿con el pesado lacre de la historia?— para firmar las acciones militares del grupo *Montoneros*, decía "Productos Montoneros". Se trataba de disimular con un aire de habitual inscripción comercial, el nombre que resonaría tan trágicamente cuando fuese, muy pronto, desvestido de cualquier añadido. El diseño de la grafía luego conservó ligeramente el aura publicitaria con que había sido preparado por primera vez. ¿Cuál fue la seca intuición, como fustazo, que llevó a un puñado de muchachos, algunos de ellos no desligados aún de las aulas de los *colegios nacionales secundarios*, a considerar que ese nombre contenía tantas potencias ocultas, tal como fuerte era su visibilidad al punto que un vino, una yerba, un atado de cigarros podían llamarse igual?

El nombre estaba en la historia argentina, y especialmente en las interpretaciones desafiantes con las que durante por lo menos cuatro décadas, publicistas de las más variadas gamas del nacionalismo habían intentado trazar el mapa del conflicto nacional como una lucha entre el poder central porteño y el fantasma montonero. Desde *Vida del Chacho* (1863) de José Hernández hasta los ensayos historiográficos de Eduardo Luis Duhalde y Rodolfo Ortega Peña durante los años 60 —estos abonando lo que genéricamente se expresaba como las "izquierdas nacionales junto al peronismo"— se había creado una densa malla de significaciones alrededor de la idea de un país que había renunciado a sus valores nativos, criollos o interioranos. Pero lo había hecho asociando su suerte a la expansión mercantil inglesa y a un tipo de justificación científica que se afirmaba en una abdicación étnica que concluía en coartadas para el exterminio final de los indios, en el "no ahorrar sangre de gauchos como buen abono de la tierra" y en lanzar violentas advertencias de expulsión contra los inmigrantes sindicalizados. En particular, tenían una gran difusión los escritos de Manuel Gálvez —sus biografías de Rosas, Yrigoyen y Aparicio Saravia—, de los hermanos Irazusta, de Carlos Ibarguren, y por la vertiente de los publicistas de la surgente izquierda nacional, la obra de J. A. Ramos, de Hernández Arregui, de Rodolfo Puiggrós, componían el fresco sorprendente de una fusión plena de promesas entre el marxismo y el nacionalismo.

Pero los primeros aprestos de lo que luego el país conocería como revisionismo histórico habían tenido lugar con la tarea documentalista de historiadores como Adolfo Saldías, que en 1881 da a luz su *Historia de la Confederación Argentina*, obra voluminosa y documentada con el auxilio de los propios familiares del exilado, que desde Southampton había intentado escribir su propia historia, sin haber avanzado en su propósito historiográfico de descargo, tal como se empeñaría en comprobar tiempo después J. M. Ramos Mejía. Como Saldías formaba parte del círculo liberal, la ruptura que provocó su propósito de tomar como válido el punto de vista de Rosas —no solo sus documentos, sino la *Gazeta Mercantil* de ese período— creó una incómoda situación en el horizonte de las solidaridades de la elite política, pues Mitre, siempre avizor en la custodia de las piezas históricas que él mismo había ensamblado, imagina en su escritorio de la calle San Martín una frase lapidaria que condene al extraviado. Y le escribe a Saldías, del que esperaba un discipulado confiado y devoto: "No se rehacen las batallas como si fueran partidas de ajedrez mal jugadas".

Se refería Mitre a la batalla de Caseros, punto de partida que abría otras líneas de actuación histórica, cuyas divergencias podían ser amplias —contener un *Pavón*, un *Cepeda*, una insurgencia del propio Mitre al amparo de las lanzas de Catriel— pero no podían trasponer ese umbral sagrado, cuya interpretación estaba cerrada con pestillos de acero. Ramos Mejía, adusto con Saldías, le reconoce competencia de historiador pero el poco tino de querer reivindicar a Rosas convirtiéndolo en un correcto administrador de bienes públicos, cual burgués puritano, cuando era un asesino fascinante que reclamaba un Shakespeare americano. De todos modos, los documentos de los Rosas —conservados por la hija, Manuelita— y los Terrero aparecían con un extraño fulgor en esa Argentina, refundada en Caseros bajo un cuño cosmopolita, y recordaban la existencia oscura de otro país cuyo balance parecía hecho para siempre.

Tampoco tenía esa idea de la inmutabilidad de la historia Ernesto Quesada, una extraña figura de la vida intelectual argentina, ligado a las primeras cátedras de sociología en la Universidad de Buenos Aires, aunque había mostrado una vocación por la historia argentina, llevado también por una voluntad de revisar módicamente la historia del período rosista. En *La época de Rosas* (1898) opina que era necesario "rehacer esta página de nuestra historia adulterada hasta hoy o deficientemente trazada: son los actores mismos de la cruenta epopeya los que se levantan de ultratumba para presentarse ante el severo tribunal de la historia y prestar sus declaraciones en el proceso que está aún esperando el fallo definitivo". Estas palabras resonaban con un tañir desafiante en la Argentina post-Caseros, poco interesada en revisar sus fallos definitivos, quizás por la sospecha de Mitre más que de Sarmiento, de que resquebrajar los diques de aquella interpretación que parecía ya precintada, exponía a las instituciones surgidas de aquella batalla a una sorda fisura que el tiempo amasaría con reflejos de tragedia. Pero antes de que el *rosismo* se revistiese de banderas que provenían del corporativismo o de los nacionalismos de los años 30, tenía este aspecto civil, académico, documental, en manos de constitucionalistas y sociólogos que se sentían acariciados por una idea de "verdad científica" extraída (y protegida) del fragor de la historia.

Ernesto Quesada, como portador del ejercicio de esa palabra, *sociología*, que no tenía muchos antecedentes en los medios intelectuales universitarios, se destacaba por su impulso modernista, por lo que había descubierto con mucha agudeza que esas luchas tenían un oponente oscuro —oponente que no era el rosismo, ni el derrotado montonerismo de las décadas anteriores— sino el tratamiento del idioma nacional como una particularidad en formación, resistente a universalizaciones apresuradas como punto de honra del viejo programa de las autonomías nacionales, que tanto habían agitado las generaciones románticas. Lucien Abeille, que dejaba un gran flanco al descubierto por ser él mismo francés, en *El idioma nacional de los argentinos* (1900) era sin embargo quien había sacudido a los intelectuales establecidos con una tesis sobre la relación inescindible entre lengua y comunidad (poco después la socialdemocracia alemana se sumergiría en el mismo debate). El libro de Abeille, que invocaba conceptos basados en una "psique colectiva" y se enfrentaba, como lo había hecho Juan María Gutiérrez, con la Academia Española, genera la necesidad de una tenaz refutación. Y Quesada sale al ágora con sus pertrechos extraídos en no poca medida del "positivismo" de la época, al recordar con Ingenieros que podía ser un caso de *fumistería* el intento de crear categorías culturales basadas en el intento poco serio de revivir formas culturales desaparecidas, como las gauchescas. (Al contrario, sobre el vasto panorama de esa desaparición, Lugones pensaría no mucho despues su mitopoética *payadoresca*.) No se priva de calificar de *neopatriotismo* el intento de Abeille y aunque es notablemente condescendiente con Bartolomé Hidalgo y Hernández, no perdona a Eduardo Gutiérrez con su *Juan Moreira*, acusándolo de medievalizar la campaña argentina y halagar las pasiones de las masas incultas.

La preocupación por aliar modernismo a una regularización del castellano "normalizado" no dejaba de tener aprestos de un tímido primer antiimperialismo sudamericano, pero el precio era notablemente elevado, pues suprimía con ligeros sociologismos el importante tema de las autonomías idiomáticas. En esto Quesada era festejado e inmediatamente apoyado por Miguel Cané, siempre absorto en una cruzada contra el "idioma nacional" entendido como *lunfardo* y *cocoliche*, restos dramáticos que iba segregando la aún insuficiente adecuación argentina al cuadro internacional de las ciencias y la educación contra la todavía indomesticada "barbarie". Pero por otro lado, Quesada avanzaba con su idea de la superioridad sociológica sobre las novelas *La Bolsa*, de Julián Martel, y *Quilito*, de Ocantos, quitándoles toda pretensión de elaborar un juicio sobre la complejidad de la crisis de aquel capitalismo, y disputando con el propio Cané la pertinencia de esa ciencia que era sospechada por el segundo de no estar en condiciones, con su vocación generalizadora, de hacerse cargo de lo irrepetible del hecho social.

Más de cinco décadas después, en otra floración de la sociología bajo banderas científicas —el protagonista era ahora Gino Germani (1957)— se propuso un programa de "transición hacia la modernización", del cual la propia "sociología" era parte, donde se destacaban los ataques a las "obstrucciones al cambio". Aquí no existía la misma caución sobre los bajorrelieves históricos de la etapa anterior, la de Quesada, que se daban por drásticamente superados. Por otra parte, la formación germana de Quesada, que lo llevó en sus últimos cursos de los años 20 a ser un introductor en la Argentina de la obra de Oswald Spengler, contrastaba con la tendencia de Gino Germani, un hijo del *mezzogiorno* (había quizás en él algo de Pedro De Angelis, el erudito italiano experto en el gran Vico, al servicio de sucesivos gobiernos porteños durante el siglo XIX), a recostarse en los textos provenientes de los ámbitos anglosajones, llegando incluso a dar a conocer la polémica que mantenía Charles Wright Mills contra las "abstracciones" de las teorías empiristas y funcionalistas, aunque advirtiendo que tales situaciones "no se daban entre nosotros". De todos modos, el "viejo topo" argentino vagaba traviesamente por las memorias sociales, y un hálito de *politización de la ciencia* vendría a frustrar la creencia de que un programa científico podía asentarse en un suelo deshistorizado.

Pero el revisionismo histórico como empresa del nacionalismo aristocrático que buscaba en las brumas del siglo XIX a un héroe enigmático, vencido y aterrador, que proyectase un "mito de autoridad" como arcano develado para las masas "en rebelión" del siglo XX, ya a partir de los tempranos años 20 tiene obras muy refinadas escritas por lo que no es difícil convenir que son las plumas que han dejado un rastro reconocible en muchas corrientes de ideas argentinas, incluso en aquellas muy apartadas de los núcleos más obstinados de esa ideología. Carlos Ibarguren, en un clásico de ese movimiento —*Juan Manuel de Rosas, su vida, su tiempo, su drama* (c. 1925)— evoca al dictador derrocado en *Burgess Farm*, en las afueras de Southampton (hoy un barrio de esa ciudad), construyendo en la campiña inglesa un paisaje rudo y americano, con su inglés mal pronunciado y cuidando sus papeles metidos en valijas, pagándole a un peón inglés algunos chelines por noche para que haga ronda funambulesca alrededor de ellos. Es el Rosas del legado del nacionalismo jerárquico: orden, religión, autoridad. Su espanto por los movimientos proletarios quedaba retratado en los libros que se proponía escribir: además de su autobiografía, otro que titularía *La religión del Hombre,* donde propondría una Liga de Naciones de la Cristiandad regida por el Papa, a la manera de la Santa Alianza. Víctor Hugo y Mazzini le parecen solo contenibles por la mano fuerte de Napoleón III mientras que la posterior Comuna de París le infunde horror. La Internacional asimismo le preocupa, y se mantiene informado puntillosamente sobre los movimientos de los adeptos de Marx. Rosas ya anunciaba los mismos "demonios modernos" contra los que lucharían la mayoría de los cruzados rosistas del siglo XX.

José M. Ramos Mejía, en *Las neurosis de los hombres célebres,* equipararía los hechos "de locura" vinculados a la acción de la Mazorca rosista, con los "hechos de locura" vinculados a la Comuna de París de 1871. Ambas "depredaciones", la de los *communards* de París y la de los mazorqueros porteños, resultarían tratadas con un parangón que lo hubiera mortificado a Rosas en su adormilada chacra inglesa. El Restaurador de las leyes siempre quiso merecer ese nombre, no el de loco y depredador de las tablillas de ley. En su austera vejez —Ibarguren no pierde el rastro de ese "helenismo pastoril criollo" de la encarnación del Orden en una senectud que percibe lúcida, la que por otro lado no le interesara a Lugones— Rosas será llevado por su pasión reglamentarista a escribir una *Gramática* y un *Diccionario de la lengua pampa.* Adolfo Saldías, a quien el propio Rosas le pasa esos escritos, se los entrega a Ernest Renan, quien se propuso prologarlos para su publicación, falleciendo antes de poder hacerlo. ¿Cómo hubiera sido la futura historia argentina si un escrito de Rosas luciese un prólogo del autor de *La reforma moral e intelectual*?

Un historiador como Tulio Halperín Donghi, que en su desenvoltura perseverante presenta situaciones históricas bajo vaporosas capas de distanciamiento y mordacidad, donde los edificios políticos son cuarteados por una masa de hechos que traicionarán las presuntuosas ilusiones humanas, en cierto momento de agitación de los años 60, había dado por perdida la causa de la historiografía capaz de asestarle golpes mortales al mito de la historia y a la leyenda colectiva de los fastos nacionales. El revisionismo rosista —creía entonces— había triunfado en las calles, amasado en una sentimentalidad espontánea que no precisaba de sutilezas historiográficas o documentación adecuada. Así, el historiador preparado que había escuchado el llamado de Pirenne, Bloch y Braudel debía sostenerse en una prudente resignación (y la ironía no es sino la resignación combativa del disonante), al comprobar que un sentido común espontáneo del hombre de la calle dejaba entreabierta demasiadas veces la posibilidad de aceptar la figura del hombre fuerte y el estilo tan inflamado como incisivo de la gauchipolítica.

No había sido ajeno a este rosismo de tribuna callejera la obra de los publicistas de *Forja*, que como *Contorno* después y antes el cenáculo revisteril modernista *Martín Fierro*, era un eslabón de empalme, de cruce o de transición. De algún modo, una vanguardia. Porque *Forja* está concebida como una específica empresa retórica, destinada a reformular el lenguaje político nacional con un doble entusiasmo: por un lado, recrear una gauchipolítica vecina a la picaresca, con temas nacional-antiimperialistas y una fuerte autocomprensión de la relación entre política y prácticas culturales (Jauretche) y por otro, vincular la metafísica criollista del sinsentido y la inmortalidad de Macedonio Fernández, con el terreno de la conflagración de las fuerzas económicas mundiales juzgado a la manera de Lenin (Scalabrini Ortiz). *Forja* propuso así nuevos acordes a la política nacional a través de su sentencioso manifiesto (1935) "Somos colonia, queremos ser una nación, un país libre".

Pero Scalabrini Ortiz no era rosista sino *morenista*, un evocativo partidario del secretario de la Primera Junta gubernativa, Mariano Moreno, quien murió muy joven, dejando un rastro enigmático tras de sí, como la estela del barco que espumó sus restos en alta mar. Moreno había asumido y prologado, aunque con ciertas cautelas, una traducción castellana del *Contrato Social* de Rousseau en 1810, y en el *Plan Revolucionario de Operaciones*—sobre cuya autoría es legítimo mantener dudas, pero que no quitan validez histórica a ese escrito sino que le otorgan más misterio al propio Moreno— había recomendado un control gubernativo sobre las minas del Alto Perú, se expresaba con la diplomacia de la astucia frente a Inglaterra y Portugal y recomendaba toda clase de acciones, intransigentes, crueles y difamatorias —operadas en el mayor secreto— contra los enemigos de la revolución. "Al enemigo ni justicia" era el *moto* decisionista, jacobino y cesarista de ese raro escrito, antípoda del *Decreto de supresión de honores*, que plantea también otro enigma político, pues si ambos escritos fueran obra del febril secretario —y no haría falta agregar más revoltijo con la "librecambista" *Representación de hacendados* de 1809— este habría afirmado simultáneamente la necesidad de la máxima opacidad, secreto y crueldad para garantizar un poder nuevo, y la transparencia de los cargos sin opacas vestiduras que disimulen el imperio luminoso de la razón.

Entre esos dos escritos separados por corto tiempo, está sin duda el arcano de la *Revolución de Mayo* —entre el honor del secreto revolucionario y la destitución democrática del honor de los secretos— si es que este ha de ser discutido con una también revolucionaria actitud sobre la incerteza de los documentos históricos, y no con la retraída actitud que pusieron en juego un Groussac o un Levene para juzgarlos. El documentalismo argentino padece hoy de infografía periodística. No ha llegado aún a la noción de incerteza documental, que es la que permite perseguir el rastro de las vidas que siempre deja raeduras parciales en la letra de la historia.

Scalabrini se fija con interés en el plan económico secreto de Mayo —ocupar las minas de plata por parte del Estado, prefiguración de su campaña sobre la nacionalización de los ferrocarriles británicos— aunque pasa por alto las vetas decisivas de ese plan: para triunfar, la revolución debe ser necesariamente despiadada. La crueldad, el sigilo y el doblez revolucionario no eran violencia, *sino* justicia. Pero el pensamiento económico scalabriniano no provenía de esta justicia particularista jacobina sino del modernismo martinfierrista, que había proclamado, marinettianamente, que era más importante para el arte un automóvil Hispano-Suiza que un cuadro de Tiziano o un sillín Luis XV. Scalabrini inspirado en Manuel Ugarte acuña una frase superpuesta: *"Estudiar la Standard Oil es más importante en lo que hace a nuestro destino que estudiar la Revolución Francesa."* Aquí se ve la preferencia por conocer el cuadro técnico y moderno en donde enraíza la sumisión colectiva —pero una destilería imperialista no tenía el mismo papel que el automóvil para Oliverio Girondo, al que le confería carácter liberador—, antes que obtener explicaciones por la vía de la historia de las ideas, aunque esta aludiese al domicilio nacional del radicalismo jacobino. Vitalista, rozando cierto misticismo con sus caracterologías de grupos, urbes o naciones —herencia, sin duda, de un positivismo romantizado—, Raúl Scalabrini Ortiz concibe la vida intelectual como una conciencia individual que asume la pesarosa y solitaria tarea de encarnar un tesoro perdido en el pliegue interior de las conciencias colectivas. Esa asunción del colectivo es sin duda un rasgo lugoniano, que sin embargo Scalabrini cultiva con una psicología social entre atormentada y soñadora, mientras que en el autor de *El payador* el colectivo no es un signo telúrico sino una arquitectónica de panteón: son los muertos "largos como adobes" que siguen trabajando en las sombras demandando justicia.

Precisamente, siendo Scalabrini un intelectual que pone en juego la metáfora del suicidio —entendido como un retiro espiritual de las tentaciones mundanas, para fortalecer la dorada autonomía de una desamparada voz— no pudo evitar pensar sobre el vaho de Lugones. Si Lugones se había suicidado, para Scalabrini la causa estaba en "la atmósfera de ignominia" que habían creado las corporaciones británicas en la Argentina. Halperín Donghi se detuvo también, cierta vez, sobre esta particularidad scalabriniana, la propensión a ver en las fuerzas de la historia una cargazón maligna, endemoniada. Y dictaminó que en su estudio sobre el imperialismo británico en el Río de la Plata —se sabe, vastamente documentados— yacía una desgarbada tentativa de "satanización". Nada podría describir mejor las distancias que separan un estilo como el de Scalabrini respecto a uno como el de Halperín. En efecto, considerar las categorías económicas "personificadas", y mucho más allá del modo en que Marx emplea esta idea para aludir a las clases sociales, es para Scalabrini infundirlas de un ánimo que las dispone sobre una perturbación moral. Esas fuerzas tienen voluntades, intenciones y astucias, y es necesario decir en la propia argumentación cómo se las enfrenta. La historia adquiere así el solemne aspecto de una conflagración moral en la que no es posible desertar. El intelectual, por el solo hecho de serlo, carga un imperativo sacrificial con el que se lanza a torcer los enredos de un *factum* desdichado y asume los compromisos de una beatitud que impugna los males de un dominio ultrajante.

¿Podríamos encontrar algo así en Halperín? Al contrario, es al intelectual concebido como encarnación de un drama comunitario de expiación y vindicta —sea el "letrado colonial" o el "pensador hispanoamericano" — lo que Halperín estudia como parte de un cuadro histórico que puede perseguirse auscultando la autobiografía de ancestral cuño cristiano en su fusión con la autobiografía política moderna, lo que ya supone la noción de personalidad social. Típico proceso de reflexión que supone la posición del intelectual historiador, que labora con el radical distanciamiento del que ve los ciclos históricos deshaciendo ensoñaciones y creencias. Scalabrini "sataniza" porque el mundo histórico le parece recubierto de intenciones que reclaman la inmediatez de la denuncia, y porque solo puede pensarse la historia desde la *voluntad actual* de los intereses colectivos. Para el severo Halperín eso no supondría otra cosa que revivir el mito de los antiguos letrados.

Muy poco podría importar ello a Scalabrini, cuando aguza su estilo provocante que busca fórmulas empeñosas de conmoción pública y nacional. Ya sea cuando piensa en una posibilidad "comunista nacional" que corrija la errática trayectoria del primer gobierno de Perón, ya sea cuando algunos años después, escribe su autobiografía al modo de aquellas que luego, desacralizado y abstinente de los mitos, podría estudiar Halperín Donghi como manifestaciones de una "mentalidad". Pues bien, esta autobiografía de Scalabrini Ortiz nos interesa por varias razones, y se publica en la revista *Qué* en 1958, su última estación desarrollista, tan tormentosa como había sido su temporada peronista. Nos interesa en primer lugar porque allí hay un modelo autobiográfico entendido como un voluntario despojamiento ascético de su solaz personal en nombre de un sacrificio demandado por historias tan imperfectas como oscuras, pero aun así pródigas.

Traza entonces un cuadro paradojal de "vidas paralelas" en el que dos militares golpistas, Aramburu y Rojas, eran obtusamente llevados por el gobierno de Frondizi (y Scalabrini es el director del órgano publicístico más influyente de la corriente frondizista) a la alabada culminación de sus carreras. En una viñeta de amarga ironía, Scalabrini rememora la trayectoria de esos dos militares que siempre habían obtenido recompensas oficiales, incluso del poder que habían derrocado, pues flirteaban con la adulación y la impostura. En tanto, él, Scalabrini, apoyaba los procesos populares callando ascéticamente sus reservas hacia las deformaciones, aun a costa de ser censurado y hasta perseguido por los mismos gobernantes que, aunque necios, eran el instrumento inconsciente de una velada transformación social. El desamparado intelectual se tornaba así un perseguido, desencajado incluso de las realidades que él mismo había forjado, mientras que los militares siempre apegados a la sombra del poder, lograban convertir incluso en motivo de honra el haber derrocado un gobierno imperfecto pero popular.

Sin embargo, lo que en esta pieza interesa no es solo la comparación entre el intelectual del "subsuelo perseverante" y los que pudieron hacer sus carreras públicas con todos los gobiernos —aun cortando por la violencia el ciclo constitucional de uno de ellos—. Interesa, especialmente, cómo concibe un extraño acto que se devela en el título mismo de la nota: *Cómo Aramburu y Rojas son degradados por nuestro director*. Esto es, el director de *Qué*, Raúl Scalabrini Ortiz, revista "desarrollista", degrada a los militares "gorilas" que el recién asumido presidente "desarrollista" había ascendido al máximo grado militar. Tantas tensiones explicarán el horizonte burlón y paródico que pone al episodio un emancipado e individualista Scalabrini *("yo, como gobierno de mí mismo...")*. Después de contar su propia historia en el fresco de la historia de época y entrelazarla con la historia inversa que recorrieron las vidas de esos dos militares, imagina un decreto de su autoría *"en uso de las atribuciones que me confiere mi condición de ciudadano que ha sabido ejercer en plenitud su libertad durante sesenta años de vida, en la creencia que interpreto los sentimientos de por lo menos cinco millones de electores (...) condeno a los inculpados a la pena de degradación por ineptitud culposa en la defensa de los intereses de la Nación y en adelante para referirme a ellos los citaré en su prístina y erizada desnudez de pollos pelados, Pedro Eugenio Aramburu e Isaac F. Rojas."*

Esta humorada jurídica merece una celosa meditación. El Tribunal bufo que Scalabrini levanta, en el que se presenta como el espíritu de cartuja que impugna a los poderosos, se dirige a enjuiciar al general golpista Aramburu no por el fusilamiento del general nacionalista Juan José Valle en 1956 —hecho que no menciona en el largo artículo, lo que sí ocurriría en el tribunal montonero de Timote en 1970— sino por no cumplir con las obligaciones que se esperaban de un militar respecto a la soberanía nacional. Si el infortunio del intelectual consiste en no disponer de los medios para clavar las tablas de la escena en que se pavonean los imperios de la historia, en cambio posee la potestad inamaterial de los símbolos. A la vez, los medios que de verdad dispone, esas palabras jurídicas rebajadas como en una opereta de final sarcástico, que ve a esos militares como "pollos pelados", admitirían luego la inscripción de muchas otras formas de ese mismo sentido deshilvanado y fortuito de los hechos.

Pero esta última es en verdad una pregunta. ¿El juicio simbólico y humorístico que realiza Scalabrini con la degradación de Aramburu tiene alguna brizna secreta de conexión con el juicio que Fernando Abal Medina y los suyos realizan en aquella ignota localidad bonaerense doce años después? Desde luego, en un caso está implicada la destitución simbólica y en otro la muerte del general que acaudillara las fuerzas antiperonistas de 1955 y había firmado la orden postdatada del fusilamiento de los participantes del alzamiento del 56. Pero aun así, ¿se podría imaginar que episodios de tan distinta naturaleza y consecuencias estuvieran vinculados por una doble chispa furtiva? Primero, el vínculo de las palabras aleatorias que rodean un concepto con su posterior cumplimiento efectivo. Segundo, el vínculo de forma en la existencia del tribunal, utensilio dramático de la idea romántica de *juicio ante la historia.*

Y bien, entre las palabras que reprueban y la muerte del réprobo, la historia compone sus razones inocentes de varias maneras, no siendo la menos importante la que indica la radical autonomía de cada hecho, la drástica heterogeneidad entre la elaboración de los símbolos que humillan al poderoso y la práctica del último acto en que la política pierde trágicamente su cualidad simbólica: la muerte del enemigo odiado, muerte fundadora que reclama la fatal conjunción de la violencia y el mito. (Queda, es claro, la muerte como símbolo, nueva exigencia de un viento histórico que arrastra bruscamente a todos.) Sin embargo, también los hechos se llaman entre sí, y entonces algo más puede decirse.

Si los hechos se llaman entre ellos, es evidente que se podrían hilvanar todos aquellos momentos en que las gentes proscriptas del peronismo fueron señalando en la figura del general Aramburu el autor infausto de tantos sufrimientos. Alrededor de su nombre emanaba la rara cualidad del símbolo aciago, verdadera causa de *ruina patriae*. La atmósfera adversa contra su figura recorre así todo el período. Había dispuesto él fusilamientos, confinamientos, destierros, injusticias. ¿Necesariamente debía desembocar esto en el tribunal revolucionario de 1970? ¿Había un hilo letal entre el odio que se agitaba en los cánticos y la contundencia final con que un fallo inapelable toma la vida de alguien? ("Proceda.") Quizás sería fácil demostrar que no, a favor de todas las evidencias con que suelen comentarse las discontinuidades entre los símbolos y las prácticas. Porque los símbolos son un momento de sustitución de la acción, la piden y la retienen al mismo tiempo, pues se basan en la dimensión imaginaria de los actos. El símbolo piensa: "sería bueno que sobrevenga la acción que yo anhelo, pero si lo hace deberé declinar mi anuncio". Por eso el símbolo amaga, flirtea, juega con el destino, pero su último afán no es convocarlo ni provocarlo.

Por otro lado, el *acto* piensa que él deberá confiscar y guardar las potencialidades del símbolo, poniendo por delante un comienzo nuevo, audaz, surgido como de la nada, apenas justificado en que un símbolo anterior lo llamaba. Pero es para quedarse él con el vigor del nuevo símbolo, respaldado como en la mejor saga de los empiristas, por un acto drástico y cercano, que era la carne viva y lozana de la que el símbolo sería piel. Queremos decir con esto que un acto de violencia —y particularmente tan dramático como el que envuelve al general Aramburu, que parte en dos la historia de un período— puede ser anunciado, prefigurado o urdido por una masa indefinida y amorfa de situaciones anteriores. Pero si se concreta, no son aquellas situaciones las "autoras intelectuales" sino por el contrario, la forma que tenía la historia de predicar un acto último y destemplado, *sin realmente cometerlo.* ("Proceda.")

Vistas desde la forma completa de su actualidad, las formas predecesoras del acto parecen cobrar el sentido pleno del que carecían. Pero tanto podrían hablar de una coreografía de violencia que se esboza poco a poco en el lenguaje para luego capturar los cuerpos, como al revés, de una suspensión de la violencia por el mero hecho de mantenerla en palabras. Pues si la violencia no estuviera en estado de simbología —y la de Scalabrini quiere serlo: tiene todas las gradaciones de la caricatura y la chacota— demoraría poco y nada en desencadenarse sobre la carne. ¿Podría decirse entonces que un juicio imaginario contra un enemigo prefigura un juicio real contra ese mismo enemigo? ("Proceda.")

Se podría responder de inmediato que no, considerando que el , Scalabrini es figurado y se resuelve en una "destitución" y que el juicio *Montoneros* a Aramburu es efectivo y se sigue de muerte. No hay com. aquí. Pero no concedamos a la facilidad de los diferentes desenlaces para descarta de plano el tema. Si es posible mostrar que son actos diferentes, lo será porque cada acto engendra su propia responsabilidad ante la historia, y cuando los actos se enlazan —esto es, cuando puede hablarse de un destino— solo un pensamiento ocioso verá allí culpas en vez de ver las formas pesarosas que adquiere la historia, simplemente porque la historia no se "hace", sino que se muestra en condiciones en las que nunca alcanza un simultáneo conocimiento para entenderla. El conocimiento completo nunca es actual, sino que es posterior o anterior a los hechos, que no son la historia que se "hace" sino la que yace, allí, como parte inescindible de nuestros actos rotos, seccionados, desasistidos de comprensión plena. La historia no se hace, yace.

El 29 de mayo de 1970 los Montoneros secuestran, luego juzgan y dan muerte al general Aramburu. El comunicado que daba cuenta que Aramburu había sido sometido a la "justicia revolucionaria" es una pieza singular. Se decía que los Montoneros habían actuado en desagravio del fusilamiento de civiles y militares que con distintos grados de compromisos había acompañado el levantamiento de Valle 14 años antes. Y concluía, refiriéndose a Aramburu: "Que Dios Nuestro Señor se apiade de su alma". Innumerables circunstancias subrayan el profundo dramatismo de este acontecimiento, "parteaguas" —como se dice— de la historia argentina en la segunda mitad del siglo XX. El secuestro se realiza el día del Ejército; cumplíase un año del Cordobazo y el tribunal revolucionario instituía una voz paralela en la sociedad argentina que con su lóbrega fantasmagoría señalaba que había otra ley. Sobre un punto de densa cargazón histórica, un puñado de criaturas desafiaba instituciones, jugaba con ellas, las sacudía revisando sus propios pliegues ocultos, pronunciando palabras imantadas: Ejército, Cordobazo, Dios. Así Montoneros emergía del enjambre de los textos del "revisionismo rosista", agitando signos macizos de la historia nacional, sumergiéndose en los mitos que parecían el corazón dormido de la memoria social, azuzando un nombre que parecía la ménsula perdida de la historia nacional. Montoneros: en el nombre no volvían los federalistas interioranos derrotados en las provincias del siglo XIX, volvían los atiborrados textos que habían debatido el pasado argentino como "política de la historia", según decía Jauretche.

Es posible que Montoneros no fueran afanosos lectores. Sus documentos partidarios, bélicos, organizacionales, revelaban escasas preocupaciones bibliográficas. Nunca el testimonio de una discusión de cierta sutileza intelectual, nunca la sensación de que se rozaba el alma inquieta de la historia a través de los legados teóricos primordiales. Sin embargo, a su manera, fueron lectores. Fueron los mejores lectores. Los textos estaban investidos, eran ellos convertidos en textos vivos, encarnados no como lectura sino como la propia respiración del mito. En esas vidas librescas a pesar de ellas mismas, yacía el debate nacional sobre el siglo XIX y las vicisitudes de la política, la ciencia y la ideología en una nación que se preguntaba si para tener posibilidades, debía recorrer el camino de la justicia primitiva, fusil contra fusil, fusilado contra fusilado, emboscada contra emboscada, página contra página, Dios contra Dios. Se concebía, y no puede sino ser turbador, que había que matar el corazón ya muerto de las instituciones estatales para que estas resurgieran de sus despojos de cadáver. "Dios nuestro Señor", que debía apiadarse de un muerto ajusticiado, era la frase que correspondía a ese estado de ánimo que hacía surgir la violencia de los textos dormidos de la nación. ("Proceda.")

Scalabrini había escrito un ingenuo vaticinio de enjuiciamiento que dejaba al socaire moral a la historia argentina sin privarla de ninguna de sus tensiones y, desde luego, trazando un límite impensable de trasponer entre la escena de tenor simbólico y la represalia de los partisanos armados. Los Montoneros abrían esa compuerta que parecía tapiada, por la cual el odio justiciero no se nutría en víctimas que alguna vez —como decía Cooke— serían redimidas con la memoria de un triunfo social que desde un arcano de la historia futura, salvaría a todos los injusticiados y recordaría cada uno de los sacrificios. Ahora se estaban creando otros símbolos que surgían de un acto que miles habían pensado y que sólo un puñado de guerreros iluminados, como en un juego adolescente, se habían atrevido a considerar en su tajante significado inaugural. La historia volvía una página en la cual las víctimas —a su manera aureoladas por la comodidad socrática de ser ellas, no otros los violentados— se convertían en incómodos vengadores. (Porque ¿no es mortificante el papel del vengador cuando se disipa la inconcebible felicidad de haberle dado a la historia el equilibrio de justicia que le faltaba?)

No había llegado Scalabrini a ese punto, al que sí había llegado Arturo Jauretche, caballero duelista que había empuñado las armas en *Paso de los Libres* en 1933 y escrito allí los poemas gauchi-antiimperialistas que Borges, en un juicio de tensa condensación de todos los legados literarios del país, y en medio de una apología del coraje y la patriada, había considerado del linaje de Hildalgo, Ascasubi y Hernández. Jauretche muere en 1974 y sus últimos escritos son de apoyo a la juventud de cuño montonero, postrero capítulo personal de su sorda disputa con Perón, cuando este estaba en plena acción contra su otrora "juventud maravillosa", concepto que trepidaba en su lengua con resonancias cesaristas. El féretro del autor de *Pantalones cortos*, su inconclusa autobiografía, marchaba envuelto en una bandera montonera.

En la edición final de *Operación Masacre* Rodolfo Walsh había incluido un epílogo, *Aramburu y el juicio histórico*, tipografiado enteramente en letra bastardilla, como si se deseara señalar una discontinuidad con el texto principal. Sin embargo, su numeración correspondía a la del último de los capítulos del libro. Walsh escribe allí una tesis sobre el drástico derecho a juzgar un crimen anterior, justificando los acontecimientos ocurridos en 1970 en Timote. En un sentido más amplio el tema del capítulo esboza una reflexión implícita sobre el castigo, la piedad, el arrepentimiento, en suma, sobre la catarsis de las pasiones en la historia.

¿Es posible apiadarse de las criaturas más siniestras cuando revelan una aflicción en su conciencia por un daño anterior que han hecho? ¿Quién garantiza la verdad de esa congoja? ¿Cómo puede la historia despojarse de una imposición de culpas por el empuje de una tardía caridad que el criminal se adjudica a sí mismo, quizás bajo la inspiración del monólogo del Rey Claudio en *Hamlet*? A diferencia de quienes consideraban intachable al general Aramburu —condenado a muerte ahora por su participación en los fusilamientos de junio de 1956, materia del libro de Walsh— algunos de sus partidarios sostenían que "el Aramburu de 1970 no era el de 1956". *Colocado en las mismas circunstancias no habría fusilado, perseguido ni proscripto*. Aconsejados por innobles asesores, tanto él como Lavalle —el paralelo histórico surge espontáneo en Walsh— podían ser considerados como desgraciadas figuras que se proponían retornar de una aciaga obnubilación para consumar "un enigmático acercamiento a su tierra y a su pueblo".

Pero Walsh desautorizará totalmente esa metamorfosis. Así la llama, con un giro que implica al mismo tiempo una vislumbre literaria y un anuncio de que el individuo se resuelve en el universal de clase. Metamorfosis, entonces, que "para un juicio menos subjetivo carece de importancia, aunque sea verdadera". Se trata entonces de ver la acción humana como una manifestación *objetiva* de la historia, ante la cual la apelación retrospetiva de la conciencia que cree haberse transformado por un etéreo impulso volitivo, es frágil o desatinada. Aramburu ejecutaba una política de clase cuya crueldad —justamente— "deviene de ese fundamento". Esta visión clasista convierte en irrisorias las "perplejidades" de Aramburu, pues "apenas iluminan el desfasaje entre los ideales abstractos y los actos concretos de los miembros de esa clase: el mal que hizo fueron los hechos y el bien que pensó, un estremecimiento tardío de la conciencia burguesa".

Párrafos que no solo debemos entender en el enraizamiento moral y cultural de aquellos años en los que prolifera una "ética revolucionaria", una ética de fines últimos obligada a rebajar la importancia de la esfera deliberativa personal al estado de meras perplejidades, de ensoñaciones de los espíritus que se resisten a descifrar sus resguardos intimistas en el signo imperturbable y duro de la historia. *"Aramburu estaba obligado a fusilar y proscribir..."* Esta certeza forma parte de una pedagogía que muestra a un "humanismo liberal que retrocede a fondos medievales"; humanismo obligado a hacer trizas sus dudas y arrepentimientos atribulados en nombre de su inaplazable inscripción en los intereses de clase. Pero no sólo se destroza la compasión liberal, sino que en un sobrecogedor final se verá crecer la rebeldía como respuesta a aquellos actos, a esas órdenes de fusilamiento firmadas por el Aramburu de "1956", todo lo cual el libro de Walsh ha narrado en su injusticia esencial. Y entonces: "esa rebeldía alcanza finalmente a Aramburu, lo enfrenta con sus actos, paraliza la mano con que firmaba empréstitos, proscripciones, fusilamientos".

En "1970", aparece para Walsh la forma literaria de una historia nacional según la secuencia víctima-victimario, pero sustentada por una severa metamorfosis ya no personal sino colectiva, amasada en la ley inflexible de la historia. A manera de una responsabilidad del destino que describió una elipsis perfecta, a Aramburu se "lo enfrenta con sus actos". Ideal orbicular de la historia, filiada sin duda en el rastro de Borges, por el que todo acto recorre un círculo secreto que retoma su envión originario, al cabo del cual se establece un majestuoso castigo contra el mismo que había obrado con desenfreno. Walsh suele parangonar hechos presentes y pasados, pero en el fondo su visión es la de una historia en eterno retorno, que se reanuda signada por la circularidad de una culpa.

Esta noción fuerte de culpa, contrasta notablemente con una idea más laxa en la cual el *arrepentimiento* aparece como una entidad moral aceptable, a ser considerada en el escrutinio comprensivo a la hora del juicio moral y jurídico. Del arrepentimiento dice Spinoza que es una miserabilidad doble, pues en el acto de arrepentirse tenemos que primero alguien comete daño derrotado por el deseo, para luego dejarse vencer por la tristeza. Las épocas quizás se piensan en relación a si dan lugar a un ideal distendido o macizo de culpa, esto es, si a la conciencia se le conceden o se le restan atributos de libre albedrío frente al interés universal que la excede y la determina. Del mismo Spinoza es la idea de que son al fin los profetas quienes tratan con la materia delicada del arrepentimiento: agreguemos que esa es la materia sacerdotal que reclama también el jurista, para examinar la distancia entre el daño efectivo y la criatura que lo causó cuando a ella se le ocurre confesarse, también, destrozada por su acto. El humanismo de todos los tiempos, en efecto, insiste en reposar sobre esta hendija que se establece entre la congoja ante lo que se ha deshecho

—verídica o fingida— y lo que la historia considera irreparablemente quebrantado por responsabilidad del confeso.

Pues bien, a ese humanismo Walsh estaba dispuesto a no prestarle ningún interés. Lo consideraba una pieza incapaz de comprensión de lo que suele reclamar toda historia rigurosa y agitada. La culpa walshiana se funda así en la culpa trágica: quién realizó un acto, le pertenece, es solo suyo. *Es su identidad mundana, la forma de fusión entre conciencia, mundo y verdad.* Las metamorfosis, por el contrario, son la otra fuerte marca clásica que adopta la idea de culpa. Si se acepta el punto de vista de una muda incesante en la figura, en la conciencia y en las biografías, los valores de lo humano en general y la realidad del juicio moral deben prepararse para atender a una relativización impuesta por las formas cambiantes del mundo y de la vida.

Pero en *Operación Masacre* las alteraciones se realizan en la misma complexión vital del escritor: "Esa es una historia que escribo en caliente y de un tirón, para que no me ganen de mano..." El prólogo a la tercera edición es el relato de una metamorfosis, desde ese "tengo demasiado para una sola noche... la revolución no me interesa" hasta la mención a "un hombre que se anima".... a una mujer "que se juega entera". Crónicas de desplazamientos y deslindes donde la conciencia se va adensando hasta estacionarse junto a la verdad que era necesario que aflorase, por encima de esa superficie inauténtica, individualista y burguesa del que desea apenas que "no se le anticipen".

¿Pero acaso no son así muchos de los personajes de *Operación Masacre*? Está la escena del capítulo 30 donde el comisario Gregorio de Paula de la comisaría de Moreno, le arroja una frazada a Livraga. Leemos: *"Pero un resto de piedad debía quedarle esa noche en que llegó al calabozo trayendo con la punta de los dedos una manta usada hasta entonces para abrigar al perro de la comisaría, la dejó caer sobre Livraga y le dijo: —Esto no se puede, pibe... Hay órdenes de arriba. Pero te la traigo de contrabando.*

Bajo esa manta, Juan Carlos Livraga quedó extrañamente hermanado con el animal que antes cobijara. Era, más que nunca, el perro leproso de la Revolución Libertadora."

Ese "resto de piedad" es un compuesto de la conciencia que Walsh debe sospechar que es la piedra angular de la composición romántica sobre el Mal. Que no solo alude al "cristianismo primitivo artesanal" que David Viñas percibe en esos recorridos expiatorios de la conciencia, sino que es posible una vez más remitirlo al ostensible *Facundo* que lo acecha, en el cual "aun los caracteres históricas más negros poseen siempre una chispa de virtud que alumbra por momentos y se oculta". No parece posible imaginar *Operación Masacre* —todo el cuerpo del texto que hoy leemos sin bastardillas— sin esa chispa altruista en el subsuelo de lo nefasto. Esta concepción de la conciencia burguesa, por así decirlo, postula la compañía de una conciencia cristiana que —en metamorfosis— emprende un tránsito doloroso hacia sus verdades.

La otra concepción de la conciencia es la torsión agónica y final del ser revolucionario, donde la vinculación con la culpa es material, histórica y objetiva, siendo pueril considerar cualquier acto de arrepentimiento. Estamos ante el fin de la novela burguesa —teñida de dramas de culpabilidad, castigo y compensación— pero que reaparece ahora con el nombre de "relatos de la nación". Se nota en el episodio del comisario De Paula, que si se cierra con la alegoría del perro leproso de la Revolución Libertadora es porque esa fuerte imagen misericordiosa es el origen del relato socialista y cristiano. El *relato de la nación* exigía criptas secretas de las que surgiera el sufrimiento y la redención del paria social (militante comprometido o candoroso vecino) y donde acaso se percibiera la recóndita contricción de los seres más obtusos y nocivos.

Hay que percibir hasta que punto los acontecimentos de 1970 exigían "criterios objetivos" que eximían de otorgarle cualquier importancia al acto de arrepentimiento. Pero no dejaba de ser exacto que Walsh, en su teoría de las pasiones y de la catarsis de esos Sócrates esmirriados de los Basurales de la historia, proponía figuras incompletas y confusas que no sabían lo que hacían. No lo sabían, y buscaban su verdad en aquellas convulsivas metamorfosis que se apoderaban de sus biografías oscuras, incluyéndose allí la del propio escritor.

¿Se pueden volver las páginas de la historia? El pasado es irreversible como asimismo es inevitable la pregunta de qué hubiera pasado, en el eslabonarse de los hechos, si un suceder que hoy resplandece como necesario y aceptado, no hubiese sobrevenido. *El no suceder de lo efectivamente ocurrido es lo impensable.* Pero aquí puede ser pensado porque *Operación Masacre* está escrito con una doble ambición moral. Primero, con la noción de que hay excepciones en el imperio del mal, excepciones irreflexivas a cargo de hombres comunes y frágiles. Pero, segundo, también está escrita con la idea de que un mundo efectivo y palpable, en su lógica combatiente, es siempre más que las vacilaciones de una conciencia que reclama un juicio particular diciendo, como certificado de que merece indulgencia: "ya no soy la misma". La conciencia del ser autocrítico, que construye una autobiografía revisada a fin de obtener una benevolencia del presente a cambio del reconocimiento suplicante del error pasado, no era para ser tomada en cuenta. Y así, con las bastardillas de su libro, que ponían fin a las metaformosis anunciadas por el cuerpo central del relato, daba razón Walsh a esa letal circularidad de la historia, donde cada acto terrible heredaba al cabo de una vuelta implacable de la rueda del tiempo, lo que él mismo había anunciado.

"Vamos a proceder, General." "Proceda." Este es el último diálogo entre Aramburu y sus jueces según el relato que posteriormente Mario Firmenich y Norma Arrostito hacen a una publicación partidaria. Por muchas razones, ese relato es trascendente, extraño, único. El acto mítico de esa muerte real, que acababa con una década de publicística de los proscriptos alrededor de su Minotauro fusilador, dejaba frente a frente a todas las fuerzas, sin Scalabrinis ni Jauretches de por medio —más el primero, que pensaba sobre la base de las categorías de la economía política, y menos el segundo, que esgrimía metáforas de honor y bravura del insurgente— y acaso solo con la solitaria prosa de Walsh que, no mucho menos que borgeanamente, ponía frente al rostro de Aramburu la forma circular de su culpa. Más adelante, el propio Walsh le señalaría a los Montoneros —y a unos Montoneros que percibían con asombro y exasperación la naturaleza huidiza e inasible de la musaraña peronista— lo que llamó un *déficit de historicidad*. Quería decir que los Montoneros habían hecho pasar a primer plano el ejercicio armado de la política, sin percibir que la historia siempre es una condición y también un límite.

Los Montoneros brotaban del pliegue interno de la historia nacional. Tomaban, acautelaban y acorralaban al conjunto de la simbología nacional. Estaban simultáneamente adentro y afuera de las instituciones maestras del Estado y de las creencias nacionales. Las daban vuelta, las ponían en jaque y persistían hablando una parte común del idioma que trastocaban. Había demasiada historia escrita allí. Cuando todo eso se condensó en la figura de un poder armado y organizado, las leyes secretas de la supremacía de un símbolo sobre otro se deshistorizaron. Entonces ve allí Walsh un déficit. Los textos del irredentismo mítico juvenilizado del cual Montoneros provenía eran reemplazados por otro texto fundador, el del relato de su acto magnicida, el crimen justo que desviaría por fin el cauce anómalo de la historia nacional. Era curioso reclamar, cuando la catástrofe se avecinaba, mayor historicidad a un grupo cuya característica máxima había sido la de emerger precisamente de la leyenda bélica y social argentina, esa historia que se agitaba con tanta crispación que en su grado mas intenso mantenía una relación con la *alegoría de la catástrofe* (lo que expresaba la clásica frase nacionalista: *la patria dejará de ser colonia o la bandera flameará sobre sus ruinas)*.

Y ese relato, publicado en el periódico *La causa peronista*, hablaba del tribunal sumarísimo, del juego de guerra de casi adolescentes que salían de campamentos de la cristiandad social, de familias segundonas de oligarquías arruinadas, de progenies donde podía haber un juez o un general, de amargores políticos en casas patriarcales donde yacían viejos retratos al óleo del fusilamiento de Dorrego, con lo que pasaba a ser una parte esencial del dominio de relatos de la nación. Se hablaba allí de la interrupción del tráfico en avenida Santa Fe y Montevideo, del falso uniforme de jóvenes tenientes de unos, el de suboficial de la Policía Federal de otro, del café que toman en el departamento del general al que le dicen que vienen a ofrecerle protección (lo que era una verdad invertida), del asombro del secuestrado cuando se van sacando las indumentarias fraguadas en la camioneta que los conduce (había también un pseudo sacerdote: estaban calcadas y trastornadas todas las profesiones de la cruz y la espada) de la burla al cerco de la ciudad, de la llegada a la aislada localidad de Timote, del interrogatorio donde Aramburu ofrece el secreto de la tumba de Evita, intenta una explicación del fusilamiento de Juan José Valle —el general cristiano fusilado, que le había dejado a su hija una carta de despedida desde la que se entreveía una historia encarnizada— y balbucea una distante comprensión por esa juventud erizada en épocas turbulentas, del golpeteo sobre un yunque para que no se escuche el disparo luego de que el tribunal deliberara frente a sus fulminantes papeles (en los que estaban los nombres y todas las sangres de toda la historia nacional), y del breve intercambio de palabras que anteceden al desenlace: "Voy a proceder, general." "Proceda." Antes, el general pide que le aten los cordones de sus zapatos como última voluntad. ¿Ironía despectiva? ¿Íntima altanería del incrédulo?

Ese terrible y descarnado diálogo fue muchas veces comentado. Jorge Asís escribió una novela —quizás la menos irregular de las suyas— que lo incluye a modo de "batracomiomaquia". José Pablo Feinmann, por su parte, en *La sangre derramada* (1999), supone que se trata de un diálogo en el que lo que resalta es el lenguaje militar. Lo dice para señalar sobre el acto del secuestro: *"se trata de un encuentro entre militares"*. En efecto, lo es, pero este autor enfatiza con ello una peculiaridad adulterina que tendría todo ese teatro de la historia, pues estaríamos ante el traslado de conceptos militares a la política, lo que "implica considerar a la política desde el punto de vista de la guerra; es, en suma, transformar la política en guerra". ¿No se están confundiendo aquí los buenos deseos del alma liberal con un hecho oscuro que se espesa en todas las sociedades históricas?

Señala Feinmann que en los *Apuntes de historia militar* de Perón hay que prestarle atención al concepto de *aniquilamiento* pues figura "en el léxico del horror argentino". De este modo, una palabra sacada del ajado armario donde se hallan los libros de Clausewitz tendría una capacidad de ensalzar, no tanto al digno caballero al servicio de los Hohenzollern, sino al general del guiño picaresco, perillán experimentado y presumido pedagogo del militarismo argentino, que lanzaba palabras gaseosas al aire sin medir sus severas responsabilidades cuando ellas presidiesen el estrago real de los cuerpos. ¿Pero qué es una palabra? Seríamos muy avisados si poseyésemos la clave final de la filosofía, aquella que supusiese determinar el momento en que una *palabra dada* se entusiasma con los hechos hasta ser ella misma los hechos. Y por añadidura, si de esa conjunción matemática extrajéramos una doctrina de la responsabilidad, apta para echarle todo el embalaje turbio de la culpa argentina a un político de opacidades varias, como Perón, que por eso mismo rechaza la transparencia liberal con que ahora es visto como autor fundamental de la *palabra criminal* que atravesó las conciencias errabundas que se fusionaban con el Mal.

Una *palabra* es a los *hechos* cuando estamos en condiciones de examinar las categorías del destino que la colocan como nombre indeterminado, asumiendo así su derecho linguístico a existir: una palabra, en estos términos, existe solo en la irrecusable contingencia o paradoja del lenguaje. Esto es, en la efectiva irresponsabilidad de su pronunciación, un problema ajeno a la dimensión ética pues solo envuelve el sentido de estar abierta a las prácticas mundanas e históricas. En este sentido, una palabra es la guerra, no como inmediatez sino como fatalidad para la reflexión valiente y lúcida, como invitación a apartar el terror en el reconocimiento de cómo el acto guerrero va inscribiendo en lo cotidiano de la vida, los cuerpos y las economías prácticas, sus líricas evocaciones y metáforas felices que parecen olvidar su origen bárbaro.

La teoría del neoliberalismo lingüístico, que ahora adopta Feinmann —aunque con vagas reminiscencias de Hegel y Sartre— imagina que una palabra se hace inmediatez de lo real, sin contar para ello con la necesaria noción de destino, que por su naturaleza es necesariamente expulsada del olimpo del neoliberalismo pues alude al carácter determinado y a la vez imprevisible de lo real. Las tesis de la *buena conciencia liberal* mantienen siempre la idea de la palabra atada a tristes destinos en el mundo, como caída y pérdida de belleza. Y asimismo, hay palabras ciegas, espantosas y sórdidas, primordialmente dañosas. De este modo pueden ser vistas como culpabilidad material ininterrumpida, pues se cree que son palabras que inauguran de por sí realidades. Son palabras de un destino sin destino. Cosmovisión ésta que pertenece a las *buenas conciencias* clásicamente retratadas por Hegel, para las que "la certeza de sí misma es la pura verdad inmediata, y esta verdad es, pues, su certeza inmediata de sí misma representada como *contenido*, es decir, en general, la arbitrariedad del singular y la contigencia de su ser natural no consciente". Crea entonces un *deber vacío* que la dirige luego a una culpa abstracta por el solo hecho de pronunciarse como palabra de certeza inmediata. Y crea también un falso universal al ligar la mera palabra desafiante a un terror cuyas raíces morales y sociales, en estos términos, no pueden ser explicadas.

Por supuesto, las palabras importan esencialmente, cuando se les reconoce el peso práctico del que pueden estar grávidas, pero nunca estableciendo la continuidad liberal (y paradójicamente determinista) entre la palabra y la *sangre derramada*, pues las palabras son destinos de espera que, a su favor, siempre tienen inscripto lo inconsumado de la realidad. Esta es la forma de entender la historia para precavernos del terror: considerando que las palabras son mitos de gravedad inusitada y no simples etiquetas abiertas a la contemplación asustadiza del humanista liberal. Están a la expectativa de nunca realizarse en las diversas realidades, porque las separa de ellas una diferencia donde la libertad del sujeto situado hace su juego existencial. Ese juego son figuras del destino y lejos de obstaculizar la acción y la pesadilla de símbolos que la constituye, permite que advenga la comprensión de la trama de la historia. Al contrario, es la teoría liberal de las palabras riesgosas como equivalente de la sangre derramada, la que le quita libertades al sujeto colocándolo en una jaula de pánicos reflexivos y entumecimiento práctico. Comienza por no reconocer el estado práctico de metáfora alojado en la propia expresió*n sangre derramad*a.

"Proceda." En efecto, era un diálogo entre militares. E*l procedimien*to es un vocablo cargado con todas las artimañas de lo policial, lo jurídico, lo represivo, la crítica literaria y —especialmente— de la acción qu*e hace cosas con palabr*as. Se le daba solemnidad al momento trágico que hubiera sido mejor no consumar. No tenemos observancia hegeliana a cualquier hora del día. Un hecho cancelado para la historia en su cumplimiento no está encadenado a premisas que buscaban a lo largo de un "procedimiento". Siempre es mejor pensar que lo irreparable pudo no haber ocurrido y no otro es el sentido de una expresión ética (lo irreparable es un momento de la conciencia ética, que se lanza a criticar lo mal elaborado en la historia). Pero los militares informarles poco más que pubescentes que se habían puesto ese nombre antepasado extraído de los libros de la memoria pública argentina, traían también el principio de la interrogación invertida *dentro* de las instituciones de la nación: el ejército, el cristianismo, el sindicalismo estatal, la resistencia peronista, la Iglesia y el marxismo nacionalista. Y por último, la inversión de Perón desde las fibras internas del discurso de Perón. De algún modo, el propio peronismo había significado eso. Una conmoción en el interior del cuadro formal del orden estatal: el movimiento era el otro nombre de la nación recuperada a través de la anexión del proletariado, en un acto que era necesario explicar a sus históricos enemigos.

¿No es esa la raíz del primer drama peronista, que lo acompaña desde siempre? Es la intrínseca dificultad de esa explicación ofrecida a los poderes consuetudinarios, que una y otra vez proclaman no entender, ante la desesperación del peronismo, que amenaza con actos irreparables para que se comprenda que viene justamente a conjurar lo irremisible. ¿Cómo no ven que en su naturaleza ingobernable está el orden y a la vez la amenaza al orden, la revolución y la contención de la revolución? Se ve llamado a la resistencia —es decir, a hacer lo que nunca hubiera querido— en la medida en que los que deben entender no entienden, en la medida en que debe luchar contra aquellos que deberían interpretar y debe desgranar sus propósitos reparadores ante aquellos que lo ven como enemigo inexorable.

Los Montoneros eran la inversión lógica, la subversión hogareña del peronismo y de Perón, con un proyecto de *entrismo* generalizado —el vocablo, como veremos, pertenece a la historia política argentina— pero no en los sindicatos, como esbozaba Nahuel Moreno, sino en todos los poros de la sociedad política, ideológica y cultural argentina. No podían escapar del acto fundador por el cual habían querido reenviar la nación hacia su verdad de justicia, vestidos de militares para matar a un militar que había cumplido como gestor patibulario, según Walsh, una "política de clase". Pero también habían querido invertir el marxismo desde ciertas entretelas de época, aunque para ello había que aceptar un compás de tiempo hasta que el grupo redentista que había invocado a *Dios nuestro señor*—sin duda, teología de la liberación de por medio— se encontrara con las definiciones urgentes y nunca exentas de primitivismo, de un "materialismo dialéctico" que cobijaría una "transición al socialismo".

Un marxismo presentado con más refinamientos era el que se correspondía a los grupos guerrilleros que provenían de sucesivas rupturas de la izquierda y se fusionaban finalmente bajo el nombre de *Montoneros.* Es recordable en este sentido el esfuerzo de Carlos Olmedo, que reconocía aquellos orígenes, al presentar el peronismo como una memoria popular que no era un "club" al cual se entraba por decisión de una "pequeña patrulla perdida en la inmensidad de las luchas de clases", sino un verdadero conjunto de prácticas históricas. De alguna manera, las izquierdas populares siempre habían estado en la trama de esas prácticas, bastando con que interpretase su pasado de voluntades nobles pero abstractas, bajo la luz de este presente de asumidas identidades singulares. La tesis de Olmedo, formulada con cierta ductilidad filosófica que no era posible percibir en otras encumbradas figuras de la política armada, suponía rebatir las anteriores especulaciones sobre el *entrismo*, por parte de sectores trotskistas que habían entablado complejas relaciones con el sindicalismo peronista, mostrando el peso en la reflexión política de un marxismo historicista dedicado a analizar la situación política con los atributos de la crítica a la "cosificación", a la vez levemente rozada por lecturas de la aureolada Escuela de Frankfurt.

Por su parte, las políticas juveniles armadas eran también ocasión de que

Roberto Carri revisara las certezas de las recientemente refundadas ciencias sociales dirigiéndoles una crítica concebida en términos de una conciencia revolucionaria que estaba ya prefigurada en las prácticas, lenguajes y vitalidades populares. Además, expresadas en el plano de un antiestatismo e ilegalismo potencialmente revolucionario. Se trataba de una apología de las "rebeldías arcaicas" que contenían el despliegue entero de la liberación y a la vez el rechazo hacia una versión lineal de la razón ilustrada, que al presentarse vinculada a la instrucción pública, debilitaba esa napa popular amasada en espontaneidades y memorias resistentes, sin la forma burguesa de la ley.

De este modo, el nombre *Montoneros* significaba un núcleo de problemas irresueltos de carácter histórico, político y organizativo que de hecho se convertía en un resumen dramático de todas las ideologías del período, que se resolvía en el gran vaticinio de colapso del Movimiento Peronista —quebrado por sus carcomidas burocracias internas— que se desplomaba dejando a luz *al movimiento montonero* como su herencia, como su calco dialéctico, como su opuesta simetría interna. Y que al "ponerlo sobre sus pies", le extraía su corazón racional y arrojaba su tejidos aberrantes como pellejo vacío. Proyectando su sombra desplomada, el peronismo subsistía así en el otro movimiento, el *montonero*, su enemigo a la vez que su secreto esqueleto de preservación, con sus mismas "ramas", sus mismas crónicas del pasado nacional y con sus yuxtapuestas simbologías.

Se percibe hoy, muchos años después, que los Montoneros fueron arrasados y masacrados por un plan de exterminio criminal, desarrollado con sofisticadas tecnologías que operaban sobre el cuerpo y la imaginación aterrorizada. Los sobrevivientes, algunos, no importa quiénes, no tiene esto la índole de enjuiciar, han formulado actos o pareceres que indicarían que la morada que se anunciaba extinta —el peronismo y sus fantasmagorías cristianas populares y sus oscuras raíces hundidas en la macilenta memoria nacional, social y militar— pudo llegar a ser nuevamente la casa común. Los pilares sacramentales de la nación desvaída seguirían siendo los mismos, atemporales, alimentados de los cuerpos de sus víctimas, muníficas en la dilapidación de su sangre en el altar de horror consagrado por sus asesinos que amaban su obra, que amaban sus víctimas con amor de sala de tormento. Siniestro amor del inquisidor, que quería iluminar un poder de panteones macabros, que como nueva efigie estatal escribiría la frase "los muertos son de todos" como acto final de la desaparición: mantenerse solo en la memoria devota de los represores.

Uno de los notorios marinos que salían de caza nocturna, ávidos perdigueros en la ciudad atemorizada, declaró después que el Ejército se "encargaba" del ERP pues era el arma católica frente al grupo marxista, y la Marina de los

Montoneros, porque era el arma laica y masónica frente al grupo nacionalista cristiano. ¿Es posible que se haya llegado a pensar en tales términos? Las palabras llegaban a su confín, la política se disipaba en la carne estrujada y en la oscura tarea —en la vaguedad alucinante de la expresión *grupo de tareas*— de buscar el alma de las religiones en su origen verdadero de locura, muerte, culpa e inmolación. En la Esma se llevó a cabo la planificación de un exterminio que tiene de las masacres el apilamiento de cuerpos numerados, el despojo automático de los nombres. *La política no, sí las religiones mundiales, pueden pensar tal espectáculo.* Y un gesto único de devastación que deja la certeza de que no hay nada fuera del radio del escarmiento aplastante expande por doquiera un destino irreversible de muerte que quisiera reiventar la política desde el "señor que castiga y perdona". Ese oscuro regodeo en un exceso incalculable era una planificación que imponía una diferencia en la mecánica de las masacres aleatorias. Que existiera un plan no substrae, sino añade gravedad. Introduce una forma de la razón, sin duda no aquella de la que hablaban confiantes filósofos, sino una razón que intenta probar que hay método y plan en los actos más espeluznantes.

Una razón que mata sin impulsividad, otorgándole cálculo, procedimiento y eufemismo a actos donde el nombre de la razón buscaba la nada remota compañía de lo siniestro. Una razón que se torna diseño y forma técnica, precisamente para distanciar con un tétrico lenguaje de perífrasis, lo que sería la insoportable —e imposible— designación del horror. Se trata de una razón que no solo asume el papel de hacer tolerable, en un lenguaje cribado por tenebrosas socarronerías y por organigramas de oficinistas del exterminio, la gravedad que tiene la muerte en cualquier ámbito de valores. También preside esa razón los escalones demenciales por los que se procede a la conversión de personas. En la Esma al acto de enviar a los cautivos a la muerte se lo denominaba "traslados" como si se tratara de una religión de ofrenda, que desprovista de complejas simbologías sacrificiales, echaba mano del subterfugio pavoroso del lenguaje para aludir a un proyecto trastornado. Visto desde otro ángulo no menos anómalo, ese proyecto implicaba una reinvención maníaca de lo humano. Porque con tanta intensidad como la que se decidía la eliminación de cuerpos, se había elaborado una mecánica —otra vez la palabra— de mutación de personas.

Esto último era una síntesis tortuosa y simultánea de la política y de la educación. Una reconversión se había puesto en práctica. Era un campo para definir una "teoría de la personalidad" basada en la reeducación bajo amenaza de muerte y tortura. El terror es una pedagogía, tanto como un plan de mortandad reclama el auxilio técnico de la razón. La pedagogía del terror, a cambio del gesto del señor que perdona temporariamente una vida o que renueva con torturas su figura aviesa, considera la subjetividad como un injerto del pánico, como una creación final de la conciencia de muerte. La subjetividad tendría así un viso de esclavitud, de sometimiento, de quebradura. Se advierten las consecuencias trágicas con las que el antiguo concepto de las jergas militantes, hoy en uso de las lenguas judiciales —"tal o cual se quebró"— se traspone hacia el terreno de lo humano considerándolo como una materia fabricable, domesticable, amputable. Sería justo ese acto de quebrar una conciencia lo que introduciría en ella otro poder exterior que la captaría como un pellejo a ser llenado por nuevos amos.

A partir de la violación de lo humano, la conciencia pensada desde un acto de quiebre solo estaría en condiciones de evidenciar su característica esencial: ser receptáculo de violaciones que, al romper la materia preexistente, abrirían la conciencia hacia un nuevo "propietario". La metáfora del quiebre llevaría a considerar la subjetividad como una construcción o una deducción a partir de una autoridad tiránica que considera al sujeto como plásticas amaestrables por la mera exhibición de un poder en estado de pura imposición.

Deberíamos pensar, sin duda, que la pedagogía tiene estaciones, momentos, estribaciones. Por eso, es un reclamo del sentido común imaginar que *nada* le debe una pedagogía humanista a otra técnica de conversión de lo humano por el método del quiebre y del terror. El humanismo pedagógico observa graduaciones, induce a la autoconciencia, "no da pescado sino que enseña a pescar". ¿Cómo suponerlo tan pedagógico como lo "pedagógico" de esa otra pedagogía —la radicalmente antagónica "pedagogía del terror"— que inventa individuos a partir de la onomatopeya que produce el quiebre de su conciencia, el sonido infame de la pérdida del desiderátum autárquico del yo? Con razón, podríamos decir que hay que expulsar del espíritu cualquier idea de relación —por más que expresen valores polares de la misma escala— entre las pedagogías de libertad y las pedagogías del "quiebre de conciencia". Por prudencia o probidad, no se debería emplear la misma palabra pedagogía para ambos casos.

Sin embargo, si no lo hiciéramos, perderíamos la posibilidad de indagar más profundamente en la existencia de procesos tajantes de manufactura de lo humano, procesos que condensan —todo lo dramática y brutalmente que se quiera, hasta incluso el asesinato mismo— las ambiciones no siempre inconfesas de toda *paideia*. Usar una palabra que ha expandido su uso en obvios sentidos edificantes y altruistas para señalar procedimientos donde se obstruye brutalmente la idea de conciencia autónoma, parecería un agravio: pero sin dejar de serlo, también nos introduce a una cuestión vital. En efecto: ¿hay continuidad entre lo *humano* de lo humano y lo *inhumano* de lo humano? ¿Hay continuidad entre la educación que propone valores de autorreflexión y la "educación mecánica" que produce individuos con el troquel de la disciplina concentracionaria del terror?

La idea de una continuidad, lejos de tender una cuerda de crueldad en todo el dominio de lo humano —una escéptica cuerda que atraviesa la condición humana considerándola toda ella bajo el patrocinio del mal—, permite comenzar en los términos más adecuados la discusión ética. Se trata menos de obstruir el encadenamiento de contigüidad entre la acuñación servil de lo humano y la creación humana del temperamento crítico, que pensar ambos territorios como la manifestación de énfasis diferentes sobre el mismo problema.

De esta manera, podrían ser considerados como una pedagogía ese conjunto de actos que vulneran lo humano para introducir una sujeción bajo amenaza de muerte. Tal amenaza sería el horizonte de valores terríficos a interiorizar por la conciencia, convertida en un dispositivo absoluto de acatamiento, que sobreviene con el fin del proceso educativo. Educación que se rige por las pautas del *concentrar* en una unidad de tiempo y lugar todas las notas dispersas de la enseñanza tal como aparecen en el ambiente social y sus etapas, escolarmente borrosas y dilatadas. Esa *concentración* es propiamente el terror, que aparece así como una gran operación del pensamiento expurgada de sus notas de disgregación contingente en el tiempo y difusa amplificación en el espacio.

Es indiscutiblemente incómodo hacer una atribución de una "pedagógica" —¿no nos ayudan siempre las comillas?— a las acciones de manipulación humana bajo el terror, que además contienen la nota ominosa de la eliminación de personas, como sanción final que reduce lo humano al cómputo serial de cuerpos y a la inhibición de cualquier manifestación sobre identidades y destinos. Y aun si fuera mortificante y perturbador, se esperaría no agregar más trastorno haciendo de esa "pedagogía" un procedimiento que bajo otro carácter —y esta diferencia es radical— evoca los signos pedagógicos universales y aceptados. ¿Pero ganaríamos mayor tranquilidad si supiéramos que las pedagogías de la *Escuela Mecánica* —de la escuela que mecanizó la pedagogía para automatizar hombres vejados, avasallados— no contienen ningún vestigio de aquellas otras que acontecen en las aulas donde se "enseña para ser útiles a la sociedad"?

El espanto, si es que fuera definible en su cortesanía dúctil respecto al terror que suele subordinarlo, debe ser seguramente la posibilidad de nunca ver dispersos, aminorados o adormecidos respecto a un punto central que rige la vida política, a esos elementos de destrucción del cuerpo y de amaestramiento de las biografías. El espanto es la presentación, en un solo acto y con una única emanación de fuerza, de lo que debería permanecer aislado, fragmentado, sin nunca brindarse a ese llamado a la intensidad, cayendo entonces buenamente en manos de las pedagogías dispersas, en un desperdigamiento que indicaría, al menos, que las cosas siempre se resisten a quedar atadas por el cordón único que se tensa bajo el llamado del horror: la educación mecánica, la que venimos circunscribiendo como el problema de un nombre y de un edificio con historia, que en la lengua política (?) argentina llámase *Esma*, sigla que semeja ahora a una palabra estrujada, que suelta en agonía todo un jadeo monstruoso, la aterradora pantomima de un quejido.

En la pedagogía mecánica, esta onomatopeya de destrucción total está retenida a los efectos de su "regulación", por un instrumento sórdido: *el perdón provisorio de los Amos*. En estas condiciones, a esta pedagogía puertas adentro de aquel edificio bien entrazado de la Avenida del Libertador ¿se la puede desvincular de la *política*? No lo parece, a condición de que pensemos en cierta esencia, inaprensible y tortuosa a la que la política no siempre llega y a la que sin duda es político —*sobremanera político*— no llegar. Llamamos política precisamente a ese esfuerzo tenaz por no llegar "allí", a lo horrendo, al alma atroz de las pedagogías de la "reinvención de hombres" sobre el trasfondo de los cuerpos encolumnados que esperan su tránsito, dormidos, en el hueco de los aviones. Al pensarse ahora la política debemos saber cómo condenar lo allí ocurrido. Cada época o cada persona, cada momento dentro de una época sabe dónde se detiene: amenazar, fusilar, maniatar, escarmentar, asesinar selectivamente. *Una época es ese "se detiene".*

A veces se ingresa en cada secuencia que aparenta tener un límite pero luego surge otro y otro, hasta no haber más ninguno. No es una decisión explicable fácilmente esa voluntad de no tener límites, de acabar con ellos. Desoír la ley, masivamente, la ley de lo humano-político, equivalía a convertirse en monstruos adentro de la casita bien pintada. Convertirse en monstruos que no podían asumir su desmesura, gozando de escenas primordiales de confesión que incluían heroísmos callados que remitían a la "condición inicial" de lo humano, donde todo está permitido y donde hay que descubrir que lo verdaderamente humano está nuevamente por resurgir de esa nada que fascina al torturador cuando contempla la serie de cuerpos anestesiados en la sala de martirios. Es eso de lo que lo política quiere huir a toda costa —el grito del hostigado— para ser política. Pero no puede haber, no habrá política, si ese grito alguna vez escuchado no pertenece a la memoria de los neohumanismos a ser fundados.

Por eso lo político "condensado", siempre en la pureza crispada que prepara la tolerancia y naturalización del horror, deseaba crear el ámbito de la reconversión de hombres, acaso el proyecto más ambicioso de la política. Mostrar al mismo tiempo que toda política emerge del horror, y que era posible llamar "educación política" —¡cómo ayudan nuevamente las comillas!— a las conciencias que producían un vuelco gracias a la imposición del pavor. El "campo de concentración" es una de las ideas más alucinadas sobre lo humano-político. Se origina, según creemos, de una idea elemental que consiste en condensar los cuerpos bajo la alegoría obnubilada de unos ritmos mecánicos. La capucha, aún esencial para la destronización del yo a partir de generar un espacio-tiempo cero, no logra superar la idea de fusionar lo humano con la serialidad del número. El origen de lo político y de la política en general es poner coto a lo que la "política" puede significar en cuanto experiencia sin límites sobre el cuerpo convertido en materia prima de un ejercicio de "soberanos de vidas".

El afectado candor del edificio llamado Esma, la ingeniería de los motores que según creemos allí se estudian, el nombre escolar de la casita con escudo nacional esmaltado, convergían con un momento de la historia política argentina, para llevar las cosas hasta un confín donde el secreto de lo que la política sea y lo que las pedagogías sean —si es que de este modo eran reveladas— mostraba hasta qué punto no eximía a sus hechiceros convocantes de convertirse en maestros de un espantajo incompasivo y técnico. El siempre recordado pensamiento de Adorno respecto a que después de Auschwitz no puede pensarse del mismo modo la poesía —es una cita readaptada, Adorno ha propuesto un severo pensamiento cuya radicalidad puede serenarse vertiéndola al modo de acertijo— sugiere el misterio mismo de la historia y la política. ¿Hay un momento en que estas se agostan o deben declinar sus palabras ante la aparición del *verdadero problema*? ¿Cuál sería? Lo humano como una orilla última cuya hebra se deshace ante la carne sin narración, en su solo sufrimiento sin palabras. Dice Christian Ferrer refiriéndose a familias de desaparecidos que conservan sus habitaciones intactas, tal como fueron dejadas al momento de la desaparición: *"La conservación del relieve congelado de una habitación no debería ser tomada por una patología familiar sino como un mensaje a la humanidad. Ese mensaje, de rango profético, sostiene ante todos los humanos vivientes que 'nadie debería morir jamás'."* Es extraño ahora leer estos pensamientos tan hondos y tan ajenos al momento en que un porción de criaturas osadas pensaron en tomar, como se dice, "la historia en sus propias manos".

Porque los Montoneros quisieron relatar su acto fundador, su límite sacrificial, su ideal de justicia con un disparo seco, mientras un martillo golpeaba sobre la bigornia, para apagar la oquedad de ese sonido de bala que debía expandirse en palabras, porque era el eco limítrofe que permitía conservar la política al tiempo que se convencía de que una muerte propiciatoria —aquella de Aramburu— podía soportar la gesta de reparación nacional. Al querer contar su mito, estaban aún dentro de la política y del texto argentino que contenía las voces soterradas de los *montoneros* del siglo anterior, de un misterioso Rosas que le proponía alianzas de países cristianos al Papa y del general cristiano fusilado en 1957. La íntima estructura de venganza —que toda historia niega tener aunque tiene— podría justificarse acaso en una recóndita vez, en una larga cadena de hechos. La política, en su oscura búsqueda de equilibrios, es acaso la indagación *de esa vez.*

La Argentina creyó encontrarla pero no era esa. Alguien, sin embargo, intuye oscuramente que no se debe conceder un arrepentimiento en los confesionarios de la televisión argentina, pues si por un lado es pena suficiente el estar solo con un cadáver en la historia, por otro lado la sabiduría sobre lo que nos estaba inhibido hacer llega siempre tarde y cuando realmente llega no es materia de confesión. Como vimos, Hernández Arregui había cambiado una palabra por otra —*socialismo por liberación*— porque había percibido lo que toda historia puede hacer con y por las palabras, revelando sus desconocidos peligros. Faltaba saber que aún había un momento de la *polis* donde todo quedaba descarnado, despojado de palabras, en esa otra inquietud de la política por saber qué hay en ese resto donde todo es silencio. Pero había palabras que eran terroríficas por muchas razones, pero que también lo eran porque iban más allá de la conjunción de la política con la guerra, y hacían sospechar que ya no podían ser pensadas fuera de la pureza de un espanto. Siendo así, es un milagro que las ideologías se mantengan, y que una y otra vez vuelvan a pensarse, fundándose preciosos lazos entre las personas que —ahora sabemos— una y otra vez podrían ser quebrados.

Cookismo y trotskismo en el teatro de las ideas argentinas

En 1967 John William Cooke escribiría un trabajo destinado a tener larga trascendencia por contener una frase-concepto al cual uniría su nombre: *el peronismo es el hecho maldito de la política del país burgués.* Ya se ha dicho muchas veces que en esta sentencia (que había empleado de ese u otro modo en escritos anteriores e incluso se la había hecho leer al propio Perón en la *Correspondencia*) reposaba un programa, una ética y una filosofía de la historia.

Cooke daba por madurado el ciclo capitalista del cual no creía que estuviese en un momento de despegue, sino que "está decrépito sin haber pasado por la lozanía", fórmula que recuerda no demasiado vagamente ciertas expresiones del trotskismo. El capitalismo no era una historia con perspectivas de crecimiento sino un crecimiento en la proximidades de una historia abismal, trabada por el sentido de una catástrofe inminente y por la amenaza del mundo arcaico o atrasado, que lejos de esperar la sentencia *de te fabula narratur* que le ofrecen las culturas adelantadas, está dispuesto al gran salto desde cualquier punto del *Aleph* trotskista, esa ley de desarrollo desigual y combinado, que todo lo hace posible y desde cualquier nudo de la vasta urdimbre planetaria. Sin embargo, el enunciado cookista del "hecho maldito" contempla una situación diferente, aunque también señalada por el hecho de que se concibe lo social como una totalidad singular en trance, en la que hay que buscar el "punto nodal de todas las fuerzas contrarias en tensión", según se expresa Osvaldo Lamborghini en *El Fiord*, escrito que puede resumir adecuadamente las incógnitas del pensamiento político argentino "de la época del peronismo".

El hecho maldito era una dialéctica trunca por la cual se desarreglaban los trazados de la ley y se impedía que se constituya el Orden, pero que no alcanzaba para superarlo. Dejaba a la realidad en estado de desesperación e inminencia, atrapada en una subjetividad enajenada pero en constante inestabilidad. Ese movimiento que quebraba la línea de lo normal dejaba a la realidad en el umbral de un gran cambio pero no sabía cómo concretarlo. El hecho maldito impedía que se desplegase la potencialidad burguesa pero él mismo era burgués, representando un antagonismo inevitable pero en el seno de la misma escena cultural: hablaba de revolución para impedir la revolución; impedía la revolución creando al mismo tiempo sus motivos principales. El peronismo era justamente un lugar de escisión, de quiebre, que anulaba lo que él mismo representaba, y representaba anulando lo que decía tener voluntad de hacer. Cooke, con este concepto, mostraba no ser un intelectual de la nación o de un proyecto jacobino estatal, todo lo quimérico que fuese, como un Scalabrini con su economía política del hombre colectivo, o un Jauretche, como esgrimista payadoresco y sarcástico de un anticolonialismo culturalista. Porque Cooke es un intelectual de exilios, vive desestatizado y sin lengua específica. Su lengua es la del sujeto agonal revolucionario, y su *ethos* de acción está ligado a las mentalidades clandestinas y conspirativas (que en cambio no lo eran las de Jauretche o Scalabrini, que gustaban de la *patriada* o de un estallido repentista del *subsuelo sublevado* de la nación).

Y así descubre Cooke lo que la política tiene de esencia maldita: ser una acción que es secretamente portadora de su propia refutación, como una dialéctica que *persevera en su ser inacabado*. Según una observación de Eduardo Luis Duhalde, autor de *El Estado terrorista argentino 15 años después* (1999), la prédica de Cooke, que se inicia en el nacionalismo y concluye en el marxismo latinoamericanista revolucionario, proponía itinerarios vitales que en los hechos compelían a numerosos grupos de militantes peronistas a dirigirse existencialmente hacia las afueras de ese movimiento. A la inversa, la prédica de Juan José Hernández Arregui, que se había iniciado en el radicalismo sabatinista cordobés (ver Norberto Galasso, *Hernández Arregui, del peronismo al socialismo*, 1986) y concluye en un marxismo historicista, proponía itinerarios inversos, por los cuales las biografías políticas que comenzaban en las izquierdas sociales, políticas o universitarias, acababan incorporadas al complejo mundo cultural del peronismo. (Consúltese también la importante reseña y semblanza histórica que realiza Eduardo Luis Duhalde en el artículo "Peronismo y revolución, el debate ideológico y político en los 60: una experiencia", en la revista *Confines*, 1999.)

En cierto modo, Cooke es un blanquista, pero acompañando la onda expansiva de ese concepto, un leninista trágico y pródigo, en el maremagnum de lo que en aquel tiempo se conoció como tercermundismo. La palabra política, para él, no encarnaba el destino pasional de los jefes —como en Perón— sino una relación de conocimiento dialéctico con la historia y las clases sociales. Con esta serena convicción de su marxismo latinoamericanista, en la dramática *Correspondencia* que sostiene con Perón, había llegado a neutralizar, quizás sin proponérselo, el sistema de conducción *urbi et orbi* del viejo general exilado.

Cooke hace ahí las veces de Lenin, mientras Perón lo había considerado un Napoleón ("El que imaginó este Plan de Operaciones, tráiganlo y que lo lleve a cabo", cita Perón a la Convención Francesa, que así habría exclamado al leer los papeles audaces del joven militar). Un "Lenin": porque de algún modo, en Cooke hay un rechazo a la idea del *conductor*, a la presencia misma de ese concepto en la historia. Nada de magos o nigromantes que avizorasen desencarnados las luchas desde la colina, sumidos en una exterioridad angélica respecto al conflicto social y estimulando como novio del caos, las simultaneidades más contradictorias. Pero tampoco una historia sin esas formas imprevistas de la energía social, que condensa las memorias colectivas en un nombre afortunado y que a los efectos de su cualidad movilizante, se rescata con el concepto de mito propiciador.

En el mencionado trabajo de 1967, *La revolución y el peronismo*, donde se halla su medallón más titilante, esa frase sobre *el peronismo es el hecho maldito de la política del país burgués*, hay unas consideraciones sobre el descompás que existe entre los efectos objetivos de la presencia del peronismo en la política burguesa —*contiene a la clase trabajadora*— y su ideología reformista que *"no tiene una teoría adecuada a su situación real en las condiciones político-sociales contemporáneas"*. El peronismo "es formidable en la rebeldía, la resistencia, la protesta; pero no hemos conseguido ir más allá porque seguimos siendo como Movimiento, un gigante invertebrado y miope". Y por otra parte, "está vivo, y no será suplantado porque le disguste a los soñadores de la revolución perfecta, con escuadra y tiralíneas; el peronismo será parte de cualquier revolución real: el ejército revolucionario está nucleado tras sus banderas y el peronismo no desaparecerá por sustitución sino mediante superación dialéctica, es decir, no negándoselo, sino integrándolo en una nueva síntesis".

Estas fórmulas que recorrieron la imaginación política de la época —y que revelaban una inusual exquisitez— partían de tempranas comprobaciones de Cooke, apenas se encontrase con sus lecturas marxistas, en anaqueles que revelaban también las señales de que un Gramsci o un Lukács, eran sin duda consultados al compás sobresaltado de la aventura revolucionaria, entre cárceles, fugas y milicias de la defensa cubana de Playa Girón. Esta comprobación consistía en que *"debe partirse del hecho concreto de que la lucha de clases existe y no se trata (...) de un invento comunista. El marxismo ha analizado el problema, pero no lo ha creado, porque la lucha de clases no es una teoría sino un hecho"* (en *La lucha por la liberación nacional,* 1959). Esta radical ontología, al concederle el último grado de la facticidad a las luchas de clases, asentaba una premisa de objetivación cuya fuerza era la misma de ese pensamiento sobre "el vacío y punto nodal de todas las fuerzas en tensión" que después consideraría Osvaldo Lamborghini con su sobrecogedora estilística, inspirada efectivamente en los sentimientos de horror que provoca la visión de los fiords, imágenes de una naturaleza despedazada.

En nombre de esa verdad histórica que tenía el carácter de objeto real irreductible, solían introducirse toda clase de elementos que casi siempre llevaban a los incómodos demonios del *determinismo* o del *reduccionismo* —según los vocablos en uso— pero frente a los que no se contaba con suficientes resguardo en la teoría, tal como era mayormente concebida. ¿Quién querría ser tan simplificador, tomar las formas específicas de un plano de realidad para disolverlas *de inmediato* en las realidades pertenecientes a un plano con mayor potencia determinante? Sin embargo, esta voluntad no contaba con sabidurías adecuadas para concretarse en la dimensión efectiva del pensar político. De hiatos como este, surgía la crítica sartreana a ese marxismo de "verdades fundamentales pero abstractas" y posteriormente, desde un recodo diferente, del llamado *estructuralismo,* deidad que cumplía entonces su ciclo, que proponía aquellas estructuras como la productividad de un "efecto sobredeterminado", articulado a partir de instancias de *lo* real. *Ese* real sustentaba una nueva objetividad cuya radical hondura era otra de las formas prácticas del *inconsciente*.

Cooke se hallaba situado sobre esos mismos caminos, que intuye al sabor de sus jornadas de agitación revolucionaria. La idea de *hecho maldito* sin duda se corresponde con el concepto de contradicción sobredeterminada cuando se considera la esfera de *autonomía relativa de la política*, pero Cooke no habla como un filósofo de *École*, sino como un sensible lector filosófico atrapado en las mallas de acero de la política argentina. Por eso está más atento a una lengua que le cabe con más provecho, que podemos ubicar en la ligera reminiscencia sartreana que tienen sus conceptos de crítica a la historia vista "con escuadra y tiralíneas". Sartre, a quien Cooke había conocido en un congreso en Viena en 1953 —y ve posteriormente en La Habana—, decía respecto del *maldito baudelaireano* que "emplea su voluntad para negar el orden establecido y al mismo tiempo conserva ese orden y lo afirma cuanto puede". Nada diferente quería sugerir Cooke.

Según un testimonio de Carlos Villamor, John William Cooke había leído a Baudelaire, y extraído de allí, sin duda, el uso "marxista" que le da a una idea que luce apropiada en *Las flores del mal* y parecería extraña en una escena argentina sobre todo desnutrida de juegos literarios. Pero una vez afirmado el fundamento fáctico permanente de las luchas de clases, como categoría interna de toda realidad histórica, podía abrirse paradójicamente una posibilidad de acción política muy alejada de la aparente omnisciencia que ese clasismo podría sugerir. Porque hubiera sido muy fácil, luego de afirmar que la lucha de clases es la forma esencial del ser histórico, desmantelar todo un cuadro cultural para convertirlo en un objeto traspasado inmediatamente por esas luchas, al punto de volatilizarlo. Al contrario, Cooke ve el mundo cultural en sus dimensiones veladas, briosamente resistentes a vestirse como simple piel del más ostensible interés de clase. Porque, precisamente, las clases no se hacen culturalmente ostensibles en forma automática, así como la cultura no tiene sello clasista en forma explícita. Siendo así, Cooke es partidario de juzgar las relaciones entre las clases sociales y el ámbito práctico de las identidades colectivas, *como relaciones de inscripción*. Es, si cabe decirlo, un *inscripcionista*. Esto es, amigo de un pensamiento que una vez que descubre el núcleo radical de la praxis, esta va inscribiendo sus resultados en instituciones, culturas y formas de vida, que son sus reelaboraciones discursivas. ¿Pero cómo se realizaría tal inscripción?

Michel Foucault, que a este respecto puede ser considerado uno de los momentos culminantes de este pensamiento en los años sesenta, decía que "si es verdad que el poder político acaba la guerra e intenta imponer la paz en la sociedad civil, no es para suspender los efectos de la guerra o para neutralizar los desequilibrios que se manifestaron en la batalla final, sino para reinscribir perpetuamente esas relaciones de fuerza a través de una especie de guerra silenciosa en las instituciones y en las desigualdades económicas, en el lenguaje y hasta en el cuerpo de los individuos". Aquí se percibe un reinscripcionismo en la cúspide del pensamiento antihistoricista francés, para el cual los efectos de las "memorias brutas de los combates" se inscriben en los lenguajes culturales con forma de un *dispositif* que aprisiona saberes. El juego del conocimiento se libra entre la inscripción y una necesaria desinscripción de saberes, para liberarlos de la opresión de un "discurso teórico, unitario, formal y científico".

El *reinscripcionismo* de Cooke (esto es, el modo en que percibe la lucha de clases como realidad interna de las instituciones y de la cultura viva social) es también para liberar conocimientos, pero debe lanzarse a una compleja detección de síntomas del combate social, yacentes allí donde no los espera ningún nombre. Al contrario, están en un ámbito en el cual resalta el modo contingente en que se da la historia. Porque la historia produce sus nombres particulares al margen de las "caligrafías oficiales", por lo que hay que encontrar sus efectos en el albur de cada forma cultural. Estas siempre se caracterizan por una discordancia entre sus emblemas de creencia y los resultados objetivos que produce su existencia social. De ahí que el peronismo "es la expresión de la crisis general del sistema burgués argentino, pues expresa a las clases sociales cuyas reivindicaciones no pueden lograrse en el marco del institucionalismo actual". No podría tener conclusión más nítida la idea de que la lucha de clases se inscribe en el cuadro institucional, poniéndolo en estado de desmoronamiento permanente. El peronismo no puede ser contenido por las instituciones burguesas, pero sus propias contradicciones no logran configurar los actos para superarlas.

¿Esta situación no sería de algún modo lo que caracteriza *siempre* el vínculo entre instituciones y clases? Cooke no lo cree, no podría creeerlo: es un marxista que piensa en que toda crisis de irresolución entre energías sociales se decide en una superación dialéctica. Pero lo que interesa —y sigue interesando de Cooke— es que su pensamiento no elige la presuposición, anticipadamente demostrada, de esa superación. Al contrario, se detiene en la tensión previa en donde se juega el drama de una realidad crispada, invertebrada y ciega.

De ahí que, mostrando que sus lecturas dispersas —en este caso de Gramsci— producían un resultado inmediato en su reflexión política sobre la escena argentina, y en contra del "cientificismo de geómetras", Cooke afirmará una doctrina contingencialista que supera la relación "infaliblemente rígida" entre la esfera política y los flujos productivos de la economía. Aludirá entonces a factores imprevistos y subjetivos de la acción política, desde "el porcentaje de azar que encierra cada acontecimiento, hasta las pasiones e intereses inmediatos de sus ocasionales protagonistas" ("El retorno de Perón", 1964, conferencia organizada por la Federación Universitaria de Córdoba). ¿No recuerdan estos párrafos, muy directamente, los comentarios de Gramsci al tema del *error* tal como Croce lo había considerado, no solo el error de las clases dominantes sino las relaciones entre *error* y *pasión*?

Pero por otro lado, está el tema del mito, que Cooke trata en el ya mencionado *La revolución y el peronismo*, uno de sus últimos trabajos. Allí indica que "el mito de la persona de Perón no es una torpe idolatría de las masas sino un síntoma de rasgos positivos, porque los trabajadores no son imbéciles (...) y al afirmar su fe en Perón, al reconocerlo implícitamente, una infalibilidad que se da por sentada, pero sobre la cual no desea discutir, al dotarlo de condiciones excepcionales y posibilidades casi mágicas de un triunfo, el hombre de nuestra base no hace sino proyectar hacia el jefe lejano algo que anhela (...) por eso el mito de Perón se alimenta tanto de la adhesión de los obreros como del odio que le profesa la oligarquía, no atenuado por los años, porque es el reverso del amor de los humildes (...) pero los nuevos mitos que han de ir surgiendo en la vivencia del pueblo —sin anularlo— se darán desde un plano donde no es necesario que entren en colisión con el suyo (...) Desde la lucha armada, Perón no es y no será un obstáculo, por cuanto existe una clara y necesaria continuidad histórica entre el proceso iniciado bajo su liderazgo (...) y el proceso revolucionario que comienza a desarrollarse bajo otras formas de lucha... Desde la altura de las formas superiores de la lucha revolucionaria, Perón no obstruye nada..." Hasta aquí (como se dice), esta cita de Cooke, viejas palabras enlazadas por el drama social argentino y que tantos habían leído...

Marxismo soreliano, sin duda, que indica que por un lado Cooke es un lector urgente pero poroso de los temas gramscianos que hacía no mucho tiempo recorrían los grupos más intranquilos de la izquierda argentina, y por otro lado, introduce —como ya se ha notado— un fuerte ámbito de compatibilidad con la anterior teorización de José Carlos Mariátegui ("El hombre contemporáneo siente la perentoria necesidad del mito..."). Pero lo que para el peruano es una consideración ligada al vitalismo e intuicionismo bergsoniano, e inspirada con fuertes atisbos de fidelidad a la discusión filosófica que había encontrado en esa Italia de Croce y Pirandello, Cooke —que escribe cuarenta años después que Mariátegui— se atiene a las reglas prácticas de su lectura despojada de prosa aderezada y de los paramentos de la cita, poniendo en una escritura que nunca pierde su extraña e imaginativa elegancia, el nombre estrepitoso de Perón. Cuando Mariátegui juzga a César Vallejo y lo ve como perteneciente al ciclo simbolista y al espíritu indígena al mismo tiempo, en una composición que sin duda cifra *toda la obra de ambos*, estamos ante un pensamiento acuñado con el arte de la fundición de metales. Mariátegui labora con varias lavas calientes, hierros líquidos al rojo blanco, buscando el enlace entre la napa moderna con nombre artístico europeo y la napa americana cuyos nombres tienen la "dulzura de maíz tierno".

Cooke, en cambio, no tiene a su disposición un arco tan abierto pues su tema es el de la revolución, vista por un profesional de la agitación y la clandestinidad. Es principalmente un marxista de los "Manuscritos de 1844" y su destreza teórica ostensible consiste en basarse en la tesis del error-pasión en la esfera cultural, por la cual la *verdad* de la lucha de clases debe trabajar en los enigmáticos dominios de la memoria (y allí *inscribirse,* dijimos, sin leyes prefiguradas). Esa pasión, que acumula hebras de historia de manera aleatoria pero acaba conformando horizontes mentales animados de oscuros anales de lucha, deja a la acción revolucionaria en el cauce de una dialéctica culturalista. Culturalismo marxista (esto es, las luchas sociales se expresan, como decía Gramsci, en el mundo de las "apariencias ideológicas") que no desdeña al mito como cristalización positiva de la remembranza revolucionaria. El *clasismo* de Cooke (la lucha de clases es *objetiva*, está allí) culmina entonces en un mundo histórico tormentoso, singularista y desencajado. Hay algo de sabor existencialista, distante y leve, en el pensamiento de este político cuya publicación *De frente* vendría a ser casi contemporánea de *Contorno.*

Así, se *inscriben* en ese mundo cultural las formas de lucha clasistas pero con los nombres surgidos de la poética maldita de la historia. Cooke dejó estas ideas dispersas por todos lados: cartas clandestinas, panfletos, planes de operaciones, minutas de acción gremial, versiones desgrabadas de sus conferencias revolucionarias y documentos internos de su grupo político. En todos ellos vaga la sombra de un gran escritor contenido, que aglomera fórmulas ingeniosas y el verbo clásico de los revolucionarios que son secretos novelistas del rumor conjurado de la historia, cual un Danton, Moreno, Lenin, Alem o Sandino. En su expresión, ya citada, *"en la Argentina el comunismo somos nosotros, los peronistas"*, escrita también en una comunicación dirigida a Ernesto Guevara, está el retrato insoslayable de un dilema estremecedor. *Los nombres estaban desplazados y la objetividad en la historia tenía el nombre de la subjetividad en la historia.* La revolución no llevaba su propio nombre y el nombre no tenía un cuerpo a su altura. Las sombras confusas de la historia estaban ceñidas por la marcha de la dialéctica, mientras que la figura que mantenía en su poder las palabras propiciatorias, no podía hacerlas efectivas en la historia. Esta paradoja consiste en la maldición, entendida como gradación menor de la dialéctica, momento de bullicio y desesperación en la historia. Justamente, Cooke es un revolucionario que camina por la cornisa retórica de la desesperación y el sarcasmo.

Su último escrito, una suerte de testamento ante la evidencia del irremediable desenlace de una enfermedad aciaga, roza una intención irónica. Eduardo Rinesi escribe que "en el testamento materialista y anticlerical de Cooke campea el desenfado plebeyo de una razón insolente, arrogante y escéptica. A mitad del camino entre la carcajada de Rabelais y la sonrisa de Maquiavelo, la mueca final de Cooke es una burla a los poderes de las tinieblas y una ética del fracaso político". Esta frase de Rinesi es absolutamente argentina (si se desean comillas, pongámolas aquí) en el sentido de que el drama de una vida política no pierde su singularidad en cuanto es erguida a la biblioteca universal en la que yace la comedia humana. Cooke había escrito que donaba su cuerpo a los estudiantes de medicina, que no quería sacerdotes en su lecho de muerte y sugiere esparcir sus cenizas "en el Río de la Plata o en alguna laguna", dándole desenlace burlesco a una solemnidad laica. El Río de la Plata es cautelosamente épico y es el nombre de la continuidad argentina basada en el metal alegórico del que habla su patronímico. Una laguna es agua detenida, encerrada y lírica, no épica. Entre trágicos ríos insurrectos y una laguna que zahiere el heroísmo malogrado ocurre la vida de Cooke.

La reconstrucción de esta leyenda política nacional cookista, con minuciosa documentación y en la tradición del polemista agitador, ha quedado a cargo de Norberto Galasso, que la suma a sus prolíficos ensayos sobre la galería de figuras intelectuales del vasto archipiélago nacional-popular. Pero debe consultarse también el libro de Ernesto Goldar, sin desdeñar el de Richard Gillespie. La descripción personal que hace Eduardo Luis Duhalde de Cooke, incluida en el artículo que citamos más arriba, está plenamente lograda. Pues bien, cuando Cooke escribe que "el peronismo expresa las limitaciones de nuestra propia sociedad nacional y encierra las posibilidades en este período, de superarlas colectivamente", consigue nuevamente atar a una fórmula obstinada, el núcleo vivo de su pensamiento. Solo partiendo de esos límites generados por la vida colectiva, se encuentran las posibilidades de superación. Y esta forma viva de la dialéctica, convive con otra que Cooke obtiene sin duda de su convivencia con los contornos intelectuales que provenían del pensar trotskista. Al postular que "la liberación nacional y la revolución social no son dos asuntos independientes o paralelos, sino un solo problema indivisible", apelaba a una conclusión que habitaba las largas discusiones trotskistas, durante los años 40, respecto a que la revolución es un único nudo espeso de significaciones, y no una sucesión de pasos obligatorios. En un caso, un límite es la condición; en otro, dos problemas componen una indivisible unidad. ¿Sería esto el "trotskismo" de Cooke —del cual por otra parte siempre fue "acusado"— o una forma excitante y sutil de la dialéctica?

El trotskismo es un pensar sobre la vertiginosa mercancía del tiempo. Se puede seguir la modulación trotskista en muchos trechos ejemplares de la *Autobiografía* de Trotski, un escrito fundamental del siglo XX que se extingue, y en ese género, tanto o más importante que las de Freud, Gandhi o Canetti. En primer lugar, hay un reconocimiento de la escisión de cada conciencia, de cada objeto o de cada acto, por el cual la revolución y la contrarrevolución son dos fuerzas que parten cada átomo de lo real de un modo incesante. Cuando describe Trotski el viaje de Lenin desde Zurich a la estación Finlandia, a su vagón blindado lo disputan los mariscales de los Hohenzollern y la revolución antizarista. Cuando ve militantes bolcheviques pasando por debajo de la panza de corceles de los cosacos, ese gesto aislado pronto se convierte en anticipo de un cuerpo colectivo, armónico y articulado. Cuando un suboficial del ejército de Nicolás II apunta lleno de dudas su fusil contra los obreros de la Putilov, también una doble fuerza se apodera de él, convertido en una pobre conciencia frágil entre el llamado del orden represivo y la promesa de un futuro emancipado. Estos ejemplos (son de la *Historia de la Revolución Rusa*, otro libro fundamental de Trotski) revelan hasta qué punto Trotski ve a la historia como una fuerza inconsciente y transindividual. Es una fuerza anímica, espasmódica e invisible, que disputa la conciencia de las personas, o mejor dicho, que constituye la conciencia del sujeto como un núcleo continuamente quebrantado, sea por la cascada revolucionaria, sea por la intimación del orden. Vista así, la conciencia es como un psicoanálisis político que se realiza una vez que un inconsciente colectivo se personaliza en fuerzas históricamente operantes.

Trotski se había interesado en el psicoanálisis freudiano durante su exilio en Viena, así como en su estadía en Nueva York había comparado las esquinas de la gran metrópolis con figuraciones cubistas. Pero el psicoanálisis le parecía hijo del individualismo burgués y estaba dispuesto a aceptar la idea de inconsciente solo en cuanto indicación de una fuerza colectiva y comprimida en el subsuelo de la historia, que repentinamente estalla en un fulgor. El pensamiento de Lev Davidovich Bronstein —se sabe: era su nombre de nacimiento, pero sería impropio ahora considerarlo su "verdadero nombre"— estaba en condiciones de extraer de su crispada teoría de la historia una vinculación con los fenómenos artísticos contemporáneos. Este vínculo señalaba que la lucha de clases estaba —*inscripta*— en los dominios más herméticos de la cotidianidad o del arte, sea en el insulto del *kulak* al *mujik*, o en el surrealismo o el cubismo que le inspiraba la visión de una bocacalle neoyorkina. La vida es una temporalidad conmocionada, un manojo de palpitaciones que hunde sus raíces en actos de ritualismo milenario así como en el otro extremo, la civilización técnica capitalista vive de sus incesantes escisiones y crisis. Cuando en su exilio en Prinkypo —en la casa de un sultán turco— sale a mar abierto con pescadores que arrojan la red del mismo modo desde hace un milenio, reflexiona sobre los misterios del tiempo, que permiten que el jefe revolucionario que había fundado un ejército socialista se cruce con hombres cuyas costumbres se abisman en períodos arcaicos. La idea de "revolución permanente" se complementaba con el reconocimiento de un arco impetuoso que unía lo más moderno con lo más atrasado, pudiendo realizarse el surtidor revolucionario en cualquier eslabón de las ligaduras que mantienen al planeta como *mundo-uno*.

De este modo, en el trotskismo, el *atraso* aparecía tan fascinante como la última estribación *moderna*, pues ambas polaridades se reunían dramáticamente por efecto de una "ley del desarrollo desigual y combinado", que dejaba a la realidad siempre al borde de una deflagración. Si todo punto de un continuo histórico estaba sometido a una *ley* que combinaba momentos dispares, entonces toda la realidad histórica estaba en convulsión potencial, con su energía inconsciente a punto de transformarse en figuras de la revolución. Trotski, quien según Gramsci era la encarnación de un tipo humano cosmopolita, en contraposición de Lenin, que encarnaba uno nacional-popular, tenía la tentación irrefrenable de suponer que el "trotskismo" era un principio general de desorganización de la materia y del tiempo, introduciendo en esos ámbitos tensos factores de empuje que contribuían a revelar su "inconsciente revolucionario", desembarazándolos, si cabe, de sus propias formaciones calcáreas, burocráticas.

Sin embargo, este talante —que Trotski recomienda en el caso de la acción a seguir frente al sindicalismo norteamericano, en pleno capitalismo desarrollado— se exponía a tratar como meramente instrumentales las formas culturales y los núcleos más espesos de las culturas sociales o populares. En ese sentido, solo el gramscismo-sorelismo había avanzado hacia una consideración creativa del mito de las creencias populares, viendo allí, según los casos, una sentimentalidad catártica que había que rearticular con el mundo crítico de los intelectuales, o una única "catástrofe que no se puede descomponer en una suma de detalles" (Sorel, *Reflexiones sobre la violencia*). Por lo demás, la indisimulada vena de instrumentalismo, que el trotskismo no supo resolver para acompañar su tesis convulsiva de lo real, parecía justificarse por la provisoriedad de toda institución capitalista, a pesar de los esfuerzos de la burocracia por separarla del flujo social. El trotskismo era la reintroducción de ese flujo en el seno de lo moderno o de lo arcaico —según los casos— a fin de que la razón burocrática no pudiera naturalizarse.

El interés por el alto capitalismo, por los pescadores de Prinkypo, por la estatización petrolífera de Lázaro Cárdenas, por el surrealismo de Breton o por las técnicas periodísticas del *New York Times*, pone a las *tesis sobre la historia* de Trotski en una perturbadora cercanía con las de Walter Benjamin, aunque este avanzara mucho más en dirección a la imperceptible centella mesiánica que llega desde el pasado para redimir el presente, verdadero equivalente salvífico de la ley del desarrollo desigual y combinado, muy notoriamente laica. Ese interés de Trotski por el arte, y su relación con el torrente político, lo lleva a acompañar el manifiesto de André Breton y Diego Rivera en el que se enuncia "toda licencia en arte" (sobre el que Borges, comentándolo con sorna en 1938, exclama *"¡pobre arte independiente al que pretenden subordinar a pedanterías de comité...!"*), lo que asimismo expresa el ideal surrealista combinatorio de considerar que el arte brota de un pliegue de insondable libertad de la conciencia pero debe tomar como propio un juicio sobre el rumbo de la historia (a esto, Borges no lo dejaría pasar sin mordacidad, pues le parecía una severa contradicción en el manifiesto).

El trotskismo, si lo entendemos como lo que esencialmente quiso ser, no podía dejar de considerarse un corpúsculo excitado e impaciente que en contacto con toda forma de cultura, razón o organización, desarmaba sus "defensas lógicas" y las remitía a la catarata revolucionaria. De ahí que fuera visto como enemigo por los "Estados" o "partidos" que no admitían que sin ser un anarquismo, un intuicionismo o un irracionalismo, el trotskismo descubriera un pensamiento profundamente paradojal —*la revolución permanente*— que no se permitía juzgar cada singularidad concreta sin remitirla inmediatamente a la ley universal de la incansable escisión del todo.

Como en la disputa entre nominalistas y realistas en los falansterios medievales, la querella que desunió a stalinistas y trotskistas en el siglo XX se funda en antropologías profundas del ser político, de la filosofía de la historia y de la ontología de la materia. El trotskismo es una variedad del nominalismo por la cual en todo acontecimiento singular, por infinitesimal que sea, vibran las notas de la permanente escisión de la unidad. Dialéctica salvaje, que no pudo evitar ella misma descubrir (o no descubrir) que el lenguaje, sin estar "al margen de la superestructura" al revés de lo que creía Stalin, es también un ámbito de retención y amortiguamiento de significados, que *también* combina lo desigual pero *no lo desata* en la inmediatez de un estallido. Sobre la idea de *revolución permanente*, acaso escapó al trotskismo hasta qué punto su propia formulación implicaba el *quiasmo* —la figura retórica más desesperante, la que anuncia esa frase cuyos dos campos se hostilizan entre sí— por el cual lo máximo de innovación y perturbación en la historia convive con una palabra vecina que trae lo máximo de inalterabilidad y fijeza. Pero en la revolución permanente, el entrechoque de los dos conceptos que se limitan mutuamente, si por un lado no formaba parte de un autoexamen con el cual el trotskismo pudo haberse beneficiado, también contribuía a otorgarle el encanto de un llamado a trastocar el mundo como imperativo del ser y percibir implícitamente que el ser nunca deja de perseverar en toda acción, *como obstáculo.*

De ahí que otra figura retórica, la del *entrismo,* podría considerarse como el más nítido complemento de la de *revolución permanente.* Si esta última establece la cuestión revolucionaria como una continuidad que le otorga cierta idealidad metafísica, la primera coloca al alma trotskista en estado de intervención permanente en aquello que ella no es. Por eso, por un lado corre el riesgo de permanecer en términos meramente instrumentales en aquel mundo que no le es propio, pero, por otro lado, se sitúa como el principio mismo de la curiosidad revolucionaria al permitirse *ser otro* o actuar en el seno de otro, sin pensar en que deja de reservar un plano para la potenciación del *para-sí mismo.* En la Argentina posterior a la primera caída del peronismo, el concepto político de *entrismo,* sometido a una interpretación no menos que descuidada y desprovista de mayores sutilezas, fue esgrimido por un sector del trotskismo que había unido su nombre al del dirigente Nahuel Moreno.

Tomaremos el libro de Horacio Tarcus, *El marxismo olvidado en la Argentina, Silvio Frondizi y Milcíades Peña* (1996) —escrito de gran importancia reconstructiva, tanto por su disposición teórica como por su vasto despliegue documental— para acompañarnos en lo que haga falta saber sobre el dirigente trotskista Nahuel Moreno, nacido bajo el nombre de Hugo Bressano. El nombre le había sido puesto por Liborio Justo, mentando la palabra araucana *nahuel* (tigre) y también al secretario de la Primera Junta de gobierno argentino, Mariano Moreno. Se percibía aquí no solo la intención de Justo de enlazar un simbolismo indigenista con el pasado nacional míticamente jacobino —ambos, "entrismos" de índole mitopoética— sino el fuerte gesto de conjura al dar un "segundo nacimiento" a los revolucionarios en la pila bautismal de una sublevación que recurre con rara insistencia a sus modernas fuentes carbonarias.

Antes de mencionar brevemente lo que atañe al *morenismo* —la corriente trotskista argentina, denominación que juega con la ambigüedad de una evocación del grupo porteño que seguía al enigmático secretario de la Junta de Mayo— hay que recordar en el primer trotskismo argentino la presencia de Liborio Justo, quien hace público sus compromisos durante la presidencia del padre, el general Agustín P. Justo. Liborio se hace llamar *Quebracho,* eligiendo en su pseudónimo una idea de fuerza telúrica y redención social del trabajador hachero. Siempre siguiendo a Tarcus, puédese recordar la polémica entre

Quebracho y un joven trotskista que actúa entre los años 30 y los 40, Antonio Gallo. Si para *Quebracho* la Argentina es un país "semicolonial", una *"Patria vasalla"* sometida al imperialismo británico y el proletariado debe encargarse de la liberación nacional, para Gallo la lucha contra el imperialismo era en primer lugar una lucha contra la burguesía nacional, sin énfasis específico en las "tareas democráticas y nacionales". Estos debates se hacen sobre el transfondo de la creación de Forja, que proclama como sujeto privilegiado de emancipación "a la acción de los pueblos". Insiste Forja en que la lucha es contra el imperialismo y a favor de la "soberanía popular", siendo la oligarquía un agente del imperialismo que "en su penetración económica, política y cultural se opone al total cumplimiento de los destinos de América".

Evidentemente, el grupo de Jauretche y Scalabrini Ortiz —entre otros— estaba impulsando un pensamiento nacionalista popular que giraba alrededor del rescate dramático de las potencialidades de la nación, sometida a la explotación del imperialismo británico. Por ello, se fomentaba un frente político no clasista, que interesara incluso a sectores "emancipados" de las fuerzas armadas y criticase el "aparato cultural de la dominación colonial", en el que participaba la oligarquía tradicional y, subordinadamente, las izquierdas afectadas también de "miopía colonialista", que trasladaban esquemas interpretativos ajenos a las necesidades libertadoras argentinas, y víctimas de su "colonialismo pedagógico", omitían que se trataba de recrear la fuerza autónoma de la nación.

Sin embargo, cuando sobreviene el peronismo con sus promesas de soberanía económica, justicia social y representación carismático-plebiscitaria en el cuadro de heredadas instituciones republicanas, Liborio Justo, *Quebracho*, lo percibe no como un intermediario de la "liberación nacional" sino como cómplice del imperialismo alemán. Otros grupos trotskistas, sin embargo, recogen la idea de que el proletariado, actuando bajo el signo de la "ley del desarrollo histórico-económico desigual y combinado", debe poner bajo su propia incumbencia las "tareas democráticas y nacionales". Véase lo que escribe Aurelio Narvaja en el periódico *Frente Obrero*, pocos días después del 17 de Octubre de 1945: *"La verdad es que Perón, al igual que antes Yrigoyen, da una expresión débil, inestable y en el fondo traicionera, pero expresión al fin, a los intereses nacionales del pueblo argentino. Al gritar ¡Viva Perón! el proletariado expresa su repudio a los partidos seudo-obreros cuyos principales esfuerzos en los últimos años estuvieron orientados en el sentido de empujar el país a la carnicería imperialista. Perón se le aparece entre otras cosas, como el representante de una fuerza que resistió larga y obstinadamente esos intentos y como el patriota que procura defender al pueblo argentino de sus explotadores imperialistas. Ve que los más abiertos y declarados enemigos del coronel lo constituyen la cáfila de explotadores que quieren enriquecerse vendiéndole al imperialismo anglo-yanqui, junto con la carne de sus novillos, la sangre del pueblo argentino."* (Tomado de *Cuarenta años de peronismo*, de Aurelio Narvaja, Ángel Perelman y Jorge Abelardo Ramos, 1985.) Ya están trazadas aquí las estrías fundamentales de un análisis que dejará efectos perdurables. El propio J. W. Cooke no será ajeno a ellos. El peronismo será la conciencia deforme de un envolvimiento social, al que representa pero limita, al que expresa y al mismo tiempo cohibe. Se insinúa, con un lejano retumbo, la idea del hecho maldito que sería la flecha conceptual que recorrería los años sesenta del siglo XX.

El recorrido de Nahuel Moreno interesa sobremanera, porque en su rastro encontramos sucesivos recodos en donde quedan las impregnaciones que el morenismo deja en el peronismo y el especial momento en que se produce la bifurcación que da nacimiento al *Ejército Revolucionario del Pueblo*. Atravesando los años del gobierno peronista con formaciones del tipo "partido socialista de la revolución nacional", desde 1957 a 1964 se despliega la experiencia partidaria denominada *Palabra Obrera*, que corresponde al llamado "entrismo". La publicación partidaria indicaba que el grupo se situaba "Bajo la disciplina del general Perón y el Comando Superior Justicialista". En los congresos de la CGT peronista realizados en los años 1957 y 1958 en las localidades cordobesas de Huerta Grande y La Falda —en sendos hoteles sindicales— se aprueban documentos políticos que contienen fragmentos enteros del programa de transición de 1938 elaborado por Trotski, mencionándose entre otros puntos "el control obrero de la producción". La expresión *entrismo* no cabe duda de que no gozaba del privilegio de estar engarzada a una palabra prestigiosa de la política, como *insurrección, huelga general o correlación de fuerzas*. Quizás sus autores la prefiguraron como parte de un silabario de sigilos y cenáculos, pero lo cierto es que se tornó del dominio público y lacró con su materia solidificada, un conjunto de decisivas discusiones.

¿No podría decirse que para los insurgentes o revolucionarios —incluso, para los conjurados— el procedimiento de la conciencia política supone un *arribar desde afuera*, como lo retrata el *¿Qué hacer?*, aquel hondo drama político-filosófico de la *conciencia exterior*, según la célebre cita de Kautsky por parte de Lenin? ¿No podría decirse que para los Estados y los aparatos de coerción oficial, el procedimiento consiste en desautorizar al sublevado señalando que siempre viene de "afuera", que no pertenece al candor natural de la población y que por lo tanto, es un *infiltrado*? Desde el lema de los narodniki rusos —*ir al pueblo*— la actividad revolucionaria es imaginada como una chispa que ya está dentro de la historia y del pueblo, pero que, con diversos grados de incidencia, se despierta cuando se producen unas nupcias con el mundo de las ideas. Si este concilio no ocurriera, sería *espontaneísmo* de un lado, *voluntarismo* del otro.

Hay muchas palabras para definir ese enlace: *entrismo* no era la mejor de ellas, pues tomaba el movimiento de conjunción entre las ideas vacantes y las toscas instituciones sociales en su aspecto más instrumental, utilitario y exteriorizante. Por otro lado, un exceso de convicciones objetivistas hacía creer que los efectos que producen los grupos y familias políticas exceden los propósitos que ellas mismas declaran como propios. Con ello, al mismo tiempo que se advierte un rasgo esencial del movimiento social (que siempre produce consecuencias sobre un eje de inadvertencia, paradoja o contrasentido), se corre el riesgo de menospreciar las conciencias "espontáneas" o de actuar con "desdén revolucionario" sobre colectividades políticas que no están desprovistas de autoconciencia efectiva sobre los alcances de sus acciones. De tal modo, el concepto de entrismo era un término errado para designar los más altos problemas de la relación política entre voluntades heterogéneas. Y en cualquier caso, nada hay de más gozoso en la acción política, que saber que en su realización, de cabo a rabo y desde su primera noción de despliegue hasta su culminación categórica, se pertenece a sí misma, del mismo modo que se ha dicho —ya sabemos quién— que "el moderno príncipe solo tiene como referencia al moderno príncipe".

Pero además, se trataba de hacer "entrismo" *en* el peronismo, un movimiento que había colectado a lo largo del rastro que dejaba su nombre en la sociedad argentina, toda clase de ecos ideológicos, en los que no faltaban, junto a tantos otros, las trazas del vocabulario comunista o trotskista. El peronismo tenía raras ventosas nutritivas en la índole misma de sus extrañas certidumbres métodicas, pues según sus breviarios de la "conducción política", al recomendar que "la concepción es centralizada y la ejecución descentralizada", admitía toda clase de inscripciones ideológicas que inmediatamente se colaban en su buche receptivo. De hecho, de la época del entrismo de *Palabra Obrera* quedaron en el peronismo palabras y definiciones que luego formaron parte de su memoria revolucionaria, en una antropofagia de la que parece haber aprovechado menos el "entrista" que el "entrado". Por otra parte, una de las notorias ideas de cierto tramo del trotskismo —la del "partido obrero basado en sindicatos"— tenía la evidente singularidad de que se advenía con cierta coherencia a los sobreentendidos intereses del dirigente sindical Augusto Timoteo Vandor, en su sorda disputa con el exilado Perón. Y por último, solo puede entenderse cabalmente el drama de John William Cooke al percibirse que sus tesis tenían una cierta cercanía con las del trotskismo, pero por complejas razones (sobre las que una y otra vez estamos dando vuelta en este libro) se trataba de un *trotskismo sin entrismo*. Pero además, ese drama era mayor, como se comprueba hoy leyendo sus últimos escritos sobre Guevara (Revista *La Escena Contemporánea*, 1999). Allí se revela en toda su extensión el concepto de "poesía maldita" que está oculto en el centro de su obra y lo conduce tanto a una exploración de las relaciones del arte con la política como a una noción de rescate esencial de la voz desbaratada de la leyenda latinoamericana, que presupone la historia como demora, esperanza y estoica desesperación.

Santucho y Gombrowicz

Sin embargo, la historia del grupo de Nahuel Moreno asumiría muy pronto otro cariz al abrirse el capítulo de su reunión con el grupo Frip, evento cargado de significación, abundante de presagios y uno de los mapas interiores del turbador desastre argentino que ya se avecinaba. Transcurría el año 1963, y el Frip —Frente Revolucionario Indoamericano Popular— no permitía desde su misma denominación que hubiera equívoco sobre sus opciones de izquierda popularista, latinoamericanista e indigenista, con el agregado de constituirse en una visión revolucionaria de perspectiva agrarista. No estaban ausentes las lecturas de José Carlos Mariátegui y un clima genérico en el cual no eran mal recibidas las ideas nacional-antiimperialistas de Hernández Arregui. La publicación del grupo estaba escrita en quechua y en castellano, extrañeza que no ocurría por primera vez en la Argentina —en verdad, había sido una práctica de los primeros núcleos político-militares de la revolución de Mayo de 1810— pero era una verdadera originalidad en la vorágine de los sesenta, y más si se advierte que aquí comienza cualquier relato aceptable sobre la historia del Erp. Para conocer el momento climático más íntimo de esta historia es necesario apelar al formidable encuentro entre Roberto Santucho (ahora en el Frip, luego en el ostensible Erp...,las siglas no dejan de sonar proponiendo una remota equivalencia auditiva) y el escritor polaco Witold Gombrowicz (tanto *Todo o nada*, 1991, de María Seoane, una biografía política de Mario Roberto Santucho, como *Los últimos guevaristas*, 1988, de Julio Santucho —a ambos libros acudiremos para sostener algunos tramos de nuestra exposición— mencionan este encuentro otorgándole con razón una gran envergadura, pues el autor de *Ferdydurke* escribirá sobre él páginas de potente clarividencia e impensada voluntad de presagio).

Abramos también nosotros *Diario argentino*, de Witold Gombrowicz, donde están asentadas las semblanzas sobre Santucho y su familia. Y antes de entrar a ellas, digamos también algo sobre *Diario argentino*. Este libro es uno de los más profundos y agraciados que se hayan escrito sobre la Argentina... ¿por parte de un extranjero?, ¿por parte de cualquier hombre considerado por sus únicos atributos de ensayista? Quizás. Porque sin duda es superior a lo que dejaron los viajeros ingleses, con todo lo que son estimables, un Woodbine Parish, los Robertson, los Cunninghame Graham, que para Martínez Estrada son los fundadores de la literatura argentina. Y superior también a las observaciones de Keyserling u Ortega y Gasset sobre este mismo objeto, la *Argentina*, que para el exilado polaco es el motivo de una meditación metafísica sobre el arte, la literatura, el dolor, la humillación y las diabluras de una malicia que nunca abandona el candor cuando desarma las conductas mundanas. Justamente, su juicio sobre Simone Weil, cuyos escritos eran lectura intensa de los años 40 y 50 del siglo veinte que ya estamos abandonando, permite imaginar que Gombrowicz establece una entrecortada conversación con ella ofreciendo un vivaz rastro sobre su propia obra. Es que Simone Weil le parece el exponente más perfecto de todas las morales de la Europa contemporánea: católica, marxista, existencialista, y ese deseo de llevar los ideales de humanidad a un cumplimiento penitencial capaz de conservar la gracia divina nunca dejaría de ser un llamado posible hacia la salvación. Sin embargo, ¿salvarse no sería una obra del yo glorificado y egotista? Gombrowicz se siente seducido por esa perspectiva, que sin embargo choca con su lírica de fauno travieso y voluptuoso, escapado de un circo.

Sus noticias sobre la vida intelectual y literaria argentina son delicadas y devastadoras. La cena con Borges, Bioy Casares, Silvina Ocampo y Mastronardi (su amigo), le merece un comentario que revela hasta qué punto un espíritu implacable despoja cualquier situación de su vestidura mundana hasta llevarla a las puertas del infierno. Ve abstracciones divinizadas y juegos intelectuales sublimes, pero desvitalizados, en la literatura del dúo que entonces ya era reputado, y como degustador de finuras inesperadas, irá a apreciarlos. Sin embargo, "a ellos (a Borges y Bioy se refiere) lo que les fascinaba del país era lo alto, a mí lo bajo; a mí me hechizaba la oscuridad de Retiro, a ellos las luces de París". Los ve inclinados hacia Europa e inventando singularidades nacionales que no dejan de ser fruto de esa autoimpuesta mirada exterior, aires exhalados por la "Internacional del Espíritu". Sin embargo, algo de Borges se le escurre a esa polaca mirada de águila. Pues cuando Gombrowicz observa que "el argentino auténtico nacerá cuando se olvide de que es argentino y sobre todo de que *quiere ser* argentino; la literatura argentina nacerá cuando los escritores se olviden de Argentina... de América; se van a separar de Europa cuando Europa deje de serles problema, cuando la pierdan de vista, su esencia se les revelará cuando dejen de buscarla", no está muy distante de las paradojas que Borges había promovido por aquella misma época alrededor de la muy citada sentencia "en el Corán no hay camellos".

Hoy ya no es posible pensar separadamente a estos dos espíritus, Gombrowicz y Borges, por más diferencias que haya entre la bufonada vitalista del primero y los "juegos irresponsables de un tímido" del segundo, y así suelen sugerirlo las consideraciones de Piglia, Germán Leopoldo García, Alejandro Russovich ("Russo es para mí, la encarnación misma de la genial antigenialidad argentina", dice W. G. en *Diario argentino*) o Guillermo David. Y no es posible, entre otras cuestiones, porque reconocer en "el deseo de separarse de Europa" un acceso primordial a una cuestión argentina cuya identidad no existiría fuera de ese deseo infinito, inconcluso y agonal de separación, es propio de un estilo en que cada uno, Borges y Gombrowicz, con sus confrontadas existencias, atendieron con conclusiones de rara afinidad.

Gombrowicz es el verdadero viajero argentino, que va a lugares inesperados que en cualquier otro itinerario se descartarían, como Tandil ("Tandilu") o Santiago del Estero. Y que en cada sitio en que se presenta, pide ser relacionado con la "clase cultural" local —tal como lo hace en Buenos Aires— con lo que se abre el capítulo asombroso de sus punzantes anotaciones sobre esas remotas faunas intelectuales, teñidas de progresismo premasticado, sordo provincianismo, verba afectada y tesoros inexplorados. Sus conversaciones de "expedicionario de la sensualidad" son una obra maestra de la interrogación sobre el lenguaje, la provocación sobre las vidas y las divinas miserias del yo. Pero además, no es fácil imaginar que pueda trasponerse en cualquier sentido, los párrafos con los que va centrando *Diario argentino* en relación al país que estaba abandonando. Cuando Gombrowicz vuelve a Europa, he aquí lo que escribe sobre Argentina. Sentimos que no se podría decir más, que nadie dijo más, que no convendría incluso decir más. Lo leemos en las bastardillas que siguen:

"Si la Argentina me conquistó, fue a tal grado que (ahora ya no lo dudaba) estaba profundamente, y ya para siempre, enamorado de ella (y a mi edad, no se arrojan estas palabras al viento del océano). Debo agregar que si incluso alguien me lo hubiera exigido, al costo de la vida, no hubiera logrado precisar qué fue lo que me sedujo en esta pampa fastidiosa y en sus ciudades eminentemente burguesas. ¿Su juventud? ¿Su 'inferioridad'? (¡Ah, cuántas veces me frecuentó en la Argentina la idea, una de mis ideas capitales, de que 'la belleza es inferioridad'!) Pero aunque ese y otros fenómenos considerados con mirada amistosa e inocente, con una gran sonrisa, en un ambiente cinematográficamente coloreado, cálido, exhalación tal vez de las palmeras o de los ombúes, desempeñaron, como es sabido, un papel importante en mi encantamiento, no obstante la Argentina seguía siendo algo cien veces más rico. ¿Vieja? Sí. ¿Triangular?

También cuadrada, azul, ácida en el eje, amarga desde luego, sí, pero también inferior y un poco parecida al brillo del calzado, a un topo, a un poste o a la puerta, también del género de las tortugas, fatigada, embadurnada, hinchada como un árbol hueco o una artesa, parecida a un chimpancé, consumida por el orín, perversa, sofisticada, simiesca, parecida también a un sándwich y a un empaste dental... Oh, escribo lo que me sale de la pluma, porque todo, cualquier cosa que diga, puede aplicarse a la Argentina. Nec Hercules... Veinte millones de vidas en todas las combinaciones posibles, es mucho, es demasiado, para la vida singular de una persona. ¿Podía yo saber qué fue lo que cautivó en esa masa de vidas entrelazadas? ¿Tal vez el hecho de haberme encontrado sin dinero? ¿El haber perdido mis privilegios polacos? ¿Sería que esa latinidad americana completaba de algún modo mi polonidad?..."

El hombre que fue capaz de anotar estos sentimientos sobre un país —y nunca será posible saber si esa materia tan evasiva admite algo más que estas desconcertantes apostillas, tan cercanas a la más ostensible ensayística nacional— fue el que hizo las observaciones más significativas sobre uno de los momentos culturales y políticos en que se estaban pronunciando palabras cruciales que eran el umbral de una conmoción que se avecinaba. ¿Qué eran esas palabras, quiénes las decían? Es el momento ahora para que leamos las viñetas que deja Gombrowicz de su relación con los Santucho. En primer lugar, una animada crónica del café santiagueño donde se encuentra con el Negro Santucho, hermano mayor de Roberto, e inspirador en aquel momento de la revista *Dimensión* y luego del diario *Norte Revolucionario*, vocero de la agrupación Frip. La trascribimos en toda su extensión:

Martes:

Por la tarde rendez-vous con Santucho (uno de los hombres de letras y redactor de la revista Dimensión*) en el café Ideal. Huele a Oriente. A cada momento, unos pillos atrevidos me meten en las narices billetes de lotería. Luego un anciano con setenta mil arrugas hace lo mismo; me mete los billetes en las narices como si fuera un niño. Una ancianita, extrañamente disecada al estilo indio, entra y me pone unos billetes bajo las narices. Un niño me agarra el pie y quiere limpiar mis zapatos, otro con una espléndida cabellera india, erizada, le ofrece a uno el periódico. Una maravilla-de-muchacha-odalisca-hurí, tierna, cálida, elástica, lleva del brazo a un ciego entre las mesitas y alguien lo golpea a uno suavemente por atrás: un mendigo con una cara triangular y menuda. Si en este café hubiera entrado una chiva, una mula, un perro, no me asombraría. No hay mozos. Uno debe servirse a sí mismo. Se creó una situación un poco humillante, pero que me es difícil, sin embargo, pasar en silencio. Estaba sentado con Santucho, que es fornido, con una cara terca y olivácea, apasionada, con una tensión hacia atrás, enraizada en el pasado. Me hablaba infatigablemente sobre las esencias indias de estas regiones.*

'¿Quiénes somos? No lo sabemos. No nos conocemos. No somos europeos. El pensamiento europeo, el espíritu europeo, es lo ajeno que nos invade tal como antaño lo hicieron los españoles; nuestra desgracia es poseer una cultura de ese vuestro 'mundo occidental' con la que nos han saturado como si fuera una capa de pintura, y hoy tenemos que servirnos del pensamiento de Europa, del lenguaje de Europa, por falta de nuestras esencias, perdidas, indoamericanas, ¡somos estériles porque incluso sobre nosotros mismos tenemos que pensar a la europea!...

Escuchaba aquellos razonamientos, tal vez un tanto sospechosos, pero estaba contemplando a un 'chango' sentando dos mesitas más allá con su muchacha; tomaban: él, vermut; ella, limonada. Estaban sentados de espaldas a mí, y podía adivinar su aspecto basándome solamente en ciertos indicios tales como la disposición, la inmovilidad de sus miembros, esa libertad interior difícil de describir de los cuerpos ágiles. Y no sé por qué (quizás fue algún reflejo lejano de mi Pornografía, *novela terminada hacía poco, o el efecto de mi excitación en esta ciudad), el hecho es que me pareció que esos rostros invisibles debían ser bellos, es más, muy hermosos, y quizás cinematográficamente elegantes, artísticos... de pronto ocurrió no sé cómo, algo como que entre ellos estaba contemplada la tensión más alta de la belleza de aquí, de Santiago... y tanto más probable me parecía ya que realmente el mero contorno de la pareja, tal como desde mi asiento la veía, era tan feliz cuanto lujoso. Al fin no resistí más. Pedí permiso a Santucho (que abundaba sobre el imperialismo europeo) y fui a pedir un vaso de agua... pero en realidad lo que quería era verle los ojos al secreto que me atormentaba, para verles las caras... ¿Estaba seguro de que aquel secreto se me revelaría como una aparición del Olimpo, en su archiexcelsitud y divinamente ligero como un potrillo? ¡Decepción! El 'chango' se hurgaba los dientes con un palillo y le decía algo a la chica, quien mientras tanto se comía los maníes servidos con el vermut, pero nada más... nada... nada... a tal punto casi me caí, como si le hubiesen cortado la base a mi adoración.*

En este escrito, que tiene todas las evidencias de ser un acto a vuelapluma, notemos las incidencias de un tema extraordinario, nunca ajeno a la preocupación esencial de Gombrowicz. Se trata de la contraposición entre el ideario político expresado en el discurrir de un militante (no solo ese *indoamericanismo*, sino cualquier ideario verbalizado) y el mundo sensual circundante. Esa puesta de la conciencia frente a un antagonismo irresoluble, está precedida por una pintura muy vivaz del ambiente, donde acentúa el detalle exótico y el revoltillo gozoso que produce el mismo clima "indoamericano" que no obstante le incomoda cuando lo expone Francisco Santucho. La escena de amor que contempla le sugiere la imposibilidad de enamorarse del procedimiento político, al que, sin embargo, en este caso, describe en sus matices más precisos, dejando un documento excepcional del fraseo con el que se expresaba ese antieuropeísmo y antioccidentalismo que partía, quizás a la manera de Rodolfo Kusch, de una crítica a las posiciones eurocéntricas de las figuras de la razón. Para alguien que sentía una fuerte sospecha de esos enunciados, no se puede decir que no los haya descripto con gran realce y opulencia.

Sin embargo, también la escena de amor, promesa de hedonismos artísticos primitivistas y voluptuosos, consigue defraudarlo. Nos recuerda situaciones similares a las que describe Blaise Cendrars en sus viajes, a la búsqueda anhelante de algo nuevo que se hallaría en latitudes ajenas a Europa, en este caso México, pero que luego del encanto incial, se revelan triviales y repetidas, las mismas en todas partes. *¡Connu! ¡Connu!* exclama a cada paso el escritor desesperado, cuando el reto de la originalidad enseguida se disipa en lo previsto y usual. También Gombrowicz, el adorador de las realidades "inmaduras", veía desplomarse su devoción ante cada embate de vulgaridad que quebraba su impulso epicúreo. El movimiento que realiza va entonces desde el abandono del discurso político sin porosidades (ese bien descripto indigenismo antiimperialista) al encandilamiento por esos dioses indios, efebos en flor, que sin embargo lo dejan también como un adorador malogrado, pues al fin todo ha conseguido contrariarlo. ¿Debe asombrarnos que, en estas condiciones, haya percibido con tanta precisión la agitación de ideas que están bullendo en esos años, basamento del Frip, a su vez basamento del Erp? La visita de Gombrowicz a Santiago del Estero se realiza en 1958. (Más referencias específicas, en *Nosotros los Santucho*, de Blanca Rina Santucho, Santiago del Estero, 1997.)

En efecto, las rápidas páginas del diario de Gombrowicz, referidas a los Santucho y sus pasiones políticas, pertenecen a un afortunado momento testimonial, y son lo único con que contamos para reflexionar y revisitar ese instante tan cargado de la historia argentina. Sorprendemos personajes e ideas en su tiempo de fermentación, en una remota prehistoria de las que son rescatados por el pensamiento irreverente e interesado del escritor nacional polaco. Al leerlas hoy estremece ver hasta qué punto están provocando al destino, esa categoría que supone no tanto la prefiguración de lo que va a ocurrir, sino la libre intuición de una actualidad cuya fuerza nunca deja de estar presente en el modo posterior de los acontecimientos. Leeremos ahora el encuentro en Buenos Aires con Mario Roberto Santucho, dos años después.

Viernes:

Llegó Roby. Es el más joven de los diez hermanos S. de Santiago. En ese Santiago del Estero (mil kilómtetros al norte de Buenos Aires) pasé varios meses hace dos años —dedicado a contemplar todas las chifladuras, susceptibilidades y represiones de aquella provincia perdida, que se cuece en su propia salsa—. La librería del llamado "Cacique", otro de los miembros de la numerosa familia S., era el sitio de encuentro de las inquietudes espirituales del pueblo, tranquilo como una vaca, dulce como una ciruela, con ambiciones de destruir y crear el mundo (se trataba de las quince personas que se dan cita en el café Aguila*). ¡Santiago desprecia a la capital, Buenos Aires! Santiago considera que solo ella mantiene la Argentina, la América auténtica (legítima) y lo demás, el sur, es un conjunto de metecos, gringos, inmigrantes europeos: mezcla, despojos, basura. (...) Roby me sorprendió poco antes de su visita a Buenos Aires —nunca nos habíamos escrito— con una carta enviada a Tucumán, en la que me pedía que le enviara* Ferdydurke *en la edición castellana:*

"Witoldo: algo de lo que dices en la introducción a *El Matrimonio* me ha interesado... esas ideas sobre la inmadurez y la forma que parecen constituir la trama de tu obra y tienen relación con el problema de la creación. Claro que no tuve paciencia para leer más de veinte páginas de *El Matrimonio...* "*Luego me pide* Ferdydurke *y escribe:* Hablé con Negro, (es su hermano, el librero) y veo que sigues atado a tu chauvinismo europeo: lo peor es que esa limitación no te permitirá lograr una profundización de este problema de la creación. No puedes comprender que lo más importante 'actualmente' es la situación de los países subdesarrollados. De saberlo podrías extraer elementos fundamentales para cualquier empresa." Con esa muchachada me hablo de "tú" y consiento que me digan lo que les viene en gana. Comprendo también que prefieran, por si acaso, ser los primeros en atacar —nuestras relaciones distan mucho de ser un tierno idilio—. A pesar de eso la carta me pareció ya demasiado presuntuosa... ¿qué se estaba imaginando? Contesté telegráficamente: *ROBY S. TUCUMÁN - SUBDESARROLLADO, NO HABLES TONTERÍAS,* FERDYDURKE *NO LO PUEDO ENVIAR, PROHIBICIÓN DE WASHINGTON LO VEDA A TRIBUS DE NATIVOS PARA IMPOSIBILITAR DESARROLLO, CONDENADOS A PERPETUA INFERIORIDAD - TOLDOGOM. Puse el telegrama y lo envié como carta (en realidad, son telegramas-cartas). Pronto me respondió en tono indulgente: "Querido Witoldito, recibí tu cartita, veo que progresas, pero vanamente te esfuerzas en ser original," etcétera, etcétera. Quizás no valga la pena anotar todas esas majaderías... pero la vida auténtica no tiene nada de extraordinariamente brillante, y a mí me importa recrearla, no en sus culminaciones, sino precisamente en esa medianía que es la cotidianidad. Y no olvidemos que entre las frivolidades puede a veces haber también un león, un tigre o una víbora escondidos. Roby llegó a Buenos Aires y se presentó en el barcito donde paso un rato casi todas las noches: es un muchacho de color subido, cabellera negra ala de cuervo, piel aceite-ladrillo, boca color tomate, dentadura deslumbrante. Un poco oblicuo, a lo indio, robusto, sano, con ojos de astuto soñador, dulce y terco... ¿qué porcentaje tendrá de indio? Y algo más todavía, algo importante, es un soldado nato. Sirve para el fusil, las trincheras, el caballo. Me interesa saber si en los años que habíamos dejado de vernos había cambiado algo en aquel estudiante... ¿algo cambió? (...) Sin embargo, me parecía imposible que Roby, a su edad, pudiera evitar una mutación aunque fuese parcial, y a la una de la madrugada fui con él y con Goma a otro bar para discutir en un círculo más íntimo. Consintió con muchas ganas, estaba dispuesto a pasar la noche hablando, se veía que ese "hablar genial, loco, estudiantil", como dice Zeromski en su diario, le había entrado en la sangre. En general, ellos me recuerdan mucho a Zeromski y a sus compañeros de los años 1890: entusiasmo, fe en el progreso, idealismo, fe en el pueblo, romanticismo, socialismo y patria. ¿Las impresiones de nuestra conversación? Salí desalentado e inquieto, aburrido y divertido, irritado y resignado, y como apagado... como si me hubieran dicho: ¡basta ya de eso!*

Estas transcripciones gombrovianas son sorprendentes. Vemos a Gombrowicz y al que sería uno de los más importantes jefes de la guerrilla argentina, sino el más importante, en un diálogo cargado de preanuncios. Pero los encontramos en la frescura de un grácil estilete que esboza preguntas a partir de los rostros, la historia, las ideologías, los sentimientos cotidianos. La agudeza del polaco se alimenta de su escéptico aristocratismo y de sus desprejuiciadas opiniones. Le inquieta desfavorablemente la política pero consigue describirla con precisas pinceladas. Sin embargo, es evidente que la ve como la adversaria abstracta de las fuentes de la creación, que se resisten misteriosamente a resolverse en cualquier forma de clausura, nimbada por la frigidez del canon y la academia *que también están en el ser de la política.* La discusión con el joven Roberto Santucho, ocurre en 1960, tres años antes de la fusión (1963) del Frip con Palabra Obrera de Nahuel Moreno. No se puede decir que el cruce de pareceres sobre el arte no responda —aún hoy— a un dilema irresuelto que es el punto trágico sobre el cual siempre se ha intentado situar una terоría del arte. Para Gombrowicz el arte es un examen de los arquetipos culturales con el artificio del clown universal y del amante doloroso. Para Santucho, el arte es una extensión simbólica de las necesidades colectivas de emancipación.

Esta discusión —fugaz— sería abandonada por Santucho en la época de los acuerdos Frip-Palabra Obrera. El encuentro entre los militantes santiagueños, que hasta el momento se habían expresado en un vago marxismo indigenista, alfabetizando cañeros y arrojando *molotovs* en tiempos de huelgas, y una de las evidentes ramas del trotskismo argentino que ocupó tres décadas de dramático desempeño en la historia nacional, es uno de los episodios iluminadores de la época. Se conjugaban el grupo del interior argentino que venía señalando las deficiencias de la "razón occidental", con la tradición trotskista que mantenía un concepto de "historia científica" y al mismo tiempo perseveraba en el llamado "entrismo" sobre el peronismo. Santucho, al mismo tiempo que recelaba de la IV Internacional —aunque temporariamente la aceptaría— no veía con buenos ojos la vinculación que se establecía con el peronismo. Pero el propio Frip tenía sus desgarramientos, pues sus miembros involucrados en el nacionalismo de izquierda no estaban dispuestos aceptar un compromiso con una organización de cuadros con procedimientos "tabicados" y con una visión totalmente marginada ya de cualquier complacencia con el peronismo. (Esto último es también sobre lo que presiona Santucho en sus acuerdos con Nahuel Moreno —en María Seoane, *Todo o nada*—.)

A mediados de los años sesenta quedaba fundado el Partido Revolucionario de los Trabajadores, en cuyo primer congreso se aprueban las tesis sobre el norte argentino redactadas por Santucho. Lábil alianza con Nahuel Moreno, quien en los años anteriores había desarrollado aquella relación con el sindicalismo vandorista basada en el "entrismo", sustentado a su vez en el concepto trotskista de "partido obrero basado en sindicatos", que de ningún modo era inadecuado para la relación repleta de tensiones que el propio Vandor mantenía con Perón. Se afirman en Santucho las notas esenciales de un santidad revolucionaria laica —en las cartas a su hermano, estudiante de teología, se revela bajo un gesto perentorio el tono preocupado con el que se compara al militante heroico con la heroicidad beatífica— y surgirá la decisión de la lucha armada como una "necesidad objetiva" del momento histórico por el que atraviesa el pueblo y no de un conjunto de intelectuales o militantes. A fines de la década de sesenta ya está configurado el Prt-El combatiente, escisión partidaria que deja atrás al gupo *morenista* sin abandonar una buena relación con la IV Internacional de Mandel y Krivine. En 1969 se inician en pequeña escala las acciones armadas del Erp. Ese año muere Gombrowicz en París, (Gombrowicz, que aunque parezca extraño, "era" más Sabato que Borges) unánimemente celebrado como escritor y cargando con el misterio de su cuarto de siglo en Argentina, en los que había comparado a Santucho con el polaco Zeromski, que a fines del siglo XIX había convocado a los estudiantes con las palabras de *romanticismo, socialismo, patria,* a fin de *"ir al pueblo"*.

En un documento de título significativo, *La lucha de clases en el Partido,* Roberto Santucho indicaba que las diferentes posiciones en el PRT en relación a la lucha armada expresaban actitudes que en última instancia se referían a una inscripción de clase. El "morenismo" hacía las veces de pensamiento "burgués" con su actitud desconfiada hacia la creación de una izquierda armada. Sin embargo, la permanencia de Santucho y sus antiguos compañeros del Frip en un partido en el que estaban en minoría, se explicaba en ese documento como un momento necesario en la creación de un "partido proletario". Y así, la afirmación de que *"el viejo tronco carcomido del morenismo fue penetrado y saneado por la corriente leninista"*, introducía repentinamente un aire "entrista" en el argumento (puede consultarse *Hombres y mujeres del Erp-Prt,* de Luis Mattini, 1995). Moreno no confiaba en Vandor pero se hallaba en ese albergue momentáneo por los efectos relevantes con que el vandorismo impregnaba a la protesta social, mas allá de su composición burocrática. Santucho no confiaba en Moreno, pero se mantenía dentro del mismo ámbito partidario porque el morenismo tenía alcances nacionales y aglutinaba amplias experiencias políticas. *Penetrar* para *sanear* un partido, no obstante, recordaba demasiado el "alma táctica" de la vida política, irremediable realidad que atraviesa todos los órdenes ideológicos, pero que solo en ese sector de la política de las izquierdas quedó consagrado con el curioso (y deficiente) nombre precintado de *entrismo,* palabra que de inmediato solo tuvo un uso casi exclusivamente peyorativo.

Sin embargo, en ella se encerraba el drama del trotskismo en general, por el cual el mundo está preso a sus efectos objetivos y es necesaria una subjetividad completa, expectante y al acecho, con total inmediatez, en el interior de esa objetividad que siempre está en la inminencia de una crisis resolutiva. El trotskismo se concibe como esa subjetividad que por sí sola garantiza un sentido al colapso generalizado que el sistema tiene inscripta en su propia ley. De algún modo, la "ley del desarrollo desigual y combinado" es la magnificente expresión del entrismo, vocablo con "mala fama" que sin embargo alude *también* a que en cada nudo singular de la realidad están los elementos entrelazados del todo. Nada muy diferente quería significar John William Cooke con su idea del *hecho maldito,* cuya fama proviene justamente de interpretar el peronismo como productor de efectos descalabrantes en el cuadro institucional del capitalismo, sin que mantuviera al mismo tiempo la capacidad de resolverlos "en el sentido de la razón dialéctica". Por eso, había que estar allí dentro para garantizar que los efectos siguieran la totalidad del curso dialéctico. Sin embargo, el hecho de que Cooke perteneciera al peronismo desde sus orígenes —joven diputado oficialista en la segunda mitad de los años 40— lo pone a cubierto del pensamiento de la astucia que yace en la fórmula del *entrismo.* ¿Cuál es entonces la diferencia del *entrismo* en el peronismo con la idea de que el peronismo es el *hecho maldito del país burgués?*

Sin duda, las diferencias hay que buscarlas en la dispar interpretación de la razón dialéctica que anima a uno y otro enunciado en relación a las posiciones de la conciencia "autoatribuida". Llamamos así a la acción de autocomprensión de la dimensión ética involucrada en el reconocimiento de la intencionalidad propia. Como responsabilidad inherente al *yo político* puede mencionarse siempre la de producir una conversación introspectiva. En esta se aprecian los valores en pugna entre los actos deseados y el dilema ético que produce la elección de los medios para consumarlos. Esa conversación no debe estar dominada por la astucia, aunque la astucia pueda ser uno de sus empeños, validado siempre que pueda encontrar una justificación de los valores que se crean (en sustitución a los que se desgastan) a través de ese tipo de acto (la astucia) cuya precavida característica consiste en no revelarse nunca en su integridad. Por eso Cooke, aunque comparte el clima expositivo del trotskismo en la idea de que *no hay "etapas históricas" sino nudos de excitación en la historia*, obedece a un tropo cultural diferente, pues su acto frente al peronismo no fue alguna vez haber entrado, sino que nunca había dejado de estar allí. Esa era el enigma que quería resolver Carlos Olmedo (*Reportaje a las Far*, revista *Cristianismo y Revolución*, 1971) con su idea de que "siempre habíamos estado allí pero ahora se trataba de desandar el camino de equívocos que había impedido comprender que desde el inicio ya estábamos". Esta fórmula quería restañar las deficiencias de la noción de *entrismo*, pero introducía un elemento de *interioridad*, de algún modo forzado, a través de la idea hegeliana de ser la "categoría interna del proceso en despliegue".

La evolución del Erp —y especialmente la de Santucho, desde el indigenismo antiimperialista al internacionalismo trotskista— está regida por impulsos de autonomía cada vez mayores y por fin encontraba su verdad en la identidad militar revolucionaria, lo que de algún modo significaba el cumplimiento de la profecía de Gombrowicz sobre el soldado nato, que sirve para las trincheras, el fusil y el caballo, según la caligrafía esencial del arquetipo de Roberto Santucho. Si la "esencia" de un destino es la de ser soldado y la conciencia se yergue sobre la base de la "dialéctica del hombre y el fusil", queda siempre la tarea de componer la escena ideológica, de las creencias y del pensamiento sobre la historia, de modo que estos aspectos no queden "militarizados" a modo de reducir la historicidad de la cultura en sus núcleos meramente guerreros. El fantasma de la "militarización" se apoderó del Erp —y del conjunto de la guerrilla argentina de ese período— y se tornó un horizonte de debates permanentes. La conciencia de la complejidad de las sociedades latinoamericanas, con mundos urbanos, culturales e intelectuales que actuaban con legados de gran densidad y persistencia, era una certeza adquirida que chocaba con la novedad antropológica más ostensible del grupo que se lanzaba a operaciones armadas contra destacamentos policiales y luego contra cuarteles, algunos de los cuales eran las unidades del ejército regular más grandes del país.

En este sentido, los dirigentes más avezados de la IV Internacional y los espíritus más atentos a los bajorrelieves de gran opacidad de la sociedad nacional, advertían sobre el predominio de una actitud militar "determinista" como refundación de la política. ¿No obstante, se trataba de una crítica al foquismo o de una ampliación de las tesis guevaristas al tejido vasto de una nación? La imagen de Guevara transitando con un puñado de combatientes acosados y desamparados, sometidos a la hostilidad de la Naturaleza, había sido meditada, reexaminada y corregida (los esfuerzos en ese sentido de Carlos Olmedo eran notorios y penetrantes) pero no era seguro que los núcleos militares insurgentes post-guevaristas hubieran resuelto las diferencias entre una guerra nacional liberacionista democrática y una guerrilla que buscaba instaurar sociedades bajo un ideal socialista emancipado. Las reuniones del Erp con Fidel Castro y con los dirigentes trotskistas de París (puede consultarse el libro citado de Luis Mattini) arrojaban siempre la evidencia de ese debate latente e irresuelto, en el que se erguía la magna cuestión respecto a si las sociedades estaban siempre abiertas y porosas al llamado destinal de una reconfiguración revolucionaria, en flujo permanente. Sociedades con velos y estirpes culturales implantadas en napas resistentes de las creencias colectivas, con Estados resguardados por las "casamatas y fortalezas" de la cultura nacional y con instituciones militares que contaban con sus propias leyendas liberacionistas enraizadas en el siglo anterior, parecían resistir aparentemente bien a la demostración cardinal de la guerrilla respecto a que esos eran los componentes del "aparato de ocupación".

Por otra parte, en la propia consideración de los núcleos guerrilleros la apreciación sobre el "militarismo" era algo que quería ser evitado, y durante un período que coincide enteramente con el de sus acciones más notorias, el tema fue tratado con preocupación —por el Erp y sin duda también por Montoneros— y con claras evidencias de que se quería evitar que la esfera política quedase adosada a la exclusiva dialéctica de las armas. Sin embargo, pesaba la remota sentencia de Gombrowicz sobre Santucho: "es un soldado". ¿Podía el mundo moral de un soldado desenvolver la idea de autonomía efectiva de las áreas políticas o culturales? En la historia militar argentina existen diversos mitos referidos a la antropología existencial del soldado, ya sea que haya sido empujada por las contingencias dramáticas de un tiempo, ya sea que haya sido una disposición inicial que buscara —a tientas, como sea— munirse de ostensibles "poéticas del estado mayor". He aquí, pues, un general Belgrano, lector de economía, discípulo de celebrados fisiócratas, obligado en el torbellino de la política a vestir uniforme. No mucho más allá, el propio San Martín, de estricta formación militar europea, que se interesaba por las matemáticas y nunca dejó de ser un sucinto pensador moral. Y Roca, que es soldado desde los 15 años y militar de fortuna, al que Lugones concibe ducho en latín y aficionado a Virgilio y Plutarco, inspiradores ambos de citas egregias que años después serían retomadas por otro soldado adolescente —trátase de Perón— que asimismo concluiría su carrera en la presidencia de la nación. En cuanto al general *Lucius Victorius* Mansilla, nada cuesta compartir las opiniones de David Viñas y Ezequiel Martínez Estrada respecto a que en sus páginas estamos ante una asombrosa conversación que remueve los cimientos completos de la literatura.

¿Podemos fijarnos, entretanto, en la foto que muestra a John William Cooke vestido de uniforme cubano verde oliva, en un batallón que defiende la Bahía de Cochinos? No parece cómodo, aunque se muestra sonriente en su desvaído atuendo miliciano, este intelectual entrenado en conspiraciones y planes insurreccionales, pero que gustaba de citar a Goethe en su época de joven diputado peronista. ¿No es el mismo Goethe que está abierto sobre las manos de Guevara, en otra conocida foto en que se lo ve en un alto de campaña, en una hamaca tendida entre dos árboles de un monte cubano? No hay guerra sin literatura, sin partisanos escritores o sin escritores en milicias. Y no hay pensamiento político eximio sin recorrer la cuerda tensa que se crispa entre la política y la literatura. El Erp, en la originaria voz de Roberto Santucho se salteaba el paso de la nación, que era el de la literatura, ya sea desde su prehistoria indigenista, ya sea en su descubrimiento del proletariado cordobés o granbonaerense. Desembarazado ya del *"entrismo" morenista* quedaban los sodados intuitivos y despojados, solos contra el capitalismo universal, en una atmósfera estremecedora de confrontación. No es que no se exploraran los caminos de la más levantada teoría, como cuando en determinado momento se proponen dentro de la organización cursos de lectura comandados por el propio Santucho de la *Lógica* de Hegel (auxilio de Lenin de por medio, con sus muy frecuentados, en la época, *Cuadernos filosóficos*). Por fin, en ese libro hegeliano, insignia y sello del pensamiento occidental, podrían encontrarse las razones por las cuales abandonar el concepto de *entrismo*, de menor alcance que el de *astucia de la razón*, pues aquel propone una mera conciencia astuta y aprovechante.

Frente a la fortaleza capitalista se consumaba así un acto final de disposición de fuerzas: tal como lo expresa un folleto de Ediciones El Combatiente (1974) comentando el "déficit de dirección proletaria revolucionaria para la lucha popular en su conjunto", se afirma que ya hay condiciones para superarlo y por lo tanto, se anuncia la inminencia de "una opción revolucionaria que nos permita arrancar a las masas de la influencia burguesa y encaminarnos con firmeza hacia la captura del poder...". De este modo, era evidente que ese doble movimiento consistente en *arrancar* (a las masas de la influencia burguesa) y en *capturar* (el poder) estaba en condiciones de retratar toda la historia social argentina como un primer pillaje gigantesco por el cual el alma burguesa incautaba a la sociedad proletaria y luego esta, repatriada de ese desvío histórico, encontraba su verdadera esencia. Luego, se conquistaría el poder. Este razonamiento, imbuido de una noción de poder del que las nuevas filosofías sociales ya sospechaban por su condición "maciza" (pues habían descubierto que "el poder circula y funciona en cadena"), se acompañaba con una mención especial al caso de Montoneros, organización con la que el Erp se "había enlazado a través de la sangre de nuestros mártires en Trelew". Montoneros había roto con el gobierno peronista, por lo que el Erp "saludaba la nueva orientación" aunque estaba convencido de "la necesidad imperiosa de combatir intensamente la enfermedad ideológica y política llamada populismo para exterminarla definitivamente del campo popular, principalmente de Montoneros, la más afectada por esa temible enfermedad burguesa". (Puede consultarse: Daniel de Santis, *Selección de documentos del Prt-Erp*, 1999.)

En estos párrafos de extraña contundencia, con su denodada comitiva de metáforas salutíferas, al revés que en el pensamiento *entrista,* se asentaba la idea de *poder* sobre una clase social decantada de toda impregnación exógena, convertida en la clase autoconsciente con su vanguardia armada. Con esta argumentación, era a Montoneros al que se le reclamaba que cesara en su conducta *entrista.* Desde luego, este concepto había quedado en el olvido, pero no haríamos mal en recordar la poderosa marca que había dejado, pues de algún modo, significaba la expresión mal planteada de un problema capital de la política. Esto es: ¿no se está siempre en el interior de un tiempo colectivo al que se le reclaman otras actuaciones sin por eso salir de él?, ¿no se acepta voluntariamente retener aspectos muy ostensibles de la propia identidad, a fin de que ese relegamiento favorezca el acompañamiento de un tramo común con aquellos cuya identidad es deficiente pero con la cual se mantienen puntos adyacentes?

Montoneros había disputado con Perón sin llamar *entrismo* a lo que hacía, pues aunque su origen era nacional-cristiano y su evolución se efectúa hacia un vago marxismo-nacionalista, habían conjugado su presencia en el peronismo con una fuerte ensambladura con la historia de ese movimiento (seguida por una versión montonera-nacional-popular de las luchas sociales del siglo XIX). De modo que siempre estaba en debate la incorporación protectora a esa morada de historicidad ya constituida, lo que reclamaba un saber sobre el pasado —tal era lo que requería Rodolfo Walsh en sus últimos escritos— y aspiraba a sumarse a una memoria latente o velada que siempre estaba a la espera. El propio Erp no desdeñaba este aspecto, pues en el mismo documento que ya citamos, no se privaba de invocar a San Martín, Bolívar y el Che, estableciendo la voluntad de construir una leyenda revolucionaria continentalista que, *sin condescender con la memoria social de las naciones singulares*, debía pasar sin embargo por el halo ya fijado del procerato independentista del siglo anterior, para instituir entonces el agregado de la "segunda y definitiva independencia", tema que nunca había sido ajeno al peronismo de los 40 y por cierto había retomado también Montoneros veinte años después.

El "entrista" intenta pensar la realidad política —su materia exclusiva— como un plasma en el cual debe hacerse presente y que al mismo tiempo tiene que superar o refutar. Sin embargo, lo que tanto se parece a una versión trivial de la dialéctica, en verdad puede presentarse como una de sus anomalías más ostensibles. Como anomalía de la dialéctica es que el *entrismo* tiene un lugar ganado en el anaquel de los más graves dilemas del ser político. Supone una dialéctica, pero pensada con conceptos fallidos, como si fuesen hijos olvidados de la dialéctica. Esencialmente, el entrista no puede retirar de su conciencia una configuración astuta que no atiende el modo verdadero en que ocurren los hechos. Como la historia, en su acontecer efectivo, desmiente cualquier astucia —pues hasta el Príncipe de Maquiavelo cree que la historia es el altar que burla a quien pensó en dar menos que lo que recibía, y que todo acto nunca acaba perteneciéndose a sí mismo— el "entrista" parte de una suerte de privación ontológica para situar su conciencia frente a aquello en lo que medita incluirse. No debe decir lo que realmente piensa, debe pronunciar palabras que no siente como suyas y percibe bajo la fatalidad del *ser instrumental* todo aquello con lo que convive. Pero no es momento de establecernos en la crítica de estos conceptos "como si nada hubiese ocurrido". Los estamos describiendo interesadamente, y de allí surge todo lo que es posible seguir debatiendo sobre ellos.

Las largas discusiones de los nucleamientos trotskistas sobre el peronismo —cómo "caracterizarlo", cuál era su "naturaleza de clase", etc.— tenían en las reflexiones y publicaciones de Milcíades Peña la expresión de mayor agudeza intelectual, desprovista de redundancias litúrgicas y del vasto misario de las frases hechas, aun a costa de conceder excesivamente a una actitud de "investigación científica", extrañamente lindante con los resurgidos programas de la sociología universitaria del tiempo de Gino Germani. Y también aquí aparecía la cuestión del entrismo, esa palabra desafortunada que tenía una pegadiza y oscura fascinación, ya que con ella se aludía al tópico visceral de las cotidianidad política argentina: el peronismo, como escollo y a la vez como túnica de la revolución. El propio Peña, que mantiene una persistente autonomía de pensamiento y escritura, en su período de colaboración con Nahuel Moreno se expresa dentro del horizonte mental del entrismo, ligando "la lucha por la legalidad del peronismo a la insurrección obrera" y diciendo que "la lucha democrática por la legalidad del partido y del líder que agrupan a la clase obrera, conduce directamente a la lucha socialista por el armamento del proletariado y la expropiación de la oligarquía" (en Horacio Tarcus, *El marxismo olvidado en la Argentina*). Peña escribe estos párrafos en publicaciones partidarias, alrededor de 1958 —año que es el epicentro de la experiencia entrista— pero inmediatamente después se va apartando de estas argumentaciones, y pasará a ser un crítico severo del *morenismo*, sin mencionarlo por su nombre.

La tarea de los marxistas revolucionarios pasaba entonces a ser, para Peña, la denuncia de partido peronista *"como el principal agente de la creciente explotación y miseria que soportan las masas argentinas, desenmascarando la falsedad de la división entre las líneas 'dura' y 'blanda', que en realidad no son más que dos caras de la misma moneda (...)La liberación de la clase obrera y las masas explotadas argentinas solo podrá ser realidad si estos son capaces de romper sus ataduras ideológicas con la burguesía. Y los lazos más fuertes de tales ataduras son el peronismo y la burocracia sindical peronista"*. A partir de su apartamiento de las tesis 'entristas', Peña desarrolla la importante experiencia de la revista *Fichas de investigación económico social*, de 1964 a 1966, en la que son recordables —y en su momento tuvieron fuerte repercusión— los debates con Jorge Abelardo Ramos, alrededor de la cuestión de la "famosa burguesía nacional". Mientras Peña consideraba que esta no pasaba de ser una escisión interna de la gran propiedad tradicional de la tierra, Ramos hacía recaer en los intereses de esa burguesía incipientemente industrialista, las responsabilidades de una posible alianza antiimperialista. Y mientras Ramos tendía a simplificar ese esquema, de todos modos atendido con una pluma vivaz y sarcástica, Peña refinaba el suyo con una exhaustiva búsqueda de datos y una retórica de no menor mordacidad. Ambos eran eximios polemistas y sabían emplear la justa pócima de la injuria ultrajante sobre su adversario. "Impostor" es Ramos para Peña, "amalgama cipaya de marxismo y sociología" es Peña para Ramos. El nudo de la controversia —una de las grandes discusiones argentinas, a la altura de las *Cartas Quillotanas* y *Las ciento y una*, o de la polémica de De la Torre con monseñor Franceschi— envolvía un juicio histórico sobre la formación histórica argentina, el movimiento conceptual de las clases sociales y el cuadro económico que informaba los pensamientos políticos de los grupos industriales y obreros.

Densa querella que de algún modo representaba, en ese territorio donde habitaban los herederos de Trotski, lo más vibrante que podía esperarse en torno a los enigmas de la historia nacional y el espeso trastocamiento que había introducido el peronismo, como movimiento que se nutría de la masiva presencia obrera y hablaba el "lenguaje burgués" del político de la nación, del soldado providencial y del folletín de los pobres. Por otro lado, la sorda tensión entre Nahuel Moreno y Milcíades Peña hacia el fin de los años 50 y comienzos de los 60, quizás pueda apreciarse como una silueta previa del debate posterior entre Moreno y Santucho. (Aunque Peña escribe en sus últimos trabajos, poco antes de su suicidio en 1965, una crítica al foquismo y al guerrillerismo en nombre de un llamado a analizar la situación social objetiva, el "quietismo", de los trabajadores.) Las de Santucho y Peña eran circunstancias y personalidades diferentes, es claro, pero no debe desatenderse el hecho de que la agitada y enmarañada presencia del peronismo ponía el juicio político en similares pasadizos morales. ¿Dentro o fuera de la "Duma"? Siempre, la pregunta por el ser político es un don infundamentado que viene a situarse en un mundo ya fundado, o un don fundador que se sitúa en un mundo que sin él sería superfluo. Si lo primero, hay una impulsión a compartir herencias, aunque sea con la posterior convicción de transformarlas; si lo segundo, se siente el inequívoco llamado a romper el horizonte disponible y declarar el *hecho nuevo.*

Milcíades Peña tenía el regusto extrardinario por los pseudónimos, pasión clandestina que al apoderarse del nombre propio ensaya su ética del natalicio revolucionario, y retomaba el linaje "desenmascarador" del marxismo-trotskista, por el cual la superficie de los hechos estaba poseída por el fetiche de una voluntad que dominaba con el artificio de emboscarse. Atento a las novedades de la lucha cultural, Peña había empalmado su temprana vocación de investigación social con las realidades bajo las cuales se desarrollaban las sociologías críticas de la época. Su interés por el análisis de mercado, ese mundo de mercancías animadas del capitalismo, lo llevaba a una dramática paradoja, si se quiere, a una intolerable escisión de las figuras ideológicas de la persona social. Peña tenía comportamientos de investigador social profesional, interesado en las evoluciones "modernizadoras" del capitalismo, a un tiempo que desplegaba su crítica "desenmascaradora" al capitalismo. Pero esa dialéctica entre el desenmascarar y el enmascarar, se complementaba con la efusión por los nombres conspirativos y el interés por los procesos histórico-sociales engañosos. Un interés, en suma, que iba del uso del "pseudónimo" a la crítica a la "pseudoindustrialización". Horacio Tarcus, en su fundamental estudio sobre esta singular figura de la historia nacional, indica que la visión trágica de Peña se refiere a su propensión a señalar los momentos crispados de la sociedad en donde una parálisis generalizada impide a la burguesía realizar sus "tareas" y al proletariado mostrar las destrezas objetivadas del mandato revolucionario.

No parece este concepto tan lejano del que viene a la mente cuando ocurre la invocación al *hecho maldito* de John William Cooke. En ambos casos, parece verosímil pensar que la fuente es la idea de vago sopor hegeliano: una sociedad inmovilizada por tensiones a la que le está vedada la superación dialéctica. La sociedad tullida por una coreografía asfixiante, ponía en estado de espasmo y locura a una situación histórica, tanto si era percibida por el alma trotskista de

Peña como por el marxismo *baudelaireano* de Cooke. El suicidio de Peña —en el sobrecogedor relato de Tarcus— envía a una nota de *Diary in Exile*, una vieja edición de Harvard referida a Trotski. Peña indica la página 167 de ese libro —que queda descansando en su escritorio— sobre la cual corrige una palabra errada: donde se leía físico debía decir psíquico. Palabras estas del testamento de Trotski, tomado con errores tipográficos en la edición inglesa. La muerte podía ser una decisión consciente, "psíquica", no "física", como una consideración optimista respecto al futuro socialista de la humanidad. Peña superpone su carta póstuma al testamento de Trotski mal traducido (una meditación sobre el suicidio), y él lo corrige. Raro juego cabalístico, extraña pasión hermética en el descifrador de las máscaras capitalistas y burguesas. Quizás un pansiquismo revolucionario, una elección destinada a cesar la propia vida bajo cierta garantía de comunión con la naturaleza y la revolución autoconsciente. Peña se suicida en nombre de un abandono airado del mundo, con una sutil nota de desenfado y mórbido señorío, y con una sarcástica puntillosidad lexical en el extraordinario momento materialista donde se decide abjurar del mundo.

Cooke, cuya muerte está envuelta también en una despedida amarga, escribe en 1967, poco antes de su adiós, que "ha comenzado la última etapa del proceso argentino". La alternativa política, que hasta el momento parecía resolverse entre dictaduras violentas o democracias que encubrían estilos dictatoriales, se transformaba entonces en: *"o régimen dictatorial burgués-imperialista, o gobierno revolucionario de las masas, mediante el triunfo de la guerra revolucionaria"*. Y al mismo tiempo, se afirmaba que "el peronismo será parte de cualquier revolución real: el ejército revolucionario se está nucleando tras sus banderas. La revolución en la Argentina es impensable sin el peronismo, que es la forma que adquieren las formas sociales de la transformación. El plan de legalizar el peronismo negociando con Perón es tan ilusorio como los proyectos integracionistas de los dirigentes del Movimiento. Porque el Movimiento Peronista es la expresión de la crisis general del sistema burgués argentino, pues expresa las clases sociales cuyas reivindicaciones no pueden lograrase en el marco del institucionalismo actual". Sin duda, no se trata del entrismo, porque Cooke no se había propuesto entrar sino que su problema era *cómo no salir de donde siempre había estado*. Sin embargo, el modo de su argumentación toma *el mismo rumbo retórico*, al postularse que el peronismo es el nombre de la paradoja por la cual la clase obrera está allí contenida (y flota la palabra revolución) pero la naturaleza social del peronismo lo lleva a cristalizar su energía revolucionaria. Se precisaba algo en su interior que desatara la contradicción.

En la génesis del pensamiento de Cooke, que tiene raíces en el nacionalismo democrático y en un antiimperialismo tercerista —puede consultarse la revista *De Frente*, que sale en las postrimerías del primer gobierno de Perón— se revela desde sus inicios la calidad de este joven dirigente, que sin exceder en sus comienzos los horizontes habituales de la *doxa* peronista, muestra un estilo que rompe con el engolamiento y momificación de la sociedad oficial peronista a través de preocupaciones intelectuales ajenas a cualquier cortesanía. Sus trabajos e intervenciones de los años 40, tienen cierto aire profesoral, pero el elenco de sus preocupaciones culturales, propias de un ávido lector que frecuenta a Virgilio y se ocupa del sistema nacional de economía de Lizt, no admiten comparación con nada de lo que expresaran las simultáneas voces oficiales de aquel período. En estas condiciones, resulta de gran interés que el último tramo de su actividad política propusiera climas coincidentes con el *logos* trotskista que percibía la situación revolucionaria fuera del canon de las etapas, regida por inminencias dramáticas y una *objetividad maldita*, por la cual los hechos se producen en forma abismal, más allá de las creencias de cada sujeto involucrado. Alicia Eguren, su compañera —sutil escritora y militante trágica—, comparaba la situación de Cooke dentro del peronismo, esas acusaciones de que era un "criptocomunista" o un "trotskista", con las persecuciones estalinistas: "la imagen de Trotski aparece invariablemente ante mis ojos en aquel período" (Alicia Eguren, en "Notas para una biografía de John", revista *Nuevo Hombre*, 1971, citado por Richard Gillespie, en *J. W. Cooke, el peronismo alternativo*, 1989).

Lo cierto es que la mención del nombre de Cooke junto a la atribución de un compromiso de índole trotskista, fue el motivo de "desautorización" que la prensa política establecida, sobre todo la del desarrollismo —la revista *Qué*— esbozó con particular tenacidad. En una de sus cartas a Perón, en 1958, Cooke se anticipa a las censuras que va a recibir por criticar a los dirigentes del peronismo que no aceptan darle el voto a los candidatos socialistas en una remota localidad de Catamarca, y escribe: "Esta crítica que hago se me imputará, si es conocida, a mi marcado marxismo, trotskismo o como diga Frigerio que se debe calificarme, ya que fueron sus pasquines los que inventaron ese asunto y rápidamente fue recogido por nuestros 'dirigentes', algunos de los cuales no saben quién es Perón ni mucho menos quién es Trotski". Estremece pensar ahora, si es que miramos estas cosas con espíritu desembarazado y libre, que Cooke apreciaba el *opus* revolucionario argentino como un elíseo donde podían convivir un Perón y un Trotski. Es que el jefe bolchevique, escritor dotado, fundador de ejércitos y preocupado por el surrealismo, y el militar latinoamericano, también conspirador pero ligado al Estado y despreocupado por las ideologías, a las que decía superar por "el arte de la conducción", ocupaban andariveles desencontrados como vástagos de la inquietud revolucionaria del siglo XX, que tantas veces se repelían como se entrecruzaban. Los nacionalismos revolucionarios, los trotskismos nacionales, las izquierdas trotskistas nacionales, los Estados Unidos de América Latina, son las intersecciones que explican buena parte de las biografías políticas argentinas durante más de cuatro décadas. Han dejado en el idioma político nacional el rastro arrebatador de innumerables giros, locuciones y vocablos. El "espíritu" de la lengua política argentina, de algún modo, bebe allí sus palabras más reveladoras.

Por eso, la tragedia de Cooke es la que permite provocar ese estremecimiento, pues es la del tercero en discordia, que llama a pensar un mundo que les sería común a esos dos nombres divergentes, con la esperanza de que los necios comprobaran alguna vez la secreta unidad entre las famas de Trotsky y Perón. Aunque una nación política adopta, parece adoptar, la promesa de esa conjunción pero repentinamente organiza sus fuerzas recusatorias para declarar que ese punto iluminado en el cual deberían acaso producirse las nupcias de la revolución universal con la revolución nacional, estaba sometido a la acción discorde de factores ajenos, impropios y exógenos, que entonces no duda en calificar de "infiltrados". Esta expresión, turbiamente extraída de las teorías del organismo biológico, nunca tarda en aparecer. Es la respuesta que con un acto simétrico y opuesto, redobla la misma cuantía de inadecuación que tenía el planteo *entrista.* La cosmovisión entrista se equivocaba al elegir ese vocablo y esa actitud, pero aun toscamente estaba aludiendo al problema esencial de la política: ¿puede un linaje político prolongarse a través de vidas nuevas sin sospechar que estas podrán desviarlo o interpretarlo bajo nuevas iluminaciones? ¿pueden las vidas políticas que se sienten más ambiciosas de resultados en la historia, suponer que pueden reencaminar las tradiciones en las que se inscriben gracias a la secreta voluntad de hacerlo cuando "se den las condiciones"?

No cabe duda de que la vida política mantiene bajo su primigenio sentido solo a un conjunto restricto de ideas y comportamientos. Núcleos de gran intensidad ideológica aparecen a veces en estado desvaído, en combinaciones nuevas con porciones también diluidas de otras médulas ideológicas. Que la mayoría de las veces puedan aparecer en una confrontación visible y transparente —originando las conocidas trincheras ideológicas de todo un siglo— no implica que en no menos numerosos avatares, aparezcan en raras alianzas de mutua atracción como si fueran gamas de colores en la paleta de taumaturgos políticos que van probando tonalidades nuevas, fundadoras. En "La Biblioteca de Babel", a Borges le gustaba imaginar infinitas interpolaciones de unos libros en otros. En este mismo estado interpolante se halla la vida política a través del movimiento narrativo de sus ideas. Lo vimos: buscar el *entrismo* —la interpolación que se sabía astuta— no parecía una respuesta adecuada al dilema de crear la animación política genuina. Pero si es por la experiencia de Cooke, que mantenía para sí la metáfora del trotskista *no entrista* en el peronismo, su dimensión genuina chocaba con la desesperación de atribuirse la tarea de "vertebrar al gigante miope", gigante que no necesariamente estaba reclamando esas vértebras de conciencia crítica.

De muchas maneras la política puede ser fundadora, y de muchas maneras se revela que sus dispersas coloraciones pueden pertenecer a un arco iris perdido. La imaginación colectiva alguna vez lo ha soñado y nunca más lo encuentra. Roberto Santucho debió cortar con el *entrismo* para sentirse fundador. Y John William Cooke es fundador en ese estado fatal de la identidad política, en el que nunca se puede dejar de ser lo que se es. De ambos modos, es una misma tragedia, una única escena de la revolución, en las ideas y por las ideas, en esta Argentina que ya a todos se nos escapa.

Epílogo

(FILOGENIA ARGENTINA: OFICIOS DE UNA POLÍTICA NUEVA)

Uno

Suele mencionarse con avidez, en el campo de las ciencias históricas, el novedoso concepto de *invención*, que en su apático triunfo ha pasado ufano al dominio de la conversación común. "Invención cultural", "invención de las tradiciones", "invención de la Argentina", "invención democrática". Se entiende lo que aquí quiere decirse. Es un alegato último, que encuentra finalmente su concepto apropiado, por el cual se pone a la vida histórica bajo el patrocinio de un rasgo que despeja a las identidades de su *peso ontológico*. Vacilamos en decir esta última palabra, pues tiene severas capacidades narrativas a lo largo de la historia de la filosofía, pero con ella *ahora* se quieren mencionar cuestiones muy específicas. En primer lugar, todo lo que haría de las relaciones, de la vida social, de la institución colectiva de la memoria o de los rasgos indeclarados de toda acción, una manifestación del ser que se presenta en auto-referencia a su propia presencia contradictoria en el mundo. El ser constituye actos de presencia que se sitúan en distintos planos de temporalidad, de modo tal que su actualidad se evidencia como uno de esos planos cuya fuerza reside en su propia capacidad de deserción. Pues toda actualidad se verifica sobre el fondo de una inactualidad que es pura negación o inactualidad rememorada.

Esta cuestión del ser que encuentra el tiempo como una categoría perceptiva ya dada —no es impropio recordar que ciertas filosofías calificaron de "antepredicativa" a esta dimensión temporal— es precisamente la que ahora es desplazada con el llamado a producir *pensamientos sin ontologías*, lo que a veces se traduce como pensamientos sin "esencialismos", sin "sustancialismos". La añoranza por el imperio de formas sociales capaces de operar en un mundo de un modo puramente contingencialista ha llevado a formular pensamientos desafiantes y de gran calidad argumental, como los que habitualmente expone Ernesto Laclau en torno a que la metáfora y otras formas retóricas no son un sentido agregado al que de por sí encarnan las relaciones sociales, sino que éstas están primariamente sometidas a una forma de constitución *que impide fijar de forma última el sentido.* Las relaciones sociales no son literales, sino que la literalidad misma es metafórica; toda identidad, a su vez, expulsa su carácter *necesario* en virtud de la eliminación de principios subyacentes, sin que haya posibilidad de fijar un sentido externo al flujo de las diferencias. Este pensamiento, en el caso de Laclau, adquiere la doble importancia de estar expuesto como parte de una original aventura filosófica y de pertenecer a una de las derivaciones posibles de lo que en los años sesenta argentinos era el llamado a *articular* dimensiones nacionales y sociales en una nueva *izquierda nacional*, cuyo historicismo básico no impide que hoy se la vea como anticipo de lo que luego se presentará como el tema de las prácticas discursivas articulatorias para contener, no más que precariamente, el campo de las diferencias.

Pero frente a todo proyecto de llevar hasta las últimas consecuencias el estilo retórico para conocer lo social, es posible abonar un campo polémico en el cual se manifieste ahora la necesidad de producir un diálogo del retórico con el simpatizante de la tradición ontológica. No por figurar esta ideal de la "tradición ontológica" entre los núcleos fuertes de una condena dictada por el tribunal de la "invención de lo social", debe dejar de golpear a nuestras puertas con los títulos impresionantes bajo los cuales organiza más de veinte siglos de filosofía. Abandonarlos como una metafísica fijista fue y es un desafiante programa filosófico del siglo XX y probablemente lo será del que ya viene, pero no puede estar en manos de las triviales bibliografías de la globalización académica que con un plumazo "antiesencialista", mera consigna irreflexiva de las intrascendentes fábricas de *papers* en que se convirtieron las universidades, se prestan a la liquidación general de una gran memoria filosófica. Por supuesto, nada tiene que ver con esto un pensamiento como el de Laclau (y en él mencionamos a un estilo de trabajo que ha llevado tan lejos como es posible la idea de que radicalizar una emancipación solo puede tener como garantía "el carácter socialmente construido de toda objetividad"), pero no podemos dejar de comprobar de qué modo el abandono de la tradición ontológica —y sobre todo en nuestro ambiente intelectual paupérrimo y vicario— puede preparar el camino para despojar al conocimiento de sus responsabilidades de y en la historia, que en nombre del invencionismo radical destituye la masa opaca de hechos que aseguran comprender los contornos de lo real-existente.

Laclau indica que hay una *sedimentación* social que se presenta como una argamasa dormida de hechos que olvidaron sus orígenes, por lo que el camino de la reflexión debe recorrer el camino inverso para recobrar la contingencia originaria. Descubrir el carácter contingente de aquello que se presenta como una objetividad no dispuesta a investigar su contingencia irremisible compone el acto revolucionario que abre nuevamente las formas *sedimentadas* de la objetividad. Se podrá entonces remitir el sentido investigado a la *facticidad originaria* en la que se descubren las condiciones contingentes de emergencia de una identidad. Remitir ahí el pensamiento sobre la verdad y el sentido supone recuperar el "mundo de vida" que nuevamente se "revela" como protagonista de su libertad en flujo, "puro evento, pura temporalidad". Se nos ocurre que esta exigente extremación del estructuralismo, con su pensamiento de la falla del ser, reconduce nuevamente a los dominios de un existencialismo que proclama que la *nada* es "como un gusano" en el corazón mismo del ser. Si no lo parece es porque, en un notable esfuerzo de reflexión y de expresión, Laclau considera "falta de ser" lo que en otros términos se puede estudiar como procesos de nihilización del ser, pero el programa aniquilador de la ontología ya parte de antemano de la confianza de que puede devastar toda la turbiedad social que disimula el origen faccioso de lo real.

En el marxismo, tomado en sus textos inaugurales, la cuestión de revelar el signo social de la cosificación, se ejercía en nombre de la liberación de las potencialidades del trabajo, pero las relaciones sociales redescubiertas en su creatividad, trazaban un horizonte de luchas que motivaban una "ontología social" antes que el estudio del "puro acontecimiento". Decimos, pues, ontología social como quién afirma que el conocimiento de los hechos libres originarios, no puede lograrse si no postulamos un estado previo que se opone oscuramente a la intelección, por el cual es imposible eliminar la acechanza del sedimento acarreado por las prácticas olvidadas o aquello que, con similar intención, Sartre llamaría "lo práctico inerte". De lo contrario, el mundo despojado de ontología —esto es, de oposición permanente al desciframiento final del sentido— quedaría equiparado al estatuto de las almas bellas, que en su deseo de pureza repelerían el poder cognoscitivo de la enajenación, privándose del comienzo mismo del acto de conocer.

Pero estas rápidas anotaciones que realizamos, que merecerían más desarrollos y sin duda más precauciones, apenas nos sirven para señalar los alcances de un tema: si por un lado, la filosofía social más exigente de la época (que Laclau, aunque no solo él, traduce con un original espíritu de reflexión que se acerca al *more geométrico*) juega con las posibilidades últimas de lo social al extirparle su literalidad o su referencia a las "cosas", por otro lado las apuestas de divulgación académica se dirigen hacia un *invencionismo* que reescribe la historia de los países bajo el emblema del fin de las identidades. Sabemos, desde ya, la dificultad que entraña este concepto, que se refiere menos a las formas inmóviles de lo social que a la cualidad de los nombres que se heredan como enlaces inter-generacionales, siempre sujetos a querellas políticas y epistemológicas. Pero ha pasado al debate contemporáneo como si no fuera también uno de los pilares de las lógicas dialécticas y de los pensamientos sobre la razón y la subjetividad. De este modo, cualquier becario de iniciación puede darse el lujo de avalar su ingreso a la lengua oficial que administra los saberes de la hora, despachando irresponsablemente con un par de despectivas notas de pie de página y con tres o cuatro sambenitos premasticados, un arduo problema que conmovió la historia del pensamiento humano y que, si no hubiera más nada que mencionar, basta con recordar que mueve interiormente toda la obra de Hegel.

Es entonces del dominio público académico, como obra mayúscula de su romo y desesperante sentido común, lanzar la acusación de "identitario" a los que osan poner en duda el programa obispal que a cada paso se siente obligado a declarar que "argentino" es una "construcción social", que la "tradición nacional" nos lleva a una situación del tipo "inventing traditions", que la "cuestión nacional" nos pone a un paso de un horrísono "sustancialismo" en el cual vemos asomar el fiero rostro del "fundamentalismo autoritario". ¿No se parece esta administración de eslóganes periodísticos a un evento vinculado más a la cesación del pensar que a la crítica histórica y cultural? Se escucha por doquier que las identificaciones de cada momento histórico resisten a las categorías "totalizantes" y que, por lo tanto, la noción de lo que en un momento singular se constituye en "argentino" son elaboraciones estatales para el agrupamiento forzado de personas —también llamados "dispositivos para crear argentinos"— con lo que la palabra argentino no es lo mismo para la generación del Ochenta con su propensión disciplinadora, que para las primeras décadas del siglo XIX, con su visión pre-estatalista y que para estos finales del siglo XX, con su testimonio del hondo fracaso de las políticas de "liberación nacional".

Pero no nos dicen nada nuevo. No seremos nosotros los que sostendremos la comedia nacionalista, que es efectivamente criticable pues ella sí coloca el síndrome tradicionalista como una trama coercitiva que genera axiomáticas de control social. Pero ya no hay que preocuparse: ¿no fueron estos tradicionalistas los que se adosaron con más fervor al carromato encandilado de la globalización? Sin embargo, lo que pasan por alto aquellos que se ven compelidos a cada paso a aclarar que en la idea argentina estaba implicada una manufactura de hombres dóciles, atados a himnos, guerras y violentos apotegmas, es el modo de acción que se recorta sobre remembranzas, existencias no sabidas y facultades del futuro para reescribir el pasado. "Dio su vida por la patria, que ignoraba", dice Borges del gaucho, comentando precisamente la clásica idea revolucionaria de "lo hacen pero no lo saben".

Por eso, pensar sobre la base de la mera actualidad invencionista, nos deja ante un politicismo inerte; es no entender la historia de la emancipación humana que se libró en los estambres del texto argentino. Porque tal como la vemos, la praxis argentina es ante todo un conjunto de textos que debaten entre sí y pueden ser sometidos a una interpretación que los libere del engarce que los atrapa al artificio de la dominación (con los hombres como instrumentos, como "obreros parcelarios del autómata central", que en este caso sería una nación concebida como organismo de propiedad y vigilancia). ¿Qué ganamos con disolver esos textos en una ideología de "control biopolítico" o "dominación burocrática del patriciado" si por esa vía nos quedamos no solo sin el horizonte nacional sino sin los ecos estremecedores de esos escritos que hacen al símbolo y al sueño de millares de hombres que son un tímido rastro ceniciento en nuestra memoria. Desapareciendo ese texto argentino, son ellos los que desaparecen, quedan como ignotos cadáveres solitarios cuyos actos parecerán ciegos de sentido, víctimas del equívoco de haberse creído parte de un tiempo colectivo cuyo sentido había que disputar con otros hombres, sus adversarios o enemigos.

No sería posible optar por las víctimas —en su larga memoria de voces acalladas— si no fuésemos capaces de ver en los oprobiosos victimarios ese rostro abominable del país que quisimos rehacer en su trama íntima de justicias, porque nada es una nación sin la facultad colectiva de redimirla con el saber y el conocimiento de las víctimas que vuelven a tomar lo justo que se les adeuda, y al igual que el proletariado de Marx, suprimirse a sí mismas en el sufrimiento de su memoria, en el mismo acto de suprimir toda tropelía y padecimiento social actual. El concepto de "invención" tiene una carga de trivialidad muy grande al interpretar todo acto de convicción y memoria individual o colectiva como un arreglo de poderes constituidos en "dispositivo". El mortal "efecto Foucault" que se desencadenó sobre el pensar social en nuestros países —casi siempre basado en interpretaciones de una obra mucho más sutil en sus consecuencias y escrituras que el sociologismo ventrílocuo con que se la hizo hablar— contribuyó a considerar que esas raras, complejas y —por qué no— fatídicas elaboraciones de la historia que llamamos *naciones*, fueran consideradas parte de una "mirada médica" o de "panópticos" que hacían de la trama cotidiana social una transmisión de puntos de dominio de una micro-red de poderes invisibles.

Tratadistas como Benedict Anderson (*Comunidades imaginadas*, 1993), simpáticos académicos de una *new left* elegante y desprejuiciada —nada tenemos contra ello— dan prueba, asimismo, de un uso liviano de ciertas ideas fundamentales del pensamiento filosófico de la época. Es el caso del modo en que Anderson emplea el concepto de Walter Benjamin de "tiempo homogéneo y vacío", para aludir al tiempo nacional que se crea a partir de la idea de "comunidad imaginada", que forzaría, tanto como la de "invención de naciones" pero no del mismo modo, una práctica compulsiva de temporalidad compartida. ¿Nos toma por tontos? ¿Cómo no saber que el museo, los censos, los mapas, constituyen aparatos estatales de celebración socialmente constreñida? Es fácil reírse de los museos. Basta ir a nuestro Museo Histórico Nacional y desatar nuestra bien dispuesta mordacidad. Allí está la historia militar argentina en su rotunda incapacidad de reflexión, en verdadero estado práctico-inerte, con sus objetos desencajados de la atmósfera vital que los contuvo. Pero en su conjunto —esos burilados catalejos, pistolas de chispa, espadines de gala, banderas deshilachadas, vajilla artística, reproducciones dudosas, candor épico, en fin, con toda la extraña imposibilidad de pensar la historia cuando se halla en estado de museificación— arrojan sin duda el resultado de entregar una crónica de la "invención nacional" realizada por una casta político-militar patricia. Pero en lo que a ese museo le falta (el detalle que extravía la historia estatal o la interrupción de la épica por imperio de algún objeto irónico o desviado, por ejemplo, ese traspapelado billetito para entrar al Cabildo de 1810) o en lo que ese museo tiene a pesar de él mismo (la historia de una cotidianidad a través de las modas y estilos en los objetos bélicos o domésticos), encontramos no solo la posibilidad de pensar "a contrapelo" (¿no había que citar al suicidado de Port Bou?) la historia nacional-estatal, sino también la invitación a considerar que ni siquiera esa casa inerte y árida, deja la idea de que había una extorsión comunitaria a través de la imaginación programada.

Benedict Anderson cita con desdén a Otto Bauer, autor del gran libro sobre la cuestión nacional, que nosotros hemos considerado, haciéndole justicia. Otto Bauer escribió en tiempos en que la socialdemocracia alemana era la sede de decisivas discusiones ideológicas, mucho antes de la larga y vergonzosa decadencia de hoy, y contrasta su libro con el de Anderson, que no hace más que repetir obviedades sobre la relación del periodismo con la nación, sin que sus ideas ganen en vigor con la consabida apelación a Walter Benjamin. ¿Cómo la hace? Recortando frases a la manera de un lector práctico y astuto, solicitando el mundo mental de Benjamin para actuar en el típico terreno del especialista académico que, no sin cierta viveza involuntaria, secuestra emblemas y citas. Pero ya que estamos en el firmamento Benjamin, para estudiar el itinerario de las naciones sin pensar que son meras formas de la astucia de la razón, ¿no sería más adecuado suponer que el tiempo de las naciones se adecua más a ese acto de irrupción y de catástrofe que en esas mismas *Tesis de la historia* Benjamin llama "tiempo ahora"? Es decir, la resquebrajadura del presente por la cual se aguza la percepción y adquiere la capacidad de captar el pasado dolorido y acallado, victimado o suprimido.

Dos

Otro tema que este libro ha intentado considerar es el de una de las formaciones ideológicas más notables de las luchas sociales argentinas, que en los años sesenta cobró la vestidura de la *izquierda nacional*. La composición de esta "palabra valija" no es enigmática pero sí evocativa de toda clase de dilemas. Lo primero, porque de algún modo es la abreviatura de la tragedia ideológica del siglo XX. Todos los sujetos dramáticos de un largo ciclo de guerras y revoluciones suponen un juego combinatorio entre las tradiciones de la izquierda social y el "mitema" nacionalista. Formas ostensibles de esa combinatoria, recorrieron los años 20 y 30 de la política alemana, y emergieron bajo el atavío ominoso del nazismo. Otras formas dieron origen al pensamiento gramsciano bajo una aguda discusión sobre el concepto de representación y voluntad colectiva, sobre el sentido común y el mito activista del *Príncipe*. En un sentido totalmente contrario, el mito pensado por el teórico del nazismo Alfred Rosemberg (*El mito del siglo XX*, 1930), tenía un sustrato racial (la *Blutswille*, la voluntad de sangre) y debía ser una experiencia vivida encarnada en fuerzas formativas, ligadas a "tipos solares" de los que excluye a los judíos, meros hombres de una "universalidad abstracta". En estos términos, son notables las diferencias con la herencia soreliana en la interpretación del mito —que es productivo, dramático, social, pura dialéctica paralizada— pues se trata de poner la crisis de la razón y de la idea racional del tiempo al servicio de las energías colapsantes de la revolución social.

Pero antes de que los cazadores de perlas emerjan del buceo más profundo con la daga entre los dientes, concluyendo que todos los pensamientos sobre el mito político pertenecen a la misma saga de las derechas redentistas e irracionalistas, sean gramscianos, sorelianos, visitantes inauditos de la ensayística del peruano Mariátegui o del argentino Cooke, remitiéndose irremediablemente todos a los mitos de la "voluntad de sangre", debemos señalar que nos parece que toda la discusión de este siglo que ya concluye, puede pensarse como un debate en torno del mito: sus potencialidades, sus capacidades diferentes de impulsar una actividad social, de llevar a una develación o, en caso contrario, a una recaída en la fabulación yerma, despótica y exterminadora de lo humano. Si optáramos por descartar el mito como una figura disonante del conocer, que le pone a la práctica humana los inadecuados añadidos de la mixtificación y la quimera, no podríamos alcanzar el verdadero corazón de las luchas sociales de esta época y acaso de las que vengan. Porque las luchas son para definir el sentido constructivo de emancipación del mito. Es porque el mito encierra esa posibilidad civilizatoria, que las fuerzas antihumanas quieren anexarlo para su procedimiento pues invocan lo que quizás también tenga, pero como calidad inferior y destartalada: la de cerrar la experiencia vivida con una sustracción de la raíz humana de la acción, anulada con ensueños espeluznantes y pensada desde la sangre.

Ante esto sería fácil optar por el mero laicismo y la cáustica razón que ampara verdades en su ascetismo. ¿Pero no es necesario adentrarse en el "corazón de las tinieblas" para pensar? Por eso, por poco que seamos complacientes con el poder estanco y antropófago del mito, es imposible pensar en cualquier tipo de actividad que no incluya —en su "natalidad", como diría la propia Hannah Arendt— una autorreflexión sobre la *gracia* que un *illo tempore* vuelve a otorgarle a la actualidad. Es la gracia del mito amigo de los hombres, pero de fulgor ético y revolucionario. Nos habla con su poder de reversibilidad del tiempo, poder trastocador que es preciso aprovechar para pensar las sociedades en términos nuevos, desenfadados y estimulantes.

En este sentido, el mito es la dádiva que relata los parentescos entre la palabra olvidada y la palabra nuevamente ofrecida. Meditación sobre el legado, el mito es la acción que busca no ser deudora de la trama de antiguas y brumosas deidades, pero para salir de su prisión debe ser dadivosa con lo que siempre está a nuestro acecho: *la memoria ya transcurrida de la humanidad, que está en toda y ninguna parte.* Es comprensible entonces, que este debate en el interior del mito —entre el mito como libertad frente a los dones del pasado y el mito como invocación de dioses aterradores— no sea propicio para quienes desearían pensar la acción como blanca y cenobita, ajena de toda ajenidad respecto a los mitos. Les parecería la forma indicada de despojar el sentido de sus engarces vaporosos y lúgubres. Pero también se despojarían de lo que hace posible a la acción, su particular situación frente al mundo de acciones ya ocurridas, a las que interroga y reinterpreta por su sola capacidad de agregar una abalorio más al universo. De ahí que las tradiciones ilustradas reemplazaron el mito con la ideología —a costa de convertir a la razón en un nuevo mito: esto ya bien se ha dicho— y más adelante se animaron a reemplazar la ideología por la "ciencia y técnica como ideología" —esto también ya se ha dicho— y más adelante, sabemos, decidieron reemplazar el cientificismo de la razón instrumental por una letárgica ciencia administrativa, que reparte excomuniones cada vez que se siente amenazada por lo que, ¡ay!, ellos llaman "sustancialismo".

De ahí que se consideran en condiciones de arrojar su desprecio hacia los hombres que se envolvieron en el manto trágico de las ideologías. ¿Quién no conoce esa experiencia? Convengamos que es extraña, pues nadie podría pensar que un núcleo autodeclarado de ideas —"soy comunista", "soy fourierista", "soy fabiano", "soy libertario"— puede abarcar completamente las experiencias de los sujetos, ese pletórico e ingenuo "soy", al punto de emblematizarlos en todas sus esferas vitales. Ante el asombro que esta situación produce, la crítica a la "ideología personal" ha pasado por varios capítulos bien conocidos, desde el "yo no soy marxista" del propio Marx hasta la escisión althusseriana entre ciencia e ideología, que abre la posibilidad de empalmar la ideología con el mundo de las prácticas. Éstas pasarán a ser el nuevo modo de lo ideológico, entendido ahora como argamasa de acciones donde ocurre el juicio diario de realidad y la comprensión de la presencia interpelante de los otros en mí. Desde luego, con este giro, que también había anticipado Gramsci con su "senso commune", la idea de *ideología* adquirió las notas de una materialidad social cotidianizada. Foucault lleva a consecuencias aún más impresionantes esta misma percepción, al declarar que el problema para los intelectuales no es el de criticar contenidos ideológicos o descubrir una ideología justa, sino el de "constituir una nueva política de la verdad", que quiere decir investigar el régimen económico o institucional de justificaciones y hegemonías.

Cierto: no es posible negar la importancia de haber descubierto que la verdad son "políticas institucionales". Pero ¿no sabíamos eso desde siempre? ¿O por lo menos, desde que con un mínimo de lucidez incluimos nuestras vidas en cualquier práctica institucional, aunque más no sea tomar un examen o llenar un formulario? El resultado de estos descubrimientos respecto de que hay *construcción política de la verdad* —otra variante del *invencionismo historiográfico*— con ser relevantes y aportar a un desentumecimiento general de la crítica al poder "que circula", no están en condiciones de intervenir con lucidez en la narratividad de ideas que asumen los hombres en situación de litigio. Es el final de una historia que postula un mundo sin mitos, revelado por fin bajo el triunfo del *dispositif.* ¿Y qué de los hombres que tienen en su lenguaje cotidiano la inscripción de *izquierdas* y *derechas* como una alusión al dramatismo de la conciencia pública, antes que conceptos como *panoptismo de las instituciones, multiculturalismo* o *nuevos pobres*? Porque no se trata de condenar la aparición de nuevos vocablos, sino de observar que cuando lo hacen, no dejan de estar vinculados a aquellas "políticas de verdad" que generan instituciones editoriales, universidades y agencias financiadoras del mundo anglosajón (hoy dominantes, en sustitución del viejo espíritu afrancesado de nuestras clases culturales).

Señalando con punzante ironía estas realidades, Pierre Bourdieu y Loïs Wacquant (*Las artimañas de la razón imperialista*, 1998) dicen que el particularismo académico norteamericano se transmutó en un universalismo que encubre su raíz social singular, de modo a constituirse en una nueva razón académica planetaria. Deshistorizado y desenraizado, este lenguaje recorre las universidades del planeta produciendo un horizonte "global" que repite incansablemente su motivos a modo de una nueva *lingua franca.* El propio concepto de globalización, y otros no menos conocidos, son vulgarizaciones filosóficas que emanan de esos gabinetes asistidos por el poder de editoriales o agencias de subsidios, que muy frecuentemente inclinan la terminología y el argumento de los investigadores, hacia los previos requisitos de "inteligibilidad de mercado" que esas instituciones han diseñado. Producen así una nueva "barbarie cultural", que está en la base de comportamientos tales como los de cierto autor que "puede escribir *liberty* entre paréntesis después de la palabra *libertad,* pero aceptar sin problemas determinados barbarismos conceptuales como la oposición entre 'procedural' y 'sustancial'". De este modo, un nuevo "sentido común planetario" con sus "Mecas simbólicas" ha americanizado el mundo occidental con conceptos académicos que circulan con la velocidad de una marca de jean o del estilo rap. Y como parte de un formidable equívoco, estos nuevos modos de pensar la sociedad, "utilizados por especialistas de disciplinas percibidas como marginales y subversivas, tales como los *cultural studies, los minority studies,* los *gay studies* o los *woman studies,* asumen a los ojos de los escritores de las antiguas colonias europeas, la apariencia de mensajes de liberación".

No sería difícil aceptar también que la obra de Bourdieu pudo cumplir semejante papel en las universidades latinoamericanas, pero es probable que ahora no sea momento de destacar su compromiso con la propagación de un modo de percepción que *también* se integró a la industria de las monografías y tesis de nuestras universidades, sino de seguir con atención un pensamiento que a pesar de su sociologismo (dicho así, rápidamente, pues sin duda implica esto un debate mayor), ha hecho severos esfuerzos para detectar las formas operantes de una nueva razón mediática y sus instituciones de conocimiento, que encubren y presentan sus formas de dominio como genuina filosofía. Por eso, no creemos que los pífanos que indican que han sido superados los viejos enigmas ideológicos de izquierda y derecha (posiciones espacio-gestuales del argumentativismo político), conduzcan a ninguna otra cosa que a impedirnos trazar la historia de la sociedad argentina en sus escisiones expresivas y dramáticas. Es lo que quisimos hacer en este libro. Combatimos pues a esa sustracción terminológica, que para que sea eficaz, debe concluir su faena del *mester* deconstructivista aboliendo el concepto de nación entre las risas y befas de los academicistas del "patriotismo constitucional".

Para que un estudio como el que pretendemos, que no pase por alto ninguna de las discusiones que nos competen (para citar algunas ocurridas en Francia en los últimos cuarenta años: la de Sartre y Merleau-Ponty, la de Lévi-Strauss y Sartre, la de Foucault y Derrida, la de Derrida y Lévi-Strauss, la de Rancière y Althusser, la de Bourdieu y Rancière, en fin, no son las únicas) pero que al mismo tiempo se sitúe en el interior de la tradición crítica argentina (cuyos debates no son menos interesantes, aunque pertenecen a la tradición literaria antes que a la filosófica, por razones comprensibles), es necesario no satisfacer la ansiedad perniciosa de quienes desean ver liquidado el anaquel de las luchas sociales argentinas en tanto luchas ideológicas. En este sentido, queremos manifestar la importancia heurística, cognoscitiva y narrativa que tiene el concepto de *izquierda nacional*, y nos pareció que debíamos hacerlo evidente en este libro. Lo hicimos en tono ensayístico y por momento, de "barricada", pues simplemente nos pusimos en la misma cuerda epistémica del lenguaje que queríamos evocar. El lector dirá si esta pequeña fenomenología de la escritura ha dado resultado. Pero ahora desearíamos agregar algo más: suele decirse que en época de globalización (aunque este concepto nos parece pertenecer al rango de problemas que hay que develar, ya que él mismo nada devela) hay que atacar los rompecabezas que produce y los daños que acarrea, aceptando el nivel de constitución de lo real que implica, sobre todo desde el punto de vista de las realizaciones científico-técnicas, irreversibles, que son "su insignia y sello".

Unas palabras, entonces, sobre esta cuestión. Lenin había afirmado en el *Qué hacer* que el partido revolucionario de profesionales se inspiraba en formas técnicas asimilables a las del nivel alcanzado por el capitalismo centralizador: *la fábrica y el periodismo*. Pero hoy podríamos preguntar, a la vista de lo que pasó: ¿Era necesario reproducir en el partido político la forma del capitalismo productivo y de la circulación de ideas? ¿No se constituyó esta creencia en uno de los lejanos anticipos que prefiguraron la caída de la vasta construcción soviética emprendida? ¿Había otro modo de hacerlo? Es posible pensar que sí: estaba contenido en la polémica e intercambio de Marx con los *populistas rusos*, los célebres *narodnikis*, momento en el cual se rompe la concepción lineal de la historia y la idea de que la propia historia no sería productiva por debajo del nivel de despliegue máximo alcanzado por la hegemonía mundial de la técnica. Al considerar Marx con simpatía el papel significativo que pueden jugar los "anacronismos" sociales, económicos o subjetivos en un momento de conmoción revolucionaria, habilitaba un pensamiento crítico cuya eficacia se daba por *dejar* de pertenecer —antes que por pertenecer— al mismo nivel de sentido de aquello que deseaba vulnerar. ¿A imagen de esta misma especulación del último Marx, no podría decirse que el conjunto de problemas que menta el término globalización no se puede analizar críticamente desde las mismas tecnologías del conocimiento que ella promueve, sino desde planos culturales y cognoscitivos que han quedado en las trastiendas de esa (in)voluntaria resistencia del anacronismo, con su saber de retrospección y su renuencia a disolverse en la pseudo-racionalidad reinante?

Así lo creemos. De ahí, nuevamente, nuestro recordatorio al lector —nuestros amigos, que aspiramos a conservar, y por ventura los que además nos depare este libro— que una de las insistencias que aquí mantuvimos es la de la reflexión sobre el modo en que se coaligan las ideologías de la revolución moderna: *nacionalismo e izquierda.* El arte combinatorio, que las vincula en distintos grados y proporciones, *es el arcano del siglo veinte.* La historia de esta vinculación —vinculación que retuerce y barroquiza campos conceptuales diversos— puede arrojar luz sobre algo que aún no sabemos adecuadamente.

Preguntas. ¿Cómo se conjugan ideologías antagónicas? ¿Cómo se articulan sus zonas complementarias o simétricamente opuestas? ¿Esa articulación permite suponer que hay un *continuo* ideológico que abarca un arco iris o un espectro con gradaciones que se suplementan? ¿Hay una paleta de colores con escalas ideológicas que forman parte de un *mundo-uno* antes que de trincheras dispares? ¿Podemos definir las épocas por el modo en que predominan en ellas los sujetos reacios a la conjugación o los sujetos aptos para conjugar sus diferentes relatos de ideas? ¿Los sujetos de la nación y del trabajador, figuras del mundo moderno e industrial, acaban siendo sujetos integrables por el solo hecho de serlo y ahora tienen que esperar su disolución mancomunada, en virtud del agotamiento de la época del sujeto histórico autocentrado? ¿El hecho de que en algún punto de la cadena combinatoria encontremos las guerras del siglo, inhabilita para pensar otras combinaciones que preserven los patrimonios culturales y la memoria social de la humanidad, con sus sujetos laborales y nacionales entendidos como manifestación de la justicia y la emancipación? ¿Esos sujetos hay que pensarlos bajo el artificio de la escisión dialéctica, para evitar una idea meramente evolucionista del trabajo (y del trabajador) y una idea meramente integracionista (y represiva) de nación?

Preguntas... preguntas... de las infinitas que se nos abren al concluir estas páginas. ¿Hay un "oscilador semántico" (Jean P. Faye, *Los lenguajes totalitarios*, 1972) que conduce al temible fenómeno del *nacional-bolcheviquismus* como abreviatura de la tragedia del siglo veinte, o es posible pensar que el mundo de las ideas sociales mantiene una rara completud y secretas vinculaciones que es preciso poner a la altura de la justicia de bienes, de la igualdad de gratificaciones y de la vida buena en las sociedades? Si esto último es aceptable o verosímil, es preciso acudir nuevamente a las estrategias de mezcla, (o mejor, de *juntura*), para evitar que estas sean la mera reproducción de un vacuo consensualismo político, para que estén a la altura del mito del pensar concreto, el del *bricoleur*, el que arma objetos nuevos (obras o pensamientos) bajo la caución de un mundo que ya dispone de materiales heteróclitos pero limitados. A condición de no tener conductas invencionales que pueden manifestarse en una absoluta oquedad, esta poderosa forma de la mezcla labora con la ya dispuesto pero en medio de una gran libertad situada. *Inventa* sobre la base del existente social real. Por eso cada mezcla no es producto de acuerdos transaccionales sino de acontecimientos verdaderamente nuevos (Lévi-Strauss, *El pensamiento salvaje*, 1962).

Así creemos poder interpretar las especulaciones de este sabio, injustamente acusado ahora de propender hacia una ¿involuntaria? "pureza racial", a costa de defender un relativismo cultural destinado a seguir dialogando con los últimos pueblos del neolítico. Hay una derecha francesa, sin duda, que puede invocarlo. Y puede haber, también, el abandono pesimista del propio Lévi-Strauss del horizonte problemático de la contemporaneidad, tal como siempre lo hizo. Por eso su postulación contraria a las "mezclas culturales" y a la "supresión de las distancias culturales", puede parecer una naturalización de la cultura que "encierre *a priori* a los individuos en una determinación inmutable" (Étienne Balibar y Immanuel Wallerstein, *Raza, nación y clase*, 1988). ¿Pero qué tiene que ver la obra real de Lévi-Strauss con eso? ¿No se trata justamente *de pensar los pensamientos de mezcla* sin que pierdan su gracia creadora? Esa es, creemos, la esencia del pensamiento salvaje de este extraño filósofo de las civilizaciones.

Y esta es efectivamente la aventura democrática del conocer, ejerciendo la crítica por *sustracción o por extrapolación*, lo que también puede definirse a la altura del primer Oscar Masotta, cuando escribe que es necesario recuperar ideas que están en manos de "escritores de derecha" —ideas como la de destino— y que recuperadas tendrían la severa encomienda de reactivar al sujeto de las izquierdas (doctrina de pasajes que ya estaba mencionada en las *Tesis sobre Feuerbach* de Karl Marx, en relación a los vínculos paradójicos entre materialismo e idealismo). Pensamientos de anexión, entonces. Pensamientos de readquisición o de transferencia, que de algún modo nos recuerdan la eficacia, la rareza y el mito crítico del pensar, basado en el acto irremisible de quitar algo de lo existente o en agregarle lo que parecía no corresponderle.

En este libro quisimos invocar estos pensamientos. Porque ellos se corresponden con las exigencias del ensayo crítico argentino, que es un alto parapeto de la vida intelectual y a la vez garantía del alma lúcida de las sociedades, tal como hoy lo muestran —queremos también mencionarlo— obras, libros y escritos de Nicolás Casullo —con su prosa de aliento espacioso y viva teatralidad de novelista—, de Martín Caparrós —con su pasión por explorar los confines de la novela, por desafiar la letra de la política y por averiguar el pavoroso sonido de las vidas—, de Eduardo Grüner —con su elegancia teórica escritural y expositiva—, de Horacio Tarcus —con su plena vehemencia y rigor historiográfico— y de Guillermo Korn y María Pía López, que en sus trabajos sobre la cultura argentina del siglo han adoptado valientemente un exigente programa de rescates y polémicas.

Hay algo con la filosofía argentina: ella es anémica, supeditada, facsimilar. Vive la pobre vida de las universidades. Las públicas, que se hallan decadentes, autoexpropiadas de imaginación y presas de una mendacidad a las que nadie, salvo su propia torpeza, las ha obligado; las otras, que gozan en ser taimadas con su intento de acomodarse a los pobres mendrugos de modernidad que les llega tarde. Aún está pendiente el programa que insinuara Alberdi hace más de un siglo y medio: cuidar de la filosofía para mantener el derecho a pensar en una autonomía cultural. Si aún no ha llegado, como lo temen tantos, el crepúsculo de esa potestad del pensamiento libre (que de todos modos nunca fue plena entre nosotros) aún será posible reconstituir nuestra vitalidad cultural volviendo hacia la filosofía, o mejor dicho, hacia la disposición filosófica.

Dijimos "filogenia argentina". Como los viejos juntadores de vestigios a orillas de los ríos pampeanos, no creo que esa filogenia sea algo muy diferente a pronunciar nombres, algunos de los que faltan, porque tampoco me propuse declararlos todos. Quizás una colección afortunada de nombres tomados como quién se reclina a juntar guijarros esparcidos, ya se constituye en filosofía. ¿Pues no es que esta se constituye a cada pregunta nueva, y tiene un rostro que no es posible indicar de antemano? Sin embargo, si pudieran reconocerse algunos rasgos en esos guijarros que son vidas, me atrevería a mencionar —"bajo mi exclusiva responsabilidad", como suele decirse— el brío filosófico, literario y actoral del simple vivir que puede percibirse en los trabajos de León Rozitchner, Oscar del Barco, Héctor Schmucler, Nicolás Rosa, Rubén Dri, Roberto Retamoso, José Burgos, Jorge Rulli, Norma Barbagelata, Esio Bertelotti, Juan Falú, Álvaro Abós, Ricardo Forster, Oscar Landi, Alejandro Kauffmann, Diego Tatián, Patrice Vermeren, Afrânio Cattani, Alberto Giordano, Pilar Calveiro, Lila Pastoriza, Federico Monjeau, Ada Solari, Alejandro Moreira, Nora Avaro, María De Pauli, Mónica Bilioni, Olga Calvo, Ion Askeland, Goyo Kaminsky, Américo Cristófalo, Ana M. Capdevila, María Celia Vázquez, Judith Poudbourne, Alberto Perrone, Gabriel Cohn, Germán García, Claudia Hilb, Alfredo Moffatt, Vicente Zito Lema, Cacho Vázquez, Cristina Banegas, Marta Rosemberg, Ricardo Barthis, Ricardo Piglia, Víctor Pesce, Rodolfo Enrique Fogwill, Blas de Santos, Raúl Cerdeiras, Emilio de Ipola, Jorge Quiroga, Jorge Garrido, Elvio Vitali, Ana Gawensky, Alejandro Montalbán, Tomás Abraham, Jorge Dotti, Carlos Correas, Alejandro Russovich, Juan Molina y Vedia, Mario Margulis, Emilio Cafassi, Cristina Tortti, Silvana Carozzi, los mozos de La Giralda, la Cigüeña y El Británico (Buenos Aires), del San Jorge (La Plata), y del Bar Blanco y Los Amigos (Rosario); y otros nombres en sueños vaporosos que cumplen bien la huidiza misión de escaparse, —existencias heterogénas, nombres de modos muy diferentes de poner la interrogación o la "pro-vocación" filosófica— no todos son necesariamente mis amigos y que no dejan que la palabra quede confiscada por las nupcias muy frecuentes del arte y la filosofía con la vana y remedada pamplina, sino que la hacen brotar de un estado personal de reto e inquietud. Muchos de ellos podrán sorprenderse si agrego —aunque aquí vulnero la regla de no mencionar personas anteriores a mi generación— a mi amigo Fito Páez, que es una vida arrojada a una exploración dolorosa y en un ámbito turbador, donde las palabras son velocípedos y alabardas que a veces no tienen la virtud de la lanza de Aquiles, de curar las heridas que ella misma produce. Cuando alguien tiene la iluminación personal de una situación de ese tipo, ya está dispuesto a la filosofía con solo mirarse las heridas, tan diversos como sean los lugares de presentación de su persona.

Tres

Y para ir concluyendo este libro poblado de personas, también me gustaría mencionar el nombre del editor, Aurelio Narvaja, con el que conversamos, en jornadas no exentas de extravíos y arrebato, muchos de los temas que aquí están presentes. No puedo sino decir que se trata de un pensar obcecado, éste que nos lleva a detenernos una y otra vez sobre el alma desvencijada de la historia. El oficio de la evocación pertinaz es una pasión que suele acabar en un ataque de tos, en el polvillo que levanta el hecho de "recordar a martillazos". Es grato confesarse a sí mismo que una de esas toses, es la compartida risa de este libro.

No en vano me animé a citar a tantas personas que acaso podrían no disimular un gesto de sorpresa la percibir que pasé por alto el prudente derecho a la heterogeneidad, que lleva a mantener el silencio y no incurrir en la aglomeración. Pero también como todo este libro lo demuestra, quise ser ridículamente declarativo en el momento de descubrir que si las explicaciones pueden fallarnos, las enumeraciones aún conservan una candorosa letanía de vivacidad. He querido convencerme a mí mismo de que una de las ocupaciones del vivir es la de animarse alguna vez —y no sé si debía ser esta— a pronunciar los nombres propios y además, exponerlos y abandonarlos en las líneas a su vez perdidas de un libro.

(BIBLIOGRAFÍA)

Como se sabe, un libro se escribe a partir de muchos otros libros. En el que escribimos nosotros, están mencionados esos otros libros en el momento que creímos que correspondía hacerlo. Omitimos reiterarlos en esta sección, que debía ser la de las menciones bibliográficas, no por ociosidad ni por capricho, sino porque entendemos que la misión de un ensayo es actuar en nombre de una sustracción y un pretexto. Se sustrae lo que aparece en otro lado y de otro modo, por lo que la sustracción no es más que la ausencia de algo que tiene maneras optativas de aparición. Podrá aparecer luego de refilón y viviendo una vida transversal. No apilar libros aquí es entonces una manera de pretextar la gracia de una presencia ocasional, como si las citas ocurrieran con el empuje casual de una conversación cualquiera. ¿Es así realmente? Quizás un ensayo es el pensamiento en estado de pretexto y descuento. Pretextamos un descuido en el orden, porque es una forma de decir que no sabemos si hay un orden encubierto en nuestro aire incidental; y descontamos lo que podríamos haber dicho explícitamente, porque buscamos la elegancia de un vacío lleno de insinuaciones. Es así que ha quedado despejada esta sección bibliográfica.

(ÍNDICE)

Impreso en
A.B.R.N. Producciones Gráficas S.R.L.,
Wenceslao Villafañe 468,
Buenos Aires, Argentina,
en diciembre de 1999.